普通高等教育"十四五"系列教材

# 水运建设工程概算预算

主编 王金海

中国水利水电出版社
www.waterpub.com.cn
·北京·

# 内 容 提 要

本书依据《水运建设工程概算预算编制规定》（JTS/T 116—2019）及其配套定额和《水运工程工程量清单计价规范》（JTS/T 271—2020）、《工程造价术语标准》（GB/T 50875—2013）等编写而成，系统讲述了工程造价基本概念、水运建设工程费用构成、工程定额基本原理，对水运建设工程定额计价、水运工程工程量清单计价等进行了详细的讲解，并附有工程案例。

本书在编写中反映了《水运建设工程概算预算编制规定》（JTS/T 116—2019）和《水运工程工程量清单计价规范》（JTS/T 271—2020）的最新内容以及 2016 年以来"营改增"给水运建设工程计价带来的重大变化，与当前的水运建设工程计价实务接轨，侧重于工程实践能力的培养，可作为高等院校港口、航道与海岸工程专业以及其他水运建设工程相关专业的教材，也可供水运建设工程造价从业人员、工程管理人员学习与参考。

## 图书在版编目（CIP）数据

水运建设工程概算预算 / 王金海主编. -- 北京：
中国水利水电出版社，2021.9
普通高等教育"十四五"系列教材
ISBN 978-7-5170-9870-6

Ⅰ.①水… Ⅱ.①王… Ⅲ.①航道工程－概算编制－
高等学校－教材②航道工程－预算编制－高等学校－教材
Ⅳ.①U615.1

中国版本图书馆CIP数据核字(2021)第169913号

| 书　　名 | 普通高等教育"十四五"系列教材<br>**水运建设工程概算预算**<br>SHUIYUN JIANSHE GONGCHENG GAISUAN YUSUAN |
|---|---|
| 作　　者 | 主编　王金海 |
| 出版发行 | 中国水利水电出版社<br>（北京市海淀区玉渊潭南路 1 号 D 座　100038）<br>网址：www.waterpub.com.cn<br>E-mail：sales@waterpub.com.cn<br>电话：(010) 68367658（营销中心） |
| 经　　售 | 北京科水图书销售中心（零售）<br>电话：(010) 88383994、63202643、68545874<br>全国各地新华书店和相关出版物销售网点 |
| 排　　版 | 中国水利水电出版社微机排版中心 |
| 印　　刷 | 清淞永业（天津）印刷有限公司 |
| 规　　格 | 184mm×260mm　16 开本　25.75 印张　627 千字 |
| 版　　次 | 2021 年 9 月第 1 版　2021 年 9 月第 1 次印刷 |
| 印　　数 | 0001—1500 册 |
| 定　　价 | **68.00 元** |

# 前　言

水运建设工程是我国基本建设领域重要的组成部分，随着我国国民经济的发展，自 20 世纪 90 年代中期以来，水运建设工程经历了一段较长时间的、蓬勃的发展阶段。

随着工程实践的发展和国家制度、法规的变革，水运建设工程的计价方法和计价规则也发生了巨大的变革。2008 年，《水运工程工程量清单计价规范》（JTS/T 271—2008）的颁发，标志着水运建设工程领域正式步入工程量清单计价时代；2016 年，国家税收制度发生重大变革，"营业税改增值税"给水运建设工程计价带来了重大变化；2019 年末，《水运建设工程概算预算编制规定》（JTS/T 116—2019）及其配套定额的颁发，既带来了计价内容和计价方法的变化，也同时更新了沿海港口、内河航运、疏浚等 3 个系列的行业定额。2020 年10 月 15 日，《水运工程工程量清单计价规范》（JTS/T 271—2020）正式施行。

为了反映近几年来水运建设工程计价领域的巨大变革，更好地培养水运建设工程计价人才，我们组织编写了《水运建设工程概算预算》一书。本书以水运建设工程最常见的沿海港口、内河航运、疏浚等 3 种类型的工程为对象，以《水运建设工程概算预算编制规定》（JTS/T 116—2019）及其配套定额和《水运工程工程量清单计价规范》（JTS/T 271—2020）、《工程造价术语标准》（GB/T 50875—2013）等为主要编写依据，重点反映近几年来水运建设工程计价发生的重大变化，内容编写上既有基础理论的讲解，也有编制规定、定额、清单规范的解读，还附有两个典型工程案例，以尽可能地贴近水运建设工程计价实践。

全书一共 9 章，由江苏科技大学的王金海编纂完成。第九章工程造价案例的编写得到了厦门亿吉尔科技有限公司的连瑞靖和福州大学的苏燕、田秀兰等人的协助。本书在编写过程中还得到了江苏科技大学船舶与海洋工程学院和教务处的大力支持，在此一并感谢！

由于编者的水平有限，加之时间仓促，缺点和错误在所难免，恳请读者批评指正，并欢迎读者提出修改建议。

王金海

2020 年 11 月 1 日于镇江

# 目 录

# 第一章　基本建设与工程造价概述

## 第一节　基　本　建　设　概　述

### 一、基本建设

（一）基本建设的概念

基本建设，简称基建，是指固定资产的建设，即是建筑、安装和购置固定资产的活动以及与之相关的工作。基本建设是改善社会生产条件和人民生活水平的重要手段，港口、船闸、道路、桥梁、厂房、住宅等在内的各类建筑产品是基本建设活动的主要产出物。基本建设工程通常规模大、周期长，需要占用和消耗大量的生产资料、生活资料、劳动力和资金，对社会生活的影响重大。而且基本建设工程的技术含量高，需要多个分工明确、具有独立责任的单位共同参与，需要投入大量的人力物力资源，需要对时间和资源进行合理有效的安排，是一个复杂的系统工程。

固定资产是指单位价值在规定限额以上、能够在较长时间内（使用寿命超过 1 年）使用，且在使用过程中能保持原有实物形态的劳动资料和消费资料。固定资产是一个会计术语，按其用途可以分为生产性固定资产和非生产性固定资产。如码头、船闸、装卸机械、运输车辆等均属于固定资产。

基本建设工程需要占用大量的社会资源和资金，对国计民生的影响重大，建设周期长，复杂程度高，所以从其项目建议、规划、设计到施工等整个建设过程都有国家机构进行相应的管理、监督。

（二）基本建设的内容

基本建设的主要内容如下。

1. 建筑安装工程

建筑安装工程是基本建设的重要组成部分，是指通过勘测、设计、施工等生产活动创造建筑产品的过程。它包括建筑工程和设备安装工程两个部分。建筑工程包括各种建（构）筑物的修建、改建、扩建，金属结构的安装，设备基础的建造，以及附属管线、设备的安装等工作。设备安装工程包括动力、起重、运输等生产设备及其附属管线的安装、调试等工作。

2. 设备及工器具的购置

设备及工器具的购置是指由建设单位为建设项目需要而采购或自制的达到固定资产标准（使用年限 1 年以上和单件价值在规定限额以上）的机电设备、工具、器具等的购置工作。

3. 其他基本建设工作

其他基本建设工作是指不属于上述两项的基本建设工作，如勘测、设计、科学研究、征地、拆迁、试运转、生产职工培训和建设单位管理工作等。

（三）基本建设项目及其分类

基本建设项目是指按照一个总体设计进行施工，由一个或几个单项工程组成，经济上实行统一核算、行政上实行统一管理、建成后可以独立运营的建设实体。一般以一个企业、事业或行政单位作为一个建设项目。如：一个联合企业，一个独立的工厂、矿山，或一个水库、港口、医院、学校等。

企事业单位按照规定用基本建设投资单纯购置设备、工具、器具，如车、船、飞机、勘探设备、施工机械等，虽然属基本建设范围，但一般不作为基本建设项目。全部投资在10万元以下的工程，国家不单独作为一个建设项目。

凡属于一个总体设计中的主体工程和相应的附属配套工程、综合利用工程、环境保护工程、供水供电工程以及水库的干渠配套工程等，只作为一个建设项目。

基本建设项目可按以下方法分类。

1. 按用途划分

基本建设项目按用途可分为生产性建设项目和非生产性建设项目。

生产性建设项目是指形成物质产品生产能力的工程项目，例如工业、农业、交通运输、建筑业、邮电通信等产业部门的工程项目；非生产性建设项目是指不形成物质产品生产能力的工程项目，例如公用事业、文化教育、卫生体育、科学研究、社会福利事业、金融保险等部门的工程项目。

水运建设工程隶属于交通工程，属于生产性建设项目。

2. 按性质划分

基本建设项目按性质可分为新建、扩建、改建、恢复、迁建和续建项目。

新建项目是指原来没有，现在新开始建设的项目。或者其原有基础很小，经过扩大建设规模，新增加的固定资产价值超过原有固定资产价值的3倍以上，也可称为新建项目。

扩建项目是指为扩大生产能力或新增效益而增建的分厂、主要车间、矿井、铁路干线、码头泊位等工程项目，也包括行政事业单位在原有业务系统的基础上扩大规模而增建的固定资产投资项目。

改建项目是指为技术进步，提高产品质量，增加花色品种，促进产品升级换代，降低消耗和成本，加强资源综合利用、"三废"治理和劳动安全等，采用新技术、新工艺、新设备、新材料等而对现有工艺条件进行技术改造和更新的项目。从建设性质看，技术改造项目属于基本建设中的改建项目。

恢复项目是指原有固定资产因遭受各种灾害而全部或部分报废，以后又投资重建以恢复生产能力或功能的工程项目。

迁建项目是指为改变生产力布局而将企业或事业单位搬迁到其他地点建设的工程项目。

续建项目是指之前已经开工建设、但因为种种原因未能完成建设意图，现在继续建设的项目。

一个建设项目只有一种性质，在项目按总体设计全部建成之前，其建设性质是始终不变的。

3. 按建设规模或投资大小划分

基本建设项目按建设规模或投资大小可分为大型项目、中型项目和小型项目。国家对工业建设项目和非工业建设项目均规定有划分大、中、小型的标准，各部委对所属专业建设项目也有相应的划分标准。如，住房和城乡建设部 2007 年颁发的《工程设计资质标准》的附表 3 给出了各行业建设项目设计规模划分表，港口工程按吨级分为大、中、小型等3 级。

4. 按隶属关系划分

基本建设项目按隶属关系可分为国务院各部门直属项目、地方投资国家补助项目、地方项目、企事业单位自筹建设项目。

5. 按资金来源划分

基本建设项目按资金来源可分为内资项目、外资项目和中外合资项目。内资项目是指运用国内资金作为资本金进行投资的工程项目；外资项目是指利用外国资金作为资本金进行投资的工程项目；中外合资项目是指运用国内和外国资金作为资本金进行投资的工程项目。

6. 按建设阶段划分

基本建设项目按建设阶段可分为预备项目、筹建项目、施工项目、建成投产项目、收尾项目和竣工项目等。

预备项目（或探讨项目）是指按照中长期投资计划拟建而又未立项的建设项目，只作初步可行性研究或提出设想方案供参考，不进行建设的实际准备工作。

筹建项目（或前期工作项目）是指经批准立项，正在建设前期准备工作而尚未开始施工的项目。

施工项目是指本年度计划内进行建筑或安装施工活动的项目，包括新开工项目和续建项目。

建成投产项目是指年内按设计文件规定建成主体工程和相应配套辅助设施，形成生产能力或发挥工程效益，经验收合格并正式投入生产或交付使用的建设项目，包括全部投产项目、部分投产项目和建成投产单项工程。

收尾项目是指项目主体在以前年度已经全部建成投产，但尚有少量不影响正常生产使用的辅助工程或非生产性工程，在本年度继续施工的项目。

竣工项目是指全部建设工作已经完成，并通过验收和移交业主的项目。

国家根据不同时期国民经济发展的目标、结构调整任务和其他一些需要，对不同类别的建设项目指定不同的调控措施和管理政策、法规、办法。上述各种分类方法就是对建设项目进行管理的需要。

**二、建设项目的划分**

建设项目是一个庞大复杂的系统工程，为了便于工程管理和经济核算，需要将建设工程项目由大到小进行科学的分解。建设项目划分依据是工作结构分解原理，它是把项目按照其内在结构或实施过程的顺序进行逐层分解。

建设项目也称为基本建设项目，是指按一个总体规划或设计进行建设的，由一个或若干个互有内在联系的单项工程组成的工程总和。如，一个独立的工厂、水库、港口、学校等。

单项工程是指有独立的设计文件，建成后可以独立发挥生产能力或使用功能的工程项目。单项工程是建设项目的组成部分，一个建设项目可以由一个或多个单项工程组成。如，一个有多个港区的港口，其每一个港区都可视为一个单项工程。

单位工程是指有独立的设计文件，能够独立组织施工，但建成后不能独立发挥生产能力或使用功能的工程项目。单位工程是单项工程的组成部分，一个单项工程可以由一个或多个单位工程组成。如，一个码头泊位、港区堆场等。

分部工程是单位工程的组成部分，是按结构部位、路段长度及施工特点或施工任务将单位工程划分为若干个项目单元。如，港口工程可分为土石方工程、基础工程、混凝土及钢筋混凝土构件预制安装工程、现浇混凝土及钢筋混凝土工程等；房屋建筑工程可分为土石方工程、脚手架工程、砌筑工程、混凝土及钢筋混凝土工程等。

分项工程是分部工程的组成部分，是按不同施工方法、材料、工序及路段长度等将分部工程划分为若干个项目单元。分项工程是建设项目最基本的组成单元，也是最简单的施工过程，是由专业工种完成的中间产品，它通过较为简单的施工过程就能生产出来。如，在海港工程中，钢筋混凝土工程可分为钢筋工程分项、混凝土工程分项。

将一个建设项目依次划分为单项、单位、分部和分项工程，是计算工料消耗、确定工程费用、进行计划安排、实施质量检验和进行工程项目管理工作的基础。

**三、基本建设程序**

基本建设程序是指建设项目从筹划、实施、建成投产到工程报废全过程（全寿命）中，各项工作必须遵循的先后次序。它反映工程建设各个阶段之间的内在联系，是从事建设工作的各有关部门和人员都必须遵守的原则。

基本建设工程是一个复杂的系统工程，需要大量的生产要素资源、多方的协作配合，需要做大量的工作。这些工作必须符合客观规律，必须按照一定的程序，有步骤、有秩序地进行，才能保障建设工程的顺利实现。基本建设程序正是基本建设活动内在规律的总结，遵循科学的基本建设程序是搞好基本建设工作的先决条件。

我国的水运工程基本建设程序见表 1.1-1，表中的先后步骤不能更改，但允许相邻步骤间合理交叉。

表 1.1-1　　　　　　　　　　水运工程基本建设程序

| 序号 | 项目步骤 | 主 要 工 作 内 容 |
|---|---|---|
| 1 | 项目建议书阶段 | 　　项目建议书是由项目投资主体向其主管部门提出的建设项目的轮廓设想，主要是从宏观上论述项目建设的必要性和可能性，分析是否值得投入资金和人力进行可行性研究。<br>　　项目建议书一般由项目投资主体委托有相应资质的咨询单位承担，并按国家规定向相关主管部门申报审批 |
| 2 | 可行性研究阶段 | 　　可行性研究是论述项目在技术上是否先进、适用、可靠，在经济上是否合理可行，在财务上是否盈利，做出多方案比较、评价，推荐最佳方案。可行性研究是确定项目是否立项的依据。<br>　　可行性研究报告由项目法人（或筹备机构）组织编制，按国家规定向相关主管部门申报审批 |

| 序号 | 项目步骤 | 主 要 工 作 内 容 |
|------|----------|-------------------|
| 3 | 初步设计阶段 | 初步设计是根据批准的可行性研究报告和必要的设计资料，对拟建项目进行通盘研究，确定项目的具体实施方案和各项主要建设参数，并编制项目的总概算。小型工程项目不一定有初步设计阶段。<br>初步设计任务应由有相应资质的设计单位完成 |
| 4 | 施工图设计阶段 | 施工图设计是工程设计的最后阶段，通过图纸，把设计者的意图和全部设计结果表达出来，作为施工制作的依据。<br>施工图设计文件是已定方案的具体化，由设计单位负责完成。在交付施工单位时，须经建设单位技术负责人审查签字。根据现场需要，设计人员应至现场进行技术交底，并可以根据项目法人、施工单位及监理单位的合理化建议进行局部设计修改 |
| 5 | 施工准备阶段 | 项目在主体工程开工之前，必须完成各项施工准备工作。<br>施工准备工作开始前，项目法人或其代理机构，须依照有关规定，向行政主管部门办理报建手续，交验工程建设项目的有关批准文件。<br>建设项目进行施工准备必须满足下列条件：初步设计已经批准；项目法人已经建立；项目已列入国家或地方建设投资计划，筹资方案已经确定；有关土地使用权已经批准；已办理报建手续 |
| 6 | 组织施工阶段 | 组织施工阶段是指工程项目的建设实施。项目法人按照批准的建设文件，组织工程建设、保证项目建设目标的实现。项目法人或其代理机构必须按审批权限，向主管部门提出开工申请报告，经批准后方能正式开工。<br>工程开工须具备以下条件：项目的各项报建、备案手续已经完成；项目资金已经落实；施工图已经完成并通过审核；施工、监理人员已经到位；施工方案已经通过监理和相关主管部门审批，现场准备工作基本完成 |
| 7 | 生产准备阶段 | 生产准备是项目法人在项目投产前所做的准备工作，是建设阶段转入生产经营的必要条件。<br>生产准备一般包括如下内容：生产组织准备；招收和培训人员；生产技术准备、物资准备；正常的生活福利设施准备；及时具体落实产品销售合同协议的签订，提高生产经营效益，为偿还债务和资产的保值、增值创造条件 |
| 8 | 竣工验收阶段 | 竣工验收是工程完成建设目标的标志，是全面考核基本建设成果、检验设计和工程质量的重要步骤。竣工验收合格的项目即从基本建设转入生产或使用。<br>水运建设工程除各单位工程的专项竣工验收外，港口、船闸的生产设施还需试运行规定时间后再做竣工验收 |
| 9 | 后评价 | 后评价是工程交付生产运行后一段时间内，一般经过1～2年生产运行后，对项目的立项决策、设计、施工、竣工验收、生产运行等全过程进行系统评价的一种技术经济活动。通过后评价达到肯定成绩、总结经验、研究问题、提高项目决策水平和投资效果的目的。<br>评价的内容主要包括：影响评价；经济效益评价；过程评价。前述两种评价是从项目投产后运行结果来分析评价的。过程评价则是从项目的立项决策、设计、施工、竣工投产等全过程进行系统分析 |
| 10 | 项目终止 | 项目终止是指项目失去使用价值后的拆除、无害化处理等工作。这是传统基本建设管理工作所没有的阶段，是环境保护对建设项目的新要求 |

# 第二节　建设工程造价概述

## 一、建筑产品的特点

从商品经济的角度看，建筑工程也是一种商品，具有与其他商品一样的商品属性。建筑企业进行的施工活动也是商品生产活动。但与一般工业产品相比，建筑产品又具有以下特点。

1. 产品的单件性

每个建筑产品都有专门的用途，因此就有不同的形态、不同的结构、不同的施工工艺和方法，使用不同的材料和设备。同时，因为工程的性质（新建、改建、扩建或恢复等）不同，其设计要求也不一样。即使工程的性质或设计标准相同，也会因建设地点的社会环境和自然条件不同，其设计也不尽相同。建筑产品这种设计上的差异、时空上的差异，以及施工设备和工艺上的差异最终导致每个建筑产品各不相同。

2. 价格的可比性

由于建筑产品的单件性，每一个单位工程都是独一无二的，所以单位工程的价格是不可比的。但是，当我们把一个复杂的、庞大的单位工程按照施工顺序、施工过程和施工工艺分解为若干个分部分项工程以后，简单而相似的分部分项工程之间就具备了可比性。建筑产品价格的可比性是指分部分项工程的价格可比性，具有共性的分部分项工程是单位工程计价的基础。

3. 生产周期长

建筑产品的生产周期是指建设项目或单位工程在建设过程中所耗用的时间，即从开始施工起，到全部建成投产或交付使用、发挥效益为止所经历的时间。

建筑产品的生产周期一般较长，少则 0.5～1 年，多则 3～4 年，甚至上十年。它长期大量占用和消耗人力、物力和财力，可能要到整个生产周期结束才能出产品。另外，所有建筑产品都有其合理工期，不能任意压缩工期。

合理工期是指建设项目在正常的建设条件、合理的施工工艺和管理，建设过程中对人、财、物资源合理有效地利用，使工效最高、成本最低的工期。合理工期是生产力水平的客观反映，任何违背合理工期的行为都会增加工程的造价。

4. 价格具有不同形式的差异

建筑产品的价格差异主要是指地区差价、质量差价和工期差价。地区差价是指由于地区不同而客观存在的生产条件、生产要素的差异所导致的价格差异。质量差价是指由于施工质量等级的不同而造成的价格差异。工期差价是指由于建造工期相对于合理工期的提前或推迟而形成的价格差异。

5. 定价在先

对于一般工业产品来说，通常先生产、后定价。但是，建筑产品要求在未生产出来之前就投标报价，确定价格，即定价在先、生产在后。由于建筑产品所具有的多样性等特点，在生产开始之前难以充分预测各种成本要素以及拟建建筑产品所具有的特点对其价格所产生的影响，因此投标报价具有一定的风险性。一般情况下，在生产之前所确定的建筑产品价格实际上只是一种暂定价格，而实际价格要等建筑产品建成交付使用之后才能最终确定。实际价格往往与最初的报价有所不同。

## 二、工程造价

### （一）工程造价的概念

工程造价就是工程的建造价格，是工程项目从投资决策开始到竣工投产为止的期间内预计或实际支出的建设费用。它有两种含义：

第一种含义：工程造价是指建设一项工程预期支付或实际支付的全部固定资产投资费用，即工程投资或建设成本。这一含义是从投资者（业主）的角度来定义的。投资者选定一个投资项目后，先要通过项目评估进行决策，然后进行设计招标、施工招标，直至竣工验收等一系列投资管理活动。在投资活动中所支付的全部费用构成了工程造价。从这个意义上说，工程造价就是工程投资费用，建设项目工程造价与建设项目投资中的固定资产投资相等。

第二种含义：工程造价是指建筑产品价格，即工程价格。也就是为建设一项工程，预计或实际在土地、设备市场、技术劳务市场等交易活动中所形成的建筑安装工程价格和建设工程总价格。显然，工程价格的这个含义是以市场经济为前提，以工程这种特定的商品形式作为交易对象，在多次预估的基础上，通过招投标、发承包或其他交易方式，最终由市场形成的价格。通常把工程造价的第二种含义认定为工程发承包价格或竣工结算价格。在这里，工程的范围及内涵可以是一个涵盖范围很大的建设项目，也可以是一个单项工程，甚至可以是整个建设工程中某个分段。

所谓工程造价的两种含义是从不同角度把握同一事物的本质。对于建设工程的投资者来说，工程造价就是项目投资，是"购买"项目付出的所有与之相关的费用；对于承包商来说，工程造价是他们作为市场主体出售商品和劳务的价格总和，是某工程项目特定范围的工程造价，如建筑安装工程造价。第一种含义所包含的内容比第二种含义所包含的内容多，而第二种含义所包含费用是第一种含义费用的重要组成。

### （二）工程造价的特点

**1. 工程造价的大额性**

建设工程不仅实物形体庞大，而且造价高昂，少则数百万元，多则数亿元，甚至数百亿元、千亿元人民币。工程造价的大额性不仅关系到有关各方面的重大经济利益，同时也对宏观经济产生重大影响。这就决定了工程造价的特殊地位，也说明了造价管理的重要性。

**2. 工程造价的单件性**

工程造价的单件性是由建筑产品的单件性决定的。任何一项建设工程都有特定的用途、功能、规模。因此，对每一项工程的结构、造型、工艺设备、建筑材料等都有具体的要求，这就使建设工程的实物形态千差万别。再加上不同地区构成投资费用的各种价值要素的差异，最终造成工程造价的个别性差异。

**3. 工程造价的动态性**

在经济发展过程中，价格是动态的，是不断变化的。任何一项工程从投资决策到交付使用，都有一个较长的建设期。在此期间，许多影响工程造价的价格要素都在不断地发生变化，如人工工资标准、材料设备价格、费率、利率等，这些价格要素的变动必然影响到工程造价。

此外，建设工程通常规模大、周期长、技术复杂、受自然条件影响大，投入的人力、物力、财力巨大，一旦决策失误，造成的损失难以挽回。为了适应造价控制和管理要求，需要根据工程建设程序的不同阶段分别进行计价。投资估算、设计概算、修正概算、施工图预算、投标报价、合同价、进度款结算以及竣工决算就是根据工程建设各阶段编制的对应造价文件，它们之间相互衔接，是一个由粗到细、由浅到深、由预期到实际的发展过程。一项工程在不同的建设阶段，其工程造价也是动态变化的。

4. 工程造价的层次性

工程的层次性决定了造价的层次性。一个建设项目（综合性港口工程）可以有多项单项工程（港口主体工程、辅助生产工程、公用设施工程等），一个单项工程（港口主体工程）往往有多个单位工程（码头、防波堤、护岸等）。与此相应，工程造价有 3 个层次：建设项目总造价、单项工程造价和单位工程造价。单位工程造价还可细分为分部工程造价和分项工程造价。

5. 工程造价的兼容性

工程造价的兼容性首先表现在它具有两种含义，其次表现在工程造价构成因素的广泛性和复杂性。

（三）工程造价的职能

工程造价除具有一般商品的价格职能外，还具有以下特殊的职能。

1. 预测职能

由于工程造价的大额性和动态性，无论是投资者或者是承包商都要对拟建工程进行预先测算。投资者预先测算工程造价，不仅作为项目决策依据，同时也是筹集资金、控制造价的需要。承包商对工程造价的测算既为投标决策提供依据，也为投标报价和成本管理提供依据。

2. 控制职能

工程造价的控制职能表现在两个方面：一方面是它对投资的控制，即在投资的各个阶段，根据对造价的多次性预估，对造价进行全过程多层次的控制；另一方面是对以承包商为代表的商品和劳务供应企业的成本控制。在价格一定的条件下、企业实际成本开支决定企业的盈利水平。成本越高盈利越低，成本高于价格就危及企业的生存。所以企业要以工程造价来控制成本。

3. 评价职能

工程造价是评价总投资与分项投资合理性和投资效益的主要依据之一。在评价土地价格、建筑安装工程产品和设备价格的合理性时，就必须利用工程造价资料；在评价项目偿贷能力、获利能力和宏观效益时，也要依据工程造价。工程造价也是评价建筑业管理水平和经营成果的重要依据。

4. 调控职能

工程建设直接关系到经济增长，也直接关系到资源分配和资金流向，对国计民生影响重大。所以，国家对建设规模、结构进行宏观调控是在任何条件下都不可或缺的，对政府投资项目进行直接调控和管理也是非常必需的。这些都是要用工程造价作为经济杠杆，对工程建设中的物质消耗水平、建设规模、投资方向等进行调控和管理。

工程造价职能实现的条件，最主要的是市场竞争机制的形成。工程造价职能的充分实现，将在国民经济的发展中起到多方面的良好作用。

（四）工程造价的计价特征

工程造价的计价（可简称为工程计价）是指按照法律、法规和标准规定的程序、方法和依据，对工程项目实施建设的各个阶段的工程造价及其构成内容进行预测和确定的行为。

工程造价的特点，决定了工程造价的计价特征。了解这些特征，对工程造价的确定与控制是非常必要的。

1. 单件性计价

建筑产品的单件性决定了其计价工作的单件性。建设工程不能像工业产品那样按品种、规格、质量成批地定价。只能通过特殊的程序，就每一个项目计算工程造价，即单件性计价。

2. 组合性计价

工程造价的计算是由分部分项工程组合而成的。一个建设项目是一个工程综合体，这个综合体可以分解为许多有内在联系的独立和不能独立的工程。计价时，首先要将建设项目分解到计价的最小单元（分项工程），通过计算分项工程的价格而汇总得到分部工程价格，由分部工程价格汇总得到单位工程造价，由单位工程造价汇总得到单项工程造价，由单项工程造价汇总得到建设项目总造价。这就是工程计价的组合性。

3. 多次性计价

建设工程周期长，影响因素多，工程造价是动态变化的。对于同一个工程，为了适应工程建设各方经济关系的建立，适应工程造价控制和管理的要求，需要在工程实施的各个阶段进行多次计价。这就决定了工程计价的多次性。多次计价是一个逐步深入和细化，不断接近实际造价的过程。

不同建设阶段的造价确定与精度控制如图 1.2-1 所示。

4. 计价方法多样性

适应多次性计价有不同的计价依据，以及对造价的不同精度要求，计价方法有多样性特征。计算和确定概算、预算造价有单价法和实物量法；计算和确定投资估算有设备系数法、生产能力指数估算法和分项比例估算法等。

5. 计价依据的复杂性

工程造价的影响因素很多，决定了工程造价的计价依据的复杂性。计价依据主要可以分为以下 7 类：

（1）设备和工程量计算依据。设备和工程量计算依据包括项目建议书、可行性研究报告、设计文件等。

（2）人工、材料、机械等实物消耗量计算依据。人工、材料、机械等实物消耗量计算依据包括投资估算指标、概算定额、预算定额等。

（3）工程单价计算依据。工程单价计算依据包括人工单价、材料价格、材料运杂费、

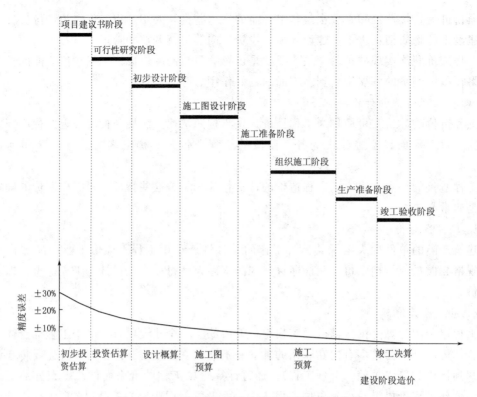

图 1.2-1　不同建设阶段的造价确定与精度控制

机械台班费等。

（4）设备单价计算依据。设备单价计算依据包括设备原价、设备运杂费、进口设备关税等。

（5）措施费、间接费和工程建设其他费用计算依据。措施费、间接费和工程建设其他费用计算依据主要是相关的费用定额和指标。

（6）政府规定的税、费。

（7）物价指数和工程造价指数。

### 三、工程造价管理

#### （一）工程造价管理的概念

工程造价管理是指综合运用管理学、经济学和工程技术等方面的知识与技能，对工程造价进行预测、计划、控制、核算、分析和评价等的工作过程。

1997年，国际全面造价管理促进协会在其官方网站上，对工程造价管理的定义是：造价工程或造价管理，其领域包括应用从事造价工程实践所获得的工程经验与判断和通过学习掌握的科学原理与技术，去解决有关工程造价预算、造价控制、运营计划与管理、盈利分析、项目管理以及项目计划与进度安排等方面的问题。

#### （二）宏观与微观的工程造价管理

工程造价管理可分为宏观和微观两个层面的管理。

##### 1. 宏观工程造价管理

宏观造价管理是指国家利用法律、经济、行政等手段对建设项目的建设成本和工程发包价格进行的管理，利用市场机制引导企业做出适应经济发展和满足市场需求的正确决策，如图 1.2-2 所示。

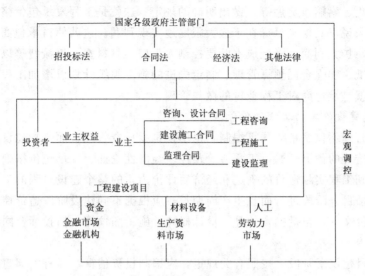

图 1.2-2　国家对工程造价的宏观调控

国家从国民经济的整体利益和需要出发，通过利率、税收、汇率、价格等政策和强制性的标准、法规等左右和影响建设成本的高低走向，通过这些政策引导和监督，达到对建设项目建设成本的宏观造价管理。

国家对发承包价格的宏观管理，主要是规范市场行为和对市场定价的管理。国家通过行政、法律等手段对市场经济进行引导和监控，以保证市场有序竞争，避免各种类型的不正当竞争行为（包括不合理涨价、压价在内）的发生、发展。加强对市场定价的管理，维护发承包各方的正当权益。

国家的指导和宏观调控作用主要表现为：①对于国家投资的工程，政府要监督国有资产的运行效益，保证国有资产保值、增值；②政府的主管部门根据国家经济发展战略和规划，制定出相关的行业政策、法规，指导建设项目向社会和市场需要的方向发展，政府主管部门通过信息网络向业主和中介机构提供市场信息和政府的指导方针，指出国家重点发展的行业和地区以及国家限制发展的项目；③政府通过制定财政、税收和金融货币政策，调节资金市场和生产资料市场，从而由市场的价格机制来引导企业参与市场竞争，这就是间接调控。

2. 微观工程造价管理

微观的工程造价管理是指工程参建主体根据工程计价依据和市场价格信息等预测、计划、控制、核算工程造价的系统活动，主要包括业主对某一建设项目的建设成本的管理和发承包双方对工程发承包价格的管理。

谋求以较低的投入，获取较高的产出，降低建设成本是业主追求的目标。建设成本的微观造价管理是指业主对建设成本实行从项目前期工作开始的全过程控制和管理，即工程造价的预控、预测和工程实施阶段的工程造价控制、管理以及工程实际造价的计算。

工程发承包价格是发包方与承包方通过发承包合同确定的价格，它是发承包合同的重要组成部分。发、承包方为了维护各自的利益，保证价格的兑现和风险的补偿，双方都要对工程发承包价格（对发包方而言为发包价，对承包方而言为承包价），如工程价款的支付、结算、变更、索赔、奖惩等，做出明确的规定。这就是工程发承包价格的微观管理。

对承包商来说，其根本目标在于最大限度地实现利润。这就使得承包商在施工过程中努力降低成本，扩大利润。降低成本既要控制人工费、材料费、机械费等以减少开支，又要认真会审图纸、加强合同预算管理、制定先进的施工组织计划以增加工程收入，必要时进行索赔。这就是承包商对工程造价的微观管理。

（三）不同建设阶段的工程造价管理

工程造价管理不仅是指概预算编制，也不仅是指投资管理，而是指建设项目从可行性研究阶段工程造价的预测开始，工程造价预控、经济性论证、发承包价格确定，建设期间资金运用管理到工程实际造价的确定和经济后评价为止的整个建设过程的工程造价管理。

由于建设项目分阶段进行而且生产周期长，应根据不同建设阶段造价控制的要求编制不同深度的造价文件，包括投资估算、设计概算、施工图预算、招投标合同价格、竣工结算、竣工决算等。

（1）在项目建议书阶段，按照有关规定，应编制投资估算。经有关部门批准，作为拟建项目列入国家中长期计划和开展前期工作的控制造价。

（2）可行性研究阶段，编制投资估算书，对工程造价进行预测；基于不同的投资方案进行经济评价，作为工程项目决策的重要依据。工程造价的全过程管理要从估算这个"龙头"抓起，充分考虑各种可能的意外和风险及价格上涨等动态因素，打足投资，不留缺口，适当留有余地。

（3）初步设计阶段编制概算，在限额设计的基础上对工程造价作进一步的测算。初步设计阶段对建筑物的布置、结构形式、主要尺寸及设备选型等重大问题都已明确。可行性研究阶段遗留的不确定因素已基本不存在，所以概算对工程造价不是一般的预测，而是具有定位性质的测算。对于政府投资工程而言，经有关部门批准的工程概算，将作为拟建工程项目造价的最高限额。

（4）技术设计阶段和施工图设计阶段，在限额设计、优化设计方案的基础上，设计单位应分别编制修正概算和施工图预算，要对工程造价做更进一步的计算。

（5）招投标阶段，对于业主单位，进行招标策划，编制和审核工程量清单、招标控制价，招标控制价必须控制在业主预算范围以内；对于投标单位则要对投标项目按招标文件给定的条件、在对工程风险及竞争形势分析的基础上作出投标报价；招投标双方确定发承包合同价。

（6）工程实施阶段的工程造价管理，包括两个层次的内容：①业主与其代理机构（建设管理单位）之间的投资管理；②建设单位与施工承包单位之间的合同管理。第一个层次的主要内容有编制业主预算，资金的统筹与运作，投资的调整与结算；第二个层次的主要内容有工程价款的支付、调整、结算以及变更和索赔的处理等。

（7）竣工验收阶段，建设项目全部工程完工后，建设单位应编制竣工决算，以反映从工程筹建到竣工验收实际发生的全部建设费用的投资额度和投资效果。

# 第二章 水运建设工程费用的构成

## 第一节 水运建设工程概算预算费用及项目组成

水运建设工程包括我国境内远海、沿海和内河区域建设的各类港口、航道、航运枢纽及通航建筑物、船厂水工建筑物等工程。

除远海区域水运建设工程以外，根据交通运输部 2019 年 57 号文，自 2019 年 11 月 1 日起，我国现行的水运建设工程费用的计价依据是《水运建设工程概算预算编制规定》及其配套定额，具体包括推荐性标准 11 项：《水运建设工程概算预算编制规定》（JTS/T 116—2019）、《内河航运水工建筑工程定额》（JTS/T 275—1—2019）、《内河航运工程船舶机械艘（台）班费用定额》（JTS/T 275—2—2019）、《内河航运设备安装工程定额》（JTS/T 275—3—2019）、《内河航运工程参考定额》（JTS/T 275—4—2019）、《沿海港口水工建筑工程定额》（JTS/T 276—1—2019）、《沿海港口工程船舶机械艘（台）班费用定额》（JTS/T 276—2—2019）、《沿海港口工程参考定额》（JTS/T 276—3—2019）、《水运工程混凝土和砂浆材料用量定额》（JTS/T 277—2019）、《疏浚工程预算定额》（JTS/T 278—1—2019）、《疏浚工程船舶艘班费用定额》（JTS/T 278—2—2019）以及配套参考使用的《水运工程定额材料基价单价》（2019 年版）。

沿海和内河区域水运工程按如下规定划分：

（1）沿海区域水运工程指在我国入海河流口门及以下、沿海（包括海南岛、长山列岛、舟山群岛）和沿海海域海岛（含人工岛）建设的港口工程、航道工程、船厂水工建筑物工程、水运支持系统工程和水运其他工程。

（2）内河区域水运工程指在江河、湖泊水域及入海河流口门以上水域建设的内河航运工程，内河航运工程主要包括港口工程、航道工程、航运枢纽及通航建筑物工程、船厂水工建筑物工程、水运支持系统工程和水运其他工程。

水运工程建设项目总概算包括项目从筹建到竣工验收所需的全部建设费用，由工程费用、工程建设其他费用、预留费用、建设期利息和专项概算组成。各项费用组成如图 2.1-1 所示。

**一、工程费用**

工程费用指建设期内直接用于工程建造、设备购置及安装所需的投资，以及为完成工程必须修建的临时工程等所需的费用。工程费用包含建筑工程费、设备购置费、安装工程费等。

（一）建筑、安装工程费

水运工程建筑、安装工程费由定额直接费、其他直接费、企业管理费、利润、规费、

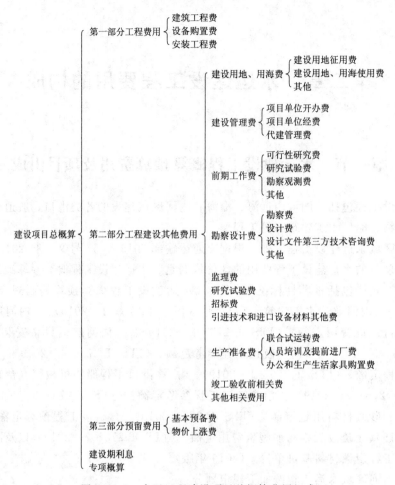

图 2.1-1 水运工程建设项目总概算费用组成

增值税和专项税费等组成。

水运工程建筑、安装工程费的计算在本章的第二、第三节专门介绍。

其他专业工程，应分别执行相关专业工程定额和相应工程费用计算标准。

对于列入专项概算项目的工程费用，应按照相应规定计列。

（二）水运工程的单位工程项目划分

水运工程的港口工程、航道工程及修造船厂水工建筑物工程单位工程项目划分，应分别符合表 2.1-1、表 2.1-2 及表 2.1-3 的规定，使用时应根据建设项目的实际需要予以增减。

表 2.1-1　　　　　　　　　港口工程单位工程项目划分表

| 序号 | 专业工程名称 | 单 位 工 程 | |
| --- | --- | --- | --- |
| | | 名 称 | 内 容 |
| 1 | 疏浚工程 | 进港航道、港池、泊位和锚地疏浚工程 | 挖泥及泥土处理工程；<br>炸礁、清渣①工程；<br>抛（纳）泥区围堰工程等 |

① 依据规范不同，文中渣，礁均有出现。

14

| 序号 | 专业工程名称 | 单 位 工 程 | |
|---|---|---|---|
| | | 名　　称 | 内　　容 |
| 2 | 水工建筑物工程 | 码头、栈（引）桥、防波堤、导流防沙堤、防洪堤、引堤、护岸、防汛墙等工程 | 建（构）筑物基础、主体、接岸结构及附属工程等；<br>浮式码头趸船及配件的购置、制作、安装和附属工程等 |
| 3 | 陆域形成与地基处理工程 | 陆域形成工程；<br>地基处理工程 | 挖、填、吹填造陆工程；<br>围堰及挡土结构工程；<br>地基处理及配套工程等 |
| 4 | 装卸工艺 | 装卸工艺系统工程 | 设备、材料购置、制作、安装和附属工程等 |
| 5 | 道路、堆场工程 | 港区道路、堆场工程 | 道路堆场基础、结构及面层、地下管井（沟）及附属工程等；<br>堆场构筑物基础、主体及配套工程等 |
| 6 | 生产与辅助建筑物工程 | 港区仓库、筒仓、翻车机房及地下廊道工程；<br>输送转运机房、输送廊道、刚架和设备与支架基础等接卸及输送系统构筑物工程；<br>总降压站、变（配）电所，中央控制室，信息与通信机房工程；<br>给水调节站、排水泵站、泄洪泵站工程；<br>供热锅炉房工程；<br>氮气站、空压站、维修车间、加油站、储油罐工程；<br>消防站、消防泵站、消防控制室工程；<br>污水处理厂、除尘构筑物、环境监测站工程；<br>港区办公楼、候工室，大门、围墙、单身宿舍等生产与辅助建（构）筑物工程 | 建（构）筑物基础、主体及配套工程等 |
| 7 | 供电、照明工程 | 港区供电电源工程；<br>总降压站、变（配）电所工程；<br>供电线路、室外照明、防雷与接地系统、维修设施等工程；<br>港口岸电设施工程 | 设备及材料的购置、制作、安装和附属工程；<br>设备基础及配套构筑物工程等 |
| 8 | 控制工程 | 港区生产控制系统及管理系统工程；<br>中央控制室等工程 | 系统集成，设备及材料的购置、制作、安装和附属工程；<br>设备基础及配套构筑物工程等 |
| 9 | 信息与通信工程 | 港区自动电话、有线生产调度电话、无线集群通信工程；<br>宽带网络接入与电子数据交换工程；<br>海岸电台、船舶电子导助航工程；<br>消防专用监控和通信工程；<br>工业电视系统、安全防护、综合传输线路系统工程等 | 系统集成，设备及材料的购置、制作、安装和附属工程；<br>设备基础及配套构筑物工程等 |

| 序号 | 专业工程名称 | 单位工程 | |
|---|---|---|---|
| | | 名　称 | 内　容 |
| 10 | 给水排水工程 | 港区水源设施、净水厂、给水管网、供水调节站等给水系统工程；<br>港区综合雨、污水排水管网、泵站、防洪设施（泄洪、截洪沟渠及泵站）等排水系统工程 | 设备及材料的购置、制作、安装和附属工程；<br>设备基础及配套构筑物工程等 |
| 11 | 采暖、通风、供热与动力工程 | 港区供热锅炉房与管网工程；<br>通风及空调工程；<br>干式除尘工程；<br>动力系统（氮气站、空压站、动力管道等）等工程 | 设备及材料的购置、制作、安装和附属工程；<br>设备基础及配套构筑物工程等 |
| 12 | 维修和供油工程 | 港区港口机械维修车间，港口供油加油站、储油罐等工程 | 设备及材料的购置、制作、安装和附属工程；<br>设备基础及配套构筑物工程等 |
| 13 | 消防工程 | 港区水上、陆域消防站工程；<br>港区码头及陆域建构筑物、供电照明、通风、控制、信息与通信系统等防火措施工程；<br>消防控制室；消防供水及泵站等消防系统工程；<br>消防设备购置 | 设备及材料的购置、制作、安装和附属工程；<br>设备基础及配套构筑物工程等 |
| 14 | 环境保护工程 | 港区消烟除尘、污水处理、固体废弃物处理、噪声防治等系统工程；<br>防尘网工程；<br>水上溢油及液体化工品污染等防治设施工程；<br>绿化工程；<br>环境监测站工程等 | 设备及材料的购置、制作、安装和附属工程；<br>设备基础及配套构筑物工程等；<br>绿化工程等 |
| 15 | 交通工程 | 港区交通控制及标志工程；<br>港内铁路、桥涵系统等工程 | 设备及材料的购置、制作、安装和附属工程；<br>设备基础及配套构筑物工程等；<br>铁路、桥涵建（构）筑物基础、主体及配套工程 |
| 16 | 导助航设施工程 | 灯塔、导标及助航标志等工程 | 导助航建（构）筑物基础、主体结构工程；<br>设备及材料的购置、制作、安装和附属工程；<br>设备基础及配套构筑物工程等 |
| 17 | 港作车船 | 港区生产作业、管理车辆及船舶；<br>港区消防、环保等专用车辆及船舶等 | 车辆、船舶购置和建造 |
| 18 | 其他工程 | | |

| 序号 | 专业工程名称 | 单位工程 | |
|---|---|---|---|
| | | 名　称 | 内　容 |
| 19 | 临时工程 | 施工临时码头、栈（引）桥、道路、桥涵工程；<br>施工场地、仓库、构件临时预制场、滑道等工程；临时围堰工程；<br>施工降排水工程；<br>临时供电、供水、供暖、通信工程；<br>防汛、防冰、防台设施等防护工程；<br>施工期通航安全措施；<br>水上安全监控设施；<br>施工警戒标志；<br>测量定位设施；<br>施工期环保措施；<br>建设项目水土保持措施；<br>其他临时工程和施工保障措施 | 建（构）筑物基础、主体及配套工程；<br>设备及材料的购置、制作、安装和附属工程；<br>设备基础及配套构筑物工程等；<br>设施维护、拆除、恢复工程；<br>施工期环保措施、水土保持措施；<br>各类施工措施等 |

**注**　表中内容不含专项概算内容。

**表 2.1－2**　　　　　　　　**航道工程单位工程项目划分表**

| 序号 | 专业工程名称 | 单位工程 | |
|---|---|---|---|
| | | 名　称 | 内　容 |
| 一 | | 内河航道工程 | |
| （一） | | 航道整治工程 | |
| 1 | 疏浚工程 | 疏浚工程 | 挖、吹、运、卸泥工程等 |
| 2 | 炸礁及挖岩工程 | 炸礁工程、挖岩工程 | 爆破、清渣、弃运及附属工程；<br>岩石破碎、挖除、弃运及附属工程等 |
| 3 | 整治建筑物工程 | 堤坝、护岸和固滩等工程 | 建（构）筑物基础、主体及附属工程等 |
| 4 | 跨河桥梁工程 | 跨河桥梁工程 | 建（构）筑物基础、主体及附属工程等 |
| 5 | 航标工程 | 岸标、浮标、标志、航行水尺等设施工程；<br>航标站；<br>航标遥测监控系统工程等 | 建（构）筑物基础、主体及配套工程；<br>设备及材料的购置、制作、安装和附属工程；<br>设备基础及配套构筑物工程等 |
| 6 | 通信与控制工程 | 通信与控制系统工程；<br>机房工程等 | 设备及材料的购置、制作、安装和附属工程；<br>设备基础及配套构筑物工程等 |
| 7 | 信息化工程 | 宽带网络接入与电子数据交换系统工程；<br>工业电视系统工程；<br>安全防护系统工程；<br>综合传输线路系统；数字化航道系统工程等 | 设备及材料的购置、制作、安装和附属工程；<br>设备基础及配套构筑物工程等 |

续表

| 序号 | 专业工程名称 | 单 位 工 程 | |
|---|---|---|---|
| | | 名　称 | 内　容 |
| 一 | | 内河航道工程 | |
| （一） | | 航道整治工程 | |
| 8 | 管理与维护设施工程 | 航道管理、维护设施工程 | 建（构）筑物基础、主体及配套工程；设备及材料的购置、制作、安装和附属工程；设备基础及配套构筑物工程等 |
| 9 | 环境保护与水土保持工程 | 环保处理、管理、监测工程；景观绿化工程等 | 建（构）筑物基础、主体及配套工程；设备及材料的购置、制作、安装和附属工程；设备基础及配套构筑物工程等 |
| 10 | | 水土保持工程 | 建（构）筑物基础、主体及配套工程；设备及材料的购置、制作、安装和附属工程；设备基础及配套构筑物工程等 |
| 11 | 建设期维护工程 | 航道及各类整治建筑物建设期维护工程；建设期航标维护等 | 交工至竣工验收期内航道、整治建（构）筑物基础、主体及配套设施的维护性工程 |
| 12 | 车船购置 | 运营及管理车辆船舶 | 车辆、船舶购置 |
| 13 | 其他工程 | | |
| 14 | 临时工程 | 施工导标、围堰、降排水工程；临时预制场及施工场地、仓库等工程；临时交通工程（码头、道路等）；临时供电、供水、供暖、通信工程；防汛、防冰、防台设施等防护工程；施工期通航安全措施；水上安全监控设施工程；施工警戒标志；测量定位设施；施工期环保及水土保持措施；其他临时工程和施工保障措施 | 建（构）筑物基础、主体及配套工程；设备及材料的购置、制作、安装和附属工程；设备基础及配套构筑物工程等；拆除、恢复工程；各类施工措施等 |
| （二） | | 通航建筑物工程 | |
| 1 | 航道整治工程 | 上下游引航道及锚地疏浚工程；固滩、炸礁等整治建筑工程 | 航道及锚地挖、吹、运、卸泥工程；建（构）筑物基础、主体及附属工程等；炸礁、挖岩、清渣工程等 |
| 2 | 水工建筑物工程 | 船闸、升船机建筑工程；上下游引航道护岸工程；导航、靠船建筑物工程；前港工程等 | 建（构）筑物基础、主体及附属工程等 |

| 序号 | 专业工程名称 | 单位工程 | |
|---|---|---|---|
| | | 名　称 | 内　容 |
| 一 | | 内河航道工程 | |
| (二) | | 通航建筑物工程 | |
| 3 | 输水系统工程 | 输水系统工程 | 设备及材料的购置、制作、安装和附属工程；<br>设备基础及配套构筑物工程等 |
| 4 | 金属结构工程 | 闸阀门、升船机承船厢（车）、拦污栅等工程 | 设备及材料的购置、制作、安装和附属工程；<br>设备基础及配套构筑物工程等 |
| 5 | 机械设备及安装工程 | 闸阀门启闭机，升船机承船厢提升设备、驱动系统设备、平衡重系统设备及厢室设备（或斜面升船机牵引设备、斜坡道设备），移动系缆、拖动系统，起重等设备工程 | 设备及材料的购置、制作、安装和附属工程；<br>设备基础及配套构筑物工程等 |
| 6 | 电气与控制工程 | 动力、拖动系统工程；<br>变配电站（所）及供电照明工程等 | 设备及材料的购置、制作、安装和附属工程；<br>设备基础及配套构筑物工程等 |
| 7 | | 控制系统工程 | 设备及材料的购置、制作、安装和附属工程；<br>设备基础及配套构筑物工程等 |
| 8 | 生产与辅助建筑物工程 | 厂区车间、仓库、调度及办公用房、围墙、大门等建筑物工程；输水、控制、供电、消防等建筑物工程；食堂、单身宿舍等建筑物工程；<br>生产与辅建区道路场地等工程 | 建（构）筑物基础、主体及配套工程和附属设施工程等 |
| 9 | 通信工程 | 自动电话、有线生产调度电话、无线通信、消防专用通信工程等 | 设备及材料的购置、制作、安装和附属工程；<br>设备基础及配套构筑物工程等 |
| 10 | 给水、排水及污水处理工程 | 给水、排水和污水处理系统工程 | 设备及材料的购置、制作、安装和附属工程；<br>设备基础及配套构筑物工程等 |
| 11 | 采暖通风、空调工程 | 采暖通风、空调系统工程 | 设备及材料的购置、制作、安装和附属工程；<br>设备基础及配套构筑物工程等 |
| 12 | 交通工程 | 厂区道路、桥梁工程等 | 建（构）筑物基础、主体及附属工程 |
| 13 | 消防工程 | 消防系统工程 | 设备及材料的购置、制作、安装和附属工程；<br>设备基础及配套构筑物工程等 |

| 序号 | 专业工程名称 | 单位工程 | |
|---|---|---|---|
| | | 名　称 | 内　容 |
| 一 | | 内河航道工程 | |
| (二) | | 通航建筑物工程 | |
| 14 | 环境保护与水土保持工程 | 环保设施、管理、监测设施工程；景观绿化工程等 | 建（构）筑物基础、主体及附属工程；设备及材料的购置、制作、安装和附属工程；设备基础及配套构筑物工程等 |
| 15 | | 水土保持工程 | 建（构）筑物基础、主体及配套工程；设备及材料的购置、制作、安装和附属工程；设备基础及配套构筑物工程等 |
| 16 | 导助航工程 | 电子导航、助航工程；岸标、浮标、标志、航行水尺等设施工程；航标遥测监控系统工程等 | 建（构）筑物基础、主体及附属工程；设备及材料的购置、制作、安装和附属工程；设备基础及配套构筑物工程等 |
| 17 | 锚地与锚泊服务区工程 | 锚地设施工程；锚泊服务区工程 | 建（构）筑物基础、主体及配套工程等；设备及材料的购置、制作、安装和附属工程；设备基础及配套构筑物工程等 |
| 18 | 信息化工程 | 宽带网络接入与电子数据交换系统工程；工业电视系统工程；安全防护系统工程；综合传输线路系统等 | 设备及材料的购置、制作、安装和附属工程；设备基础及配套构筑物工程等 |
| 19 | 观测设施工程 | 通航建筑物观测设施工程 | 设备及材料的购置、制作、安装和附属工程；设备基础及配套构筑物工程等 |
| 20 | 维修工程 | 设备维修车间等 | 设备及材料的购置、制作、安装和附属工程；设备基础及配套构筑物工程等 |
| 21 | 车船购置 | 生产及管理车辆船舶；厂区消防、环保等专用车辆船舶 | 车辆、船舶购置 |
| 22 | 其他工程 | | |
| 23 | 临时工程 | 施工导标、临时围堰、降排水工程；临时预制场及施工场地、仓库等工程；临时交通工程（码头、道路等）；临时供电、供水、供暖、通信工程；防汛、防冰设施等防护工程；施工期通航安全措施；水上安全监控措施；施工警戒标志；测量定位设施；施工期环保及水土保持措施；其他临时工程和施工保障措施 | 建（构）筑物基础、主体及配套工程；设备及材料的购置、制作、安装和附属工程；设备基础及配套构筑物工程等；拆除、恢复工程；各类施工措施等 |

| 序号 | 专业工程名称 | 单位工程 | |
|---|---|---|---|
| | | 名　称 | 内　容 |
| 二 | | 沿海航道工程 | |
| 1 | 疏浚工程 | 航道、锚地疏浚工程 | 航道及锚地挖泥、抛（吹）泥工程；炸礁、挖岩、清渣工程等 |
| 2 | 水工建筑物工程 | 导流防沙堤工程；护岸、纳泥围堰等工程 | 建（构）筑物基础、主体及附属工程等 |
| 3 | 导助航工程 | 岸标、灯桩、浮标等航标工程；航标站；助航标志设施等 | 建（构）筑物基础、主体及附属工程；设备及材料的购置、制作、安装和附属工程；设备基础及配套构筑物工程等 |
| 4 | | 海岸电台、船舶电子导助航、差分卫星定位系统等；水上通信导航和交通管理系统工程 | 建（构）筑物基础、主体及配套工程；设备及材料的购置、制作、安装和附属工程；设备基础及配套构筑物工程等 |
| 5 | 环境保护工程 | 环境保护及环境监测站工程等 | 建（构）筑物基础、主体及配套工程；设备及材料的购置、制作、安装和附属工程；设备基础及配套构筑物工程等 |
| 6 | 其他工程 | | |
| 7 | 临时工程 | 临时围堰工程；临时预制场及施工场地、仓库、吹泥站等工程；临时交通工程（码头、道路等）；临时供电、供水、通信工程；防汛、防冰设施等防护工程；施工期通航安全措施；水上安全监控设施；测量定位设施；施工期环保措施；其他临时工程和施工保障措施 | 建（构）筑物基础、主体及配套工程；设备及材料的购置、制作、安装和附属工程；设备基础及配套构筑物工程等；拆除、恢复工程；各类施工措施等 |
| 三 | | 航运枢纽工程 | |
| （一） | | 挡泄水建筑物工程 | |
| 1 | 挡水建筑物工程 | 土石坝、混凝土坝等建筑工程 | 建（构）筑物基础与防渗处理、主体及附属工程等 |
| 2 | 泄水建筑物工程 | 节制闸、水闸等建筑工程 | 建（构）筑物基础、主体及附属工程等 |
| （二） | | 通航建筑物工程 | |
| 1 | 水工建筑物工程 | 船闸、升船机建筑工程；上下游引航道护岸工程；导航、靠船建筑物工程；前港工程等 | 建（构）筑物基础、主体及附属工程等 |

续表

| 序号 | 专业工程名称 | 单位工程名称 | 单位工程内容 |
|---|---|---|---|
| 三 | | 航运枢纽工程 | |
| (二) | | 通航建筑物工程 | |
| 2 | 输水系统工程 | 输水系统工程 | 设备及材料的购置、制作、安装和附属工程;<br>设备基础及配套构筑物工程等 |
| 3 | 金属结构工程 | 闸阀门、升船机承船厢(车)、拦污栅等工程 | 金属结构设备及材料的购置、制作、安装和附属工程;<br>设备基础及配套构筑物工程等 |
| 4 | 机械设备及安装工程 | 闸阀门启闭机,升船机承船厢提升设备、驱动系统设备、平衡重系统设备及厢室设备(或斜面升船机牵引设备、斜坡道设备),移动系缆、拖动系统,起重等设备工程 | 机械设备及材料的购置、制作、安装和附属工程;<br>设备基础及配套构筑物工程等 |
| 5 | 电气与控制工程 | 动力、拖动系统工程;<br>变配电站(所)及供电照明工程 | 设备及材料的购置、制作、安装和附属工程;<br>设备基础及配套构筑物工程等 |
| 6 | | 控制系统工程 | 设备及材料的购置、制作、安装和附属工程;<br>设备基础及配套构筑物工程等 |
| 7 | 导助航工程 | 电子导航、助航工程;<br>岸标、浮标、标志、航行水尺等设施工程;<br>航标遥测监控系统工程等 | 建(构)筑物基础、主体及附属工程;<br>设备及材料的购置、制作、安装和附属工程;<br>设备基础及配套构筑物工程等 |
| 8 | 锚地与锚泊服务区工程 | 锚地设施工程;<br>锚泊服务区工程 | 建筑物基础、主体及配套工程等;<br>设备及材料的购置、制作、安装和附属工程;<br>设备基础及配套构筑物工程等 |
| (三) | | 电站工程 | |
| 1 | 引水建筑物工程 | 发电引水明渠、进水口、调压井、高压管道等建(构)筑物工程 | 建(构)筑物基础、主体及附属工程等 |
| 2 | 电站厂房与开关站工程 | 地面、地下各类发电厂(站)厂房、开关站(变电站、换流站)、尾水等建(构)筑物工程 | 建(构)筑物基础、主体及附属工程等 |
| 3 | 泄洪建(构)筑物工程 | 溢洪道、泄洪洞、冲沙孔(洞)、放空洞等工程 | 建(构)筑物基础、主体及附属工程等 |
| 4 | 堤防及库岸建筑物工程 | 枢纽区堤防及库岸筑堤、围护、整体垫高、护岸等工程 | 建(构)筑物基础、主体及附属工程等 |

| 序号 | 专业工程名称 | 单位工程 | |
|---|---|---|---|
| | | 名　称 | 内　容 |
| 三 | | 航运枢纽工程 | |
| （三） | | 电站工程 | |
| 5 | 航道整治工程 | 枢纽区疏浚工程；<br>固滩、炸礁等整治建筑工程 | 上下游引航道及锚地挖、吹、运、卸泥工程；<br>建（构）筑物基础、主体及附属工程；<br>炸礁、挖岩、清渣工程等 |
| 6 | 鱼道建筑物工程 | 鱼道建筑物工程 | 建（构）筑物基础、主体及附属工程等<br>（与拦河坝相结合的，可作为其组成部分） |
| （四） | | 机电与金属结构工程 | |
| 1 | 水力机械设备及安装工程 | 水轮机（水泵）、水轮发电机组、电动机、主阀等设备及安装工程 | 设备及材料的购置、制作、安装和附属工程；<br>设备基础及配套构筑物工程等 |
| 2 | 辅助机械设备及安装工程 | 起重设备、油、气、水、量测等系统设备及安装工程 | 设备及材料的购置、制作、安装和附属工程；<br>设备基础及配套构筑物工程等 |
| 3 | 电工工程 | 主要电力设备工程（水电厂电气主接线，主变压器、断路器、换流设备、启动装置、高压电缆和母线等）；过压保护与接地系统工程等） | 设备及材料的购置、制作、安装和附属工程；<br>设备基础及配套工程等 |
| 4 | | 电气二次工程（水电厂、泵站及水闸的自动控制，水电厂继电保护、二次接线，电工试验室、工业电视系统等） | 设备及材料的购置、制作、安装和附属工程；<br>设备基础及配套构筑物工程等 |
| 5 | | 电厂通信工程（水电厂系统通信及水文气象和水情自动测报系统工程等） | 设备及材料的购置、制作、安装和附属工程；<br>设备基础及配套构筑物工程等 |
| 6 | | 泄水、通航、引水等建筑物闸门启闭机、电力拖动和自动控制电气设备系统工程 | 设备及材料的购置、制作、安装和附属工程；<br>设备基础及配套构筑物工程等 |
| 7 | 金属结构工程 | 泄水建筑物闸门及启闭设备工程 | 设备及材料购置、制作、运输、安装和附属工程等 |
| 8 | | 引水建筑物闸门、拦污栅及启闭设备工程 | 设备及材料购置、制作、安装和附属工程等 |
| 9 | | 尾水建筑物闸门、拦污栅及启闭设备金属结构工程 | 设备及材料购置、制作、安装和附属工程等 |
| 10 | | 施工导流建筑物闸门及启闭设备金属结构工程 | 设备及材料购置、制作、安装及拆除和附属工程等 |
| 11 | | 其他水工建筑物金属结构工程 | 设备及材料购置、制作、安装和附属工程等 |

| 序号 | 专业工程名称 | 单　位　工　程 | |
|---|---|---|---|
| | | 名　称 | 内　容 |
| 三 | | 航运枢纽工程 | |
| (五) | | 消防工程 | |
| 1 | 消防工程 | 枢纽区消防供水及专用设施、火灾自动报警系统等消防系统工程 | 设备及材料的购置、制作、安装及附属设施工程；<br>设备基础及配套构筑物工程等 |
| (六) | | 生产生活区建筑物及设施工程 | |
| 1 | 生产与辅助建筑物工程 | 厂房（不含发电厂房）、车间、仓库、办公用房、围墙、大门等建筑物工程；<br>供电、控制、通信、信息、监测、消防、环保、给排水及污水处理、采暖通风及空调、动力系统等建筑物工程；<br>单身宿舍、食堂等建筑物工程；<br>生产及辅建区道路、场地等工程 | 建（构）筑物基础、主体及配套工程等 |
| 2 | 通信及照明工程 | 通信及照明系统工程 | 设备及材料的购置、制作、安装和附属工程；<br>设备基础及配套构筑物工程等 |
| 3 | 给水、排水及污水处理工程 | 给水、排水及污水处理系统工程 | 设备及材料的购置、制作、安装和附属工程；<br>设备基础及配套构筑物工程等 |
| 4 | 采暖通风、空调工程 | 采暖通风、空调系统工程 | 设备及材料的购置、制作、安装和附属工程；<br>设备基础及配套构筑物工程等 |
| 5 | 动力系统工程 | 动力系统工程 | 设备及材料的购置、制作、安装及附属设施工程；<br>设备基础及配套构筑物工程等 |
| 6 | 信息化工程 | 宽带网络接入与电子数据交换系统工程；<br>工业电视系统工程；<br>安全防护系统工程；<br>综合传输线路系统等 | 建（构）筑物基础、主体及配套工程；<br>设备及材料的购置、制作、安装和附属工程；<br>设备基础及配套构筑物工程等 |
| 7 | 维修工程 | 维修车间等 | 维修车间设备及材料的购置、制作、安装和附属工程；<br>设备基础及配套构筑物工程等 |
| 8 | 景观及绿化工程 | 枢纽环境绿化及景观工程 | 绿化基础处理及栽种铺护工程；<br>景观建（构）筑物基础、主体及附属工程；<br>设备及材料的购置、制作、安装和附属工程 |

| 序号 | 专业工程名称 | 单位工程 | |
|------|-------------|----------|----------|
| | | 名　称 | 内　容 |
| 三 | | 航运枢纽工程 | |
| （七） | | 相关工程 | |
| 1 | 交通工程 | 枢纽区道路、桥梁工程等 | 建（构）筑物基础、主体及附属工程 |
| 2 | 车船购置 | 生产及管理车辆船舶；<br>枢纽区消防、环保等专用车辆船舶 | 车辆、船舶购置 |
| 3 | 环境保护与<br>水土保持工程 | 环保工程；<br>环境管理、监测工程等环境保护工程 | 建（构）筑物基础、主体及附属工程；<br>设备及材料的购置、制作、安装和附属工程；<br>设备基础及配套构筑物工程等 |
| 4 | | 水土保持工程 | 建（构）筑物基础、主体及配套工程 |
| 5 | 工程及安全监测 | 施工期和运营期主要建（构）筑物内外部工程及安全监测观测；<br>水文、泥沙监测系统、水情自动测报系统工程；<br>水库诱发地震、滑坡及其他专项观测监测工程等 | 设备及材料的购置、制作、安装和附属工程；<br>设备基础及配套构筑物工程等 |
| 6 | 其他工程 | | |
| 7 | 临时工程 | 施工临时围堰、导流工程，降排水工程；<br>临时施工场地、仓库工程等；<br>临时交通（航道、码头、道路、桥涵、铁路等）工程；<br>砂石料及混凝土系统工程，机械修配与综合加工系统工程；<br>临时场外供电工程；<br>临时房建工程；<br>防护工程；<br>防汛、防冰设施；<br>施工给排水、暖通空调、供电、供风、通信等工程；<br>施工期通航安全措施；<br>水上安全监控设施；<br>施工期测量定位设施；<br>施工期环保及水土保持措施；<br>其他临时工程和施工保障措施 | 建（构）筑物基础、主体及配套工程；<br>设备材料的购置、制作、安装和附属工程；<br>设备基础及配套构筑物工程等；<br>拆除、恢复工程；<br>各类施工措施等 |

注　表中内容不含专项概算内容。

**表 2.1 - 3**　　　　　　　　修造船厂水工建筑物工程单位工程项目划分表

| 序号 | 专业工程名称 | 单 位 工 程 | |
| --- | --- | --- | --- |
| | | 名　称 | 内　容 |
| 1 | 疏浚工程 | 船舶作业及回旋水域、进厂航道疏浚工程 | 挖泥及泥土处理工程；<br>炸礁、挖岩、清渣工程；<br>抛（纳）泥区围堰工程等 |
| 2 | 水工建筑物工程 | 船坞、船台、滑道、舾装或修船码头、升船池、防波堤、护岸等工程 | 建（构）筑物基础、主体及附属工程 |
| 3 | 水工建筑物配套设备工程 | 船坞坞门、排灌水设备、引船设备工程；船台、滑道设备工程等 | 设备与材料购置、制作及安装工程；<br>设备基础及配套构筑物工程等 |
| 4 | 其他专业工程 | 根据项目情况，参照港口工程、航道工程单位工程项目划分（表 2.1 - 1、表 2.1 - 2）相应内容确定 | |
| 5 | 临时工程 | 临时围堰工程；<br>施工临时码头、栈（引）桥、道路、桥涵工程；<br>施工场地、仓库、构件临时预制场、滑道等工程；<br>施工降排水工程；<br>临时供电、供水、供暖、通信工程；<br>防汛、防冰、防台设施等防护工程；<br>施工期通航安全措施；<br>水上安全监控设施；<br>施工警戒标志；<br>测量定位设施；<br>施工期环保及水土保持措施；<br>其他临时工程和施工保障措施 | 建（构）筑物基础、主体及配套工程；<br>设备及材料的购置、制作、安装和附属工程；<br>设备基础及配套构筑物工程等；<br>拆除、恢复工程；<br>各类施工措施等 |

**注**　表中内容不含专项概算内容。

**二、工程建设其他费用**

工程建设其他费用指工程建设项目总概算费用中，自项目筹备开始至项目竣工验收交付使用的整个建设期间，构成建设投资、除工程费用以外、为保证工程建设顺利完成和交付使用后能够正常发挥效用所需的费用。工程建设其他费用包括建设用地、用海费，建设管理费、前期工作费、勘察设计费、监理费、研究试验费、招标费、引进技术和进口设备材料其他费、生产准备费、竣工验收前相关费及其他相关费用。

工程建设其他费用项目应根据下述规定和项目建设实际需要，严格按照国家及行业主管部门、省级人民政府发布的法律法规、政策规定和技术标准计列。

水运工程建设项目中外部配套项目，以及航运枢纽建设项目中的"水库移民征地拆迁补偿"等项目的工程建设其他费用，应在相应专项概算中计列。

水运支持系统工程和水运其他工程项目，应根据项目实际需要确定工程建设其他费用项目，参考相应项目计算办法调整并计算费用。

（一）建设用地、用海费

建设用地用海费主要包括根据国家相关法律法规，为进行水运建设工程所需的建设用地征用费或建设用地、用海使用费及其他。对于航运枢纽建设项目，库区土地征用及移民安置补偿费，应根据相关行业标准及规定在相应专项概算中计列。

1. 建设用地征用费

建设用地征用费指根据国家相关法律规定，征用工程建设用地和施工用地所需的费用，主要包括土地补偿费、地上附着物及青苗补偿费、安置补助费等，费用应根据有关部门批准的工程建设用地和施工用地范围以及实际发生的费用项目，依据有关法律法规及建设项目所在地省级人民政府颁布的费用项目标准，以及相关行业颁布的专业标准计算。各项费用应按下列规定执行：

（1）土地补偿费指征用和占用土地（分耕地和其他土地）、鱼塘、水生物养殖场等所需的补偿费用。

（2）地上附着物及青苗补偿费指补偿附着于被征用土地之上的青苗、农作物、树木、水生物以及房屋、水井等所需的费用。

（3）安置补助费指因土地、渔场等被征用后，用于需安置的农民、居民等的补助费用。

（4）建筑物迁建费指被征用或占用土地上的房屋、建（构）筑物等的迁建补偿费用。

（5）耕地开垦费指建设项目占用耕地，由建设项目法人负责开垦与所占用耕地的数量和质量相当的耕地所需的费用；或因没有条件开垦及开垦的耕地不符合要求，按相关规定缴纳的耕地开垦费用。

（6）复垦费指建设项目临时占用耕地、鱼塘等，在工程完工后将其复还所需的费用。

（7）其他，指建设用地征用所需的其他费用，如耕地占用税、新菜地开发建设基金、用地地图编制费、勘界费等。

2. 建设用地、用海使用费

建设用地、用海使用费指根据国家相关法律法规，经有关部门批准获得土地、海域（或水域）使用权所需的建设用地、用海（或水域）使用费及相关费用等。费用应根据国家、省级人民政府有关规定按相应标准计算。

3. 其他

其他，指依据国家、省级人民政府相关规定需要计列的建设用地所需的其他有关费用，如环境补偿费、森林植被恢复费等。费用根据国家、省级人民政府有关规定按相应标准计算。

（二）建设管理费

建设管理费指项目单位为组织完成项目工程建设，自工程可行性研究报告审批、核准或备案之日起至项目竣工验收之日止的建设期内所需的项目建设管理性质费用，主要应包括项目单位开办费和项目单位经费，以及代建管理费等。

1. 项目单位开办费

项目单位开办费指新组建的项目单位为保证正常开展管理工作所需的初始费用。费用内容主要包括办公和生活临时用房、车船和办公生活设备、其他用具用品购置或租赁所需的费用，以及用于开办工作所需的其他费用。费用应根据项目建设管理需要按下列方法计列：

（1）办公和生活临时用房费用，按房屋建筑面积乘以工程所在地临时用房造价或房屋租价指标计列，所需房屋建筑面积根据实际需要考虑；条件不具备的，可按表 2.1－4 指标估列。

**表 2.1－4　　　　　　　　办公和生活临时用房面积指标**

| 序号 | 建设项目类别 | 计算办法及指标 |
|---|---|---|
| 1 | 航运枢纽、综合性港口 | $S = 2000\text{m}^2 + $ 项目单位定员 $\times(25\sim30)\text{m}^2$ |
| 2 | 通航建筑物、航道整治、一般港口、单一疏浚及吹填造陆等 | $S = 1000\text{m}^2 + $ 项目单位定员 $\times(25\sim30)\text{m}^2$ |

**注**　$S$ 为临时用房建筑面积，$\text{m}^2$。

（2）车船购置费，根据相关规定或标准，以及工程建设管理实际需要确定相应类型、规格及数量，按市场价格编制分项概算。

（3）办公设备及设施、其他用具用品购置，以及用于开办工作的其他费用，根据工程建设管理实际需求确定的品种、规格、数量，按市场价格编制分项概算；条件不具备的，可按项目单位定员人数乘以 10000 元/人指标估列。

2. 项目单位经费

项目单位经费指项目单位对工程建设实施日常管理所需的经常性费用。费用内容主要包括不在原单位发工资的工作人员工资及相关费用（工资、工资性补贴、施工现场津贴、职工福利费、社会保险费和住房公积金等）、办公和差旅交通费、劳动保护费、工具用具使用费、固定资产使用费、办公和生活用品购置费、零星固定资产购置费、招募生产工人费、技术图书资料费（含软件）、业务招待费，合同契约公证费、法律顾问费，咨询费，竣工验收费、土地使用税、房产税、车船税、印花税，水电费、信息通信费、采暖费等，以及其他管理性质支出所需的费用。费用应根据建设管理需要，以工程费用为基数乘以表 2.1－5 费率计算。

**表 2.1－5　　　　　　　　项目单位经费费率（%）**

| 序号 | 工程费用合计 M /万元 | 建设项目类型 | | | |
|---|---|---|---|---|---|
| | | 航运枢纽 | 通航建筑物 | 港口 | 航道整治 |
| 1 | $M \leqslant 5000$ | 4.92 | 4.81 | 4.81 | 4.16 |
| 2 | $5000 < M \leqslant 10000$ | 2.78 | 2.36 | 2.31 | 1.81 |
| 3 | $10000 < M \leqslant 30000$ | 2.10 | 1.79 | 1.74 | 1.37 |
| 4 | $30000 < M \leqslant 50000$ | 1.59 | 1.35 | 1.32 | 1.03 |
| 5 | $50000 < M \leqslant 100000$ | 1.43 | 1.22 | 1.19 | 0.93 |
| 6 | $100000 < M \leqslant 200000$ | 1.22 | 1.04 | 1.01 | 0.79 |
| 7 | $200000 < M \leqslant 300000$ | 0.79 | 0.67 | 0.66 | 0.51 |
| 8 | $300000 < M \leqslant 500000$ | 0.51 | 0.43 | 0.42 | 0.33 |
| 9 | $500000 < M \leqslant 800000$ | 0.38 | 0.32 | 0.32 | 0.25 |
| 10 | $800000 < M \leqslant 1000000$ | 0.29 | 0.25 | 0.24 | 0.19 |

**注**　1. 费用按差额定率累进法计算，计算方法参见表 2.1－6。
　　　2. 单一疏浚、吹填造陆项目按航道整治工程项目乘以系数 0.6。

**表 2.1-6** 项目单位经费算例（差额定率累进法）

| 序号 | 工程费用合计 $M$ /万元 | 项目单位经费费率/% 航运枢纽 | 航运枢纽项目项目单位经费算例/万元 | |
|---|---|---|---|---|
| | | | 总概算工程费用 | 项目单位经费 |
| 1 | $M \leqslant 5000$ | 4.92 | 5000 | $5000 \times 4.92\% = 246.00$ |
| 2 | $5000 < M \leqslant 10000$ | 2.78 | 10000 | $246.00 + (10000 - 5000) \times 2.78\% = 384.97$ |
| 3 | $10000 < M \leqslant 30000$ | 2.10 | 30000 | $384.97 + (30000 - 10000) \times 2.10\% = 804.95$ |
| 4 | $30000 < M \leqslant 50000$ | 1.59 | 50000 | $804.95 + (50000 - 30000) \times 1.59\% = 1122.94$ |
| 5 | $50000 < M \leqslant 100000$ | 1.43 | 100000 | $1122.94 + (100000 - 50000) \times 1.43\% = 1837.92$ |
| 6 | $100000 < M \leqslant 200000$ | 1.22 | 200000 | $1837.92 + (200000 - 100000) \times 1.22\% = 3057.91$ |
| 7 | $200000 < M \leqslant 300000$ | 0.79 | 300000 | $3057.91 + (300000 - 200000) \times 0.79\% = 3847.90$ |
| 8 | $300000 < M \leqslant 500000$ | 0.51 | 500000 | $3847.90 + (500000 - 300000) \times 0.51\% = 4867.90$ |
| 9 | $500000 < M \leqslant 800000$ | 0.38 | 800000 | $4867.90 + (800000 - 500000) \times 0.38\% = 6007.69$ |
| 10 | $800000 < M \leqslant 1000000$ | 0.29 | 1000000 | $6007.69 + (1000000 - 800000) \times 0.29\% = 6587.89$ |

**注** 本算例以航运枢纽项目为例，其他建设项目按项目工程费用合计选用相应费率；计算方法同航运枢纽项目。

3. 代建管理费

代建管理费指项目单位根据相关规定，委托代建单位进行项目建设管理所需的费用。费用应根据代建管理内容、要求及市场因素计算，条件不具备的，可参照相关标准或办法计列；代建管理费的费用项目及内容不得与项目单位开办费和项目单位经费重复计列。

（三）前期工作费

前期工作费指政府投资工程建设项目在工程可行性研究报告审批之前、企业投资工程建设项目在核准或备案之前所发生的费用。主要包括可行性研究费（或项目申请书编制费）、研究试验费、勘察观测费及其他。各项费用应据实计列，尚未确定费用额度的项目，应根据实际情况按相关标准或办法编制费用项目分项概算，并应列明相应依据及计算办法；条件不具备的，可参考有关资料计列，并应列明相应资料信息及计算办法。各项费用应符合下列规定：

（1）可行性研究费（或项目申请书编制费）指在建设项目前期工作中，编制和评审评估项目建议书或预可行性研究报告、工程可行性研究报告（或项目申请书）等所发生的费用。

（2）研究试验费指项目前期建设方为建设项目提供或验证设计咨询数据、资料等进行必要的研究试验，以及按照设计咨询要求必须进行试验、验证等工作所发生的费用。

（3）勘察观测费指项目前期为保证项目实施所必须进行的勘察、观测等工作所发生的费用。

（4）其他，主要包括为完成项目前期各项工作所发生的咨询、评估、论证和管理等所发生的费用。

（四）勘察设计费

勘察设计费指初步设计、施工图设计等阶段，对工程项目进行勘察、设计、专项咨询、编制造价控制文件等所需的费用，主要包括勘察费、设计费、设计文件第三方技术咨询费及其他。

**1. 勘察费**

勘察费指进行各类工程勘察（含施工前第三方测量）所需的费用，费用计列按下列规定执行：

（1）对已完成的勘察工作，费用按实际发生情况计列。

（2）对未完成的勘察工作，费用按合同计列。

（3）条件不具备的，根据实际需要按有关定额及标准计算，并列明相应依据及计算办法。

**2. 设计费**

设计费指进行建设项目设计和编制初步设计文件、施工图设计文件、非标准设备设计文件、编制相应造价文件，以及编制竣工图文件、进行工程专项咨询等所需的费用。费用根据合同计列；条件不具备的，可按基本设计费与其他设计费之和计列，上述费用计算参考办法如下：

（1）基本设计费主要包括编制初步设计文件、施工图设计文件、提供相应设计技术交底、解决施工中的设计技术问题、参加试车考核和竣工验收等服务，以及编制施工图预算或其他造价文件、编制竣工图所需的费用；基本设计费参照工程费用乘以表 2.1-7 费率计算。

表 2.1-7　　　　　　　　　　基本设计费参考费率表

| 序号 | 工程费用 M/万元 | 基本设计费费率/% | 序号 | 工程费用 M/万元 | 基本设计费费率/% |
|---|---|---|---|---|---|
| 1 | $M \leqslant 500$ | 7.88 | 9 | $60000 < M \leqslant 80000$ | 3.19 |
| 2 | $500 < M \leqslant 1000$ | 6.35 | 10 | $80000 < M \leqslant 100000$ | 3.10 |
| 3 | $1000 < M \leqslant 3000$ | 4.54 | 11 | $100000 < M \leqslant 200000$ | 2.89 |
| 4 | $3000 < M \leqslant 5000$ | 4.05 | 12 | $200000 < M \leqslant 400000$ | 2.69 |
| 5 | $5000 < M \leqslant 10000$ | 3.85 | 13 | $400000 < M \leqslant 600000$ | 2.57 |
| 6 | $10000 < M \leqslant 20000$ | 3.50 | 14 | $600000 < M \leqslant 800000$ | 2.50 |
| 7 | $20000 < M \leqslant 40000$ | 3.42 | 15 | $800000 < M \leqslant 1000000$ | 2.44 |
| 8 | $40000 < M \leqslant 60000$ | 3.28 | | | |

注　1. 施工图预算或其他造价文件编制及竣工图编制费分别为基本设计费的 10%、8%。

2. 离岸孤立建筑物工程、航运枢纽工程乘以系数 1.15。

3. 单一疏浚、吹填造陆项目设计费用乘以系数 0.85。

4. 改建和技术改造建设项目，根据工程复杂程度乘以系数 1.20~1.50。

5. 费用按差额定率累进法计算，计算方法参见表 2.1-6。

（2）其他设计费主要包括根据实际需要或发包人要求，提供包括总体设计、主体设计协调、采用标准设计和复用设计、进行非标准设备设计等相关服务所需的费用，费用按下列办法计算：①根据技术标准的规定或者发包人的要求，需要在初步设计之前编制总体设计的，按建设项目基本设计费的 5% 增计总体设计费；②建设项目工程设计由两个或以上设计人承担的，按建设项目基本设计费的 5% 增计工程设计协调费；③非标准设备设计费按非标准设备本体概算价值的 10%~20% 计列。

（3）工程设计中采用设计人自有专利或者专有技术的，其专利和专有技术费根据合同或参考类似工程资料计列。

（4）工程设计中的引进技术需要境内设计人配合设计的，或需要按照境外设计程序和技术质量要求由境内设计人进行设计的，设计费根据实际发生额或参考类似工程资料计列。

（5）由境外设计人提供设计文件，需要境内设计人按照国家标准规范审核并签署确认意见的，审核设计费根据实际发生额或参考类似工程资料计列。

（6）初步设计和施工图设计阶段的工作量比例一般为 4∶6（对于航道整治工程工作量比例为 6∶4），不同阶段设计费按上述比例划分。

3. 设计文件第三方技术咨询费

设计文件第三方技术咨询费指根据相关规定，为保证工程设计质量，由第三方对初步设计文件、施工图设计文件进行技术审查咨询，以及对造价文件进行专项审查咨询所需的、由项目单位支付的费用。费用按相关规定计列或根据咨询工作量考虑；条件不具备的，可按建筑安装工程费为基数乘以表 2.1-8 费率计算。

表 2.1-8　　　　　　　　设计文件第三方技术咨询费参考费率表（%）

| 序号 | 建筑安装工程费 $M$ /万元 | 初步设计 (航道整治施工图设计) | | 施工图设计 (航道整治初步设计) | |
|---|---|---|---|---|---|
| | | 设计文件 | 造价文件 | 设计文件 | 造价文件 |
| 1 | $M \leqslant 5000$ | 0.160 | 0.032 | 0.240 | 0.048 |
| 2 | $5000 < M \leqslant 10000$ | 0.130 | 0.026 | 0.195 | 0.039 |
| 3 | $10000 < M \leqslant 50000$ | 0.110 | 0.022 | 0.165 | 0.033 |
| 4 | $50000 < M \leqslant 100000$ | 0.100 | 0.020 | 0.150 | 0.030 |
| 5 | $100000 < M \leqslant 200000$ | 0.090 | 0.018 | 0.135 | 0.027 |
| 6 | $200000 < M \leqslant 300000$ | 0.080 | 0.016 | 0.120 | 0.024 |
| 7 | $300000 < M \leqslant 500000$ | 0.060 | 0.012 | 0.090 | 0.018 |

注　1. "设计阶段" 栏括号内表示相应费率亦对应括号内所示工程及设计阶段。

2. 对于离岸孤立建筑物工程、航运枢纽工程，其费率可根据技术审核咨询实际工作内容进行调整。

3. 单一疏浚、吹填造陆项目咨询费用乘以 0.85 系数。

4. 不进行造价文件专项审查咨询的项目不得计列造价文件审查咨询费。

5. 费用按差额定率累进法计算，计算方法参见表 2.1-6。

4. 其他

其他，指为建设项目勘察设计所进行的其他工作所需的费用。如勘察设计专项评审、咨询会议、设备采购技术规格书编制等；对于已实施的项目，费用应据实计列；未实施的，费用根据实际需要和工作内容及深度要求，参照相关标准或计算办法计列，并列明相应依据及计算办法。

（五）监理费

监理费指根据国家相关规定和工程建设需要，由监理人开展建设工程监理与相关服务、施工期环境监理等所需的费用，主要包括建设工程施工监理服务费、其他相关服务费及施工期环境监理费等。

1. 建设工程施工监理服务费

建设工程施工监理服务费指开展建设工程施工阶段的质量、进度、费用控制管理和安全生产监督管理，合同、信息等方面协调管理等服务所需的费用。费用应根据项目需要和工作内容计列；条件不具备的，可按需监理服务工程项目的工程费用乘以表2.1-9费率计算。

表 2.1 - 9　　　　　　　　　　　　施工监理服务费参考费率表

| 序号 | 工程费用 $M$/万元 | 费率/% | 序号 | 工程费用 $M$/万元 | 费率/% |
|------|------|------|------|------|------|
| 1 | $M \leqslant 500$ | 3.63 | 9 | $60000 < M \leqslant 80000$ | 1.73 |
| 2 | $500 < M \leqslant 1000$ | 3.31 | 10 | $80000 < M \leqslant 100000$ | 1.66 |
| 3 | $1000 < M \leqslant 3000$ | 2.86 | 11 | $100000 < M \leqslant 200000$ | 1.49 |
| 4 | $3000 < M \leqslant 5000$ | 2.66 | 12 | $200000 < M \leqslant 400000$ | 1.34 |
| 5 | $5000 < M \leqslant 10000$ | 2.40 | 13 | $400000 < M \leqslant 600000$ | 1.25 |
| 6 | $10000 < M \leqslant 20000$ | 2.16 | 14 | $600000 < M \leqslant 800000$ | 1.19 |
| 7 | $20000 < M \leqslant 40000$ | 1.95 | 15 | $800000 < M \leqslant 1000000$ | 1.14 |
| 8 | $40000 < M \leqslant 60000$ | 1.82 | | | |

注　1. 离岸孤立建筑物工程、航运枢纽工程监理费用乘以1.15系数。

2. 单一疏浚、吹填造陆工程监理费用乘以0.85系数。

3. 设备购置费占工程费用40%以上时，按设备购置费的40%计入计费基础。

4. 费用按差额定率累进法计算，计算方法参见表2.1-6。

2. 其他相关服务费

其他相关服务费指为建设项目勘察、设计、保修等阶段提供相关服务所需的费用，费用应根据监理服务工作内容计列。条件不具备的，可按施工监理服务费的5%～10%估列，费用主要包括下列内容：

（1）勘查阶段协助发包人编制勘察要求、核查勘察方案并监督实施，参与验收勘察成果。

（2）设计阶段协助发包人编制设计要求、组织评选设计方案，对各设计单位进行协调管理，监督合同履行，审查设计进度计划并监督实施，核查设计大纲和设计深度、使用技术规范合理性，提出设计评估报告，协助审核设计概算。

（3）保修阶段检查和记录工程质量缺陷，对缺陷原因进行调查分析并确定责任归属，审核修复方案，监督修复过程并验收，审核修复费用。

3. 施工期环境监理费

施工期环境监理费指根据环境保护审批要求，环境监理单位实施工程施工环境监理等相关服务所需的费用，主要包括施工期环境监测费、环境跟踪监测等。费用应根据环境评价及批复意见的有关内容，按相关标准或参考有关资料计列，并应列明相应依据、资料信息及计算办法。

4. 利用外资贷款建设项目的外方监理费

利用外资贷款建设项目的外方监理费，其项目及费用应按有关协议计列；条件不具备的，可按相关标准或参照相关资料计列，并列明相应依据、资料信息及计算办法。

（六）研究试验费

研究试验费指项目建设期间，为工程建设提供或验证设计参数、资料等进行必要的研究试验，以及按照设计需要，在建设过程中必须进行试验、观测、验证等工作所需的费用。费用应符合下列规定：

（1）费用不包括由科技三项费用（新产品试制费、中间试验费和重要科学研究补助费）开支的项目费用，在建筑安装工程费中列支的施工企业对建筑材料、构件和建筑物进行一般鉴定、检查所发生的费用及技术革新的研究试验费用，以及由勘察设计费或工程费用中开支的项目费用。

（2）费用根据合同计列；未订立合同的，根据设计提出的研究试验内容，考虑实际情况按相关标准或计算办法编制费用项目分项概算，并列明相应依据及计算方法。

（七）招标费

招标费指根据相关规定和管理需要进行工程建设招标活动所需的费用，主要包括招标代理费、编制最高投标限价或标底费用，以及进场交易费用等。

1. 招标代理费

招标代理费指由招标代理机构进行工程、货物、服务招标，编制招标文件、审查投标人资格，组织投标人踏勘现场及答疑，组织开标、评标、定标，以及提供招标前期咨询、协调合同签订等服务所需的费用。费用应根据实际发生情况或项目需要计列；条件不具备的，可按拟定招标方案项目的概算金额乘以表 2.1-10 费率计算。

表 2.1-10　　　　　　　　　招标代理费参考费率表（%）

| 概算金额 M /万元 | 服 务 类 型 | | |
| --- | --- | --- | --- |
| | 货物招标 | 服务招标 | 工程招标 |
| $M \leqslant 100$ | 1.50 | 1.50 | 1.00 |
| $100 < M \leqslant 500$ | 1.10 | 0.80 | 0.70 |
| $500 < M \leqslant 1000$ | 0.80 | 0.45 | 0.55 |
| $1000 < M \leqslant 5000$ | 0.50 | 0.25 | 0.35 |
| $5000 < M \leqslant 10000$ | 0.25 | 0.10 | 0.20 |
| $10000 < M \leqslant 50000$ | 0.05 | 0.05 | 0.05 |
| $50000 < M \leqslant 100000$ | 0.035 | 0.035 | 0.035 |
| $100000 < M \leqslant 500000$ | 0.008 | 0.008 | 0.008 |
| $500000 < M \leqslant 1000000$ | 0.006 | 0.006 | 0.006 |

注　费用按差额定率累进法计算，方法参见表 2.1-6。

2. 编制最高投标限价或标底费用

编制最高投标限价或标底等造价文件所需的费用，应按项目实际计列；条件不具备的，可参照表 2.1-8 的相关造价文件编制计费方法计算。

3. 自行招标的工作费用

拟自行招标的工程，可根据招标工作内容计列招标工作费用，并列明相关依据及计算方法。

4. 进场交易费

进场交易费指根据相关规定或管理需要，工程项目进入公共资源交易平台（市场）所需的费用。项目及费用应按有关规定和办法计列，并列明相关依据及计算方法。

（八）引进技术和进口设备材料其他费

引进技术和进口设备材料其他费指为引进技术和进口设备材料所需的、在设备材料价格以外的各类费用，主要包括技术合作费和银行担保承诺费等。费用应根据建设需要，按相关协议计列；条件不具备的，可按相关标准或参照相关资料计列，并列明相应依据、资料信息及计算方法。

1. 技术合作费

技术合作费主要包括派遣出境人员进行设计联络、设备监造、材料监检、培训等发生的差旅费、生活费、保险费，国外工程技术人员来华发生的现场办公费、往返现场交通费、生活费及接待费，国外设计及技术资料、软件、专利和技术转让费、翻译复制费，延期或分期付款利息等。

2. 银行担保承诺费

银行担保承诺费主要包括引进项目由国内外金融机构出面承担风险和责任担保所需的费用，以及支付贷款机构的承诺费用。

（九）生产准备费

生产准备费指在项目建设期间，为准备项目正常生产、营运或使用所需的费用，主要包括联合试运转费、人员培训及提前进厂费、办公和生活家具购置费等。

1. 联合试运转费

联合试运转费指建设项目的各种生产设备、设施等在施工安装完毕，按照设计规定的工程质量标准，进行的单机重载试运转或生产系统重载联合试运转所需的费用。费用内容主要包括联合试运转所需的材料、燃油料和动力的消耗，船舶和机械使用费，工具用具和低值易耗品费，以及其他有关费用，费用应按下列规定计算：

（1）费用根据工程项目需要，按相关标准或计算办法编制费用项目分项概算，并列明相应依据及计算方法；条件不具备的，参照工程费用中需要联合试运转的设备购置费乘以表 2.1-11 相应费率计列。

表 2.1-11 联合试运转费费率表

| 序号 | | 项 目 名 称 | 费率/% |
|---|---|---|---|
| 1 | | 航运枢纽工程 | 0.20 |
| 2 | | 通航建筑物工程 | 0.30 |
| 3 | 港口工程 | 使用系统设备的散货、液体化工及综合性码头工程 | 0.70 |
| 4 | | 单一的杂货及集装箱码头工程 | 0.30 |

（2）联合试运转期间的收入在费用中予以抵扣。

（3）费用不包括设备安装工程费中的调试及试车等费用。

**2. 人员培训及提前进厂费**

人员培训及提前进厂费指建设项目竣工验收或交付使用前，生产单位为保证生产的正常运行，安排的需提前进厂（港）生产人员的经费和自行组织对生产人员培训所需的经费。费用及计算应按下列规定执行：

（1）费用内容主要包括提前进厂（港）人员及需要培训人员的工资、工资性补贴、社会保险费和住房公积金、职工福利费、差旅交通费、劳动保护费、培训及学习资料费等；但不包括设备供货附加的设备操作及管理、培训所需的费用。

（2）费用根据建设项目需要，按相关标准或计算办法编制费用项目分项概算，并列明相应依据及计算方法。

**3. 办公和生活家具购置费**

办公和生活家具购置费指为保证建设项目初期正常生产、运营和管理必须购置的办公、生活家具和用具等所需的费用。费用内容主要包括办公室、会议室、资料档案室、食堂、浴室、单身职工宿舍等所需的家具、用具等的购置费用；费用应根据建设项目需要按相关标准或办法编制费用项目分项概算，并列明相应依据及计算方法；条件不具备的，可按设计定员乘以费用参考指标计列，费用参考指标为每人 5000～10000 元。

**（十）竣工验收前相关费**

竣工验收前相关费指根据国家及行业有关规定、技术标准和建设项目的实际需要，在项目竣工验收前必须进行的工作（工程）所需的费用，主要包括竣工前测量费、实船适航试验费、航道整治效果观测费、断航损失补偿费等。

**1. 竣工前测量费**

竣工前测量费指工程竣工验收前，根据有关规定和标准对港口工程施工水域内港池、航道、锚地等进行扫测，对航道工程施工区域和航行区域进行测量，以及竣工验收现场核查时进行测量等所需的费用。费用应根据工程需要按相关标准或办法编制费用项目分项概算，并列明相应依据及计算方法；条件不具备的，可参考相关资料计列，并列明相应资料信息及计算方法。

**2. 实船适航试验费**

实船适航试验费指航道工程中新开航道、整治后提高航道等级或通航标准的航道或渠化后的航道，在竣工验收前按设计确定的通航船舶标准，组织实船通航试验所需的费用。费用内容主要包括试航船队准备、航行，护航船舶航行费用，施工单位及有关单位参加实船适航试验人员的人工费等（扣除试航船舶营运收益）。费用应根据工程项目需要及拟定试航次数天数等因素，按相关标准或计算办法编制费用项目分项概算，并列明相应依据及计算方法；条件不具备的，可参考相关资料或营运船舶的费用计算标准计列，并列明相应依据、资料信息及计算方法。

**3. 航道整治效果观测费**

航道整治效果观测费指航道整治工程项目竣工验收前，为验证设计及整治效果，对整治后的航道区段进行水下地形和水文情况的观测分析等工作所需的费用。费用应根据工程项目需要按相关标准或计算办法编制费用项目分项概算，并列明相应依据及计算方法；条件不具备的，可参考相关资料计列，并列明相应资料信息及计算方法。

4. 断航损失补偿费

断航损失补偿费指通航河段因进行施工而临时断航，对造成的第三方损失进行补偿所需的费用。费用应根据断航期限、航段通航及运量情况、需要采取的措施及补偿范围等，按相关标准或计算办法编制分项概算，并列明相应依据及计算方法；条件不具备的，可参考相关资料计列，并列明相应资料信息及计算方法。

（十一）其他相关费用

其他相关费用指根据国家及行业有关规定、技术标准和建设项目的实际需要，为保证建设项目实施所必须进行的、需要在工程建设其他费用中计列的、上述费用以外的费用项目，包括工程保险费、各类检验及检（监）测费、各类专项评价及评估费、第三方审计服务费等；各项费用应根据工程项目需要按相关标准或计算办法编制费用项目分项概算，并列明相应依据及计算方法；条件不具备的，可参考相关资料计列，并列明相应资料信息及计算方法。各项费用项目内容应明确，依据应合理有效。

三、预留费用

预留费用包括基本预备费和物价上涨费。

（一）基本预备费

基本预备费指初步设计阶段预留的工程实施中不可预见的工程或费用，主要应包括下列内容：

（1）在初步设计范围内，施工图设计阶段或施工过程中由于设计变更等增加的工程内容及费用。

（2）一般自然灾害造成的损失及预防自然灾害所采取的措施等增加的费用。

（3）竣工验收时为鉴定工程质量对隐蔽工程进行必要的挖掘、剥离和修复所需的费用。

基本预备费应根据工程复杂程度，按工程费用与工程建设其他费用之和乘以 2%～5%计算。

（二）物价上涨费

物价上涨费指建设项目自概算编制时起至竣工投产期间内，由于利率、汇率或价格等因素的变化而预留的可能增加的、需要在概算中计列的费用。费用应根据计算建设工期、分年度计划投资概算金额等参数按下式计算：

$$E = \sum_{n=1}^{N} F_n \left[ (1+p)^n - 1 \right] \tag{2.1-1}$$

式中：$E$ 为物价上涨费；$N$ 为计算建设工期，年，自概算编制始至计划竣工验收期止；$n$ 为建设年度；$F_n$ 为第 $n$ 年的年度投资概算金额，为工程费用与不含建设用地、用海费用的工程建设其他费用之和；$p$ 为年投资价格指数，为国家或行业发布的投资价格指数。

四、建设期利息

建设期利息指在项目建设期内为工程项目筹措资金所需的债务资金利息和融资费用。

（一）债务资金利息

债务资金利息指建设项目投资中分年度使用国内或国外债务资金，在建设期内应归还的利息，主要包括贷款利息及其他债务利息支出所需的费用；费用及计算应按下列规定执行：

（1）国外债务资金利息按外币计列；其他债务利息应根据相关规定、合同或协议，按相应标准或办法计列。

（2）国内贷款利息根据需付息的分年度贷款金额（为工程费用、工程建设其他费用与预留费用之和）、贷款年限、贷款利率等参数，按下式计算。

$$Q = \sum_{n=1}^{N} \left( P_n + \frac{1}{2} A_n \right) i \qquad (2.1-2)$$

式中：$Q$ 为贷款利息；$N$ 为贷款年限，年；$P_n$ 为第 $n$ 年年初贷款本息累计；$A_n$ 为第 $n$ 年当年贷款额；$i$ 为贷款协议确定的或编制期贷款年利率。

（二）融资费用

融资费用指项目资金筹措所需的费用，主要包括贷款评估费、国外借款手续费及承诺费、股票或债券发行费用及其他融资费用。各项费用应根据相关规定、合同或协议，按相应标准或办法计列。

**五、专项概算**

专项概算项目指应在水运工程建设项目范围内需要单独列项、单独组织实施，并需要其他行业或地方管理的配套项目。

专项概算应根据本规定按有关行业或地方标准单独编制，并应汇入建设项目总概算。

专项概算应按照不同建设项目的管理需求和专业性质进行管理。

# 第二节  水运建设工程工程费用及计算规则

沿海港口、内河航运及修造船厂水工建筑物工程的水工建筑物工程、陆域建（构）筑物工程和航道整治工程（疏浚工程除外）以及相关配套或附属工程，陆域形成（吹填工程除外）及地基处理工程，设备购置、设备及大型金属结构制作安装工程，机修和其他生产设备的购置及安装工程等，应执行本节及沿海港口工程定额和内河航运工程定额。

对于入海河流以潮汐影响为主（潮流界以下）河段的内河航运工程，其单位工程建筑安装工程费用计算可参照执行沿海港口工程定额和相应施工取费标准。

**一、水运工程项目分类及构成**

按定额计算沿海港口、内河航运及修造船厂水工建筑物工程的水工建筑物工程、陆域建（构）筑物工程和航道整治工程（疏浚工程除外）以及相关配套或附属工程，陆域形成（吹填工程除外）及地基处理工程，设备购置、设备及大型金属结构制作安装工程等工程费用时，根据其主体工程的建设规模、条件、结构特征和施工的难易程度，其单位工程或分部分项工程施工取费的工程类别见表2.2-1、表2.2-2及表2.2-3。

表 2.2－1　　　　　　　　　　　　沿海港口工程分类表

| 序号 | 工程分类名称 | 工 程 分 类 标 准 | |
| --- | --- | --- | --- |
| | | 一　类 | 二　类 |
| 1 | 一般水工工程 | 码头吨级≥10000 | 码头吨级＜10000 |
| | | 对应码头类别的栈（引）桥 | 对应码头类别的栈（引）桥 |
| | | 直立式防波堤、挡沙堤 | 斜坡式防波堤、挡沙堤 |
| | | 海上孤立建（构）筑物 | — |
| | | — | 引堤、海堤、护岸、围堰等 |
| | | 取水构筑物 | — |
| | | 水上软基加固 | |
| 2 | 一般陆域工程 | 翻车机房、坑道、廊道、栈桥及筒仓 | 其他 |
| | | 集装箱及 10000 吨级以上专用散货码头的堆场道路 | 其他货种的堆场道路 |
| 3 | 陆上软基加固工程 | 其他 | 堆载预压、排水固结加固（真空及联合堆载预压、排水板）、强夯加固、表层夯实碾压及振实加固 |
| 4 | 大型土石方工程 | | 全部 |

**注**　1. 防波堤、引堤兼作码头时，按工程类别高的确定。

　　　2. 单独进行 2000m² 以下陆上软基加固的工程，按一般陆域工程二类工程考虑。

表 2.2－2　　　　　　　　　　　　内河航运工程分类表

| 序号 | 工程分类名称 | 工 程 分 类 标 准 | |
| --- | --- | --- | --- |
| | | 一　类 | 二　类 |
| 1 | 一般水工工程 | 港口工程码头吨级≥1000 的码头及栈（引）桥 | 港口工程码头吨级＜1000 的码头及栈（引）桥 |
| | | 通航建筑物和航运枢纽建（构）物、导助航及系靠船建筑物、混凝土结构水坝等 | 土石结构水坝 |
| | | 水上孤立建（构）筑物 | — |
| | | — | 引堤、护岸、防洪堤、防汛墙、围堰等 |
| | | 取水构筑物 | — |
| | | 水上软基加固 | |
| 2 | 一般陆域工程 | 通航建筑物和航运枢纽建（构）筑物 | |
| | | 机房、厂房、廊道、坑道、栈桥、筒仓、桥涵 | 其他 |
| | | 集装箱和 1000 吨级及以上散货码头的堆场道路 | 其他堆场道路 |

| 序号 | 工程分类名称 | | 工　程　分　类　标　准 | |
|---|---|---|---|---|
| | | | 一　类 | 二　类 |
| 3 | 陆上软基加固工程 | | 其他 | 堆载预压、排水固结加固（真空及联合堆载预压、排水板）、强夯加固、表层夯实碾压及振实加固 |
| 4 | 航道整治工程 | 整治水工 | 航道等级：Ⅰ～Ⅳ（Ⅴ） | 航道等级：Ⅴ（Ⅵ）及以下 |
| 5 | | 整治炸礁 | 工程量≥20000m³ | 工程量＜20000m³ |
| 6 | 大型土石方工程 | | — | 全部 |
| 7 | 内河航运设备及大型金属结构制作安装工程 | 制作 | 通航建筑物和航运枢纽钢闸门、升船机等金属结构制作 | 其他 |
| 8 | | 安装 | 港口工程集装箱、散货（装卸设备成系统）码头，液体危险品码头装卸机械设备安装 | 其他 |
| | | | 通航建筑物和航运枢纽钢闸（阀）门、启闭机、升船机金属结构安装，起重设备安装 | |

**注**　1. 当以航道等级作为判别标准时，山区航道的分类按括号内等级执行。

　　　2. 单独进行 2000m² 以下陆上软基加固的工程，按一般陆域工程二类考虑。

**表2.2-3**　　　　　　　　　　**修造船厂水工建筑物工程分类表**

| 序号 | 工程分类名称 | | 工　程　分　类　标　准 | |
|---|---|---|---|---|
| | | | 一　类 | 二　类 |
| 1 | 一般水工工程 | | 码头吨级≥3000 的码头及栈（引）桥 | 码头吨级＜3000 的码头及栈（引）桥 |
| | | | 直立式防波堤 | 斜坡式防波堤 |
| | | | 直立式引堤、护岸、围堰等 | 斜坡式引堤、护岸、围堰等 |
| | | | 水上软基加固 | — |
| 2 | 一般陆域工程 | 船坞 | 船舶吨位≥3000 | 船舶吨位＜3000 |
| | | 船台、滑道 | 船体重量≥1000t | 船体重量＜1000t |
| | | 其他 | — | 全部 |
| 3 | 陆上软基加固工程 | | 其他 | 堆载预压、排水固结加固（真空及联合堆载预压、排水板）、强夯加固、表层夯实碾压及振实加固 |
| 4 | 大型土石方工程 | | — | 全部 |
| 5 | 坞门及设备制作安装工程 | | 坞门制作安装、起重设备安装 | 其他设备制作安装 |

**注**　1. 防波堤、引堤兼作码头时，按工程类别高的确定。

　　　2. 水上施工的船坞、船台、滑道结构工程按一般水工工程考虑。

　　　3. 单独进行 2000m² 以下陆上软基加固的工程，按一般陆域工程二类考虑。

1. 一般水工工程

一般水工工程指受水上水下施工作业条件制约的单位工程，主要包括下列内容：

（1）沿海港口工程的码头、防波堤、挡沙堤、海堤、引堤、护岸、栈（引）桥、灯塔、海上孤立建（构）筑物、取水构筑物、围堰、水上软基加固等水工建筑物及相关配套或附属工程。

（2）内河航运工程中港口工程的码头、护岸、引堤、栈（引）桥、围堰等，通航建筑物工程的围堰、护岸、导航墙、导助航及系靠船建筑物等，航运枢纽工程的水坝、围堰、护岸、导航墙、导助航及系靠船建筑物等，以及防洪堤、防汛墙、取水构筑物、水上孤立建（构）筑物、水上软基加固等水工建筑物及相关配套或附属工程。

（3）修造船厂水工建筑物工程的船坞、船台、滑道、码头、栈（引）桥、升船池及附属构筑物、防波堤、引堤、护岸、围堰、水上软基加固等水工建筑物及相关配套或附属工程。

2. 一般陆域工程

一般陆域工程指以陆上施工作业为主要特征的水工建筑和陆域建（构）筑物单位工程，主要包括下列内容：

（1）沿海港口工程中港区陆域内的翻车机房、廊道、坑道、栈桥、筒仓、堆场及道路等建（构）筑物工程及相关配套或附属工程。

（2）内河航运工程中港口、通航建筑物、航运枢纽等工程港区或厂区陆域范围内的机房、厂房、廊道、坑道、栈桥、筒仓、船闸、升船机基础、挡泄水或节制闸、桥涵、堆场道路等，以及形成陆上施工条件的码头、水坝等建（构）筑物及相关配套或附属工程。

（3）修造船厂水工建筑物工程的船坞、船台、滑道、堆场及道路等建（构）筑物工程及相关配套或附属工程。

3. 陆上软基加固工程

陆上软基加固工程指沿海港口、内河航运和修造船厂水工建筑物工程中港区或厂区范围内，为提高陆上地基土承载力或物理力学性质指标对软弱地基进行加固处理所实施的单位或分部分项工程，主要包括挖除换填、表层夯实、表层碾压及振实、深层排水固结（排水垫层、排水板、堆载预压、真空预压、真空联合堆载预压、降水预压、电渗法等）、强夯、振密挤实（振冲、挤密砂桩、石灰桩、灰土桩等）、化学加固（水泥系拌和、石灰系拌和、旋喷、灌浆等）、土工聚合物等加固工程及附属工程。

4. 航道整治工程

航道整治工程指内河航运工程中航运枢纽及通航建筑物工程引航道以外的航道整治工程，主要包括下列内容：

（1）航道整治工程主要内容包括航道的炸礁、挖岩、清渣，筑坝、护岸、固滩等工程。

（2）航道整治工程划分为整治水工工程和整治炸礁工程，整治水工工程指筑坝、护岸、固滩等单位工程；整治炸礁工程指炸礁、挖岩、清渣等单位工程。

5. 大型土石方工程

大型土石方工程指在一个分部分项工程中开挖或回填的土石方工程量在 1 万 m³ 以上、无结构要求的陆上土石方工程，主要包括下列内容：

（1）沿海港口工程中陆域形成工程，码头和护岸后方结构层以外、突堤码头堤心的回填工程，建（构）筑物基础结构层以外土石方开挖回填工程等，但不适用于防波堤、引堤、护岸、围堰、基床、棱体、倒滤层、垫层等有结构要求的工程或结构物。

（2）内河航运工程中航道整治工程、航运枢纽工程、通航建筑物工程以及内河港口工程的陆域形成工程，陆上建（构）筑物基础结构层以外土石方开挖回填工程，码头和护岸后方、新开河道、引航道、岸坡等结构层以外的土石方挖填等工程。

（3）修造船厂水工建筑物工程中陆上基坑开挖，墙后回填工程，陆域形成工程，码头和护岸后方结构层以外、突堤码头堤心的填筑工程等，但不包括防波堤、引堤、护岸、围堰、基床、棱体、倒滤层、垫层等有结构要求的工程或结构物。

6. 内河航运设备及大型金属结构制作安装工程

内河航运设备及大型金属结构制作安装工程指内河航运工程中装卸设备、输送设备、起重设备、钢闸（阀）门启闭设备、升船机设备、移动系缆及拖动设备、趸船等工艺设备安装工程及附属工程；航运枢纽及通航建筑物工程中的钢闸门、升船机金属结构等制作、安装工程及附属工程。

7. 坞门及设备制作安装工程

坞门及设备制作安装工程指修造船厂水工建筑物工程中的坞门制作及安装工程，起重、牵引设备安装工程，排灌水设备及金属结构制作、安装工程，以及相应附属工程。

**二、建筑安装工程费**

单位建筑安装工程费用由定额直接费、其他直接费、企业管理费、利润、规费、增值税和专项税费等组成，如图 2.2 - 1 所示。

（一）定额直接费

定额直接费主要包括人工费、材料费和施工船舶机械使用费。

1. 人工费

人工费指按规定支付给从事建筑安装工程施工的生产工人和附属生产单位工人的各项费用，主要包括计时工资或计件工

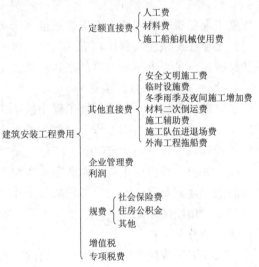

图 2.2 - 1  建筑安装工程费费用项目组成

资、奖金、津贴补贴、加班加点工资及特殊情况下支付的工资等。费用内容及计列按下列规定执行：

（1）计时工资或计件工资指按计时工资标准和工作时间或对已做工作按计件单价支付给个人的劳动报酬。

（2）奖金指对超额劳动和增收节支支付给个人的劳动报酬，包括节约奖、劳动竞赛奖等。

（3）津贴补贴指为了补偿职工特殊或额外的劳动消耗和因其他特殊原因支付给个人的津贴，以及为了保证职工工资水平不受物价影响支付给个人的物价补贴。如流动施工津贴、水上施工津贴、特殊地区施工津贴、高温（寒）作业临时津贴、高空津贴等。

（4）加班加点工资指按规定支付的在法定节假日工作的加班工资和在法定日工作时间外延时工作的加点工资。

（5）特殊情况下支付的工资是指根据国家法律、法规和政策规定，因病、工伤、产假、计划生育假、婚丧假、事假、探亲假、定期休假、停工学习、执行国家或社会义务等原因按计时工资标准或计时工资标准的一定比例支付的工资。

（6）人工费按定额人工单价乘以定额数量的累加之和计算，定额人工单价按 62.47 元/工日执行。

2. 材料费

材料费指施工过程中耗用的构成工程实体的材料、辅助材料、构（配）件、零件、半成品或成品和周转材料摊销的费用。材料费应按各类材料单价乘以相应定额消耗量的累加之和计算；材料价格分为国内材料和进口材料。

国内材料的价格由材料原价或供应价格、材料运杂费、场外运输损耗、采购及保管费等组成。

进口材料的价格由进口材料原价、国内接运保管费、从属费用等组成。

3. 施工船舶机械使用费

施工船舶机械使用费指施工船舶机械作业时所发生的施工船舶和施工机械的使用费。

施工船舶机械使用费按相应施工船舶机械艘（台）班单价乘以相应工程定额的施工船舶和机械艘（台）班用量的累加之和计算。

4. 外海工程的定额直接费

沿海港口及船厂水工建筑物工程中按本规定及配套定额计算的基价、市场价定额直接费适用于内港工程，当施工作业条件为外海工程时，外海工程的海上作业项目定额直接费费用及计算应符合下列规定。

（1）外海工程指由于施工作业现场受海上水文、气象等自然条件影响，施工工效明显降低的水工建筑及设备安装等工程的海上作业项目；海上作业项目指施工地点位于海域环境、需要使用船舶才能施工，且施工人员、材料、机械必须通过船舶才能抵达现场的单位工程或分部分项工程。

（2）外海工程的判别和费用计列应按下列规定执行。

1）防波堤本身，或设计有防波堤、在防波堤未形成有效掩护前施工的相应工程（游艇码头等小型船舶港区防波堤除外）可判别为外海工程；其定额直接费按相应内港工程定额直接费乘以外海调整系数计算，外海调整系数按表 2.2-4 中 I 类工况标准确定。

2）对于上述情形之外的其他相应工程，根据工程施工期间现场的风、浪、雨、雾等水文气象资料，按表 2.2-4 的规定判定海上作业工况类别；其定额直接费按相应内港工程定额直接费乘以表 2.2-4 相应调整系数计算。

表 2.2 - 4　　　　　　　　　　　外 海 调 整 系 数 表

| 费用项目名称 | 海 上 作 业 工 况 类 别 | |
|---|---|---|
| | Ⅰ 类 | Ⅱ 类 |
| | 施工期月平均作业天数 $t$ | |
| | 15≤$t$<20 | 10≤$t$<15 |
| 人工 | 1.02 | 1.05 |
| 船舶及海上施工机械 | 1.07 | 1.19 |

注　1. 各类工况标准按照施工期间月平均海上有效作业天数划分。

　　2. 海上作业工况标准为：风小于等于 6 级，波浪小于等于 0.8m，降雨小于中雨，雾能见度大于 1km。

　　3. 月平均海上有效作业天数 $t$＝30－（大风影响时间＋波浪影响时间＋降雨影响时间＋雾影响时间），应去除重叠因素；当 $t$≥20 天时，不计算外海调整系数；当 $t$<10 天时，应根据情况另行计算工程费用和措施性费用。

（二）其他直接费

其他直接费指定额直接费以外、一般情况下施工过程中发生的直接用于工程的、非工程实体的直接费用，主要包括安全文明施工费、临时设施费、冬季雨季及夜间施工增加费、材料二次倒运费、施工辅助费、施工队伍进退场费等。

1. 安全文明施工费

安全文明施工费指施工单位为完成工程施工，发生于施工前和施工过程中用于安全生产、文明施工及环境保护等方面的费用，费用及计列应按下列规定执行：

（1）安全生产费指施工现场为完善和改进安全施工条件所需的各项费用，费用内容按照有关规定执行。

（2）文明施工费指施工现场文明施工所需的费用。

（3）环境保护费指按环保部门规定，施工现场开展环境保护相关工作所需的费用。

（4）费用按各类工程的基价定额直接费乘以 1.5％计列。

2. 临时设施费

临时设施费指施工单位为进行建筑安装工程施工所必须搭设的基本生活和生产用的临时建（构）筑物和其他临时设施所需的费用。费用内容主要包括工地范围内的临时宿舍、库房、工棚、办公室，生活及管理区域内的水、电、路、管线等临时设施的搭设、维修、拆除及摊销费用。费用应按各类工程的基价定额直接费乘以表 2.2 - 5 相应费率计算。

表 2.2 - 5　　　　　　　　　　临 时 设 施 费 费 率 表 （％）

| 序号 | 工　程　类　别 | | 一类工程 | 二类工程 |
|---|---|---|---|---|
| 1 | 一般水工工程 | | 1.33 | 1.20 |
| 2 | 一般陆域工程 | | 1.25 | 1.13 |
| 3 | 陆上软基加固工程 | | 0.93 | 0.62 |
| 4 | 航道整治工程 | 整治水工 | 0.48 | 0.44 |
| 5 | | 整治炸礁 | 0.59 | 0.54 |
| 6 | 大型土石方工程 | 机械施工 | — | 0.26 |
| 7 | | 人力施工 | — | 0.16 |
| 8 | 内河航运设备及大型金属结构设备制作安装工程 | 制作 | 0.43 | 0.39 |
| 9 | | 安装 | 1.89 | 1.70 |

注　1. 航运枢纽工程电站（厂坝）部分的临时设施费应按本节后文的临时工程费规定执行。

　　2. 内河港口装卸机械设备安装工程按内河航运设备及大型金属结构设备安装工程费率乘以 0.75 系数。

　　3. 船厂坞门及设备制作安装工程费率分别按内河航运设备及大型金属结构设备制作安装工程相应费率执行。

3. 冬季雨季及夜间施工增加费

冬季雨季及夜间施工增加费指施工单位在冬季对工程的一般保护、在雨季及夜间施工所需的费用。费用内容主要包括工程越冬需要采取的一般性防寒、保温暖措施，在雨季施工需要采取的防雨、防潮措施，在夜间施工的照明设施的摊销及照明用电等费用，但不包括冬季施工措施性费用、采用蒸汽及其他措施养护混凝土构件等费用，以及属于企业管理费开支的值班人员夜餐津贴和现场一般照明等费用。费用应按各类工程的基价定额直接费乘以表2.2-6或表2.2-7相应费率计算。

**表2.2-6** 一类工程冬季雨季及夜间施工增加费费率表（%）

| 序号 | 工 程 类 别 | | 华北、西北地区 | 东北地区 | 华东、华南、中南、西南地区 |
|---|---|---|---|---|---|
| 1 | 一般水工工程 | | 1.41 | 1.67 | 1.08 |
| 2 | 一般陆域工程 | | 1.33 | 1.56 | 1.02 |
| 3 | 陆上软基加固工程 | | 1.01 | 1.19 | 0.77 |
| 4 | 航道整治工程 | 整治水工 | 1.19 | 1.40 | 0.91 |
| 5 | | 整治炸礁 | 1.52 | 1.80 | 1.17 |
| 6 | 内河航运设备及大型金属结构设备制作安装工程 | 制作 | 1.14 | 1.35 | 0.88 |
| 7 | | 安装 | 1.49 | 1.76 | 1.14 |

注 1. 内河港口装卸机械设备安装工程按内河航运设备及大型金属结构设备安装工程费率乘以0.75系数。
　　2. 修造船厂坞门及设备制作安装工程费率分别按内河航运设备及大型金属结构设备制作安装工程相应费率执行。

**表2.2-7** 二类工程冬季雨季及夜间施工增加费费率表（%）

| 序号 | 工 程 类 别 | | 华北、西北地区 | 东北地区 | 华东、华南、中南、西南地区 |
|---|---|---|---|---|---|
| 1 | 一般水工工程 | | 1.27 | 1.49 | 0.97 |
| 2 | 一般陆域工程 | | 1.20 | 1.40 | 0.91 |
| 3 | 陆上软基加固工程 | | 0.68 | 0.80 | 0.52 |
| 4 | 航道整治工程 | 整治水工 | 1.08 | 1.28 | 0.83 |
| 5 | | 整治炸礁 | 1.36 | 1.61 | 1.04 |
| 6 | 大型土石方工程 | 机械施工 | 0.24 | 0.28 | 0.18 |
| 7 | | 人力施工 | 0.17 | 0.20 | 0.14 |
| 8 | 内河航运设备及大型金属结构设备制作安装工程 | 制作 | 1.03 | 1.22 | 0.79 |
| 9 | | 安装 | 1.34 | 1.58 | 1.03 |

注 1. 内河港口装卸机械设备安装工程按内河航运设备及大型金属结构设备安装工程费率乘以0.75系数。
　　2. 修造船厂坞门及设备制作安装工程费率分别按内河航运设备及大型金属结构设备制作安装工程相应费率执行。

4. 材料二次倒运费

材料二次倒运费指施工单位因施工场地条件限制而发生的材料、构配件、半成品等一次运输不能到达堆放地点，必须进行二次或多次搬运所需的费用。费用及计算应按下列规定执行：

（1）费用按各类工程的基价定额直接费乘以表2.2-8相应费率计算。

表 2.2-8　　　　　　　　　　材料二次倒运费费率表（%）

| 序号 | 工程类别 | | 一类工程 | 二类工程 |
|---|---|---|---|---|
| 1 | 一般水工工程 | | 0.26 | 0.22 |
| 2 | 一般陆域工程 | | 0.23 | 0.19 |
| 3 | 陆上软基加固工程 | | 0.18 | 0.11 |
| 4 | 航道整治工程 | 整治水工 | 0.14 | 0.09 |
| 5 | | 整治炸礁 | 0.32 | 0.27 |
| 6 | 大型土石方工程 | 机械施工 | — | — |
| 7 | | 人力施工 | — | — |
| 8 | 内河航运设备及大型金属结构设备制作安装工程 | 制作 | 0.18 | 0.16 |
| 9 | | 安装 | 0.24 | 0.22 |

注　1. 内河港口装卸机械设备安装工程按内河航运设备及大型金属结构设备安装工程费率乘以0.75系数。

　　2. 修造船厂坞门及设备制作安装工程费率分别按内河航运设备及大型金属结构设备制作安装工程相应费率执行。

（2）航道整治炸礁工程的材料二次倒运费包括火工产品的多次转运费用，不包括按相关规定或管理部门要求所需的各种运输费用。

（3）材料二次倒运费不包括大宗材料的季节性备料所需的费用，季节性备料转运费根据备料数量、倒运距离和方式按相关标准或办法计算。

（4）大型土石方工程不计算此项费用。

5. 施工辅助费

施工辅助费指施工单位在施工过程中根据技术标准和需要，为保障工程正常施工所进行的必要的辅助性工作所需的费用，主要包括生产工具用具使用费、检验试验费、工程定位复测点交及场地清理费、爆破测震及扫床费等，费用及计算应按下列规定执行：

（1）生产工具用具使用费指施工生产所需不属于固定资产的生产工具及检验试验用具等的购置、摊销和维修费，以及支付给生产工人自备工具的补贴费。

（2）检验试验费指施工单位对建筑材料、构件和建筑安装物进行一般鉴定、检查所需的费用，包括自设实验室进行试验所耗用的材料和化学用品费用等，以及技术革新和研究试验费；不包括新结构、新材料的试验费，对构件做破坏性试验及其他特殊要求检验试验的费用，以及由建设单位委托检测机构进行检测的费用；对此类试验、检测所需的费用，在工程建设其他费用中计列；对施工单位提供的具有合格证明的材料进行检测不合格的，该检测费用由施工单位支付。

（3）爆破测震及扫床费指水下炸礁工程中为观测爆破产生的震波对周围环境的影响以及交工前扫床验收所需的费用。

（4）费用按各类工程的基价定额直接费乘以表2.2-9相应费率计算。

表 2.2-9 施工辅助费费率表（%）

| 序号 | 工程类别 | | 一类工程 | 二类工程 |
|---|---|---|---|---|
| 1 | 一般水工工程 | | 1.11 | 1.03 |
| 2 | 一般陆域工程 | | 1.04 | 0.97 |
| 3 | 陆上软基加固工程 | | 0.81 | 0.56 |
| 4 | 航道整治工程 | 整治水工 | 0.15 | 0.11 |
| 5 | | 整治炸礁 | 1.43 | 1.25 |
| 6 | 大型土石方工程 | 机械施工 | — | 0.14 |
| 7 | | 人力施工 | — | 0.08 |
| 8 | 内河航运设备及大型金属结构设备制作安装工程 | 制作 | 0.90 | 0.81 |
| 9 | | 安装 | 1.17 | 1.05 |

注 1. 内河港口装卸机械设备安装工程按内河航运设备及大型金属结构设备安装工程费率乘以 0.75 系数。

2. 修造船厂坞门及设备制作安装工程费率分别按内河航运设备及大型金属结构设备制作安装工程相应费率执行。

6. 施工队伍进退场费

施工队伍进退场费指施工单位承担工程施工使用的施工船舶机械进入和退出施工现场及派出部分施工力量一次往返调遣所需的费用。费用内容主要包括调遣期间职工工资、差旅交通费、施工船舶机械、工具器具、周转材料和生产及管理用具的调遣和运杂费，以及施工船舶机械在调遣时需要封舱、开舱，拆卸、复原等费用。费用应按各类工程的基价定额直接费乘以表 2.2-10 或表 2.2-11 相应费率计算。

表 2.2-10 一类工程施工队伍进退场费费率表（%）

| 序号 | 工程类别 | | 施工队伍基地距工程所在地距离 $L$/km | | | | | |
|---|---|---|---|---|---|---|---|---|
| | | | 25 以内 | 100 | 300 | 500 | 1000 | 1500 |
| 1 | 一般水工工程 | | 0.55 | 0.99 | 1.36 | 1.72 | 4.03 | 4.37 |
| 2 | 一般陆域工程 | | 0.51 | 0.92 | 1.26 | 1.59 | 3.74 | 4.08 |
| 3 | 陆上软基加固工程 | | 0.38 | 0.68 | 0.94 | 1.18 | 2.75 | 3.00 |
| 4 | 航道整治工程 | 整治水工 | 0.48 | 0.84 | 1.13 | 1.43 | 3.35 | 3.63 |
| 5 | | 整治炸礁 | 1.19 | 1.76 | 3.69 | 5.61 | 7.87 | 8.54 |
| 6 | 内河航运设备及大型金属结构设备制作安装工程 | 制作 | 0.65 | 1.14 | 1.56 | 1.99 | 4.64 | 5.04 |
| 7 | | 安装 | 0.84 | 1.47 | 2.01 | 2.58 | 6.00 | 6.51 |

注 1. 施工队伍基地指承担工程的施工队伍总部或具备办公生活及施工资源驻停、存放条件，具有维护保养功能设施所在地。

2. 内河港口装卸机械设备安装工程按内河航运设备及大型金属结构设备安装工程费率乘以 0.75 系数。

3. 修造船厂坞门及设备制作安装工程费率分别按内河航运设备及大型金属结构设备制作安装工程相应费率执行。

4. 费用按分档定额法计算，施工单位基地距工程所在地距离在两档之间按内插法计算。

表 2.2-11　　　　　　　　　　二类工程施工队伍进退场费费率表（%）

| 序号 | 工程类别 | | 施工队伍基地距工程所在地距离 $L$/km | | | | | |
|---|---|---|---|---|---|---|---|---|
| | | | 25 以内 | 100 | 300 | 500 | 1000 | 1500 |
| 1 | 一般水工工程 | | 0.52 | 0.93 | 1.25 | 1.60 | 3.75 | 4.09 |
| 2 | 一般陆域工程 | | 0.48 | 0.86 | 1.16 | 1.48 | 3.46 | 3.77 |
| 3 | 陆上软基加固工程 | | 0.27 | 0.48 | 0.65 | 0.83 | 1.95 | 2.13 |
| 4 | 航道整治工程 | 整治水工 | 0.44 | 0.77 | 1.04 | 1.28 | 3.00 | 3.27 |
| 5 | | 整治炸礁 | 1.13 | 1.68 | 3.49 | 5.34 | 7.47 | 8.14 |
| 6 | 大型土石方工程 | 机械施工 | 0.15 | 0.26 | 0.34 | 0.43 | 1.01 | 1.16 |
| 7 | | 人力施工 | 0.01 | 0.01 | 0.02 | 0.02 | 0.05 | 0.06 |
| 8 | 内河航运设备及大型金属结构设备制作安装工程 | 制作 | 0.59 | 1.03 | 1.40 | 1.79 | 4.18 | 4.56 |
| 9 | | 安装 | 0.76 | 1.34 | 1.80 | 2.30 | 5.35 | 5.83 |

注　1. 施工队伍基地指承担工程的施工队伍总部或具备办公生活及施工资源驻停、存放条件，具有维护保养功能设施所在地。

　　2. 内河港口装卸机械设备安装工程按内河航运设备及大型金属结构设备安装工程费率乘以 0.75 系数。

　　3. 修造船厂坞门及设备制作安装工程费率分别按内河航运设备及大型金属结构设备制作安装工程相应费率执行。

　　4. 费用按分档定额法计算，施工单位基地距工程所在地距离在两档之间按内插法计算。

7. 外海工程拖船费

外海工程拖船费指沿海港口及修造船厂水工建筑物工程中，在外海进行码头、防波堤、栈（引）桥等作业时，使用挖泥船、打桩船、起重船、打夯船等大型工程船舶，由于风浪、水流等原因不能连续驻船作业，必须拖回临时停泊地所需的船舶拖运费用。费用应按相应一般水工工程的基价定额直接费乘以表 2.2-12 费率计算。

表 2.2-12　　外海工程拖船费费率（%）

| 序号 | 专业工程名称 | 一类工程 | 二类工程 |
|---|---|---|---|
| 1 | 一般水工工程 | 1.13 | 1.02 |

注　一般陆域工程、陆上软基加固工程、大型土石方工程不计此项费用。

（三）企业管理费

企业管理费包括施工单位为组织施工生产和经营管理所需的费用，以及建筑安装工程附加税。费用主要包括管理人员工资、办公费、差旅交通费、固定资产使用费、工具用具使用费、劳动保险和职工福利费、劳动保护费、工会经费、职工教育经费、财产保险费、财务费、税金、附加税及其他。费用主要包括下列内容：

（1）管理人员工资。管理人员工资指按规定支付给管理人员的计时工资、奖金、津贴补贴、加班加点工资及特殊情况下支付的工资等。

（2）办公费。办公费指企业管理办公用文具、纸张、账表、印刷、邮电、书报、会议、水、电、烧水和集体取暖（包括现场临时宿舍取暖）等所需费用。

（3）差旅交通费。差旅交通费指职工因公出差、工作调动的差旅费、住勤补助费，市内交通费和误餐补助费，职工探亲路费，劳动力招募费，职工离退休、退职一次性路费，工伤人员就医路费，工地转移费以及管理部门使用的交通工具的油料、燃料等费用。

（4）固定资产使用费。固定资产使用费指管理和试验部门及附属生产单位使用的属于固定资产的房屋、设备仪器等的折旧、大修、维修或租赁等所需费用。

（5）工具用具使用费。工具用具使用费指企业管理使用的不属于固定资产的家具、交通工具和消防用具等的购置、维修和摊销费用。

（6）劳动保险和职工福利费。劳动保险和职工福利费指由企业支付的职工退职金、按规定支付给离休干部的经费，集体福利费、夏季防暑降温、冬季取暖补贴、上下班交通补贴等费用。

（7）劳动保护费。劳动保护费指企业按规定发放劳动保护用品所需费用，如工作服、手套以及在有碍身体健康的环境中施工的保健费用等。

（8）工会经费。工会经费指企业按规定应计提的工会经费。

（9）职工教育经费。职工教育经费指按规定比例计提，企业为职工进行专业技术和职业技能培训，专业技术人员继续教育、职工职业技能鉴定、职业资格认定以及根据需要对职工进行各类文化教育所需的费用。

（10）财产保险费。财产保险费指施工管理用财产、车辆等保险费用。

（11）财务费。财务费指企业为施工生产筹集资金或提供预付款担保、履约担保、职工工资支付担保等所需的各种费用。

（12）税金。税金指企业按规定缴纳的房产税、车船使用税、土地使用税、印花税等税金。

（13）附加税。附加税指应计入建筑安装工程费用、以增值税应纳税额为基数计算的城市建设维护税、教育费附加及地方教育附加等。

（14）其他。其他指上述项目以外的其他必要支出所需费用，包括技术转让费、技术开发费、业务招待费、绿化费、广告费、公证费、法律顾问费、审计费、咨询费、上级管理费等。

企业管理费按各类工程的基价定额直接费、其他直接费之和乘以表 2.2-13 或表 2.2-14 相应费率计算。

表 2.2-13　　　　　一类工程企业管理费费率表（%）

| 序号 | 专业工程名称 | | 施工队伍基地距工程所在地距离 $L$/km | | | | | |
| --- | --- | --- | --- | --- | --- | --- | --- | --- |
| | | | 25 以内 | 100 | 300 | 500 | 1000 | 1500 |
| 1 | 一般水工工程 | | 7.38 | 8.01 | 8.39 | 8.79 | 8.96 | 9.73 |
| 2 | 一般陆域工程 | | 7.17 | 7.78 | 8.15 | 8.54 | 8.70 | 9.45 |
| 3 | 陆上软基加固工程 | | 4.93 | 5.34 | 5.58 | 5.85 | 5.95 | 6.45 |
| 4 | 航道整治工程 | 整治水工 | 6.18 | 6.70 | 7.02 | 7.35 | 7.48 | 8.12 |
| 5 | | 整治炸礁 | 5.82 | 6.31 | 6.60 | 6.91 | 7.04 | 7.64 |
| 6 | 内河航运设备及大型金属结构设备制作安装工程 | 制作 | 5.22 | 5.65 | 5.93 | 6.20 | 6.32 | 6.85 |
| 7 | | 安装 | 8.44 | 9.16 | 9.60 | 10.06 | 10.25 | 11.14 |

**注**　1. 施工单位指承担工程的施工单位总部。

2. 内河港口装卸机械设备安装工程按内河航运设备及大型金属结构设备安装工程费率乘以 0.75 系数。

3. 修造船厂坞门及设备制作安装工程费率分别按内河航运设备及大型金属结构设备制作安装工程相应费率执行。

4. 费用按分档定额法计算，施工单位距工程所在地距离在两档之间按内插法计算。

表 2.2－14 二类工程企业管理费费率表（％）

| 序号 | 工程类别 | | 施工队伍基地距工程所在地距离 $L$/km | | | | | |
|---|---|---|---|---|---|---|---|---|
| | | | 25以内 | 100 | 300 | 500 | 1000 | 1500 |
| 1 | 一般水工工程 | | 6.57 | 7.13 | 7.46 | 7.81 | 7.96 | 8.64 |
| 2 | 一般陆域工程 | | 6.37 | 6.91 | 7.23 | 7.57 | 7.72 | 8.38 |
| 3 | 陆上软基加固工程 | | 3.55 | 3.83 | 4.00 | 4.18 | 4.26 | 4.60 |
| 4 | 航道整治工程 | 整治水工 | 5.55 | 6.01 | 6.30 | 6.58 | 6.70 | 7.27 |
| 5 | | 整治炸礁 | 5.22 | 5.65 | 5.91 | 6.19 | 6.30 | 6.83 |
| 6 | 大型土石方工程 | 机械施工 | 1.35 | 1.44 | 1.49 | 1.54 | 1.56 | 1.66 |
| 7 | | 人力施工 | 1.00 | 1.05 | 1.09 | 1.12 | 1.14 | 1.21 |
| 8 | 内河航运设备及大型金属结构设备制作安装工程 | 制作 | 4.74 | 5.13 | 5.37 | 5.62 | 5.72 | 6.20 |
| 9 | | 安装 | 7.63 | 8.28 | 8.68 | 9.09 | 9.26 | 10.06 |

注 1. 施工单位指承担工程的施工单位总部。

2. 内河港口装卸机械设备安装工程按内河航运设备及大型金属结构设备安装工程费率乘以 0.75 系数。

3. 修造船厂坞门及设备制作安装工程费率分别按内河航运设备及大型金属结构设备制作安装工程相应费率执行。

4. 费用按分档定额法计算，施工单位距工程所在地距离在两档之间按内插法计算。

（四）利润

利润指施工单位完成所承包工程应取得的盈利。利润应按各类工程的基价定额直接费、其他直接费和企业管理费之和乘以表 2.2－15 相应费率计算。

表 2.2－15 利润率表（％）

| 序号 | 工程类别及项目名称 | | 一、二类工程 |
|---|---|---|---|
| 1 | 一般水工工程 | | |
| 2 | 一般陆域工程 | | |
| 3 | 陆上软基加固工程 | | |
| 4 | 航道整治工程 | 整治水工 | 7.00 |
| 5 | | 整治炸礁 | |
| 6 | 大型土石方工程 | 机械施工 | |
| 7 | | 人力施工 | |
| 8 | 内河航运设备及大型金属结构设备制作安装工程 | 制作工程 | |
| 9 | | 安装工程 | |
| 10 | 大型土石方工程的填料价值、堆载预压工程的外购堆载材料价值 | | 3.00 |

注 修造船厂坞门及设备制作安装工程费率分别按内河航运设备及大型金属结构设备制作安装工程相应费率执行。

（五）规费

规费指根据国家法律、法规规定，由施工单位必须缴纳的费用。规费组成及内容见表 2.2－16。

表 2.2-16　　　　　　　　　规费项目组成及内容表（%）

| 序号 | 项目名称 | | 内　容 |
|---|---|---|---|
| 1 | 社会保险费 | 基本养老保险费 | 企业按规定标准为职工缴纳的基本养老保险费 |
| 2 | | 基本医疗保险费 | 企业按照规定标准为职工缴纳的基本医疗保险费 |
| 3 | | 工伤保险费 | 企业按规定标准为职工缴纳的工伤保险费 |
| 4 | | 失业保险费 | 企业按照国家规定标准为职工缴纳的失业保险费 |
| 5 | | 生育保险费 | 企业按照规定标准为职工缴纳的生育保险费 |
| 6 | 住房公积金 | | 企业按规定标准为职工缴纳的住房公积金 |
| 7 | 其他 | | 根据国家或省级人民政府规定计列的其他规费项目 |

1. 社会保险费和住房公积金

社会保险费和住房公积金应按工程所在地相应规定计列，条件不具备的，编制概算预算时可按各类工程的基价定额直接费乘以表 2.2-17 相应费率计算，但不应作为实际缴费的依据。

表 2.2-17　　　　　　　社会保险费和住房公积金综合费率表（%）

| 序号 | 工程类别及项目名称 | | 一、二类工程 |
|---|---|---|---|
| 1 | 一般水工工程 | | |
| 2 | 一般陆域工程 | | 1.60 |
| 3 | 陆上软基加固工程 | | |
| 4 | 航道整治工程 | 整治水工 | |
| 5 | | 整治炸礁 | |
| 6 | 大型土石方工程 | 机械施工 | 0.60 |
| 7 | | 人力施工 | 7.00 |
| 8 | 内河航运设备及大型金属结构设备制作安装工程 | 制作 | 2.00 |
| 9 | | 安装 | 5.00 |

**注** 修造船厂坞门及设备制作安装工程费率分别按内河航运设备及大型金属结构设备制作安装工程相应费率执行。

2. 其他

其他指社会保险费和住房公积金外，根据国家及省级人民政府的规定必须缴纳的其他规费。其他规费计算时应列明依据文号、名称和计算方法等。

（六）增值税

增值税指按国家税法规定，应计入建筑安装工程造价的增值税额。增值税应按下式计算。

$$增值税 = 税前工程造价 \times 建筑安装工程增值税税率 \qquad (2.2-1)$$

式中：税前工程造价为不含税市场价定额直接费、其他直接费、企业管理费、利润、规费之和；建筑安装工程增值税税率为国家颁布的现行税率。

（七）专项税费

专项税费指根据工程需要或法规规定，在建筑安装工程费中计列的相关税费，以及特种运输过路过闸费等发生一定工作量或费用性支出所需费用。

1. 相关税费

相关税费应按法律法规及相关计算标准计列。

2. 专项税费

专项税费中发生一定工作量或费用性支出所需的费用，应按工程、工作或费用内容和相应标准或办法计算。

（八）建筑安装工程费的计算办法

1. 建筑安装工程费费用计算规定

（1）定额直接费根据沿海港口或内河航运工程定额等标准计算；沿海港口工程定额主要包括《沿海港口水工建筑工程定额》（JTS/T 276—1）、《沿海港口工程船舶机械艘（台）班费用定额》（JTS/T 276—2）及《水运工程混凝土和砂浆材料用量定额》（JTS/T 277）等；内河航运工程定额主要包括《内河航运水工建筑工程定额》（JTS/T 275—1）、《内河航运设备安装工程定额》（JTS/T 275—3）、《内河航运工程船舶机械艘（台）班费用定额》（JTS/T 275—2）及《水运工程混凝土和砂浆材料用量定额》（JTS/T 277）等。

（2）其他直接费、企业管理费、利润、规费、增值税和专项税费等，除了根据本节前文所述的相应规定计算外，还应符合下列规定：

1）一般水工工程、一般陆域工程中的外购钢桩、大型金属结构和钢拉杆及橡胶护舷，应按其本体基价的 10% 计入计费基础；自制钢桩、大型金属结构和钢拉杆，应按其本体基价定额直接费的 20% 计入计费基础。

2）大型金属结构和钢拉杆应按下列条件判定：①沿海港口工程和沿海修造船厂水工建筑物工程中的大型金属结构和钢拉杆是指每榀（件、根或段）自重在 50t 及以上；②内河航运工程和内河修造船厂水工建筑物工程中的大型金属结构和钢拉杆是指每榀（件、根或段）自重在 20t 及以上；③每榀（件、根或段）自重虽不足以上重量，但由于数量多，其市场价值占该单位工程市场价定额直接费的 1/3 及以上者。

3）外购混凝土构件，应按其本体基价的 60% 计入计费基础。

4）大型土石方工程的填料价值、堆载预压工程的外购压载材料价值不应参与计算其他直接费、企业管理费、规费，只计算利润。

5）内河航运设备及大型金属结构设备制作安装工程中大型金属结构设备制作的主体结构钢材本体，应按其基价的 20% 计入计费基础。

（3）定额直接费、其他直接费、企业管理费、利润、规费均为不含增值税的费用。专项税费为包含增值税的费用。

（4）码头、船闸、船坞、船台、滑道等水工建筑物的附属设备（快速脱缆钩、登船梯、绞车等）应按设备购置及安装工程计算费用。

（5）对于采用设备供货、安装调试承包方式的设备安装工程，安装工程费可按本节后文设备购置费中有关规定计算。

2. 单位建筑安装工程费费用计算程序

水运工程单位建筑安装工程费用计算程序应按表2.2-18规定执行。后文第九章第二节给出了一个定额计价法的实例。

表 2.2-18　　　　　　　　建筑安装工程费用计算程序表

| 序号 | 费用项目 | 计算办法及说明 |
|---|---|---|
| 1 | 基价定额直接费 | 以工料基价单价为基础，按定额规定计算的工料机费用之和 |
| 2 | 市场价定额直接费 | 以不含税工料机市场价单价为基础，按定额规定计算的工料机费用之和 |
| 3 | 其他直接费 | $\sum[(1)\times$分项其他直接费费率] |
| 4 | 企业管理费 | $[(1)+(3)]\times$企业管理费费率 |
| 5 | 利润 | $[(1)+(3)+(4)]\times$利润率 |
| 6 | 规费 | $(1)\times$规费相应费率 |
| 7 | 税前合计 | $(2)+(3)+(4)+(5)+(6)$ |
| 8 | 增值税 | $(7)\times$建筑安装工程增值税税率 |
| 9 | 专项税费 | 独立计算的税费 |
| 10 | 建筑安装工程费 | $(7)+(8)+(9)$ |

**注**　市场价指工程所在地的材料、构配件、零件、半成品或成品及各种设备器材的市场价格，或有关部门发布的信息价格。

### 三、设备购置费

设备购置费指为满足水运建设项目投产营运需要，根据设计要求，购置达到固定资产标准的生产设备（含备品备件），以及工器具和生产家具等所需的费用。生产设备购置费又可分为国产设备购置费和进口设备购置费。

航运枢纽工程中的电站等有关部分的设备购置费的构成及计算，应参照水利水电等相关定额标准。

（一）国产设备购置费

国产设备购置费主要包括设备原价、运杂费、运输保险费及采购保管费等。

1. 设备原价

国产设备的设备原价包括设备出厂价格（或供应价格）以及备品备件费用。

设备出厂价格指设备生产厂现行出厂价格，非标设备按合同价格或生产厂实际价格（不包括非标设计费）确定。如为供应价格，尚应包括供销部门手续费、包装费。

备品备件费用指设备在投产运行初期所必须配置的易损零部件、专用替换材料等所需费用。

2. 运杂费

运杂费指设备自来源地运至安装现场所需的运杂费用（含设备抵安装现场后至安装前的设备二次转运费用），主要包括运输费、包装费、装卸费等。

一般起重设备、通信及航标设备、启闭设备、港口装卸设备、机修及其他生产设备运杂费按设备原价乘以表2.2-19费率计算；港（厂）区作业车船及其他交通车辆设备的运杂费按设备原价乘以表2.2-19费率的1/2计算。

表 2.2 - 19 运 杂 费 费 率 表 （%）

| 序号 | 工 程 所 在 地 区 | 费率 |
|---|---|---|
| 1 | 天津、河北、辽宁、上海、浙江、江苏、福建、山东、广东、海南、广西 | 4.00 |
| 2 | 山西、黑龙江、吉林、安徽、江西、湖北、湖南、河南、陕西 | 5.00 |
| 3 | 重庆、四川、云南、贵州 | 6.00 |

注 1. 表内费率含设备二次转运费，占运杂费的 5%～8%。

   2. 超限设备运输的特殊措施费，可按有关规定另行计算。

3. 运输保险费

运输保险费指设备的国内运输保险费用。

运输保险费按设备原价乘以相应费率计算。

4. 采购保管费

采购保管费指采购及保管设备过程中所需的各项费用，主要包括采购保管部门工作人员的人工费、工具用具使用费、办公费、差旅交通费等，仓库或转运站等固定资产折旧费（租赁费）、检修费、技术安全措施费等，采购保管中必要的检验试验费，供销部门手续费等。

采购保管费按设备原价乘以 0.6% 计算。

（二）进口设备购置费

进口设备购置费主要包括设备原价、国内接运保管费和从属费用等。

1. 进口设备原价

进口设备原价指进口设备（含备品备件）的外币到岸价 CIF。

$$设备原价 CIF＝货价 FOB＋国际运费＋国际运输保险费 \qquad (2.2-2)$$

式中：国际运费＝外币 FOB×费率；国际运输保险费＝[（外币 FOB＋国际运费）÷（1－保险费率）]×保险费率。

2. 国内接运保管费

国内接运保管费指进口设备从到达港口运到施工现场仓库或指定堆放地点的运杂费及保管费等费用，如合同规定的进口设备的到岸价为舱底价时，还应包括卸船费。

国内接运保管费可根据进口设备原价（包括备品备件购置费）外币金额和现行外汇牌价折算成人民币后，按 0.6%～2.0% 计算；超限设备运输的特殊措施费，可按有关规定另行计算。

3. 从属费用

从属费用指设备进口中发生的外贸手续费、中国银行手续费、外国银行手续费、海关关税、增值税、消费税、海关监管手续费（对减免保税货物收取）、车辆购置附加费、商品检验费等费用。

从属费用应按国家有关规定或贷款协定计算。

（三）工器具和生产家具购置费

工器具和生产家具购置费应根据设计提出的清单参照生产设备购置费相应规定计算；条件不具备的，可按不同建设项目的生产设备购置费乘以表 2.2 - 20 相应费率计列。

**表 2.2 – 20**　　　　　　**工器具和生产家具购置费参考费率表（%）**

| 序号 | 项目名称 | 费率 | 序号 | 项目名称 | 费率 |
|---|---|---|---|---|---|
| 1 | 航运枢纽工程 | 0.30 | 3 | 港口工程 | 1.60 |
| 2 | 通航建筑物工程 | 0.75 | 4 | 航道整治工程 | 1.00 |

（四）采用设备供货、安装及调试承包方式的设备安装工程费

对于采用设备供货、安装及调试承包方式的设备安装工程，其安装工程费根据设备到货状态等因素，可按不同建设项目的设备原价乘以表 2.2 – 21 相应费率计列。

**表 2.2 – 21**　　　　　　**生产设备安装工程费参考费率表（%）**

| 序号 | 项目名称 | 费率 | 序号 | 项目名称 | 费率 |
|---|---|---|---|---|---|
| 1 | 港口工程 | 3.00～10.00 | 2 | 其他工程 | 3.00～15.00 |

### 四、机修及其他辅助生产设备安装工程费

（一）概算阶段

1. 设备安装工程费

概算阶段机修及其他辅助生产设备安装工程费费用应按相关定额计算；条件不具备的，可按设备原价乘以表 2.2 – 22 相应费率计列；发生施工队伍调遣费时，费用可按安装工程费的 4%～10% 计列。

**表 2.2 – 22**　　　　　　**机修及其他辅助生产设备安装工程费费率表（%）**

| 序号 | 设 备 类 别 | | 费率 |
|---|---|---|---|
| 1 | 维修车间、车库 | | 1.70 |
| 2 | 氧气站、空压站、乙炔站、氮气站（包括管道附件） | | 10.00 |
| 3 | 变电站（所）、配电所、充电间 | | 11.00 |
| 4 | 供水调节站 | | 21.00 |
| 5 | 仓库（有行车） | | 2.20 |
| 6 | 锅炉房 | 热水锅炉 | 38.00～42.00 |
| 7 | | 动力锅炉 | 13.00～23.00 |
| 8 | 换热站 | 全自动热交换机组 | 75.00 |
| 9 | 趸船 | | 2.00 |

注　1. 按表列费率计算安装工程费包括无负荷试运转及设备保温、防腐和附属管线安装等费用。

　　2. 氧气站、乙炔站、氮气站设备原价不包括气瓶费用。

2. 设备基础费用

设备基础费用可按设备原价乘以表 2.2 – 23 相应费率计列。

**表 2.2 – 23**　　　　　　**设备基础费用费率表（%）**

| 序号 | 设 备 类 别 | 费率 |
|---|---|---|
| 1 | 维修车间、车库 | 0.90 |
| 2 | 氧气站、空压站、乙炔站、氮气站、变电所、配电所 | 1.50 |
| 3 | 锅炉房（含循环水池、沉淀池、钢烟囱） | 6.00～12.00 |
| 4 | 换热站 | 2.80 |

注　按表列费率计算设备基础费包括基础本身及二次灌浆等费用，不包括基础打桩费用。

（二）预算阶段

编制预算时，安装工程费用应执行工程所在地专业定额及施工取费标准；条件不具备的，可参考《全国统一安装工程预算定额》计算定额直接费，但施工取费应执行工程所在地的有关标准。

**五、临时工程费**

临时工程费指建设项目在建设期限内，为保证工程的正常施工而必须兴建的、且永久性工程费用及工程建设其他费用中未列入的有单独设计（含施工条件设计或施工组织设计）文件的各类临时工程，以及采取各类必要施工措施所需的费用。

临时工程项目应参照永久工程的有关规定编制概预算文件，计算相应工程费用。各类临时工程费用项目应根据工程建设需要和设计要求计列。

（一）单项临时工程费用

单项临时工程费用计算如下：

（1）单项临时工程项目根据施工条件设计或施工组织设计提出。

（2）单项临时工程费用根据设计工程量套用有关定额计算；无适用定额的，参照已完工程资料或技术经济指标估列，并列明依据性资料、指标名称、计算方法及说明。

（二）航运枢纽工程电站（厂）坝区施工临时工程费用

航运枢纽工程的电站（厂）坝区施工临时工程指电站（厂）坝区域施工所必须的临时工程和"临时设施费"范围内的小型临时设施等。临时工程费应根据施工条件设计或施工组织设计确定的项目和单项临时工程设计提出的工程数量，套用有关定额或指标计算；条件不具备的，可按相应工程部分的建筑工程费用之和（不包括土石方的开挖及回填工程），乘以表2.2-24费率计列。

表2.2-24　　　　　　　　电站部分临时工程费费率（%）

| 序号 | 挡水建筑物结构型式 | 费率 | 序号 | 挡水建筑物结构型式 | 费率 |
|---|---|---|---|---|---|
| 1 | 土坝、石料坝 | 2.50~3.30 | 3 | 混凝土轻型坝 | 3.38~4.46 |
| 2 | 混凝土重力坝 | 3.25~4.29 | 4 | 节制闸、水闸 | 3.50~4.50 |

（三）临时工程的拆除费用和回收余值

需要拆除的临时工程应考虑回收材料余值的抵扣，拆除费用应反映在临时工程概预算中；条件不具备的，拆除费用及回收材料余值可按表2.2-25指标或费率计列。

表2.2-25　　　　　　　临时工程拆除费用和回收材料摊销参考表

| 序号 | 项　　目 | 拆除费占原建设费用或现行指标比值/% | 材料回收指标/% | | | 备注 |
|---|---|---|---|---|---|---|
| | | | 使用1年 | 使用2年 | 使用2年以上 | |
| 1 | 一般砖木结构 | 3 | 50 | 35 | 20 | 回收系指木材 |
| 2 | 混合结构 | 10 | 50 | 35 | 20 | 回收系指木材 |
| 3 | 钢筋混凝土结构 | 15 | — | — | — | |

| 序号 | 项　　目 | | 拆除费占原建设费用或现行指标比值/% | 材料回收指标/% | | | 备注 |
|---|---|---|---|---|---|---|---|
| | | | | 使用1年 | 使用2年 | 使用2年以上 | |
| 4 | 金属结构（包括临时栈桥） | 能利用的 | 75 | 新建价值的50% | | | |
| | | 不能利用的 | 50 | 金属重量×废钢铁单价 | | | |
| 5 | 临时木电杆 | | 按定额计算 | 70 | 50 | 30 | 回收系指木材 |
| 6 | 临时钢筋混凝土电杆 | | 按定额计算 | 90 | | | |
| 7 | 临时木便桥 | | 按定额计算 | 50 | 35 | 20 | 回收系指木材 |
| 8 | 架空或地面敷设管道 | | 2 | 每使用一年摊销15%，每安装一次摊销10% | | | |
| 9 | 地下敷设管道 | | 6 | | | | |
| 10 | 机电设备及线路 | | （安装费－安装材料费）×40% | 70 | 50 | 20 | |
| 11 | 临时铁路专用线 | | 按定额计算 | 每安拆一次摊销10%，每使用一年摊销5% | | | |
| 12 | 临时围堰 | 钢板桩，导梁，拉杆 | 按定额计算 | 每安拆一次摊销10%，每使用一年摊销7% | | | |
| | | 木桩 | 按定额计算 | 30% | | | |

**注**　木材回收单价可按材料预算价格的50%计算。

# 第三节　疏浚工程工程费用及计算规则

疏浚与吹填工程费用及计算应执行本节规定和疏浚工程定额。

## 一、建筑工程费

沿海港口、内河航运、修造船厂水工建筑物工程的疏浚与吹填工程费用的计算应符合本规则；上述各类工程均应根据表2.1-1、表2.1-2及表2.1-3对工程项目划分的规定编制单位工程概、预算。

疏浚与吹填单位建筑工程费用由定额直接费、其他直接费、企业管理费、利润、规费、增值税和专项税费组成，如图2.3-1所示。

**（一）定额直接费**

定额直接费指施工过程中消耗的构成工程实体和有助于工程形成的各项费用，包括挖泥、运泥、吹泥费，开工展布、收工集合费，施工队伍调遣费，管架安拆费。

**（二）其他直接费**

其他直接费指除定额直接费以外施工过程中

单位工程费用
- 定额直接费
  - 挖泥、运泥、吹泥费
  - 开工展布、收工集合费
  - 施工队伍调遣费
  - 管架安拆费
- 其他直接费
  - 安全文明施工费
  - 卧冬费
  - 疏浚测量费
  - 施工浮标抛撒及使用费
- 企业管理费
- 利润
- 规费
  - 社会保险费
  - 住房公积金
  - 其他
- 增值税
- 专项税费

图2.3-1　疏浚与吹填单位
工程费用项目组成

发生的直接费用，包括安全文明施工费、卧冬费、疏浚测量费、施工浮标抛撤及使用费等。

1. 安全文明施工费

安全文明施工费包括按照国家现行的施工安全、施工现场环境与卫生标准和有关规定，购置和更新施工防护用具及设施、改善安全生产条件和作业环境所需要的安全施工费、临时设施费、环境保护费和文明施工费。

（1）安全施工费指施工现场安全施工所需要的各项费用，以基价定额直接费为基础按2.3％计列。

（2）临时设施费指施工企业为进行疏浚工程施工所必须搭设的生活和生产用的临时建筑物、构筑物和其他临时设施费用，包括临时设施的搭设、维修、拆除、清理费或摊销费等，以基价定额直接费为基础按2.0％计列。

（3）环境保护费指施工现场为到达环保部门要求所需的各项费用，以基价定额直接费为基础按0.05％计列。

（4）文明施工费指施工现场文明施工所需要的各种费用，以基价定额直接费为基础按0.2％计列。

2. 卧冬费

卧冬费指船舶在不具备出航条件的季节性封冻河流进行疏浚施工增加的费用，应按基价定额直接费的30％计算。

3. 疏浚测量费

疏浚测量费指施工过程中进行水深检测所发生的费用，编制概算、预算时，费用应以疏浚工程量为基础按表2.3-1规定计算。

表 2.3-1　　　　　　　　　疏 浚 测 量 费 计 算 表

| 序号 | 工程量合计 $X$/万 m³ | 测量费/（元/万 m³） | 疏浚测量费/万元 |
|---|---|---|---|
| 1 | $X \leqslant 1000$ | 1600 | $0.16X$ |
| 2 | $1000 < X \leqslant 2000$ | 1400 | $0.14X + 20$ |
| 3 | $X > 2000$ | 1000 | $0.1X + 100$ |

4. 施工浮标抛撤及使用费

施工浮标抛撤及使用费指浮标的抛撤、使用所发生的费用和航标船的调遣费用，按照相关航标定额计算费用。

（三）企业管理费

疏浚与吹填工程企业管理费包括施工单位为组织施工生产和经营管理所需的费用，以及附加税。费用应以基价定额直接费与其他直接费之和为基础按15％计算，包括下列内容：

（1）管理人员工资。管理人员工资指按规定支付给管理人员的计时工资、奖金、津贴补贴、加班加点工资及特殊情况下支付的工资等。

（2）办公费。办公费指企业管理办公用文具、纸张、账表、印刷、邮电、书报、会议、水、电、烧水和集体取暖（包括现场临时宿舍取暖）等所需费用。

（3）差旅交通费。差旅交通费指职工因公出差、工作调动的差旅费、住勤补助费，市内交通费和误餐补助费，职工探亲路费，劳动力招募费，职工离退休、退职一次性路费，工伤人员就医路费，工地转移费以及管理部门使用的交通工具的油料、燃料等费用。

（4）固定资产使用费。固定资产使用费指管理和试验部门及附属生产单位使用的属于固定资产的房屋、设备仪器等的折旧、大修、维修或租赁等所需费用。

（5）工具用具使用费。工具用具使用费指企业管理使用的不属于固定资产的家具、交通工具和消防用具等的购置、维修和摊销费用。

（6）劳动保险和职工福利费。劳动保险和职工福利费指由企业支付的职工退职金、按规定支付给离休干部的经费，集体福利费、夏季防暑降温、冬季取暖补贴、上下班交通补贴等费用。

（7）劳动保护费。劳动保护费指企业按规定发放劳动保护用品所需费用。如工作服、手套以及在有碍身体健康的环境中施工的保健费用等。

（8）工会经费。工会经费指企业按规定应计提的工会经费。

（9）职工教育经费。职工教育经费指按规定比例计提，企业为职工进行专业技术和职业技能培训，专业技术人员继续教育、职工职业技能鉴定、职业资格认定以及根据需要对职工进行各类文化教育所需的费用。

（10）财产保险费。财产保险费指施工管理用财产、车辆等保险费用。

（11）财务费。财务费指企业为施工生产筹集资金或提供预付款担保、履约担保、职工工资支付担保等所需的各种费用。

（12）税金。税金指企业按规定缴纳的房产税、车船使用税、土地使用税、印花税等税金。

（13）附加税。附加税指应计入疏浚与吹填工程费用、以增值税应纳税额为基数计算的城市建设维护税、教育费附加及地方教育附加等。

（14）其他。其他指上述项目以外的其他必要支出所需费用。包括技术转让费、技术开发费、业务招待费、绿化费、广告费、公证费、法律顾问费、审计费、咨询费、上级管理费等。

（四）利润

利润指施工企业从事疏浚与吹填工程施工所获得的盈利。利润应以基价定额直接费、其他直接费、企业管理费之和为基础按 7% 计算。

（五）规费

规费指根据国家法律、法规规定，由施工单位必须缴纳，并计入疏浚与吹填工程造价的费用。费用组成及内容应符合表 2.3-2 规定，规费计列应符合下列规定：

（1）社会保险费和住房公积金应按工程所在地相应规定计列，条件不具备的，编制概算预算时按船员人工费的 40% 计算。

（2）其他，指上述规费外，根据国家或省级人民政府的规定必须缴纳的其他规费。其他规费计算时应列明依据文号、名称和计算办法等。

表 2.3 - 2　　　　　　　　　　　　规费项目组成及内容表

| 序号 | 项目名称 | | 内容 |
|------|----------|----------|------|
| 1 | 社会保险费 | 养老保险费 | 企业按规定标准为职工缴纳的基本养老保险费 |
| 2 | | 医疗保险费 | 企业按照规定标准为职工缴纳的基本医疗保险费 |
| 3 | | 工伤保险费 | 企业按照规定标准为职工缴纳的工伤保险费 |
| 4 | | 失业保险费 | 企业按照国家规定标准为职工缴纳的失业保险费 |
| 5 | | 生育保险费 | 企业按照规定标准为职工缴纳的生育保险费 |
| 6 | 住房公积金 | | 企业按规定标准为职工缴纳的住房公积金 |
| 7 | 其他 | | 根据国家或省级人民政府规定计列的其他规费项目 |

（六）增值税

增值税指按国家税法规定，应计入疏浚与吹填工程造价的增值税额，增值税应按式（2.3 - 1）计算。

$$增值税＝税前工程造价×疏浚或吹填工程增值税税率 \qquad (2.3 - 1)$$

式中：税前工程造价为不含税市场价定额直接费、其他直接费、企业管理费、利润、规费之和。

（七）专项税费

专项税费指根据工程需要或法规规定，在疏浚与吹填工程费中计列的相关税费，以及特种运输过路过闸费等发生一定工作量或费用性支出所需费用。

1. 相关税费

相关税费应按法律法规及相关计算标准计列。

2. 专项税费

专项税费中发生一定工作量或费用性支出所需的费用，应按工程、工作或费用内容和相应标准或办法计算。

（八）建筑安装工程费的计算办法

1. 建筑安装工程费费用计算规定

（1）定额直接费根据《疏浚工程预算定额》（JTS/T 278—1）和《疏浚工程船舶艘班费用定额》（JTS/T 278—2）计算。

（2）其他直接费、企业管理费、利润、规费、增值税及专项税费根据本规则的相应规定计算。

（3）定额直接费、其他直接费、企业管理费、利润、规费均为不含增值税的费用。专项税费为包含增值税的费用。

2. 建筑安装工程费费用计算程序

疏浚与吹填工程单位建筑安装工程费用计算程序应按表 2.3 - 3 规定执行。

表 2.3 - 3　　　　　　　　　　疏浚与吹填工程单位费用计算程序表

| 序号 | 费用项目 | 计 算 办 法 及 说 明 |
|------|----------|----------------------|
| 1 | 基价定额直接费 | 以工料机基价单价为基础，按定额规定计算的挖泥、运泥、吹泥费，开工展布、收工集合费，施工队伍调遣费，管架安拆费之和 |
| 2 | 市场价定额直接费 | 以工料机市场价单价为基础，按定额规定计算的挖泥、运泥、吹泥费，开工展布、收工集合费，施工队伍调遣费，管架安拆费之和 |
| 3 | 其他直接费 | 按规定计算的相关其他直接费之和 |
| 4 | 企业管理费 | [(1)+(3)]×企业管理费费率 |
| 5 | 利润 | [(1)+(3)+(4)]×利润率 |
| 6 | 规费 | 按国家有关规定计算 |
| 7 | 税前合计 | (2)+(3)+(4)+(5)+(6) |
| 8 | 增值税 | (7)×疏浚与吹填工程增值税税率 |
| 9 | 专项税费 | 独立计算的税费 |
| 10 | 建筑安装工程费 | (7)+(8)+(9) |

**二、临时工程费**

临时工程费指工程项目在建设期内，为保证主体工程的正常施工而必须新建的单独编制设计文件的单项临时工程所需的费用，主要包括临时码头、道路、供水供电、施工场地、通信等。

临时工程费用应根据设计要求，单独编制概算预算文件，并按相关定额及计费规定计算相应的工程费用。

# 第四节　水运建设工程概算预算编制

**一、工程概算编制**

工程概算（也称设计概算，简称概算）系指以初步设计图纸、说明等为依据，按照规定的程序、方法和依据，对建设项目总投资及其构成进行的概略计算，并形成工程概算文件。

总概算指根据建设项目初步设计图纸、说明等文件，在单位工程概算和相关费用的基础上计算形成的建设项目概算总投资金额。建设项目总概算应包括项目从筹建到竣工验收所需的全部建设费用。

工程概算编制必须严格执行国家的方针政策和有关规定，根据工程所在地的建设条件、设计及施工方案，合理选用定额、费用标准和价格等各项编制要素；编制依据应有效准确，概算应完整、正确、客观、合理地计列建设项目概算的各部分费用项目及内容。

概算是初步设计文件的重要组成部分，由设计单位负责编制。由多个设计单位共同承担建设项目设计工作时，应由总体设计单位负责协调确定概算的编制原则和依据、统一材料价格水平，汇编总概算，并应对全部概算的编制质量负责；参与设计单位应对所承担设计对应范围内的工程概算负责。

使用外币的建设项目，应编制全部折算内币后的概算，需要时尚应同时编制内币和外币概算。外币汇率应以概算编制时中国人民银行公布的汇率为准。

概算具体反映了初步设计的建设规模和投资构成，是初步设计成果的完成质量和设计水平的重要考核指标。设计阶段是控制工程造价的关键环节，概算应控制在批准的建设项目可行性研究投资估算以内。

工程建设的项目单位应认真执行项目工程概算。工程费用或工程建设其他费用中个别项目必须增加投资时，应在工程费用或工程建设其他费用范围内调剂解决；无法调剂时，应按相应程序使用预留费用解决。在建设过程中，由于政策调整、不可预见因素、重大设计变更等原因导致原概算不能满足工程实际需要，必须突破总概算时，应由原设计单位按照相关规定编制调整概算。

1. 概算的作用

（1）概算是编制建设项目投资计划、确定和控制建设项目投资的依据。

（2）概算是签订建设工程合同和贷款合同的依据。

（3）概算是控制施工图设计和施工图预算的依据。

（4）概算是衡量设计方案技术经济合理性和选择最佳设计方案的依据。

（5）概算是考核建设项目投资效果的依据。

2. 概算的编制依据

（1）国家及省级人民政府发布的有关法律、法规、规范、规章、规程等。

（2）初步设计文件的有关内容，包括初步设计图纸及说明、工程所在地的建设条件、设计及施工方案等。

（3）项目涉及的概算编制规定及有关定额和相关计价依据。

（4）项目可行性研究投资估算。

（5）生产厂家或供应商的设备价格。

（6）工程所在地的材料、构（配）件、零件、半成品或成品及各种设备器材的市场价格；行业或当地建设主管部门颁布的材料信息价格和相关规定等。

（7）有关合同协议及其他有关资料。

3. 概算文件组成

概算文件主要由封面、扉页、目录、编制说明、概算表格及附件等组成。概算文件格式及内容应见表 2.4-1～表 2.4-15，并应符合下列规定。

（1）封面，应包括建设项目名称、编制单位及编制日期；扉页，应包括建设项目名称、编制负责人、审定人姓名及本专业造价工程师印章，以及参加人员姓名、技术职称及本专业造价人员职业资格证书号等；目录，应按概算表表号顺序编排。

（2）编制说明，主要应包括项目概述、资金来源、概算编制范围、多方案概算对比分析情况、推荐及比选方案的项目总概算、编制原则和依据、费率指标指数、汇率和利率、有关说明及存在的主要问题等。

（3）概算表格，分为主要表格和辅助表格，主要表格是概算文件的主要组成部分，辅助表格根据需要选择使用；初步设计有多个方案时，概算文件应包括各总体方案的总概算表、推荐方案的主要表格和辅助表格，以及各主要专业工程比选方案的主要表格和辅助表格。概算表格主要包括下列内容：

1）主要表格，包括总概算表、建筑安装单位工程概算表、设备购置单位工程概算表、工程建设其他费用分项概算表、主要材料用量汇总表和人工材料单价表等。

2）辅助表格，包括单项工程概算汇总表、补充单位估价表、单位估价表、建筑安装单位工程施工取费明细表等。

（4）附件，应包括相关文件、合同协议等。

表 2.4 - 1　　　　　　　　工 程 概 算 封 面 样 式

×××工程

初 步 设 计

第×篇工程概算

编制单位（名称、印章）

××××年××月

表 2.4 - 2　　　　　　　　工 程 概 算 扉 页 样 式

×××工程初步设计

工 程 概 算

审定人 _____（签字、造价工程师印章）

编制负责人 _____（签字、造价工程师印章）

参 加 人 员

| 姓　　名 | 专业技术职称 | 证 书 编 号 |
|---|---|---|
|  |  |  |
|  |  |  |
|  |  |  |
|  |  |  |

表 2.4－3　　　　　　　　　　　工程概算编制说明样式

编 制 说 明

1. 项目概述（根据管理要求计列）
(1) 建设地点。
(2) 建设规模（项目建设规模、标准、能力等）。
(3) 建设内容（包括主要单项单位工程、主体结构、建构筑物数量及尺度等）。
(4) 主要建（构）筑物设计方案。
(5) 概算费用计算范围。
(6) 项目资金来源。
(7) 方案比选及设计推荐方案（多方案之间的差异及设计推荐方案）。
(8) 其他需要说明的问题。
2. 项目总概算
列出工程概算计算范围内的项目总概算；多方案比选时分别列出不同设计方案的总概算，并标明设计推荐方案。
3. 编制原则和依据
(1) 有关法律法规、部门规章等（全称、文号及时间）。
(2) 有关计价标准（全称、发布单位、文号及时间）。
(3) 人工、主要材料、设备器材价格的取用依据。
4. 施工方案
简述施工方案，含临时工程及施工措施，主要材料、设备运输方案。
5. 有关说明
(1) 参照的计费标准情况和具体调整内容。
(2) 主体工程施工取费标准。
(3) 相关费用或指标的计费说明（包括建设用地用海费用标准等）。
(4) 采用的年物价上涨指数及取定依据。
(5) 项目建设工期和分年度投资比例。
(6) 项目建设期贷款利率。
(7) 项目使用的外币汇率。
(8) 需要说明的其他有关问题。

表 2.4－4　　　　　　　　　　　总 概 算 表 样 式

总 概 算 表

建设项目名称：　　　　　　　　　　　　　　　　　　　　　　　　共　　页第　　页

| 序号 | 单位工程概算表编号 | 工程或费用项目名称 | 概算金额/万元 | | | | | 技术经济指标 | | | 占总投资/% |
|---|---|---|---|---|---|---|---|---|---|---|---|
| | | | 建筑工程费 | 安装工程费 | 设备购置费 | 其他 | 合计 | 单位 | 数量 | 指标 | |
| 一 | 第一部分工程费用 | | | | | | | | | | |
| 1 | | ×××工程 | | | | | | | | | |
| 2 | | … | | | | | | | | | |
| … | | | | | | | | | | | |
| | | 临时工程及措施项目 | | | | | | | | | |
| 二 | 第二部分工程建设其他费用 | | | | | | | | | | |
| 1 | | | | | | | | | | | |
| 2 | | | | | | | | | | | |
| … | | | | | | | | | | | |

| 序号 | 单位工程概算表编号 | 工程或费用项目名称 | 概算金额/万元 | | | | | 技术经济指标 | | | 占总投资/% |
|---|---|---|---|---|---|---|---|---|---|---|---|
| | | | 建筑工程费 | 安装工程费 | 设备购置费 | 其他 | 合计 | 单位 | 数量 | 指标 | |
| 三 | | 第三部分预留费用 | | | | | | | | | |
| 1 | | 基本预备费 | | | | | | | | | |
| 2 | | 物价上涨费 | | | | | | | | | |
| 四 | | 建设期利息 | | | | | | | | | |
| 1 | | 建设期贷款利息 | | | | | | | | | |
| ... | | | | | | | | | | | |
| 五 | | 专项概算 | | | | | | | | | |
| 1 | | | | | | | | | | | |
| ... | | | | | | | | | | | |
| 六 | | 总概算 | | | | | | | | | |

审核： 复核： 编制：

表 2.4-5　　　　　　　　　　建筑安装单位工程概算表样式

**建筑安装单位工程概算表**

工程名称：　　　　　　工程代号：　　　　　工程类别：　　　　　编号：

| 序号 | 定额或估价表编号 | 分部分项工程名称 | 单位 | 工程数量 | 基价/元 | | 不含税市场价/元 | |
|---|---|---|---|---|---|---|---|---|
| | | | | | 单价 | 合计 | 单价 | 合价 |
| 1 | | | | | | | | |
| 2 | | | | | | | | |
| ... | | | | | | | | |
| | | | | | | | | |
| 定额直接费： | | | | | | | | |
| 概算定额直接费：（概算扩大系数：　　） | | | | | | | | |
| 小型工程增加费：（费率：　　%） | | | | | | | | |
| 定额直接费合计： | | | | | | | | |
| 其中：人工费： | | | | | | | | |
| 材料费： | | | | | | | | |
| 船机费： | | | | | | | | |
| 施工取费合计： | | | | | | | | |
| 其中分类取费： | | | | | | | | |
| 税前合计： | | | | | | | | |
| 增值税：（税率：　　%） | | | | | | | | |
| 专项税费： | | | | | | | | |
| 建筑安装工程费： | | | | | | | | |

审核： 复核： 编制：

**注** 其他专业工程执行相应计价标准及格式规定。

**表 2.4-6**　　　　　　　**疏浚（吹填）单位工程概算表样式**

**疏浚（吹填）单位工程概算表**

工程名称：　　　　工程代号：　　　　工程类别：　　　　编号：

| 序号 | 项　目 | 单位 | 数量 | 基价/元 | | 不含税市场价/元 | | 其中燃料 | 其中船员 | 备注 |
|---|---|---|---|---|---|---|---|---|---|---|
| | | | | 单价 | 合价 | 单价 | 合价 | kg | 工日 | |
| 一 | 定额直接费 | | | | | | | | | |
| 1 | 挖泥、运泥、吹泥费 | | | | | | | | | |
| 1.1 | … | | | | | | | | | |
| … | … | | | | | | | | | |
| 2 | 开工展布、收工集合费 | | | | | | | | | |
| 3 | 施工队伍调遣费 | | | | | | | | | |
| 4 | 管架安拆费 | | | | | | | | | |
| 二 | 其他直接费 | | | — | | — | | | | |
| 1 | 安全文明施工费 | | | — | | — | | | | |
| 2 | 卧冬费 | | | | | | | | | |
| 3 | 疏浚测量费 | | | | | | | | | |
| 4 | 施工浮标抛撒及使用费 | | | | | | | | | |
| 三 | 企业管理费 | | | — | | — | | | | |
| 四 | 利润 | | | — | | — | | | | |
| 五 | 规费 | | | — | | — | | | | |
| 六 | 税前合计 | | | | | | | | | |
| 七 | 增值税 | | | | | | | | | |
| 八 | 专项税费 | | | | | | | | | |
| 九 | 费用合计 | | | | | | | | | |
| 十 | 疏浚（吹填）工程费（概算扩大系数：　） | | | | | | | | | |

审核：　　　　　　复核：　　　　　　编制：

**表 2.4-7**　　　　　　　**设备购置单位工程概算表样式**

**设备购置单位工程概算表**

工程名称：　　　　工程代号：　　　　工程类别：　　　　编号：

| 序号 | 设备或费用名称 | 规格 | 单位 | 数量 | 单价/万元 | 合计/万元 | 备注 |
|---|---|---|---|---|---|---|---|
| 一 | 设备购置费 | | | | | | |
| （一） | 设备原价 | | | | | | |
| 1 | | | | | | | |
| 2 | | | | | | | |
| … | | | | | | | |

续表

| 序号 | 设备或费用名称 | 规格 | 单位 | 数量 | 单价/万元 | 合计/万元 | 备注 |
|---|---|---|---|---|---|---|---|
| （二） | 运杂费 | | | | | | |
| 1 | | | | | | | |
| 2 | | | | | | | |
| … | | | | | | | |
| （三） | 其他 | | | | | | |
| 1 | | | | | | | |
| 2 | | | | | | | |
| … | | | | | | | |
| | 设备购置费合计 | | | | | | |
| 二 | 设备安装费 | | | | | | |
| 1 | | | | | | | |
| 2 | | | | | | | |
| … | | | | | | | |
| 三 | 设备基础费 | | | | | | |
| 1 | | | | | | | |
| 2 | | | | | | | |
| … | | | | | | | |
| 四 | 总计 | | | | | | |
| | 其中：设备购置费 | | | | | | |
| | 安装工程费 | | | | | | |
| | 建筑工程费 | | | | | | |

审核：　　　　　　复核：　　　　　　编制：

**注**　本表适用于设备购置费的计算，以及以设备费为基础按费率计算安装费、设备基础费的情况。

表 2.4－8　　　　　**工程建设其他费用分项概算表样式**

**工程建设其他费用分项概算表**

建设项目名称：　　　　　　　　　　　　　　　　　　　　　　　编号：

| 序号 | 费用项目名称 | 单位 | 数量 | 金额/万元 | | 费用依据 | 计算表达式 |
|---|---|---|---|---|---|---|---|
| | | | | 单价 | 合价 | | |
| 1 | | | | | | | |
| 2 | | | | | | | |
| 3 | | | | | | | |
| … | | | | | | | |
| | | | | | | | |
| | 合计 | | | | | | |

审核：　　　　　　复核：　　　　　编制：

**注**　本表为参考格式，根据不同费用的计算模式要求可自行调整设计，并注明费用依据及计算表达式。

表 2.4 - 9 　　　　　　　工程概算主要材料用量汇总表样式

## 主要材料用量汇总表

建设项目名称：

| 序号 | 工程或费用项目名称 | 钢材/t | 水泥/t | … | … | … | | | |
|------|------------------|--------|--------|---|---|---|---|---|---|
| 1 | | | | | | | | | |
| 2 | | | | | | | | | |
| … | | | | | | | | | |
| | | | | | | | | | |
| | | | | | | | | | |
| | | | | | | | | | |
| | | | | | | | | | |
| | | | | | | | | | |
| | | | | | | | | | |
| | | | | | | | | | |
| | | | | | | | | | |
| | 合计 | | | | | | | | |

表 2.4 - 10 　　　　　　　工程概算人工材料单价表样式

## 人工材料单价表

工程名称：　　　　　　　　　　　工程代号：

| 序号 | 名称及规格 | 单位 | 基价/元 | 市场价/元 | | 备注 |
|------|-----------|------|---------|-----------|-----------|------|
| | | | | 不含税价格 | 含税价格 | |
| 1 | | | | | | |
| 2 | | | | | | |
| … | | | | | | |
| | | | | | | |
| | | | | | | |
| | | | | | | |
| | | | | | | |
| | | | | | | |
| | | | | | | |
| | | | | | | |
| | | | | | | |
| | | | | | | |
| | | | | | | |
| | | | | | | |
| | | | | | | |
| | | | | | | |
| | | | | | | |
| | | | | | | |

**表 2.4－11** 　　　　　　　　　　　单项工程概算汇总表样式

### 单项工程概算汇总表

工程名称：　　　　　　　　　　　　　　　　　编号：

| 序号 | 单位工程概算表编号 | 工程或费用项目名称 | 概算金额/万元 | | | | |
|---|---|---|---|---|---|---|---|
| | | | 建筑工程费 | 安装工程费 | 设备购置费 | 其他 | 合计 |
| 1 | | | | | | | |
| 2 | | | | | | | |
| ... | | | | | | | |
| | | | | | | | |
| | | | | | | | |
| | | | | | | | |
| | | | | | | | |
| | | | | | | | |
| | | | | | | | |
| | | | | | | | |
| | | | | | | | |
| | | | | | | | |
| | | | | | | | |
| | 合计 | | | | | | |

审核：　　　　　　　　　复核：　　　　　　　　　编制：

**表 2.4－12** 　　　　　　　　　建筑安装工程补充单位估价表样式

### 补充单位估价表

分部分项工程名称：　　　　　　　　单位：　　　　　　　　编号：

| 序号 | 项目名称 | | 单位 | 数量 | 单价/元 | | 合价/元 | |
|---|---|---|---|---|---|---|---|---|
| | | | | | 基价 | 不含税市场价 | 基价 | 不含税市场价 |
| 1 | 合计 | | | | | | | |
| 2 | 其中 | 人工费 | | | | | | |
| 3 | | 材料费 | | | | | | |
| 4 | | 船机费 | | | | | | |
| 5 | 人工 | | | | | | | |
| ... | (材料) | | | | | | | |
| | ... | | | | | | | |
| | ... | | | | | | | |
| | (船机) | | | | | | | |
| | ... | | | | | | | |
| | ... | | | | | | | |
| | 单位单价 | | 元 | | | | | |

1. 工程内容：

2. 依据说明：

**表 2.4 - 13** 疏浚（吹填）工程单位估计表（或补充单位估价表）样式

单位估价表（或补充单位估价表）

分部分项工程名称： 单位： 编号：

| 序号 | 项目 | | 单位 | 数量 | 单价/元 | | 合价/元 | |
|---|---|---|---|---|---|---|---|---|
| | 名称 | 规格 | | | 基价 | 不含税市场价 | 基价 | 不含税市场价 |
| 1 | | | | | | | | |
| 2 | | | | | | | | |
| | | | | | | | | |
| | | | | | | | | |
| | | | | | | | | |
| | | | | | | | | |
| | | | | | | | | |
| | | | | | | | | |
| | | | | | | | | |
| | | | | | | | | |
| | | | | | | | | |
| | | | | | | | | |
| | | | | | | | | |
| | | | | | | | | |
| | | | | | | | | |
| | | | | | | | | |

1. 工程内容：

2. 依据说明：

**表 2.4 - 14** 建筑安装单位工程施工取费明细表样式

建筑安装单位工程施工取费明细表

工程名称： 工程代号： 工程类别：

| 费用名称 | 专业工程类别 | | | | | | | | 费用合计/元 |
|---|---|---|---|---|---|---|---|---|---|
| | 一般水工工程 | | 一般陆域工程 | | …… | | …… | | |
| | 费率/% | 费用/元 | 费率/% | 费用/元 | 费率/% | 费用/元 | 费率/% | 费用/元 | |
| 基价定额直接费合计 | | | | | | | | | |
| 市场价定额直接费合计 | | | | | | | | | |
| 其他直接费 | | | | | | | | | |
| 安全文明施工费 | | | | | | | | | |
| 临时设施费 | | | | | | | | | |
| …… | | | | | | | | | |
| 企业管理费 | | | | | | | | | |
| 利润 | | | | | | | | | |
| 规费 | | | | | | | | | |
| 税前合计 | — | | — | | — | | — | | |
| 增值税 | | | | | | | | | |
| 专项税费 | | | | | | | | | |
| 建筑安装工程费 | | | | | | | | | |

表 2.4－15 　　　　　疏浚（吹填）单位工程施工取费明细表样式

疏浚（吹填）单位工程施工取费明细表

工程名称：　　　　　工程代号：　　　　　工程类别：　　　　　编号：

| 编号 | 费用项目名称 | ……工程 | | | ……工程 | | | 费用合计/元 | 备注 |
|---|---|---|---|---|---|---|---|---|---|
| | | 取费基数/元 | 费率/% | 费用/元 | 取费基数/元 | 费率/% | 费用/元 | | |
| 一 | 定额直接费 | | | | | | | | |
| 1 | 基价定额直接费 | | | | | | | | |
| 2 | 市场价定额直接费 | | | | | | | | |
| 二 | 其他直接费 | | | | | | | | |
| 1 | 安全文明施工费 | | | | | | | | |
| 2 | 卧冬费 | | | | | | | | |
| 3 | 疏浚测量费 | | | | | | | | |
| 4 | 施工浮标抛撒及使用费 | | | | | | | | |
| 三 | 企业管理费 | | | | | | | | |
| 四 | 利润 | | | | | | | | |
| 五 | 规费 | | | | | | | | |
| 六 | 税前合计 | | | | | | | | |
| 七 | 增值税 | | | | | | | | |
| 八 | 专项税费 | | | | | | | | |
| 九 | 合计 | | | | | | | | |

**二、施工图预算编制**

施工图预算（简称预算）系指以施工图设计文件为依据，按照规定的程序、方法和依据，在工程施工前对工程项目的工程费用进行的预测与计算。

预算编制应严格执行有关规定，根据施工图设计，客观考虑工程所在地的建设条件和施工组织设计或施工方案等，合理选用定额、确定费用标准和价格等各项编制要素，客观、准确地反映工程内容。

施工图预算是施工图设计文件的组成部分。进行施工图设计时，应根据设计划分的单位工程编制预算，可根据需要编制建设项目总预算。施工图预算可由承担设计任务的设计单位编制或委托有相应资质能力的造价咨询机构编制。施工图预算应控制在初步设计概算范围之内。

编制总预算时，应根据项目实际需要确定工程建设其他费用等项目，其相应费用的计列，可参照本章第一节的相关规定执行。

建设单位应根据设计要求，按相应技术标准对预算文件进行审核。

如单位工程预算突破相应概算时，应分析原因，对施工图设计中不合理部分进行修改，对其合理部分可在总概算范围内调剂解决。

1. 预算的作用

（1）预算是编制工程最高投标限价、标底以及投标标的的基础。

（2）预算是确定工程造价、签订工程建设合同和办理工程结算的基础。

（3）预算是制定施工期间项目资金计划，拨付工程进度款的依据。

（4）预算是开展施工准备，制定人材机需求计划以及施工进度计划的依据。

（5）预算是控制施工成本，进行项目成本核算的依据。

（6）预算是考核施工图设计经济合理性的依据。

2. 预算的编制依据

（1）国家及省级人民政府发布的有关法律、法规、规范、规章、规程等。

（2）本工程初步设计概算。

（3）施工图设计和施工组织设计或施工方案。

（4）工程所在地的自然、技术、经济条件等资料。

（5）项目涉及的预算编制规定及有关专业工程定额和相关计价依据。

（6）工程所在地的材料、构（配）件、零件、半成品或成品及各种设备器材的市场价格；行业或当地建设主管部门颁布的材料信息价格和相关规定等。

（7）有关合同协议及其他有关资料。

3. 预算文件组成

预算文件由封面、扉页、目录、编制说明、预算表格及附件等组成。预算文件内容及格式应见表 2.4-16～表 2.4-32，并应符合下列规定。

（1）封面，包括工程项目名称、编制单位及编制日期；扉页，包括建设项目名称、主编、审定人员姓名并加盖本专业工程造价工程师印章，参加人员姓名、技术职称、水运建设工程造价人员职业资格证号等；目录，应按预算表表号顺序编排。

（2）编制说明，主要应包括项目概述、预算编制范围和内容、工程总预算、编制原则和依据、采用的定额及费率和计价标准、主要施工工艺及主要技术经济指标，存在的主要问题及其他必要的说明等。

（3）预算表格，分为主要表格和辅助表格。主要表格是施工图预算文件的主要组成部分，辅助表格可根据需要一并报送。

1）主要表格，包括工程总预算表、建筑安装单位工程预算表、设备购置单位工程预算表、建筑安装单位工程施工取费明细表、建筑安装单位工程施工取费汇总表、主要材料用量汇总表和人工材料单价表等。

2）辅助表格，包括单位估价表（或补充单位估价表）、工程船舶机械艘（台）班用量汇总表和工程船舶机械艘（台）班单价表等。

（4）附件包括相关文件资料等。

施工图预算文件范例可参看后文第九章的工程案例二。

表 2.4-16　　　　　　　　施工图预算封面样式

**×××工程**
**施工图预算**

编制单位（名称、盖章）
××××年××月

表 2.4－17　　　　　　　　　施工图预算扉页样式

# ×××工程
# 施工图预算

审定人＿＿＿＿＿＿＿＿＿＿＿（签字、造价工程师印章）

编制负责人＿＿＿＿＿＿＿＿（签字、造价工程师印章）

## 参 加 人 员

| 姓　名 | 专业技术职称 | 证 书 编 号 |
|---|---|---|
|  |  |  |
|  |  |  |
|  |  |  |

表 2.4－18　　　　　　　　　施工图预算编制说明样式

## 编 制 说 明

1. 项目概述

(1) 建设地点。

(2) 工程建设规模（项目建设规模、标准、能力等）。

(3) 工程项目内容（主要单项单位工程结构形式、建构筑物特征参数、尺度、数量等）。

(4) 费用计算范围。

(5) 主要工程数量。

(6) 其他需要说明的问题。

2. 工程总预算（预算范围内费用总计）

3. 编制原则和依据

(1) 有关法律法规、部门规章等（全称、文号及时间）。

(2) 施工图设计文件名称。

(3) 施工组织设计或施工方案名称。

(4) 相关定额、计价标准（全称、发布单位、文号及时间）。

(5) 人工、主要材料、半成品材料、设备器材的价格取用依据。

(6) 其他依据性文件信息（名称、时间、发布地区及单位等）。

4. 施工方案

简述施工方案，包括主要工程项目的施工工艺，临时工程及施工措施，主要材料、设备运输方案。

5. 有关说明

(1) 施工取费标准及相关说明。

(2) 以指标或费率计算费用的相关说明。

(3) 拟使用的主要施工船机设备（名称、规格能力等）。

(4) 施工材料设备的周转、摊销、计算方法等。

(5) 主要技术经济指标。

(6) 其他情况的说明。

表 2.4 - 19　　　　　　　　　工程总预算表样式

工 程 总 预 算 表

工程项目名称：

| 序号 | 单位工程预算表编号 | 工程或费用项目名称 | 预算金额/万元 | | | | |
|---|---|---|---|---|---|---|
| | | | 建筑工程费 | 安装工程费 | 设备购置费 | 其他 | 合计 |
| 1 | | | | | | | |
| 1.1 | | | | | | | |
| 1.2 | | | | | | | |
| … | | | | | | | |
| 2 | | | | | | | |
| | | | | | | | |
| | | | | | | | |
| | | | | | | | |
| | | | | | | | |
| | | | | | | | |
| | | | | | | | |
| | | | | | | | |
| | | | | | | | |
| | | | | | | | |
| | | | | | | | |
| | 合计 | | | | | | |

审核：　　　　　　　　复核：　　　　　　　　编制：

表 2.4 - 20　　　　　　　建筑安装单位工程预算表样式

建筑安装单位工程预算表

工程名称：　　　　　　工程代号：　　　　　　工程类别：　　　　　　编号：

| 序号 | 定额或估价表编号 | 分部分项工程名称 | 单位 | 工程数量 | 基价/元 | | 不含税市场价/元 | |
|---|---|---|---|---|---|---|---|---|
| | | | | | 单价 | 合价 | 单价 | 合价 |
| 1 | | | | | | | | |
| 2 | | | | | | | | |
| … | | | | | | | | |
| | | | | | | | | |
| 定额直接费： | | | | | | | | |
| 小型工程增加费：（费率：　　％） | | | | | | | | |
| 定额直接费合计： | | | | | | | | |
| 其中：人工费： | | | | | | | | |

| 序号 | 定额或估价表编号 | 分部分项工程名称 | 单位 | 工程数量 | 基价/元 | | 不含税市场价/元 | |
|---|---|---|---|---|---|---|---|---|
| | | | | | 单价 | 合价 | 单价 | 合价 |
| 材料费： | | | | | | | | |
| 船机费： | | | | | | | | |
| 施工取费合计： | | | | | | | | |
| 其中分类取费： | | | | | | | | |
| 税前工程造价： | | | | | | | | |
| 增值税： | | | | | | | | |
| 专项税费： | | | | | | | | |
| 建筑安装工程费： | | | | | | | | |

审核： 复核： 编制：

**注** 其他专业工程执行相应计价标准及格式规定。

表 2.4-21　　　　　　　　疏浚（吹填）单位工程预算表样式

疏浚（吹填）单位工程预算表

工程名称：　　　　　工程代号：　　　　　工程类别：　　　　　编号：

| 序号 | 项目 | 单位 | 数量 | 基价/元 | | 不含税市场价/元 | | 其中燃料 kg | 其中船员 工日 | 备注 |
|---|---|---|---|---|---|---|---|---|---|---|
| | | | | 单价 | 合价 | 单价 | 合价 | | | |
| 一 | 定额直接费 | | | | | | | | | |
| 1 | 挖泥、运泥、吹泥费 | | | | | | | | | |
| 1.1 | … | | | | | | | | | |
| … | … | | | | | | | | | |
| 2 | 开工展布、收工集合费 | | | | | | | | | |
| 3 | 施工队伍调遣费 | | | | | | | | | |
| 4 | 管架安拆费 | | | | | | | | | |
| 二 | 其他直接费 | | | | | | | | | |
| 1 | 安全文明施工费 | | | — | | — | | | | |
| 2 | 卧冬费 | | | | | | | | | |
| 3 | 疏浚测量费 | | | | | | | | | |
| 4 | 施工浮标抛撒及使用费 | | | | | | | | | |
| 三 | 企业管理费 | | | — | | — | | | | |
| 四 | 利润 | | | — | | — | | | | |
| 五 | 规费 | | | — | | — | | | | |
| 六 | 税前合计 | | | — | | — | | | | |
| 七 | 增值税 | | | — | | — | | | | |
| 八 | 专项税费 | | | — | | — | | | | |
| 九 | 疏浚（吹填）工程费 | | | — | | — | | | | |

审核：　　　　　复核：　　　　　编制：

表 2.4－22 **设备购置单位工程预算表样式**
**设备购置单位工程预算表**

工程名称： 工程代号： 工程类别： 编号：

| 序号 | 设备或费用名称 | 规格 | 单位 | 数量 | 单价/万元 | 合计/万元 | 备注 |
|---|---|---|---|---|---|---|---|
| 一 | 设备购置费 | | | | | | |
| （一） | 设备原价 | | | | | | |
| 1 | | | | | | | |
| 2 | | | | | | | |
| … | | | | | | | |
| （二） | 运杂费 | | | | | | |
| 1 | | | | | | | |
| 2 | | | | | | | |
| … | | | | | | | |
| （三） | 其他 | | | | | | |
| 1 | | | | | | | |
| 2 | | | | | | | |
| … | | | | | | | |
| | 设备购置费合计 | | | | | | |
| 二 | 设备安装费 | | | | | | |
| 1 | | | | | | | |
| 2 | | | | | | | |
| … | | | | | | | |
| 三 | 设备基础费 | | | | | | |
| 1 | | | | | | | |
| 2 | | | | | | | |
| … | | | | | | | |
| 四 | 总计 | | | | | | |
| | 其中：设备购置费 | | | | | | |
| | 安装工程费 | | | | | | |
| | 建筑工程费 | | | | | | |

审核： 复核： 编制：

**注** 本表适用于设置购置费计算，以及以设备费为基础按费率计算安装费、设备基础费的情况。

表 2.4 - 23　　　　　　　　建筑安装单位工程施工取费明细表样式

### 建筑安装单位工程施工取费明细表

工程名称：　　　　　　工程代号：　　　　　　工程类别：

| 费用名称 | 专业工程类别 | | | | | | | | 费用合计/元 |
| --- | --- | --- | --- | --- | --- | --- | --- | --- | --- |
| | 一般水工工程 | | 一般陆域工程 | | …… | | …… | | |
| | 费率/% | 费用/元 | 费率/% | 费用/元 | 费率/% | 费用/元 | 费率/% | 费用/元 | |
| 基价定额直接费合计 | | | | | | | | | |
| 市场价定额直接费合计 | | | | | | | | | |
| 其他直接费 | | | | | | | | | |
| 安全文明施工费 | | | | | | | | | |
| 临时设施费 | | | | | | | | | |
| …… | | | | | | | | | |
| 企业管理费 | | | | | | | | | |
| 利润 | | | | | | | | | |
| 规费 | | | | | | | | | |
| 税前合计 | | | | | | | | | |
| 增值税 | | | | | | | | | |
| 专项税费 | | | | | | | | | |
| 建筑安装工程费 | | | | | | | | | |

表 2.4 - 24　　　　　　　　建筑安装单位工程施工取费汇总表样式

### 建筑安装单位工程施工取费汇总表

工程名称：　　　　　　工程代号：　　　　　　工程类别：　　　　　　单位：元

| 费用项目名称 | 专业工程类别 | | | | | | 合计 |
| --- | --- | --- | --- | --- | --- | --- | --- |
| | 一般水工工程 | 一般陆域工程 | … | | | | |
| 基价定额直接费合计 | | | | | | | |
| 市场价定额直接费合计 | | | | | | | |
| 其他直接费 | | | | | | | |
| 其中：安全文明施工费 | | | | | | | |
| 临时设施费 | | | | | | | |
| 冬雨夜施工增加费 | | | | | | | |
| 材料二次搬运费 | | | | | | | |
| …… | | | | | | | |
| 企业管理费 | | | | | | | |
| 利润 | | | | | | | |
| 规费 | | | | | | | |
| 税前合计 | | | | | | | |
| 增值税 | | | | | | | |
| 专项税费 | | | | | | | |
| 建筑安装工程费 | | | | | | | |

施工地区：　　　　　　施工调遣距离（km）：

表 2.4-25　　　　　　疏浚（吹填）单位工程施工取费明细表样式

疏浚（吹填）单位工程施工取费明细表

工程名称：　　　　　　工程代号：　　　　　　工程类别：　　　　　　编号：

| 编号 | 费用项目名称 | ……工程 | | | ……工程 | | | 费用合计/元 | 备注 |
|---|---|---|---|---|---|---|---|---|---|
| | | 取费基数/元 | 费率/% | 费用/元 | 取费基数/元 | 费率/% | 费用/元 | | |
| 一 | 定额直接费 | | | | | | | | |
| 1 | 基价定额直接费 | | | | | | | | |
| 2 | 市场价定额直接费 | | | | | | | | |
| 二 | 其他直接费 | | | | | | | | |
| 1 | 安全文明施工费 | | | | | | | | |
| 2 | 卧冬费 | | | | | | | | |
| 3 | 疏浚测量费 | | | | | | | | |
| 4 | 施工浮标抛撒及使用费 | | | | | | | | |
| 三 | 企业管理费 | | | | | | | | |
| 四 | 利润 | | | | | | | | |
| 五 | 规费 | | | | | | | | |
| 六 | 税前合计 | | | | | | | | |
| 七 | 增值税 | | | | | | | | |
| 八 | 专项税费 | | | | | | | | |
| 九 | 合计 | | | | | | | | |

表 2.4-26　　　　　　主要材料用量汇总表样式

主要材料用量汇总表

工程项目名称：

| 序号 | 工程或费用项目名称 | 钢材/t | 水泥/t | … | … | … | | | |
|---|---|---|---|---|---|---|---|---|---|
| 1 | | | | | | | | | |
| 2 | | | | | | | | | |
| … | | | | | | | | | |
| | | | | | | | | | |
| | | | | | | | | | |
| | | | | | | | | | |
| | | | | | | | | | |
| | | | | | | | | | |
| | | | | | | | | | |
| | | | | | | | | | |
| | 合计 | | | | | | | | |

表 2.4 – 27　　　　　　　　　　　　**人工材料单价表样式**

## 人 工 材 料 单 价 表

工程名称：　　　　　　　　　　　　　　工程代号：

| 序号 | 名称及规格 | 单位 | 基价/元 | 市场价/元 | | 备注 |
|---|---|---|---|---|---|---|
| | | | | 不含税价格 | 含税价格 | |
| | | | | | | |
| | | | | | | |
| | | | | | | |
| | | | | | | |
| | | | | | | |
| | | | | | | |
| | | | | | | |
| | | | | | | |
| | | | | | | |
| | | | | | | |
| | | | | | | |
| | | | | | | |
| | | | | | | |
| | | | | | | |
| | | | | | | |
| | | | | | | |
| | | | | | | |

表 2.4 – 28　　　　　　**建筑安装工程单位估价表（或补充单位估价表）样式**

## 单位估价表（或补充单位估价表）

分部分项工程名称：　　　　　　　　单位：　　　　　　　编号：

| 序号 | 项目名称及规格 | | 单位 | 数量 | 单价/元 | | 合价/元 | |
|---|---|---|---|---|---|---|---|---|
| | | | | | 基价 | 不含税市场价 | 基价 | 不含税市场价 |
| 1 | 合计 | | | | | | | |
| 2 | 其中 | 人工费 | | | | | | |
| 3 | | 材料费 | | | | | | |
| 4 | | 船机费 | | | | | | |
| 5 | 人工 | | | | | | | |
| … | （材料） | | | | | | | |
| | … | | | | | | | |
| | … | | | | | | | |
| | （船机） | | | | | | | |
| | … | | | | | | | |
| | … | | | | | | | |
| | 单位单价 | | 元 | | | | | |

1. 工程内容：

2. 依据说明：

**表 2.4 - 29　　　疏浚（吹填）工程单位估价表（或补充单位估价表）样式**

**单位估价表（或补充单位估价表）**

分部分项工程名称：　　　　　　　　　单位：　　　　　　编号：

| 序号 | 项目 | | 单位 | 数量 | 单价/元 | | 合价/元 | |
|---|---|---|---|---|---|---|---|---|
| | 名称 | 规格 | | | 基价 | 不含税市场价 | 基价 | 不含税市场价 |
| 1 | | | | | | | | |
| 2 | | | | | | | | |
| | | | | | | | | |
| | | | | | | | | |
| | | | | | | | | |
| | | | | | | | | |
| | | | | | | | | |
| | | | | | | | | |
| | | | | | | | | |
| | | | | | | | | |
| | | | | | | | | |
| | | | | | | | | |
| | | | | | | | | |
| | | | | | | | | |

1. 工程内容：

2. 依据说明：

**表 2.4 - 30　　　建筑安装工程船舶机械艘（台）班用量汇总表样式**

**工程船舶机械艘（台）班用量汇总表**

工程名称：　　　　　　　　　　工程代号：

| 序号 | 名称及规格 | 单位 | 数量 |
|---|---|---|---|
| 1 | | | |
| 2 | | | |
| ... | | | |
| | | | |
| | | | |
| | | | |
| | | | |
| | | | |
| | | | |
| | | | |
| | | | |
| | | | |
| | | | |
| | | | |
| | | | |
| | | | |

表 2.4 - 31　　　　　疏浚（吹填）工程船舶艘班用量汇总表样式

工程船舶艘班用量汇总表

工程名称：　　　　　　　　　　　　　　　工程代号：

| 序号 | 名称及规格 | 单位 | 数量 | 船员人工工日数量 |
|------|-----------|------|------|------------------|
| 1 | | | | |
| 2 | | | | |
| ... | | | | |
| | | | | |
| | | | | |
| | | | | |
| | | | | |
| | | | | |
| | | | | |
| | | | | |
| | | | | |
| | | | | |
| | | | | |

表 2.4 - 32　　　　　　　工程船舶机械艘（台）班单价表样式

工程船舶机械艘（台）班单价表

工程名称：　　　　　　　　　　　　　　　工程代号：

| 序号 | 名称及规格 | 单位 | 基价/元 | 不含税市场价/元 | 备注 |
|------|-----------|------|---------|-----------------|------|
| | | | | | |
| | | | | | |
| | | | | | |
| | | | | | |
| | | | | | |
| | | | | | |
| | | | | | |
| | | | | | |
| | | | | | |
| | | | | | |
| | | | | | |
| | | | | | |
| | | | | | |
| | | | | | |
| | | | | | |

### 三、调整概算编制

概算是反映工程项目建设规模和投资构成的重要文件，是筹措建设经费、控制资金使用的依据。工程建设的项目单位应认真执行项目工程概算，做好投资的使用和管理，以努力确保项目立项意图的实现和资金的限额使用。

水运工程建设项目在建设期由于政策调整、物价上涨、重大设计变更、自然灾害等不可抗力因素导致原概算不能满足工程实际需要，必须突破总概算的，应根据有关规定履行相关程序后对概算进行调整；调整概算文件应由原初步设计编制单位或具备相应资质能力的单位编制。

建设项目调整概算文件应在批准的初步设计建设规模基础上编制，调整概算的总概算应包括项目自筹建至竣工验收所需的全部建设费用。

调整概算必须严格执行国家政策、法规和行业有关规定，应根据工程实际，分析工程实施过程的变化情况，对政策调整、市场价格变化、工程设计变更和自然灾害等导致原批准概算不能满足工程实际需要的因素进行分析论证，合理选用定额、费用标准和价格等各项要素；编制依据应有效准确，调整概算应完整、正确、客观、合理地计列建设项目调整概算总概算的各部分费用，合理反映工程实际情况和造价水平。

调整概算文件应由项目单位按项目原初步设计报送渠道报有关主管部门或单位。

项目单位应严格按照批复后的调整概算控制项目投资，不得擅自修改、变更；批复后的调整概算应是工程项目融资、投资控制管理、项目经济评价、项目竣工结算和验收，以及项目审计的重要依据。

1. 调整概算的编制原则

（1）调整概算应以原初步设计概算为基础，根据施工图设计、设计变更，复核调整概算相应项目及工程量，根据工程建设期市场价格影响分析、国家政策性调整文件、工程合同和结算资料等，编制工程项目调整概算文件。

（2）调整概算文件的费用构成应与原初步设计概算相同，包括工程费用、工程建设其他费用、预留费用、建设期贷款利息、专项概算等。各项费用构成应符合本章前文所述规定。

（3）调整概算文件还应符合下列规定。

1）调整概算遵循按实计价的原则。

2）调整概算文件工程费用的编制，应按下列规定执行：①单位工程项目构成和费用内容，一般与原初步设计概算相对应；②施工合同中单项或单位工程项目构成与原初步设计概算不同时，一般按原初步设计概算项目划分原则进行拆解或组合；③因重大设计变更而增加的单项或单位工程项目单独计列。

3）调整概算文件单项或单位工程费用的计算，应按下列规定执行：①已完成工程结算的，按结算费用计算；②已签订合同且未完成结算的，按合同及合同变更金额计算；③未签订合同的，按施工图预算计算；未进行施工图设计或未编制施工图预算的，根据初步设计相应工程内容计算或参考询价资料确定，并根据项目实际情况和概算调整需要合理选用概算扩大系数、小型工程增加费等参数。

4）编制单位工程调整概算文件时，应对单位工程费用的政策调整、工程量变化、物价变化、风险费用变动等原因作出分析；工程量变化导致的费用增加，宜按合同约定工程量计算规则计算的工程量乘以工程结算单价或合同单价确定；对于未完工程内容及费用，应在单位工程调整概算表中做出说明。

5）调整概算文件的工程建设其他费用项目，应与原初步设计概算相同，各项费用均按其内容构成分别与原初步设计概算费用项目相对应，原初步设计概算未包括的费用项目应予增列。费用项目的计列应按下列规定执行：①已发生的或已签订合同协议的费用，按支付发票、收据或合同协议计算；②预计发生的费用，根据费用内容和相关规定或资料确定；③项目调整概算所需的有关费用，在项目建设其他相关费用的相应项目中计列；④生产性项目分期投产或试生产期间所发生的各项生产（运营）成本开支，不列入项目调整概算；⑤由于基本要素价格上涨增加的投资，不作为计算工程建设其他费用的计费基数；⑥进行工程建设其他费用分项调整概算时，对各项费用变化原因、计费依据、标准等分别作出说明。

6）调整概算文件预留费用的编制，应按下列规定执行：①已经完成的工程内容或费用，不计列基本预备费。②工程费用项目中未完成工程，已签订合同的，基本预备费按未完工程合同金额的 1‰～3‰ 计列。未签订合同的，基本预备费按预算或概算费用的 3‰～5‰ 计列。③工程建设其他费用中未完成项目，已签订合同或协议的，不计列基本预备费；无合同、协议的项目，基本预备费按预算或概算费用的 1‰～3‰ 计列。④已经完成结算的工程内容或费用，不计列物价上涨费；未完成结算的工程内容或费用，物价上涨费可根据项目建设需要和相关规定计算。

7）调整概算文件的建设期利息，应依据项目实际发生情况计算。

8）调整概算文件的专项概算，应根据［《水运建设工程概算预算编制规定》（JTS/T 116）］和相关行业有关规定进行编制。

2. 调整概算的编制依据

（1）国家及省级人民政府发布的有关法律法规、标准规范、规章规程等。

（2）初步设计及概算文件，相应审批、核准文件或备案信息。

（3）项目涉及的概算编制规定及有关定额和相关计价依据。

（4）重大设计变更、费用变化及批准文件。

（5）施工图设计文件。

（6）工程施工、服务采购合同及合同变更文件。

（7）建设用地用海、环保、水土保持等有关规定、标准、协议、批准文件。

（8）工程结算文件及资料。

（9）相关费用支付证明文件。

（10）贷款协议及利率、汇率。

（11）国家或行业主管部门发布的相关价格指数，以及工程建设期间市场价格资料。

（12）其他相关资料。

3. 调整概算文件组成

调整概算文件主要由封面、扉页、目录、编制说明、调整概算表格及附件等组成。文件格式及内容见表 2.4-33～表 2.4-46，并应符合下列规定。

（1）封面，包括建设项目名称、编制单位及编制日期；扉页，包括建设项目名称、编制负责人、审定人姓名及加盖本专业造价工程师印章，参加人员姓名、技术职称及本专业造价人员证书号等；目录，应按调整概算表表号顺序编排。

（2）编制说明，主要包括项目概述、调整概算的必要性、项目原概算及调整总概算、编制原则和依据、各项费用计算说明、汇率及利率、费用变动幅度较大的主要项目、相关指标变化及主要原因和其他有关说明，存在的主要问题等。

（3）调整概算表格，分为主要表格和辅助表格；主要表格，是调整概算文件的主要组成部分，应随调整概算文件一并报送；辅助表格，是调整概算的辅助性文件，应根据管理需要报送。调整概算表格主要包括下列内容：

1）主要表格，包括调整概算总概算表、调整概算总概算对比表、建筑安装单位工程调整概算表、设备购置单位工程调整概算表、工程建设其他费用分项调整概算表和人工材料单价调整表等。

2）辅助表格，包括单项工程调整概算对比表、调整概算补充单位估价表、调整概算单位估价表等。

（4）附件，主要包括原初步设计审批、核准或备案文件，设计变更及批准文件（工程设计变更汇总、费用及价格变更专题报告等），相关合同文件资料，其他有关文件资料（重要监理签证、不可预见因素记录、主要工程量及施工方案变动、政策法规调整、基本要素价格及利率汇率变动资料等）。

表 2.4 - 33 　　　　　　　　　　　　调 整 概 算 封 面 样 式

× × ×工程

调整概算

编制单位（名称、印章）

× × × ×年× ×月

表 2.4 - 34 　　　　　　　　　　　　调 整 概 算 扉 页 样 式

× × ×工程

调整概算

审定人＿＿＿＿＿＿＿＿＿（签字、造价工程师印章）

编制负责人＿＿＿＿＿＿＿＿＿（签字、造价工程师印章）

参 加 人 员

| 姓　　名 | 专业技术职称 | 证 书 编 号 |
|---|---|---|
|  |  |  |
|  |  |  |
|  |  |  |

**表 2.4-35**           **工程调整概算编制说明样式**

编 制 说 明

1. 项目概述

(1) 建设地点。

(2) 建设规模（项目建设规模、标准、能力等）。

(3) 建设内容（包括主要单项单位工程、主体结构、建构筑物数量及尺度等）。

(4) 主要建（构）筑物设计方案（原初步设计、施工图设计、设计变更，审查、审批情况）。

(5) 工程招投标及合同情况说明（标段划分、概算与对应合同范围的工程及费用内容对比情况等）。

(6) 项目实施情况（施工组织、实施现状及投资完成情况）。

(7) 调整概算的原因及范围。

(8) 其他需要说明的问题。

2. 项目调整概算总概算

调整概算费用对比表          单位：万元

| 名　　　称 | 调整概算 | 原概算 | 调整额 |
|---|---|---|---|
| 工程费用 | | | |
| 工程建设其他费用 | | | |
| 预留费用 | | | |
| 建设期利息 | | | |
| 专项概算 | | | |
| 总概算 | | | |

3. 编制原则和依据

主要包括编制调整概算文件采用的编制原则和依据等。

4. 有关说明

(1) 各项费用计算说明（包括各单项单位工程费用、各项工程建设其他费用、预留费用、建设期利息及专项概算等计算说明）。

(2) 需要说明的其他有关问题（包括费用变动幅度较大的主要项目、相关指标变化及主要原因等。存在的主要问题及其他有关说明）。

5. 附件

主要包括调整概算文件的各项附件文件及资料名称等。

**表 2.4-36**           **调整概算总概算表样式**

调整概算总概算表

建设项目名称：                                        共　　　页第　　　页

| 序号 | 单位工程概算表编号 | 工程或费用项目名称 | 概算金额/万元 | | | | | 技术经济指标 | | | 占总投资/% |
|---|---|---|---|---|---|---|---|---|---|---|---|
| | | | 建筑工程费 | 安装工程费 | 设备购置费 | 其他 | 合计 | 单位 | 数量 | 指标 | |
| 一 | 第一部分工程费用 | | | | | | | | | | |
| 1 | | | | | | | | | | | |
| 2 | | | | | | | | | | | |
| ... | | | | | | | | | | | |
| 二 | 第二部分工程建设其他费用 | | | | | | | | | | |
| 1 | | | | | | | | | | | |
| 2 | | | | | | | | | | | |
| ... | | | | | | | | | | | |

续表

| 序号 | 单位工程概算表编号 | 工程或费用项目名称 | 概算金额/万元 | | | | | 技术经济指标 | | | 占总投资/% |
|---|---|---|---|---|---|---|---|---|---|---|---|
| | | | 建筑工程费 | 安装工程费 | 设备购置费 | 其他 | 合计 | 单位 | 数量 | 指标 | |
| 三 | | 第三部分预留费用 | | | | | | | | | |
| 1 | | 基本预备费 | | | | | | | | | |
| 2 | | 物价上涨费 | | | | | | | | | |
| 四 | | 建设期利息 | | | | | | | | | |
| 1 | | 建设期贷款利息 | | | | | | | | | |
| ... | | | | | | | | | | | |
| 五 | | 专项概算 | | | | | | | | | |
| 1 | | | | | | | | | | | |
| ... | | | | | | | | | | | |
| 六 | | 总概算 | | | | | | | | | |

审核: 复核: 编制:

表 2.4-37 调整概算总概算对比表样式

**调整概算总概算对比表**

建设项目名称： 共 页第 页

| 序号 | 工程或费用项目名称 | 调整概算金额/万元 | 原概算金额/万元 | 调整额/万元 | 调整幅度/% | 备注 |
|---|---|---|---|---|---|---|
| 一 | 第一部分工程费用 | | | | | |
| (一) | 建筑工程费 | | | | | |
| 1 | | | | | | |
| 2 | | | | | | |
| ... | | | | | | |
| (二) | 安装工程费 | | | | | |
| 1 | | | | | | |
| 2 | | | | | | |
| ... | | | | | | |
| (三) | 设备购置费 | | | | | |
| 1 | | | | | | |
| 2 | | | | | | |
| ... | | | | | | |
| (四) | 其他 | | | | | |
| 1 | | | | | | |
| 2 | | | | | | |
| ... | | | | | | |

续表

| 序号 | 工程或费用项目名称 | 调整概算金额/万元 | 原概算金额/万元 | 调整额/万元 | 调整幅度/% | 备注 |
|---|---|---|---|---|---|---|
| 二 | 第二部分工程建设其他费用 | | | | | |
| 1 | | | | | | |
| 2 | | | | | | |
| … | | | | | | |
| 三 | 第三部分预留费用 | | | | | |
| 1 | 基本预备费 | | | | | |
| 2 | 物价上涨费 | | | | | |
| 四 | 建设期利息 | | | | | |
| 1 | 建设期贷款利息 | | | | | |
| … | | | | | | |
| 五 | 专业概算 | | | | | |
| 1 | | | | | | |
| … | | | | | | |
| 六 | 总概算 | | | | | |
| 概算调整原因在备注中以代号列出，代号表示为：①物价变动；②工程量变动及设计变更；③政策性调整；④自然灾害及其他不可抗力损失；⑤其他 | | | | | | |

审核：　　　　　　　　复核：　　　　　　　　编制：

**注**　1. 调整额＝调整概算金额－原概算金额。

　　　2. 调整幅度＝调整额/原概算金额×100。

**表 2.4－38**　　　　　　　　建筑安装单位工程调整概算表样式

**建筑安装单位工程调整概算表**

工程名称：　　　　　　工程代号：　　　　　工程类别：　　　　　编号：

| 序号 | 定额或估价表编号 | 分部分项工程名称 | 单位 | 工程数量 | 基价/元 | | 不含税市场价/元 | |
|---|---|---|---|---|---|---|---|---|
| | | | | | 单价 | 合价 | 单价 | 合价 |
| 1 | | | | | | | | |
| 2 | | | | | | | | |
| … | | | | | | | | |
| | | | | | | | | |
| 定额直接费： | | | | | | | | |
| 概算定额直接费合计：（概算扩大系数：　　） | | | | | | | | |
| 小型工程增加费：（费率：　　%） | | | | | | | | |
| 定额直接费合计： | | | | | | | | |
| 其中：人工费 | | | | | | | | |
| 材料费 | | | | | | | | |
| 船机费 | | | | | | | | |

| 序号 | 定额或估价表编号 | 分部分项工程名称 | 单位 | 工程数量 | 基价/元 | | 不含税市场价/元 | |
|---|---|---|---|---|---|---|---|---|
| | | | | | 单价 | 合价 | 单价 | 合价 |
| 施工取费合计： | | | | | | | | |
| 其中分类取费： | | | | | | | | |
| 税前小计： | | | | | | | | |
| 增值税： | | | | | | | | |
| 专项税费： | | | | | | | | |
| 建筑安装工程费合计： | | | | | | | | |

审核：　　　　　　复核：　　　　　　编制：

表 2.4－39　　　　　　　　　疏浚（吹填）单位工程调整概算表样式

疏浚（吹填）单位工程调整概算表

工程名称：　　　　　工程代号：　　　　　工程类别：　　　　　编号：

| 序号 | 项目 | 单位 | 数量 | 基价/元 | | 不含税市场价/元 | | 其中燃料 | 其中船员 | 备注 |
|---|---|---|---|---|---|---|---|---|---|---|
| | | | | 单价 | 合价 | 单价 | 合价 | kg | 工日 | |
| 一 | 定额直接费 | | | | | | | | | |
| 1 | 挖泥、运泥、吹泥费 | | | | | | | | | |
| 1.1 | … | | | | | | | | | |
| … | … | | | | | | | | | |
| 2 | 开工展布、收工集合费 | | | | | | | | | |
| 3 | 施工队伍调遣费 | | | | | | | | | |
| 4 | 管架安拆费 | | | | | | | | | |
| 二 | 其他直接费 | | | — | | — | | | | |
| 1 | 安全文明施工费 | | | — | | — | | | | |
| 2 | 卧冬费 | | | | | | | | | |
| 3 | 疏浚测量费 | | | | | | | | | |
| 4 | 施工浮标抛撒及使用费 | | | | | | | | | |
| 三 | 企业管理费 | | | — | | — | | | | |
| 四 | 利润 | | | — | | — | | | | |
| 五 | 规费 | | | — | | — | | | | |
| 六 | 税前合计 | | | | | | | | | |
| 七 | 增值税 | | | | | | | | | |
| 八 | 专项税费 | | | — | | — | | | | |
| 九 | 费用合计 | | | | | | | | | |
| 十 | 疏浚（吹填）工程费（概算扩大系数：　） | | | — | | — | | | | |

审核：　　　　　　复核：　　　　　　编制：

表 2.4－40　　　　　　　　建筑安装单位工程调整概算表（清单计价）样式

建筑安装单位工程调整概算表（清单计价）

工程名称：　　　　　　工程代号：　　　　　　工程类别：　　　　　　编号：

| 序号 | 项目编码 | 项目名称 | 单位 | 工程数量 | 综合单价 | 合价 | 备注 |
|---|---|---|---|---|---|---|---|
| 一 | 分部分项工程量清单项目 | | | | | | |
| 1 | | | | | | | |
| 2 | | | | | | | |
| … | | | | | | | |
| | 小计 | | | | | | |
| 二 | 一般项目 | | | | | | |
| 1 | | | | | | | |
| 2 | | | | | | | |
| … | | | | | | | |
| | 小计 | | | | | | |
| 三 | 计日工项目 | | | | | | |
| 1 | | | | | | | |
| 2 | | | | | | | |
| … | | | | | | | |
| | 小计 | | | | | | |
| 四 | 其他 | | | | | | |
| 1 | | | | | | | |
| 2 | | | | | | | |
| … | | | | | | | |
| | 合计 | | | | | | |

审核：　　　　　　　　复核：　　　　　　　　编制：

表 2.4－41　　　　　　　　设备购置单位工程调整概算表样式

设备购置单位工程调整概算表

工程名称：　　　　　　工程代号：　　　　　　工程类别：　　　　　　编号：

| 序号 | 设备或费用名称 | 规格 | 单位 | 数量 | 单价/万元 | 合计/万元 | 备注 |
|---|---|---|---|---|---|---|---|
| 一 | 设备购置费 | | | | | | |
| （一） | 设备原价 | | | | | | |
| 1 | | | | | | | |
| 2 | | | | | | | |
| … | | | | | | | |
| （二） | 运杂费 | | | | | | |
| 1 | | | | | | | |
| 2 | | | | | | | |
| … | | | | | | | |

| 序号 | 设备或费用名称 | 规格 | 单位 | 数量 | 单价/万元 | 合计/万元 | 备注 |
|------|----------------|------|------|------|-----------|-----------|------|
| （三） | 其他 | | | | | | |
| 1 | | | | | | | |
| 2 | | | | | | | |
| … | | | | | | | |
| | 设备购置费合计 | | | | | | |
| 二 | 设备安装费 | | | | | | |
| 1 | | | | | | | |
| 2 | | | | | | | |
| … | | | | | | | |
| 三 | 设备基础费 | | | | | | |
| 1 | | | | | | | |
| 2 | | | | | | | |
| … | | | | | | | |
| 四 | 总计 | | | | | | |
| | 其中：设备购置费 | | | | | | |
| | 安装工程费 | | | | | | |
| | 建筑工程费 | | | | | | |

审核：　　　　　　　　复核：　　　　　　　　编制：

**注**　本表适用于设备购置费的计算，以及以设备费为基础按费率计算安装费、设备基础费的情况。

**表 2.4－42**　　　　　　　**工程建设其他费用分项调整概算表样式**

**工程建设其他费用分项调整概算表**

建设项目名称：　　　　　　　　　　　　　　　　　　编号：

| 序号 | 费用项目名称 | 单位 | 数量 | 金额/万元 | | 费用依据 | 计算表达式及调整说明 |
|------|--------------|------|------|------|------|----------|---------------------|
| | | | | 单价 | 合价 | | |
| 1 | | | | | | | |
| 2 | | | | | | | |
| 3 | | | | | | | |
| … | | | | | | | |
| | 合计 | | | | | | |

审核：　　　　　　　　复核：　　　　　　　　编制：

**注**　本表为参考格式，根据不同费用的计算模式要求可自行调整设计，并注明费用依据及计算表达式。

表 2.4－43　　　　　　　　调整概算人工材料单价调整表样式

人工材料单价调整表

工程名称：

| 序号 | 名称及规格 | 单位 | 原概算/元 | | 调整概算/元 | | 备注 |
|---|---|---|---|---|---|---|---|
| | | | 市场价单价 | | | | |
| | | | 不含税价格 | 含税价格 | 不含税价格 | 含税价格 | |
| 1 | | | | | | | |
| 2 | | | | | | | |
| ... | | | | | | | |
| | | | | | | | |
| | | | | | | | |
| | | | | | | | |
| | | | | | | | |
| | | | | | | | |
| | | | | | | | |
| | | | | | | | |
| | | | | | | | |
| | | | | | | | |
| | | | | | | | |
| | | | | | | | |
| | | | | | | | |
| | | | | | | | |
| | | | | | | | |

表 2.4－44　　　　　　　　单项工程调整概算对比表样式

单项工程调整概算对比表

工程名称：　　　　　　　　　　　　编号：

| 序号 | 工程或费用项目名称 | 调整概算金额/万元 | 原概算金额/万元 | 调整额/万元 | 调整幅度/% | 备注 |
|---|---|---|---|---|---|---|
| 一 | 建筑工程费 | | | | | |
| 1 | | | | | | |
| 2 | | | | | | |
| ... | | | | | | |
| | | | | | | |
| 二 | 安装工程费 | | | | | |
| 1 | | | | | | |
| 2 | | | | | | |
| ... | | | | | | |

续表

| 序号 | 工程或费用项目名称 | 调整概算金额/万元 | 原概算金额/万元 | 调整额/万元 | 调整幅度/% | 备注 |
|---|---|---|---|---|---|---|
| 三 | 设备购置费 | | | | | |
| 1 | | | | | | |
| 2 | | | | | | |
| … | | | | | | |
| | | | | | | |
| 四 | 其他 | | | | | |
| 1 | | | | | | |
| 2 | | | | | | |
| … | | | | | | |
| | | | | | | |
| | 合计 | | | | | |

审核：　　　　　　　　复核：　　　　　　　　编制：

**注**　1. 调整额＝调整概算金额－原概算金额。

　　2. 调整幅度＝调整额/原概算金额×100。

　　3. 单位工程调整概算对比时可参考本表调整使用。

表 2.4-45　　　　　建筑安装工程调整概算补充单位估价表样式

调整概算补充单位估价表

分部分项工程名称：　　　　　　　　　　单位：　　　　　　　　编号：

| 序号 | 项目名称 | | 单位 | 数量 | 单价/元 | | 合价/元 | |
|---|---|---|---|---|---|---|---|---|
| | | | | | 基价 | 不含税市场价 | 基价 | 不含税市场价 |
| 1 | 合计 | | | | | | | |
| 2 | 其中 | 人工费 | | | | | | |
| 3 | | 材料费 | | | | | | |
| 4 | | 船机费 | | | | | | |
| 5 | 人工 | | | | | | | |
| … | （材料） | | | | | | | |
| | … | | | | | | | |
| | … | | | | | | | |
| | （船机） | | | | | | | |
| | … | | | | | | | |
| | … | | | | | | | |
| | 单位单价 | | 元 | | | | | |

1. 工程内容：

2. 依据说明：

**表 2.4 - 46　　　　　疏浚（吹填）工程调整概算补充单位估价表样式**

**调整概算单位估价表（或补充单位估价表）**

分部分项工程名称：　　　　　　　　单位：　　　　　　编号：

| 序号 | 项目 | | 单位 | 数量 | 单价/元 | | 合价/元 | |
|---|---|---|---|---|---|---|---|---|
| | 名称 | 规格 | | | 基价 | 不含税市场价 | 基价 | 不含税市场价 |
| 1 | | | | | | | | |
| 2 | | | | | | | | |
| | | | | | | | | |
| | | | | | | | | |
| | | | | | | | | |
| | | | | | | | | |
| | | | | | | | | |
| | | | | | | | | |
| | | | | | | | | |
| | | | | | | | | |
| | | | | | | | | |
| | | | | | | | | |
| | | | | | | | | |
| | | | | | | | | |

1. 工程内容：

2. 依据说明：

# 第三章 工程定额原理

## 第一节 工程定额概述

### 一、定额的基础概念

定额，顾名思义就是一个给定的额度或限额。从生产角度讲，定额是指在一定的外部条件下，规定完成某项合格产品所需的要素（人力、物力、财力、时间等）的标准额度。定额根据其适用范围反映了一定时期的某些生产者生产力水平的高低。

在生产过程中，为了生产出合格的产品，就必须消耗一定数量的人力、材料、机具、资金等要素。由于受各种因素的影响，生产一定数量的同类产品，各个生产者的消耗量并不相同，消耗量越大，产品的成本就越高，在产品价格一定的情况下，盈利就会降低。因此，降低产品生产过程中的消耗具有十分重要的意义。但是，产品生产过程中的消耗不可能无限降低，在一定的技术组织条件下，必然有一个合理的数额。根据一定时期的生产力水平和对产品的质量要求，规定在产品生产中人力、物力或资金消耗的数量标准，这种标准就是定额。

建设工程定额是在一定的生产技术条件和合理的施工组织安排下，生产质量合格的单位建筑工程产品所需消耗的劳动力、材料、机械台班和资金的数量标准。它不仅规定了数量，而且还规定了工作内容、技术条件以及安全、质量等要求。建设工程定额是专门为建筑产品生产而制定的一种定额，是生产定额的一种。

定额水平是一定时期某些生产者生产力水平的反映，它与生产人员的技术水平、机械化程度以及新材料、新工艺、新技术的发展和应用有关，同时也与生产管理的组织水平和全体生产人员的劳动积极性有关。所以，定额不是一成不变的，而是随着生产力水平的变化而变化的。一定时期的定额水平，必须坚持平均先进的原则。所谓平均先进水平，就是在一定的生产条件下，大多数企业、班组和个人，经过努力可以达到或超过的标准。

20世纪初，美国工程师 F. W. Taylor 推出的工时定额，实行标准操作方法，采用计件工资以提高劳动生产效率，被称为"泰勒制"工作法。泰勒制可以归纳为，制定科学的工时定额，实行标准的操作方法，强化和协调职能管理，有差别的计件工资，进行科学而合理的分工，这是现代意义定额的起源。我国的工程定额是新中国成立后，在借鉴苏联定额的基础上，结合我国的工程建设管理经验逐步发展起来的。

我国现行的水运建设工程定额按照工程特点分为沿海港口水工建筑工程、内河航运水工建筑工程、疏浚工程等3个系列。沿海港口水工建筑工程系列定额由《沿海港口水工建筑工程定额》（JTS/T 276—1—2019）、《沿海港口工程船舶机械艘（台）班费用定额》（JTS/T 276—2—2019）、《沿海港口工程参考定额》（JTS/T 276—3—2019）等组成。内河航运水工建筑工程系列定额由《内河航运水工建筑工程定额》（JTS/T 275—1—2019）、《内河航运工程船舶机械艘（台）班费用定额》（JTS/T 275—2—2019）、《内河航运设备安装工程定额》（JTS/T 275—3—2019）、《内河航运工程参考定额》（JTS/T 275—4—2019）等组成。疏浚工程系列定额由《疏浚工程预算定额》（JTS/T 278—1—2019）、《疏浚工程船舶艘班费用定额》（JTS/T 278—2—2019）等组成。沿海港口水工建筑工程和内河航运水工建筑工程共用《水运工程混凝土和砂浆材料用量定额》（JTS/T 277—2019）和《水运工程定额材料基价单价》（2019 年版）。

**二、工程定额的特性和作用**

**（一）工程定额的特性**

**1. 科学性**

工程定额的科学性包括两层含义：一层含义是工程定额和生产力发展水平相适应，反映出工程建设中生产消耗的客观规律；另一层含义是指定额的管理在理论、方法和手段上是科学的，以适应现代科学技术和信息社会发展的需要。

工程定额的科学性，首先表现在用科学的态度制定定额，尊重客观实际，力求定额水平合理；其次表现在制定定额的技术方法上，利用现代科学管理的成就，形成一套系统的、完整的、在实践中行之有效的方法；最后表现在定额制定和贯彻的一体化。制定是为了提供贯彻的依据，贯彻是为了实现管理的目标，也是对定额的信息反馈。

**2. 系统性**

工程定额是相对独立的系统，它是由多种定额结合而成的有机的整体。它的结构复杂、层次分明、目标明确。

工程定额的系统性是由工程建设的系统性决定的。按照系统论的观点，工程建设就是庞大的实体系统。因而工程建设本身的多种类、多层次决定了为它服务的工程定额的多种类、多层次。从整个国民经济来看，进行固定资产生产和再生产的工程建设是一个由多项工程集合体的整体，其中包括农林、水利、轻纺、机械、煤炭、电力、石油、冶金、化工、建材工业、交通运输、邮电工程，以及商业物资、科学教育、文化卫生体育、社会福利和住宅工程等。这些工程的建设又划分为建设项目、单项工程、单位工程、分部工程和分项工程；在计划和实施过程中又分为规划、可行性研究、设计、施工、竣工交付使用、使用后的维修等阶段。与之相适应，必然形成工程定额的多种类、多层次。

**3. 统一性**

工程定额的统一性，按照其执行范围来看，有全国统一定额、地区统一定额和行业统一定额等；按照定额的制定、颁布和贯彻使用来看，有统一的程序、统一的原则、统一的要求和统一的样式。

因此，虽然按不同形式对定额有各种分类，但无论是建筑工程定额与水运建设工程定额，或是海港工程定额与内河航运工程定额、疏浚工程定额，它们的基本原理与表现形式都是统一的，骨架的组成也是一致的，只要了解了某一类定额的组成就能明白所有定额的组成。

**4. 针对性**

一项定额，它不仅是该产品（或工序）的资源消耗的数量标准，而且还规定了完成该产品（或工序）的工作内容、质量标准和安全要求。所以，定额的任何条目都具有极强的针对性和适用条件，各条目之间是互不相同的，不能互相套用。

定额的针对性对于定额的应用有极为重要的指导意义。首先，必须根据工程的性质选择与之相应的系列定额；其次，必须根据分部分项工程的特点选择与之相应的定额条目。通常一项产品（或工序）只有唯一一条与之相应的定额条目。

5. 指导性

随着市场经济体制的发展，我国的建设市场不断成熟与规范，工程定额尤其是统一定额原来具备的法令性特点逐渐弱化，转变成为对整个建设市场和具体建设产品交易的指导性。

工程定额指导性的客观基础是定额的科学性。只有科学的、可行的定额才能正确指导客观的交易行为。工程定额的指导性体现在两个方面：①工程定额作为国家各地区和行业颁布的指导性依据，不仅可以规范建设市场的交易行为，在具体的建设产品定价过程中也起到了相应的参考性作用，同时，统一定额还可以作为政府投资项目定价以及进行造价控制的重要依据；②在现行的工程量清单计价方式下，体现交易双方自主定价的特点，承包商报价的主要依据是企业定额，但企业定额的编制和完善仍然离不开统一定额的指导。

6. 稳定性与时效性

定额是对劳动生产率的反映，而劳动生产率是会变化的，因此定额也应具有一定的时效性；但定额又是一定时期技术发展和管理水平的反映，因此在一段时间内又应表现出相应的稳定性。保持定额的稳定性是维护定额的指导性所必需的，如果定额失去了稳定性，那么必然造成执行中的困难与混乱，从而最终丧失定额的指导性。工程定额的不稳定也会给定额的编制工作带来极大的困难。所以，稳定性是定额存在的前提，同时定额必定是有时效性的。工程定额的稳定性一般在5～10年，新版定额颁布执行的同时旧版定额即失去效力。

（二）工程定额的作用

工程定额是工程建设实行科学管理的必备条件。无论是立项、设计、计划、生产、分配、估价、结算等各项工作，都必须以它作为衡量工作的尺度。具体地说，工程定额主要有以下几方面的作用：

（1）它是编制概算、预算和决算的依据；是编制施工组织设计的依据；是编制各种施工计划的依据；是工程施工中签发任务单、领料单等施工文件的依据。工程定额不仅确定了工程建设的资金需求标准，更确定了实施过程中人工、材料、机具的消耗标准，是工程建设科学管理的核心与基石。

（2）它是施工企业进行经济核算、考核工程成本的依据，是工程建设相关机构科学管理的基本条件。我国现在实行项目法人责任制、项目经理负责制和项目成本核算制，这些管理制度的实施都有赖于工程定额的贯彻执行。

（3）它是进行工资核算、实行经济承包责任制的依据，是贯彻按劳分配原则的尺度。工时消耗定额反映了产品与劳动量的关系，可以根据定额来对每个劳动者的工作进行考核，从而确定他所完成的劳动量的多少，并以此来支付他的劳动报酬。多劳多得、少劳少得，体现了按劳分配的基本原则，这样企业的效益就同个人的物质利益结合起来了。

（4）它是评选工程项目规划方案、设计方案、施工方案合理性的依据。工程项目合理与否的依据之一是它的成本高低，不同的规划方案、设计方案、施工方案必然会带来成本上的差异，因此定额也就成为评价工程项目合理性的依据。

（5）它是编制各种工程建设计划的依据。无论是国家宏观调控计划，还是企业计划和项目实施的各种微观计划，都直接或间接地以各种定额为依据来计算人力、物力、财力等各种资源需要量。所以，定额是编制计划的基础。

（6）它是总结推广先进生产方法的手段。定额是一定条件下生产力水平的反映。先进的生产装备、生产技术和管理方法必然会带来生产效率的提高，成本随之降低。根据社会的发展程度，适时地把先进生产方法引入工程定额，降低人力、物力、财力等各种资源消耗标准，就能督促生产者主动接受更为先进的生产方法，社会的生产力水平也随之得到提高。

### 三、工程定额的分类

（一）按定额的内容划分

1. 劳动定额

劳动定额又称人工定额，是指在正常的施工技术和组织条件下，单位时间内应当完成合格产品的数量或完成单位合格产品所需的劳动时间。

劳动定额有时间定额和产量定额两种表达形式。时间定额是指在正常的施工技术和组织条件下完成单位合格产品所需消耗的劳动时间（生产工人的工日数量），单位以"工日"或"工时"表示。产量定额是指在正常的施工技术和组织条件下，单位时间内所生产的合格产品的数量。时间定额与产量定额互为倒数。为了便于综合和核算，劳动定额大多采用时间定额的形式。

2. 材料消耗定额

材料消耗定额是指在节约和合理使用材料的条件下，生产单位合格产品所必须消耗一定规格的建筑材料、成品、半成品或构配件的数量标准。

3. 机械使用定额

机械使用定额是指施工机械在正常的生产（施工）和合理的人机组合条件下，由熟悉机械性能、有熟练技术的工人或小组操作机械时，该机械在单位时间内完成合格产品的数量，称机械产量定额；或完成单位合格产品所需的机械工作时间，称机械时间定额，以"台班"或"台时"表示。

4. 综合定额

综合定额是指在一定的施工组织条件下，完成单位合格产品所需人工、材料、机械台班或台时的数量。

（二）按建设阶段和用途划分

1. 施工定额

施工定额是以工序为对象，表示生产产品数量与时间消耗综合关系的定额，即规定建筑安装工人或小组在正常施工条件下，完成一定计量单位的某一施工过程或基本工序所需消耗的人工、材料、船机艘（台）班消耗的数量标准。

施工定额是施工企业（建筑安装企业）组织生产和加强内部管理适用的一种定额，一般以企业定额的形式出现。施工定额反映了施工企业完成单位建筑产品的成本，是企业市场竞争力的具体体现，属于施工企业的商业机密。为了适应组织生产和管理的需要，施工定额的项目划分很细，是各类工程定额中分项最细、定额子目最多的一种定额，也是编制预算定额的基础。

施工定额由劳动定额、材料消耗定额和船机台班使用定额等 3 个独立的部分组成，主要用于工程的直接施工管理，以及作为编制工程施工组织设计、施工预算、施工作业计划、签发施工任务单、限额领料单以及结算计件工资或计量奖励工资的依据。

施工定额采用社会平均先进水平，其定额水平也是各类定额中最高的。

2. 预算定额

预算定额是以建筑物或构筑物各个分部分项工程为对象编制的定额，是指在正常的施工条件下，完成单位合格分项工程或结构构件所需消耗的人工、材料、施工船机（艘）台班的数量及其费用标准。其内容包括劳动定额、材料消耗定额、机械台班使用定额 3 个基本部分，列有分部分项工程基价，是一种计价性定额。从编制程序上看，预算定额是以施工定额为基础综合扩大编制的，同时它也是编制概算定额的基础。

预算定额是由相关定额主管部门主持编制，并由国家或省级地方政府有关部门颁布执行的，属于统一定额性质。预算定额主要用于施工图阶段编制施工图预算或招投标标底。

预算定额是社会平均合理水平，定额水平略低于施工定额。

3. 概算定额

概算定额是以扩大分项工程或扩大结构构件为对象编制的定额，是指完成单位合格扩大分项工程或扩大结构构件所需消耗的人工、材料、施工船机（艘）台班的数量及其费用标准。概算定额是一种计价性定额，是编制扩大初步设计概算、确定建设项目投资额的依据。概算定额的项目划分粗细与扩大初步设计的深度相适应，一般是在预算定额的基础上综合扩大而成的，每一综合分项概算定额都包含了数项预算定额。

扩大初步设计阶段的设计文件仍有许多的不确定性，所以概算定额的水平略低于预算定额。

4. 概算指标

概算指标是概算定额的扩大与合并，以更为扩大的计量单位来编制的，是指以扩大分项工程为对象，反映完成规定计量单位的建筑安装工程资源消耗的经济指标。概算指标是一种计价定额。

概算指标的设定和初步设计的深度相适应，一般是在概算定额和预算定额的基础上编制，比概算定额更加综合扩大。概算指标是编制工程概算、各类工程项目筹备计划的依据，也可供国家编制年度建设计划参考。

5. 估算指标

估算指标是以建设项目、单项工程、单位工程为对象，反映其建设总投资及其各项费用构成的经济指标。

估算指标是在项目建议书和可行性研究阶段编制投资估算、计算投资需要时使用的一种定额。它非常概略，往往以独立的单项工程或完整的工程项目为计算对象，编制内容是所有项目费用之和。它的概略程度与可行性研究阶段相适应。估算指标是根据历史的预算、决算资料和价格变动等资料编制，其编制基础仍然是预算定额、概算定额。

（三）按编制单位和执行范围分类

1. 全国统一定额

全国统一定额是指工程建设中，各行业、部门普遍使用，需要全国统一执行的定额。一般由国家发展和改革委员会或授权某主管部门组织编制颁发。如送电线路工程预算定额、电气工程预算定额、通信设备安装预算定额等。

2. 行业定额

行业定额是指在工程建设中，部分专业工程在某一个部门或几个部门使用的专业定额。经国家发展和改革委员会批准，由一个主管部门或几个主管部门组织编制颁发，在有关部属单位执行。

我国现行的水运建设工程定额由交通运输部颁布发行，属于行业定额，按照工程特点分为三个系列，分别为"沿海港口建设工程系列定额"（2019）、"内河航运工程系列定额"（2019）和"疏浚工程系列定额"（2019）。

3. 地方定额

地方定额一般是指省、自治区、直辖市在国家的统一指导下，根据地方工程特点，编制颁发的在本地区执行的地方通用定额和地方专业定额。如各省、自治区、直辖市的房屋建筑、市政园林等专业都已颁布实施了相应的定额，形成了专业工程地区统一的造价标准。

4. 企业定额

企业定额是指建筑、安装企业在其生产经营过程中，在国家统一定额、行业定额、地方定额的基础上，根据本企业的技术、装备、管理水平及施工经验自行编制的定额，供企业内部管理和企业投标报价用。企业定额是企业核心竞争力的体现，属于商业机密范畴。企业定额水平一般应高于国家现行定额，才能满足市场竞争和企业发展的需要。

（四）按专业分类

建筑领域各专业分别由其行业主管部门颁发在本系统使用的专业定额，如，建筑安装工程定额（土建定额）、设备安装工程定额、给排水工程定额、公路工程定额、铁路工程定额、水利水电工程定额、水运建设工程定额、井巷工程定额等。

# 第二节 工程定额制定简介

## 一、定额的编制原则与依据

（一）定额的编制原则

1. 平均合理的原则

定额水平应反映社会平均水平（企业定额反映的是企业平均水平，下同），体现社会必要劳动的消耗量，也就是在正常施工条件下，大多数工人和企业能够达到和超过的水平，既不能采用少数先进生产者、先进企业所达到的水平，也不能以落后的生产者和企业的水平为依据。

所谓定额水平，是指规定消耗在单位合格产品上的劳动、机械和材料数量的多少。定额水平要与建设阶段相适应，前期阶段（如可行性研究、初步设计阶段）定额水平宜反映平均水平、还要留有适当的余度；而用于投标报价的定额水平宜具有竞争力，合理反映企业的技术装备和经营管理水平。

2. 基本准确的原则

定额是对千差万别的个别实践进行概括、抽象出一般的数量标准。因此，定额的"准"是相对的，定额的"不准"是绝对的。我们不能要求定额编得与自己的实际完全一致，只能要求基本准确。定额项目（节目、子目）按影响定额的主要参数划分，粗细应恰当，步距要合理。定额计量单位、调整系数设置应科学。

3. 简明适用的原则

在保证基本准确的前提下，定额项目不宜过细过繁，步距不宜太小、太密，对于影响定额的次要参数可采用调整系数等办法简化定额项目，做到粗而准确，细而不繁，便于使用。

（二）定额的编制依据

（1）现行的设计规范、施工质量验收规范、安全技术操作规程等。

（2）现行的全国统一劳动定额、材料消耗定额、机械台班定额和现行的预算定额。

（3）通用的标准图集和定型设计图样及有代表性的设计图样。

（4）新技术、新结构、新材料和先进施工经验等资料。

（5）有关科学实验、技术测定和统计、经验资料。

（6）地区现行的人工工资标准、材料预算价格和机械台班价格。

**二、定额的编制程序**

（一）制定定额的编制方案

制定定额的编制方案包括建立编制定额的机构；确定编制进度；确定编制定额的指导思想、编制原则；明确定额的作用；确定定额的适用范围和内容等。

（二）划分定额项目，确定工程的工作内容

定额项目的划分应做到项目齐全、粗细适度、简明适用；在划分定额项目的同时，应将各个定额项目的工作内容范围予以确定。

（三）确定各个定额项目的消耗指标

定额项目各项消耗指标的确定，应在选择计量单位、确定施工方法、计算工程量及含量测算的基础上进行。

（1）选择定额项目的计量单位。定额项目的计量单位应使用方便，有利于简化工程量的计算，并与工程项目内容相适应，能反映分项工程最终产品形态和实物量。计量单位一般应根据结构构件或分项工程形体特征及变化规律来确定。

（2）确定施工方法。施工方法是确定工程定额项目的各专业工种和相应的用工数量，各种材料、成品或半成品的用量，施工机械类型及其台班用量，以及定额基价的主要依据。不同的施工方法，会直接影响定额中工日、材料、机械台班的消耗指标。在编制定额时，必须以本地区的施工（生产）技术组织条件、施工质量验收规范、安全技术操作规程以及已经成熟和推广的新工艺、新结构、新材料和新的操作法等为依据，合理确定施工方法，使其正确反映当前社会或企业的生产力水平。

（3）计算工程量及含量测算。计算定额项目工程量，就是根据确定的分项工程（或配件、设备）及其所包含子项目，结合选定的典型设计图样或资料，典型施工组织设计和已确定的定额项目计量单位，按照工程量计算规则进行计算。

（4）确定定额人工、材料、机械台班消耗量指标。

（四）编制定额项目表

将计算确定出的各项目的消耗量指标填入已设计好的定额项目空白表中。

（五）编制定额说明

定额文字说明，即对工程定额的工程特征，包括工程内容、施工方法、计量单位以及具体要求等，加以简要说明和补充。

（六）修改定额，颁发执行

初稿编制出来后，应将新编定额与现行的和历史上相应定额进行对比，对新定额进行水平测算。然后根据测算的结果，分析影响新编定额水平提高或降低的原因，从而对初稿做合理的修订。

在测算和修改的基础上，组织有关部门进行讨论，征求意见，最后修订定额，连同编制说明书呈报主管部门审批、颁发。

**三、施工过程及其分类**

在定额分项条目的划分，以及确定定额的人工、材料、机械使用台班等消耗量的过程中，施工过程的分解是基础。

（一）施工过程的含义

施工过程就是为完成某一项施工任务，在施工现场所进行的生产过程。其最终的目的是要建造、改建、修复或拆除建（构）筑物的全部或一部分。

建筑安装施工过程与其他物质生产过程一样，包括生产力的三要素，即劳动者、劳动对象、劳动工具。也就是说，施工过程就是由不同工种、不同技术等级的建筑安装工人使用各种劳动工具（手动工具、小型工具、大中型机械和仪器仪表等），按照一定的施工工序和操作方法，直接或间接地作用于各种劳动对象（各种建筑材料，半成品，预制品和各种设备、零配件等），使其按照人们预定的目的生产出建筑、安装合格产品的过程。

每个施工过程的结束，获得了一定的产品，这种产品或是改变了劳动对象的外表形态、内部结构、性质（由于制作和加工的结果），或是改变了劳动对象在空间的位置（由于运输和安装的结果）。

（二）施工过程的分类

根据不同的标准和需要，施工过程有以下分类。

1. 按施工过程组织上的复杂程度分类

按施工过程组织上的复杂程度，施工过程可以分解为工序、工作过程和综合工作过程。

（1）工序。工序是指施工过程中在组织上不可分割，在操作上属于同一类的作业环节。其主要特征是劳动者、劳动对象、劳动工具均不发生变化。如果任一要素发生变化，就意味着由一项工序转入了另一项工序。如钢筋制作，由钢筋的调直、除锈、切割、弯曲等工序组成。

工序可以由一个工人完成，也可以由一个工人小组协同完成；可以手动完成，也可以由机械操作完成。在机械化的施工工序中，还可以包括工人自己完成工作和机械完成工作两部分。

从施工的技术操作和组织观点来看，工序是工艺方面最简单的施工过程。在编制定额时，工序是主要的研究对象。定额条目的设置分解和标定到工序就可以了，但工时研究时，可能需要继续分解到操作甚至动作为止。

（2）工作过程。工作过程是由同一个工人或工人小组所完成的在操作上相互有机联系的工序的总合体。其特点是劳动者、劳动对象不发生变化，而使用的劳动工具可以变换。例如，砌墙和勾缝。

（3）综合工作过程。综合工作过程是同时进行的，在组织上有直接联系的，为完成一个最终产品结合起来的各个施工过程的总和。例如，浆砌块石护岸这一综合工作过程，由调制砂浆、运砂浆、运块石、砌筑等工作过程构成，它们在不同的空间同时进行，在组织上有直接联系，并最终形成共同产品。

2. 按照施工工序是否重复循环分类

按照施工工序是否重复循环，施工过程可以分为循环施工过程和非循环施工过程两类。如果施工过程的工序或其组成部分以同样的内容和顺序不断循环，并且每重复一次可以生产出同样的产品，则称为循环施工过程。反之，则称为非循环施工过程。

3. 按照施工过程的完成方法和手段分类

按照施工过程的完成方法和手段的不同，施工过程可以分为手工操作过程（手动过程）、机械化过程（机动过程）和机手并动过程（半自动化过程）。

4. 按劳动者、劳动工具、劳动对象所处位置和变化分类

按劳动者、劳动工具、劳动对象所处位置和变化，施工过程可以分为工艺过程、搬运过程和检验过程。

（1）工艺过程。工艺过程是指直接改变劳动对象的性质、形状、位置等，使其成为预期的施工产品的过程。例如，沉箱码头工程中的基槽开挖、抛石基床、沉箱预制与安装等。

工艺过程是施工过程中最基本的内容，因而是工作时间研究和指定定额的重点。

（2）搬运过程。搬运过程是指原材料、半成品、构件、机具设备等从某处移动到另一处，保证施工作业顺利进行的过程。但操作者在作业中随时拿起或存放在工作面上的材料等，是工艺过程的一部分，而不应视为搬运过程。

（3）检验过程。检验过程主要包括对原材料、半成品、构配件等的数量、质量进行检验，判定其是否合格、能否使用；对施工活动的成果进行检测，判别其是否符合质量要求；对混凝土试块、关键零部件等进行测试以及作业前对准备工作和安全措施的检查等。

（三）施工过程的影响因素

对施工过程的影响因素进行研究，其目的是正确确定单位施工产品所需要的作业时间消耗。施工过程的影响因素包括技术因素、组织因素和自然因素。

（1）技术因素。技术因素包括产品的种类和质量要求，作用材料、半成品、构配件的类别、规格和性能，所用的工具和机械设备的类别、型号、性能及完好情况等。

（2）组织因素。组织因素包括施工组织与施工方法、劳动组织、工人技术水平、操作

方法和劳动态度、工资分配方式、劳动竞赛等。

（3）自然因素。自然因素包括酷暑、风浪、潮汐、雨、雪、冰冻等。

**四、人工消耗量的确定**

（一）工作时间分析

工作时间分析，是将劳动者整个生产过程中所消耗的工作时间，根据其性质、范围和具体情况进行科学划分、归类，明确规定哪些属于定额时间，哪些属于非定额时间，找出非定额时间损失的原因，以便拟定技术组织措施，消除产生非定额时间的因素，以充分利用工作时间，提高劳动生产率。

对施工中工作时间的研究可以确定施工的时间定额和产量定额。

对工作时间的研究和分析，可以分为工人工作时间和机械工作时间两个系统。

1. 工人工作时间

工人工作时间，就是工作班的延续时间。工作时间是按现行制度规定的，"8 小时（h）工作制"的工作时间就是 8h。按其消耗的性质，工作时间基本可以分为两大类：定额时间（必需消耗的时间）和非定额时间（损失时间），如图 3.2 - 1 所示。

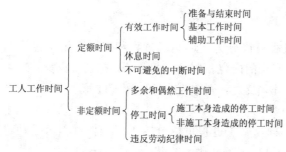

图 3.2 - 1　工人工作时间划分

（1）定额时间（必需消耗的时间）。定额时间是指在正常施工条件下，工人为完成一定数量的产品所必须消耗的工作时间。定额时间分类包括有效工作时间、休息时间和不可避免的中断时间。

1) 有效工作时间。有效工作时间是指与完成产品有直接关系的工作时间消耗。其中包括准备与结束时间、基本工作时间、辅助工作时间。

a. 准备与结束时间。准备与结束时间是指工人在执行任务前的准备工作和完成任务后的结束工作所需消耗的时间。一般分为班内的准备与结束时间和任务内的准备与结束时间两种。班内的准备与结束工作具有经常的每天的工作时间消耗的特性，就是在执行任务之前工人本身、工作地点、劳动工具、原材料的准备工作，以及工作结束后的整理工作，交接班工作，准备和结束时间与工人所接受任务的大小无关。任务内的准备与结束工作，由工人接受任务的内容决定，如布置操作地点、接受任务书、技术交底、熟悉施工图纸等。

b. 基本工作时间。基本工作时间是直接与施工过程的技术操作发生关系的时间消耗，是劳动者利用劳动工具使劳动对象发生形态或性质的变化或空间位置的改变所消耗的时间。例如，砌砖工作中从选砖开始直至将砖铺放到砌体上的全部时间消耗。基本工作时间的消耗与生产工艺、操作方法、工人的技术熟练程度有关，并与任务的大小成正比。

c. 辅助工作时间。辅助工作时间是指为了保证基本工作的顺利进行而做的与施工过程的技术操作没有直接关系的辅助性工作所需要消耗的时间。辅助性工作不直接导致产品的形态、性质、结构位置发生变化。如工具磨快、校正、小修、机械上泊、转移工作地点等均属辅助性工作。辅助工作时间长短与工作量大小有关。

2）休息时间。休息时间是工人在工作中，为了恢复体力以及生理需要（如喝水、大小便等）而暂时中断的时间。休息时间的长短与劳动强度、工作条件、工作性质等有关，例如在高温、高空、重体力、有毒性等条件下工作时，休息时间应多一些。

3）不可避免的中断时间。不可避免的中断时间是指由于施工过程中因施工工艺特点引起的不可避免的或难以避免的中断时间。如安装工人等待起吊构件、炮手放炮时的避炮、汽车司机在等待装卸货物和等交通信号所消耗的时间。

（2）非定额时间（损失时间）。非定额时间是指与产品生产无关，而与施工组织和技术上的缺陷有关，与工人在施工过程中的个人过失或某些偶然因素有关的时间消耗，包括多余和偶然工作时间、停工时间和违反劳动纪律的损失时间。

1）多余和偶然工作时间。多余和偶然工作时间是指在正常施工条件下不应该发生的时间消耗，或由于意外情况所引起的工作所消耗的时间。如，因质量不符合要求而返工造成的多余的时间消耗，翻斗车轮胎坏了更换轮胎等。

2）停工时间。停工时间包括施工本身造成的和非施工本身造成的工作班内停止工作的时间损失。施工本身造成的停工是由于施工组织和劳动组织不善而引起的停工，如分工不合理，不能及时领到工具和材料而引起的停工等。非施工本身而引起的停工是指由于气候条件以及风、水、电源中断而引起的停工。施工本身造成的停工时间在拟定定额时不应该计算，非施工本身而引起的停工时间则应在定额中给予合理的考虑。

3）违反劳动纪律的损失时间。违反劳动纪律的损失时间是指工人不遵守劳动纪律而造成的时间损失。如，迟到早退、出勤不出力、擅自离开工作岗位、工作时间聊天，以及由于个别人违反劳动纪律而使别的工人无法工作的时间损失。

非定额时间在确定定额水平时一般不予考虑。

2. 机械工作时间

与工人工作时间类似，机械工作时间也分为定额时间和非定额时间，如图 3.2 - 2 所示。

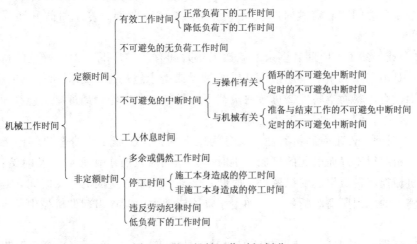

图 3.2 - 2　机械工作时间划分

（1）定额时间。定额时间包括有效工作时间、不可避免的无负荷工作时间、不可避免的中断时间和工人休息时间。

1）有效工作时间。有效工作时间包括正常负荷下和降低负荷下两种工作时间消耗。

a. 正常负荷下的工作时间。正常负荷下的工作时间是指机械在与机械说明书规定的负荷相等的正常负荷下进行工作的时间。在个别情况下，由于技术上的原因，机械只能在低于规定负荷下工作，如汽车载运重量轻而体积大的货物时，不可能充分利用汽车的全部载重能力，因而不得不降低负荷工作，此种情况也视为正常负荷下工作。

b. 降低负荷下的工作时间。降低负荷下的工作时间是指由于施工管理人员或工人的过失，以及机械陈旧或发生故障等原因，使机械在降低负荷的情况下进行工作的时间，如由于电铲司机技术不熟练，使 $3m^3$ 电铲只挖装 $2m^3$ 的石碴。

2）不可避免的无负荷工作时间。不可避免的无负荷工作时间是指由于施工过程的特性和机械结构的特点所造成的机械无负荷工作时间，一般分为循环的和定时的两类。循环的是指由于施工过程的特性所引起的空转所消耗的时间。它在机械工作的每一个循环中重复一次。如铲运机返回到铲土地点，汽车卸车后空回等。定时的主要是指发生在运输汽车或挖土机等工作中的无负荷工作时间，如工作班开始和结束时来回无负荷的空行、机械由一个工作地点转移到另一个工作地点。

3）不可避免的中断时间。不可避免的中断时间是由于施工工艺特点造成的机械工作中断时间。

a. 与操作有关的不可避免中断时间通常有循环的和定时的两种。循环的是指在机械工作的每一个循环中重复一次，如汽车装载、卸货的停歇时间。定时的是指经过一定的时间重复一次，如喷浆器喷白，从一个工作地点转移到另一个工作地点时，喷浆器工作的中断时间。

b. 与机械有关的不可避免中断时间，是指用机械进行工作的人在准备与结束工作时机械暂停的中断时间，或者在维护保养机械时必须使其停转所发生的中断时间。前者属于准备与结束工作的不可避免中断时间，后者属于定时的不可避免中断时间。

4）工人休息时间。工人休息时间是指工人休息时不可避免的机械中断。

（2）非定额时间。非定额时间包括多余或偶然工作时间、停工时间和违反劳动纪律时间。

1）多余或偶然工作时间。多余或偶然工作时间有两种情况：①可避免的机械无负荷工作时间，是由于工人不及时地给机械供给材料或由于组织上的原因所造成的机械空转，如皮带机因没有进料而空转；②机械在负荷下所做的多余工作，如混凝土搅拌机搅拌混凝土时超过规定搅拌间，即属于多余工作时间。

2）停工时间。停工时间按其性质又分为以下两种：①施工本身造成的停工时间，是指由于施工组织得不好而引起的机械停工时间，如临时没有工作面或不及时给机械供水、燃料以及机械损坏等所引起的机械停工时间；②非施工本身造成的停工时间，是由于气候条件和非施工的原因所引起的停工，如由于降雨或动力中断等引起的机械中断（不是由于施工原因）。

3）违反劳动纪律时间。违反劳动纪律时间是由于工人违反劳动纪律而引起的机械停工时间。

4）低负荷下的工作时间。低负荷下的工作时间是指由于工人或技术人员的过错所造成的施工机械在降低负荷的情况下工作的时间。例如，工人装车的砂石数量不足引起的汽车在降低负荷的情况下工作所延续的时间。此项工作时间不能作为计算时间定额的基础。

机械的非定额时间在确定定额水平时一般也不予考虑。

（二）测定时间消耗的方法

1. 计时观察法

定额测定是制定定额的一个主要步骤。测定定额是用科学的方法观察、记录、整理、分析施工过程，为制定工程定额提供可靠依据。测定定额通常可以使用计时观察法。

计时观察法是研究工作时间消耗的一种技术测定方法，它以研究工时消耗为对象，以观察测时为手段，通过密集抽样和粗放抽样等技术进行直接的时间研究。计时观察法运用于建筑施工中时以现场观察为特征，所以又称之为现场观察法。对施工过程进行观察、测时，计算实物和劳务产量，记录施工过程所处的施工条件和确定影响工时消耗的因素，是计时观察法的三项主要内容和要求。

计时观察法能够把现场工时消耗情况和施工组织技术条件联系起来加以考察，它不仅能为制定定额提供基础数据，而且也能为改善施工组织管理、改善工艺过程和操作方法、消除不合理的工时损失和进一步挖掘生产潜力提供技术根据。

（1）计时观察法的用途。计时观察法的主要用途如下：

1）取得编制施工的劳动定额和机械定额所需要的基础资料和技术数据。

2）研究先进工作法和先进技术操作对提高劳动生产率的具体影响，并应用和推广先进工作法和先进技术操作。

3）研究减少工时消耗的潜力。

4）研究定额执行情况，包括研究大面积、大幅度超额和达不到定额的原因，积累资料、反馈信息。

（2）计时观察前的准备工作。计时观察前的准备工作如下：

1）确定需要进行计时观察的施工过程。

2）对施工过程进行预研究。

a. 熟悉与该施工过程有关的现行技术规范和技术标准等文件和资料。

b. 了解新采用的工作方法的先进程度，了解已经得到推广的先进施工技术和操作，还应了解施工过程存在的技术组织方面的不确定性和由于某些原因造成的混乱现象。

c. 注意系统地收集完成定额的统计资料和经营资料，以便与计时观察所得的资料进行对比分析。

d. 把施工过程划分为若干组成部分，一般划分至工序，甚至动作。

e. 确定定时点和施工过程产品的计量单位。定时点即上下两个相衔接的组成部分之间的分界点，确定定时点对于保证计时观察的精确性有不容忽视的影响。产品的计量单位要能具体反映产品的数量，并具有最大限度的稳定性。

3）选择施工的正常条件。绝大多数企业和施工队、组，在合理组织施工的条件下所处的施工条件即为施工的正常条件。选择施工的正常条件是技术测定中的一项重要内容，也是确定定额的依据。

4）选择观察对象（施工工人、队、组）。施工过程要完全符合正常施工条件；所选择的建筑安装工人应具有与技术等级相符的工作技能和熟练程度，所承担的工作与其技术等级相应，同时应该能够完成或超额完成现行的施工劳动定额。

5）调查所测施工过程的影响因素。施工过程的影响因素包括技术、组织及自然因素。如，产品和材料的特征（规格、质量、性能等）；工具和机械性能、型号；劳动组织和分工；施工技术说明（工作内容、要求等），并附施工简图和工作地点平面布置图。

6）其他准备工作。

此外，还必须准备好必要的用具和表格。

（3）计时观察法的分类。计时观察法主要有以下三种：

1）测时法。测时法主要适用于测定定时重复的循环工作的工时消耗，是精度比较高的一种计时观察法，一般可达到 0.2～15s。测时法有选择测时法和连续测时法两种。

a. 选择测时法。选择测时法是间隔选择施工过程中非紧连接的组成部分（工序或操作）测定工时，精度可达 0.5s。采用选择法测时，当被观察的某一循环工作的组成部分开始即开动秒表，当该组成部分终止即停止秒表，然后记录测时结果，如此依次观察。

b. 连续测时法。连续测时法是连续测定一个施工过程各工序或操作的延时时间。它的特点是在工作进行中和非循环组成部分出现之前一直不停止秒表，秒针走的过程中，根据各组成部分之间的定时点，记录它们的终止时间，最后以定时点终止时间之差计算各组成部分的延续时间。

2）写实记录法。写实记录法是一种研究各种性质的工作时间消耗的方法。采用这种方法可以获得分析工作时间消耗和制定定额所必需的全部资料，是一种值得提倡的方法。

写实记录法的观察对象可以是一个工人，也可以是一个工人小组。测时用普通表进行，详细记录在一段时间内观察对象的各种活动及其时间消耗（起止时间），以及完成的产品数量。写实记录法按记录时间的方法不同分为数示法、图示法和混合法 3 种。

数示法的特征是用数字记录工时消耗，精度可达 5s，可以同时对两个工人进行观察，适用于组成部分较少而且比较稳定的施工过程；图示法是在规定格式图表上用时间进度线条记录工时消耗量，精度可达 30s，可同时对 3 个以内的工人进行观察；混合法综合了数字和图示两种方法的优点，以时间进度线条表示工序的延续时间，在进度线的上部加注该时间段的工人数，可用于 3 个以上工人小组的测定与分析。

3）工作日写实法。工作日写实法是一种研究整个工作班内的各种工时消耗的方法。它的技术简便、应用面广、资料全面，是我国采用较广的编制定额的方法。工作日写实法是利用写实记录表记录观察资料。

运用工作日写实法主要有两个目的：①取得编制定额的基础资料；②检查定额的执行情况，找出缺点，改进工作。

2. 统计分析法

统计分析法是利用过去施工中同类工程或同类产品的工时消耗的统计资料（如施工任务单、考勤表及其他有关统计资料），并考虑当前生产技术组织条件的变化因素，进行科学的分析研究后制定定额的方法。

统计资料反映的是工人过去已经达到的水平，没有剔除施工（生产）过程中的不合理因素，因而其水平偏低。分析时常采用"二次平均法"或概率测算法克服统计资料的这个缺陷。

3. 比较类推法

比较类推法又称为典型定额法，是以同类型或相似类型的产品或工序的典型定额项目的定额水平为标准，经过比较分析，类推出同一组定额中相邻项目的定额水平的方法。

这种方法简便、工作量小，只要典型定额选择恰当，切合实际，有代表性，类推出的定额一般比较合理。它适用于同类型规格多、批量小的施工（生产）过程。采用这种方法要特别注意掌握工序、产品的施工（生产）工艺和劳动组织类似或近似的特征，细致分析施工（生产）过程的各种影响因素，防止将因素变化很大的项目作为典型定额比较类推。

常用的比较类推法有比例数示法和图示法两种。

4. 经验估工法

经验估工法是由定额人员、工程技术人员和工人三结合，根据个人或集体的实践经验，经过分析图纸和现场观察，了解施工工艺，分析施工（生产）的技术组织条件和操作方法的繁简、难易程度等情况，进行座谈讨论，从而制定定额的方法。

经验估工法以工序（或单项产品）为对象，将工序分为操作（或动作），分别作出操作（动作）的基本工作时间，然后考虑辅助工作时间、准备时间、结束时间和休息时间，经过综合整理，并对整理结果予以优化处理，即得出该工序（或产品）的时间定额或产量定额。

经验估工法的优点是方法简单，速度快；缺点是易受参加制定人员的主观因素和局限性的影响。因此，它只适用于企业内部制定某些局部项目的补充定额。

（三）确定人工消耗量的方法和步骤

（1）分析基础资料，拟定编制方案。内容如下：

1）影响工时消耗因素的确定。施工条件、劳动组织、施工方法和工人劳动态度、思想、技术水平等都是工时消耗的影响因素。影响因素可以分为技术和组织因素、系统性和偶然性因素。

2）计时观察资料的整理。

3）拟定定额的编制方案。内容包括：提出对拟定定额水平总的设想；拟定定额章、节、分项的目录；选择产品和人工、材料、机械的计量单位；设计定额表格的形式和内容。

（2）确定正常的施工条件。拟定施工的正常条件如下：

1）拟定工作地点的组织。工作地点应保持清洁、井然有序，工具和材料便于取用，工人操作应不受妨碍。

2）拟定工作组成。拟定工作组成就是将工作过程按照劳动分工的可能划分为若干工序，以达到合理使用技术工人的目的。工作的繁简、难易程度应与工人的技术等级和熟练程度相应。

3）拟定施工人员编制。拟定施工人员编制就是确定小组人数、技术工人的配备，以及劳动的分工和协作。原则是使每个工人都能充分发挥作用，均衡地担负工作。

（3）确定人工定额消耗量的方法。时间定额和产量定额是人工定额的两种表现形式，两者互为倒数。

时间定额是在拟定基本工作时间、辅助工作时间、准备与结束工作时间、不可避免中断的时间，以及休息时间的基础上制定的。

1）拟定基本工作时间。基本工作时间消耗一般根据计时观测资料确定。确定了工作过程每一组成部分的工时消耗，即可综合出工作过程的工时消耗，进而可以求出不同产品计量单位的换算系数。

2）拟定辅助工作时间和准备与结束工作时间。其确定方法与基本工作时间相同。或根据经验数据，以基本工作时间按比例确定。

3）拟定不可避免的中断时间。只有工艺特点引起的不可避免中断才能列入工作过程的时间定额。

4）拟定休息时间。休息时间应根据工作班作息制度、经验资料、计时观测资料，以及对工作的疲劳程度作全面分析来确定。同时，应考虑尽可能利用不可避免中断的时间作为休息时间。

5）拟定定额时间。基本工作时间、辅助工作时间、准备与结束工作时间、不可避免中断时间以及休息时间之和即为劳动定额的时间定额。

**五、材料消耗量的确定**

（一）材料消耗量的概念

在合理和节约使用材料的条件下，生产单位合格产品所必须消耗的一定品种、规格的原材料、燃料、半成品、配件和水、电、风等动力资源的数量标准，称为材料消耗量。

材料费是建筑工程费用的主要构成之一。在我国建筑产品的成本中，材料费约占60%以上，水运建设工程的材料费比例更高。因此，材料的运输、储存、管理、节约与浪费以及消耗量的多少，在工程施工中具有极其重要的意义，直接影响工程成本。

科学合理的材料消耗量和损耗率是降低工程成本和保证施工正常进行的基础。执行材料消耗定额是合理使用材料、实行经济核算、提高施工生产技术和管理水平的主要途径。

（二）材料的分类

（1）根据材料消耗的性质，划分为必须消耗的材料和损失的材料。必须消耗的材料是指在合理用料的条件下，生产合格产品所需消耗的材料。包括：直接用于建筑和安装工程的材料；不可避免的施工废料；不可避免的材料损耗。必须消耗的材料属于施工正常消耗，是确定材料消耗量的基本数据。其中：直接用于建筑安装工程的材料，编制材料的净耗量；不可避免的施工废料和材料损耗，编制材料的损耗量。

（2）根据材料消耗与工程实体的关系，划分为实体材料和非实体材料。

1）实体材料。实体材料是指直接构成工程实体的材料，包括主要材料（主材）和辅助材料（辅材）。主材用量大，辅材用量少。

2）非实体材料。非实体材料是指在施工过程中必须使用但又不构成工程实体的施工措施性材料。非实体材料主要是指周转性材料，如模板、脚手架等。

（三）材料消耗量的作用

材料是完成产品的物化劳动过程的物质条件，材料费约占建筑工程造价的60%以上。

材料消耗量就是材料消耗的数量标准。它的具体作用如下：

（1）企业确定材料需要量和储备量的依据。

（2）企业编制材料需求计划的基础。

（3）施工队对工人班组签发限额领料单的依据，也是考核、分析班组材料使用情况的依据。

（4）实行材料核算、推行经济责任制、促进材料合理使用的重要手段。

（四）材料消耗量的制定

1. 实体材料消耗量

实体材料的消耗量包括净耗量和损耗量两部分。

$$材料消耗量＝净耗量＋损耗量 \qquad (3.2-1)$$

$$损耗率＝\frac{损耗量}{消耗量}×100\% \qquad (3.2-2)$$

$$材料消耗量＝\frac{净耗量}{1-损耗率} \qquad (3.2-3)$$

实体材料消耗定额的编制方法有以下几种：

（1）现场观测法。它是在施工现场对生产某一产品的材料消耗进行实际测算。通过产品数量、材料消耗量和材料净耗量的计算，确定单位产品的材料消耗量和损耗量。

现场观测法主要用于制定材料的损耗定额。因为，只有通过现场观察才能测出材料的损耗数量，才能区分出哪些损耗是不可避免的、哪些是可以避免的。

（2）实验室试验法。它是通过实验仪器和设备，在实验室进行观察和测定工作，再整理计算出材料消耗定额的方法。主要用于编制混凝土、砂浆、沥青、油漆等材料的净耗量。

由于实验室条件与现场条件存在差异，实验室测定的数据还应通过现场观测法校核修订。

（3）现场统计法。它是以现场进料、分部（项）工程拨付材料数量、完成产品数量、完成工作后材料的剩余数量等大量的统计资料为基础，经过分析、计算出材料消耗量的方法。

这种方法不能分清材料消耗的性质，因而不能作为确定材料净耗量和损耗量的依据，只能作为编制定额的辅助性方法。

（4）理论计算法。它是根据施工图纸和其他技术资料，用理论公式计算材料的净耗量，进而制定材料消耗定额的方法。主要用于板、块类建筑材料（如砖、钢材、玻璃、油毡等）的消耗量。

2. 非实体材料消耗量

非实体材料并不构成工程实体，在施工过程中不是一次消耗完，而是能多次使用、反复周转，经过多次修补而逐渐消耗的。非实体材料的消耗定额以摊销量来表示。下面以木模板为例，介绍非实体材料摊销量的计算。

（1）现浇混凝土结构木模板摊销量的计算。

1）一次使用量。一次使用量是指为完成定额计量单位产品的生产，在不重复使用的条件下一次性木材（非实体材料）使用量，可依施工图纸计算。

$$一次使用量 = 按图纸计算完成定额计量单位的混凝土构件与模板的接触面积 \times 每平方米接触面积的模板用量 \times (1 + 制作、安装损耗率)$$

$$(3.2-4)$$

2）损耗量。损耗量从第二次使用起，每周转一次必须进行一定的修补加工才能使用，每次修补所损耗的木材（非实体材料）量称为损耗量（补损量）。

$$损耗量 = \frac{一次使用量 \times (周转次数 - 1) \times 损耗率}{周转次数} \qquad (3.2-5)$$

$$损耗率 = \frac{平均每次损耗量}{一次使用量} \qquad (3.2-6)$$

周转次数是指非实体材料在补损的条件下可以重复使用的次数。

3）周转使用量。周转使用量是指在周转使用和补损的条件下，每周转一次平均所需的木材（非实体材料）量。

$$周转使用量 = \frac{一次使用量}{周转次数} + 损耗量 \qquad (3.2-7)$$

4）回收量。回收量是指木模板（非实体材料）每周转一次后，可以平均回收的数量。

$$回收量 = \frac{一次使用量 \times (1 - 损耗率)}{周转次数} \qquad (3.2-8)$$

5）摊销量。摊销量是指完成单位产品，一次所需要的木材（非实体材料）的数量。

$$摊销量 = 周转使用量 - 回收量 \qquad (3.2-9)$$

如果摊销量用于编制预算定额中非实体材料的摊销时，其回收部分须考虑材料使用前后价值的变化，应乘以回收折价率；同时，非实体材料在周转使用过程中还需要投入人力、物力，组织和管理修补工作，须额外支付施工管理费。为补偿此费用和简化计算，一般采用减少回收量，增加摊销量的做法，即

$$摊销量 = 周转使用量 - 回收量 \times \frac{回收折价率}{1 + 施工管理费率} \qquad (3.2-10)$$

（2）预制混凝土构件模板摊销量的计算。预制构件模板的摊销不同于现浇构件，它是按照多次使用、平均摊销的方法，根据一次使用量和周转次数进行计算的，即

$$摊销量 = \frac{一次使用量}{周转次数} \qquad (3.2-11)$$

**六、机械台班消耗量的确定**

（一）确定正常的施工条件

拟定机械工作正常条件，主要是拟定工作地点的合理组织和合理的工人编制。

工作地点的合理组织，就是对施工地点机械和材料的放置位置、工人从事操作的场所，做出科学合理的平面布置和空间安排。它要求施工机械和操作机械的工人在最小范围内移动，但又不阻碍机械运转和工人操作；应使机械的开关和操作装置尽可能集中地装置在操作工人的近旁，以节省工作时间和减轻劳动强度；应最大限度发挥机械的效能，减少工人的手工操作。

拟定合理的工人编制，就是根据施工机械的性能和设计能力、工人的专业分工和劳动

工效，合理确定操作机械的工人和直接参加机械化施工过程的工人的编制人数。

（二）确定机械纯工作 1h 正常生产率

机械纯工作时间是指机械的必需消耗时间。机械纯工作 1h 正常生产率，就是在正常施工组织条件下，具有必需的知识和技能的技术工人操作机械 1h 的生产率。

根据机械工作特点的不同，机械纯工作 1h 正常生产率的确定方法也有所不同。

对于循环动作机械，确定机械纯工作 1h 正常生产率的计算按下列公式进行：

机械一次循环的正常延续时间(s)＝∑(循环各组成部分正常延续时间)－交叠时间

$$(3.2-12)$$

$$机械纯工作 1h 循环次数 = \frac{60 \times 60(s)}{一次循环的正常延续时间} \qquad (3.2-13)$$

$$\begin{array}{l} 循环动作机械纯工作 \\ 1h 正常生产率 \end{array} = \begin{array}{l} 机械纯工作 1h \\ 正常循环次数 \end{array} \times \begin{array}{l} 一次循环生产的 \\ 产品数量 \end{array} \qquad (3.2-14)$$

对于连续动作机械，确定机械纯工作 1h 正常生产率要根据机械的类型和结构特征，以及工作过程的特点来进行。可按下式计算：

$$连续动作机械纯工作 1h 正常生产率 = \frac{工作时间内生产的产品数量}{工作时间(h)} \qquad (3.2-15)$$

工作时间内的产品数量和工作时间的消耗，要通过多次现场观察和机械说明书来取得数据。

（三）确定施工机械的正常利用系数

施工机械的正常利用系数是指机械在工作班内对工作时间的利用率。要确定机械的正常利用系数，首先要拟定机械工作班的正常工作状况，保证合理利用工时。机械正常利用系数可按下式计算：

$$机械正常利用系数 = \frac{机械在一个工作班内纯工作时间}{一个工作班延续时间(h)} \qquad (3.2-16)$$

（四）计算施工机械台班消耗量

在确定了机械工作正常条件、机械纯工作 1h 正常生产率和机械正常利用系数之后，采用下列公式计算施工机械的产量定额和时间定额：

$$\begin{array}{l} 施工机械台班 \\ 产量定额 \end{array} = \begin{array}{l} 机械纯工作 1h \\ 正常生产率 \end{array} \times 工作班纯工作时间 \qquad (3.2-17)$$

$$\begin{array}{l} 施工机械台班 \\ 产量定额 \end{array} = \begin{array}{l} 机械纯工作 1h \\ 正常生产率 \end{array} \times \begin{array}{l} 工作班延续 \\ 时间 \end{array} \times \begin{array}{l} 机械正常 \\ 利用系数 \end{array} \qquad (3.2-18)$$

$$施工机械时间定额 = \frac{1}{施工机械台班产量定额} \qquad (3.2-19)$$

# 第三节　工程定额的应用

## 一、工程定额的一般结构

工程定额通常都是成套颁布的，每套定额包含若干分册。根据交通运输部 2019 年 57 号文，自 2019 年 11 月 1 日起，我国现行的水运建设工程费用的计价依据是《水运建设工程概算预算编制规定》及其配套定额，包括推荐性标准11项，分为沿海港口、内河航运、疏浚等3个系列。其中，沿海港口工程定额（2019）包括：《水运建设工程概算预算编制规定》（JTS/T 116—2019）、《沿海港口水工建筑工程定额》（JTS/T 276—1—2019）、《沿海港口工程船舶机械艘（台）班费用定额》（JTS/T 276—2—2019）、《沿海港口工程参考定额》（JTS/T 276—3—2019）、《水运工程混凝土和砂浆材料用量定额》（JTS/T 277—2019）以及配套参考使用的《水运工程定额材料基价单价》（2019年版）。

每套定额都有1~2册构成定额主体，其余为辅助分册。沿海港口工程定额（2019）中的《沿海港口水工建筑工程定额》是定额的主体，《水运建设工程概算预算编制规定》是该套定额的解释说明，《沿海港口工程船舶机械艘（台）班费用定额》和《水运工程混凝土和砂浆材料用量定额》《水运工程定额材料基价单价》是该套定额的基础单价和基本参数，而《沿海港口水工建筑工程参考定额》是该套定额主体的常见补充子目。

工程定额按成文结构，由颁布文件、目录、总说明、章（分部）节说明、工程量计算办法、分项工程定额项目表以及附表（录）等组成。

（1）颁布文件。颁布文件说明了该套定额的完整组成、生效日期、制定和解释机构以及授权颁发的部委。

（2）目录。目录按分部分项的原则列出了定额所包含的全部施工工作项目及其索引页码。

（3）总说明。总说明是综合说明定额的编制原则、指导思想、编制依据、使用范围，以及定额的作用等，同时说明编制定额时已经考虑和没有考虑的因素与有关规定和使用方法。总说明还列出了定额全局性的约定和专用名词。

所以，使用定额之前必须先熟悉总说明。

（4）章（分部）节说明。章（分部）节说明是总说明的具体补充，主要说明该章节所包含的工作项目、工作内容及主要施工过程，对定额条目的应用进行明确约定，对章节内的专有名词进行解释。

章节说明同样是定额应用的前提。

（5）工程量计算办法。工程量计算办法规定了工作项目的计量单位、尺寸、起讫范围和计算规定，以及应扣除或应增加的部分。2019定额中把工程量计算办法归入了相应的章（分部）节说明中。

定额的工程量计算办法不是简单的数学计算，它是定额制定规则和原理的具体反映，是定额科学性和准确性的保证，必须准确执行。

（6）分项工程定额项目表。分项工程定额项目表是定额的主要组成部分，包括分项工程项目名称、工程内容、规格型号、计量单位、分项工程定额表及附注、附表等组成。以图3.3-1〔取自《沿海港口水工建设工程定额》（2019）〕为例。

1）分项工程项目名称为"陆上打钢筋混凝土方桩（陆上运输）"。

2）规格型号为"断面45cm×45cm和50cm×50cm"。

3）工程内容包括：装车、运输、卸车、打桩。

工程内容里只列出主要工序，次要工序虽未列出，但已包括在内，除定额中另有说明

## 十三、陆上打钢筋混凝土方柱（陆上运输）

**1. 断面45cm×45cm和50cm×50cm**

工程内容：装车、运输、卸车，打桩。

10根

| 顺序号 | 项 目 | 单位 | 代 码 | 20404 | 20405 | 20406 | 20407 | 20408 | 20409 |
|---|---|---|---|---|---|---|---|---|---|
| | | | | 桩长/m | | | | | |
| | | | | 20 | | 25 | | 30 | |
| | | | | 土 壤 级 别 | | | | | |
| | | | | 一 | 二 | 一 | 二 | 一 | 二 |
| 1 | 人工 | 工日 | 192000010001 | 11.47 | 14.35 | 14.24 | 17.70 | 16.16 | 20.31 |
| 2 | 钢筋混凝土方桩 | 根 | 190429003020 | (10.20) | (10.30) | (10.20) | (10.30) | (10.20) | (10.30) |
| 3 | 硬杂木 | m³ | 190503001001 | 0.065 | 0.139 | 0.065 | 0.139 | 0.065 | 0.139 |
| 4 | 板枋材 | m³ | 190503002020 | 0.154 | 0.154 | 0.158 | 0.158 | 0.158 | 0.158 |
| 5 | 钢丝绳 | kg | 190105001001 | 3.00 | 3.00 | 3.00 | 3.00 | 3.00 | 3.00 |
| 6 | 卸扣 M42 | 个 | 193503001030 | 0.10 | 0.10 | 0.10 | 0.10 | 0.10 | 0.10 |
| 7 | 其他材料 | % | 190233004001 | 42.87 | 39.02 | 42.28 | 38.63 | 42.28 | 38.63 |
| 8 | 履带式柴油打桩机 8t | 台班 | 192020401050 | 1.333 | 1.813 | 1.600 | 2.176 | 1.920 | 2.611 |
| 9 | 履带式起重机 15t | 台班 | 192020301030 | 0.292 | 0.292 | 0.584 | 0.584 | 0.584 | 0.584 |
| 10 | 平板拖车组 40t | 台班 | 192020205060 | 0.584 | 0.584 | 1.168 | 1.168 | 1.168 | 1.168 |
| 11 | 其他船机 | % | 192021001140 | 0.04 | 0.03 | 0.03 | 0.02 | 0.03 | 0.02 |
| 12 | 基价 | 元 | | 4663.63 | 5930.71 | 6218.56 | 7714.71 | 6982.01 | 8752.44 |

**注** 本定额以运距1km内为准，陆上运距每增加1km，按下表增加：

| 1 | 平板拖车组40t | 台班 | 192020205060 | 0.092 | 0.092 | 0.184 | 0.184 | 0.184 | 0.184 |
|---|---|---|---|---|---|---|---|---|---|
| 2 | 基价 | 元 | | 107.04 | 107.04 | 214.08 | 214.08 | 214.08 | 214.08 |

图 3.3－1 陆上打钢筋混凝土方桩（陆上运输）分项工程定额表

外，不得增减。

4）计量单位为"10根"。

为方便定额的测定和保证定额计费的准确性，定额的计量单位通常采用扩大计量单位，而不是标准计量单位。这一点初学者必须注意，在工程量计算和定额基价套用的时候必须注意计量单位的一致性，以免出现较大偏差。定额常用的计量单位有100m、100m²、10m³、t（吨）、10根、10组、10套等。

5）分项工程定额表。分项工程定额表以表格形式列出了分项工程的定额编号、施工所需的人工、材料、机械（船舶）和基价。以定额编号为"20404"的条目为例，定额编号"20404"表示该分项是定额第二章的第404个分项工程；分项工程是断面为45cm×45cm和50cm×50cm的、桩长20m以内的、土壤综合级别为一级的陆上打钢筋混凝土方桩（陆上运输）；每10根桩的人工（1）消耗是11.47个工日；每10根桩需要消耗的钢筋混凝土方桩（2）是（10.20）根，（10.20）的意思是该定额条目并未计入方桩的实际消耗量，也就是说方桩的消耗量和费用需要另计；每10根桩消耗的硬杂木（3）0.065m³、板枋材（4）0.154m³、钢丝绳（5）3.00kg、卸扣M42（6）0.10个、其他材料（7）的价值为材料（3＋4＋5＋6）总值（元）的42.87%；每10根桩消耗履带式柴油打桩机8t（8）1.333台班、履带式起重机15t（9）0.292台班、平板拖车组40t（10）0.584台班、其他船机（11）的费用（元）占船机（8＋9＋10）总费用的0.04%；基价4663.63元。分项工程施工消耗的主材（3～6）数量和主要船机（8～10）台班均逐一列出，但它们的单价则在配套的其他定额分册中给出。

6) 附注、附表。附注、附表给出了定额条目使用的备注条件或补充。图 3.3-1 中的附注、附表表明，分项工程定额表的标准陆上运距是 1km 以内（≤1km），超出标准运距需要增加平板拖车组 40t 的台班消耗量及相应基价。

（7）附表（录）。附表（录）集中列出了那些无法在定额条目下方的附注、附表中给出的事项，以及那些全局性或章节性的信息量较大的事项。

**二、工程定额的使用**

（一）工程定额的使用原则

1. 专业对口原则

专业对口原则就是指干什么类型的工程就执行与之相应的定额。一个水运建设工程项目的组成是很复杂的，仅水运建设工程自身的定额就有沿海港口工程、内河航运工程和疏浚工程等 3 个系列，各个系列定额都有各自特定的使用范围，必须严格按定额的适用范围使用。此外，挡水建筑工程的水坝、水闸、节制闸工程等还须执行水利工程定额；港口、枢纽的配套道路、对外公路、港（厂）区的进港（厂）公路以及桥梁、涵洞工程等执行公路工程定额；港区铁路、进港铁路联络线工程等执行铁路工程定额；港口、枢纽的车间、仓库、电站厂房、绞车房等生产建筑和宿舍、办公楼、综合楼等一般土建工程等执行土建工程定额；其他如供电、给排水、通信等也都执行各自的专业工程定额。

2. 设计阶段对口的原则

可行性研究阶段编制投资估算时应采用估算指标；初步设计阶段编制概算时应采用概算定额或概算指标；施工图设计或实施阶段编制施工图预算时应采用预算定额。

水运建设工程定额既可用于编制预算、也可用于编制概算，但各自执行的定额条目和细则不同。若因本阶段定额缺项，须采用下一阶段定额时，应按规定乘以相应过渡系数。

3. 工程定额应配套使用

工程定额都是成套颁布执行的，每一套定额都自成一个完整的体系，只有配套使用才能保证定额的科学性和准确性。定额在应用的过程中，随着工程实践的发展，定额可能会做一定的调整、修正，并由定额的原编制机构编制、原授权部委颁发文件，这些后来颁发的文件与原定额也形成配套的关系。具体到水运建设工程定额有 3 个系列，任何一个分项工程都只能执行其中一套定额，不能交叉使用定额。

4. 工程定额的生效期应与工程实施期对应

任何一个系列的定额都是承继有序的，每一套新定额颁布执行的同时原定额终止执行。所以，通常我们只要执行最新的定额或定额的修正、补充就可以了。当遇到定额调整的时候就要注意定额的生效期与工程实施期的对应问题，以《水运建设工程概算预算编制规定》及配套的定额（2019）为例，该套定额自 2019 年 11 月 1 日起施行，则 2019 年 11 月 1 日之前完成的工程内容执行原沿海港口（2004）、内河航运（2016）或疏浚（1997）定额，2019 年 11 月 1 日之后（包括 11 月 1 日）完成的工程内容执行新定额。遇到定额局部修正、补充的时候也同样操作。

（二）工程定额的使用方法

1. 定额的直接套用

直接套用定额就是直接使用定额项目中人工、材料、机械（船舶）的消耗量以及基价。直接套用是定额最简单的使用方法。

直接套用定额要注意以下几点：

（1）分项工程的工作内容、施工条件、施工工艺必须与相应定额条目完全一致。

（2）主要材料和主要机械（船舶）的型号、规格、单价与定额条目完全一致，或虽然不一致但定额不允许调整。

（3）认真核对定额总说明、相关章节说明以及分项工程定额表的附注，核对定额条目的适用范围。

（4）按定额规定方法计算工程量、套用系数，特别注意定额条目的扩大计量单位。

2. 定额的换算

当分项工程与定额条目的规定内容不完全一致时，就不能简单地直接套用定额了，而需要先对定额条目进行调整，这就叫定额的换算。定额的换算必须根据总说明、章节说明、分项工程定额表附注等有关规定，在定额指定的范围内，用定额指定的方法加以换算。经过换算的子目，必须列出换算经过和结果作为造价文件的附表，并在原定额编号的尾部加个"换"字作标记，计价软件中通常加"＊"作标记。

定额换算的基本思路是：根据选定的定额基价，按规定换入增加的费用，换出应扣除的费用，即

$$换算后的定额基价＝原定额基价＋换入的费用－换出的费用 \qquad (3.3-1)$$

定额换算是定额最常用的使用方法。主要有以下类型：

（1）乘系数的换算。这类换算是根据定额的总说明、章节说明或分项工程定额表附注等规定，对原定额基价或部分内容乘以规定的换算系数，从而得出新的定额基价。

例如，基础打入桩工程只有打设直桩的定额正表，对于打设斜桩、同节点双向叉桩、水上墩台式基桩等情况均按定额节说明中规定的系数进行换算得到。

（2）人工、材料、机具单价的换算。人工、材料、机具的市场价格是不断变化的，所以定额的基价有时效性。在一段时间内，生产力水平不会显著提高，人工、材料、机具的定额消耗量保持稳定，定额就能保持其科学性、准确性。当分项工程的工作内容、施工条件、施工工艺等内容均与定额条目一致，仅单价发生变化时，我们可以套用定额的人工、材料、机具的消耗量，换入新的单价，从而得到新的定额基价。换句话说，定额的消耗量才是定额的核心，比基价更重要。

这种换算是定额最普遍的使用方法。具体算例可见于后文表 9.2-7。

（3）材料、船机的规格、品种、数量的换算。当分项工程的工作内容、施工条件、施工工艺等与定额条目一致，但材料、船机的规格、品种、数量与定额条目不同，且定额允许调整的时候，可按照定额规定的方法，在定额限定的范围内进行换算。需要注意的是，有的时候虽然确有不同，但定额基于综合考虑后也不允许调整。

例如，《沿海港口水工建筑工程定额》的总说明中规定："定额的人工、材料消耗，以及船舶机械配备和消耗，除另有规定外，一般情况下不应调整""对于外海工程，定额中的 294kW 拖轮，应调整为 441kW 拖轮"。

（4）其他换算。其他换算是指不属于上述几种情况的换算，如工作内容的增减、运距的增减等。例如，基床抛石，自航驳抛填定额运距为 1km 内，超过 1km 时另计增运距定

额；基床夯实、理坡，夯实按每点夯 8 次考虑，每增减 2 次另计工程量。

3. 定额的补充

实际工程中遇到的情况千差万别而且不断有新情况的出现，定额中不可能包括所有已有的和将来的施工工艺、施工方法。当分项工程的要求与定额条件完全不同时，或由于采用了新结构、新材料、新工艺时，定额中就没有与之对应的条目，也就是说定额缺项了，就需要编制补充定额。

补充定额的编制方法有以下几种：

（1）定额代用法。定额代用法是利用性质相似、材料大致相同、施工方法又很接近的定额项目，并估算出适当的人工、材料、机具调整系数进行调整。采用此类方法编制补充定额一定要在施工实践中进行观察和测定，以便确定恰当的调整系数，保证定额的精确性，也为以后新编定额、补充定额项目做准备。

（2）定额组合法。定额组合法就是尽量利用现行定额进行组合。因为一个新定额项目所包含的工艺与消耗往往是现有定额的变形与演变。新老定额之间有很多的联系，要从中发现这些联系，在补充制定新定额项目时，直接利用现行定额内容的一部分或全部，可以达到事半功倍的效果。

（3）计算补充法。计算补充法就是按照定额编制的方法进行计算补充。材料用量按照图纸的构造做法及相应的计算公式计算，并加入规定的损耗率；人工及机械台班使用量可以按劳动定额、机械台班定额计算。

（4）技术测定法。技术测定法就是按照定额编制的方法进行观察、测算，测定人工、材料、机械的消耗量。技术测定法对于测定方案的策划和实施有很高的要求，通常只有定额编制机构在定额的修订工作中才会采用，用于编制那些与现有定额相似极差的新条目。

补充定额应编制补充定额表，并向定额管理部门报批、备案。

# 第四章 建设要素基础单价的确定

水运建设工程项目定额直接费的多少，除了决定于设计的质量和概预算定额规定的人工、材料和船舶、机械艘（台）班的消耗数量外，还取决于人工、材料和船舶（机械）台班预算价格的合理确定。

## 第一节 人 工 预 算 价 格

人工预算价格是指直接从事建筑安装工程施工的生产工人，在法定工作日每工日（8h/d）的工资、津贴及奖金等。

### 一、人工费的组成

人工费指按规定支付给从事建筑安装工程施工的生产工人和附属生产单位工人的各项费用。

按照现行的水运建设工程计价规定，人工费由计时工资或计件工资、奖金、津贴补贴、加班加点工资及特殊情况下支付的工资等组成。需要注意的是，人工费不包括计入施工船机使用费中的人工费用。

（1）计时工资或计件工资。计时工资或计件工资是指按计时工资标准和工作时间或对已做工作按计件单价支付给个人的劳动报酬。

（2）奖金。奖金是指对超额劳动和增收节支支付给个人的劳动报酬，包括节约奖、劳动竞赛奖等。

（3）津贴补贴。津贴补贴是指为了补偿职工特殊或额外的劳动消耗和因其他特殊原因支付给个人的津贴，以及为了保证职工工资水平不受物价影响支付给个人的物价补贴。如流动施工津贴、水上施工津贴、特殊地区施工津贴、高温（寒）作业临时津贴、高空津贴等。

（4）加班加点工资。加班加点工资是指按规定支付的在法定节假日工作的加班工资和在法定日工作时间外延时工作的加点工资。

（5）特殊情况下支付的工资。特殊情况下支付的工资是指根据国家法律、法规和政策规定，因病、工伤、产假、计划生育假、婚丧假、事假、探亲假、定期休假、停工学习、执行国家或社会义务等原因按计时工资标准或计时工资标准的一定比例支付的工资。

### 二、人工预算价格的确定

（一）月平均法定工作天数

$$月平均法定工作天数 = \frac{年日历天数 - 法定节日 - 法定假日}{12} \qquad (4.1-1)$$

式中：年日历天数按 365d 计；我国现行的法定节日包括元旦 1d，春节 3d，清明节 1d，"五一"劳动节 1d，端午节 1d，中秋节 1d，"十一"国庆节 3d，共 11d；法定假日是指周六、周日，每年按 52 周计，共 52×2＝104（d）。

所以，我国现行的月平均法定工作天数＝$\dfrac{365-11-104}{12}$＝20.83（d）。日工作时间＝8h/d。

（二）人工预算价格的计算

$$人工预算价格＝\dfrac{\begin{array}{c}月平均工资\\（计时、计件）\end{array}＋月平均（奖金＋津贴补助＋\begin{array}{c}特殊情况下\\支付的工资\end{array}）}{月平均法定工作天数} \qquad (4.1-2)$$

（三）现行水运建设工程建筑安装人工定额价格

依据《水运建设工程概算预算编制规定》（JTS/T 116—2019），当前的水运建设工程建筑安装工人人工定额价格为 62.47 元/工日。

**三、人工预算价格的调整**

影响人工预算价格的因素很多，归纳起来有以下方面：

（1）社会平均工资水平。建筑安装工人的工资单价必然和社会平均工资水平趋同。而社会平均工资水平取决于经济发展水平，随着经济的增长，社会平均工资也会增长，从而影响人工预算价格的提高。

（2）生活消费指数。生活消费指数的变动决定于物价的变动，尤其决定于生活消费品物价的变动。生活消费指数的提高会影响人工预算价格的提高，以减少生活水平的下降，或维持原来的生活水平。

（3）人工预算价格的组成内容。《关于印发〈建筑安装工程费用项目组成〉的通知》（建标〔2013〕44 号）将职工福利费和劳动保护费从人工预算价格中删除，这也必然影响人工预算价格的变化。

（4）劳动力市场供需变化。劳动力市场如果需求大于供给，人工预算价格就会提高；反之就会下降。

（5）政府推行的社会保障和福利政策也会影响人工预算价格的变动。

需要注意的是，定额的人工价格是一个综合性指标，只用于计算工程造价，不能直接用作人工工资的定价依据。我国现在的人工工资实行市场定价，各工种、各技术等级工人的人工价格是不断变化的。定额的编制机构（定额站）会根据市场价格的变动，按照人工定额单价的编制方法计算当前时期的人工预算价格，该价格经主管部门审批后颁布，作为人工价格的调整依据。

人工价格的调整方法按定额换算方法执行。

# 第二节　材料预算价格

材料费指施工过程中耗用的构成工程实体的材料、辅助材料、构（配）件、零件、半成品或成品和周转材料摊销的费用。

材料费在各类建筑安装工程的总造价中都占有相当的比重，在安装工程中所占比重一般在 30％以上，在建筑工程中的比重则高达 60％～70％，是工程直接费的重要组成部分。因此，合理确定材料预算价格的构成，正确计算材料价格，对于合理确定和有效控制工程造价有重要意义。

材料预算价格是指材料（包括构件、成品及半成品等）从其来源地（或交货地点、供应者仓库提货地点）到达施工工地仓库（或施工场地材料存放地点）后出库的综合平均价格。材料的预算价格不含增值税。

**一、主要材料与辅助材料**

水运建设工程建筑安装施工中所用到的材料品种繁多，在编制定额时不可能也没有必要对工程所需全部材料逐一详细列出和编制其预算价格，而是根据工程的具体情况选择用量大或用量小但价格昂贵、对工程投资有较大影响的一部分材料，作为主要材料，如钢材、水泥、混凝土、木材、油漆、电缆等；其他材料则视为辅助材料。辅助材料是相对主要材料而言的，两者之间并没有严格的界限，要根据具体分部分项工程中某种材料用量的多少及其在定额基价中的比重来确定。

**二、主要材料的预算价格**

主要材料的特点是用量大或价值高，对定额基价有显著影响。水运建设工程定额中，主要材料是在定额条目中逐一列出的，同时给出了定额消耗量，其预算价格则在配套定额分册中集中列出。材料可分为国内材料和进口材料。

（一）国内材料

国内材料是指在国内采购的材料。

国内材料的预算价格由材料原价或供应价格、材料运杂费、场外运输损耗、采购及保管费等组成。

材料预算价格的计算公式：

$$材料预算价格＝[(材料原价＋运杂费)×(1＋场外运输损耗率)]×$$

$$(1＋采购及保管费费率)－包装材料回收价值 \quad (4.2-1)$$

同一种材料，如因来源地、供应单位或生产厂家、运输方式等不同时，应分别计算各自的预算价格，之后根据供应数量的多少，采取加权平均的方法计算该材料的平均预算价格。

1. 材料原价或供应价格

材料原价或供应价格是指材料的出厂价格或商家供应价格，如为供应价格，则包括供销部门手续费、包装费。即，交货地点提货时单位材料所支付的全部费用。

2. 材料运杂费

材料运杂费是指材料自来源地运至工地仓库或指定堆放地点所发生的全部费用。

在编制材料预算价格时，应按施工组织设计中所选定的材料来源和运输方式、运输工具，以及厂家和交通部门规定的取费标准，计算材料的运输费。特殊材料或部件运输，要考虑特殊措施费、改造路面和桥梁费等。

3. 场外运输损耗

场外运输损耗是指材料在运输装卸过程中不可避免的损耗。一般通过损耗率来规定损耗标准。

场外运输损耗率应根据实际情况确定，条件不具备的可按表 4.2－1 计列。

表 4.2－1　　　　　　　　场外运输损耗率参考表（%）

| 序号 | 材　料　名　称 | 汽车运输 | 船舶运输 |
|---|---|---|---|
| 1 | 砂 | 1.60 | 2.30 |
| 2 | 碎石、卵石 | 1.00 | 1.30 |
| 3 | 块石、二片石 | 1.00 | 1.10 |
| 4 | 水泥 | 0.30 | 0.50 |
| 5 | 石屑、砂砾、炉渣、工业废渣、土 | 2.00 | 2.50 |
| 6 | 砖 | 2.00 | 2.00 |

4. 采购及保管费

采购及保管费是指为组织材料采购、检验、供应和保管过程中所需的各项费用，包括采购费、仓储费、工地保管费、仓储损耗等。一般通过采购及保管费费率来规定采购及保管费标准。

采购及保管费费率应根据实际需要确定，条件不具备的按 2.5% 计列。

【例 4.2－1】　某建设项目的水泥从两个渠道采购，其采购量及有关费用见表 4.2－2，求该项目水泥的单价（表中原价、运杂费均为含税价格，分别开具发票，原价含 17% 增值税，运杂费含 11% 增值税）。

表 4.2－2　　　　　　　　某项目水泥采购信息表

| 采购处 | 采购量/t | 原价/（元/t） | 运杂费/（元/t） | 运输损耗率/% | 采购及保管费费率/% |
|---|---|---|---|---|---|
| 来源一 | 300 | 240 | 20 | 0.5 | 2.5 |
| 来源二 | 200 | 250 | 15 | 0.3 | |

解题思路：

（1）材料的预算价格是不含增值税的，而表中的原价和运杂费均为含税价格，应先做不含税处理。

（2）材料来源有两个，应先分别计算各自单价，然后再按采购量进行加权平均。

解：不含税价格处理见表 4.2－3。

表 4.2－3　　　　　　　　某项目水泥采购信息表不含税处理

| 采购处 | 采购量/t | 原价/（元/t） | 原价（不含税）/（元/t） | 运杂费/（元/t） | 运杂费（不含税）/（元/t） | 运输损耗率/% | 采购及保管费费率/% |
|---|---|---|---|---|---|---|---|
| 来源一 | 300 | 240 | 240/1.17=205.13 | 20 | 20/1.11=18.02 | 0.5 | 2.5 |
| 来源二 | 200 | 250 | 250/1.17=213.68 | 15 | 15/1.11=13.51 | 0.3 | |

（1）来源一。

单价一＝[（205.13＋18.02）×（1＋0.5%）]×（1＋2.5%）＝223.15×1.005×1.025＝229.87（元/t）

（2）来源二。

单价二＝[(213.68＋13.51)×(1＋0.3％)]×(1＋2.5％)＝227.19×1.003×1.025＝233.57(元/t)。

(3) 加权平均值。

水泥单价＝(300×229.87＋200×233.57)/(300＋200)＝231.35(元/t)。

**(二) 进口材料**

进口材料是指直接采购自国外的材料。

进口材料预算价格由进口材料原价、国内接运保管费、从属费用等组成。

**1. 进口材料原价**

进口材料原价指材料的外币到岸价 CIF。

$$进口材料到岸价 CIF＝离岸货价 FOB＋国际运费＋国际运输保险费 \quad (4.2-2)$$

式中：国际运费＝外币 FOB×费率；国际运输保险费＝[(外币 FOB＋国际运费)÷(1－保险费率)]×保险费率。

**2. 国内接运保管费**

国内接运保管费指进口材料从到达港口至运到施工现场仓库或指定堆放地点的运杂费及保管费等费用，如合同规定的进口材料的到岸价为舱底价时，还应包括卸船费。

国内接运保管费按进口材料原价外币金额和现行外汇牌价折算成人民币后，按2％～5％计算。超限材料（构件）运输的特殊措施费，按有关规定另行计算。

**3. 从属费用**

从属费用指进口材料的外贸手续费、中国银行手续费、外国银行手续费、海关关税、增值税、海关监管手续费、商品检验费等。

从属费用按国家有关规定或贷款协定计算。

**三、辅助材料的预算价格**

辅助材料的特点是品种多、用量少、对定额基价的影响微小。因此，辅助材料在定额条目中并未详细列出，而是以"其他材料"的名目集中列出，其价值以其占定额条目内主要材料价值之和的百分比计算，消耗单位是元。

需要注意的是，辅助材料与主要材料的关系是相对的。不同定额条目的辅助材料并不相同，同一种材料在某个定额条目中是主要材料，而在另一个定额条目中则可能是辅助材料。

**四、材料预算价格的调整**

影响材料预算价格变动的因素主要包括：

(1) 市场供需变化。材料的原价是材料预算价格的最基本组成。市场供大于求时价格就会下降，反之则上升，从而也就影响材料单价的涨落。

(2) 材料生产成本的变动直接影响材料单价的波动。

(3) 流通环节的多少和材料供应体制也会影响材料单价。

(4) 运输距离和运输方法的改变会影响材料运输费用的增减，从而也会影响材料单价。

(5) 国际市场行情会对进口材料单价产生影响。

受以上因素的影响，材料的价格是不断变化的。定额编制机构（定额站）会根据各地区市场价格的变动，通常按月编制当地主要材料的预算价格和有关规定，用于指导当地工程项目概算预算的编制工作。若当地无规定或规定不全时，可由建设单位组织有关单位，根据货源调查按上述方法编制补充材料预算价格。

材料价格的调整方法按定额换算方法执行。

# 第三节　船机艘（台）班预算价格

施工船舶机械使用费指施工船舶机械作业时所发生的施工船舶和施工机械的使用费。

工程船舶（机械）在水运建设工程建设中的使用非常普遍，它们一方面提高了劳动生产率，加快了建设速度；另一方面也节省了劳动力，减轻了繁重的体力劳动。水运工程建设机械化的这种趋势正在加快，反映在工程造价中就是船机使用费的比重在增加、人工费比重在减少，因此正确确定船机艘（台）班预算价格非常重要。

船机艘（台）班预算价格是指一艘（台）工程船舶（机械）正常运转一个工作班（8h）中所发生的使用费或租赁费。船机艘（台）班预算价格不含增值税。

**一、船机艘（台）班预算价格的组成**

工程船机艘（台）班费用由第一类费用（不变费用）、第二类费用（可变费用）、车船税及其他费组成。

（一）第一类费用（不变费用）

第一类费用指船舶机械艘（台）班费用定额中不可变动部分，包括下列内容：

（1）折旧费。折旧费是指工程船舶、机械在规定的使用期限内，陆续收回其原始价值所需的费用。折旧费是会计学中的基本概念，是固定资产投资的回收途径。会计学中有多种折旧费的计算方法，但折旧费是国家的基本会计制度，关系国家的税收，所以折旧费的计算必须严格按照国家有关规定执行。不同类型的固定资产，其折旧费的计算规定不同。

（2）船舶检修费、机械检修费。船舶检修费、机械检修费是指工程船舶（机械）使用到达规定的检修间隔期，应进行检修以恢复其正常功能所需的费用。检修费与折旧费相同，也属于国家基本会计制度。

$$台班检修费 = \frac{一次检修费 \times 寿命期内检修次数}{耐用总台班} \qquad (4.3-1)$$

（3）船舶小修费。船舶小修费指工程船舶使用到达规定的小修间隔期，应进行小修以维护其正常功能所需的费用。

$$船舶小修费 = \frac{一次小修费 \times 寿命期内小修次数}{耐用总台班} \qquad (4.3-2)$$

（4）船舶航修费（疏浚工程定额中称为"保修费"）。船舶航修费是指工程船舶在使用过程中进行经常性保养维修所需的费用。

（5）机械维护费。机械维护费是指工程机械在规定的使用期限内，按规定的维护间隔进行各级维护和临时故障排除所需的费用。

（6）船舶辅助材料费。船舶辅助材料费是指工程船舶在使用中辅助材料的消耗、工属具及替换设备的修理、低值易耗品的摊销，润滑油、液压油料、擦拭材料等消耗所需的费用。

（7）机械安拆及辅助费。其中的安拆是指工程机械在现场进行安装与拆卸所需的人工、材料、机械和试运转费用，以及机械辅助设施的折旧、搭设、拆除等费用；辅助费指工程机械整体或分体自施工停放地点运至施工现场或由一施工现场运至另一施工现场的运输、装卸、辅助材料等费用。

需要注意的是，有些大型或特大型设备，如塔吊、打桩机等，定额中有相应的大型机械进出场费的，则其台班费中就不应重复计取该项。

第一类费用的特点是都按一定的费率取费，都与船机的购置费用相关，费用相对稳定，所以又称为不变费用。

**（二）第二类费用（可变费用）**

第二类费用指工程船舶机械艘（台）班费用中可变动部分，主要包括工程船舶定员、机械配员的人工费用，工程船舶机械动力费用及工程船舶定员的饮用水费用。

第二类费用包括：

（1）人工费用。人工费用是指船员、司机和机械使用工的人工费用。人工费用应按定（配）员人数乘以定额人工单价计算。司机及机械使用工、船员的定额人工单价包括工资、奖金、津贴补贴、加班加点工资及特殊情况下支付的工资等。

（2）动力费及淡水费。动力费及淡水费是指工程船舶和机械在使用过程中所消耗的燃料、淡水及电力等费用，包括船员的饮用水费用。动力费用应按艘（台）班燃油或电力消耗数量乘以相应单价计算，船员用水费用应按艘班用水量乘以船用水单价计算。

**（三）车船税及其他费**

车船税及其他费指按国家车船税及车船检验的相关规定，专门用于车船税缴纳和车船检验等所需的费用，以及用于船舶生产、安全专业管理所需的费用；使用时一般不应调整。

内河航运工程定额中，把用于船舶生产、安全等管理所需的费用归入船舶管理费，列入第一类费用中。而疏浚工程定额中，则把这部分费用全部归入其他费，列入第一类费用中。

**二、第二类费用单价**

**（一）水运建设工程第二类费用的单价（2019）**

1. 人工单价

水运建设工程定额人工单价按表 4.3-1标准执行。

2. 燃料、水、电等单价

燃料、水、电等单价分为基价和市场价，基价按表4.3-2规定执行，市场

**表4.3-1 司机及机械使用工、船员定额人工单价**

单位：元/工日

| 名　　称 | 单价 | 名　　称 | 单价 |
|---|---|---|---|
| 司机及机械使用工 | 69.19 | 船员 | 106.76 |

价按工程所在地市场价计算。

表 4.3-2 燃料、水、电基价单价表

| 项目 | 柴油 | | 汽油 | 水 | 电 |
|---|---|---|---|---|---|
| | 元/kg | | | 元/t | 元/kW·h |
| | 船用 | 机用 | | 船用 | |
| 基价 | 3.73 | 3.60 | 3.90 | 8.30 | 0.90 |

（二）疏浚工程第二类费用的单价（2019）

船员人工费按 144 元/工日计算，编制概预算时不可调整。

燃料费包括当地供油点的价格、运杂费（到船）和储存费。燃料价格不含增值税。轻柴油基价为 4000 元/t。

**三、施工船机的停置艘（台）班费**

（一）沿海港口工程和内河航运工程

工程船舶机械的停置艘（台）班费可参考以下方法计算：

（1）工程船舶停置艘班费＝折旧费＋航修费＋0.5×辅助材料费＋车船税及相关费＋人工费＋0.1×燃料费＋淡水。

（2）潜水组停置组日费＝使用组日费×80％。

（3）工程机械停置台班费＝折旧费＋人工费＋车船税及相关费。

（二）疏浚工程

船舶停置艘班费按以下方法计算：

停置艘班费＝0.5×折旧费＋保修费＋0.4×辅助材料费＋0.5×其他费＋人工费＋0.1×燃料费。

**四、船机艘（台）班价格的调整**

船机艘（台）班价格的调整通常是由于人工工资和动力费波动引起的。若定额站给出了当地的船机艘（台）班指导价格，可按指导价格进行调整；若没有指导价格，而有当地的材料价格，则可按材料价格和定额消耗量进行船机艘（台）班价格的计算。对于定额中缺项的船机，则可参照《建设工程施工机械台班费用编制规则》补充艘（台）班价格。

# 第四节 施工用电、风、水预算单价

在水运建设工程的施工过程中，电、风（压缩空气）、水的消耗量很大，它们的预算价格直接影响到施工机械台班费和工程单价的高低，进而影响到工程造价。在编制电、风、水预算单价时，要根据施工组织设计所确定的电、风、水供应方式、布置形式、设备情况和施工企业已有的实际资料分别计算。

需要注意的是，非直接生产用电、水（如生活用电、水，办公室用电、水等）不在施工用电、水中考虑，这部分费用在企业管理费中支出或职工自行负担。

**一、施工用电的预算价格**

工程施工用电的电源有外购电和自发电两种形式。由国家、地方电网或其他单位供电称为外购电，其中国家电网供电电价相对低廉，电源可靠，是工程施工的主要电源。由施工单位自备发电设备供电的称为自发电,自发电一般为柴油发电机供电,成本较高,仅在无外购电供应时采用,或作为备用电源、用电高峰补差时采用。

施工用电的预算价格由基本电价、电能损耗摊销费和供电设施维修摊销费等3部分组成。采用多电源供电时,应根据施工组织设计确定的供电方式以及不同电源的电量所占比例进行加权计算。

(一) 基本电价

(1) 外购电的基本电价。外购电的基本电价是指供电部门在与施工单位约定的分界电表处收取的每度电供电价格。国家、地方电网的供电价格包括电网电价及各种规定的加价等。

(2) 自发电的基本电价。自发电的基本电价是指施工企业自备发电设备每供 1kW·h 电的成本。施工现场自发电也应设置配电盘和供电计量电表。供电表之前自发电的总费用包括发电机组和辅助设备运行的动力费、人工费、维护费、折旧费、管理费等费用,以及配电线路的维护费、折旧费、管理费等费用的总和。

(二) 电能损耗摊销费

电能损耗是指从分界电表(外购电的约定分界电表或自发电的供电电表)起至用电设备配电盘之间的所有变配电设备和线路的损耗。

从理论上准确计算出电能损耗是很困难的。工程中可以按照经验统计的用电损耗百分率计算,高压线路(35kV 及以上)的变压器损耗率一般为 3%~5%,场内低压变配电设备和配电线路的损耗率一般取 4%~7%。有条件时,也可在每个末端配电盘设置电表,分界电表总量减去末端电表的总和,差值即为电能损耗总量。

(三) 供电设施维修摊销费

供电设施维修摊销费主要有场内变配电设备的基本折旧费、大修理费、安装和拆除费、运行维护费以及输电线路的维护费摊销到施工期间每度用电(包括生产和生活用电)的费用。

供电设施维修摊销费一般可取 0.04~0.05 元/(kW·h)。

(四) 电价 [元/(kW·h)] 计算公式

1. 外购电

$$\text{外购电价格} = \frac{\text{基本电价}}{\left(1-\dfrac{\text{高压变电}}{\text{损耗率}}\right) \times \left(1-\dfrac{\text{场内输变电}}{\text{损耗率}}\right)} + \text{供电设施维修摊销费} \qquad (4.4-1)$$

2. 自发电

$$\text{自发电价格} = \frac{\text{发电机组(台)时总费用+辅助设备(台)时总费用}}{\text{发电机组(台)时额定总容量} \times \dfrac{\text{发电机出力系数}}{} \times (1-\text{厂用电率}) \times \left(1-\dfrac{\text{场内输变电损耗率}}{}\right)} + \text{单位循环冷却水费用} + \text{供电设施维修摊销费} \qquad (4.4-2)$$

式中:发电机出力系数一般取 0.8~0.85;厂用电率一般取 3%~5%;单位循环冷却水费用仅在发电机采用循环冷却水工艺(非自设水泵供应冷却水)时才有,一般可取 0~0.07

元/(kW·h)。

**二、施工用水的预算价格**

施工现场用水也分为生产用水和生活用水两种。施工用水仅指生产用水,即施工过程所需的直接进入工程成本的用水,主要包括施工机械用水、砂石料筛洗用水、混凝土拌制养护用水、填筑工程土料压实用水、钻孔灌浆用水等。施工用水主要是淡水,海水只有在通过专门的论证之后才能有限地使用。

施工用水的水源有自来水、地表水和地下水。自来水是最常见、最主要的施工水源。如果当地有水质符合要求的地表水,也可用作施工水源,还可以降低用水成本。地下水由于受到开采成本和国家水资源政策的限制,仅在缺乏其他水源的条件下才允许使用。

施工用水的预算价格由基本水价、供水损耗摊销费和供水设施维修摊销费等3部分组成。如果施工用水采用分区供水系统或多种水源供给时,应根据施工组织设计确定的供水方式以及不同水源的供水量所占比例进行加权计算。

(一)基本水价

1. 自来水

自来水的基本水价是指供水部门在与施工单位约定的供水管网接入水表处收取的每立方米自来水的价格。自来水管网的供水价格包括管网供水价格及各种规定的附加费用等。

2. 地表水

地表水的基本水价是指施工企业每开采 $1m^3$ 地表水的成本。地表水的开采成本由抽水机组的费用、水处理费和水资源税费等组成。抽水机组的费用包括水泵和辅助设备运行的动力费、人工费、维护费、折旧费、管理费等费用,以及附属管线的维护费、折旧费、管理费等费用的总和。

$$地表水的基本水价=\frac{抽水机组的总费用}{抽水机组额定总容量 \times 能量利用系数}+水处理费+水资源税费 \quad (4.4-3)$$

式中:能量利用系数一般取 0.75~0.85。

3. 地下水

地下水的基本水价是指施工企业每开采 $1m^3$ 地下水的成本。地下水的使用成本由水井的摊销费用、抽水机组的费用、水处理费和水资源税费等组成。水井是永久性构筑物,水井的建筑费用包括水文勘探、水井施工和管理费用等等。水井的建筑费用可按使用年限摊销进入地下水的基本价格形成水井的摊销费用。除水井的摊销费用外,地下水的其他费用与地表水相似。

$$地下水的基本价格=\frac{水井的摊销费用+抽水机组的总费用}{抽水机组额定总容量 \times 能量利用系数}+水处理费+水资源税费$$

$$(4.4-4)$$

式中:能量利用系数一般取 0.75~0.85。

(二)供水损耗摊销费

水量损耗是指施工用水在储存、输送、处理过程中造成的水量损失,用损耗率表示,

计算公式为

$$损耗率 = \frac{损失水量}{总供水量} \times 100\% \qquad (4.4-5)$$

蓄水池及输水管路的设计、施工质量和维修管理水平的高低对损耗率有直接影响，编制概算时损耗率一般取 6%～10%；在预算阶段，如有实际资料，应根据实际资料计算。

（三）供水设施维修摊销费

供水设施维修摊销费指摊入水价的蓄水池、供水管路的单位维护修理费用，一般取 0.04～0.05 元/m³ 摊入水价。大型工程或一、二级供水系统可取大值，中小型工程多级供水系统可取小值。

（四）水价（元/m³）计算公式

$$预算水位 = \frac{基本水价}{1-供水损耗率} + 供水设施维修摊销费 \qquad (4.4-6)$$

施工用水为多级提水并中间有分流时，要逐级计算水价。施工用水有循环用水时，水价要根据施工组织设计的供水工艺流程计算。

### 三、施工用风的预算价格

施工用风主要指在工程施工过程中用于开挖石方、振捣混凝土、处理基础、输送水泥、设备安装等工程施工机械所需的压缩空气，如风钻、潜孔钻、风镐、凿岩台车、装岩机、振动器等。

这些压缩空气一般由自建的空气压缩系统供给，常用的有移动式空压机和固定式空压机。在大中型工程中，一般采用多台固定式空压机集中组成空气压缩系统，并以移动式空压机为辅助。对于工程量小、布局分散的工程，常采用移动式空压机供风，此时可将其与不同施工机械配套，以空压机台时费乘台时使用量直接计入工程单价，不再单独计算风价，相应风动机械台时费中不再计算台时耗风价。

施工用风的预算价格也由基本风价、供风损耗摊销费和供风设施维修摊销费等 3 部分组成。根据施工组织设计所配置的空气压缩机系统设备组（台）时总费用和组（台）时总有效供风量计算。

（一）基本风价

基本风价是指根据施工组织设计确定的高峰用风量配置的供风系统设备，按台时产量计算单位风量的价格。

（二）供风损耗摊销费

供风损耗摊销费是指空压气站至用风工作面的固定供风管道，在输送压气过程中所发生损耗和压气在管道中流动时的阻力损耗摊销费用。损耗及损耗摊销费的大小与管道长短、管道直径、闸阀和弯头等构件多少、管道敷设质量、设备安装高程的高低有关。供风损耗率一般占总风量的 6%～10%。

风动机械本身的用风损耗，已包括在该机械台班耗风定额中，不在风价中计算。

（三）供风设施维修摊销费

供风设施维修摊销费是指摊入风价的供风管道的维修费用，一般采用经验数值，经验值为 0.004～0.005 元/m³。

（四）风价（元/m³）计算公式

1. 空气压缩机采用水泵冷却系统时

$$预算风价=\cfrac{\cfrac{空气压缩机组}{(台)时总费用}+\cfrac{水泵组}{(台)时总费用}}{\cfrac{空气压缩机}{额定总容量}\times60min\times\cfrac{能量}{利用系数}\times(1-\cfrac{供风}{损耗率})}+\cfrac{供风设施}{维修摊销费} \tag{4.4-7}$$

式中：能量利用系数一般取 0.70～0.85。

2. 空气压缩机采用循环水冷却系统时

$$预算风价=\cfrac{空气压缩机组(台)时总费用}{\cfrac{空气压缩}{机额定}\times60min\times\cfrac{能量}{利用系数}\times(1-\cfrac{供风}{损耗率})}+\cfrac{单位循}{环冷却}+\cfrac{供风设}{施维修} \tag{4.4-8}$$

式中：能量利用系数一般取 0.70～0.85；单位循环冷却水费可取 0.007 元/m³。

3. 无供风方案时的简化计算

$$风价=(电价\times0.12+0.02)\times1.15+0.005 \tag{4.4-9}$$

式中：0.12 为耗电指标，kW·h/m³；0.02 为空压机台班费中的不变费用，元/m³；1.15 为管路损耗系数；0.005 为维修摊销费，元/m³。

# 第五节 砂石土料预算价格

砂石土料的预算价格是指砂石土料从其来源地（或交货地点）到达施工场地指定存放地点后出库的综合平均价格。砂石土料的预算价格不含增值税。

本节中的砂石土料是指水运建设工程中广泛使用的砂、砂砾料、碎（卵）石、块（料）石以及填筑土料等建筑材料。水运建设工程中砂石土料的使用量很大，其预算价格的高低对工程投资有显著的影响，如斜坡式防波堤、大型土石方回填、抛（砌）石护岸、围堰等。相对而言，砂石土料具有用量大而单价低的特点，宜就近在市场上采购，俗称地材。若砂石土料的需求量很大而就近采购困难或者施工现场附近具备自行开采的条件时，自行开采砂石土料有可能会显著降低工程造价从而成为优先选项。

条件满足的时候，工程中应优先使用开挖方、疏浚方作为回填材料。

## 一、外购砂石土料的预算价格

当砂石土料采用就近外购的供应方式时，其预算价格的组成与其他采购材料一致，由材料原价或供应价格、材料运杂费、场外运输损耗、采购及保管费等组成。各组成部分按本章第二节的有关规定执行。

砂石料在使用过程中因清洁度或有害物质含量不符合要求而发生的筛分和冲洗等费用及损耗，如砂、碎（卵）石的筛分和清洗以及块（料）石的冲洗等，在水运建设工程预算定额（2019 版）中已经考虑了，不再重复计取。但筛分和冲洗工作不应成为常态，而应在采购和入库、存储等环节明确质量要求。

砂石料的检验试验费同样属于建筑安装工程费用中的其他直接费。

各地的定额站定期提供当地的材料指导价格（包括砂石土料价格）供概算预算工作参考。

**二、开采砂石土料的预算价格**

开采砂石土料可以分为天然砂石土料开采和人工砂石土料开采两类。

开采砂石土料的生产工艺大体可分为原料开采、成品加工、废弃料处理等环节。开采原料不需要进行加工或仅需要简单的筛分、破碎、冲洗后就能符合设计要求（主要是粒径或规格尺寸、有害物质含量等要求）时称为天然砂石土料开采，如天然回填料、天然砂料、天然卵石料等。否则原料需要经过复杂的破碎（解小）、修整、冲洗、级配调合、土性改善等加工，称为人工砂石土料开采，如人工砂料、碎石料、块（料）石、人工回填料等。

水利工程中经常有开采砂石土料的需求，因而《水利建筑工程预算定额》中有砂石料备料工程定额分部，编制开采砂石土料预算价格时可参考使用。

确定开采砂石土料预算价格的关键在于确定其材料原价。拟自行开采砂石土料时，可将其视为一个独立的单位工程，为其编制具体的施工组织方案，明确各工序的生产工艺，建设相应的加工厂。参照相应的水利建筑工程预算定额，按照开采砂石土料的生产工艺流程，可依次计算各工序的直接工程费，再以汇总的直接工程费为基础，依次计取直接费、间接费、利润、税金，把前三项费用之和均分到成品总产量上就是开采砂石土料的出厂价（不含增值税）。以此为基础，按照本章第二节的有关规定就可以确定开采砂石土料的预算价格。

下面仅对开采砂石土料的出厂价（不含增值税）计算过程做简单的陈述，具体的规定详见工程所在地的水利建筑工程概算预算编制规定及其配套定额。

（一）直接工程费

直接工程费是指在建筑安装工程（砂石土料开采）施工过程中直接消耗的构成工程实体和有助于工程形成的各项费用，包括人工费、材料费、施工机械使用费。砂石土料开采的直接工程费一般由原料开采、成品加工、废弃料处理等3个环节的费用组成。

1. 原料开采

砂石土料的原料开采包括覆盖层清除、原料开挖与运输等两部分。

（1）覆盖层清除。覆盖层清除是指清除不符合原料要求的表层土壤、严重风化层。这部分费用按覆盖层的土石方量套用相应土壤类别（岩石级别）的开挖工程定额计算。如果覆盖层清除后能够产生回收价值，如用于回填等，则应在砂石土料的出厂价中进行冲抵。

（2）原料开挖与运输。原料开挖与运输是指砂石土料的开挖、冲洗、运输、堆存等工序。这部分费用按照施工组织方案确定的施工工艺，按原料的开挖方量套用相应土壤类别（岩石级别）的开挖工程定额计算。需要注意的是，由于原料开挖与运输、成品加工等环节存在不可避免的损耗，原料的开挖量大于成品的总产量。

直接使用开挖方、疏浚方作为回填材料时，这部分砂石土料仅需要按照施工组织方案计取相应的堆存和超出开挖（疏浚）工序的运输费用。

2. 成品加工

成品加工包括原料的筛分、冲洗、破碎（解小）、修整、级配调合、土性改善等加工工序。这部分费用按照施工组织方案的加工流程，以各工序对应的工程量套用相应的加工工程定额分别计算单项加工工序费用。需要注意的是，各加工工序都存在合理的损耗量，最后工序的产出量才是成品的总产量。

考虑到成品的运输、堆存、使用等环节的损耗，成品的总产量应大于总需求量。

3. 废弃料处理

砂石土料的加工过程中，有部分废弃的砂石料，包括级配弃料、超径弃料以及材质不合要求的废料。废弃料通常是运送到指定的地点填埋，这部分费用按照施工组织方案的废弃料处理工艺，以废弃料量套用相应的定额计算。废弃料如果能产生回收价值，如用于回填等，则应在砂石土料的出厂价中进行冲抵。

（二）措施费

措施费是指为完成工程项目（砂石土料开采）施工，发生于该工程施工前和施工过程中非工程实体项目的费用。措施费以直接工程费为基数，乘以措施费费率计算。

（三）直接费

直接费是直接工程费和措施费之和。

需要注意的是，直接费作为间接费和利润的计费基数，可能存在部分超额人工费和超额材料费不能计入的规定。这种情况下，这部分超额人工费和超额材料费不参与间接费和利润的计算，而以人工补差和材料补差的形式进入税金的计算基数。

（四）间接费

间接费由规费和企业管理费组成。间接费可以直接费为基数，乘以间接费费率计算。

（五）利润

利润以直接费和间接费之和为基数，利润率为 5%（三类工程）。

（六）税金

增值税的计算按直接费、间接费、利润之和为基数，乘以税率计算。

（七）临时工程费

这部分费用是指砂石土料加工厂的建设费用。临时工程费用构成同建筑工程及安装工程费用，按施工组织设计中相应的工程内容计算。

（八）独立费用

这部分费用是指可能发生的由国家或地方政府规定的砂石土料开采应该缴纳的税费。按相关法律法规和政府文件执行。

（九）专项费用

这部分费用是指可能发生的环境保护或水土保持措施所发生的费用，以及覆盖层和废弃料回收产生的冲抵费用。

（十）开采砂石土料的出厂价

$$\begin{array}{c}\text{开采砂石土}\\\text{料出厂价}\\\text{(不含增值税)}\end{array} = \frac{\text{直接费}+\text{间接费}+\text{利润}+\begin{array}{c}\text{临时工程费}\\\text{(不含增值税)}\end{array}+\text{独立费用}+\begin{array}{c}\text{专项费用}\\\text{(不含增值税)}\end{array}}{\text{成品总产量}}$$

$$(4.5-1)$$

$$\begin{array}{c}\text{开采砂石土}\\\text{料出厂价}\\\text{(含增值税)}\end{array} = \frac{\text{直接费}+\text{间接费}+\text{利润}+\text{税金}+\begin{array}{c}\text{临时工程费}\\\text{(含增值税)}\end{array}+\text{独立费用}+\begin{array}{c}\text{专项费用}\\\text{(含增值税)}\end{array}}{\text{成品总产量}}$$

$$(4.5-2)$$

# 第五章　沿海水运工程定额计价

## 第一节　沿海水运工程定额计价规定

### 一、基本规定

如本书第二章所述，除远海区域水运建设工程以外，根据交通运输部 2019 年 57 号文，自 2019 年 11 月 1 日起，我国现行的水运建设工程费用的计价依据统一为《水运建设工程概算预算编制规定》及其配套定额。该规定对沿海港口、内河航运和疏浚等 3 类工程进行了梳理、整合。

沿海区域水运工程指在我国入海河流口门及以下、沿海（包括海南岛、长山列岛、舟山群岛）和沿海海域海岛（含人工岛）建设的港口工程、航道工程、船厂水工建筑物工程、水运支持系统工程和水运其他工程。

与沿海港口工程有关的定额计价依据包括推荐性标准 5 项：《水运建设工程概算预算编制规定》（JTS/T 116—2019）、《沿海港口水工建筑工程定额》（JTS/T 276—1—2019）、《沿海港口工程船舶机械艘（台）班费用定额》（JTS/T 276—2—2019）、《沿海港口工程参考定额》（JTS/T 276—3—2019）、《水运工程混凝土和砂浆材料用量定额》（JTS/T 277—2019），以及配套参考使用的《水运工程定额材料基价单价》（2019 年版）。

沿海水运工程的概算费用项目组成、工程项目分类、工程费用及计算规则以及相应的概算预算编制办法均如本书第二章相关叙述，这里不再赘述。

### 二、定额的选用原则

沿海水运工程是由多种专业工程构成的综合性建设工程，在编制单项或单位工程概预算时，港口以及入海河流口门及以下的修造船厂水工建筑物所属的一般水工工程、一般陆域构筑物工程、陆上软基加固工程、大型土石方工程、坞门及设备制作安装工程等均执行沿海港口工程系列定额（2019）；疏浚工程应执行疏浚工程系列定额（2019）；其他专业工程及一般工业与民用建筑工程，应根据干什么工程执行什么定额和取费标准的原则，分别执行有关专业定额或工程所在地的地区统一的定额以及相应的取费规定；但在计算建设项目总概算的工程建设其他费用、预留费用、建设期利息等费用时，应按《水运建设工程概算预算编制规定》（JTS/T 116—2019）执行。

## 第二节　沿海港口工程系列定额说明

如本书第二章所述，根据《水运建设工程概算预算编制规定》（JTS/T 116—2019）确立的定额计价法，包括其他直接费、企业管理费、利润、规费、增值税在内的费用都直接或间接地以基价定额直接费为基础乘以一定的费率计取，所以如何正确地计算基价定额直接费是定额计价法实现的关键。沿海港口工程系列定额（2019）不仅明确了各分部分项工程的基价定额单价，而且明确了工程量的计算方法，对基价定额直接费的计算做了全面的规定。

**一、《沿海港口水工建筑工程定额》说明**

（一）定额总说明

（1）本定额主要包括土石方工程、基础工程、混凝土及钢筋混凝土构件预制安装工程、现浇混凝土及钢筋混凝土工程、钢结构制作及安装工程、其他工程共六章，适用于沿海港口水工建筑物和陆域构筑物工程及附属工程，以及沿海船厂水工建筑物工程及附属工程等水运工程初步设计概算和施工图预算的编制，也可用于其他造价文件的编制。

（2）本定额是以分项工程为单位并用人工、材料和船舶机械艘（台）班消耗量表示的工程定额，是计算定额直接费的依据，是《水运建设工程概算预算编制规定》（JTS/T 116—2019）的配套定额，应与《水运建设工程概算预算编制规定》（JTS/T 116—2019）、《沿海港口工程船舶机械艘（台）班费用定额》（JTS/T 276—2—2019）和《水运工程混凝土和砂浆材料用量定额》（JTS/T 277—2019）配套使用。

（3）本定额按以下原则制定。

1）定额根据水运工程有关技术标准，按正常的施工条件、常规的工程结构、合理的施工工艺等要素选型制定。

2）定额人工和施工船舶机械消耗按 8h 工作制制定，并考虑了正常的潮汐等自然条件的影响，以及工序搭接、配合质量检查和其他必要的施工时间消耗。

3）定额中材料消耗，包括工程本身直接使用的材料、成品、半成品和按规定摊销的施工用料，以及场内运输和操作消耗。

（4）定额的使用应符合以下规定。

1）编制单位工程施工图预算时，应根据各章节的相应规定直接使用本定额；编制概算时，可在套用本定额计算出定额直接费后乘以概算扩大系数，概算扩大系数的使用应符合下列规定：

a. 应根据工程的设计深度、结构及施工条件的复杂程度等因素合理确定扩大系数。

b. 对于码头、直立式防波堤、直立式护岸、海上孤立建（构）筑物、船坞、船台、滑道等工程，概算扩大系数按 1.02～1.05 确定。

c. 对于栈引桥、斜坡式引堤、斜坡式防波堤、斜坡式护岸、其他水工及陆域建（构）筑物等工程，概算扩大系数按 1.01～1.03 确定。

d. 大型土石方工程不计概算扩大系数。

2）定额的人工、材料消耗，以及船舶机械配备和消耗，除另有规定外，一般情况下不应调整。

---

编者注：定额在编制的时候兼具了实践性、科学性和社会统筹性，反映了一定时期社会生产力的平均合理水平，除定额中明确说明可以调整以外，定额都必须严格执行不得调整。这是初学者尤其应该注意的地方。

3）定额项目的"工程内容"以主要工序列示，次要工序虽未列出，但已包括在工程内容中，除定额另有说明外，一般情况下不应增减。

4）定额中的基本运距及增运距应按定额规定执行，运距小于等于基本运距时不做调整。

5）定额中工程材料、成品、半成品及混凝土构件水上增运距定额，除另有规定外，适用于200km以内的驳载运输，并应满足下列要求：

a. 运输距离50km以内的，按相应增运距定额计价。

b. 运输距离超过50km时，超出部分按增运距定额乘以系数0.75计算，全程按分段累加法计价。

c. 运输距离超过200km的，不适用增运距定额，应按水路运输有关标准计算相应运输费用。

6）定额中工程材料、成品、半成品及混凝土构件陆上增运距定额，适用于20km以内的运输。运输距离超过20km的，不适用增运距定额，应按公路运输有关标准计算相应运输费用。

7）对于外海工程，定额中的294kW拖轮，应调整为441kW拖轮。

8）定额正表列示的混凝土及砂浆为复合材料，材料规格按综合选型确定，使用定额时，应按设计要求的混凝土及砂浆材料的规格品种计价。

9）本定额正表中自航船舶按辅助施工状态确定燃油消耗，计算超运距费用时自航船舶应按航行状态考虑燃油消耗量，自航驳按《沿海港口工程船舶机械艘（台）班费用定额》规定燃油消耗的3.5倍计，自航泥驳按《沿海港口工程船舶机械艘（台）班费用定额》规定燃油消耗的1.5倍计，相应调整自航船舶台班单价。

（5）一个建设项目中的一般水工工程、陆域构筑物工程，其基价定额直接费小于300万元时，应计列小型工程增加费，小型工程增加费费率按定额直接费的5%计列。

（6）其他有关说明。

1）定额正表中带括号的材料，其括号表示该项材料在该定额项目中只计量不计价。

2）定额中注明"××以内"或"××以下"者，均包括"××"本身；凡注明"××以上"或"××以外"者，均不包括"××"本身。

3）定额步距表述含义为：大于前项定额步距划分、小于等于本项定额步距划分。如：矩形梁预制、堆放，每根梁体积步距为3m³、5m³、10m³定额，各项步距分别指每根梁体积≤3m³；3m³＜每根梁体积≤5m³；5m³＜每根梁体积≤10m³。

（二）土石方工程

1. 章定额说明

（1）本章定额分为六节，主要包括陆上开挖工程、陆上铺筑工程、水下挖泥工程、水上抛填工程、水下炸礁工程和砌筑工程。

（2）定额的使用应符合以下规定。

1）本章定额的计量单位，除注明者外，均按自然方计算。自然方指未经扰动的自然状态的土方；松方指自然方经过人力或机械开挖松动过的土方或备料堆置土方；实方指回填经过压实后的填筑方。

2）本章定额不包括施工排水、围堰及脚手架等措施内容，需要时应按有关定额计算。

3）定额项目中土壤类别、岩石级别、挖泥土壤类别的划分应符合下列规定：

a. 土壤类别按表5.2-1规定划分。

b. 岩石级别按表5.2-2规定划分。

c. 挖泥土壤类别按表5.2-3规定划分。

表5.2-1　　　　　　　　　　　　土 壤 分 类 表

| 土壤类别 | 土质名称 | 自然湿容重/(kg/m³) | 外形特征 | 开挖方法 |
|---|---|---|---|---|
| Ⅰ | 砂土、种植土 | 1650～1750 | 疏松，黏着力差或易透水，略有黏性 | 用锹或略加脚踩开挖 |
| Ⅱ | 壤土、淤泥、含草根种植土 | 1750～1850 | 开挖时能成块，并易打碎 | 用锹需要脚踩开挖 |
| Ⅲ | 黏土、干燥黄土、干淤泥、含少量砾石黏土 | 1800～1950 | 黏手，看不见砂粒或干硬 | 用镐，三齿耙开挖或用锹需用力加脚踩开挖 |
| Ⅳ | 坚硬黏土、砾石混黏性土、黏性土混碎卵石 | 1900～2100 | 土壤结构坚硬，将土分裂后成块状或含黏粒砾石较多 | 用镐，三齿耙等工具开挖 |

表5.2-2　　　　　　　　　　　　岩 石 分 级 表

| 岩石级别 | 岩石名称 | 实体岩石自然湿度时的平均容重/(kg/m³) | 净钻时间/(min/m) | | | 极限抗压强度/MPa | 强度系数 f |
|---|---|---|---|---|---|---|---|
| | | | 用30mm合金钻头，凿岩机打眼（工作气压为4.5个大气压） | 用30mm淬火钻头，凿岩机打眼（工作气压为4.5个大气压） | 用25mm钻杆人工单人打眼 | | |
| Ⅴ | 1. 砂藻土及软的白垩岩 | 1500 | — | 3.5 | 30 | 20 | 1.5～2 |
| | 2. 硬的石炭纪的黏土 | 1950 | | | | | |
| | 3. 胶结不紧的砾岩 | 1900～2200 | | | | | |
| | 4. 各种不坚实的页岩 | 2000 | | | | | |
| Ⅵ | 1. 软、有孔隙、节理多的石灰岩及贝壳石灰岩 | 2200 | — | 4 (3.5～4.5) | 45 (30～60) | 20～40 | 2～4 |
| | 2. 密实的白垩岩 | 2600 | | | | | |
| | 3. 中等坚实的页岩 | 2700 | | | | | |
| | 4. 中等坚实的泥灰岩 | 2300 | | | | | |
| Ⅶ | 1. 水成岩卵石经石灰质胶结而成的砾岩 | 2200 | — | 6 (4.5～7) | 78 (61～95) | 40～60 | 4～6 |
| | 2. 风化节理多黏土质砂岩 | 2200 | | | | | |
| | 3. 坚硬的泥质页岩 | 2800 | | | | | |
| | 4. 坚实的泥灰岩 | 2500 | | | | | |

续表

| 岩石级别 | 岩石名称 | 实体岩石自然湿度时的平均容重/(kg/m³) | 净钻时间/(min/m) | | | 极限抗压强度/MPa | 强度系数 *f* |
|---|---|---|---|---|---|---|---|
| | | | 用30mm合金钻头，凿岩机打眼（工作气压为4.5个大气压） | 用30mm淬火钻头，凿岩机打眼（工作气压为4.5个大气压） | 用25mm钻杆人工单人打眼 | | |
| Ⅷ | 1. 角砾状花岗岩 | 2300 | 6.8 (5.7~7.7) | 8.5 (7.1~10) | 115 (96~135) | 60~80 | 6~8 |
| | 2. 泥灰质石灰岩 | 2300 | | | | | |
| | 3. 粗土质砂岩 | 2200 | | | | | |
| | 4. 云母页岩及砂质页岩 | 2300 | | | | | |
| | 5. 硬石膏 | 2900 | | | | | |
| Ⅸ | 1. 软、风化较甚的花岗岩、片麻岩及正长岩 | 2500 | 8.5 (7.8~9.2) | 11.5 (10.1~13) | 157 (136~175) | 80~100 | 8~10 |
| | 2. 滑石质的蛇纹岩 | 2400 | | | | | |
| | 3. 密实的石灰岩 | 2500 | | | | | |
| | 4. 水成岩卵石经硅质胶结的砾岩 | 2500 | | | | | |
| | 5. 砂岩 | 2500 | | | | | |
| | 6. 砂质石灰质的页岩 | 2500 | | | | | |
| Ⅹ | 1. 白云岩 | 2700 | 10 (9.3~10.8) | 15 (13.1~17) | 195 (176~215) | 100~120 | 10~12 |
| | 2. 坚实的石灰岩 | 2700 | | | | | |
| | 3. 大理岩 | 2700 | | | | | |
| | 4. 石灰质胶结质密砂岩 | 2600 | | | | | |
| | 5. 坚硬的砂质页岩 | 2600 | | | | | |
| Ⅺ | 1. 粗粒花岗岩 | 2800 | 11.2 (10.9~11.5) | 18.5 (17.1~20) | 240 (216~260) | 120~140 | 12~14 |
| | 2. 特别坚实的白云岩 | 2900 | | | | | |
| | 3. 蛇纹岩 | 2600 | | | | | |
| | 4. 火成岩卵石经石灰质胶结的砾石 | 2800 | | | | | |
| | 5. 石灰质胶结坚实砂岩 | 2700 | | | | | |
| | 6. 粗粒正长岩 | 2700 | | | | | |
| Ⅻ | 1. 有风化痕迹的安山岩及玄武岩 | 2700 | 12.2 (11.6~13.3) | 22 (20.1~25) | 290 (261~320) | 140~160 | 14~16 |
| | 2. 片麻岩、粗面岩 | 2600 | | | | | |
| | 3. 特别坚实的石灰岩 | 2900 | | | | | |
| | 4. 火成岩卵石经硅质胶结的砾岩 | 2600 | | | | | |

续表

| 岩石级别 | 岩石名称 | 实体岩石自然湿度时的平均容重/(kg/m³) | 净钻时间/(min/m) | | | 极限抗压强度/MPa | 强度系数 $f$ |
|---|---|---|---|---|---|---|---|
| | | | 用30mm合金钻头，凿岩机打眼（工作气压为4.5个大气压） | 用30mm淬火钻头，凿岩机打眼（工作气压为4.5个大气压） | 用25mm钻杆人工单人打眼 | | |
| ⅩⅢ | 1. 中粒花岗岩 | 3100 | 14.1 (13.4～14.8) | 27.5 (25.1～30) | 360 (321～400) | 160～180 | 16～18 |
| | 2. 坚实的片麻岩 | 2800 | | | | | |
| | 3. 辉绿岩 | 2700 | | | | | |
| | 4. 玢岩 | 2500 | | | | | |
| | 5. 坚实的粗面岩 | 2800 | | | | | |
| | 6. 中粒正长岩 | 2800 | | | | | |
| ⅩⅣ | 1. 特别坚实细粒花岗岩 | 3300 | 15.5 (14.9～18.2) | 32.5 (30.1～40) | — | 180～200 | 18～20 |
| | 2. 花岗片麻岩 | 2900 | | | | | |
| | 3. 闪长岩 | 2900 | | | | | |
| | 4. 最坚实的石灰岩 | 3100 | | | | | |
| | 5. 坚实的玢岩 | 2700 | | | | | |
| ⅩⅤ | 1. 安山岩、玄武岩、坚实角闪岩 | 3100 | 20 (18.3～24) | 46 (40.1－60) | — | 200～250 | 20～25 |
| | 2. 最坚实的辉绿岩及闪长岩 | 2900 | | | | | |
| | 3. 坚实辉长岩及石英岩 | 2800 | | | | | |
| ⅩⅥ | 1. 钙钠长石质橄榄石质玄武岩 | 3300 | >24 | >60 | | >250 | >25 |
| | 2. 特别坚实的辉长岩、辉绿岩、石英岩及玢岩 | 3000 | | | | | |

**表 5.2－3　　　　　　　　挖泥船挖泥土壤分类表**

| 土壤类别 | 名 称 或 特 征 | 标准贯入击数 $N$ | 液性指数 $I_L$ |
|---|---|---|---|
| Ⅰ | 淤泥、淤泥混砂、软塑黏土、可塑黏土、可塑亚黏土、可塑亚砂土 | $N \leqslant 8$ | $I_L \leqslant 1.5$ |
| Ⅱ | 砂、硬塑黏土、硬塑亚黏土、硬塑亚砂土 | $N \leqslant 15$ | $I_L \leqslant 0.25$ |
| Ⅲ | 坚硬黏土、砂夹卵石、坚硬亚黏土、坚硬亚砂土 | $N \leqslant 30$ | $I_L < 0$ |
| Ⅳ | 强风化岩、铁板砂、胶结的卵石和砾石 | $N > 30$ | — |

注　Ⅰ、Ⅱ类土壤以液性指数为主要判别标准。

4）水下挖泥及水上基床抛填定额水深的计算应符合下列规定：

a. 水下挖泥水深＝施工水位－挖槽的设计底高程＋平均允许超深－1/2平均泥层厚度。

b. 水上基床抛填水深＝施工水位－设计挖槽底高程－1/2基床厚度。

5）水上抛填工程定额中的码头基床抛石和深水独立墩基床抛石定额，分为综合定额和单项定额；一般情况下，综合定额适用于编制概算，单项定额适用于编制预算。

6）定额中砂石材料的"直接来料"，指材料直接卸至施工部位，卸料前的费用计入填筑材料价格。

7）水上抛填定额中"自航驳抛填"或"方驳抛填"指施工单位使用本单位船舶进行装船、运输和抛填工作；"民船装运抛"指施工单位将材料装船、运输、抛填作业委托其他单位，施工单位仅负责抛填指挥和水下检查工作，抛填材料单价应包括装船、运输和抛填费用。

8）陆上开挖工程中，挖掘机在垫板上施工时，定额人工、机械数量乘以1.15系数，铺设垫板所需材料另行计算。

（3）工程量计算应按以下规定执行。

1）开挖、铺筑和抛填工程的工程量应根据开挖或铺筑、抛填的设计断面以体积计算，并应按相应规范规定的超深、超宽及增放坡度计算施工增加量（水下基床抛填工程量除按设计尺度计量外还应考虑基槽开挖超深增加量）；铺筑、抛填工程量计算还应考虑沉降量。

2）抓斗挖泥船水下挖泥工程量计算应符合下列规定：

a. 断面及超深超宽按图5.2-1计算。

b. 抓斗挖泥船水下挖泥工程量应设计断面加平均超深和每边平均超宽计算，不同规格挖泥船的平均超深和每边平均超宽值应按相应规范执行；

c. 挖泥定额的水深按式（5.2-1）计算。

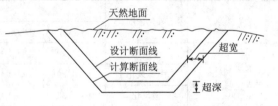

图5.2-1　水下挖泥断面超深超宽示意图

挖泥水深＝施工水位－挖槽的设计底高程＋平均允许超深－1/2平均泥层厚度

$$(5.2-1)$$

3）水下基床抛填工程定额的水深应按式（5.2-2）计算。

水下基床抛填水深＝施工水位－设计挖槽底高程－1/2基床厚度　　（5.2-2）

4）施工水位应以设计（包括施工条件或施工组织设计）为准；如条件不具备时，有潮港采用工程所在地平均潮位；无潮港采用工程所在地施工季节的历年平均水位。

5）陆上土方工程量，除另有规定外，应按设计要求以体积计算，工程量计算应符合下列规定：

a. 坡度陡于1：2.5的陆上坡面开挖，应按岸坡挖土方计算。

b. 槽底开挖宽度在3m以内且槽长大于3倍槽宽的陆上开挖工程应按地槽计算。

c. 不满足第b项规定且坑底面积在20m²以内的陆上开挖工程，应按地坑计算。

d. 平均高差在0.3m以内的陆上土方挖填，应按场地平整计算。

　　e. 夹有孤石的土方开挖，大于 0.7m³ 的孤石应按石方开挖计算。

　　f. 开挖坑、槽工程量应按设计要求及放坡坡度计算。当设计未提供放坡系数时，可按表 5.2－4 参数选用。

表 5.2－4　　　　　　　　　　　土方工程放坡系数参考表

| 土壤类别 | 挖深 $h/m$ | 系　数 | 土壤类别 | 挖深 $h/m$ | 系　数 |
|---|---|---|---|---|---|
| Ⅰ～Ⅱ | $h \geqslant 1.20$ | 1：0.33～1：0.75 | Ⅳ | $h \geqslant 2.00$ | 1：0.10～1：0.33 |
| Ⅲ | $h \geqslant 1.50$ | 1：0.25～1：0.67 | | | |

　　注　1. 挖深指坑、槽上口自然地面至槽底、坑底面的垂直高度。

　　　　2. 坑、槽中土壤类别不同时，应分别按其挖深、放坡系数，依不同土质厚度加权平均计算。

　　　　3. 计算放坡时，在交接处的重复工程量可不扣除。

　　6）陆上石方工程量，除另有规定外，应按设计要求以体积计算，工程量计算应符合下列规定：

　　a. 设计坡度陡于 1：2.5 且平均开挖厚度小于 5m 的，工程量应按坡面石方开挖计算。

　　b. 沟槽底宽在 7m 以内且长度大于 3 倍宽度的，工程量应按地槽计算。

　　c. 不满足第 b 项规定且底面积小于 200m²、深度小于坑底短边长度或直径的，工程量按地坑计算。

　　d. 开挖沟槽、基坑石方应按设计要求的放坡坡度计算，当设计文件未提供放坡系数时，可按表 5.2－5 参数选用。

表 5.2－5　　　　　　　　　　　石方工程放坡系数参考表

| 岩石类别 | 风化程度 | 开　挖　深　度 $h$ | | | |
|---|---|---|---|---|---|
| | | $h \leqslant 4m$ | $4m < h \leqslant 8m$ | $8m < h \leqslant 12m$ | $12m < h \leqslant 15m$ |
| 硬质岩石<br>（Ⅹ～ⅩⅢ级） | 微风化 | 1：0.10 | 1：0.20 | 1：0.30 | 1：0.35 |
| | 中等风化 | 1：0.20 | 1：0.35 | 1：0.45 | 1：0.50 |
| | 强风化 | 1：0.35 | 1：0.50 | 1：0.65 | 1：0.75 |
| 软质岩石<br>（Ⅴ～Ⅸ级） | 微风化 | 1：0.35 | 1：0.50 | 1：0.65 | 1：0.75 |
| | 中等风化 | 1：0.50 | 1：0.75 | 1：0.90 | 1：1.00 |
| | 强风化 | 1：0.75 | 1：1.00 | 1：1.15 | 1：1.25 |

　　7）码头、护岸后的铺筑或抛填工程，工程量应分别按棱体和场地铺筑、抛填工程计算；棱体的计算范围应根据设计要求确定，条件不具备的，可按码头、护岸的 2 倍高度确定棱体计算宽度，据以计算工程量。

　　8）基床夯实工程量应根据设计要求按面积计算。条件不具备的，可按建构筑物底面尺寸各边加宽 1.0m 确定。若分层抛石、夯实应按分层处的应力扩散线各边加宽 1.0m 确定。

　　9）基床整平工程量应根据设计要求按面积计算。条件不具备的，可按下列办法计算：

　　a. 粗平时，按建构筑物底面尺寸各边加宽 1.0m 计算；有护面块体时，按压脚块体底边外加宽 1.0m 计算；对于码头基床包括全部前肩范围。

　　b. 细平时，按建构筑物底面尺寸各边加宽 0.5m 计算；有护面块体时，按压脚块底边外加宽 0.5m 计算；对于码头基床包括全部前肩范围。

10）陆上爆破和水下炸礁工程量应根据设计断面和超深、超宽量之和按体积计算；设计未提出超深、超宽量时，应根据相应规范确定超深、超宽量。

11）铺筑工程量应按设计要求以体积计算，不应扣除预埋件和面积在 $0.2m^2$ 以内的孔洞所占体积。

12）砌筑工程量按设计砌体外形尺寸以体积计算，不应扣除预埋件和面积在 $0.2m^2$ 以内的孔洞所占体积。

2. 陆上开挖工程

（1）节定额说明。

1）本节陆上开挖工程共 268 项定额，主要包括人力土方、机械土石方开挖工程。

2）定额的使用应符合以下规定。

a. 人力土方定额适用于单位工程中工程量 $1000m^3$ 以内工程。

b. 人力土方定额的施工条件，除注明者外均按挖干土编制，如人工挖湿土时，人工消耗量在相应定额基础上乘以 1.18 系数。干湿土的划分应以设计要求为准，设计无要求时，无论是否采取降水措施，均以地下水多年平均水位为准，该水位以上为干土，以下为湿土。

（2）节分部分项定额条目说明。

1）人力土方，分为一般土方和冻土，以 $100m^3$ 计。

一般土方，区分土壤类别（Ⅰ～Ⅱ，Ⅲ，Ⅳ）。冻土，区分厚度（0.2m、0.5m、0.8m）。

工程内容：挖土，就近堆放。

2）人力挖运土方，区分土壤类别（Ⅰ～Ⅱ，Ⅲ～Ⅳ，稀泥流砂），以 $100m^3$ 计。

运距按 50m 以内考虑，每增运 20m 另计工程量。

工程内容：挖土、运输、卸土。

3）人力挖岸坡土方，区分土壤类别（Ⅰ～Ⅱ，Ⅲ～Ⅳ）、土壤厚度（≤0.5m、>0.5m），以 $100m^3$ 计。

岸坡高度按 2m 以内考虑，每增高 1m 另计工程量。运距按 50m 以内考虑，每增运 20m 另计工程量。

工程内容：挖土，将土提升至坡顶，50m 内运土，修整边坡。

4）人力挖地槽、地坑土方，区分有、无挡土板和土壤类别（Ⅰ～Ⅱ、Ⅲ～Ⅳ），以 $100m^3$ 计。

工程内容：挖土，修整边坡及底面，制作、安装及拆除挡土板，原土夯实。

5）人力挖装、1t 机动翻斗车运土，区分土壤类别（Ⅰ～Ⅱ，Ⅲ，Ⅳ），以 $100m^3$ 计。

运距按 200m 以内考虑，每增运 100m 另计工程量。

工程内容：挖土、装车、运输、卸土。

6）人力削整边坡，区分填方削坡、挖方削坡，以 $100m^2$ 计。

工程内容：挂线、削整、拍平。

7）松动爆破土方，区分土壤类别（Ⅲ、Ⅳ），以 $100m^3$ 计。

本定额适用于孔深 2m 以内的松动爆破。

工程内容：人工打眼、装药、爆破、检查及安全处理。

8）一般石方开挖，分为风钻钻孔、80 型潜孔钻机钻孔、100 型潜孔钻机钻孔、150 型潜孔钻机钻孔等四部分。

a. 风钻钻孔，区分岩石级别（Ⅴ～Ⅶ、Ⅷ～Ⅹ、Ⅺ～Ⅻ、ⅩⅢ～ⅩⅣ），以 100m³ 计。

工程内容：钻孔，爆破，撬移，解小，翻碴、清面。

b. 80 型潜孔钻机钻孔，区分孔深（6m、9m、9m 以外）、岩石级别（Ⅴ～Ⅶ、Ⅷ～Ⅹ、Ⅺ～Ⅻ、ⅩⅢ～ⅩⅣ），以 100m³ 计。

工程内容：钻孔，爆破，撬移，解小，翻碴、清面。

c. 100 型潜孔钻机钻孔，区分孔深（6m、9m、9m 以外）、岩石级别（Ⅴ～Ⅶ、Ⅷ～Ⅹ、Ⅺ～Ⅻ、ⅩⅢ～ⅩⅣ），以 100m³ 计。

工程内容：钻孔，爆破，撬移，解小，翻碴、清面。

d. 150 型潜孔钻机钻孔，区分孔深（6m、9m、9m 以外）、岩石级别（Ⅴ～Ⅶ、Ⅷ～Ⅹ、Ⅺ～Ⅻ、ⅩⅢ～ⅩⅣ），以 100m³ 计。

工程内容：钻孔，爆破，撬移，解小，翻碴、清面。

9）机械松动石方（平基岩石），区分岩石级别（Ⅴ～Ⅶ、Ⅷ～Ⅹ、Ⅺ～Ⅻ、ⅩⅢ～ⅩⅣ），以 100m³ 计。

工程内容：破碎石方、机械移动。

10）机械松动石方（槽、坑岩石），区分岩石级别（Ⅴ～Ⅶ、Ⅷ～Ⅹ、Ⅺ～Ⅻ、ⅩⅢ～ⅩⅣ），以 100m³ 计。

工程内容：破碎石方、机械移动。

11）坡面一般石方开挖（风钻钻孔），区分岩石级别（Ⅴ～Ⅶ、Ⅷ～Ⅹ、Ⅺ～Ⅻ、ⅩⅢ～ⅩⅣ），以 100m³ 计。

工程内容：钻孔，爆破，撬移，解小，翻碴、清面。

12）基坑石方开挖（风钻钻孔），区分上口断面面积（2m²、4m²、6m²、9m²、12m²、20m²、50m²、100m²、200m²）、岩石级别（Ⅴ～Ⅶ、Ⅷ～Ⅹ、Ⅺ～Ⅻ、ⅩⅢ～ⅩⅣ），以 100m³ 计。

工程内容：钻孔，爆破，撬移，解小，翻碴、清面，修断面。

13）挖掘机挖土方，区分液压挖掘机斗容（0.8m³、1.0m³、2.0m³、3.0m³）、土壤类别（Ⅰ～Ⅱ，Ⅲ，Ⅳ），以 100m³ 计。

挖掘松土时，定额乘以 0.80 系数。

工程内容：挖土、就近堆放，工作面排水沟的开通与维护。

14）液压挖掘机挖装、自卸汽车运土，区分挖掘机斗容（0.8m³、1.0m³、2.0m³、3.0m³）、自卸汽车吨位（8t、12t、15t、20t）、土壤类别（Ⅰ～Ⅱ、Ⅲ、Ⅳ），以 100m³ 计。

本定额以运距 1km 以内为准，每增运 1km 则按附表调增自卸汽车台班。

工程内容：挖土、装车、运输、卸土，卸土场平整。

15）挖掘机挖沟槽土方，区分土壤类别（Ⅰ～Ⅱ、Ⅲ、Ⅳ），以 100m³ 计。

工程内容：挖土、就近堆放，清理机下余土。

16）轮胎式装载机挖装、自卸汽车运土，区分装载机斗容（1.0m³、2.0m³、3.0m³、5.0m³）、自卸汽车吨位（8t、12t、15t、20t、25t）、土壤类别（Ⅰ～Ⅱ、Ⅲ、Ⅳ），以100m³ 计。

本定额以运距 1km 以内为准，每增运 1km 则按附表调增自卸汽车台班。

工程内容：挖土、装车、运输、卸土，卸土场平整。

17）自行式铲运机铲运土，区分自行式铲运机斗容（7m³、10m³、12m³）、土壤类别（Ⅰ、Ⅱ～Ⅲ、Ⅳ），以100m³ 计。

铲运距离按 100m 以内考虑，每增运 50m 另计工程量。

工程内容：铲土、运送、卸土，土场道路平整、洒水，卸土推平。

18）推土机推土、场地整平，分为推土机推土。场地平整等两部分。

a. 推土机推土，区分推土机功率（60kW、75kW、105kW、135kW、165kW、240kW）、土壤类别（Ⅰ～Ⅱ、Ⅲ～Ⅳ），以100m³ 计。

推土距离按 30m 以内考虑，每增运 10m 另计工程量。

本定额以上坡推土坡度 5%，推土厚度不小于 30cm 为准；如推填松土，定额乘以0.80 系数；土层平均厚度小于 30cm 时，定额乘以 1.25 系数。

推土距离指取土中心至卸土中心的距离。

工程内容：堆土、卸除，空回。

b. 场地平整，区分推土机功率（75kW、105kW）和平地机功率（150kW），以100m² 计。

本定额适用于地面高差在±30cm 以内的就地平整。

工程内容：拖平。

19）轮胎式装载机装石碴、自卸汽车运输，区分装载机斗容（1.0m³、2.0m³、3.0m³、4.5m³）、自卸汽车吨位（8t、12t、15t、20t、25t），以100m³ 计。

本定额以运距 1km 以内为准，每增运 1km 则按附表调增自卸汽车台班。

工程内容：装车、运输、卸碴。

20）挖掘机挖装块石、自卸汽车运输，区分挖掘机斗容（2.0m³）、自卸汽车吨位（12t、15t、20t），以100m³ 计。

本定额适用于爆破后的石方挖装，定额单位按松方计。

本定额以运距 1km 内为准，每增运 1km，按附表增加自卸汽车台班。

弃碴场需要平整时，推土机台班量乘以 2.00 系数。

工程内容：挖装、运输、卸车。

21）深基坑淤泥开挖，以 100m³ 计。

本定额适用于船坞等深基坑（深度＞5m）淤泥开挖、坡道汽车运输、运距 1km 内的工程。

工程内容：挖泥、装车、运输、卸泥，卸泥场地整平。

22）深基坑内岩石表面整平，以 100m² 计。

本定额适用于船坞等深基坑强风化岩石表面人工风镐破碎找平、岩碴人工清理堆放。

工程内容：风铲破碎、找平，清理，就近堆放。

3. 陆上铺筑工程

(1) 节定额说明。

1) 本节陆上铺筑工程共 70 项定额，主要包括结构部位填筑、场地回填及其他铺筑等工程。

2) 定额使用应符合以下规定。

a. 本节定额单位除注明者外，均为实方（填筑方、图纸方、压实方）。

b. 各类稳定土基层定额中的材料消耗系按一定配合比编制，当设计配合比与定额配合比不同时，有关材料按下式进行换算：

$$C_I = [C_d + B_d(H - H_0)]L_I/L_d \qquad (5.2-3)$$

式中：$C_I$ 为按设计配合比换算后的材料数量；$C_d$ 为定额中基本压实厚度的材料数量；$B_d$ 为定额中压实厚度每增减 1cm 的材料数量；$H_0$ 为定额的基本压实厚度；$H$ 为设计的压实厚度；$L_d$ 为定额中标明的材料百分率；$L_I$ 为设计配合比的材料百分率。

【例 5.2-1】 石灰粉煤灰稳定碎石基层，定额的配合比为：石灰：粉煤灰：碎石 = 5：15：80，基本压实厚度为 15cm；设计配合比为石灰：粉煤灰：碎石 = 4：11：85，设计压实厚度为 16cm。各种材料调整后数量为

生石灰消耗量 = [15.829 + 1.055×(16-15)]×4÷5 = 13.507(t)

粉煤灰消耗量 = [63.31 + 4.22×(16-15)]×11÷15 = 49.52(m³)

碎石消耗量 = [164.89 + 10.99×(16-15)]×85÷80 = 186.87(m³)

(2) 节分部分项定额条目说明。

1) 铺筑垫层，分为不碾压 [砂、砂夹卵石、碎（卵）石]、碾压 [砂、砂夹卵石、碎（卵）石、块石] 两类，以 100m³ 计。

按八遍碾压考虑，每增减一遍碾压另计工程量。

压实后砂干容重以 1.55~1.65t/m³ 为准。

工程内容：铺筑、整平，碾压。

2) 铺筑水泥稳定混合料基层（厂拌），适用于水泥稳定土、水泥稳定砂、水泥稳定砂砾、水泥稳定碎石土、水泥稳定砂砾土、水泥稳定石渣、水泥稳定碎石、水泥稳定石屑，以 1000m² 计。

本定额按单层铺筑碾压制定。如分层铺筑碾压时，除按铺设总厚度套用定额外，每增加一层，在原定额消耗量基础上平地机、压路机台班消耗量增加一倍，人工增加 3 个工日。

工程内容：混合料拌制、运输，清理整理下承层，铺混合料，洒水，整形，碾压，找补，初期养护。

3) 石灰、粉煤灰稳定混合料基层（人力拌和），适用于石灰粉煤灰、石灰粉煤灰碎石，以 1000m² 计。

本定额按单层铺筑碾压制定。如分层铺筑碾压时，除按铺设总厚度套用定额外，每增加一层，在原定额消耗量基础上平地机、拖拉机、压路机台班消耗量增加 1 倍，人工增加 3 个工日。

工程内容：清理整理下承层，消解石灰，铺混合料、洒水、拌和，整形、碾压，找补，初期养护。

4）石灰、煤渣稳定混合料基层（现场机械拌和），适用于石灰煤渣土、石灰煤渣，以 $1000m^2$ 计。

本定额按单层铺筑碾压制定。如分层铺筑碾压时，除按铺设总厚度套用定额外，每增加一层，在原定额消耗量基础上平地机、压路机台班消耗量增加 1 倍，人工增加 3 个工日。

工程内容：清理整理下承层，消解石灰、拌和、铺混合料，整形、碾压、洒水，初期养护。

5）铺筑碎石基层，以 $1000m^2$ 计。

压实厚度按 8cm 以内考虑，每增 1cm 另计工程量。

工程内容：清理整理下承层，铺料，整形、碾压。

6）陆上铺筑倒滤层（机械铺筑），适用于碎石、混合（砂）、二片石，以 $100m^3$ 计。

工程内容：机械铺筑。

7）陆上铺筑棱体块石，区分结构部位（码头及护岸，锚碇墙和锚碇板）、铺筑工艺（自卸汽车运输、挖掘机理坡，直接来料铺筑、挖掘机理坡，直接来料铺筑、起重机抛理），以 $100m^3$ 计。

本定额以运距 1km 内为准，每增运 1km，自卸汽车增加 0.22 台班。

工程内容：①自卸汽车运输，包括装车、运输、抛填、理坡；②直接来料铺筑，包括铺筑、理坡。

8）陆上铺筑防波堤引堤块石，分为直接来料铺筑（块石重量 500kg 以内）、自卸汽车运输（块石重量 500kg、1000kg 以内），以 $100m^3$ 计。

本定额以运距 1km 内为准，每增运 1km，自卸汽车增加 0.153 台班。

工程内容：①直接来料铺筑，包括铺筑、理坡；②自卸汽车运输，包括装车、运输、抛填、理坡。

9）路上安放防波堤大块石，分为自卸汽车运输（块石重量 5t、8t 以内）、直接来料（块石重量 5t、8t 以内），以 $100m^3$ 计。

140t 履带式起重机按工作半径 40m 考虑，如作业半径不同时，其吊机规格按需调整，台班量不变。

工程内容：①自卸汽车运输，包括装车、运输、卸车，定位，安放；②直接来料，包括定位、安放。

10）挖掘机理坡，以 $100m^2$ 计。

本定额适用于单独进行四脚空心块、栅栏板等护面块体垫层理坡。

工程内容：理坡。

11）码头及护岸后填砂，适用于直接来料铺筑，以 $100m^3$ 计。

工程内容：铺筑、推平、碾压。

12）铺筑道砟石，适用于直接来料机械铺筑，以 $100m^3$ 计。

工程内容：铺筑、碾压。

13）场地回填，适用于推土机碾压，以 $100m^3$ 计。

本定额填筑材料以砂为准，如填筑材料不同时，按下列材料用量调整：①土，

135m³；②山皮土，125m³；③砂夹石，120m³。

工程内容：回填、平整、碾压。

14）压路机场地碾压，以100m²计。

工程内容：往复碾压。

15）原土、填土机械夯实，分为原土夯实、填土夯实等两部分。

a. 原土夯实，以100m²计。

工程内容：平土、清理杂物、夯实。

b. 填土夯实，以100m³计。

工程内容：平土、清理杂物、分层夯实。

16）铺设土工合成材料，适用于倒滤层上铺设土工布、铺设围堰塑料布防渗层、铺设土工格栅，以100m²铺护面积计。

本定额不含压砂（土）袋的材料消耗量，使用时，每100m²铺护面积按压砂（土）4.06m³，编织袋（50cm×90cm）81个考虑；材料及数量不同时据实调整；本定额中材料按一层计算，如层数或消耗不同时，应予以调整。

工程内容：材料倒运，平整场地，裁切、铺设土工（塑料）布，接缝处理，装砂（土）袋、压砂（土）袋。

17）泥面铺设荆笆，以100m²铺护面积计。

运距按1km以内考虑，每增运1km另计工程量。

荆笆和编织袋消耗量与定额不同时，应予以调整。

工程内容：运输、铺放，绑扎铅丝压砂袋。

18）填筑拆除土、袋装土（砂、碎石）堤及围堰，分为陆上填筑和拆除两部分，以100m³计。

土堤（或围堰）的运距按50m考虑，袋装土（砂、碎石）堤（或围堰）的运距按200m考虑。

填筑土堤定额按填筑材料为土制订。如采用砂（砂砾）时，砂（砂砾）用量按土的消耗量乘以0.93。

装载机运距大于50m时，每增50m，相应增加0.035台班。

如土为无价值时，不计算土的费用，其他不变。

如用草袋代替编织袋使用，其用量可按每100m³使用2040个或979m²调整，其他不变。

工程内容：①填筑土堤（或围堰），包括倒运土、填土、夯实；②填筑袋装土（砂、碎石）堤（或围堰），包括装袋、倒运、堆筑；③拆除土堤（或围堰），包括拆除及弃运。

4. 水下挖泥工程

（1）节定额说明。

1）本节水下挖泥工程共58项定额，主要包括抓斗挖泥船挖泥及水下清淤工程。

2）本节水下挖泥定额适用于水工建筑物基槽及边坡等挖泥工程。

（2）节分部分项定额条目说明。

1）2m³抓斗挖泥船挖泥，区分土壤类别（Ⅰ、Ⅱ、Ⅲ，清覆盖层），以100m³计。

运距按 5km 内考虑，每增运 1km 另计工程量。

清覆盖层定额指清理多年冲积泥夹乱石层，如系纯泥层且厚度在 1m 以上者，执行挖泥定额；清覆盖层工程量在 500m³ 以下时，定额乘以 1.3。

工程内容：移船、定位、测水深、挖泥、运泥、卸泥。

2）4m³ 抓斗挖泥船挖泥，区分挖泥水深（15m、20m、30m 以内）、土壤类别（Ⅰ、Ⅱ、Ⅲ、Ⅳ），以 100m³ 计。

运距按 5km 内考虑，每增运 1km 另计工程量。

工程内容：移船、定位、测水深、挖泥、运泥、卸泥。

3）8m³ 抓斗挖泥船挖泥，区分挖泥水深（15m、20m、30m 以内）、土壤类别（Ⅰ、Ⅱ、Ⅲ、Ⅳ），以 100m³ 计。

运距按 5km 内考虑，每增运 1km 另计工程量。

工程内容：移船、定位、测水深、挖泥、运泥、卸泥。

4）13m³ 抓斗挖泥船挖泥，区分挖泥水深（15m、20m、30m 以内）、土壤类别（Ⅰ、Ⅱ、Ⅲ、Ⅳ），以 100m³ 计。

运距按 5km 内考虑，每增运 1km 另计工程量。

工程内容：移船、定位、测水深、挖泥、运泥、卸泥。

5）18m³ 抓斗挖泥船挖泥，区分挖泥水深（15m、20m、30m 以内）、土壤类别（Ⅰ、Ⅱ、Ⅲ、Ⅳ），以 100m³ 计。

运距按 5km 内考虑，每增运 1km 另计工程量。

工程内容：移船、定位、测水深、挖泥、运泥、卸泥。

6）基槽水下清淤，适用于高压水泵冲排，以 100m³ 计。

工程内容：改装复原铁驳，绑扎拆除木排，移船定位、排泥，安放、移动排泥管。

5. 水上抛填工程

（1）节定额说明。

1）本节水上抛填工程共 102 项定额，主要包括结构部位、构筑物内抛填、其他水上抛填及土工合成材料铺设等工程。

2）本节定额单位除注明者外，均为抛填体积方（设计断面方）。

（2）节分部分项定额条目说明。

1）水下基床抛填垫层、倒滤层，区分抛填材料［粗砂、碎（卵）石、二片石］、施工工艺（自航驳抛填、民船装运抛），以 100m³ 计。

自航驳抛填，运距按 1km 内考虑，每增运 1km 另计工程量。

工程内容：①自航驳抛填，包括装船、自航驳运输、机械抛填；②民船装运抛，包括民船装运抛，指挥、水下检查。

2）码头及护岸后抛倒滤层，区分抛填材料（二片石、碎石、粗砂）、施工工艺（自航驳抛填、民船装运抛），以 100m³ 计。

自航驳抛填，运距按 1km 内考虑，每增运 1km 另计工程量。

工程内容：①自航驳抛填，包括装船、自航驳运输、机械抛填；②民船装运抛，包括民船装运抛，指挥、水下检查。

3）码头及护岸棱体抛石，区分施工工艺（自航驳抛填、民船装运抛），以100m³计。自航驳抛填，运距按1km内考虑，每增运1km另计工程量。

工程内容：①自航驳抛填，包括装船、自航驳运输、机械抛填、理坡；②民船装运抛，包括民船装运抛，指挥、水下检查。

4）码头基床抛石，分为综合定额与单项定额。

a. 综合定额，区分水深（15m、20m、25m、30m以内）、夯实与否、基床厚度、施工工艺（自航驳抛填、民船装运抛），以100m³计。

基床厚度，夯实基床分为2m、4m以内；不夯实基床为2m以内。

自航驳抛填，运距按1km内考虑，每增运1km另计工程量。

工程内容：①自航驳抛填，包括装船、自航驳运输、机械抛填，夯实、整平、理坡；②民船装运抛，包括民船装运抛，夯实、整平、理坡。

b. 单项定额，分为基床抛石、基床夯实、理坡和基床整平等3项。

（a）基床抛石，区分夯实与否、施工工艺（自航驳抛填、民船装运抛），以100m³计。

自航驳抛填定额运距为1km内，超过1km时，执行码头基床抛石综合定额的相应增运距定额。

工程内容：①自航驳抛填，包括装船、自航驳运输、移船定位、机械抛填、测量检查；②民船装运抛，包括民船装运抛、测量检查。

（b）基床夯实、理坡，以100m²计。

夯实按每点夯8次考虑，每增减2次另计工程量。

工程内容：①夯实，包括设标、定位、整理基床、夯实；②理坡，包括制作、安设坡度准线，理坡。

（c）基床整平，区分水深（15m、20m、25m、30m以内）、施工工艺（粗平、细平、极细平），以100m²计。

细平定额中包括粗平工作的全部工程内容，极细平定额中亦包括粗平及细平的全部工程内容，使用中不应重复考虑。

工程内容：①粗平，包括移船定位、测量，装运、吊抛石料，潜水整平；②细平及极细平，包括移船定位，测量，装运、吊抛石料，制作、安装、拆除定点架和导尺，潜水整平。

5）斜坡码头水下基床抛石，适用于基床厚度1m以内，区分夯实与否、施工工艺（自航驳抛填、民船装运抛），以100m³计。

自航驳抛填，运距按1km内考虑，每增运1km另计工程量。

本定额适用于斜坡码头斜坡段的水下基床抛石。

工程内容：①自航驳抛填，包括装船、自航驳运输、机械抛填，夯实、整平、理坡；②民船装运抛，包括民船装运抛，夯实、整平、理坡。

6）深水独立墩式基床抛石，分综合定额与单项定额。

a. 综合定额，适用于夯实基床、基床厚度4m以内、自航驳抛填运距1km内，以100m³计。

自航驳抛填每增运1km另计工程量。

本定额适用于水深20～30m，流速1～1.5m/s的独立墩式基床抛石。

工程内容：①自航驳抛填，包括装船、自航驳运输、机械抛填，夯实、整平、理坡；②民船装运抛，包括民船装运抛，夯实、整平、理坡。

b. 单项定额，分为基床抛石、基床夯实理坡、基床整平等 3 项。

（a）基床抛石，区分夯实（自航驳抛填）、不夯实（二片石垫层，自航驳抛填、民船装运抛），以 100m³ 计。

自航驳抛填定额运距为 1km 内，超过 1km 时，执行深水独立墩式基床抛石综合定额的增运距定额。

工程内容：①自航驳抛填，包括装船、自航驳运输、移船定位、机械抛填、测量检查；②民船装运抛，包括民船装运抛、测量检查。

（b）基床夯实理坡，区分夯实与水下理坡，以 100m² 计。

夯实按每点夯 8 次考虑，每增减 2 次另计工程量。

工程内容：①夯实，包括设标、定位、整理基床、夯实；②理坡，包括制作、安设坡度准线，理坡。

（c）基床整平，适用于水深 30m 以内，区分粗平和细平，以 100m² 计。

工程内容：①粗平，包括移船定位、测量，装运、吊抛石料，潜水整平；②细平，包括移船定位，测量，装运、吊抛石料，制作、安装、拆除定点架和导尺，潜水整平。

7）护坦、护底抛石，以 100m³ 计。护坦，区分是否夯实、施工工艺（自航驳抛填、民船装运抛）。护底，适用于民船装运抛。

自航驳抛填定额运距为 1km 内，超过 1km 时，执行码头基床抛石综合定额的相应增运距定额。

工程内容：①自航驳抛填，包括装船、自航驳运输、机械抛填，夯实、整理面层；②民船装运抛，包括民船装运抛，夯实、整理面层。

8）防波堤、引堤抛填块石及垫层石，区分施工工艺（自航驳机械抛填、民船装运抛、安放大块石），以 100m³ 计。

自航驳机械抛填，适用于运距 1km 以内、块石重量 500kg 以内，每增运 1km 另计工程量。民船装运抛，适用于块石重量 150kg 以内。安放大块石，适用于运距 1km 以内、块石重量 1000kg 以内。

工程内容：①自航驳抛填，包括装船、自航驳运输、机械抛填，理坡；②民船装运抛，包括民船装运抛，理坡；③安放大块石，包括装船、方驳运输、机械安放，检查。

9）构筑物内抛填砂石，区分抛填材料［块（片）石、碎石、砂］、施工工艺（方驳抛填、民船装运抛），以 100m³ 计。

方驳抛填，运距按 1km 内考虑，每增运 1km 另计工程量。

工程内容：①方驳抛填，包括装船、方驳运输、机械抛填；②民船装运抛，包括民船装运抛，指挥、检查。

10）防波堤护岸边机械理坡，区分防波堤护岸边坡单独理坡与栅栏板、四角空心块垫层理坡，以 100m² 计。

工程内容：机械理坡、补抛块石。

11）码头及护岸后填砂，适用于水上抛砂的民船装运抛，以 100m³ 计。

工程内容：指挥、检查。

12）尼龙编织布倒滤层（沉箱方块后），以 100m² 铺护面积计。

铺设材料品种或消耗量与定额不同时，应予以调整。

工程内容：布体及铁丝网加工，人力装船，移船定位、潜水铺设。

13）碎石倒滤层后铺设土工布，区分陆上运输铺设、水上运输铺设，以 100m² 铺护面积计。

土工布及钢筋消耗量与定额不同时，应予以调整。

工程内容：土工布铺设，土、砂装袋，土工布上安放加固。

14）防波堤砂垫层上铺设土工布（软基固结），适用于水下铺设，以 100m² 铺护面积计。

土工布消耗量与定额不同时，应予以调整。

工程内容：测量定位、铺设土工布。

6. 水下炸礁工程

（1）节定额说明。

1）本节水下炸礁工程共 9 项定额，主要包括水下钻孔炸礁工程。

2）定额使用应符合以下规定。

a. 本节定额适用于一般水下炸礁工程。

b. 定额中的"爆破层平均厚度"指被炸岩层的平均净厚，不包括炮孔超钻及计算工程量的超深部分。

c. 挖泥船水下清渣，根据施工条件或施工组织设计确定的工艺计算。条件不具备的，按 8m³ 抓斗挖泥船挖Ⅳ类土定额乘以 1.30。清渣工程量一般按炸礁工程量计。

（2）节分部分项定额条目说明。

水下钻孔炸礁（水深 15m 内），区分岩石级别（Ⅴ～Ⅶ、Ⅷ～Ⅸ、Ⅹ～Ⅻ）、爆破层平均厚度（1.5m、3.5m、5.0m 以内），以 100m³ 计。

工程内容：设标、定位、钻孔、装药、接线、移船、警戒、起爆。

7. 砌筑工程

（1）节定额说明。

1）本节砌筑工程共 43 项定额，主要包括石料及块体等砌筑工程。

2）定额使用应符合以下规定。

a. 砌筑定额的石料规格应满足表 5.2－6 要求。

表 5.2－6　　　　砌筑石料的分类及规格

| 序号 | 类别 | 形　状 | 加工方法 | 规　格　尺　寸 |
|---|---|---|---|---|
| 1 | 块石 | 外形大致方正 | 外露面或四周稍加修凿 | 大致方正，厚度不小于 20cm，宽度约为厚度的 1.0～1.5 倍，长度为厚度的 1.5～4.0 倍 |
| 2 | 粗料石 | 形状规则的六面体 | 由岩体或大块石料开劈并经粗略修凿而成，或经粗加工 | 外形方正，表面不允许凸出，凹入深度不大于 2cm，厚度不小于 20cm，宽度不小于厚度，长度不小于厚度的 1.5 倍 |

| 序号 | 类别 | 形　状 | 加工方法 | 规　格　尺　寸 |
|---|---|---|---|---|
| 3 | 细料石 | 形状规则的六面体，或按设计要求 | 经细加工 | 表面不允许凸出，凹入深度不大于0.2cm，厚度不小于20cm，宽度不小于厚度，长度不小于厚度的1.5倍 |
| 4 | 条石 | 近似长方六面体 | 劈砍并经粗凿加工 | 表面平整，长度方向顺直，各面相互垂直，长度不小于宽度的3.0~5.0倍 |

b. 砌体砂浆勾缝定额为单项定额。各项浆砌石料定额中均已包含了砂浆勾平缝的工程内容，如设计要求不勾缝时，应在砌筑定额的基础上，按勾缝定额中的平缝数量扣减；如设计要求勾凸缝时，应在砌筑定额的基础上，按勾缝定额中的凸缝数量予以增加。

c. 本节定额单位除注明者外，均为砌筑体积。

(2) 节分部分项定额条目说明。

1) 护坡，区分施工工艺（干砌、浆砌、灌砌；块石材料分平面砌、曲面砌）、砌筑材料，以100m³砌筑体积计。

干砌，材料分为块石、毛条石、混凝土预制块；浆砌，材料分为块石、毛条石、混凝土预制块、粗料石；灌砌，材料为块石。

砌筑砂浆可按设计进行调整。

工程内容：①干砌，包括打平、选修石料，砌筑，填缝；②浆砌，包括找平、选修石料、洗石、拌运砂浆、砌筑、填缝勾平缝；③灌砌，包括找平、选修石料、洗石、拌运砂浆、砌筑、灌缝勾缝。

2) 挡土墙、防浪墙，区分砌筑材料，以100m³砌筑体积计。

挡土墙，材料分为块石、毛条石、粗料石；防浪墙，材料分为块石、粗料石、细料石。

砌筑高度在1.5m以上时，应另行计算脚手架费用。

工程内容：找平、选修石料，洗石，拌运砂浆，砌筑，填缝勾平缝。

3) 基础，区分施工工艺（浆砌、灌砌）、砌筑材料，以100m³砌筑体积计。

浆砌，材料分为块石、毛条石、粗料石；灌砌，材料为块石。

工程内容：①浆砌，包括找平、选修石料、洗石、拌运砂浆、砌筑、填缝勾平缝；②灌砌，包括找平、选修石料、洗石、拌运砂浆、砌筑、灌缝勾缝。

4) 帽石，区分砌筑材料（粗料石、细料石），以100m³砌筑体积计。

工程内容：找平、选修石料、洗石、拌运砂浆、砌筑、填缝勾平缝。

5) 铺砌混凝土高强连锁预制块，以100m²铺砌面积计。

本定额砂垫层按压实厚度5cm考虑。

工程内容：铺砂垫层，铺砌、填缝，碾压。

6) 坞门口镶砌花岗岩，以1m³镶砌体积计。

工程内容：测量定线，钻孔、栽锚筋、灌注环氧砂浆，吊装定位、安砌、压力灌浆。

7) 砌体砂浆抹面，区分平（斜）面、立（曲）面，以100m²砌体面积计。

平均厚度按2cm考虑，每增减1cm另计工程量。

斜面角度大于 30°时，按立面计算。

工程内容：清洗表面，拌浆、抹面、压光。

8）砌体砂浆勾缝，区分砌体工艺，以 100m² 砌体面积计。

砌体工艺依次分为干砌、浆砌，块面石、料面石，平斜面、立（曲）面，平缝、凸缝。

工程内容：剔缝洗刷，筛砂、拌和及运送砂浆，勾缝养护。

9）清除块石和拆除砌石，以 100m³ 计。

清除块石，分为水上、陆上施工；拆除砌石，分为浆砌、干砌。

工程内容：剔缝洗刷、拌浆、勾缝。

（三）基础工程

1. 基础打入桩工程

（1）节定额说明。

1）本节基础打入桩工程共 573 项定额。包括水上及陆上打设钢筋混凝土方桩、管桩、板桩，钢管桩、钢板桩等定额，适用于一般情况下的基础打入桩工程，不适用于试桩及在障碍物繁多区域等特殊情况下的打桩工程。

2）定额计算参数的选用应符合以下规定。

a. 当打设不同类型的基桩时，按以下规则执行。

（a）打设直桩时，按定额正表执行。

（b）打设斜桩时，按打桩定额正表乘以 1.23。

（c）打设水上同节点双向叉桩时，按打桩定额正表乘以 1.31。

（d）打设水上墩台式基桩时（包括直桩、斜桩或叉桩），按打桩定额正表乘以 1.45。

（e）当码头等建筑物距岸边最短距离大于 500m 时，按下列规则执行：①直桩按定额正表乘以 1.15；②斜桩按定额正表乘以 1.41；③水上同节点双向叉桩按定额正表乘以 1.45。

b. 根据土壤级别的不同，打入桩工程尚应按以下规则执行：

（a）土壤级别应按表 5.2 - 7 规定划分。

表 5.2 - 7                           基础打入桩工程土壤级别划分表

| 土类 级别 | 黏性土 | | 粉土 | 砂土 | 碎石土 | | 风化岩 |
| --- | --- | --- | --- | --- | --- | --- | --- |
| | 黏土 | 粉质黏土 | | | 角砾、圆砾 | 碎石、卵石 | |
| | $I_L$ | $N$ | $N$ | $N$ | | | $N$ |
| 一 | $I_L \geqslant 0.5$ | $N \leqslant 10$ | $N \leqslant 15$ | $N < 30$ | — | — | — |
| 二 | $0 < I_L < 0.5$ | $10 < N \leqslant 20$ | $15 < N \leqslant 30$ | $30 \leqslant N \leqslant 50$ | 稍密、中密 | 稍密 | $N \leqslant 50$ |
| 三 | $I_L \leqslant 0$ | $20 < N \leqslant 30$ | $N > 30$ | $N > 50$ | 密实 | 中密、密实 | $50 < N \leqslant 80$ |

注  对于三级土风化岩的 $N$ 值超过上限值且设计要求桩尖进入该持力层时，不执行本定额。

（b）打入桩穿过不同级别土层时，应分别按以下规定执行 [穿过不同级别土层系指穿过二级土层的连续厚度（以 $l_2$ 表示）或穿过二级土各层厚度之和（以 $\sum l_2$ 表示）以及穿过三级土层的连续厚度（以 $l_3$ 表示）或三级土各层厚度之和（以 $\sum l_3$ 表示）]：①当

$2m<l_2\leqslant4m$ 或 $7m<\sum l_2\leqslant8m$ 时，按一级土定额正表乘以 1.20；②对于钢筋混凝土方桩，钢筋混凝土管桩，当设计要求桩尖进入（$N>40$）的二级土层厚度 1m 以上，且最后平均贯入度小于 3mm/击时，按一级土定额正表乘以 1.20；③当 $4m<l_2\leqslant5m$ 或 $8m<\sum l_2\leqslant10m$ 时，按二级土定额正表计算；④当 $5m<l_2\leqslant6m$ 或 $10m<\sum l_2\leqslant13m$ 时，按二级土定额正表乘以 1.22；⑤当 $l_2>6m$ 或 $\sum l_2>13m$ 时，按二级土定额正表乘以 1.41；⑥当 $l_3\leqslant3m$ 的黏性土、粉土或 $l_3\leqslant1m$ 的砂土，或 $l_3\leqslant0.5m$ 的碎石土时，均按三级土定额正表乘以 0.864；⑦当 $l_3>3m$ 的黏性土、粉土或 $l_3>1m$ 的砂土，或 $l_3>0.5m$ 的碎石土，或 $50<N\leqslant80$ 风化岩时，均按三级土定额正表计算。

c. 定额的使用应符合以下规定。

（a）对于水上打入桩工程，因施工条件限制或桩打入施工水位以下需换用长替打时，除应按桩长选用相应定额及调整系数外，方驳供桩时，每根桩另增加人工 1 工日、打桩船及锤 0.063 艘班、方驳 0.063 艘班、其他船机费 50.00 元；定额中不含长替打制作费用（长替打指长度大于 3m 的替打）；水上打钢板桩、水上打临时围堰钢板桩、水上打临时 H 型钢桩需换用长替打时，按相应定额附注调整。

（b）陆上打桩定额不适用于桩顶低于地面 2m 的情形；陆上钢筋混凝土方桩，当桩顶低于地面 2m 时执行深送桩定额。

（c）由于施工条件限制，需要在桩位上进行接桩作业的，除按桩的总长度执行相应打桩定额外，应根据接头数量，按本节接桩定额计算接桩费用。

（d）水上打设混凝土桩定额的装船工序中不包括桩装船的人工和机械消耗，其消耗在相应构件预制定额中考虑，对于水上打设 PHC 桩，桩装船的人工和机械费用在桩本体价格中考虑；水上打设钢桩定额的适用于由桩本体供应方负责装船的情况（桩装船的人工机械费用计入桩本体价格），如由施工方负责装船，应进行以下调整：①对于钢管桩，在相应打桩定额正表基础上按不同桩径增加 60t 旋转扒杆起重船艘班消耗量（每 10 根桩），即 $\Phi60cm$ 桩径 0.460 艘班、$\Phi80cm$ 桩径 0.509 艘班、$\Phi100cm$ 桩径 0.747 艘班、$\Phi120cm$ 桩径 0.803 艘班、$\Phi150cm$ 桩径 0.942 艘班；②对于钢板桩、H 型钢桩，在相应打桩定额正表基础上增加 60t 旋转扒杆起重船 0.191 艘班/10 根桩。

（e）编制概预算时，应根据工程地质及相关资料计算桩头处理工程量。

（f）钢筋混凝土方桩桩顶凿除长度在 50cm 以内，执行相应桩头处理的修凿定额，凿除长度在 50cm 以外，执行相应桩头处理的截桩定额；钢筋混凝土管桩、钢管桩需桩头处理时均执行相应桩头处理的截桩定额。

（g）本节打入桩定额正表中的桩本体消耗量为不计价项目，本体消耗量为包括打桩损耗在内的备桩数量。编制概预算时，应按相应数量计算桩本体相关费用。

d. 工程量的计算应符合以下规定。

（a）基础打入桩工程数量应根据桩的类型、尺度及土壤级别以根计算。

（b）基础打入桩类型应符合下列规定：①斜度小于或等于 8∶1 的基桩按直桩计算，斜度大于 8∶1 的基桩按斜桩计算；②在同一节点中由一对不同方向的斜桩（或单根直桩和斜桩）组成的基桩为叉桩，由两对不同方向叉桩组成的基桩组按同节点双向叉桩计算；③独立墩或独立承台结构体下的基桩，或具有 3 根以上（含 3 根）斜桩、且不与其他基桩联系的其他结构体下的基桩按墩台式基桩计算；④施打组合桩（钢筋混凝土管桩与钢管桩组合）时，执行钢筋混凝土管桩定额。

（2）节分部分项定额条目说明。

1）水上打钢筋混凝土方桩，区分方桩断面尺寸、桩长、土壤级别（一、二、三），以10根计。

方桩断面分别为 45cm×45cm 和 50cm×50cm、60cm×60cm、65cm×65cm。桩长分别为 26～62m 以内，每增 4m 为一级。

本定额以运距 1km 内为准，水上运距每增 1km 按附表另计工程量。

工程内容：装船、运输、打桩、稳桩夹桩。

2）水上打钢筋混凝土管桩，区分管桩桩径、桩长、土壤级别（一、二、三），以10根计。

管桩桩径分别为 Φ60～140cm，每增 20cm 为一级。桩长分别为 20～72m 以内，每增 4m 为一级。

本定额以运距 1km 内为准，水上运距每增 1km 按附表另计工程量。

工程内容：装船、运输、打桩、稳桩夹桩。

3）水上打钢筋混凝土板桩，区分板桩宽度、桩长、土壤级别（一、二、三），以10根计。

板桩宽度分别为 40cm、70cm、100cm 以内。桩长分别为 12m、16m、20m、26m 以内。

本定额以运距 1km 内为准，水上运距每增 1km 按附表另计工程量。

工程内容：装船、运输、打拔导桩、安拆导架、打桩、稳桩夹桩、砂浆灌缝。

4）水上打钢管桩，区分管桩桩径、桩长、土壤级别（一、二、三），以10根桩计。

管桩桩径分别为 Φ60cm、Φ80cm、Φ100cm、Φ120cm、Φ150cm。Φ60cm、Φ80cm 钢管桩长分别为 20～50m 以内，每增 5m 为一级；Φ100cm、Φ120cm、Φ150cm 钢管桩长分别为 40～90m 以内，每增 10m 为一级。

本定额以运距 1km 内为准，水上运距每增 1km 按附表另计工程量。

工程内容：装船、运输、打桩、稳桩夹桩。

5）水上打钢板桩，区分桩长、土壤级别（一、二、三），以10根计。

桩长分别为 15～25m 以内，每增 5m 为一级。

本定额以运距 1km 内为准，水上运距每增 1km 按附表另计工程量。

因施工条件限制或桩打入施工水位以下需换用长替打时，除应按桩长选用相应定额及调整系数外，每根桩另增加人工 1 工日，2000t 方驳、80t 履带式起重机及锤 0.063 艘（台）班，600t 方驳 0.063 艘班。其他船机费 50.00 元；定额中不含长替打制作费用。

工程内容：调直、楔形桩制作、陆上运输、装船、水上运输、打拔导桩、安拆导架、打桩、桩头处理。

6）水上打临时围堰钢板桩，区分桩长、土壤级别（一、二、三），以10根计。

桩长分别为 15～25m 以内，每增 5m 为一级。

本定额以运距 1km 内为准，水上运距每增 1km 按附表另计工程量。

工程内容：调直、楔形桩制作、陆上运输、装船、水上运输、打桩。

7）水上打临时 H 型钢桩，区分桩长、土壤级别（一、二、三），以 10 根计。

桩长分别为 20m、30m、35m 内。

本定额以运距 1km 内为准，水上运距每增 1km 按附表另计工程量。

工程内容：装船、运输、打桩、稳桩夹桩、桩头处理。

8）水上水冲打钢筋混凝土方桩，区分方桩断面尺寸、桩长，以 10 根计。

方桩断面分别为 50cm×50cm、60cm×60cm。桩长分别为 26～38m 以内，每增 4m 为一级。

本定额以运距 1km 内为准，水上运距每增 1km 按附表另计工程量。

工程内容：装船，运输，射水，打桩，稳桩夹桩。

9）水上水冲打钢筋混凝土管桩，区分管桩桩径、桩长，以 10 根计。

管桩桩径分别为 Φ100cm、Φ120cm。桩长分别为 28～40m 以内，每增 4m 为一级。

本定额以运距 1km 内为准，水上运距每增 1km 按附表另计工程量。

工程内容：装船，运输，射水，打桩，稳桩夹桩。

10）水上桩头处理，分为钢筋混凝土方桩截桩、钢筋混凝土方桩修凿、钢筋混凝土管桩截桩、钢管桩截桩等 4 部分。

a. 钢筋混凝土方桩截桩，区分方桩截面尺寸，以 10 根计。

钢筋混凝土方桩截面尺寸分别为 50cm×50cm、60cm×60cm、65cm×65cm。

钢筋混凝土板桩截桩费用，在本定额基础上按截面积与相应方桩截面积之比计算。

工程内容：凿除混凝土、切割钢筋、吊运桩头、整理钢筋。

b. 钢筋混凝土方桩修凿，区分方桩截面尺寸，以 10 根计。

钢筋混凝土方桩截面尺寸分别为 50cm×50cm、60cm×60cm、65cm×65cm。

钢筋混凝土板桩截桩费用，在本定额基础上按截面积与相应方桩截面积之比计算。

工程内容：修凿桩头、切割钢筋及整理。

c. 钢筋混凝土管桩截桩，区分管桩桩径，以 10 根计。

管桩桩径分别为 Φ60～140cm，每增 20cm 为一级。

工程内容：凿除混凝土、切割钢筋、吊运桩头、整理钢筋。

d. 钢管桩截桩，区分管桩桩径，以 10 根计。

管桩桩径分别为 Φ60cm、Φ80cm、Φ100cm、Φ120cm、Φ150cm。

工程内容：切割、清理、吊运桩头。

11）水上接桩，区分施工工艺，以 1 个接头计。

施工工艺分为法兰盘接钢筋混凝土方桩、对接焊混凝土方桩、对接焊钢筋混凝土管桩、钢管桩焊接。法兰盘接钢筋混凝土方桩，断面分为 45cm×45cm、50cm×50cm、55cm×55cm、60cm×60cm。对接焊钢筋混凝土管桩、钢管桩焊接，桩径分为 Φ60cm、Φ80cm、Φ100cm。

工程内容：铁件加工、运输、吊上节桩、接桩。

12）水上封桩，区分桩型，以 10 根计。

桩型分为钢筋混凝土方桩、钢筋混凝土管桩（$\Phi$80cm、$\Phi$120cm、$\Phi$150cm）。

工程内容：夹桩、加固。

13）陆上打钢筋混凝土方桩（陆上运输），区分方桩断面尺寸、桩长、土壤级别（一、二），以10根计。

方桩断面分别为45cm×45cm和50cm×50cm、60cm×60cm。

桩长分别为20～30m以内，每增5m为一级。

本定额以运距1km内为准，陆上运距每增加1km按附表另计工程量。

工程内容：装车、运输、卸车，打桩。

14）陆上打钢筋混凝土方桩（水上运输），区分方桩断面尺寸、桩长、土壤级别（一、二），以10根计。

方桩断面分别为45cm×45cm和50cm×50cm、60cm×60cm。

桩长分别为20～30m以内，每增5m为一级。

本定额以运距1km内为准，水上运距每增加1km按附表另计工程量。

工程内容：装车、运输、卸船，打桩。

15）陆上打钢筋混凝土管桩（陆上运输），区分桩径、桩长、土壤级别（一、二），以10根计。

管桩桩径分别为$\Phi$60cm、$\Phi$80cm。

桩长分别为16～32m以内，每增4m为一级。

本定额以运距1km内为准，陆上运距每增加1km按附表另计工程量。

工程内容：装车、运输、卸车，打桩。

16）陆上打钢筋混凝土管桩（水上运输），区分桩径、桩长、土壤级别（一、二），以10根计。

管桩桩径分别为$\Phi$60cm、$\Phi$80cm。

桩长分别为16～32m以内，每增4m为一级。

本定额以运距1km内为准，水上运距每增加1km按附表另计工程量。

工程内容：装船、运输、卸船，滑运，打桩。

17）陆上打钢筋混凝土板桩（陆上运输），区分板桩宽度、桩长、土壤级别（一、二），以10根计。

板桩宽度分别为40cm、70cm。

桩长分别为8～20m以内，每增4m为一级。

本定额以运距1km内为准，陆上运距每增加1km按附表另计工程量。

工程内容：装车、运输、卸桩，打拔导桩，安拆导架，打桩，砂浆灌缝。

18）陆上打钢筋混凝土板桩（水上运输），区分板桩宽度、桩长、土壤级别（一、二），以10根计。

板桩宽度分别为40cm、70cm。

桩长分别为8～20m以内，每增4m为一级。

本定额以运距1km内为准，水上运距每增加1km按附表另计工程量。

工程内容：装船、运输、卸桩，打拔导桩，安拆导架，打桩，砂浆灌缝。

19) 陆上打深送钢筋混凝土方桩（陆上运输），区分方桩断面尺寸、桩长、送桩深度、土壤级别（一、二），以 10 根计。

方桩断面分别为 45cm×45cm 和 50cm×50cm、60cm×60cm。

桩长分别为 20～30m 以内，每增 5m 为一级。送桩深度分为 2～5m、8m 以内。

本定额以运距 1km 内为准，陆上运距每增加 1km 按附表另计工程量。

工程内容：装车、运输、卸桩，打桩、深送。

20) 陆上打深送钢筋混凝土方桩（水上运输），区分方桩断面尺寸、桩长、送桩深度、土壤级别（一、二），以 10 根计。

方桩断面分别为 45cm×45cm 和 50cm×50cm、60cm×60cm。

桩长分别为 20～30m 以内，每增 5m 为一级。送桩深度分为 2～5m、8m 以内。

本定额以运距 1km 内为准，陆上运距每增加 1km 按附表另计工程量。

工程内容：装船、运输、卸桩，打桩、深送。

21) 陆上打水上钢筋混凝土板桩，区分板桩宽度、桩长、土壤级别（一、二），以 10 根计。

板桩宽度分别为 40cm、70cm。

桩长分别为 8m、12m 以内。

本定额以运距 1km 内为准，水上运距每增加 1km 按附表另计工程量。

工程内容：装船、运输，打拔导桩，安拆导架，打桩，砂浆灌缝。

22) 陆上打钢筋混凝土锚碇桩，适用于桩长 8m 以内，区分水上运输、陆上运输，以 10 根计。

陆上运输工艺以运距 1km 内为准，每增 1km 按附表另计工程量。

水上运输工艺以运距 1km 内为准，每增 1km 按附表另计工程量。

工程内容：①陆上运输，包括装车、运输、卸桩，打拔导桩，安拆导架，打桩；②水上运输，包括装船、运输、卸桩，滑运，打拔导桩，安拆导架，打桩。

23) 陆上打钢板桩，区分桩长（15m、20m 以内）、土壤级别（一、二），以 10 根计。

本定额以运距 1km 内为准，陆上运距每增加 1km 按附表另计工程量。

工程内容：调直，楔形桩制作，装车、运输、卸桩，打拔导桩，安拆导架，打桩，桩头处理。

24) 陆上打临时钢板桩，区分桩长（15m、20m 以内）、土壤级别（一、二），以 10 根计。

本定额以运距 1km 内为准，陆上运距每增加 1km 按附表另计工程量。

工程内容：调直，楔形桩制作，装车、运输、卸桩，打桩，桩头处理。

25) 陆上接桩，区分接头型式、桩断面尺寸，以 1 个接头计。

接头型式有：对接焊钢筋混凝土方桩；对接焊钢筋混凝土管桩，桩径分为 Φ60cm、Φ80cm、Φ100cm；钢管桩焊接，桩径分为 Φ60cm、Φ80cm、Φ100cm。

工程内容：铁件加工、运输、吊上节桩、接桩。

26) 陆上桩头处理，区分桩型（混凝土方桩、混凝土管桩）和断面尺寸，以 10 根计。

混凝土方桩的断面分为 50cm×50cm、60cm×60cm。混凝土管桩的桩径分为 $\Phi$60cm、$\Phi$80cm。

钢筋混凝土方桩凿除长度在 50cm 内，套用修凿定额；凿除长度在 50cm 外，套用截桩定额；二者不得重复计算。

钢筋混凝土管桩，不分修凿和截桩均套用截桩定额。

工程内容：①修凿桩头，包括修凿桩头、切割钢筋、整理钢筋；②截桩，包括凿除混凝土、切割钢筋、吊运桩头、整理钢筋。

27）拔钢板桩，适用于桩长 20m 以内、振动锤拔桩工艺，区分陆上、水上以及土壤级别（一、二），以 10 根计。

本定额适用于拔临时钢板桩，振动锤拔桩中已包括切除拉杆、导梁加固吊孔的工作内容。

本定额陆上运距 1km 内考虑，每增加 1km 可参照相关定额另计工程量。

工程内容：①陆上拔钢板桩，包括移机，拔桩，装车、运输、卸车，堆放；②水上拔钢板桩，包括移船，拔桩，装车、运输、卸车，堆放。

28）管桩内吸泥，适用于水上吸泥工艺，区分每根管桩吸泥量（5m³ 内、10m³ 内），以 1 根计。

管桩内吸泥量应以天然泥面标高至设计吸泥底标高为准，按管桩内体积计算。

工程内容：吸泥、排泥。

2. 基础灌注桩工程

（1）节定额说明。

1）本节基础灌注桩定额共 224 项定额。主要包括灌注桩成孔、灌注桩混凝土、灌注桩钢筋加工、桩头处理及灌注桩施工平台、护筒等定额。

2）定额的使用应符合以下规定。

a. 灌注桩的土类按成孔的难易程度划分为六类，土类划分应符合下列规定：①Ⅰ类土，指塑性指数大于 10 的黏土、粉质黏土、砂土，以及粉土、淤泥质土、吹填土；②Ⅱ类土，指砂砾、混合土；③Ⅲ类土，指粒径为 2～20mm 的颗粒含量大于总质量 50% 的角砾、圆砾土质，粒径为 20～60mm 的颗粒含量不大于总质量 20% 的碎石、卵石土质；④Ⅳ类土，指粒径为 20～200mm 的颗粒含量大于总质量 20% 的碎石、卵石土质，粒径为 200～500mm 的颗粒含量不大于总质量 10% 的块石、漂石土质和杂填土；⑤Ⅴ类土，指中等风化程度及以上的软质岩石或强风化的硬质岩石，包括粒径大于 500mm 的颗粒含量大于总质量 10% 的块石、漂石土质；⑥Ⅵ类土，指中等风化程度及以下的硬质岩石或微风化的软质岩石。

b. 灌注桩成孔定额的使用，应符合下列规定。

（a）定额中孔深指护筒顶到桩底（设计标高）的深度。定额使用时，同一孔内的不同土质，不论其所在深度如何，均执行总孔深定额。

（b）人工挖孔、机械成孔定额适用于陆上和岸坡上灌注桩成孔。水上施工平台上机械成孔可在陆上机械成孔定额基础上按相应定额附注进行调整。

（c）当采用驳船上泥浆系统供应护壁泥浆时，按相应定额附注计价。

（d）成孔定额工程内容已包括了换钻头、修理、捞钻杆或钻头等。钻架的拼装、移位、拆除所耗用的人工、材料、机械也按摊销方式计入定额中，编制概、预算时不应另行计算。

（e）成孔定额的钻头摊销费不包括使用牙轮钻头的费用，使用牙轮钻头时，应单独考虑。

（f）水上施工平台上机械成孔时，以在施工平台上建立泥浆系统为准。对于在长引桥远距离施工平台上钻孔作业，定额中包括了造浆材料水上 1km 内运输，超过 1km 时，按造浆材料水上运输增运距定额调整。

（g）当水上施工平台不能连续搭设，钻机需进行跨墩移位钻孔作业时，可按钻机水上跨墩定额计算相应费用。

c. 灌注桩混凝土定额按导管倾注水下混凝土编制。定额中包括设备（导管、浇筑架等）摊销的工、料费用及扩孔增加的混凝土数量，以及混凝土水平、垂直运输的人工、机械用量。编制概、预算时，除定额附注另有说明外，不应另行计算。

d. 护筒埋设定额的使用，应符合下列规定。

（a）陆上埋设钢护筒定额中的钢护筒已按设计重量及周转摊销次数综合列入定额，编制概、预算时不应另行计算；陆上埋设混凝土护筒定额的混凝土护筒本体应另行计价；水上钢护筒按一次性摊销考虑。

（b）材料消耗中已包括埋设护筒的黏土和护筒接头及定位用导向架所用的材料。编制概、预算时不应另行计算。

e. 本节定额不包括废浆、废渣及桩头处理后破碎混凝土的弃运费用，发生时应另行计算。

3）工程量的计算应符合以下规定。

a. 成孔工程量应按设计量与施工增加量之和计算，并应符合下列规定：①人工成孔设计量应按桩设计入土深度乘以护筒外缘包围的截面面积以体积计算，施工增加量按 0.05m 乘以护筒外缘包围的截面面积以体积计算；②机械成孔设计量应按桩设计入土深度以长度计算，施工增加量按 0.5m 计算。

b. 灌注桩混凝土工程量应按设计量与施工增加量之和计算，并应符合下列规定：①设计量按设计桩径、桩长以体积计算；②人工成孔灌注混凝土施工增加量按凿顶高度 0.5m 与成孔超深 0.05m 之和乘以设计桩截面面积计算；③机械成孔灌注水下混凝土施工增加量按凿顶高度 0.5m 与成孔超深 0.5m 之和乘以设计桩截面面积计算；④机械成孔灌注水下混凝土定额已包括水下混凝土扩孔等因素的损耗量，不应另计。

c. 灌注桩钢筋笼工程量应按设计量和施工增加量之和计算，施工增加量包括架立、定位的钢筋及铁件。

d. 灌注桩施工平台工程量应按施工条件或施工组织设计要求以面积计算。

e. 灌注桩护筒制作安装（埋设）工程量按护筒的设计重量计算，设计重量为加工后的成品重量，包括加劲肋及连接用法兰盘等全部钢材重量。条件不具备的，可参考表 5.2-8 计算，桩径不同时可内插计算。

**表 5.2 - 8　　　　　　　　　　水上钢护筒重量参考表**

| 桩径/cm | 80 | 100 | 120 | 150 | 200 | 250 |
|---|---|---|---|---|---|---|
| 每米护筒重量/(kg/m) | 143.80 | 170.20 | 238.20 | 289.30 | 499.10 | 612.60 |

（2）节分部分项定额条目说明。

1）人工挖孔，分为人工挖孔、混凝土护壁两部分。

a. 人工挖孔，区分桩径（≤2.0m、＞2.0m）、孔深（10m、20m 内）、土壤类别（Ⅰ～Ⅱ、Ⅲ～Ⅳ、Ⅴ、Ⅵ类土），以 10m³ 桩孔计。

工程内容：桩孔开挖，钻孔炸石，人力挖土挖石，卷扬机提升，支撑防护挂梯，修整孔壁。

b. 混凝土护壁，以 10m³ 混凝土体积计。

工程内容：拌和、运输、浇筑、养护。

2）卷扬机带冲击锥冲孔，区分桩径（150cm、200cm）、孔深（20m、30m、40m内）、土壤类别（Ⅰ、Ⅱ、Ⅲ、Ⅳ、Ⅴ、Ⅵ类土），以 10m 桩长计。

工程内容：机具就位及转移，安拆泥浆循环系统，冲击成孔，清渣清孔。

3）卷扬机带冲抓锥冲孔（桩径 150cm 内），区分孔深（20m、30m、40m 以内）、土壤类别（Ⅰ、Ⅱ、Ⅲ、Ⅳ类土），以 10m 桩长计。

当设计桩径与定额采用桩径不同时，在定额正表基础上，按附表系数调整。

工程内容：机具就位及转移，安拆泥浆循环系统，冲抓成孔，清渣清孔。

4）回旋钻机成孔，区分桩径、孔深、土壤类别（Ⅰ、Ⅱ、Ⅲ、Ⅳ、Ⅴ、Ⅵ类土），以 10m 桩长计。

桩径分别为 80cm、100cm、120cm、150cm、200cm、250cm 以内。

孔深分别为 20m、30m、40m、50m、60m、80m、100m 以内。

桩径 100cm 及以上时，有以下附注：

采用水上施工平台上回旋钻机钻孔时，工程内容包括施工平台上移动钻架，安拆泥浆循环系统，成孔，清渣清孔，造浆材料水上 1km 内运输；定额消耗量应在相应定额的基础上按条目附注的内容调整。

施工平台上不具备泥浆制备条件，采用泥浆船泥浆循环系统时，应根据条目附注的内容调整定额消耗量。

造浆材料水上运输超过 1km 时，增运距费用按造浆材料水上运输（增运 1km）定额计算。

工程内容：机具就位及转移，安拆泥浆循环系统，成孔，清渣清孔。

5）造浆材料水上运输（增运 1km），区分桩径（100cm、120cm、150cm、200cm、250cm 以内），以 10m 桩长计。

工程内容：造浆材料水上运输。

6）回旋钻机水上跨墩，按 50m 内考虑，以每跨 1 墩次计。

工程内容：水上跨墩移动钻机、钻架。

7）灌注桩混凝土，分为灌注混凝土、钢筋笼制安两部分。

本定额适用于陆上及接岸施工平台上灌注桩混凝土浇筑。

a. 灌注混凝土，适用于"混凝土搅拌运输车＋混凝土输送泵车"和"混凝土搅拌运输车＋混凝土输送泵"工艺，区分成孔工艺（人工挖孔，冲击锥、冲抓锥成孔，回旋钻机成孔），以 10m³ 计。

混凝土输送泵工艺水平输送距离按 150m 内考虑，当水平输送距离超过 150m 时，按现浇混凝土及钢筋混凝土工程的有关说明调整。

工程内容：安拆浇捣架及导管，浇筑前清孔，混凝土制备、运输、浇筑。

b. 钢筋笼制安，区分连接方式（焊接连接、套筒连接），以 1t 计。

工程内容：制作、安装。

8）护筒埋设、拆除，分为陆上埋设混凝土护筒、陆上埋设钢护筒、水上打设钢护筒等 3 部分。

a. 陆上埋设混凝土护筒，区分桩径（80cm、120cm、150cm 以内），以 1 根灌注桩计。

陆上混凝土护筒，按高出地面 30cm，长 2m，壁厚 11cm 考虑。如与设计不同，可按设计调整。

工程内容：人力清土，制安拆导向架，冲抓埋设、拆除护筒。

b. 陆上埋设钢护筒，以 1t 计。

陆上钢护筒如不拆除时，钢护筒定额消耗量按 1.000t 计算。

工程内容：人力清土，制安拆导向架，冲抓埋设、拆除护筒。

c. 水上打设钢护筒，区分水深（5m、10m、20m 以内），以 1t 计。

水上钢护筒按全部摊销考虑。如设计可回收，应按设计计算回收数量。

工程内容：制安拆导向架，振冲埋设护筒。

9）灌注桩施工平台，分为水上（水深 5m、10m、20m 以内）、岸坡上，以 100m² 计。

水上施工平台定额适用于接岸满堂式或接岸引桥式平台搭设及拆除。

陆上搭拆灌注桩施工平台，可套用岸坡上施工平台定额。

定额中钢管桩、型钢及钢板消耗量为每使用一次的摊销量，钢管桩按 4 次摊销；型钢、钢板按 6 次摊销，可据实调整。

定额中贝雷片的摊销量按 3 个月内使用期限计算，如实际使用期限不同时，每增一个月定额摊销量按附表增加。

工程内容：①水上，包括打拔钢管桩，制作、安装、拆除钢结构施工平台；②岸坡上，包括堆筑草袋土，制作、安装、拆除木结构施工平台。

10）灌注桩桩头处理，分为陆上、水上，以 10m³ 计。

工程内容：①陆上，包括清除浮浆、拆除护筒、凿除桩头、调直钢筋、桩顶修整；②水上，包括切割钢护筒、凿除桩头、调直钢筋、桩顶修整。

3. 地下连续墙

（1）节定额说明。

1）本节地下连续墙工程共 20 项定额，主要包括地下连续墙导墙、成槽、墙体钢筋骨架、墙体混凝土、墙顶处理等定额。

2）定额的使用应符合以下规定。

a. 土壤类别按成槽施工的难易程度和土壤颗粒级配组成划分。

Ⅰ类土，指塑性指数大于10的黏土、粉质黏土、粉土、淤泥质土、冲填土，标准贯入击数 $N \leqslant 10$ 的土层。

Ⅱ类土，指砂土、混合土，标准贯入击数 $10 < N \leqslant 30$ 的土层。

Ⅲ类土，指粒径为 $2 \sim 20mm$ 的颗粒含量大于全重50％的角砾、圆砾，粒径为 $20 \sim 60mm$ 的颗粒含量不大于全重20％的碎石、卵石土层；标准贯入击数 $30 < N \leqslant 50$ 的土层。

b. 当成槽穿过Ⅰ、Ⅱ类土层时，如Ⅱ类土层各层厚度之和超过设计墙深的50％时，按Ⅱ类土计算；不足前述条件时按Ⅰ类土计算。

c. 本节定额中已包括了废浆及墙顶处理（凿除混凝土）和废导墙混凝土拆除后的场内弃运，如需场外运输时，费用另行计算。

d. 护壁泥浆的配合比应按施工条件或施工组织设计要求确定；条件不具备的，如采用膨润土护壁泥浆，可参考表5.2-9使用。

表 5.2-9　　　　　　　　　膨润土护壁泥浆配合比（1m³ 泥浆）

| 钠质膨润土/kg | 羟基纤维素/kg | 铬铁木质素磺酸钠盐/kg | 碳酸钠/kg | 水/m³ |
|---|---|---|---|---|
| 80 | 1 | 1 | 4 | 1 |

3）工程量的计算应符合以下规定。

a. 成槽工程量应按设计量与施工增加量之和以体积计算。设计量按施工条件或施工组织设计确定的成槽地面至设计墙底的高度及墙厚等参数确定；施工增加量按成槽超深量0.2m计算。

b. 地下连续墙混凝土工程量应按设计量与施工增加量之和以体积计算。设计量应按设计墙体体积计算，施工增加量按成槽超深与混凝土浇筑超高量之和0.7m计算。

c. 地下连续墙钢筋工程量按设计量与施工增加量之和计算。设计量按设计图纸标示量计算，施工增加量包括钢筋保护层垫板、悬吊钢筋及加固钢筋的工程量。

（2）节分部分项定额条目说明。

1）导墙浇筑与拆除，分为导墙浇筑、导墙拆除、钢筋加工等3部分。

a. 导墙浇筑，以 10m³ 计。

导墙定额按"倒L"选型。若采用"梯"型导墙，按现浇混凝土及钢筋混凝土工程中的现浇挡浪墙定额计算。

工程内容：模板制安拆，混凝土制备、运输、浇筑。

b. 导墙拆除，以 10m³ 计。

工程内容：拆除、就地堆放、场内弃运。

c. 钢筋加工，以 1t 计。

工程内容：制作、安放。

2）地下连续墙抓斗成槽，区分槽深（20m、40m、60m以内）、土壤类别（Ⅰ、Ⅱ、Ⅲ），以 10m³ 成槽体积计。

工程内容：泥浆制作、输送，成槽，护壁、侧壁整修，清底置换，泥渣场内运弃，锁口管安拆。

3）T型地下连续墙、遮帘桩抓斗成槽，适用于槽深40m内，以10m³成槽体积计。

工程内容：泥浆制作、输送，成槽，护壁、侧壁整修，清底置换，泥渣场内运弃，锁口管安拆。

4）地下连续墙钢筋骨架制作与吊装，区分槽深（20m、40m、60m以内），以1t计。

工程内容：钢筋骨架制作，吊运入槽。

5）地下连续墙混凝土浇筑，区分土壤类别（Ⅰ～Ⅱ、Ⅲ），以10m³混凝土计。

工程内容：安拆浇捣架及导管，混凝土制备、运输、浇筑。

6）墙顶处理，以10m³计。

工程内容：凿除、墙顶修整，调直钢筋，废渣场内运弃（1km内）。

4．软土地基加固工程

（1）节定额说明。

1）本节软土地基加固工程共101项定额。主要包括陆上强夯、打设塑料排水板、堆载预压、真空预压、振冲碎石桩、旋喷桩、水泥搅拌桩（粉喷、浆喷）桩、淤泥搅拌桩、陆上震动法打砂桩及软基泥面铺设土工材料定额。

2）定额的使用应符合以下规定。

a．陆上强夯定额的使用，应按下列规定执行：①定额使用时，应根据设计要求分别套用单点强夯和低能满夯定额；②单点强夯定额中各类夯击能每100m²夯点数为该夯击能下的最终夯点数；③夯坑排水费用已计入定额中，使用本定额不得另行增加；施工区域水位较高影响施工时，所需措施费用另行计算；④单位工程中强夯面积在200m²以下，或条形基础强夯时，定额的人工机械乘以1.10系数。

b．堆载预压定额的使用，应按下列规定执行：①定额中包括了每堆载及卸载一次、预压堆载体放坡、修坡道增加的工料机消耗，定额使用时不应另行计算；②定额中的堆载材料为对应预压荷载等级的消耗总重量，定额按直接来料考虑，费用应另行计算；③堆载体材料的容重值应按实际确定，条件不具备的，可参考表5.2-10选用；④定额不包括地基降水工程内容；⑤当采用联合堆载真空预压时，除应套用相应真空预压定额外，编制概、预算时补充以下材料：聚丙烯编织布，1100m²/1000m²；无纺布，1050m²/1000m²；φ50mm硬塑料管，140m/1000m²。

表5.2-10　　　　　　　　　　　堆载体材料容重参考值

| 堆载体材料 | 容重/(t/m³) | 堆载体材料 | 容重/(t/m³) |
|---|---|---|---|
| 土 | 1.35 | 山皮土 | 1.43 |
| 砂 | 1.42 | 砂夹石 | 1.61 |

c．陆上振冲碎石桩定额中的碎石消耗量已综合考虑振实、扩孔、超长等因素的影响，使用时不得调整；定额未包括引水和泥浆排放处理的费用。

d．地基处理工程中的排水砂垫层、盲沟等，按照土石方工程章相应定额计价。

e．软基泥面铺设土工材料定额中，土工布的消耗量已包括锚固沟外边缘所包围的面积，使用时不得调整。定额不包括排水措施费用，需要时另行计算。

　　3）工程量的计算应符合以下规定。

　　a. 陆上强夯工程量，按设计加固面积计算；夯坑填料应按相应定额，以体积计算。

　　b. 塑料排水板工程量应按设计量和施工增加量之和以 m 计算；施工增加量按排水板长度 0.5m/根计算。

　　c. 堆载预压工程量计算应符合下列规定。

　　（a）堆载预压工程量按设计要求以面积计算。

　　（b）堆载材料工程量包括一次堆载体材料用量和施工损耗量，按体积计算；①一次堆载体材料用量包括满足压载等级的堆载材料重量、预压堆载体的放坡和马道材料重量；②定额中已包括压载区域内堆载材料的风吹、雨淋损耗，使用时不得调整。

　　（c）卸载时，减少的卸载材料工程量按设计减少的卸载量以体积计算。

　　d. 真空预压工程量按设计面积计算。

　　e. 陆上打碎石桩工程量按设计长度计算。

　　f. 高压旋喷桩、粉喷桩、水泥搅拌桩、淤泥搅拌桩工程量按设计长度计算。

　　g. 陆上震动法打砂桩工程量按设计桩径和桩长以体积计算。

　　h. 铺设土工合成材料，按设计铺设面积计算。

　　（2）节分部分项定额条目说明。

　　1）陆上强夯，分为单点强夯、低能满夯、夯坑料回填等 3 部分。

　　a. 单点强夯，区分单击夯击能、每 $100m^2$ 夯点数，以 $100m^2$ 加固面积计。

　　单击夯击能分别为 $1000\sim6000kN\cdot m$，每增 $1000kN\cdot m$ 为一级。每 $100m^2$ 夯点数分别为 25 个、23 个、17 个、13 个、9 个以内。每点夯击数按 4 击以下考虑，每增 1 击另计工程量。

　　定额内不包括强夯机下的垫板。根据土质情况需要垫板时每 $100m^2$ 增加板枋材 $0.050m^3$。

　　整平包括夯前夯后及夯间的整平。

　　工程内容：夯前平整，点夯，推平、碾压，夯坑排水。

　　b. 低能满夯，区分夯击能量（$1000kN\cdot m$、$2000kN\cdot m$、$3000kN\cdot m$），以 $100m^2$ 计。

　　低能满夯按一遍 2 击考虑，每增 1 击另计工程量。

　　工程内容：夯击，推平、碾压。

　　c. 夯坑料回填，适用于直接来料回填整平，以 $100m^3$ 加固面积计。

　　定额按回填砂考虑，如填料不同时，按下列材料用量调整：土，$135m^3$；山皮土，$125m^3$；砂夹石，$120m^3$。

　　工程内容：材料倒运，推填、整平。

　　2）打塑料排水板，分为排水板插设引孔、浅表层人工插设排水板、陆上打塑料排水板、水上打塑料排水板等 4 部分。

　　a. 排水板插设引孔，适用于引孔深度 6m 以内，以 100m 计。

　　工程内容：场地整平、插拔引孔棒、移机。

　　b. 浅表层人工插设排水板，适用于塑料排水板长 6m 以内，以 100m 计。

　　本定额适用于超软土地基浅层插设塑料排水板工程。

工程内容：排水板预加工、绑扎排水板与滤管、人工插设排水板。

c. 陆上打塑料排水板，区分板长（15m、20m、25m 以内），以 100m 计。

工程内容：机具定位、桩尖制作、材料场内运输、打拔钢护管。

d. 水上打塑料排水板，区分板长（20m、25m 以内），以 100m 计。

本定额按方驳配 8 台桩架选型。

工程内容：移船定位、机具就位、打拔钢护管（打塑料排水板）。

3）堆载预压，区分预压荷载大小，以 100m$^2$ 加固面积计。

预压荷载大小分为 8~15t/m$^2$，每增 1t/m$^2$ 为一级。

本定额卸载按 1km 内运输考虑，每增运 1km 按附表另计工程量。

如堆砂则增加板枋材 0.3m$^3$/1000m$^2$ 加固面积。

当卸载减少卸载量时，定额消耗量按照卸载减少量乘堆载体每卸载 1t/m$^2$（包含放坡、马道）的指标扣减。

工程内容：场地平整，制安沉降盘，堆载，堆载期坡道维护，原位测试，卸载，卸载期监测。

4）真空预压，以 100m$^2$ 加固面积计。

本定额（90 天真空预压）以抽真空时间 90 天为准（不低于 60 天）；采用自发电时，增加 300kW 发电机组 0.61 台班/100m$^2$，真空泵台班单价不计电费。

采用自发电时，本定额（真空预压每增减 15 天）按增减 300kW 发电机组 0.27 台班，真空泵台班单价不计电费调整。

工程内容：整平、清理砂垫层，制安拆滤管，铺膜，安装、拆除真空设备，抽真空，观测，挖、填边沟。

5）陆上振冲碎石桩，适用于桩径 80cm 以内，以 10m 计。

工程内容：安拆振冲器、振冲、填碎石、疏导泥浆。

6）高压旋喷桩，区分单管法、双重管法、三重管法，以 10m 计。

本定额的水泥浆按普通水泥浆考虑，当设计采用添加剂或水泥用量与定额不同时，可以换算，其他不变。

若上部空孔，按相应子目扣除材料费。

工程内容：桩机就位、钻孔、水泥浆制备、旋喷、泥浆清理。

7）粉喷桩，区分固化材料（水泥、石灰）、桩长（10m、20m 以内），以 10m 计。

本定额按桩径 50cm 考虑，设计桩径不同时，桩径每增加 5cm，定额人工和机械增加 5%。

本定额中的固化材料的掺入比是按水泥 15%、石灰 25% 计算的，当掺入比不同或桩径不同时，可按附注调整固化材料的消耗。

工程内容：桩机定位，钻进搅拌、提钻、喷粉搅拌、复拌。

8）陆上深层水泥搅拌桩，区分喷浆桩体、空桩，以 10m 计。

本定额是按桩径 60cm 编制的，当设计桩径不同时，桩径每增加 5cm，定额人工和机械增加 5%。

本定额中的固化材料的掺入比是按水泥 12% 计算的，当掺入比不同或桩径不同时，可按附注调整固化材料的消耗。

工程内容：桩机定位，钻进搅拌、提钻、喷浆搅拌、复拌。

9) 陆上淤泥搅拌桩，区分四喷四搅、六喷六搅，以 100m 计。

本定额按单桩直径 70cm、搭接 20cm 考虑。

定额适用条件为：泥浆掺入比不小于 35%，泥浆比重不小于 1.35，淤泥搅拌桩渗透系数小于 $1 \times 10^{-6}$ cm/s。

工程内容：①四喷四搅，包括桩机定位，钻进喷浆搅拌，提钻喷浆搅拌、重复一次；②六喷六搅，包括桩机定位，钻进喷浆搅拌，提钻喷浆搅拌、重复两次。

10) 陆上振动法打砂桩，区分桩长（10m、15m 以内），以 100m³ 计。

振动法打砂桩的桩径为 30~40cm。

工程内容：移机定位、沉管、灌注砂、震动密实、拔管。

11) 软基泥面铺设土工材料，分为一般软土泥面上铺设（土工布）、淤泥面上铺设（土工布、土工格栅），以 1000m² 计。

土工布和土工格栅规格应按设计规格调整。

工程内容：①铺设土工布，包括布体缝接、铺设、布块缝合及锚固；②铺设土工格栅，包括搬运、铺设、绑扎。

5. 止水防渗工程

(1) 节定额说明。

1) 本节止水防渗工程共 66 项定额，包括岩基锚杆、钻灌浆孔，帷幕灌浆等。

2) 定额使用及有关计算，应符合以下规定。

a. 地面长砂浆锚杆定额和钻机钻灌浆孔定额中岩石级别划分，应按土石方工程章说明中表 5.2-2（岩石分级表）执行；砂砾石层分为黏土、砂，砾石，卵石三类。

b. 地面长砂浆锚杆定额的使用，应按下列规定执行。

(a) 定额锚杆长度为设计锚杆嵌入岩体的有效长度，外露部分预留长度 0.1m 及加工制作过程中的损耗均已计入定额中。

(b) 锚杆有效长度之外加长部分的材料消耗量，可按设计要求相应调整定额锚杆材料消耗量。

(c) 定额按每孔 3 根锚杆拟定，锚杆根数不同时，应按设计要求的孔径在定额正表基础上乘以相应调整系数，调整系数应符合下列规定：①孔径调整系数应按表 5.2-11 规定选用；②锚杆材料消耗量按式 (5.2-4) 进行调整。

$$锚杆用量(kg) = [有效长度(m) + 0.1(m)] \times 每孔锚杆根数 \times 100 \times$$
$$单根每米重量(kg/m) \times (1 + 加工制作损耗 5\%) \qquad (5.2-4)$$

表 5.2-11　　　　　　　　　　孔 径 调 整 系 数 表

| 项　目 | 孔　径/mm | | |
| --- | --- | --- | --- |
| | ≤100 | ≤110 | ≤130 |
| 人工 | 1.00 | 1.07 | 1.20 |
| 气动锚杆钻孔机、空气压缩机 | 1.00 | 1.14 | 1.40 |

c. 地质钻机钻灌浆孔，当钻孔与水平夹角不同时，定额中人工、机械、铁砂、合金片、钻头和岩芯管消耗量乘以表 5.2－12 系数调整。

表 5.2－12　　　　　钻灌浆孔定额人工、材料、机械调整系数

| 钻孔与水平夹角 | 60°以内 | 75°以内 | 85°以内 | 90°以内 |
|---|---|---|---|---|
| 系数 | 1.19 | 1.05 | 1.02 | 1.00 |

d. 基础岩石层帷幕灌浆、孔口封闭灌浆定额中水泥消耗量仅供编制概算时使用，如用量不同时，应进行调整。

e. 在有脚手架的平台上钻孔，平台至地面孔口高差超过 2m 时，钻机和人工乘以 1.05 系数。

f. 如因地形关系，施工时需搭设大型脚手架平台时其费用应在临时工程费中计列。

3）工程量的计算应符合以下规定：①钻孔灌浆中的钻孔工程量应根据设计、钻孔角度、岩石级别或砂砾石层类别及孔深等，按设计进尺以长度计算；②钻孔灌浆中的灌浆工程量应根据设计、灌浆材料、岩体透水率或灌浆干料耗量，按设计灌浆深度以长度计算；③基础岩石层帷幕灌浆的岩体透水率可根据地质勘察压水试验确定。

（2）节分部分项定额条目说明。

1）地面长砂浆锚杆（锚杆钻机钻孔），区分岩石级别（Ⅴ～Ⅷ、Ⅸ～Ⅹ、Ⅺ～Ⅻ）、锚杆长度，以 100 根计。

锚杆长度分为 10～30m 以内，每增 5m 为一级。

本定额按锚杆直径 $\phi 25m$ 考虑，直径不同时，钢筋及用量按附表调整。

工程内容：钻机就位，钻孔，锚杆制作、安装，制浆、注浆、锚碇。

2）钻机钻灌浆孔（自上而下灌浆法），分为岩石层钻灌浆孔、砂砾石层钻灌浆孔（黏土、砂，砾石，卵石），以 100m 计。

岩石层钻灌浆孔，岩石级别分为Ⅴ、Ⅵ～Ⅶ、Ⅷ、Ⅸ～Ⅹ、Ⅺ、Ⅻ、ⅩⅢ～ⅩⅣ、ⅩⅤ、ⅩⅥ。

本定额适用于露天作业，平均孔深 30～50m 内，实际孔深不同时按附表系数调整人工、钻机用量。

工程内容：①岩石层钻灌浆孔，包括钻灌交替、机具往返各孔位、扫孔、孔位转移；②砂砾石层钻灌浆孔，包括钻灌交替，泥浆制备、运送，机具往返各孔位，扫孔，孔位转移。

3）钻机钻灌浆孔（自下而上灌浆法），分为岩石层钻灌浆孔、砂砾石层钻灌浆孔（砂壤土、砾石、卵石），以 100m 计。

岩石层钻灌浆孔，岩石级别分为Ⅴ、Ⅵ～Ⅶ、Ⅷ、Ⅸ～Ⅹ、Ⅺ、Ⅻ、ⅩⅢ～ⅩⅣ、ⅩⅤ、ⅩⅥ。

本定额适用于露天作业，平均孔深 30～50m 内，实际孔深不同时按附表系数调整人工、钻机用量。

工程内容：①岩石层钻灌浆孔，包括钻灌交替、机具往返各孔位、扫孔、孔位转移；②砂砾石层钻灌浆孔，包括钻灌交替，泥浆制备、运送，机具往返各孔位，扫孔，孔位转移。

4）基础岩石层帷幕灌浆（自上而下灌浆法），区分透水率 $L_u$，以 100m 计。

透水率 $L_u$ 分为 2、4、6、8、10、20、50、100。

定额适用于一排帷幕，分段灌浆，露天作业；钻机作上下灌浆塞用。

多排帷幕时，定额消耗量按附表调整。

工程内容：钻孔检查及冲洗，灌浆前裂隙冲洗及压水试验，制浆、灌浆，钻灌交替，封孔，孔位转移。

5）基础岩石层帷幕灌浆（自下而上灌浆法），区分透水率 $L_u$，以 100m 计。

透水率 $L_u$ 分为 2、4、6、8、10、20、50、100。

定额适用于一排帷幕，分段灌浆，露天作业；钻机作上下灌浆塞用。

多排帷幕时，定额消耗量按附表调整。

工程内容：钻孔检查及冲洗，灌浆前裂隙冲洗及压水试验，制浆、灌浆，钻灌交替，封孔，孔位转移。

6）镶铸孔口管，区分岩石基础孔口管长，以 1 孔计。

岩石基础孔口管长分为 2.5m、5m、10m、15m、20m 以内。

定额适用于岩石基础的岩石灌浆、孔口封闭管。定额中不包括孔口管段的钻孔灌浆。

工程内容：固定孔位、开孔（孔径 110mm 以内），制浆、注浆，下孔口管，扫孔。

7）孔口封闭灌浆，区分水泥设计消耗量，以 100m 计。

水泥设计消耗量分为 0.01t/m、0.05t/m、0.1t/m、0.5t/m、1.0t/m、5.0t/m 以内。

定额适用于自上而下孔口封闭循环灌浆，孔径 75mm 内、孔深 100m 内。

工程内容：灌浆前冲孔，简易压水试验，制浆、灌浆、封孔，孔位转移。

8）压水试验，以 1 试段计。

定额适用于灌浆检查孔压水试验，一个压力点；地质钻机作上下压水试验栓塞用；一个压力点法适用于固结灌浆检查孔压水试验。

一个压力点法的工程量（试段数量）计算方法：每孔段数×固结灌浆孔数×5％，每孔段数＝孔深÷5（取整数）。

工程内容：冲洗孔内岩粉、稳定水位、取下试验栓塞、观测压水试验、填写记录。

（四）混凝土及钢筋混凝土构件预制安装工程

1. 章定额说明

（1）本章混凝土及钢筋混凝土构件预制安装工程共分为三节，主要包括桩梁板构件预制安装工程、重力式构件预制安装工程及钢筋工程共 414 项定额。

（2）构件预制定额以构件在预制场预制、自拌混凝土为准制定，并已考虑预制场使用费；当需要单独计算预制场建设费用时，应取消相应定额中预制场使用费。

（3）本章定额工程内容应按定额列示规定执行，尚应包括下列内容，使用中一般不应调整。

1）构件预制定额工程内容中的预制，包括模板制安拆、混凝土制备（含筛砂洗石）、场内运输、浇筑及养护（含抹面、凿毛）等。

2）构件预制定额工程内容中的出运，包括构件出运装船（车）中起重机械及其配备的人工消耗；构件装船（车）过程中运输船（车）发生的消耗，已在相应构件安装（打桩）定额中计算。

(4) 构件预制定额均未包括钢筋（含钢绞线等）的制作、运输、绑扎、入模等的人工、材料、机械费用，使用时应根据构件的设计钢筋工程量，套用本章钢筋加工定额计算钢筋费用；条件不具备的，编制概算时，可按附表钢筋含量参考表选择钢筋用量。

(5) 定额的使用应符合以下规定。

1) 各类构件的模板型式，安、拆工艺以及混凝土制备及浇筑工艺，均按综合选型确定，一般情况下不得调整。

2) 采用商品混凝土时（前方浇筑系统不变），基价定额直接费按定额计算，市场价定额直接费应在预制定额基础上进行下列调整：①人工用量减少量按混凝土搅拌站台班消耗量×2计算；②取消混凝土搅拌站、轮胎式装载机台班消耗量；③混凝土材料按商品混凝土单价计算。

3) 当桩梁板构件混凝土采用混凝土输送泵运送入模时，应在预制定额基础上进行下列调整：①取消电动运混凝土车台班消耗量；②按表5.2-13规定增列泵送混凝土人工及机械用量。

表 5.2-13　　　　　60m³/h 混凝土输送泵泵送 10m³ 混凝土定额表

| 项　目 | 单位 | 水平输送折算长度/m | | | | | | |
|---|---|---|---|---|---|---|---|---|
| | | 50 | 100 | 150 | 200 | 250 | 300 | 350 |
| 人工 | 工日 | 0.30 | 0.31 | 0.32 | 0.38 | 0.40 | 0.43 | 0.45 |
| 混凝土输送泵/(60m³/h) | 台班 | 0.034 | 0.036 | 0.038 | 0.043 | 0.046 | 0.049 | 0.053 |

**注**　本定额混凝土输送管按5″计算。垂直高度增加1m，折算水平距离为6m。

4) 构件预制定额已根据需要计入脚手架、凿毛，以及实心（空心）板预留轨道槽、空心板堵孔等定额消耗；如设计有封端结构要求，费用另行计算。

5) 构件安装定额中水上（陆上）运输运距除注明者外，均按1km计算；实际运距超过时，每增加1km按相应增运距定额调整。

6) 沉箱拖运增运距定额适用于运距在30km以内的拖带运输；沉箱拖运超过30km时，执行沉箱长途拖运定额。

7) 沉箱驳运运距定额适用于200km以内的驳载运输，运输距离30km以内的按相应增运距定额计价；运输距离超过30km时，超出部分按增运距定额乘以0.49系数。

8) 重力式构件装船、运输、安装定额中起重船按不随构件往返拖带考虑，当起重船随构件往返拖带时，应在相应定额正表基础上按起重船随构件往返拖带调整定额进行调整。

9) 构件的水下储存应根据施工条件设计或施工组织设计计算储存次数及数量。

10) 定额中预制场使用费的人工、材料和船机费用比例为28∶35∶37。

(6) 工程量的计算应符合以下规定。

1) 混凝土及钢筋混凝土构件预制工程量应按设计图纸，区分不同构件形状、重量等特征以体积计算。

2) 混凝土工程量不应扣除构件中的钢筋、铁件、螺栓孔、三角条、吊孔盒、马腿盒等所占体积，除注明者外也不扣除单孔面积0.2m²以内孔洞所占的体积；预制混凝土空心方桩、管桩、空心大板和箱型梁等构件的工程量，应扣除中空体积。

3）钢筋混凝土桩预制工程量应按设计图纸量乘以表 5.2－14 所列消耗量系数计算。

表 5.2－14　　　　　　　　　消　耗　量　系　数　表

| 桩　类 | | 土　壤　级　别 | | | | |
|---|---|---|---|---|---|---|
| | | 一级土 | 一～二级土之间 | 二级土 | 二～三级土之间 | 三级土 |
| 钢筋混凝土桩方桩、管桩、板桩、锚碇桩 | | 1.020 | 1.020 | 1.030 | 1.035 | 1.040 |
| 水冲打钢筋混凝土桩 | | 1.020 | 1.020 | 1.020 | 1.020 | 1.020 |
| 深送桩 | 5m 以内 | 1.030 | 1.035 | 1.040 | — | — |
| | 8m 以内 | 1.050 | 1.055 | 1.060 | — | — |

4）护面块体预制工程量按设计数量增加 3‰ 损耗计入工程量。

5）构件安装定额中均不包括接缝、节点的工程内容，发生时另行计算工程量。

6）单件体积小于 0.5m³ 的预制混凝土小型构件的预制和安装工程量应区分不同构件类型等特征以体积或件计算。

7）钢筋工程量应按设计图纸量与进入混凝土体积中的架立钢筋用量之和以重量计算。定额中包括对焊、张拉、切割损耗，如需搭接焊、帮条焊、搭接绑扎时，其搭接部分钢筋亦应计入钢筋工程量中。

8）各类构件每 10m³ 混凝土钢筋含量参考表（见文献［6］章定额附表）仅供参考使用。

2．桩梁板构件预制安装工程

（1）构件预制工程分部分项定额条目说明。

1）实心方桩、空心方桩，区分断面尺寸和桩长，以 10m³ 混凝土计。

实心方桩断面分为 50cm×50cm、55cm×55cm。空心方桩断面分为 45cm×45cm、50cm×50cm、60cm×60cm、65cm×65cm；断面 60cm×60cm、65cm×65cm 的空心方桩桩长 L 分为 L≤42m、L>42m。空心大头方桩断面为 60cm×60cm，桩长 L 分为 L≤30m、L>30m。

工程内容：预制、堆放，出运。

2）板桩、锚碇桩，区分板桩宽度（D≤70cm、D>70cm），以 10m³ 混凝土计。

工程内容：预制、堆放，出运。

3）大管桩预制，包括预制、拼接、钢筋笼加工、桩靴法兰连接等 4 部分。

a. 预制，适用于管节长度 4m 以内，区分桩型（$\phi$1200B 型、$\phi$1400C 型），以 10m³ 混凝土计。

本定额中 $\phi$1200B 型桩按 B32－2 型（预留孔 16$\phi$40）考虑；若为 B36－2 型（预留孔 18$\phi$40），人工增加 0.16 工日/10m³，钢拉杆增加 6.9kg/10m³，橡胶管增加 3.3kg/10m³；本定额中 $\phi$1400C 型桩按 C40－2 型（预留孔 20$\phi$40）考虑；桩顶节采用钢板套箍或在混凝土掺入钢纤维时，钢套箍及钢纤维另行计算。

在编制概算、钢筋用量不明时，可参考定额附表给出的钢筋含量。

工程内容：管节预制、蒸养、水养。

b. 拼接，区分桩型（$\phi$1200mm、$\phi$1400mm）、拼接长度（$L \leqslant 34$m、$L > 34$m），以 10m³ 混凝土计。

本定额 $\phi$1200B 型桩按 B32-2 型考虑；若为 B36-2 型时，人工增加 0.2 工日/10m³，钢绞线、穿束机、钢绞线拉伸设备增加 12.5%；若为 B48-1 型时，人工增加 0.15 工日/10m³，钢绞线、穿束机增加 50%，高压油泵调整为 80MPa 高压油泵；桩靴采用钢桩靴或钢桩时，锚具及桩靴另计。

本定额未包括大管桩包覆玻璃钢防腐相应工料机消耗，设计需要包覆玻璃钢防腐时，按 72 元/m² 乘以防腐面积计算相应费用。

工程内容：管节运输、对接、穿钢绞线、灌浆、张拉、管桩出运堆放。

c. 钢筋笼加工，以 1t 计。

工程内容：钢筋除锈、轧尖、冷拔、滚焊、入模。

d. 桩靴法兰连接，区分双绞线桩靴长（$L \leqslant 3$m、$3$m $< L \leqslant 6$m、$L > 6$m），以 1 根计。本定额不含桩靴费用，应根据设计要求另行计算。

工程内容：桩靴装卸堆放，接头清理，桩靴吊运，刷涂料，桩靴连接。

4）矩（梯）形梁，区分单根梁体积，以 10m³ 混凝土计。

单根梁体积分为 3m³、5m³、10m³、20m³、30m³、50m³、80m³ 以内。

工程内容：预制、堆放、出运。

5）单、双出沿梁，区分单根梁体积，以 10m³ 混凝土计。

单根梁体积分为 3m³、5m³、10m³、20m³、30m³ 以内。

工程内容：预制、堆放，出运。

6）出沿叠合梁、T 形叠合梁，区分单根梁体积，以 10m³ 混凝土计。

单根出沿叠合梁体积分为 $V \leqslant 5$m³、$V > 5$m³。单根 T 形叠合梁体积分为 15m³ $< V \leqslant$ 20m³、20m³ $< V \leqslant 30$m³。

工程内容：预制、堆放、出运。

7）$\pi$ 形梁、$\mathrm{II}$ 形梁、引桥套梁（30m³、60m³ 以内）、箱形梁，以 10m³ 混凝土计。

工程内容：预制、堆放、出运。

8）井字梁，区分单件体积（10m³、20m³、40m³ 以内），以 10m³ 混凝土计。

工程内容：预制、堆放、出运。

9）管沟及管沟梁、箱形模板（组片），管沟及管沟梁区分最薄壁厚（15cm、30cm、50cm 以内），以 10m³ 混凝土计。

工程内容：预制、堆放、出运。

10）带靠船构件梁、T 形梁，单柄带靠船构件梁区分单根梁体积（$V \leqslant 15$m³、$V > 15$m³），以 10m³ 混凝土计。

工程内容：预制、堆放、出运。

11）预应力 T 形梁，以 10m³ 混凝土计。

工程内容：预制、堆放、出运。

12）实心平板，区分侧面有无外露筋、单块体积，以 10m³ 混凝土计。

单块体积分为 $1m^3$、$3m^3$、$5m^3$、$10m^3$、$15m^3$、$20m^3$、$25m^3$ 以内。

工程内容：预制、堆放，出运。

13）空心板、走道板（车行、人行），空心板区分孔数（$Q \leqslant 5$ 个、$Q > 5$ 个），以 $10m^3$ 混凝土计。

工程内容：预制、堆放，出运。

14）靠船构件，分为柱状［实心、空心（钢管衬）］、片状及板状，以 $10m^3$ 混凝土计。

工程内容：预制、堆放，出运。

15）镶面板及锚碇板、片状框架、框架部件，以 $10m^3$ 混凝土计。

工程内容：预制、堆放，出运。

16）剪刀撑，区分单件体积（$8m^3$、$15m^3$ 以内），以 $10m^3$ 混凝土计。

工程内容：预制、堆放，出运。

17）水平撑，区分单件体积（$1m^3$、$3m^3$、$5m^3$ 以内），以 $10m^3$ 混凝土计。

工程内容：预制、堆放，出运。

18）空心板梁，单根梁体积 $10m^3$ 以内，以 $10m^3$ 混凝土计。

工程内容：预制、堆放，出运。

19）小型构件，分为沟盖板、平交道板、路面块、路边石（L 形、梯形）、轨枕轨道板、其他小型零星构件，以 $10m^3$ 混凝土计。

工程内容：预制、堆放，出运。

（2）构件安装工程分部分项定额条目说明。

1）水上安装矩（梯）形梁，区分单根梁重，以 10 件计。

单根梁重分为 5t、10t、20t、30t、40t、60t、80t、120t、150t、200t 内。

本定额以运距 1km 内为准，水上运距每增加 1km 按附表另计工程量。

工程内容：运输、安装。

2）水上安装单双出沿梁，区分单根梁重，以 10 件计。

单根梁重分为 5t、10t、20t、30t、40t、60t、80t、100t、120t 内。

本定额以运距 1km 内为准，水上运距每增加 1km 按附表另计工程量。

工程内容：运输、安装。

3）水上安装 T 形梁，区分单根梁重，以 10 件计。

单根梁重分为 20t、40t、60t、80t、120t 内。

本定额以运距 1km 内为准，水上运距每增加 1km 按附表另计工程量。

工程内容：运输、安装。

4）水上安装 π 形梁、Ⅱ 形梁、引桥套梁、箱形梁、箱形模板（组片），以 10 件计。

π 形梁、Ⅱ 形梁的单根梁重分为 20t、30t 内。引桥套梁的单根梁重限于 25t 内。箱形梁的单根梁重限于 20~30t、40t、60t、80t 内。箱形模板（组片）以 1 组为 1 件，20~30t/组。

本定额以运距 1km 内为准，水上运距每增加 1km 按附表另计工程量。

工程内容：运输、安装。

5）水上安装管沟及管沟梁、带靠船构件梁，区分单件重量，以 10 件计。

管沟及管沟梁的单件重量分为 10～60t，每增 10t 为一级。单柄带靠船构件梁的单件重量分为 $M \leqslant 25t$、$25t < M \leqslant 40t$、$M > 40t$。双柄带靠船构件梁的单件重量为 $40t < M \leqslant 50t$。

本定额以运距 1km 内为准，水上运距每增加 1km 按附表另计工程量。

工程内容：运输、安装。

6）水上安装井字梁，分为基床上、桩基上两部分。

a. 基床上安装，区分每根梁重（25t、50t 以内），以 10 件计。

本定额以运距 1km 内为准，水上运距每增加 1km 按附表另计工程量。

工程内容：运输、安装。

b. 桩基上安装，区分每根梁重（25t、50t、100t 以内），以 10 件计。

本定额以运距 1km 内为准，水上运距每增加 1km 按附表另计工程量。

工程内容：运输、安装。

7）水上安装实心平板，区分侧面有无外露筋、单件重量，以 10 件计。

单件板重分为 5t、10t、20t、30t、40t、50t、60t 内。

本定额以运距 1km 内为准，水上运距每增加 1km 按附表另计工程量。

工程内容：运输、安装。

8）水上安装空心板、镶面板及锚碇板、走道板，以 10 件计。

空心板的单件重量分为 15t、30t、40t、50t、60t 内。镶面板、锚碇板、走道板（人行）的单件重量为 10t 内。走道板（车行）的单块板重分为 15t、25t 内。

本定额以运距 1km 内为准，水上运距每增加 1km 按附表另计工程量。

工程内容：运输、安装。

9）水上安装靠船构件，区分构件型式和单件重量，以 10 件计。

柱状实心靠船构件的单件重分为 5t、10t、20t、30t 内。柱状空心靠船构件的单件重为 $50t \leqslant M < 60t$。片状及板状靠船构件的单件重分为 $M \leqslant 20t$、$20t < M \leqslant 40t$。

本定额以运距 1km 内为准，水上运距每增加 1km 按附表另计工程量。

工程内容：运输、安装。

10）水上安装片状框架、框架部件，区分单件重量，以 10 件计。

片状框架的单件重量分为 10t、40t 内。框架部件的单件重量分为 5t、10t 内。

本定额以运距 1km 内为准，水上运距每增加 1km 按附表另计工程量。

工程内容：运输、安装。

11）水上安装剪刀撑、水平撑，区分单件重量，以 10 件计。

剪刀撑的单件重量分为 20t、40t 内。水平撑区分为水上、水下安装，单件重量分为 3t、8t、12t 内。

本定额以运距 1km 内为准，水上运距每增加 1km 按附表另计工程量。

工程内容：运输、安装。

12）陆上安装矩（梯）形梁、单双出沿梁，区分单件重量，以 10 件计。

单件重量分为 5t、10t、20t、25t 内。

本定额以运距 1km 内为准，陆上运距每增加 1km 按附表另计工程量。

工程内容：运输、安装。

13）陆上安装管沟及管沟梁，区分单件重量（10t、20t 内），以 10 件计。

本定额以运距 1km 内为准，陆上运距每增加 1km 按附表另计工程量。

工程内容：运输、安装。

14）陆上安装实心平板，区分侧面有无外露筋、单件重量，以 10 件计。

单件板重分为 5t、10t、20t、25t 内。

本定额以运距 1km 内为准，陆上运距每增加 1km 按附表另计工程量。

工程内容：运输、安装。

15）陆上安装空心板、走道板、镶面板、锚碇板，区分单件重量，以 10 件计。

空心板的单件重量分为 15t、25t 内。走道板（人行）、镶面板及锚碇板的单件重量为 10t 内。走道板（车行）的单件重量为 15t 内。

本定额以运距 1km 内为准，陆上运距每增加 1km 按附表另计工程量。

工程内容：运输、安装。

16）陆上安装水平撑，分为水上、水下两部分，区分单件重量（3t、8t、12t 内），以 10 件计。

本定额以运距 1km 内为准，陆上运距每增加 1km 按附表另计工程量。

工程内容：运输、安装。

17）陆上安装小型构件，适用于沟盖板、平交道板、路面板、路边石、轨枕、轨道板及其他小型构件，以 10 件计。

沟盖板、平交道板的单件重量为 1000kg 内。路面板的单件重量分为 50kg、100kg 内。轨枕、轨道板的单件重量为 200kg 内。

就地预制的沟盖板、平交道板、路面板不计安装费用。

工程内容：①沟盖板、平交道板、路面板、路边石、其他小型构件，包括场内运输、安装；②轨枕、轨道板，包括场内运输、捣固石碴、铺设。

3. 重力式构件预制安装工程

（1）节分部分项定额条目说明。

1）沉箱，分为预制、出运、安放、驳运安装等四部分。

a. 预制，分为方形、圆形，区分单个体积，以 10m³ 混凝土计。

方形沉箱的单个体积分为 80m³、200m³、320m³、800m³、1200m³、1600m³、2400m³、3500m³ 内。圆形沉箱的单个体积分为 800m³、1200m³、1600m³、2400m³ 内。

工程内容：预制。

b. 出运，分为大平车工艺、半潜驳工艺两部分。

（a）大平车工艺，适用于方形沉箱，区分单个体积（320m³、800m³ 内），以 1 个计。

本定额拖运距离以运距 1km 内为准，水上运距每增加 1km 按附表另计工程量。

工程内容：溜放，拖运，储存，制安、取回简易封仓盖板。

（b）半潜驳工艺，分为方形、圆形，区分单个体积，以 1 个计。

方形沉箱的单个体积分为 1200m³、1600m³、2400m³、3500m³ 内。圆形沉箱的单个体积分为 1200m³、1600m³、2400m³ 内。

本定额驳运距离以运距 5km 内为准，水上运距每增加 1km 按附表另计工程量。

工程内容：制安封仓盖板、运移、装船、驳运、下潜卸驳、船舶空回。

c. 安放，分为 2000t 内沉箱、2000t 以上沉箱两部分。

（a）2000t 内沉箱，区分单个重量（500t、800t、2000t 以内），以 1 个计。

500t 内沉箱为起重船直接吊运安装。

本定额拖运距离以运距 1km 内为准，水上运距每增加 1km 按附表另计工程量。

工程内容：抽水浮起，拖船带缆，拖运沉箱，定位、下沉、安放，拆除封舱盖板。

（b）2000t 以上沉箱，区分单个重量（3000t、4000t、6000t、10000t 以内），以 1 个计。

本定额拖运距离以运距 1km 内为准，水上运距每增加 1km 按附表另计工程量。

工程内容：拖船带缆，拖运沉箱，定位、下沉、安放，拆除封舱盖板。

d. 驳运安装，分为运输、安装和储存两部分，区分单个体积（80m³、200m³ 内），以 1 个计。

本定额驳运距离以运距 1km 内为准，水上运距每增加 1km 按附表另计工程量。

工程内容：①驳运安装，包括运输、安装；②储存，包括水下坐底存放，起浮、装船。

2）半圆体，分为预制、驳运安装两部分。

a. 预制，区分单个体积（80m³、200m³ 内），以 10m³ 混凝土计。

工程内容：预制、堆放、出运。

b. 驳运安装，区分单个体积（80m³、200m³ 内），以 1 个计。

本定额驳运距离以运距 1km 内为准，水上运距每增加 1km 按附表另计工程量。

工程内容：运输、安装。

3）圆筒，分为预制（滑模工艺）、出运（半潜驳）、安放、驳运安装等四部分。

a. 预制（滑模工艺），以 10m³ 混凝土计。

单个构件体积＜1000m³ 时，人工消耗量乘以 1.27、专用钢模板消耗量乘以 1.25。

工程内容：预制。

b. 出运（半潜驳），单个体积 1200m³ 内，以 1 个计。

本定额驳运距离以运距 5km 内为准，水上运距每增加 1km 按附表另计工程量。

工程内容：制安封仓盖板，运移，装船，驳运，下潜卸驳，储存，船舶空回。

c. 安放，区分单个重量（2000t、3000t 以内），以 1 个计。

工程内容：抽水起浮，拖船带缆，拖运、定位、下沉、安放、拆除封仓盖板。

d. 驳运安装，分为运输和安装、水下储存两部分，单个体积为 80m³ 内，以 1 个计。

本定额驳运距离以运距 1km 内为准，水上运距每增加 1km 按附表另计工程量。

工程内容：①安装，包括运输、安装；②水下储存，包括运输，水下坐底存放，起浮与装船。

4）扶壁，包括预制、运输安装两部分。

a. 预制，区分扶壁高度（7m、10m、15m 以内），以 10m³ 混凝土计。

工程内容：预制、堆放、出运。

b. 运输安装，分为运输和安装、水下储存两部分，区分单件重量（40t、60t、200t以内），以10件计。

本定额驳运距离以运距1km内为准，水上运距每增加1km按附表另计工程量。

工程内容：①安装，包括运输、安装；②水下储存，包括运输、水下坐底存放、起浮与装船。

5）实心方块、卸荷板、异形方块，包括预制、驳运安装两部分。

a. 预制，区分单件体积，以10m³混凝土计。

实心方块、卸荷板的单件体积分为5m³、15m³、25m³、40m³、80m³以内。

工程内容：预制、堆放、出运。

b. 驳运安装，分为非独立墩上安装、独立墩上安装（每层2块或2块以上）、独立墩上安装（每层1块）以及防波堤、护岸、压顶、压肩上安装等四种情况。

（a）非独立墩上安装，分为安装、水下储存，区分单件重量，以10块计。

单件重量分为20t、40t、60t、100t、200t以内。

本定额驳运距离以运距1km内为准，水上运距每增加1km按附表另计工程量。

工程内容：①安装，包括运输、安装；②水下储存，包括运输、水下坐底存放、起吊与装船。

（b）独立墩上安装（每层2块或2块以上），分为安装、水下储存，区分单件重量（60t<$M$≤100t、100t<$M$≤200t），以10块计。

水下储存及相应超运距按实心方块非独立墩上安装相应定额执行。

本定额驳运距离以运距1km内为准，水上运距每增加1km按附表另计工程量。

工程内容：运输、安装。

（c）独立墩上安装（每层1块），分为安装、水下储存，区分单件重量（60t<$M$≤100t、100t<$M$≤200t），以10块计。

水下储存及相应超运距按实心方块非独立墩上安装相应定额执行。

本定额驳运距离以运距1km内为准，水上运距每增加1km按附表另计工程量。

工程内容：运输、安装。

（d）防波堤、护岸、压顶、压肩上安装，分为安装、水下储存，区分单块重量（20t、40t、60t内），以10块计。

水下储存及相应超运距按实心方块非独立墩上安装相应定额执行。

本定额驳运距离以运距1km内为准，水上运距每增加1km按附表另计工程量。

工程内容：运输、安装。

6）空心方块、薄壁多孔块、工字形块，包括预制、驳运安装等两部分。

a. 预制，以10m³混凝土计。

空心方块、薄壁多孔块按壁厚分为$h$≤30cm、30cm<$h$≤50cm、$h$>50cm。

工程内容：预制、堆放、出运。

b. 驳运安装，分为非独立墩上安装、独立墩上安装两种情况。

（a）非独立墩上安装，分为安装、水下储存，区分单件重量，以10块计。

空心方块的单件重量分为40t、60t、100t、200t以内。薄壁多孔块的单件重量为200t

以内。工字形块的单件重量为 80t 以内。

本定额驳运距离以运距 1km 内为准，水上运距每增加 1km 按附表另计工程量。

工程内容：①安装，包括运输、安装；②水下储存，包括运输、水下坐底存放、起吊与装船。

(b) 独立墩上安装，分为安装、水下储存，区分单件重量（60t＜$M$≤100t、100t＜$M$≤200t），以 10 块计。

水下储存及相应超运距按实心方块非独立墩上安装相应定额执行。

本定额驳运距离以运距 1km 内为准，水上运距每增加 1km 按附表另计工程量。

工程内容：运输、安装。

7）L 形胸墙镶面块、弧形挡浪墙、锚碇墙块体，包括预制、驳运安装两部分。

a. 预制，为单件体积 20m³ 以内，以 10m³ 混凝土计。

工程内容：预制、堆放、出运。

b. 驳运安装，为单件重量 40t 以内，以 10 块计。

本定额驳运距离以运距 1km 内为准，水上运距每增加 1km 按附表另计工程量。

工程内容：运输、安装。

8）胸墙包括预制、驳运安装两部分。

a. 预制，区分单件体积（25m³、40m³、60m³ 以内），以 10m³ 混凝土计。

工程内容：预制、堆放、出运。

b. 驳运安装，分为安装、水下储存，区分单件重量（60t、100t、150t 以内），以 10 块计。

本定额驳运距离以运距 1km 内为准，水上运距每增加 1km 按附表另计工程量。

工程内容：①安装，包括运输、安装；②水下储存，包括运输、水下坐底存放、起吊与装船。

9）海底管线压块、透孔消浪块、扇形块、不规则块，包括预制、驳运安装两部分。

a. 预制，以 10m³ 混凝土计。

不规则块的单件体积分为 50m³、80m³ 以内。

工程内容：预制、堆放、出运。

b. 驳运安装，分为安装、水下储存，以 10 块计。

海底管线压块的单件重量为 10t 以内。透孔消浪块的单件重量为 60t 以内。扇形块的单件重量为 150t 以内。不规则块的单件重量为 200t 以内。

本定额驳运距离以运距 1km 内为准，水上运距每增加 1km 按附表另计工程量。

工程内容：①安装，包括运输、安装；②水下储存，包括运输、水下坐底存放、起吊与装船。

10）削角王字块，包括预制、驳运安装两部分。

a. 预制，区分单件体积（25m³、60m³ 以内），以 10m³ 混凝土计。

工程内容：预制、堆放、出运。

b. 驳运安装，区分单件重量（100t、200t 以内），以 10 块计。

本定额驳运距离以运距 1km 内为准，水上运距每增加 1km 按附表另计工程量。

工程内容：运输、安装。

11）扭王字块、扭工字块、四脚空心块、栅栏板，包括预制、二次倒运及堆放、运输安装等3部分。

a. 预制，区分单件体积，以 10m³ 混凝土计。

扭王字块的单件体积分为 1m³、2m³、3.5m³、5m³、8m³、10m³、15m³、20m³、35m³ 以内。扭工字块的单件体积分为 1m³、2m³、4m³、5m³、8m³ 以内。四脚空心块的单件体积为 1.5m³ 以内。栅栏板的单件体积为 5m³ 以内。

工程内容：预制、堆放。

b. 二次倒运及堆放，区分单件重量，以 10 件计。

扭王字块、扭工字块、四脚空心块的单件重量分为 4t、6t、12t、25t、35t、50t、80t 以内。栅栏板的单件重量分为 15t、25t 以内。

本定额倒运距离以 1km 内为准，陆上运距每增加 1km 按附表另计工程量。

工程内容：装车、倒运、堆放。

c. 运输安装，分为水上、陆上安装，区分单件重量，以 10 件计。

扭工字块的单件重量分为 2.5t、5t、12t、20t 以内。扭王字块的单件重量分为 4t、6t、12t、25t、35t、50t、80t 以内。四脚空心块的单件重量分为 2.5t、4t 以内。栅栏板的单件重量分为 15t、25t 以内。

本定额陆上运距以 1km 内为准，陆上运距每增加 1km 按附表另计工程量。

本定额水上运距以 1km 内为准，水上运距每增加 1km 按附表另计工程量。

工程内容：①水上安装，包括陆上装车、运输、装船，船舶运输、安装；②陆上安装，包括装车、运输、安装。

12）沉箱长途托运，适用于Ⅲ类海区的拖运、单个沉箱重量 2000t 以内，以 1 个计。

运距按 30km 以内考虑，每增 1km 另计工程量。

本定额不包括沉箱压载和沉箱存放的工程内容，沉箱压载按构筑物内抛填块石执行相应定额。

工程内容：台座上压水试验，压载后抽水起浮，漂浮试验，密封舱钢盖板加工，方驳加固，航线调查，抛放锚坠浮鼓，下围缆、吊缆，拖运，拆除围缆和封舱钢盖板，船舶返回。

4. 钢筋工程

(1) 节分部分项定额条目说明。

1）钢筋加工，分为非预应力构件、预应力构件两部分。

a. 非预应力构件，区分构件种类，以 1t 计。

各种构件如设计有吊环时，钢筋消耗量增加 0.5%。

沉箱如采用分段预制，相应增加人工 1 工日/t，电焊条 3kg/t。

工程内容：钢筋加工，焊接、绑扎，入模。

b. 预应力构件，区分构件种类和是否预应力钢筋，以 1t 计。

各种构件如设计有吊环时，钢筋消耗量增加 0.5%。

工程内容：①预应力钢筋，包括钢筋加工，焊接、绑扎，入模，张拉、放张，切割；

②非预应力钢筋，包括钢筋加工，焊接、绑扎，入模。

2）钢筋机械连接，区分钢筋直径，以 10 个接头计。

钢筋直径分为 16mm、20mm、25mm、32mm、40mm。

工程内容：材料运输，校正，除锈，套丝，加工，检验。

3）预应力钢绞线加工，分为先张法、后张法，以 1t 计。

工程内容：①先张法，包括钢绞线加工，吊运，张拉，放张，切割；②后张法，包括钢绞线加工，吊运，张拉，灌浆，锚固，放张，切割。

（五）现浇混凝土及钢筋混凝土工程

1. 章定额说明

（1）本章现浇混凝土及钢筋混凝土工程共分为三节，主要包括陆上现浇混凝土工程、水上现浇混凝土工程、水下混凝土及其他工程共 199 项定额。

（2）本章定额以自拌混凝土为准制定，工程内容中包括模板制安拆、混凝土制备（含筛砂洗石）、场内运输、浇筑及养护（含抹面、凿毛）等；除另有规定外一般不应调整。

（3）定额的使用应符合以下规定。

1）本章定额中，模板结构和混凝土的浇筑工艺经综合选型确定，一般情况下不应调整。

2）陆上浇筑混凝土采用泵送工艺；水上浇筑混凝土采用搅拌船、陆拌泵送工艺。

a. 水上浇筑定额中的搅拌船工艺包括混凝土所需材料装搅拌船及搅拌船自上料地点到浇筑地点 1km 内的水上运输，如运距超过 1km 时，每增加 1km 应增列：搅拌船 0.003 艘班/10m³ 混凝土、拖轮 0.005 艘班/10m³ 混凝土。

b. 采用搅拌船工艺，搅拌船所需材料由供料船现场供料时，混凝土材料运输费用另行计算。

c. 陆拌泵送工艺的泵送基本距离按 150m 内考虑，超过 150m 时，按 5.2－15 规定增列泵送混凝土人工及机械用量。

表 5.2－15　　　　　60m³/h 混凝土输送泵泵送 10m³ 混凝土定额表

| 项　　目 | 单位 | 水平输送折算长度/m | | | |
|---|---|---|---|---|---|
| | | 200 | 250 | 300 | 350 |
| 人工 | 工日 | 0.19 | 0.21 | 0.23 | 0.25 |
| 混凝土输送泵 60m³/h | 台班 | 0.05 | 0.06 | 0.06 | 0.06 |

**注**　本定额混凝土输送管按 5″ 计算。垂直高度增加 1m，折算水平距离为 6m。

3）本章定额中包括了一般情况下现浇混凝土构件所需搭拆的脚手架，但不包括通道脚手架和临时栈桥等，船坞和翻车机房现浇混凝土工程亦不包括脚手架费用，发生时另行计算。

4）采用块（片）石混凝土时，应在定额基础上对材料进行以下调整：①每 10m³ 混凝土的混凝土减少量为 $A\% \times 10 \times 1.01$（m³），其中 $A\%$ 为块（片）石掺量；②每 10m³ 混凝土的块（片）石材料增加量为 $A\% \times 10 \times 1.61$（m³）。

5）当采用商品混凝土时（前方浇筑系统不变），基价定额直接费按定额计算，市场价定额直接费应在定额基础上进行以下调整：①人工用量减少量按混凝土搅拌站台班消耗量×2计算；②取消混凝土搅拌站、轮胎式装载机消耗量；③混凝土材料按商品混凝土单价计算。

6）钢筋加工定额已综合考虑了一般构件现场钢筋焊接，使用时不得增列。但接缝部位等需要在现场焊接钢筋时，应按接头钢筋焊接定额计算。

7）现浇混凝土定额均未包括钢筋的制作、运输、绑扎、入模等的人工、材料、机械费用，使用时应根据构件的设计钢筋工程量，套用本章钢筋加工定额计算钢筋费用；条件不具备的，编制概算时，可参考定额所附钢筋含量计算。

（4）工程量的计算应符合以下规定。

1）混凝土及钢筋混凝土的工程量应根据设计图纸、浇筑部位及混凝土强度、抗冻、抗渗等级以体积计算。不应扣除钢筋、铁件、螺栓孔、三角条等所占体积和单孔面积在0.2m² 以内的孔洞所占体积。

2）陆上现浇混凝土基础工程量根据断面形式以体积计算。

3）陆上现浇混凝土柱工程量计算应满足下列要求：①柱高自柱基上表面算至顶板或梁的下表面，有柱帽时柱高自柱基上表面算至柱帽的下表面；②牛腿并入柱身体积计算。

4）陆上现浇混凝土梁工程量计算应满足下列要求：①基础梁按全长计算体积；②主梁按全长计算，次梁算至主梁侧面；③梁的悬臂部分并入梁内一起计算；④梁与混凝土墙或支撑交接时，梁长算至墙体或支撑侧面；⑤梁与主柱交接时，柱高算至梁底面，梁按全长计算；⑥梁板结构的梁高算至面板下表面。

5）陆上现浇混凝土板工程量计算应满足下列要求：①平板按板混凝土实体体积计算；②伸入支撑内的板头并入板体积内计算。

6）陆上现浇混凝土墙工程量计算应满足下列要求：①墙体的高度由基础顶面算至顶板或梁的下表面，墙垛及突出部分并入墙体积内计算；②墙体按不同形状、厚度分别计算体积。

7）预制梁、板、柱的接头和接缝的现浇混凝土工程量应单独计算。

8）翻车机房基础工程量计算应满足下列要求：①翻车机房基础混凝土按不同结构部位分为底板、墙体、梁、板、柱等分别计算体积；②底板、墙体等为防渗而设置的闭合块混凝土单独计算工程量。

9）陆上现浇混凝土廊道、管沟工程量，应将底板、墙体、顶板合并整体计算。

10）陆上现浇混凝土漏斗按整体计算，并算至墙体或梁的侧面。

11）船坞墙体、底板工程量计算应符合下列规定：①分离式以底板与坞墙竖向分缝处分界，整体式以底板与坞墙连接处底板顶标高为界划分坞墙与底板；②边墩、坞墙与其他混凝土构件交接时，除另有说明外，其他混凝土构件均应计算至边墩和坞墙外表面。

12）其他现浇混凝土构件工程量计算应符合下列规定：①胸墙、导梁及帽梁的工程量，不扣除沉降缝、锚杆、预埋件、桩头嵌入部分的体积；②挡土墙、挡浪墙的工程量，不扣除各种分缝体积；③堆场地坪、道路面层，按不同厚度分别计算，不扣除各种分缝体积。

13）水上现浇混凝土桩帽、帽梁、导梁工程量不扣除桩头嵌入部分的体积。

14）水上现浇混凝土桩基式墩台、墩帽、台身、支座工程量不扣除桩头嵌入部分体积。

15）水上现浇混凝土码头面层、磨耗层工程量不应扣除分缝体积。

16）水上现浇预制构件接缝、节点、堵孔工程量，应按不同接缝种类以体积计算。

17）水下现浇混凝土工程量应按设计图纸要求以体积计算。

18）钢筋工程量应按设计图纸量与进入混凝土体积中的架立钢筋用量之和以重量计算。定额中包括对焊、切割损耗，如需搭接焊、帮条焊、搭接绑扎时，其搭接部分钢筋亦应计入钢筋工程量中。

2. 陆上现浇混凝土工程

（1）节分部分项定额条目说明。

1）矩（梯）形梁、出沿梁、⊥形梁、L形梁、T形梁、异形梁，以 10m³ 混凝土计。

矩（梯）形梁、出沿梁区分有无底模和悬臂。⊥形梁区分有无底模。L形梁为有底模。T形梁为无底模。

工程内容：组拼、安装、拆除模板，浇筑及养护混凝土。

2）桩帽、帽梁、导梁、拱形梁、漏斗梁、井字梁，以 10m³ 混凝土计。

方桩桩帽、管桩桩帽区分单双桩。井字梁为无底模。

工程内容：组拼、安装、拆除模板，浇筑及养护混凝土。

3）面板、承台、悬臂板、卸荷板、框架（底梁、立柱、斜撑）、刚架，以 10m³ 混凝土计。

船台板区分有无底模。

工程内容：组拼、安装、拆除模板，浇筑及养护混凝土。

4）底板，以 10m³ 混凝土计。

船坞底板分为坞室、坞口。翻车机房底板为重力式。

工程内容：组拼、安装、拆除模板，浇筑及养护混凝土。

5）节点、接缝、阶梯，接缝区分接缝类型，以 10m³ 混凝土计。

接缝类型分为梁与梁、板与板、梁顶板、沉箱大板。

工程内容：组拼、安装、拆除模板，浇筑及养护混凝土。

6）系（靠）船墩，区分单件体积（50m³、100m³、200m³ 以内），以 10m³ 混凝土计。

工程内容：组拼、安装、拆除模板，浇筑及养护混凝土。

7）墩台、桥墩（台）身、墩帽，以 10m³ 混凝土计。

墩台、桥墩（台）身分为重力式、桩基式。

工程内容：组拼、安装、拆除模板，浇筑及养护混凝土。

8）基础（杯形、矩形、桥墩台）、立柱（方形、圆形），以 10m³ 混凝土计。

工程内容：组拼、安装、拆除模板，浇筑及养护混凝土。

9）胸墙、挡土墙（防汛墙）、挡浪墙、锚碇墙、重力式墙体，以 10m³ 混凝土计。

矩（梯）形胸墙、L形胸墙区分有无管沟。重力式墙体分为船坞（矩梯形、扶壁式、衬砌式）、翻车机房。

工程内容：组拼、安装、拆除模板，浇筑及养护混凝土。

10）管沟、管墩、坞墩、船坞泵房、系船柱块体、闭合块体，以 10m³ 混凝土计。

管沟区分有无顶板。管墩区分有无底模。

船坞泵房定额子目适用于单独布置的水泵房分项工程；水泵房与坞墩采用一体布置时，按坞墩计。

工程内容：组拼、安装、拆除模板，浇筑及养护混凝土。

11）廊道、水平支撑，以 10m³ 混凝土计。

船坞廊道分为普通、异形。

工程内容：组拼、安装、拆除模板，浇筑及养护混凝土。

12）挡浪墙压顶、防波堤堤头、坡肩、坡顶、沉箱及空腔结构封顶、护轮坎、护坡、轨道槽侧面块、防汛墙门墩，以 10m³ 混凝土计。

工程内容：组拼、安装、拆除模板，浇筑及养护混凝土。

13）码头面层（叠合板）、磨耗层、堆场道路刚性面层、垫层、地坪，以 10m³ 混凝土计。

堆场道路刚性面层按厚度分为 15～45cm，每增 10cm 为一级。

工程内容：组拼、安装、拆除模板，浇筑及养护混凝土、抹面。

3. 水上现浇混凝土工程

（1）节分部分项定额条目说明。

1）矩（梯）形梁、出沿梁、⊥形梁、L形梁、T形梁、异形梁，分为陆拌泵送、搅拌船两种工艺，以 10m³ 混凝土计。

矩（梯）形梁、出沿梁区分有无底模和悬臂。异形梁区分有无底模。

工程内容：水上组拼、安装、拆除模板，浇筑及养护混凝土。

2）桩帽、帽梁、导梁，分为陆拌泵送、搅拌船两种工艺，以 10m³ 混凝土计。

方桩桩帽、管桩桩帽区分单双桩。

工程内容：水上组拼、安装、拆除模板，浇筑及养护混凝土。

3）面板、承台、悬臂板、框架（底梁、立柱、斜撑）、刚架、立柱（方形、圆形），分为陆拌泵送、搅拌船两种工艺，以 10m³ 混凝土计。

工程内容：水上组拼、安装、拆除模板，浇筑及养护混凝土。

4）接缝、节点，以 10m³ 混凝土计。

接缝，分为陆拌泵送、搅拌船两种工艺，分为梁与梁、板与板、梁顶板。节点为陆拌泵送工艺。

工程内容：水上组拼、安装、拆除模板，浇筑及养护混凝土。

5）系（靠）船墩，分为陆拌泵送、搅拌船两种工艺，区分单件体积，以 10m³ 混凝土计。

单件体积分为 50m³、100m³、200m³、300m³、500m³ 以内和 500m³ 以外。

工程内容：水上组拼、安装、拆除模板，浇筑及养护混凝土。

6）墩台、桥墩（台）身、墩帽、桥支座，分为陆拌泵送、搅拌船两种工艺，以 10m³

混凝土计。

墩台、桥墩（台）身分为重力式、桩基式。

工程内容：水上组拼、安装、拆除模板，浇筑及养护混凝土。

7）胸墙、挡浪墙，分为陆拌泵送、搅拌船两种工艺，以10m³混凝土计。

矩（梯）形胸墙、L形胸墙区分有无管沟。挡浪墙条目限弧形。

工程内容：水上组拼、安装、拆除模板，浇筑及养护混凝土。

8）管墩、系船柱块体，分为陆拌泵送、搅拌船两种工艺，以10m³混凝土计。

工程内容：水上组拼、安装、拆除模板，浇筑及养护混凝土。

9）挡浪墙压顶、防波堤堤头、坡肩、坡顶、空腔结构封顶、护轮坎，分为陆拌泵送、搅拌船两种工艺，以10m³混凝土计。

工程内容：水上组拼、安装、拆除模板，浇筑及养护混凝土。

10）码头面层（叠合板）、磨耗层，分为陆拌泵送、搅拌船两种工艺，以10m³混凝土计。

工程内容：水上组拼、安装、拆除模板，浇筑及养护混凝土。

4. 水下混凝土工程及其他

（1）节分部分项定额条目说明。

1）水下混凝土（袋结、竖管、风送），以10m³混凝土计。

工程内容：①袋结混凝土，包括装袋、水下安放；②竖管、风送混凝土，包括组拼、安装、拆除模板，水下塞缝，清淤，灌混凝土。

2）钢筋加工，区分陆上运输安装或水上运输安装，以1t计。

工程内容：现场钢筋加工，焊接、绑扎，入模。

3）接头钢筋焊接，区分钢筋规格，以10m单面焊缝计。

钢筋规格（直径）分为12mm、16mm、20mm、22mm、25mm、28mm。

工程内容：现场焊接。

（六）钢结构制作及安装工程

1. 章定额说明

（1）本章钢结构制作及安装工程共85项定额，主要包括工程主体钢结构、施工用大型专用工具性钢结构及钢结构防腐等定额。

（2）定额的使用应符合以下规定。

1）钢结构制作定额按施工单位自行加工制作条件编制。

2）钢结构制作定额不包括下料平台、工装胎模具等制作及摊销费用，相应费用可另行计算。

3）钢结构制作定额中，钢材用量已包括各项加工损耗，使用定额时一般不应调整。

4）钢结构制作定额工程内容不包括无损探伤，探伤费用可根据设计要求另行计算。

（3）工程量的计算应符合以下规定。

1）钢结构制作工程量应按设计图纸以重量计算。

2）钢结构件除锈工程量按重量计算；钢管桩除锈、刷油及钢结构件刷油按涂刷面积计算。

3）钢结构件包覆玻璃钢按面积计算。

4）钢拉杆防腐工程量按钢拉杆（不含配件）设计重量计算。

2. 分部分项定额条目说明

（1）金属栈（引）桥制作（桁架结构、箱型结构），区分单件重量，以 1t 计。

桁架结构的单件重量分为 25t、50t、100t 以内。箱型结构的单件重量分为 25t、50t、100t、150t 以内。

本定额箱型结构钢引桥制作按合金钢板考虑，如采用普通碳钢板材，人工工日应乘以 0.9 系数。

本定额不包括雨棚、栏杆、支座、滚轮制作。

工程内容：下料、拼接、焊接。

（2）金属栈（引）桥安装，区分单榀重量，以 1 榀计。

单榀重量分为 25t、50t、100t、300t、500t 以内。

本定额以运距 1km 内为准，水上运距每增加 1km 按附表另计工程量。

工程内容：装船、运输、水上安装、校正。

（3）钢管桩制作，区分管径×壁厚，以 1t 计。

钢管桩的管径×壁厚分为 600mm×14mm、800mm×16mm、1000mm×18mm、1400mm×20mm。

本定额适用于直缝焊接工艺；本定额钢板选型规格：1.8m×10m。

工程内容：下料、切割，压头、滚圆，对接焊接，检测，运输、堆放。

（4）钢梁制作安装，分为制作、安装两部分。

1）制作，分为工型、箱型，以 1t 计。

工型钢梁按腹板高度分为 300mm、600mm、1100mm 内。

工程内容：下料、拼装、焊接、校正、堆放。

2）安装，分为工型、箱型，区分单件重量，以 10 根计。

工型钢梁的单件重量分为 5t、10t、20t 以内。箱型钢梁的单件重量分为 15t、30t、60t、80t 以内。

本定额以运距 1km 内为准，水上运距每增加 1km 按附表另计工程量。

工程内容：装船、运输、安装、校正。

（5）陆上钢结构制作安装，分为钢柱、箱型钢柱、钢梁、钢支撑，以 1t 计。

钢柱、箱型钢柱、钢梁的单件重量为 3t 以内。

工程内容：下料、拼接，焊接、装车、运输、堆放，安装。

（6）钢廊道制作安装，单件重量为 40t 以内，以 1t 计。

工程内容：下料、拼接，焊接、装车、运输、堆放，安装、校正。

（7）钢撑杆制作安装，分为制作、安装两部分。

1）制作，分为管型结构、箱型结构、桁架结构，以 1t 计。

本定额中刷油按红丹一遍、调合漆一遍考虑。如油漆品种不同时，可据实调整；油漆遍数不同时，可按本章（钢结构制作及安装工程）刷油定额进行相应调整。

工程内容：下料，拼接，焊接、除锈、刷油。

2）安装，单根长度 16m 内，按 1 付计。

本定额以运距 1km 内为准，水上运距每增加 1km 按附表另计工程量。

工程内容：装船、运输、安装、校正。

（8）靠船钢立柱安装，区分直径×壁厚（600mm×14mm、800mm×16mm），以 10 根计。

本定额以运距 1km 内为准，水上运距每增加 1km 按附表另计工程量。

工程内容：装船，运输，吊装定位加固，焊接，除锈、补漆。

（9）钢联撑安装，区分管径×壁厚（600mm×12mm 和 800mm×14mm）、单根长度（1m、3m、6m 以内），以 10 根计。

本定额以运距 1km 内为准，水上运距每增加 1km 按附表另计工程量。

工程内容：装船，运输，吊装定位加固，焊接，除锈、补漆。

（10）钢吊具制作，适用于钢扁担、方框型吊具、环型吊具，以 1t 计。

工程内容：下料、拼装、焊接。

（11）钢板桩导梁制作安装，以 1t 计。

如施工组织设计需要脚手架时，另套用脚手架定额。

工程内容：制作、安装。

（12）锚碇钢拉杆制作安装，分为临时钢拉杆制作、陆上安装、水上安装、包裹土工布等 4 项。

1）临时钢拉杆制作、陆上安装、水上安装，以 1t 计。

工程内容：①临时钢拉杆制作，包括下料、制作、装配对接、除锈刷油；②陆上安装，包括场内运移、安装；③水上安装，包括场内水上运移、安装。

2）包裹土工布，以 100m² 计。

工程内容：场内运移，包裹，绑扎。

（13）钢结构除锈，分为钢管桩、钢结构件两部分。

工程内容：①喷砂除锈，包括筛砂、烘砂、喷砂、砂回收；②人工除锈。

1）钢管桩，分为喷砂除锈、人工除锈，以 100m² 计。

2）钢结构件，分为喷砂除锈（喷石英砂、喷河砂）、人工除锈（轻锈、中锈、重锈），以 1t 计。

（14）刷油工程，分为刷红丹、调和漆和沥青漆，区分钢管桩和钢构件，以 100m² 计。

工程内容：调配、涂刷。

（15）钢结构件包覆玻璃钢防腐，分为三油二布、四油三布、五油四布，以 100m² 计。

工程内容：调配，清洗构件，涂刷、包覆，检查。

（16）钢拉杆防腐，区分拉杆直径，以 1t 拉杆钢结构重量计。

拉杆直径分为 60mm、80mm、100mm、120mm、150mm 以内。

工程内容：调配，清洗构件，涂刷、包覆，检查。

（17）钢管桩焊接（对接焊），区分壁厚，以 10m 焊缝计。

壁厚分为 12～20mm，每增 2mm 为一级。

工程内容：运输，拼接，校正，焊接，制、安吊点，成品堆放。

（18）钢格板安装，以 100m² 计。

工程内容：场内运移、安装。

（七）其他工程

1. 章定额说明

（1）本章其他工程共 209 项定额，主包括成品件（钢轨、系船柱、橡胶护舷）安装、一般金属构件制作安装、制安木护舷、小型构件刷油、止水缝处理、道路临时面层、脚手架、混凝土结构防腐、拆除工程等定额。

（2）定额使用应符合以下规定。

1）橡胶护舷安装定额中的橡胶护舷包括护舷安装所需的配件。

2）一般金属构件制作安装定额中所列结构本体主材如与设计不符时，应按设计图纸要求调整，材料消耗量根据定额消耗量系数计算。

3）本章金属构件（包括成品件）制作、安装定额的工程内容中刷油按一遍考虑，如增加遍数，可按刷油定额调整；油漆品种不同时，可据实调整。

4）脚手架定额使用，应符合下列规定。

a. 定额中的脚手架材料均为每使用一次的摊销量；以分母分子表示的，其分母为备料量，分子为摊销量。

b. 定额中的脚手架均以一次搭设到顶并在顶层满铺脚手板为准。如实际为分次升高搭设时（如一个 6 层高的脚手架分 3 次搭设到顶，且铺设了 3 层脚手板，即为增铺 2 层），则每增加铺拆一层脚手板，可按定额附表增列人工用量及材料消耗量。

c. 定额中木脚手板的摊销量按 15 天使用期限计算，如使用期限不同时，可按表 5.2 - 16 的摊销率进行换算。

表 5.2 - 16　　　　木脚手板不同使用期限摊销率（%）

| 项　目 | 使用期限（月以内） | | | | | | | |
|---|---|---|---|---|---|---|---|---|
| | 0.5 | 1 | 1.5 | 2 | 3 | 6 | 9 | 12 |
| 木脚手板 | 3.1 | 4.7 | 6.5 | 8.4 | 12.1 | 22.9 | 33.7 | 44.5 |

注　1. 使用期限指从搭设到拆除的时间。
　　2. 摊销率等于定额消耗量除以一次用量。

5）本章井点排水定额不适用深基坑的一次性排水和维持性排水（基坑明沟排水），深基坑的排水应另行考虑。条件不具备时，可按下文附录（深基坑排水费用估算参考办法）估算。

（3）工程量的计算应符合以下规定。

1）钢轨、系船柱、橡胶护舷等各种成品件及金属构件的安装工程量，按设计图纸量及相应的计量单位计算。

2）脚手架工程量应根据使用要求按相应定额单位计算，安全网按挑出的水平投影面积计算。

3）拆除工程的工程量应按清（拆）除体积计算。

184

4）混凝土结构防腐工程量应按设计要求以面积计算。

（4）附录：深基坑排水费用估算参考办法。

1）一次性排水：①根据基坑的存水量和渗透流量，以及设计要求的排水天数计算所需每小时排水量 $Q_1$；②水泵的小时总排水量 $Q$ 等于 $1.15Q_1$；③根据小时总排水量 $Q$ 及实际所需的扬程确定水泵的数量和规格，如计算的水泵数量在 5 台以下时，应增加一台备用；据此，按每台水泵每天 3 个使用台班计算排水费。

2）维持性排水（基坑明沟排水）：①按基坑的渗透流量和施工期的降雨量（气象资料）计算所需的每小时排水量 $Q_2$；②水泵的小时总排水量 $Q$ 等于 $1.5Q_2$；③根据总排水量 $Q$ 及实际所需的扬程确定水泵的数量和规格（不宜选用排水量太大的水泵，每台水泵的排水量应小于或等于 $0.5Q_2$）；据此，按施工排水期每台水泵每天 3 个使用台班计算排水费用。

2. 分部分项定额条目说明

（1）钢轨安装，分为轨道梁上安装、轨枕上安装两部分。

1）轨道梁上安装，分为硫黄砂浆锚固螺栓、U 型螺栓固定、无缝钢轨铺设，区分钢轨类型，以 100 延米单轨计；无缝钢轨接头焊接（铝热焊），区分钢轨类型，以 1 个接头计。

硫黄水泥砂浆锚固螺栓工艺，钢轨类型分为 70 型扣板式、一般压板式。U 型螺栓固定工艺，钢轨类型为一般压板式。

70 型扣板式钢轨分为 P38、P43、P50、QU80。一般压板式钢轨分为 P38、P43、QU120。无缝钢轨分为 A120、A150、QU80、QU100、QU120。

工程内容：①硫黄砂浆锚固螺栓、U 型螺栓固定，包括油漆、安装、校正轨道；②无缝钢轨铺设，包括钢垫板加工、垫板安装及校正、钢轨安装及校正、灌注胶泥；③无缝钢轨接头焊接，包括钢轨接头处理，焊接，校正，探伤。

2）轨枕上安装，分为硫黄砂浆锚固螺栓、U 型螺栓固定、无缝钢轨铺设，区分钢轨类型，以 100 延米单轨计。

硫黄水泥砂浆锚固螺栓工艺，钢轨类型分为 70 型扣板式、一般压板式。U 型螺栓固定工艺，钢轨类型为一般压板式。

70 型扣板式钢轨分为 P38、P43、P50、QU80。一般压板式钢轨分为 P38、P43、QU120。

工程内容：油漆、安装、校正轨道。

（2）系船柱安装，分为水上安装系船柱、陆上安装系船柱两部分。

1）水上安装系船柱，区分系船柱能力，以 10 个计。

系船柱能力分为 250kN、350kN、450kN、550kN、650kN、750kN、1000kN、1500kN、2000kN。

本定额以运距 1km 内为准，水上运距每增加 1km 按附表另计工程量。

定额中的安装用铁件，指安装锚固件时需用的支撑或支架，编制概算时可直接使用，编制预算时，应根据施工组织设计调整用量。

工程内容：运输、安装、浇筑混凝土、除锈刷油。

2）陆上安装系船柱，区分系船柱能力，以 10 个计。

系船柱能力分为 50kN、150kN、250kN、350kN、450kN、550kN、650kN、750kN、1000kN、1500kN、2000kN。

定额中的安装用铁件，指安装锚固件时需用的支撑或支架，编制概算时可直接使用，编制预算时，应根据施工组织设计调整用量。

工程内容：运输、安装、浇筑混凝土、除锈刷油。

（3）橡胶护舷安装，分为陆上安装、水上安装两部分。

1）陆上安装筒型橡胶护舷，区分护舷规格，以 10 套计。

筒型护舷的外径分为 300mm、400mm、600mm、800mm、1000m、1200mm、1400mm；外径 300mm 的护舷的单件长度为 500mm，外径大于 300mm 的护舷的单件长度分为 1000mm、2000mm。

工程内容：安装、刷油。

2）陆上安装 D 型橡胶护舷，区分护舷规格，以 10 套计。

D 型护舷按高度×单件长度分为 300mm×1000mm、300mm×1500mm、500mm×1500mm。

工程内容：安装。

3）陆上安装 V 型橡胶护舷，区分护舷规格，以 10 套计。

V 型护舷的高度分为 400mm、600mm；单件长度分为 1000mm、1500mm、2000mm。

工程内容：安装。

4）陆上安装鼓型橡胶护舷，区分护舷规格，以 1 套计。

鼓型护舷的高度分为 1000mm、1250mm、2000mm；再细分为一鼓一板、二鼓一板、三鼓一板。

工程内容：安装、刷油。

5）水上安装筒型橡胶护舷，区分护舷规格，以 10 套计。

筒型护舷的外径分为 800mm、1000m、1200mm、1400mm；单件长度分为 1000mm、2000mm。

工程内容：安装，刷油。

6）水上安装 V 型橡胶护舷，区分护舷规格，以 10 套计。

V 型护舷的高度分为 400mm、600mm；单件长度分为 1000mm、1500mm、2000mm。

工程内容：安装。

7）水上安装鼓型橡胶护舷，区分护舷规格，以 1 套计。

鼓型护舷的高度分为 1000mm、1250mm、2000mm；再细分为一鼓一板、二鼓一板、三鼓一板。

工程内容：安装、刷油。

（4）扶梯制作安装，适用于爬梯（铁链式、型钢式）和踏步梯（型钢式），以 1t 计。

采用不锈钢材料制作时，主材及电焊条按实际规格、品种做相应调整，同时取消调和漆和红丹粉；定额中型钢、钢板消耗量系数为 1.06，铁链消耗量系数为 1.03。

工程内容：制作、除锈刷油、安装。

（5）栏杆制作安装，分为钢管式、型钢式，以 1t 计。

采用不锈钢材料制作时，主材及电焊条按实际规格、品种做相应调整，同时取消调和漆和红丹粉。

工程内容：制作、除锈刷油、安装。

（6）钢盖板制作安装，区分水上或陆上安装，以 1t 计。

水上运距按 1km 以内考虑，每增 1km 另计工程量。

工程内容：制作、除锈刷油、安装。

（7）系船环、系网环制作安装，以 1t 计。

工程内容：制作、除锈刷油、安装。

（8）车挡制作安装，分为型钢车挡、钢轨车挡，以 1t 计。

工程内容：制作、安装。

（9）拦污栅制作安装，以 1t 计。

工程内容：制作，除锈、刷油，安装。

（10）铁桩尖制作安装，以 1t 计。

工程内容：制作、安装。

（11）管道支架制作安装，以 1t 计。

工程内容：制作，除锈、刷油，安装。

（12）预埋铁件制作安装，以 1t 计。

工程内容：制作，除锈、刷油，安装，校正。

（13）预埋螺栓安装，以 1t 计。

本定额适用于普通预埋螺栓。

工程内容：安装、丝扣保护。

（14）钢木护舷制作安装，分为固定式、浮式等两部分。

1）固定式木护舷，以 $1m^3$ 计。

2）固定式钢护舷，以 1t 计。

3）浮式木护舷，规格为 18000mm×600mm×600mm，以 $1m^3$ 计。

4）浮式钢护舷，外径为 800mm、长度为 18000mm，以 10 根计。

工程内容：预埋铁件制作，护舷除锈、刷油，运移，安装。

（15）小型构件刷油，适用于刷红丹、调和漆、沥青漆和热沥青，区分第一遍、第二遍，以 $10m^2$ 计。

工程内容：调配、涂刷。

（16）道路临时面层，分为泥结碎石面层、沥青贯入层、沥青混凝土混合料面层等3 种。

1）泥结碎石面层，以 $100m^2$ 面层计。

压实厚度为 20cm，每增减 1cm 另计工程量。

工程内容：修整基床，铺料，灌浆碾压，铺筑磨耗层、保护层。

2）沥青贯入层，区分压实厚度（4cm、5cm、6cm），以 $100m^2$ 面层计。

工程内容：运输、摊铺、喷油、铺嵌缝隙料、碾压平整。

3）沥青混凝土混合料面层，分为粗粒式、中粒式、细粒式、砂粒式，以 100m³ 计。

工程内容：基层清理，摊铺混凝土，找平、碾压，初期养护。

（17）轨道槽填沥青砂，以 1m³ 沥青砂计。

工程内容：熬沥青、配制沥青砂，填注、拍实。

（18）止水缝处理，适用于紫铜片、塑料止水带、橡胶止水带，以 10 延米计。

紫铜片宽度为 20cm，每增 10cm 另计工程量。

工程内容：①紫铜片止水缝，包括制作、安装、封口；②塑料止水带，包括焊接、安装；③橡胶止水带，包括剪切、安装。

（19）变形缝处理，分为沥青木板、沥青橡胶、沥青泡沫板等 3 种填充材料。

1）沥青木板，以 100m² 计。

工程内容：杉木板加工，溶涂沥青，清理缝面，安装、粘贴。

2）沥青橡胶，以 1m³ 计。

工程内容：填注沥青橡胶。

3）沥青泡沫板，以 100m² 计。

工程内容：填泡沫板、溶涂沥青。

（20）钢筋植筋，区分钢筋直径，以 1 根计。

钢筋直径分为 18mm、20mm、22mm、25mm、28mm、32mm。

工程内容：定位，钻孔，清孔，注胶，植筋。

（21）防水层，分为抹防水砂浆（立面、平面、拱面）、麻布沥青（一布二油、二布三油），以 100m² 计。

工程内容：①抹防水砂浆，包括基层清理、拌砂浆、抹面；②麻布沥青，包括基层清理、熔沥青、裁铺麻布、浇涂。

（22）混凝土表面涂刷沥青，分为一遍沥青、一遍冷底子油，以 100m² 计。

工程内容：表面清理，熬沥青、调制，涂刷。

（23）混凝土预埋塑料套管，以 10 延米计。

工程内容：下料、敷设。

（24）制作安装木码头及木桥面，分为主梁及次梁、桥面板、斜撑，以 1m³ 构件体积计。

工程内容：制作、安装、刷油。

（25）脚手架，分为单、双排钢管脚手架及安全网和满堂钢管脚手架两部分。

1）单、双排钢管脚手架及安全网，以 100m² 计。

单排钢管脚手架的架高为 15m 以内，双排钢管脚手架的架高分为 15m、24m、30m。

脚手架材料均为每使用一次的摊销量；以分母分子表示的，其分母为备料量，分子为摊销量。

脚手架宽度为 1.5m。

工程内容：①钢管脚手架，包括搭拆脚手架（挡脚板、护身栏杆等）、拆除后材料堆放及整理等；②挑出式安全网，包括支撑、挂网（翻网绳、阴阳角挂绳），拆除等。

2）满堂钢管脚手架，区分架高，以 100m² 计。

架高分为 3～18m 以内，每增 3m 为一级。

面积在 20m² 内者，人工定额乘以 1.25 系数。

工程内容：搭设、铺设脚手板、拆除。

（26）轻型井点排水，分为安装及拆除和使用两部分。

1）安装及拆除，以 10 根井点管计。

工程内容：挖排水沟，打拔井点及观察井管，安拆总管及接头管。

2）使用，以 1 套天计。

使用（套天）按日历天计，24h 为 1 天；每套轻型井点设备包括 50 根井管，相应的总管及抽水设备为 1 套。

工程内容：排水、维护。

（27）深井排水，分为安装拆除、使用两部分。

本定额不适用于井深小于 10m 的深井排水。

1）安装拆除，区分井深，以 1 座计。

井深分为 15～40m 以内，每增 5m 为一级。

预制混凝土管和无砂混凝土管的内径为 48cm，壁厚 6cm；定额内不含泵连接的出水管用量。

工程内容：钻孔、清孔，井管装配，地面试管，铺总管，埋设井管，填砂滤料，深井泵及排水管安装，试抽水，深井泵及排水管拆除。

2）使用，以每组天计。

深井排水设备的使用按设计的排水天数（日历天）以每组天为单位（每组包括 10 根井管）计算，或按合同规定的台班数计算。

（28）安装拆除浮鼓锚坠，分为安装、拆除两部分，区分锚坠体积（10m³、20m³ 以内），以 10 套计。

本定额以运距 1km 内为准，水上运距每增加 1km，方驳船组、拖轮各增加 0.009 艘班。

工程内容：①浮鼓安装，包括装船、运输、定位、安装；②浮鼓拆除，包括水下清理、拆除、运输、卸船。

（29）码头面下混凝土结构涂防腐料，分为硅烷防腐、防腐涂料两部分。

1）硅烷防腐，以 100m² 计。

喷涂量为 300g/m²，喷涂过程中控制膏体膜厚度为 300～350μm。

工程内容：表面处理、喷涂、清理。

2）防腐涂料，区分结构部位（表干区、表湿区），以 100m² 计。

表干区漆层厚度为底漆（环氧云铁底漆）50μm，中间漆（厚浆环氧中间漆）300μm，面漆（聚氨酯面漆）100μm。

表湿区漆层厚度为涂层（湿固化环氧厚浆漆）600μm。

工程内容：①表干区，包括表面处理，配漆，喷涂底漆、中间漆、面漆，补漆，清理；②表湿区，包括表面处理，配漆，喷涂，补漆，清理。

（30）拆除工程，分为挖泥船清除块石、陆上人力拆除块石和砌体、陆上拆除混凝土、水上拆除混凝土等 4 部分。

1）挖泥船清除块石，以 100m³ 计。

水上运距以 1km 内为准，水上运距每增加 1km 另计工程量。

工程内容：挖除块石，装、运、卸船。

2）陆上人力拆除块石、砌体，分为块石、浆砌砌体、干砌砌体，以 100m³ 计。

工程内容：拆、撬、凿除，50m 内运弃。

3）陆上拆除混凝土，分为人力凿除、风镐凿除（有筋、无筋）、机械拆除、爆破拆除，以 100m³ 计。

工程内容：①人力及风镐凿除，包括拆除，清理，50m 内运输、堆放；②机械拆除，包括破碎，撬移、解小、清理；③爆破拆除，包括钻孔，爆破，撬移、解小，清理。

4）水上拆除混凝土，水上人力风镐凿除（有筋、无筋），以 10m³ 计。

工程内容：凿除，清理，50m 内运输、堆放。

（31）混凝土面凿毛，分为人力凿毛、机械凿毛两部分。

1）人力凿毛，分为平面、立面，以 10m² 计。

人力凿毛定额适用于凿毛面积小于 50m³ 以内的工程。

工程内容：凿毛、清理。

2）机械凿毛，分为平面、立面，以 100m² 计。

工程内容：表面清理，凿毛、清洗。

## 二、《沿海港口工程参考定额》说明

### （一）定额总说明

（1）本定额系根据近年来沿海港口工程中出现的新技术、新工艺、新材料、新设备编制而成，限于选型工程资料的局限性，本定额纳入的项目为参考性定额，使用时根据工程具体情况和定额的工程内容参考使用。

（2）本定额中的材料消耗，除注明者外，一般已包括工程本身直接使用的材料、成品和半成品以及按规定摊销的施工用料，并包括了其场内的运输及操作损耗。

（3）本定额有关定额使用和工程量计算，除另有说明外，按《沿海港口水工建筑工程定额》（JTS/T 276—1—2019）中相应章节的相关定额项目有关规定执行。

（4）本定额中的人工、材料及船舶机械艘（台）班基价单价按《水运建设工程概算预算编制规定》（JTS/T 116—2019）、《水运工程混凝土和砂浆材料用量定额》（JTS/T 277—2019）、《沿海港口工程船舶机械艘（台）班费用定额》（JTS/T 276—2—2019）及《水运工程定额材料基价单价》（2019 版）执行。

### （二）土石方工程

1. 分部分项定额条目说明

（1）爆破挤淤法防波堤填石，以 100m³ 计。

工程内容：制作药包、布药船布药、起爆、填石、理坡。

（2）陆上吹填袋装砂堤心，以 100m³ 计。

本定额适用于取砂充填距离 150m 内，砂本体材料费用另计；充填袋材料消耗量为展开面积，价格包括机织土工布及袋体加工费；定额充填袋按 0.5m 一层考虑，使用时可按实调整。

工程内容：袋体铺放、加固，充填砂。

（3）码头基床爆破夯实，以100m³计。

本定额按一次爆夯考虑。

工程内容：药包及坠子加工、装船、运输，移船定位，投放，起爆，清理，沉降测量。

（4）专业作业船基床抛石整平，以100m³计。

工程内容：移船定位，抛石，整平。

（5）水上抛筑袋装碎石（砂）护底，分为袋装碎石护底、袋装砂护底，以100m³计。

工程内容：人力装袋（网兜），装船，运输，抛填，潜水员水下理坡、检查。

（6）水上铺排船充填袋装砂堤心（砂被），以10000m³计。

工程内容：袋布加工，材料运输，移船定位，充填、铺放。

（7）余排砂肋软体排护底，砂肋间距分为0.5m、0.4m，以10000m²计。

工程内容：排体缝制、材料运输、移船定位、充填、铺设。

（8）堤身砂肋软体排护底，砂肋间距为1.5m，以10000m²计。

工程内容：排体缝制、材料运输、移船定位、充填、铺设。

（9）混凝土联锁块软体排护底，以10000m²计。

工程内容：排体加工，材料运输，移船定位，铺设。

（10）格形钢板桩码头基床抛砂，以100m³计。

工程内容：抛填、检查。

（三）基础工程

1. 分部分项定额条目说明

（1）水上打大直径钢管桩，分为桩径$\Phi$180cm、桩径$\Phi$200cm、桩径$\Phi$250cm、桩径$\Phi$300cm、大直径钢管桩桩头处理（截桩）等5部分。

1）桩径$\Phi$180cm，区分桩长、土壤级别（一、二、三），以10根计。

桩长分为40～90m以内，每增10m为一级。

本定额以运距1km内为准，水上运距每增加1km按附表另计工程量。

工程内容：装船、运输、打桩、稳桩夹桩。

2）桩径$\Phi$200cm，区分桩长、土壤级别（一、二、三），以10根计。

桩长分为40～70m以内，每增10m为一级。

本定额以运距1km内为准，水上运距每增加1km按附表另计工程量。

工程内容：装船、运输、打桩、稳桩夹桩。

3）桩径$\Phi$250cm，区分桩长（50m、60m以内）、土壤级别（一、二、三），以10根计。

本定额以运距1km内为准，水上运距每增加1km按附表另计工程量。

工程内容：装船、运输、打桩、稳桩夹桩。

4）桩径$\Phi$300cm，桩长为40m以内，区分土壤级别（一、二、三），以10根计。

本定额以运距1km内为准，水上运距每增加1km按附表另计工程量。

工程内容：装船、运输、打桩、稳桩夹桩。

5）大直径钢管桩桩头处理（截桩），区分桩径（Φ180cm、Φ200cm、Φ250cm、Φ300cm），以10根计。

工程内容：切割、清理、吊运桩头。

（2）水上水冲打钢筋混凝土大头方桩，断面为60cm×60cm，区分桩长（30m、50m以内），以10根计。

本定额以运距1km内为准，水上运距每增加1km按附表另计工程量。

工程内容：装船、运输、打桩、稳桩夹桩。

（3）格形钢板桩陆上整体拼装，以10根计。

工程内容：钢板桩调直、吊立异形桩定位、拼插直腹桩、加固、安配重块。

（4）主格体整体沉放，桩长为19m，以10根计。

工程内容：整体起吊格体、1km以内水上吊运、测量定位、整体沉放。

（5）水上插打付格体钢板桩，桩长为19m，以10根计。

工程内容：水上安放付格围图、测量定位、拼插钢板桩、沉桩、拆围图。

（6）陆上钻孔灌注桩旋挖钻机成孔，桩径Φ120cm、孔深20m，区分土壤类别（Ⅰ～Ⅳ、Ⅴ、Ⅵ），以10m³计。

工程内容：钻机就位、安拆泥浆循环系统、成孔、清孔、泥浆清理。

（7）水上独立工作平台上灌注型嵌岩桩，分为水上独立工作平台、嵌岩桩成孔、钢筋笼制作安装、混凝土浇筑等4部分。

1）水上独立工作平台，以100m²计。

工程内容：制作、安装、拆除平台钢结构（利用钻孔护筒作支撑桩）。

2）嵌岩桩成孔，分为直桩、斜桩，区分土壤类别（Ⅴ、Ⅵ）、桩径（1.0m、1.2m），以10m计。

工程内容：钻机就位、成孔、清渣、验孔。

3）钢筋笼制作安装，分为焊接连接、套筒连接，以1t计。

工程内容：钢筋加工，钢筋笼焊接（套筒连接）、绑扎，运输，吊装入孔。

4）混凝土浇筑，分为直桩、斜桩，以10m³计。

工程内容：混凝土制备、运输、浇筑。

（8）灌注型锚杆嵌岩桩，分为成孔、锚杆制作与安装、注浆等3部分。

1）成孔，区分锚孔直径（300mm、400mm），以10m计。

工程内容：运输、打拔导桩，安拆导架，钻孔，清孔。

2）锚杆制作、安装，以1t计。

工程内容：连接器连接、穿束、定位、吊放安装。

3）注浆，以10m³计。

工程内容：制浆、下导管、注浆、拔导管。

（9）灌注桩检测管制作安装，以1t计。

工程内容：检测管加工，套管制作、焊接，对接、定位焊接、固定，临时支撑保护。

（10）真空预压（浅层），以100m²加固面积计。

本定额（45天真空预压）以抽真空时间 45 天为准；采用自发电时，按增加 300kW 发电机组 0.45 台班/100m²，真空泵台班单价不计电费调整；采用自发电时，本定额（每增减 15 天）按增减 300kW 发电机组 0.14 台班；真空泵台班单价不计电费。

工程内容：人工整平、清理砂垫层，挖、填边沟，制、安、拆滤管，铺膜，安、拆真空设备，抽真空，观测（包括沉降观测与真空度观测）等。

(11) 单点振冲密实砂，分为陆上、水上，振冲深度≤20m，以 100m³ 计。

水上振冲按水深 15m 内考虑。

工程内容：测量定位、振冲密实、移位。

(12) 强夯置换墩，分为强夯、墩体夯坑料回填等两部分。

1) 强夯，以 100m² 加固面积计。

本定额夯点间距按 8m 计，实际不同时可按实调整。

工程内容：夯前整平，强夯，夯后场地整平、碾压，夯坑排水。

2) 墩体夯坑料回填，直接来料填筑，以 100m³ 计。

工程内容：装载机场内倒运、推土机推土整平。

**（四）混凝土工程**

分部分项定额条目说明如下：

(1) 混凝土联锁块软体排块体预制，以 10m³ 计。

工程内容：预制、堆放。

(2) 模袋混凝土（$h=40cm$），以 10000m² 计。

工程内容：运输，移船定位，袋体敷设、充灌混凝土，封口，溜放。

**（五）钢结构制作及安装工程**

分部分项定额条目说明如下：

(1) 防汛钢闸门制作安装，分为开启式、插板式，以 1t 计。

工程内容：闸门制作安装、轨道安装、机加工件及附件的装配、现场拼装、除锈刷油。

(2) 钢制护舷支架制作安装，以 1t 计。

本定额适用于橡胶护舷钢制支架的现场制作及安装。

工程内容：制作、安装、除锈刷油。

**（六）其他工程**

分部分项定额条目说明如下：

(1) 钢管桩涂环氧重防腐涂料，分为底漆（$100\mu m$）、中间漆或面漆（$450\mu m$）等两项，以 100m² 计。

工程内容：①底漆，包括配漆，人力喷涂、补漆，清理；②中间漆或面漆，包括配漆，人力刮涂、补漆，清理。

(2) 钢管桩牺牲阳极安装，区分单件阳极块重（70kg、165kg），以 10 块计。

工程内容：钢管桩电连接、测试点的安装、阳极块运输、安装。

(3) 钢管桩外加电流阴极防腐材料安装，以 100m² 保护面积计。

定额单位 100m² 为钢管桩外加电流所需保护的面积。钢管桩外加电流保护面积为钢管桩在水位变动区的平均水位区、水下区和泥下区的表面积。

工程内容：钢管桩电连接、正负极接头和测试点安装、阳极支架水下安装、辅助阳极和参比电极水下安装、电源正负极与阳极和阴极电缆连接。

（4）金刚石链锯切割钢筋混凝土，分为陆上切割、水下切割，以 $10m^2$ 切割面积计。

陆上切割和水下切割用于复杂混凝土结构的切割。水下切割：潜水组下潜深度为 6m 以内，潜水员水下用钻探机械钻孔深度为 0.5m。

工程内容：①陆上切割，包括钻导向孔、安装导向架，安装链锯、切割，拆除导向架；②水下切割，包括潜水员水下钻导向孔、水下安装导轨，安装链锯、切割，拆除导向架。

（5）混凝土结构裂缝修补，分为灌浆修补、开槽修补，以 10m 计。

灌浆修补水上作业时，另增加 50t 铁驳 0.300 艘班，15kW 机动艇 0.300 艘班；开槽修补水上作业时，另增加 50t 铁驳 0.200 艘班，15kW 机动艇 0.200 艘班。

工程内容：①灌浆修补，包括清理裂缝、设置灌浆嘴、灌浆，拆除灌浆嘴，修整，聚氨酯面漆封缝；②开槽修补，包括凿骑缝和凹槽、清理凹槽，拌浆，灌缝，修整，聚氨酯面漆封缝。

（6）混凝土结构破损面修补，分为聚合物水泥砂浆修补、喷射混凝土修补两项。

1）聚合物水泥砂浆修补，以 $10m^2$ 计。

聚合物水泥砂浆修补定额按平均修补厚度小于 1cm 编制。水上作业时，另增加 50t 铁驳 0.120 艘班，15kW 机动艇 0.120 艘班。

工程内容：混凝土破损面开凿、表面处理、聚合物水泥砂浆修补。

2）喷射混凝土修补，以 $10m^3$ 计。

喷射混凝土修补定额混凝土强度等级为 C40，水上作业时，另增 50t 铁驳 0.900 艘班，15kW 机动艇 0.900 艘班。

工程内容：破损面开凿、清理，局部钢筋除锈，混凝土拌制、喷射、清理及养护。

（7）混凝土电化学脱盐，以 $10m^2$ 计。

水上作业时，另增加 50t 铁驳 0.460 艘班，15kW 机动艇 0.460 艘班。

工程内容：安装电化学脱盐系统、通电脱盐、拆除系统。

（8）钢筋混凝土结构外加电流阴极防护材料安装，以 $100m^2$ 保护面积计。

工程内容：材料运输，阳极钛网、导电条、电极及导线安装。

（七）静载试桩工程的计费方法

静载试桩费用主要由试桩工程费和技术工作费组成，静载试桩费应列入水运建设项目总概算的工程建设其他费中的研究试验费。项目及费用按以下方法计列。

1. 试桩工程费

试桩工程费由试桩预制、水上运输、调遣费、试桩打设、试桩平台及试桩钢结构安拆等项目组成，应按《水运建设工程概算预算编制规定》（JTS/T 116）及配套沿海港口工程定额中有关水工建筑安装工程费用的规定，计算试桩的建筑安装工程费用。试桩工程费用的计算尚应符合以下要求。

（1）试桩预制。

1）试桩的预制、堆放、装船过程的人工工日、船舶及机械艘（台）班消耗按《沿海港口水工建筑工程定额》（JTS/T 276—1）（以下简称《沿海水工定额》）的有关项目正表乘以 1.50 系数。

2）钢筋制作执行上述定额的相应子目正表。

3）试桩用贴片、电线的安装按每根试桩增计 5 工日，并增计贴片、电线等材料费用。

4）试桩预制工程量应考虑备桩，备桩量按每两组（及以内）桩备一根锚桩计列。

（2）水上运桩。

1）方驳及拖轮的选型按试桩、锚桩、观测桩中最长桩确定。

2）试桩总桩数不足相应定额装载量一驳的按一驳计，超过一驳不足二驳的按二驳计。

（3）调遣费用。

1）船舶调遣按一艘打桩船（按实际需要确定规格）、一艘 60t 旋转扒杆起重船配置，并配备相应规格的拖轮，费用按附注的有关方法计算。

2）人员调遣按试桩地点实际配合人数计算往返差旅费和调遣期间工资等费用。

（4）试桩打设。

1）打桩船按试桩船舶实际规格能力确定，打桩工效按每艘班 1 根考虑，套用《沿海水工定额》时以此调整相关打桩定额子目的人工工日、辅助船舶（不包括拖轮）艘班消耗。

2）锚桩及观测桩按相应的墩台桩系数计算。

3）试桩需复打时，复打一根桩计打桩船一个使用艘班；试桩施打至复打间隔期间，打桩船、拖轮计列停置艘班，期间的船舶往复调遣不再计取调遣费用。

4）夹桩按稳桩夹桩考虑，打桩定额中已包括该项内容，不得另行计算。

（5）钢梁、观察梁等钢结构安拆。

1）安装按 60t 旋转扒杆起重船、400t 方驳各 2 个使用艘班，拆除按 60t 旋转扒杆起重船、400t 方驳各 1 个使用艘班计。

2）安、拆期间另计 60t 旋转扒杆起重船、400t 方驳、294kW 拖轮各 10 个停置艘班。

3）试桩用钢结构（钢梁、反力架）的场外运输按实际运输工艺参照有关运输定额计费。

4）钢结构应考虑残值回收或周转使用。

（6）试桩平台安拆。试桩平台应根据设计要求或实际需要计价，并应考虑残值回收。

（7）施工取费。以试桩工程费（不包括调遣费用）为基数，按一般水工工程取费类别计算（不计施工队伍进退场费）。

（8）有关说明。

1）单独试桩与连续试桩，单独试桩指 1 根试桩、1 根观测桩、4 根锚桩为一组；连续试桩指在单独试桩的基础上，每增 1 根试桩，增两根锚桩且累计为两组试桩。

2）发电船、交通船，应按实际需要配备，艘班数量自打桩完毕至平台拆除截止，按每天各一个使用艘班计取。条件不具备时，发电船按 50t 铁驳上配备 75kW 发电机和附属装置考虑；对于无掩护海区及外海的试桩，配备 44kW 交通艇，有掩护海区及内港，配备 15kW 交通艇。

3）试桩配合人员按整个试桩期（不包括初、复打期）平均每天 10 人考虑。

2. 技术工作费

技术工作费主要包括进行试桩设计、研究及开展各种技术工作所需的费用。

3. 附注

（1）调遣拖轮规格的取定。

1）架高大于等于 80m 打桩船的调遣（包括封舱和不封舱）按 1941kW 拖轮计算。

2）架高小于 80m 打桩船和 60t 旋转扒杆起重船，需封舱出海拖航的，按 1441kW 拖轮计算；出海不封舱调遣拖航的，按 1228kW 拖轮计算。

（2）出海拖航封舱的计算方法。

1）架高大于等于 80m 打桩船出海拖航在三类航区的，海上单向航程超过 370km 时按封舱考虑。

2）架高小于 80m 打桩船和 60t 旋转扒杆起重船在限制航区内拖航，单向航程超过 100km 时按封舱计列。

（3）单次调遣开、封舱的有关计算方法。单次调遣需要封舱的打桩船和起重船，其开、封舱的艘班数量（包括辅助船舶）按表 5.2-17 确定。

表 5.2-17 单次调遣开、封舱的艘班数量表

| 调遣船舶名称 | 需要封舱的船舶计列艘班数量 | | 拖轮使用艘班数量 |
| --- | --- | --- | --- |
| | 使用 | 停置 | |
| 打桩船 | 4 | 12 | 3 |
| 起重船 | 4 | 8 | 3 |
| 拖轮 | — | 8 | 2（441kW） |

（4）不需要封舱的被拖船舶调遣时的准备。打桩船、起重船不需要封舱时的调遣准备，按 1 个使用艘班和 3 个停置艘班计算。

（5）调遣过程中船舶艘班数量的计算方法。

1）拖轮按使用艘班计取，使用艘班数量按式（5.2-5）计算。

$$使用艘班 = \left[ \frac{2 \times 单程拖航里程（km）}{5 \times 1.852} + \frac{2 \times 单程拖航里程（km）}{10 \times 1.852} \right] \div 8 \quad (5.2-5)$$

2）被拖工程船舶按停置艘班计取，停置艘班数量按式（5.2-6）计算。

$$停置艘班 = \frac{2 \times 单程拖航里程（km）}{5 \times 1.852} \div 24（小数进位取整） \quad (5.2-6)$$

### 三、配套工、料、机定额说明

沿海港口工程系列定额（2019）采用了工、料、机消耗量与其单价分离的编制办法，将人工、材料、机械的单价编制成了《沿海港口工程船舶机械艘（台）班费用定额》（JTS/T 276—2—2019）、《水运工程定额材料基价单价》（2019 年版）和《水运工程混凝土和砂浆材料用量定额》（JTS/T 277—2019）。这 3 本配套定额构成了《沿海港口水工建筑工程定额》（JTS/T 276—1—2019）和《沿海港口工程参考定额》（JTS/T 276—3—2019）的计价基础，是各条目定额基价的计算依据。

# 第六章 内河航运工程定额计价

## 第一节 内河航运工程定额计价规定

### 一、基本规定

如本书前文第二章所述，除远海区域水运建设工程以外，根据交通运输部 2019 年 57 号文，自 2019 年 11 月 1 日起，我国现行的水运建设工程费用的计价依据统一为《水运建设工程概算预算编制规定》及其配套定额。该规定对沿海港口、内河航运和疏浚等 3 类工程进行了梳理、整合。

内河区域水运工程指在江河、湖泊水域及入海河流口门以上水域建设的内河航运工程，内河航运工程主要包括港口工程、航道工程、航运枢纽及通航建筑物工程、船厂水工建筑物工程、水运支持系统工程和水运其他工程。

与内河航运工程有关的定额计价依据包括：推荐性标准 6 项，《水运建设工程概算预算编制规定》（JTS/T 116—2019）、《内河航运水工建筑工程定额》（JTS/T 275—1—2019）、《内河航运工程船舶机械艘（台）班费用定额》（JTS/T 275—2—2019）、《内河航运设备安装工程定额》（JTS/T 275—3—2019）、《内河航运工程参考定额》（JTS/T 275—4—2019）、《水运工程混凝土和砂浆材料用量定额》（JTS/T 277—2019）以及配套参考使用的《水运工程定额材料基价单价》（2019 年版）。

内河水运工程的概算费用项目组成、工程项目分类、工程费用及计算规则以及相应的概算预算编制办法均如本书第二章相关叙述，这里不再赘述。

### 二、定额的选用原则

内河航运工程以及入海河流口门以上水域的修造船厂水工建筑物工程应按下列规定编制概算预算。

编制单位工程概算预算工程费用时，应执行以下原则：一般水工工程、一般陆域工程、陆上软基加固工程、航道整治工程、大型土石方工程、内河航运设备及大型金属结构制作安装工程、坞门及设备制作安装工程等，执行内河航运工程系列定额（2019）；疏浚工程应执行疏浚工程系列定额（2019）；其他专业工程，分别执行有关专业的定额和相应的工程费用计算标准。

在计算建设项目总概算的工程建设其他费用、预留费用、建设期利息等费用时，应按《水运建设工程概算预算编制规定》（JTS/T 116—2019）执行。

## 第二节　内河航运工程系列定额说明

**一、《内河航运水工建筑工程定额》说明**

（一）定额总说明

（1）本定额主要包括土石方工程、基础工程、混凝土及钢筋混凝土构件预制安装工程、现浇混凝土及钢筋混凝土工程、整治建筑工程、辅助工程、脚手架工程和其他工程共8章，适用于内河航运建设工程水工建筑物等工程初步设计概算和施工图预算的编制。也可用于其他阶段造价文件的编制。

（2）本定额是以分项工程为单位并用人工、材料和船舶机械艘（台）班消耗量表示的工程定额，是计算内河航运水工建筑工程定额直接费的依据；本定额应与《水运建设工程概算预算编制规定》（JTS/T 116—2019）、《内河航运工程船舶机械艘（台）班费用定额》（JTS/T 275—2—2019）和《水运工程混凝土和砂浆材料用量定额》（JTS/T 277—2019）配套使用。

（3）本定额是根据水运工程有关技术标准，按正常的施工条件、合理的施工工艺选型制定，一般情况下使用时不应调整；对于定额中列有多工艺的项目，使用时应根据施工条件设计或施工组织设计合理选用。

（4）本定额按8h工作制制定，并考虑了正常的洪、枯水期的影响。定额中还包括了场内的转移、工序搭接、自然因素影响、配合质量检查以及其他必要的施工消耗时间。除另有规定外，使用时一般不应调整。

（5）对于定额项目与实际工程的施工工艺、工程内容不同的，应根据施工条件或施工组织设计编制分部分项工程调整或补充单位估价表；对于定额项目缺项或步距断档的，可选用《沿海港口水工建筑工程定额》（JTS/T 276—1—2019）相应定额项目的消耗量，但工料机单价应与本定额采用相同标准。

（6）一个建设项目中的一般水运工程、陆域构筑物工程和整治建筑工程，如其基价定额直接费小于300万元时，应计列小型工程增加费，小型工程增加费费率按定额直接费的5%计列。

（7）定额的使用应符合以下规定。

1）编制施工图预算时，应根据各章节的相应规定直接使用本定额；编制概算时，可在套用本定额计算出定额直接费后乘以概算扩大系数，概算扩大系数的使用应符合下列规定：①应根据工程的设计深度、结构及施工条件的复杂程度等因素合理确定扩大系数；②一般水工及陆域构筑物工程，概算扩大系数为2%～5%；③堆场道路工程、整治建筑物工程，概算扩大系数为1%～3%；④大型土石方工程不计概算扩大系数。

2）本定额的材料消耗，包括了工程本体直接使用的材料、成品或半成品及按规定摊销的施工用料，并包括了场内运输及操作等损耗；除另有规定外，使用时一般不应调整。

3）本定额项目的"工程内容"，只列出主要工序，次要工序虽未列出，但已包括在工程内容内，除定额另有说明外，一般情况下不得增减。

4）本定额中有关工程材料、成品、半成品及混凝土构件水上增运距定额，适用于

200km 以内范围的驳载运输，并应符合以下规定：①运输距离 50km 以内的，可直接按相应增运距定额计价；②运输距离超过 50km 时，50km 以内部分按第①条计算，超出 50km 部分按增运距定额乘以 0.75 系数计算，全程按分段累加法计价。

运输距离超过 200km 的，不适用增运距定额，应按水路运输有关标准计算相应材料、成品、半成品及混凝土构件的运输费用。

5）本定额中有关工程材料、成品、半成品及混凝土构件陆上增运距定额，适用于工程区域 20km 以内范围的运输。运输距离超过 20km 的，不适用增运距定额，应按公路运输有关标准计算相应材料、成品、半成品及混凝土构件的运输费用。

6）本定额中有关工程材料、成品、半成品及混凝土构件等水上运输拖轮规格，适用于内河水域的运输，长江干线运输时，应调整为 294kW 规格。

7）本定额中的整治建筑工程定额，适用于港区以外及航运枢纽、通航建筑工程引航道以外的内河航道整治工程。

8）定额正表列示的混凝土及砂浆为复合材料，材料规格系按综合选型确定，使用定额时，应按设计要求的混凝土及砂浆材料的规格品种计价。

9）定额正表中带括号的材料，其括号表示该项材料在定额项目中只计量不计价。

10）定额中凡注明"××以内"或"××以下"者，均包括"××"本身；凡注明"××以上"或"××以外"者，均不包括"××"本身。

（二）土石方工程

1. 章定额说明

（1）本章定额分为八节，第一节人力土方工程，第二节机械土方工程，第三节基槽挖泥工程，第四节石方工程，第五节陆上铺筑抛填工程，第六节水上抛填工程，第七节砌筑工程，第八节锚喷及支护工程。

（2）定额的使用应符合以下规定。

1）本章定额的计量单位，除注明者外，均按自然方计算。自然方系指未经扰动的自然状态的土方；松方系指自然方经过人力或机械开挖松动过的土方或备料堆置土方；实方系指回填经过压实后的填筑方。

2）本章定额（基槽挖泥除外）已包括工作面开挖小排水沟、修坡、铲坡，取土场和卸土场范围内的小路建筑以及必需的基本辅助工作等。

3）本章定额不包括施工排水、围堰及脚手架工程，需要时应按有关定额计算。

4）各类工程项目中土壤类别、岩石级别的划分应符合下列规定：①土壤类别应按表 6.2-1 规定划分；②挖泥土壤类别应按表 6.2-2 规定划分；③岩石级别应按表 6.2-3 规定划分。

表 6.2-1　　　　　　　　　　土　壤　分　类　表

| 土壤类别 | 土质名称 | 自然湿容重 /(kg/m³) | 外形特征 | 开挖方法 |
|---|---|---|---|---|
| Ⅰ | 砂土、种植土 | 1650～1750 | 疏松，黏着力差或易透水，略有黏性 | 用锹或略加脚踩开挖 |

| 土壤类别 | 土质名称 | 自然湿容重 /(kg/m³) | 外形特征 | 开挖方法 |
|---|---|---|---|---|
| Ⅱ | 壤土、淤泥、含草根种植土 | 1750～1850 | 开挖时能成块，易打碎 | 用锹需要脚踩开挖 |
| Ⅲ | 黏土、干燥黄土、干淤泥、含少量砾石黏土 | 1800～1950 | 黏手，看不见砂粒或干硬 | 用镐，三齿耙开挖或用锹需用力加脚踩开挖 |
| Ⅳ | 坚硬黏土、砾石混黏性土、黏性土混碎卵石 | 1900～2100 | 土壤结构坚硬，将土分裂后能成块状或含黏粒砾石较多 | 用镐，三齿耙等工具开挖 |

**表 6.2-2　挖泥土壤分类表**

| 土壤类别 | 名称或特征 | 标准贯入击数 N | 液性指数 $I_L$ |
|---|---|---|---|
| Ⅰ | 淤泥、淤泥混砂、软塑黏土、可塑黏土、可塑亚黏土、可塑亚砂土 | ≤8 | ≤1.5 |
| Ⅱ | 砂、硬塑黏土、硬塑亚黏土、硬塑亚砂土 | ≤15 | ≤0.25 |
| Ⅲ | 坚硬黏土、砂夹卵石、坚硬亚黏土、坚硬亚砂土 | ≤30 | ≤0 |
| Ⅳ | 强风化岩、铁板砂、胶结的卵石和砾石 | >30 | — |

**注**　Ⅰ、Ⅱ类土壤以液性指数为主要判别标准。

**表 6.2-3　岩石分级表**

| 岩石级别 | 岩石名称 | 实体岩石自然湿度时的平均容重 /(kg/m³) | 净钻时间/(min/m) | | | 极限抗压强度 /MPa | 强度系数 f |
|---|---|---|---|---|---|---|---|
| | | | 用 φ30mm 合金钻头，凿岩机打眼（工作气压为4.5个标准大气压） | 用 φ30mm 淬火钻头，凿岩机打眼（工作气压为4.5个标准大气压） | 用 φ25mm 钻杆，人工单人打眼 | | |
| Ⅴ | 1. 砂藻土及软白垩岩 | 1500 | — | ≤3.5 | ≤30 | ≤20 | 1.5～2 |
| | 2. 硬的石炭纪的黏土 | 1950 | | | | | |
| | 3. 胶结不紧的砾岩 | 1900～2200 | | | | | |
| | 4. 各种不坚实的页岩 | 2000 | | | | | |
| Ⅵ | 1. 软、有孔隙、节理多的石灰岩及贝壳石灰岩 | 2200 | — | 4 (3.5～4.5) | 45 (30～60) | 20～40 | 2～4 |
| | 2. 密实的白垩 | 2600 | | | | | |
| | 3. 中等坚实的页岩 | 2700 | | | | | |
| | 4. 中等坚实的泥灰岩 | 2300 | | | | | |
| Ⅶ | 1. 水成岩卵石经石灰质胶结而成的砾岩 | 2200 | — | 6 (4.5～7) | 78 (61～95) | 40～60 | 4～6 |
| | 2. 风化的节理多的黏土质砂岩 | 2200 | | | | | |
| | 3. 坚硬的泥质页岩 | 2800 | | | | | |
| | 4. 坚实的泥灰岩 | 2500 | | | | | |

续表

| 岩石级别 | 岩石名称 | 实体岩石自然湿度时的平均容重/(kg/m³) | 净钻时间/(min/m) 用φ30mm合金钻头，凿岩机打眼（工作气压为4.5个标准大气压） | 净钻时间/(min/m) 用φ30mm淬火钻头，凿岩机打眼（工作气压为4.5个标准大气压） | 净钻时间/(min/m) 用φ25mm钻杆，人工单人打眼 | 极限抗压强度/MPa | 强度系数 f |
|---|---|---|---|---|---|---|---|
| Ⅷ | 1. 角砾状花岗岩 | 2300 | 6.8 (5.7~7.7) | 8.5 (7.1~10) | 115 (96~135) | 60~80 | — |
| | 2. 泥灰质石灰岩 | 2300 | | | | | |
| | 3. 粗土质砂岩 | 2200 | | | | | |
| | 4. 云母页岩及砂质页岩 | 2300 | | | | | |
| | 5. 硬石膏 | 2900 | | | | | |
| Ⅸ | 1. 软、风化较甚的花岗岩、片麻岩及正长岩 | 2500 | 8.5 (8.8~9.2) | 11.5 (10.1~13) | 157 (136~175) | 80~100 | 8~10 |
| | 2. 滑石质的蛇纹岩 | 2400 | | | | | |
| | 3. 密实的石灰岩 | 2500 | | | | | |
| | 4. 水成岩卵石经硅质胶结的砾岩 | 2500 | | | | | |
| | 5. 砂岩 | 2500 | | | | | |
| | 6. 砂质石灰质的页岩 | 2500 | | | | | |
| Ⅹ | 1. 白云岩 | 2700 | 10 (9.3~10.8) | 15 (13.1~17) | 195 (176~215) | 100~120 | 10~12 |
| | 2. 坚实的石灰岩 | 2700 | | | | | |
| | 3. 大理岩 | 2700 | | | | | |
| | 4. 石灰质胶结的质密的砂岩 | 2600 | | | | | |
| | 5. 坚硬的砂质页岩 | 2600 | | | | | |
| Ⅺ | 1. 粗粒花岗岩 | 2800 | 11.2 (10.9~11.5) | 18.5 (17.1~20) | 240 (216~260) | 120~140 | 12~14 |
| | 2. 特别坚实的白云岩 | 2900 | | | | | |
| | 3. 蛇纹岩 | 2600 | | | | | |
| | 4. 火成岩卵石经石灰质胶结的砾石 | 2800 | | | | | |
| | 5. 石灰质胶结的坚实的砂岩 | 2700 | | | | | |
| | 6. 粗粒正长岩 | 2700 | | | | | |
| Ⅻ | 1. 有风化痕迹的安山岩及玄武岩 | 2700 | 12.2 (11.6~13.3) | 22 (20.1~25) | 290 (261~320) | 140~160 | 14~16 |
| | 2. 片麻岩、粗面岩 | 2600 | | | | | |
| | 3. 特别坚实的石灰岩 | 2900 | | | | | |
| | 4. 火成岩卵石经硅质胶结的砾岩 | 2600 | | | | | |

续表

| 岩石级别 | 岩石名称 | 实体岩石自然湿度时的平均容重/(kg/m³) | 净钻时间/(min/m) | | | 极限抗压强度/MPa | 强度系数 $f$ |
| --- | --- | --- | --- | --- | --- | --- | --- |
| | | | 用 $\phi$30mm 合金钻头，凿岩机打眼（工作气压为 4.5 个标准大气压） | 用 $\phi$30mm 淬火钻头，凿岩机打眼（工作气压为 4.5 个标准大气压） | 用 $\phi$25mm 钻杆，人工单人打眼 | | |
| XIII | 1. 中粒花岗岩 | 3100 | 14.1 (13.4～14.8) | 27.5 (25.1～30) | 360 (321～400) | 160～180 | 16～18 |
| | 2. 坚实的片麻岩 | 2800 | | | | | |
| | 3. 辉绿岩 | 2700 | | | | | |
| | 4. 玢岩 | 2500 | | | | | |
| | 5. 坚实的粗面岩 | 2800 | | | | | |
| | 6. 中粒正长岩 | 2800 | | | | | |
| XIV | 1. 特别坚实的细粒花岗岩 | 3300 | 15.5 (14.9～18.2) | 32.5 (30.1～40) | — | 180～200 | 18～20 |
| | 2. 花岗片麻岩 | 2900 | | | | | |
| | 3. 闪长岩 | 2900 | | | | | |
| | 4. 最坚实的石灰岩 | 3100 | | | | | |
| | 5. 坚实的玢岩 | 2700 | | | | | |
| XV | 1. 安山岩、玄武岩、坚实角闪岩 | 3100 | 20 (18.3～24) | 46 (40.1～60) | — | 200～250 | 20～25 |
| | 2. 最坚实的辉绿岩及闪长岩 | 2900 | | | | | |
| | 3. 坚实的辉长岩及石英岩 | 2800 | | | | | |
| XVI | 1. 钙钠长石质橄榄石质玄武岩 | 3300 | ＞24 | ＞60 | | ＞250 | ＞25 |
| | 2. 特别坚实的辉长岩、辉绿岩、石英岩及玢岩 | 3000 | | | | | |

　　5）挖掘机在垫板上施工时，定额人工、机械数量乘以 1.15 系数，铺设垫板所需材料另行计算。

　　6）土方工程中砂砾土的开挖和运输按Ⅲ类土定额计算。

　　7）对于水下石方工程，可使用整治工程（定额第五章）中的相关定额。

　　8）本章定额中人力挑抬的基本运距为 20m 以内，双轮车的基本运距为 50m 以内。

　　（3）工程量的计算，应符合以下规定。

　　1）开挖及回填工程的工程量应根据开挖或回填的设计断面以体积计算，并应按施工规范规定的超深、超宽及增放坡度计算施工增加量，回填工程还应考虑沉降量。

2）抓斗挖泥船水下挖泥工程量计算应符合下列规定：①应按如图 6.2-1 所示要求计算；②抓斗挖泥船水下挖泥工程量应按设计断面加平均超深和每边平均超宽计算，不同规格挖泥船的平均超深和每边平均超宽值应按相应规范执行；③挖泥的水深按式（6.2-1）计算。

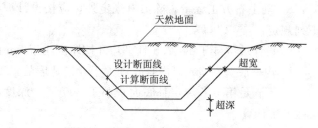

图 6.2-1　水下挖泥工程量计算简图

挖泥水深＝施工水位－挖槽的设计底标高＋平均允许超深－1/2 平均泥层厚度　（6.2-1）

3）水下抛填水深应按式（6.2-2）计算。

水下抛填水深＝施工水位－设计挖槽底标高－1/2 机床厚度　　（6.2-2）

4）砌筑工程量按设计砌体外形尺寸以体积计算。

5）铺填工程量应按设计要求以体积计算，铺填及砌筑工程量均不应扣除预埋件和面积在 0.2m² 以内的孔洞所占体积。

6）喷浆混凝土工程量应按设计喷浆厚度以面积计算（回弹及施工耗损量已包括在定额中）。

7）陆上土方工程量，除另有规定外，应按设计要求以体积计算，工程量计算应符合下列规定：

a. 槽底开挖宽度在 3m 以内且槽长大于 3 倍槽宽的陆上开挖工程可按地槽计算。

b. 不满足第 a 条规定且坑底面积在 20m² 以内的陆上开挖工程，应按地坑计算。

c. 洞室土方开挖分为平洞、斜井、竖井土方开挖工程，工程量计算应符合以下规定：①洞室断面积大于 2.5m²、水平夹角不大于 6°的，工程量应按平洞土方开挖计算；②洞室断面积大于 2.5m²、水平夹角在 6°～75°的，工程量应按斜井土方开挖计算；③洞室断面积大于 2.5m²、水平夹角大于 75°且深度大于上口短边长度（或直径）的，工程量应按竖井土方开挖计算。

d. 除岸坡、地槽、地坑、洞室以外的陆上开挖工程应按一般挖土方计算。

e. 平均高差在 0.30m 以内的陆上土方工程，工程量应按场地平整以面积计算。

f. 夹有孤石的土方开挖，大于 0.7m³ 的孤石应按石方开挖计算。

g. 开挖地槽、地坑工程量应按设计要求及放坡坡度计算。当设计未提供放坡系数时，可按表 6.2-4 参数选用。

表 6.2-4　　　　　　　　　土方工程放坡系数参考表

| 土壤类别 | 挖深/m | 系　　数 | 土壤类别 | 挖深/m | 系　　数 |
|---|---|---|---|---|---|
| Ⅰ、Ⅱ类 | ≥1.20 | 1:0.33～1:0.75 | Ⅳ类 | ≥2.00 | 1:0.10～1:0.33 |
| Ⅲ类 | ≥1.50 | 1:0.25～1:0.67 | | | |

注　1. 挖深指槽、坑上口自然地面至槽底、坑底面的垂直高度。

2. 地槽、地坑中土壤类别不同时，应分别按其挖深、放坡系数，依不同土质厚度加权平均计算。

3. 计算放坡时，在交接处的重复工程可不扣除。

8）陆上石方工程量，除另有规定外，应按设计要求以体积计算，工程量计算应符合下列规定：

a. 设计坡度陡于 1：2.5 且平均开挖厚度小于 5m 的，工程量应按坡面石方开挖计算。

b. 沟槽底宽在 7m 以内且长度大于 3 倍宽度的，工程量可按沟槽计算。

c. 不满足第 b 条规定且底面积小于 200m² 、深度小于坑底短边长度或直径的，工程量按基坑计算。

d. 洞室石方开挖分为平洞、斜井、竖井石方开挖工程，工程量计算应符合以下规定：①洞室断面积大于 5m² 、水平夹角不大于 6°的，工程量应按平洞石方开挖计算；②洞室断面积大于 5m² 、水平夹角大于 6°～75°的，工程量应按斜井石方开挖计算；③洞室断面积大于 5m² 、水平夹角大于 75°且深度大于上口短边长度（或直径）的，工程量应按竖井石方开挖计算。

e. 除坡面、沟槽、基坑、洞室以外的陆上石方开挖工程应按一般石方计算。

f. 开挖沟槽、基坑石方应按设计要求的放坡坡度计算，当设计文件未提供放坡系数时，可按表 6.2－5 参数选用。

表 6.2－5　　　　　　　　　石方工程放坡系数参考表

| 岩石类别 | 风化程度 | 开　挖　深　度 | | | |
|---|---|---|---|---|---|
| | | ≤4m | ≤8m | ≤12m | ≤15m |
| 硬质岩石<br>（Ⅹ～Ⅷ级） | 微风化 | 1：0.10 | 1：0.20 | 1：0.30 | 1：0.35 |
| | 中等风化 | 1：0.20 | 1：0.35 | 1：0.45 | 1：0.50 |
| | 强风化 | 1：0.35 | 1：0.50 | 1：0.65 | 1：0.75 |
| 软质岩石<br>（Ⅴ～Ⅸ级） | 微风化 | 1：0.35 | 1：0.50 | 1：0.65 | 1：0.75 |
| | 中等风化 | 1：0.50 | 1：0.75 | 1：0.90 | 1：1.00 |
| | 强风化 | 1：0.75 | 1：1.00 | 1：1.15 | 1：1.25 |

g. 不允许破坏岩层结构的陆上保护层石方开挖，设计坡度不陡于 1：2.5 的，工程量应按底部保护层石方开挖计算；设计坡度陡于 1：2.5 的，工程量应按坡面保护层石方开挖计算。

h. 陆上石方开挖保护层厚度应按设计要求计算，当设计文件未提供时，保护层厚度可按表 6.2－6 参数选用。

表 6.2－6　　　　　　　　　石方保护层厚度参考表

| 保护层名称 | 软质岩石（Ⅴ～Ⅶ级） | 中等硬质岩石（Ⅷ～Ⅸ级） | 坚硬岩石（Ⅹ级以上） |
|---|---|---|---|
| 垂直保护层/m | 2 | 1.5 | 1.25 |

i. 预裂爆破工程量应按预裂面内的岩石开挖计算。

2. 人力土方工程

（1）节定额说明。

1）本节人力土方工程共 123 项定额，适用于工程量在 1000m³ 以内的土方工程。

2）定额使用及有关计算，应符合以下规定。

a. 人力挖土方定额的使用及计算，应符合下列规定。

（a）定额的施工条件均按干土编制。如人工挖湿土时，应在相应定额基础上乘以 1.18 系数。干湿土的划分应以设计要求为准，设计无要求时，无论是否采取降水措施，均以地下水多年平均水位为准，该水位以上为干土，以下为湿土。

（b）人力运输上、下坡折平系数按表 6.2-7 参数选用。

表 6.2-7　　　　　　　　　人力运输上、下坡折平系数表

| 项　　目 | 上坡坡度/% | 下坡坡度/% | 上坡坡度/% | 下坡坡度/% | 上坡坡度/% | | | |
|---|---|---|---|---|---|---|---|---|
| | 5～30 | >30 | 16～30 | >30 | 3～10 | >30 | ≤10 | >10 | 0.4～1.0 | 1.1～1.5 | 1.6～2.0 | 2.1～2.5 |
| 人力挑抬 | 1.8 | 3.5 | 1.3 | 1.9 | | | | | | | | |
| 双轮车 | | | | | 2.5 | 4.0 | 1.0 | 2.0 | | | | |
| 轻轨斗车 | | | | | | | | | 1.3 | 1.9 | 2.5 | 3.0 |

注　1. 坡高折平以实际斜距为基数。

　　2. 上下坡高差不足 1m 时，不计算上、下坡折平。

　　3. 载重方向如有多级坡度，各级间的水平运距不足 10m 的，可按连续坡度折平计算；达到或超过 10m 时，应视为非连续坡度，按分级计算折平。

（c）土方洞挖定额中轴流通风机台班数量系按一个工作面长 200m 拟定，如超过 200m，应按表 6.2-8 进行调整。

表 6.2-8　　　　　　　　　　轴流通风机台班数量调整表

| 隧洞工作面长 | 调整系数 | 隧洞工作面长/m | 调整系数 |
|---|---|---|---|
| 200 | 1.00 | 700 | 2.28 |
| 300 | 1.33 | 800 | 2.50 |
| 400 | 1.50 | 900 | 2.78 |
| 500 | 1.80 | 1000 | 3.00 |
| 600 | 2.00 | | |

（2）节分部分项定额条目说明。

1）人力挖、装、挑（抬）运土，区分土类级别（Ⅰ～Ⅱ、Ⅲ、Ⅳ），以 100m³ 计。

按运距 20m 以内考虑，每增运 10m 另计工程量。

工程内容：挖、装、运、卸，空回。

2）人力挖装、1t 机动翻斗车运土，区分土类级别（Ⅰ～Ⅱ、Ⅲ、Ⅳ），以 100m³ 计。

按运距 200m 以内考虑，每增运 100m 另计工程量。

工程内容：挖、装、运、卸，空回。

3）人力挖装、拖拉机运土，区分土类级别（Ⅰ～Ⅱ、Ⅲ、Ⅳ），以 100m³ 计。

按运距 300m 以内考虑，每增运 100m 另计工程量。

本定额以自卸为准，如采用人力卸车，则：轮胎拖拉机 21kW 运土时，人工乘以 1.35 系数，台班乘以 1.20 系数。

工程内容：挖、装、运、卸，空回。

4）人力挖装、双轮车运土，区分土类级别（Ⅰ～Ⅱ、Ⅲ、Ⅳ），以 100m³ 计。

按运距 50m 以内考虑，每增运 20m 另计工程量。

工程内容：挖、装、运、卸，空回。

5）人力挖装、轻轨斗车运土（人推），区分轻轨斗车的斗容（0.6m³、1.0m³）、土类级别（Ⅰ～Ⅱ、Ⅲ、Ⅳ），以 100m³ 计。

按运距 100m 以内考虑，每增运 50m 另计工程量。

装车方式以有站台为准，若无站台时，人工及斗车台班乘以 1.10 系数。

工程内容：挖、装、运、卸，空回及工具清洗。

6）卷扬机牵引轻轨斗车、双轮车运土，区分斜距（100m、150m、200m 以内），以 100m³ 计。

轻轨斗车斗容分为 0.6m³、1.0m³。

双轮车运土适用于坡度 1:5～1:3 的斜道。

本定额配合相关人工挖土方定额使用。

工程内容：挂勾、拉运、清扫坡道等。

7）人力挖淤泥、流砂，分为一般淤泥、淤泥流砂、稀淤泥，以 10m³ 计。

按运距 20m 以内考虑，每增运 10m 另计工程量。

用泥兜，水桶挑抬运输。

工程内容：挖、装、运、卸，空回及工具清洗。

8）人力挖沟槽土方，区分沟槽尺寸、土类级别（Ⅰ～Ⅱ、Ⅲ、Ⅳ），以 100m³ 计。

沟槽尺寸分为上口宽度≤0.8m、深度≤2.5m，上口宽度≤1.5m、深度≤2.5m，上口宽度≤3m、深度≤2.5m，上口宽度≤3m、深度≤4m。

不需要修边的地槽，定额乘以 0.9 系数。

地槽上口宽大于 3m 时，按一般土方定额计算。

适用范围：适用自然条件放坡下的施工，如需支护，费用另计。

工程内容：挖土、抛土于槽边、修边。

9）人力挖基坑土方，区分基坑尺寸、土类级别（Ⅰ～Ⅱ、Ⅲ、Ⅳ），以 100m³ 计。

基坑尺寸分为上口面积≤10m² 和上口面积≤20m²，深度≤2m 和深度≤5m。

若上口面积在 1m² 以内且深度在 2m 以内时，按上口面积在 10m² 以内的相应定额项目乘以 1.15 系数。上口面积大于 20m² 时，按一般土方定额计算。

适用范围：适用自然条件放坡下的施工，如需支护，费用另计。

工程内容：挖土、抛土于坑边。

10）人力挖保护层土方，区分土类级别（Ⅰ～Ⅱ、Ⅲ、Ⅳ），以 100m³ 计。

本定额适用于厚度 20cm 以内的保护层土方开挖。

工程内容：挖土、就近堆放、修整。

11）人力削整边坡，分为填方削坡、挖方削坡，以 100m² 计。

工程内容：挂线、削整、拍平。

12）人力挖一般土方，区分土类级别（Ⅰ～Ⅱ、Ⅲ、Ⅳ），以 100m³ 计。

工程内容：挖土、就近堆放、修整。

13）人力挖冻土，区分厚度（0.2m、0.5m、0.8m 以内），以 100m³ 计。

工程内容：挖土、就近堆放。

14）人力平土，区分土类级别（Ⅰ～Ⅱ、Ⅲ～Ⅳ），以 100m² 计。

本定额适用于厚度 30cm 以内的挖、填、找平。

工程内容：挖、填、找平。

15）松动爆破土方，区分土类级别（Ⅲ、Ⅳ），以 100m³ 计。

本定额适用于孔深 2m 以内的松动爆破。

工程内容：人工打眼、装药、爆破、检查。

16）人力清除植被，分为挖小树、挖竹（苇）根，以 100m² 计。

本定额单位系以挖除面积为准。

小树系指树身直径 20cm 以内的树，树身直径以离地面 20cm 高的树径为准，每 100m² 按 25 棵树考虑。

工程内容：挖除小树及竹（苇）根，运距 20m 以内堆放。

17）人力铺草皮，满铺，以 100m² 计。

草皮搬运超过 10m 时，每增运 10m 增加人工 0.2 工日。

调整为铺植面 20％ 以内时，为 21m²，调整为铺植面 50％ 以内时，为 52.5m²。

花格式铺设草皮时其数量见整治建筑工程（定额第五章）中的护岸工程（第三节）的植被、草皮护坡条目。

工程内容：整坡、10m 以内取料、铺植草皮、拍实、钉木橛。

18）人工挖土隧洞双轮车运土，区分断面面积、土类级别（Ⅲ、Ⅳ），分为挖土、挖运 20m 两种情形，以 100m³ 计。

断面面积分为 ≤5m²、5～10m²、10～20m²。

每增运 20m 人工增加 2.28 工日。

适用范围：直墙圆拱形隧洞，含水量小于 25％，洞轴线与水平夹角小于 6°。

工程内容：①挖土，包括挖土、修整断面等；②挖运，包括挖土、装车、运土、卸土、空回、修整断面等。

19）人工挖土隧洞轻轨斗车运土，区分断面面积、土类级别（Ⅲ、Ⅳ），分为挖土、挖运 50m 两种情形，以 100m³ 计。

断面面积分为 ≤5m²、5～10m²、10～20m²。

每增运 50m，人工增加 1.079 工日，轻轨斗车增加 0.525 台班。

适用范围：直墙圆拱形隧洞，含水量小于 25％，洞轴线与水平夹角小于 6°。

工程内容：①挖土，包括挖土、修整断面等；②挖运，包括挖土、修整断面、装车、运土、卸土、道路维护、扳道叉等。

20）人工挖斜井土方卷扬机牵引斗车运输，区分断面面积（≤5m²、5～10m²）、土类级别（Ⅲ、Ⅳ），分挖土和挖运 100m 两种情形，以 100m³ 计。

当土类为Ⅲ类土时，每增运 50m 人工增加 2.12 工日，卷扬机增加 0.414 台班，轻轨斗车增加 0.827 台班。当土类为Ⅳ类土时，每增运 50m 人工增加 2.22 工日，卷扬机增加 0.414 台班，轻轨斗车增加 0.827 台班。

适用范围：土隧洞，含水量小于 25％。

工程内容：①挖土，包括挖土、修整断面等；②挖运，包括挖土、修整断面、装车、运土、卸土、道路维护、扳道叉等。

21）人工挖竖井土方卷扬机提升吊斗运输，井深 40m 以内，区分断面面积、土类级别（Ⅲ、Ⅳ），以 100m³ 计。

断面面积分为≤5m²、5～10m²、10～20m²。

运距按 10m 以内考虑，每增运 10m 另计工程量。

适用范围：井深 40m 以内的抽水井、阀水井、交通井、通风井等工程。

工程内容：挖土、修整断面、装斗（桶）、卷扬机提升至井口 5m 以外堆放。

3. 机械土方工程

（1）节定额说明。

1）本节机械土方工程共 179 项定额。适用于机械土方工程。

2）推土机推土定额的推土距离及土方运输定额的运距，均指取土中心至卸土中心的距离。

（2）节分部分项定额条目说明。

1）水力开挖土方，区分排泥距离、土类级别，以 100m³ 计。

排泥距离分为 100m、150m、200m、250m 以内。土类级别分为Ⅰ、Ⅱ、Ⅲ、稀淤、流砂。

本定额按水力冲挖机组 4PL-250 制定。机组由高压水泵 13kW、泥浆泵 17kW、直径 100mm×250m 排泥钢管和 250 型配电箱及其线路等组成。

本定额适用于排高 5m 的情况，实际每增（减）1m 折合排距增（减）25m。

4PL-250 水力冲挖机组排距按实际岸管长度计算。

施工水源与施工作业区距离超过 50m 时，采取引水措施所需费用另行计算。

工程内容：冲泥开挖、吸泥排泥及工作面转移。

2）液压挖掘机挖土，区分液压挖掘机斗容、土类级别（Ⅰ～Ⅱ、Ⅲ、Ⅳ），以 100m³ 计。

液压挖掘机斗容分为 0.8m³、1.0m³、2.0m³、3.0m³、4.0m³ 以内。

开挖沟槽时，如边坡有一定要求，断面积在 15m² 以内者，定额乘以 1.20 系数。

倒、挖松土时，定额乘以 0.8 系数。

工程内容：挖土，就近堆放及工作面排水沟的开通与维护。

3）推土机推土，区分土类级别（Ⅰ～Ⅱ、Ⅲ～Ⅳ），以 100m³ 计。

推土距离按 30m 以内考虑，每增 10m 另计工程量。

本定额以上坡推土坡度不大于 5%，推土厚度不小于 30cm 为准。上坡坡度在 5%～10% 时定额乘以 1.09 系数；坡度在 10%～15% 时，乘以 1.14 系数。

推土岗宽在 2～5m，高在 2m 以上时，定额乘以 1.11 系数。

如推填松土，定额乘以 0.80 系数。

土层平均厚度小于 30cm 时，定额乘以 1.25 系数。

工程内容：推土、卸除、运送、拖平、空回。

4）机械清除表土、草皮，分为推除草皮、清除表土两部分。

a. 推除草皮，以 100m² 计。

工程内容：推除草皮、表土，场地清理，推至场地外。

b. 清除表土，以 100m³ 计。

清除表土和除草定额不可同时套用。清除表土如需远运，按土方运输定额另行计算。

工程内容：推土机推挖表土，推出场地外。

5）铲运机铲运土，区分铲运机类型、土类级别（Ⅰ、Ⅱ～Ⅲ、Ⅳ），以 100m³ 计。

铲运机类型分为拖式铲运机（斗容 3m³、7m³ 以内）、自行式铲运机（斗容 12m³ 以内）。

拖式铲运机按铲运距离 200m 以内考虑，每增运 50m 另计工程量；自行式铲运机按铲运距离 300m 以内考虑，每增运 100m 另计工程量。

本定额按铲运机沿环形或∞字形路线行驶，铲土厚度不小于 30cm，重车行驶方向的上坡坡度不大于 6％制定。

铲运距离＝1/2（铲装距离＋运土距离＋空回距离），以上距离均按必要行驶路线（包括绕弯）计算。

重车上坡坡度在 6％～10％时，每升高 1m，折合平距 4m；在 10％～20％时，每升高 1m，折合平距 9m。重车下坡坡度在 15％～25％时，每降 1m，折合平距 7m；在 25％～30％时，每降 1m，折合平距 11m。原平距仍按实计算。

铲运冻土层部分，每 100m³ 可另加 75kW 推土机 0.052 台班。

土层平均厚度小于 30cm 时，定额乘以 1.17 系数。

工程内容：铲装、运送、卸土、空回、土场道路平整、洒水、卸土推土。

6）挖掘机挖装、自卸汽车运土，区分液压挖掘机斗容、自卸汽车吨位、土类级别（Ⅰ～Ⅱ、Ⅲ、Ⅳ），以 100m³ 计。

液压挖掘机斗容分为 0.8m³、1.0m³、2.0m³、3.0m³、4.0m³ 以内。自卸汽车吨位分为 8t、12t、15t、20t、25t。

本定额以运距 1km 为准，每增运 1km，则自卸汽车台班按附表调整。

工程内容：挖、装、运、卸、空回、卸土场平整。

7）装载机铲装、自卸汽车运土，区分装载机斗容、自卸汽车吨位、土壤级别（Ⅰ～Ⅱ，Ⅲ，Ⅳ），以 100m³ 计。

装载机斗容分为 1.0m³、1.5m³、2m³、3m³ 以内。自卸汽车吨位分为 8t、10t、12t、15t、20t。

本定额以运距 1km 为准。每增运 1km，自卸汽车台班按附表调整。

工程内容：挖、装、运、卸、空回、卸土场平整。

8）羊脚碾压实土方，区分羊脚碾规格、干容重（≤1.7t/m³、>1.7t/m³）、土类级别（Ⅰ～Ⅱ、Ⅲ、Ⅳ），以 100m³ 实方计。

羊脚碾规格分为 6t、10t、14t 羊脚碾（双筒）。

本定额适用于坝体土料碾压，拖拉机牵引羊脚碾压实。

本定额压实砂砾料时，执行Ⅲ类土定额。

工程内容：推土、刨毛、压实、削坡、补边夯。

9）履带式拖拉机辗压土方，区分干容重（≤1.7t/m³、＞1.7t/m³）、土类级别（Ⅰ～Ⅱ、Ⅲ、Ⅳ），以100m³实方计。

本定额适用于填土夯实。

压实砂砾料时，执行Ⅲ类土定额。

当采用履带式拖拉机牵引轮胎碾压时，增加9～16t轮胎碾，其台班消耗量为75kW拖拉机用量乘以0.5。

工程内容：推土、刨毛、压实、削坡、补边夯。

10）原土机械平整、碾压、夯实，以100m²计。

工程内容：①平整，包括厚度在±30cm以内的就地挖、填、平整；②碾压，包括推平、碾压；③夯实，包括平土、找平、夯实。

4. 基槽挖泥工程

（1）节定额说明。

1）本节水下挖泥工程共40项定额。适用于码头基槽及前沿挖泥工程。港池及航道挖泥，执行疏浚工程的有关定额。

2）当挖泥的平均泥层厚度满足以下条件时，按定额正表乘以1.10系数：①对于0.25m³、0.5m³抓斗挖泥船，泥层厚度小于0.50m；②对于1.0m³抓斗挖泥船，泥层厚度小于0.70m；③对于1.5m³抓斗挖泥船，泥层厚度小于1.0m。

（2）节分部分项定额条目说明。

1）0.5m³抓斗挖泥船挖泥，区分水深（≤5m、≤10m）、土类级别（Ⅰ、Ⅱ、Ⅲ），以100m³计。

运距按5km以内考虑，每增运1km另计工程量。

工程内容：移船、定位、测水深、挖、运。

2）1.0m³抓斗挖泥船挖泥，区分水深（≤5m、≤10m）、土类级别（Ⅰ、Ⅱ、Ⅲ），以100m³计。

运距按5km以内考虑，每增运1km另计工程量。

工程内容：移船、定位、测水深、挖、运。

3）1.5m³抓斗挖泥船挖泥，区分水深（≤5m、≤10m）、土类级别（Ⅰ、Ⅱ、Ⅲ），以100m³计。

运距按5km以内考虑，每增运1km另计工程量。

工程内容：移船、定位、测水深、挖、运。

4）2.0m³抓斗挖泥船挖泥，区分水深（≤5m、≤10m）、土类级别（Ⅰ、Ⅱ、Ⅲ），以100m³计。

运距按5km以内考虑，每增运1km另计工程量。

工程内容：移船、定位、测水深、挖、运。

5）4.0m³抓斗挖泥船挖泥，区分水深（≤5m、≤10m）、土类级别（Ⅰ、Ⅱ、Ⅲ、Ⅳ），以100m³计。

运距按5km以内考虑，每增运1km另计工程量。

工程内容：移船、定位、测水深、挖、运。

6) 基槽水下清淤，分为高压水泵冲排、铁驳泥浆泵吸排，以 100m³ 计。

工程内容：①高压水泵冲排，包括改装复原铁驳，绑扎拆除木排，移船定位、排泥、安放、移动排泥管；②铁驳泥浆泵吸排，包括铁驳悬吊泥浆泵、排泥管排泥。

7) 船上卸泥，以 100m³ 计。

此定额仅用于船上卸泥时使用。

工程内容：铁驳泥浆泵卸泥上岸。

5. 石方工程

(1) 节定额说明。

1) 本节石方工程包括一般石方、保护层石方、沟槽石方、基坑石方开挖和预裂爆破、石渣运输等共 214 项定额。适用于陆上石方工程。

2) 定额使用及有关计算，应符合以下规定。

a. 定额中炸药的种类应符合下列规定：①一般石方开挖，按 2 号岩石硝铵炸药计取；②其他石方开挖，按 2 号岩石硝铵炸药和 4 号抗水岩石硝铵炸药各半计取。

b. 定额未包括合金钻头的修磨费用。

c. 定额中的导电线指电雷管用的纱包线引线和连接起爆器的导线。

d. 挖掘机、装载机装石渣自卸汽车运输定额，仅适用于场内运输。

e. 人力装运沟槽、基坑石渣时，应按相应定额乘以 1.15 系数。

f. 除人工凿石定额外，当岩石级别大于 XV 级时，可在应岩石级别 XIII～XV 级定额基础上乘以调整系数，调整系数按表 6.2 - 9 选用。

表 6.2 - 9　　　　　　　XV 级以上岩石定额调整系数表

| 项　　目 | 人　工 | 材　料 | 机　械 |
|---|---|---|---|
| 风钻为主各定额 | 1.3 | 1.1 | 1.4 |
| 潜孔钻为主各定额 | 1.2 | 1.1 | 1.3 |
| 液压钻、多臂钻为主各定额 | 1.15 | 1.1 | 1.15 |

(2) 节分部分项定额条目说明。

1) 沟槽工人凿石，区分岩石级别（Ⅴ、Ⅵ～Ⅷ、Ⅸ～Ⅹ、Ⅺ～ⅩⅣ），以 10m³ 计。

工程内容：打单面槽，碎石，槽壁打直，底检平、石方运出槽边 1m 外。

2) 基坑人工凿石，区分岩石级别（Ⅴ、Ⅵ～Ⅷ、Ⅸ～Ⅹ、Ⅺ～ⅩⅣ），以 10m³ 计。

工程内容：打双面槽，碎石，坑壁打直，底检平、石方运出坑边 1m 外。

3) 一般石方开挖，区分钻孔施工工艺、岩石级别（Ⅴ～Ⅶ、Ⅷ～Ⅹ、Ⅺ～Ⅻ、ⅩⅢ～ⅩⅣ），以 100m³ 计。

钻孔施工工艺分为风钻钻孔、80 型潜孔钻机钻孔（孔深分为 6m 以内、9m 以内、9m 以外）、100 型潜孔钻机钻孔（孔深分为 6m 以内、9m 以内、9m 以外）、150 型潜孔钻机钻孔（孔深分为 6m 以内、9m 以内、9m 以外）。

工程内容：钻孔、爆破、撬移、解小、翻渣、清面。

4) 坡面一般石方开挖（风钻钻孔），区分岩石级别（Ⅴ～Ⅶ、Ⅷ～Ⅹ、Ⅺ～Ⅻ、ⅩⅢ～ⅩⅣ），以 100m³ 计。

工程内容：钻孔、爆破、撬移、解小、翻渣、清面。

5）底部保护层石方开挖（风钻钻孔），区分岩石级别（Ⅴ～Ⅶ、Ⅷ～Ⅹ、Ⅺ～Ⅻ、Ⅻ～ⅩⅣ），以 100m³ 计。

工程内容：钻孔、爆破、撬移、解小、翻渣、清面、修断面。

6）坡面保护层石方开挖（风钻钻孔），区分岩石级别（Ⅴ～Ⅶ、Ⅷ～Ⅹ、Ⅺ～Ⅻ、Ⅻ～ⅩⅣ），以 100m³ 计。

工程内容：钻孔、爆破、撬移、解小、翻渣、清面、修断面。

7）沟槽石方开挖（风钻钻孔），区分底宽（1m、2m、4m、7m 以内）、岩石级别（Ⅴ～Ⅶ、Ⅷ～Ⅹ、Ⅺ～Ⅻ、Ⅻ～ⅩⅣ），以 100m³ 计。

工程内容：钻孔、爆破、撬移、解小、翻渣、清面、修断面。

8）基坑石方开挖（风钻钻孔），区分上口断面尺寸、岩石级别（Ⅴ～Ⅶ、Ⅷ～Ⅹ、Ⅺ～Ⅻ、Ⅻ～ⅩⅣ），以 100m³ 计。

上口断面尺寸分为 2m²、4m²、6m²、9m²、12m²、20m²、50m²、100m²、200m² 以内。

工程内容：钻孔、爆破、撬移、解小、翻渣、清面、修断面。

9）预裂爆破，区分施工工艺（100 型潜孔钻机钻孔、150 型潜孔钻机钻孔）、孔深（9m 以内、9m 以外）、岩石级别（Ⅴ～Ⅶ、Ⅷ～Ⅹ、Ⅺ～Ⅻ、Ⅻ～ⅩⅣ），以 100m 裂缝长计。

工程内容：钻孔、爆破、清理。

10）平洞石方开挖（三臂液压凿岩台车钻孔），区分开挖断面（≤20m²、≤60m²、＞100m²）、岩石级别（Ⅴ～Ⅶ、Ⅷ～Ⅹ、Ⅺ～Ⅻ、Ⅻ～ⅩⅣ），以 100m³ 计。

工程内容：钻孔、爆破、翻渣、清面、修整。

11）平洞石方开挖（风钻钻孔），区分开挖断面（≤10m²、≤20m²、≤40m²）、岩石级别（Ⅴ～Ⅶ、Ⅷ～Ⅹ、Ⅺ～Ⅻ、Ⅻ～ⅩⅣ），以 100m³ 计。

工程内容：钻孔、爆破、翻渣、清面、修整。

12）人力挑（抬）运石碴，区分岩石级别（Ⅴ～Ⅶ、Ⅷ～Ⅹ、Ⅺ～Ⅻ、Ⅻ～ⅩⅣ），以 100m³ 计。

运距按 20m 以内考虑，每增运 10m 另计工程量。

工程内容：清渣、装筐、挑抬运、卸除、空回、平场等。

13）人力装石碴、双轮车运输，区分岩石级别（Ⅴ～Ⅶ、Ⅷ～Ⅹ、Ⅺ～Ⅻ、Ⅻ～ⅩⅣ），以 100m³ 计。

运距按 50m 以内考虑，每增运 20m 另计工程量。

工程内容：清渣、装车、运卸、空回、平场等。

14）卷扬机牵引轻轨斗车运输石碴，区分坡度（10%、20%、30% 以内），以 100m³ 计。

斜距按 100m 以内考虑，每增运 20m 另计工程量。

定额中人工以 Ⅴ～Ⅶ级岩石为准，如为Ⅷ～Ⅹ时，乘以 1.08 系数；为 Ⅺ～Ⅻ时乘以 1.20 系数；为 Ⅻ～ⅩⅣ时乘以 1.30 系数。

工程内容：挂勾、拉运、卸除、清扫坡道等。

15）人力装石碴、1t 机动翻斗车运输，区分岩石级别（Ⅴ～Ⅶ、Ⅷ～Ⅹ、Ⅺ～Ⅻ、Ⅻ～ⅩⅣ），以 100m³ 计。

运距按 200m 以内考虑，每增运 100m 另计工程量。

工程内容：扒渣、清底、装车、运卸、空回、卸渣场平整等。

16）推土机推运石碴，区分推土机规格（75kW、105kW、135kW 以内），以 100m³ 计。

推运距离按 30m 以内考虑，每增运 20m 另计工程量。

工程内容：推运、堆集、空回。

17）液压挖掘机装石碴、自卸汽车运输，区分挖掘机斗容（1m³、2m³、3m³ 以内）、自卸汽车吨位（8t、12t、15t、20t），以 100m³ 计。

定额以基本运距 1km 以内为准，每增 1km 按附表另增自卸汽车台班。

弃渣场需要平整时，推土机台班乘以 2.00 系数。

工程内容：挖装、运输、卸除、空回。

18）装载机装石碴、自卸汽车运输，区分装载机斗容（1m³、2m³、3m³、5m³）、自卸汽车吨位，以 100m³ 计。

自卸汽车吨位分为 5t、8t、10t、12t、15t、20t、25t、27t、32t。

定额以基本运距 1km 以内为准，每增 1km 按附表另增自卸汽车台班。

弃渣场需要平整时，推土机台班乘以 2.00 系数。

工程内容：挖装、运输、卸除、空回。

19）防震孔、插筋孔，分为风钻钻孔、潜孔钻钻孔两部分。

a. 风钻钻孔，区分岩石级别（Ⅴ～Ⅶ、Ⅷ～Ⅹ、Ⅺ～Ⅻ、Ⅻ～ⅩⅣ），以 100 延米计。

本定额以孔深 2m 以内为准，若孔深在 2～4m 时，人工及风钻定额乘以 1.10 系数；孔深＞4m 时，人工及风钻定额乘以 1.28 系数。

工程内容：钻孔、修钎。

b. 潜孔钻钻孔，区分岩石级别（Ⅴ～Ⅶ、Ⅷ～Ⅹ、Ⅺ～Ⅻ、Ⅻ～ⅩⅣ），以 100 延米计。

工程内容：钻孔、清理。

6. 陆上铺筑抛填工程

（1）节定额说明。

本节铺筑、抛填工程共 48 项定额。适用于陆上铺筑抛填工程。

（2）节分部分项定额条目说明。

1）铺筑垫层，区分施工工艺、填料类别，以 100m³ 铺筑体积计。

施工工艺分为不碾压、碾压两大类。

不碾压时，填料分为砂、砂夹卵石、碎（卵）石。

碾压时，分为直接来料人力铺道碴、铺筑在棱体基床上（人力装运）、铺筑在场地上。铺筑在棱体基床上（人力装运），填料分为砂、碎（卵）石、块（片）石。铺筑在场地上，填料分为砂（浸水、洒水）、砂夹卵石和碎（卵）石；按 8 遍碾压考虑，每增减 1 遍碾压另计工程量。

人工装运定额中人力运输按 20m 以内考虑。

工程内容：铺筑、整平、碾压。

2）铺筑倒滤层，分为砂与碎石倒滤层、土工布两部分。

本定额适用于水平及斜面倒滤层铺筑（设）。

a. 砂、碎石倒滤层，以100m³计。

工程内容：装车、运输、铺筑、整平。

b. 土工布，以100m²铺筑面积计。

土工布如需铺设砂垫层则套用砂垫层的定额项目。

土工布增加量按实际调整。

工程内容：铺土工布，包括裁剪、搭边、运输、铺筑、整平。

3）棱体抛石，区分施工工艺，以100m³抛填体积计。

施工工艺分为人力抛石（人力挑抬运输、双轮车运输）、机械抛石（直接来料铺筑、机械铺筑）。

如需水下理坡，另加潜水组0.73组日。

工程内容：①人力抛石，包括装车、运输、抛填、理坡；②机械抛石，包括铺筑、整平、理坡。

4）引堤、隔堤抛石，分为人力铺筑抛石、机械铺筑抛石，以100m³铺筑体积计。

如需水下理坡，另加潜水组0.62组日。

工程内容：①人力铺筑，包括装车、双轮车运输、铺筑、理坡；②机械铺筑，包括铺筑、整平、理坡。

5）码头基床抛石，区分施工工艺以及夯实与否，以100m³铺筑体积计。

施工工艺分为人力挑、抬运输，双轮车运输，机械抛石。

工程内容：铺筑、理坡。

6）码头基床碾压、夯实，分为压路机碾压、吊机吊夯铊夯实，以100m²碾压（夯实）面积计。

压路机碾压，按碾压4遍考虑，每增减一遍另计工程量。吊机吊夯铊夯实，按每点夯4次考虑，每增减1次另计工程量。

工程内容：基床整平、碾压或夯实。

7）构筑物内抛填，区分运输方式［人力挑（抬）运输、双轮车运输］、填料种类［土、砂、碎（卵）石、块（片）石］，以100m³填筑体积计。

工程内容：人工装车、运输、抛填。

8）构筑物后填砂，分为人力填砂（区分震实与否）、机械填砂，以100m³铺筑体积计。

工程内容：①人力填砂，包括人力装车运输、铺筑、整平；②机械填砂，包括铺筑、整平。

9）构筑物后填砂冲（震）实，以100m²冲（震）实面积计。

冲捣及震捣按4次考虑，每增减1次另计工程量。

工程内容：平整砂面、冲捣、平板震捣器震实、移动水泵。

10）场地回填，推土机碾压，以100m³铺筑体积计。

本定额填筑材料以砂为准，如填筑材料不同时，按下列材料用量调整：①土，135m³；②山皮土，125m³；③砂夹石，120m³。

工程内容：回填、平整、碾压。

7. 水上抛填工程

(1) 节定额说明。

1) 本节抛填工程共 36 项定额。适用于水上抛填工程。

2) 水上运输抛填定额使用的有关计算，应符合以下规定：①按抛填材料的承运方式分为方驳抛填和民船装运抛两种工艺；②方驳抛填系指施工单位使用本单位方驳，并负责装船以及工地范围内的运输和抛填工作；③民船装运抛系指抛填材料发包给其他单位负责装船运输和抛填，施工单位负责指挥抛填和进行水下检查等工作。

(2) 节分部分项定额条目说明。

1) 抛填垫层，区分承运方式（民船装运抛、方驳抛填）、填料种类［砂、砂夹卵石、碎（卵）石、块（片）石］，以 100m³ 抛填体积计。

方驳抛填，运距按 1km 以内考虑，每增运 1km 另计工程量。

本定额亦可用于水平倒滤层。

工程内容：装船、运输、移船定位、抛填、水下检查。

2) 坡面抛填倒滤层，区分承运方式（民船装运抛、方驳抛填）、填料种类［砂、碎（卵）石］，以 100m³ 抛填体积计。

方驳抛填，运距按 1km 以内考虑，每增运 1km 另计工程量。

工程内容：装船、运输、抛填、理坡。

3) 抛填棱体块石，分为民船装运抛、方驳抛填，以 100m³ 抛填体积计。

方驳抛填，运距按 1km 以内考虑，每增运 1km 另计工程量。

工程内容：装船、运输、抛填、理坡。

4) 抛填引堤、隔堤块石，分为民船装运抛、方驳抛填，以 100m³ 抛填体积计。

方驳抛填，运距按 1km 以内考虑，每增运 1km 另计工程量。

工程内容：装船、运输、移船定位、抛填、理坡、检查。

5) 抛填护坡、护脚、护坦块石，民船装运抛（区分夯实与否），以 100m³ 抛填体积计。

工程内容：装船、运输、移船定位、抛填、整理面层。

6) 抛填基床块石，区分夯实与否、承运方式（民船装运抛、方驳抛填），以 100m³ 抛填体积计。

夯实基床，基床厚度分为≤2m、≤4m。不夯实基床，基床厚度≤2m。

本定额水深按 10m 以内考虑。方驳抛填运距按 1km 以内考虑，每增运 1km 另计工程量。

工程内容：装船、运输、移船、抛填、夯实整平、理坡。

7) 构筑物内抛填，区分承运方式（民船装运抛、方驳抛填）、填料种类［砂、碎石、块（片）石］，以 100m³ 抛填体积计。

方驳抛填运距按 1km 以内考虑，每增运 1km 另计工程量。

工程内容：装船、运输、移船定位、抛填。

8．砌筑工程

（1）节定额说明。

1）本节砌筑工程共 79 项定额，适用于石料及块体等砌筑工程。

2）定额使用及有关计算，应符合以下规定。

a．砌筑定额的石料规格应满足以下条件：①块石，指块状体积为 $0.01 \sim 0.05 m^3$，中部厚度不小于 15cm，长、宽各为厚度的 2～3 倍，形状不规则的石料；②毛条石，指形状一般为长方形，长度在 60cm 以上，外露面及相接周边的表面凹入深度不大于 20mm，叠砌面和接砌面的表面凹入深度不大于 25mm 的石料；③粗料石，指毛条石经过修边、打荒，外需面及相接周边的表面凹入深度不大于 10mm；叠砌面和接砌面的表面凹入深度不大于 15mm，石料厚度不小于 20cm，长度不小于厚度的两倍的石料；④细料石，指外露面四楞见线，外露面及相接周边的表面凹入深度不大于 5mm，叠砌面和接砌面的表面凹入深度不大于 10mm，石料厚度不小于 20cm，长度不小于厚度的两倍的石料；⑤卵石（砌筑用），指最小粒径在 20cm 以上、表面相对圆滑的卵状石料。

b．砌体砂浆勾缝定额为单项定额。

c．浆砌石料定额中均已包含了砂浆勾平缝的工程内容。如设计要求不勾缝时，则在砌筑定额的基础上按勾缝定额中的平缝数量予以扣减；如设计规定需勾凸缝时，则在砌筑定额的基础上按勾缝定额中的凸缝数量予以增加。

d．本节定额单位除注明者外，均为砌筑体积。

（2）节分部分项定额条目说明。

1）干砌护面，区分砌块种类、施工部位，以 $100 m^3$ 计。

砌块种类分为干砌块石、干砌毛条石、干砌混凝土预制块。干砌块石，分为平面护坡、曲面护坡、护底；干砌毛条石，分为平面护坡、护底；干砌混凝土预制块，分为平面护坡、护底。

混凝土预制块的消耗量已包含损耗量，使用时不得调整。

工程内容：找平、选石、修石、砌筑、填缝及材料场内运输。

2）浆砌块石，区分结构部位，以 $100 m^3$ 计。

结构部位分为空箱闸室墙，闸室墙、翼墙、码头岸壁，一般挡土墙，导航墙，墩，基础，平面护坡，曲面护坡，护底，防浪墙，沟，井，格埂，台阶。

工程内容：找平、选修石料、冲洗、拌浆、砌筑、填缝、勾平缝及材料场内运输。

3）浆砌毛条石，分为平面护坡、护底、基础，以 $100 m^3$ 计。

工程内容：找平、选修石料、洗石、拌浆、砌筑、填缝、勾平缝及材料场内运输。

4）浆砌细料石，分为防浪墙、帽石、石栏杆，以 $100 m^3$ 计。

工程内容：找平、选修石料、洗石、拌浆、砌筑、填缝、勾平缝及材料场内运输。

5）浆砌粗料石，区分结构部位，以 $100 m^3$ 计。

结构部位分为空箱闸室墙，一般挡土墙，闸室墙、翼墙、码头岸壁，导航墙，墩，基础，平面护坡，护底，防浪墙，帽石，沟，井，台阶。

工程内容：找平、选修石料、洗石、拌浆、砌筑、填缝、勾平缝及材料场内运输。

6）浆砌石拱圈，分为粗料石拱、块石拱，以100m³计。

本定额不包括拱架的支撑排架，支撑脚手架项目另套相关定额。

工程内容：拱架模板制作、安装、拆除；选修石料、洗石；拌浆、砌筑、填缝、勾平缝及材料场内运输。

7）浆砌混凝土预制块，区分结构部位，以100m³计。

结构部位分为墙体、墩、护坡、护底、栏杆、台阶、沟、井。

墙体包括空箱闸室墙、闸室墙、翼墙、码头岸壁、一般挡土墙、导航墙。

工程内容：冲洗、拌浆、砌筑、填缝、勾平缝及材料场内运输。

8）浆砌卵石，区分结构部位，以100m³计。

结构部位分为空箱闸室墙，闸室墙、翼墙、码头岸壁、一般挡土墙、导航墙、墩、基础、平面护坡、曲面护坡、护底、格埂。

工程内容：找平、选修石料、冲洗、拌浆、砌筑、填缝、勾平缝及材料场内运输。

9）灌砌块石，分为平面护坡、曲面护坡、护底、基础，以100m³计。

工程内容：找平、选修石料、冲洗、拌浆、砌筑、灌填细石混凝土、勾缝及材料场内运输。

10）砌体砂浆抹面，分为平（斜）面、立（曲）面、拱面，以100m²砌体面积计。

抹面平均厚度按2cm考虑，每增减1cm另计工程量。

斜面角度＞30°时，按立面计算。

工程内容：清洗表面、人力拌浆、抹面、压光及材料场内运输。

11）砌体砂浆勾缝，分为干砌块石、干砌料石、浆砌块石、浆砌料石，区分平（斜）面、立（曲）面与平缝、凸缝，以100m²砌体面积计。

料石包括粗料石、细料石、混凝土预制块。

工程内容：剔缝洗刷、拌浆、勾缝、养护及材料场内运输。

12）砌体表面加工，分为打扁钻、打钻路、打麻钻，以100m²砌体面积计。

本定额适用于设计规定砌体露面部分的细加工。

打扁钻：指砌体表面用扁钻铲磨平、倒棱、要求表面平整、棱角圆滑。

打钻路：指砌体表面用扁钻绘轮起线，细钻路打堂、线直、路匀，间距1cm。

打麻钻：指砌体表面用扁钻绘棱，尖钻堂内打点、钻路均匀。

工程内容：砌体表面打扁钻、打钻路、打麻钻。

9. 锚喷及支护工程

（1）节定额说明。

1）本节包括锚杆支护、岩体锚索支护及岩石面喷浆、混凝土面喷浆、喷混凝土及钢筋网制作及安装等120项定额。适用于岩体锚索锚固，以及地上、地下洞室岩面、混凝土面喷浆等支护工程。

2）定额使用及有关计算，应符合以下规定。

a. 锚杆定额以"根"为单位，锚索制作及安装以"束"为单位，其长度为设计锚杆（索）嵌入岩体的有效长度，按规定外露部分预留长度及加工制作过程中的损耗等，均已计入了定额中，使用定额时不应调整。

b. 锚杆有效长度之外加长部分的材料消耗量，可按设计要求扣除计入定额规定的外露长度 0.1m 后计算，并相应调整定额锚杆材料消耗量。

c. 地面长砂浆锚杆定额，系按 3 根锚杆拟定，锚杆根数不同时，应按设计要求的孔径在定额正表基础上乘以相应调整系数，调整系数应符合下列规定：①孔径调整系数应按表 6.2-10 规定选用；②锚杆材料消耗量按式（6.2-3）进行调整。

$$锚杆用量(kg)＝[有效长度(m)＋0.1(m)]×每孔锚杆根数×100×$$

$$单根每米重量(kg/m)×(1＋加工制作损耗5\%)　　(6.2-3)$$

**表 6.2-10**　　　　　　　　　　**孔 径 调 整 系 数 表**

| 项目 | 孔　径/mm | | |
|---|---|---|---|
| | ≤100 | ≤110 | ≤130 |
| 人工 | 1.00 | 1.07 | 1.20 |
| 钻机 | 1.00 | 1.14 | 1.40 |

d. 岩体预应力锚索定额，系按钻孔与水平夹角 0°～60°、孔径 110mm、露天作业标准拟定。钻孔与水平夹角、孔径不同或在地下洞室施工时，在定额正表基础上应按以下规定调整：①钻孔与水平夹角变化时，人工、主要材料及钻机定额乘以表 6.2-11 规定系数；②孔径变化时，人工、水及机械定额消耗量乘以表 6.2-12 规定系数；③在地下洞室施工时，人工及机械定额消耗量乘以表 6.25-13 规定系数。

**表 6.2-11**　　　　　　　　　**钻孔与水平夹角调整系数表**

| 钻孔与水平夹角 | 0°～60° | 61°～85° | 86°～90° |
|---|---|---|---|
| 系数 | 1.00 | 0.87 | 0.84 |

**表 6.2-12**　　　　　　　　　　**孔径变化调整系数表**

| 孔径/mm | 110 | 150 | 200 |
|---|---|---|---|
| 系数 | 1.00 | 1.33 | 1.60 |

**表 6.2-13**　　**地下洞室施工调整系数表**

| 洞室高度/m | ≤5 | >5 |
|---|---|---|
| 人工 | 1.08 | 1.03 |
| 机械 | 1.05 | 1.00 |

e. 锚杆及锚索定额、喷浆及喷混凝土定额，不含施工操作平台费用。

f. 喷浆及喷混凝土定额不包括挂网制作安装费用。

（2）节分部分项定额条目说明。

1）地面砂浆锚杆（风钻钻机钻孔），区分锚杆长度（2m、3m、4m、5m）、岩石级别（Ⅴ～Ⅷ、Ⅸ～Ⅹ、Ⅺ～Ⅻ、ⅩⅢ～ⅩⅣ），以 100 根计。

本定额以锚杆直径 $\phi$18mm（锚杆长度 2m、3m）或 $\phi$20mm（锚杆长度 4m、5m）为基础，当锚杆直径不同时，钢筋量应按附表调整。

工程内容：钻孔、锚杆制作、安装、制浆、注浆、锚碇等。

2）地下砂浆锚杆（风钻钻机钻孔），区分锚杆长度（2m、3m、4m、5m）、岩石级别（Ⅴ～Ⅷ、Ⅸ～Ⅹ、Ⅺ～Ⅻ、ⅩⅢ～ⅩⅣ），以 100 根计。

本定额以锚杆直径 $\phi18$mm（锚杆长度2m、3m）或 $\phi20$mm（锚杆长度4m、5m）为基础，当锚杆直径不同时，钢筋量应按附表调整。

工程内容：钻孔、锚杆制作、安装、制浆、注浆、锚碇等。

3）地面长砂浆锚杆（锚杆钻机钻孔），区分锚杆长度（10m、15m、20m、25m、30m）、岩石级别（Ⅴ～Ⅷ、Ⅸ～Ⅹ、Ⅺ～Ⅻ、ⅩⅢ～ⅩⅣ），以100根计。

本定额以锚杆直径 $\phi25$mm 为基础，当锚杆直径不同时，钢筋量应按附表调整。

工程内容：钻孔、锚杆制作、安装、制浆、注浆、锚碇等。

4）岩体预应力锚索（无黏结型），区分预应力大小（1000kN、2000kN、3000kN）、锚索长度（15m、20m、30m），以1束计。

定额按Ⅺ～Ⅻ级岩石拟定，不同级别岩石定额乘以附表调整系数，人工按地质钻机增（减）数的3.5倍计算。

定额按一般固壁灌浆拟定，如设计要求结合固结灌浆，应按附表增加人工、水泥、灌浆泵、灰浆搅拌机的数量。

定额按全孔设波纹管拟定，如设计不设（或局部设）波纹管，则应取消（或减少）波纹管数量。

工程内容：选孔位、清孔面、钻孔、固壁灌浆，扫孔、编索、运索、装索，孔口安装、浇筑混凝土垫墩、注浆、安装工作锚及限位板、张拉、外锚头保护，孔位转移等。

5）岩面喷浆，区分施工工艺（地面喷浆、地下喷浆）、有（无）钢筋网、厚度（1cm、2cm、3cm、4cm、5cm），以100m² 计。

本定额适用于岩土及石面的支护。

工程内容：凿毛、冲洗、配料、喷浆、修饰、养护。

6）混凝土面喷浆，区分施工工艺（地面喷浆、地下喷浆）、有（无）钢筋网、厚度（1cm、2cm、3cm、4cm、5cm），以100m² 计。

本定额适用于岩土及石面的支护。

工程内容：凿毛、冲洗、配料、喷浆、修饰、养护。

7）喷混凝土，区分施工工艺（地面护坡、平洞支护、斜洞支护）、有（无）钢筋网、喷射厚度（5～10cm、10～15cm、15～20cm），以100m³ 计。

工程内容：凿毛、配料、上料、拌和、喷射、处理回弹料、养护。

8）钢筋网制作与安装，以1t计。

适用于本节的岩面喷浆、混凝土喷浆、喷混凝土及洞内拱顶支护，其他定额中钢筋网需参考混凝土及钢筋混凝土构件预制安装工程（定额第三章）中的钢筋加工定额。

工程内容：调直、除锈、切断、场内运输、焊接、安装。

（三）基础工程

1. 基础打入桩工程

（1）节定额说明。

1）本节基础打入桩工程共294项定额。包括水上及陆上打设钢筋混凝土方桩、管桩、板桩，钢管桩、钢板桩等定额，适用于在一般情况下的基础打入桩工程，不适用于试桩及在沉井、钢衬筒内或障碍物繁多地区等特殊情况下的打桩工程。

2) 定额使用的有关计算，应符合以下规定。

a. 当打设不同类型的基桩时，按以下规则执行：①打设直桩时，按定额正表执行；②打设斜桩时，按打桩定额正表乘 1.23 系数；③打设水上同节点双向叉桩时，按打桩定额正表乘 1.31 系数；④打设水上墩台式基桩时（包括直桩、斜桩或叉桩），按打桩定额正表乘 1.45 系数；⑤当引桥设计纵向中心线岸端起点至码头前沿线的最短距离大于 500m 时，对于码头部分的直桩、斜桩及水上同节点双向叉桩，执行下列规则：直桩按定额正表乘以 1.15 系数，斜桩按定额正表乘以 1.41 系数，水上同节点双向叉桩按定额正表乘以 1.45 系数。

b. 根据土壤级别的不同，打入桩工程尚应按以下规则执行。

（a）土壤级别应按表 6.2-14 规定划分。

表 6.2-14　　　　　　　　　　基础打入桩工程土壤级别划分表

| 土类<br>级别 | 黏性土 | | 粉土 | 砂土 | 碎石土 | | 风化岩 |
|---|---|---|---|---|---|---|---|
| | 黏土 | 粉质黏土 | | | 角砾、园砾 | 碎石、卵石 | |
| | $I_L$ | $N$ | $N$ | $N$ | | | $N$ |
| 一 | $I_L \geqslant 0.5$ | $N \leqslant 10$ | $N \leqslant 15$ | $N < 30$ | — | — | — |
| 二 | $0 < I_L < 0.5$ | $10 < N \leqslant 20$ | $15 < N \leqslant 30$ | $30 \leqslant N \leqslant 50$ | 稍密、中密 | 稍密 | $N \leqslant 50$ |
| 三 | $I_L \leqslant 0$ | $20 < N \leqslant 30$ | $N > 30$ | $N > 50$ | 密实 | 中密、密实 | $50 < N \leqslant 80$ |

注　对于三级土风化岩的 $N$ 值超过上限值且设计要求桩尖进入该持力层时，不执行本定额。

（b）打入桩穿过不同级别土层时，应分别按以下规定执行。穿过不同级别土层系指穿过二级土层的连续厚度（以 $l_2$ 表示）或穿过二级土各层厚度之和（以 $\sum l_2$ 表示）以及穿过三级土层的连续厚度（以 $l_3$ 表示）或三级土各层厚度之和（以 $\sum l_3$ 表示）：①当 $2m < l_2 \leqslant 4m$ 或 $7m < \sum l_2 \leqslant 8m$ 时，按一级土定额正表乘以 1.20 系数；②对于钢筋混凝土方桩，钢筋混凝土管桩，当设计要求桩尖进入（$N > 40$）的二级土层厚度 1m 以上，且最后平均贯入度小于 3mm/击时，按一级土定额正表乘以 1.20 系数；③当 $4m < l_2 \leqslant 5m$ 或 $8m < \sum l_2 \leqslant 10m$ 时，按二级土定额正表计算；④当 $5m < l_2 \leqslant 6m$ 或 $10m < \sum l_2 \leqslant 13m$ 时，按二级土定额正表乘以 1.22 系数；⑤当 $l_2 > 6m$ 或 $\sum l_2 > 13m$ 时，按二级土定额正表乘以 1.41 系数；⑥当 $l_3 \leqslant 3m$ 的黏性土、粉土或 $l_3 \leqslant 1m$ 的砂土，或 $l_3 \leqslant 0.5m$ 的碎石土时，均按三级土定额正表乘以 0.864 系数；⑦当 $l_3 > 3m$ 的黏性土、粉土或 $l_3 > 1m$ 的砂土，或 $l_3 > 0.5m$ 的碎石土，或 $50 < N \leqslant 80$ 风化岩时，均按三级土定额正表计算。

3) 定额的使用条件应符合以下规定。

a. 对于水上打入桩工程，因施工条件限制或桩打入施工水位以下需换用长替打时，除按桩长选用相应的定额及调整系数外，方驳供桩时，每根桩另增加人工 1 工日、打桩船及锤 0.063 艘班、方驳 0.063 艘班、其他船机费 20.00 元；岸上供桩时，每根桩另增加人工 1 工日，打桩船及锤 0.063 艘班。定额中不含长替打制作费用。

b. "钢筋混凝土接桩定额"的施工条件，是指由于桩架高度不够，需在施打过程中在桩位上将上、下两节桩连接起来后继续施打，直到满足设计桩长为止。如需要接桩时，除按桩的总长度执行相应打桩定额外，应根据接头数量，按本节"钢筋混凝土接桩"定额计算接桩费用。

4）工程量的计算，应符合以下规定。

a. 基础打入桩工程数量应根据土壤级别、桩的类型、断面形式及桩长以根计算。

b. 基础打入桩桩的类型应符合下列规定：①斜度小于或等于 8：1 的基桩按直桩计算；②斜度大于 8：1 的基桩按斜桩计算；③在同一节点由一对不同方向的斜桩组成的基桩按叉桩计算；④在同一节点中由两对不同方向叉桩组成的基桩组按同节点双向叉桩计算；⑤独立墩或独立承台结构体下的基桩或含 3 根及 3 根以上斜桩且不与其他基桩联系的其他结构体下的基桩按墩台式基桩计算。

c. 陆上施打钢筋混凝土方桩、管桩，当桩顶低于地面 2m 时应按深送桩计算。

（2）节分部分项定额条目说明。

1）打桩船打钢筋混凝土方桩（方驳供桩），区分断面、桩长、土壤级别（一、二、三），以 10 根桩计。

断面分为 40cm×40cm、45cm×45cm、50cm×50cm、55cm×55cm。桩长分为 14～34m 以内，每增 4m 为一级。

水上运距超过 1km 时，每增加 1km 另计工程量。

工程内容：桩陆上脱底模、滑运，装船、运输，打桩，桩头处理。

2）打桩船打钢筋混凝土方桩（岸上供桩），区分断面、桩长、土壤级别（一、二、三），以 10 根桩计。

断面分为 40cm×40cm、45cm×45cm、50cm×50cm、55cm×55cm 4 种。桩长分为 14～34m 以内，每增 4m 为一级。

工程内容：桩陆上脱底模、滑运，打桩船吊桩、打桩，桩头处理。

3）打桩船打钢筋混凝土管桩（方驳供桩），桩径（外径）$\phi$60cm 以内，区分桩长（20m、24m、28m 以内）、土壤级别（一、二、三），以 10 根桩计。

水上运距超过 1km 时，每增加 1km 另计工程量。

工程内容：装船、运输，打桩，桩头处理。

4）打桩船打钢管桩（方驳供桩），桩径（外径）$\phi$60cm 以内，区分桩长（20m、25m、30m、35m 以内）、土壤级别（一、二、三），以 10 根桩计。

水上运距超过 1km 时，每增加 1km 另计工程量。

工程内容：装船、运输，打桩，桩头处理。

5）打桩船水冲打钢筋混凝土方桩（方驳供桩），区分断面、桩长（22m、26m、30m 以内），以 10 根桩计。

断面分为 50cm×50cm、55cm×55cm、60cm×60cm。

水上运距超过 1km 时，每增加 1km 另计工程量。

工程内容：桩陆上脱底模、滑运，装船、运输，射水沉桩，桩头处理。

6）打桩船水冲打钢筋混凝土管桩，桩径（外径）$\phi$80cm 以内，区分桩长（24m、28m、32m 以内），以 10 根桩计。

水上运距超过 1km 时，每增加 1km 另计工程量。

工程内容：桩陆上脱底模、滑运，装船、运输，射水沉桩，桩头处理。

7）柴油打桩机陆上打钢筋混凝土方桩，区分断面、桩长、土壤级别（一、二、三），以 10 根桩计。

断面分为 40cm×40cm，45cm×45cm、50cm×50cm。桩长分为 10～30m 以内，每增 4m 为一级。

工程内容：桩脱底模、滑运，起重机供桩，打桩，桩头处理。

8）柴油打桩机打钢筋混凝土管桩（陆上运输），区分桩径、桩长、土壤级别（一、二、三），以 10 根桩计。

桩径（外径）分为 Φ60cm 以内、Φ80cm 以内。桩长分为 16～28m 以内，每增 4m 为一级。

陆上运距超过 1km 时，每增加 1km 另计工程量。

工程内容：装车、运输、卸车，陆上打桩，桩头处理。

9）柴油打桩机打钢筋混凝土管桩（水上运输），区分桩径、桩长、土壤级别（一、二、三），以 10 根桩计。

桩径（外径）分为 Φ60cm 以内、Φ80cm 以内。桩长 16～28m 以内，每增 4m 为一级。

水上运距超过 1km 时，每增加 1km 另计工程量。

工程内容：装船、运输，陆上打桩、打桩机转向，桩头处理。

10）柴油打桩机陆上打深送钢筋混凝土方桩，区分断面、桩长、送桩深度、土壤级别（一、二、三），以 10 根桩计。

断面分为 40cm×40cm、45cm×45cm，50cm×50cm。

桩长分为 18～26m 以内，每增 4m 为一级。送桩深度分为 1～5m、5～8m。

工程内容：桩脱底模、滑运，起重机供桩，打桩、深送，桩头处理。

11）柴油打桩机陆上打钢筋混凝土板桩、锚碇桩，区分宽度（40cm、60cm 以内）、桩长（6m、10m、14m 以内）、土壤级别（一、二、三），以 10 根桩计。

本定额按有导架打桩编制，如不用导架打桩时，人工和 1.8t 轨道式柴油打桩机、8t 汽车式起重机、30kN 电动单筒慢速卷扬机均乘 1.10 系数。

工程内容：桩脱底模、滑运，打桩机打拔导桩，起重机供桩，打桩，桩头处理。

12）陆上打临时钢板桩，区分桩长（15m、20m 以内）、土壤级别（一、二、三），以 10 根桩计。

本定额不含拼组钢板桩。

陆上运距超过 1km 时，每增加 1km 另计工程量。

工程内容：调直，楔形桩制作，运输，打桩、打桩机转向，桩头止水处理，除锈刷油。

13）拔钢板桩，桩长 20m 以内，区分陆上或水上施工、土壤级别（一、二、三），以 10 根桩计。

本定额适用于拔临时性钢板桩，振动锤拔桩中已包括切除拉杆、导梁、加固吊孔的工作内容。

定额中已包括 1km 的运输。

振动锤（水上）拔桩如需要方驳装运钢板桩时，增加人工 2 工日，板枋材 0.025m³，40t 起重船 0.222 艘班，400t 方驳 0.248 艘班，294kW 拖轮 0.034 艘班。

工作内容：移机、拔桩，陆上运输，堆放。

14）钢筋混凝土方桩接桩，区分施工工艺、断面和打桩船类型，以 1 个接头计。

施工工艺分为水上接桩（驳船供桩）、水上接桩（岸上供桩）、陆上接桩。水上接桩又分为法兰盘接钢筋混凝土方桩、对接焊钢筋混凝土方桩。陆上接桩又分为对接焊钢筋混凝土方桩、硫黄胶泥接钢筋混凝土方桩。

断面分为 40cm×40cm、45cm×45cm、50cm×50cm、55cm×55cm 以内。

定额中法兰盘及型钢为参考用量，使用时可按实际调整。

如打桩船与实际配备不同，可按实际打桩船调整。

工程内容：钢套管及铁件加工、运输、吊上节桩、接桩。

15）夹桩，分为简易夹桩（排架式、独立墩）、承重夹桩（现浇横梁、现浇桩帽、现浇独立墩）、水上封桩（钢筋混凝土方桩、管桩），以 10 根桩计。

本定额适用于 60cm×60cm 钢筋混凝土方桩，$\phi$80cm 管桩的夹桩，编制概预算时不得调整。

封桩定额适用于防台、防洪加固。

工程内容：夹桩材料制作，扳正桩、夹桩、拆除夹桩材料。

2. 基础灌注桩工程

（1）节定额说明。

1）本节基础灌注桩工程共 236 项定额。主要包括灌注桩成孔、灌注桩混凝土、桩头处理及灌注桩平台、护筒等定额，适用于一般情况下的基础灌注桩工程。

2）定额的使用条件应符合以下规定。

a. 成孔定额按成孔工艺不同编制，灌注桩成孔土类按成孔的难易程度划分为 6 类，土类划分应符合下列规定。

Ⅰ类土，指塑性指数 10 的黏土、粉质黏土、砂土，以及粉土、淤泥质土、吹填土。

Ⅱ类土，指砂砾、混合土。

Ⅲ类土，指粒径为 2～20mm 的颗粒含量大于总质量 50％的角砾、圆砾土，以及粒径 20～60mm 的颗粒含量不大于总质量 20％的碎石、卵石土。

Ⅳ类土，指粒径 20～200mm 的颗粒含量大于总质量 20％的碎石、卵石土，以及粒径 200～500mm 的颗粒含量不大于总质量 10％的块石、漂石土和杂填土。

Ⅴ类土，指中等风化程度及以上的软质岩石或强风化的硬质岩石，包括粒径大于 500mm 的颗粒含量大于总质量 10％的块石、漂石。

Ⅵ类土，指中等风化程度及以下的硬质岩石或微风化的软质岩石。

b. 成孔定额的工作内容已包括换钻头、修理、捞钻杆或钻头等，钻架的拼装、移位、拆除所耗的人工、材料、机械也已按摊销方式计入定额中，编制概、预算时不应另行计算。

c. 成孔定额的钻头摊销费不包括使用牙轮钻头费用，使用牙轮钻头时，应单独考虑。

d. 护筒埋设定额的使用，应符合下列规定：①其混凝土护筒的预制应套用相应混凝土预制定额；②陆上埋设钢护筒已按护筒设计重量及周转摊销次数综合列入定额中，编制概、预算时不应另行计算；③材料消耗中已包括了埋设护筒的黏土和护筒接头及定位用导向架所用的材料，编制概、预算时不应另行计算。

e. 灌注桩混凝土定额按导管倾注水下混凝土编制。定额中包括设备（导管、浇筑架等）摊销的工、料费用及扩孔增加的混凝土数量，以及混凝土水平、垂直运输的人工、机械用量，编制概、预算时不应另行计算。

f. 本节定额不包括泥水的集水坑及泥水的外运费用，发生时按相关计价标准计算。

g. 在河滩、水中采用筑岛方法施工时，成岛后可按陆上成孔定额计算；采用水上工作平台回旋钻机钻孔时，应根据施工条件、施工工艺因素综合考虑；条件不具备时，可在陆上回旋钻机钻孔定额基础上作以下调整：人工乘以 1.05 系数，其他材料乘以 1.10 系数，增加 18kW 机动艇和 60t 铁驳，艘班量按回旋钻机台班量乘以 0.20 系数。

3）工程量的计算，应符合以下规定。

a. 成孔工程量应按设计量与施工增加量之和计算，并应符合下列规定：①人工成孔设计量应按桩设计入土深度乘以护筒外缘包围的面积以体积计算，施工增加量按 0.05m 乘以护筒外缘包围的截面面积以体积计算；②机械成孔设计量应按桩设计入土深度以长度计算，施工增加量按 0.5m 计算；③定额中的孔深指护筒顶到桩底（设计标高）的深度；④成孔定额中同一孔内的不同土质、不论其所在深度如何，均执行总孔深定额。

b. 灌注桩混凝土工程量应按设计量与施工增加量之和计算。并应符合下列规定：①设计量按设计桩径、桩长以体积计算；②人工成孔灌注混凝土施工增加量按凿顶高度 0.5m 与成孔超深 0.05m 之和，乘以设计桩截面面积计算；③机械成孔灌注水下混凝土施工增加量按凿顶高度 0.5m 与成孔超深 0.5m 之和，乘以设计桩截面面积计算；④机械成孔灌注水下混凝土定额已包括水下混凝土扩孔等因素的损耗量，不应另计。

c. 灌注桩工作平台工程量应按设计要求以面积计算。如设计未明确时，编制概算可按每根桩陆上 $12m^2$、水上 $24m^2$ 估算；编制预算时应按施工组织设计要求计算。

d. 钢护筒的工程量按护筒的设计重量计算，设计重量为加工后的成品重量，包括加劲肋及连接用法兰盘等全部钢材重量。当设计不具备时，可参考表 6.2-15 的重量计算。

表 6.2-15　　　　　　　　钢护筒重量参考表

| 桩径/cm | 100 | 120 | 150 | 200 | 250 |
|---|---|---|---|---|---|
| 每米护筒重量/(kg/m) | 167.0 | 231.3 | 280.1 | 472.8 | 580.3 |

注　桩径不同可按内插法计算。

（2）节分部分项定额条目说明。

1）人工挖孔，分为挖孔、混凝土护壁两个工序。

a. 挖孔，区分桩径（2.0m 内、2.0m 外）、孔深（10m、20m 内）、土壤类别（Ⅰ～Ⅱ、Ⅲ～Ⅵ、Ⅴ、Ⅵ），以 $10m^3$ 桩孔计。

工程内容：桩孔开挖、钻孔炸石、人力挖土挖石、卷扬机提升、支撑防护挂梯、修正孔壁。

b. 混凝土护壁，以 $10m^3$ 护壁混凝土计。

混凝土护壁：拌和、运输、浇筑、养护。

2）回旋钻机钻孔，区分桩径、孔深、土壤类别（Ⅰ～Ⅵ），以 10m 计。

桩径分为 60cm、80cm、100cm、120cm、150cm、200m、250m 以内。

孔深分为 20～80m 以内，大约每增 10m 一级。

工程内容：机具就位及转移、安拆泥浆循环系统、成孔、清渣清孔。

3）卷扬机带冲抓锥冲孔（桩径 150cm 以内），区分孔深（20m、30m、40m 以内）、土壤类别（Ⅰ、Ⅱ、Ⅲ、Ⅳ），以 10m 计。

当设计桩径（130cm、140cm）与定额采用桩径不同时，可按附表系数调整。

工程内容：准备机具、移钻架、冲抓钻进、加水、加黏土、清渣清孔、量孔深。

4）卷扬机带冲击锥冲孔（桩径 150cm 以内），区分孔深（20m、30m、40m 以内）、土壤类别（Ⅰ、Ⅱ、Ⅲ、Ⅳ、Ⅴ、Ⅵ），以 10m 计。

当设计桩径（130cm、140cm）与定额采用桩径不同时，可按附表系数调整。

工程内容：准备机具、移钻架、冲击钻进、加水、加黏土、清渣清孔、量孔深。

5）冲击钻机冲孔，区分桩径（100cm、150cm 以内）、孔深、土壤类别（Ⅰ、Ⅱ、Ⅲ、Ⅳ、Ⅴ、Ⅵ），以 10m 计。

孔深分为 20～50m，每 10m 增加一级。

工程内容：准备机具、移钻架、冲击钻进、出渣、加水、加黏土、清孔、量孔深。

6）灌注桩混凝土，分为混凝土、钢筋制安两个工序。

a. 混凝土，区分成孔方式（人力挖孔，冲击锥、冲抓锥冲抓钻，回旋钻），以 10m³ 混凝土计。

工程内容：安拆导管和漏斗、混凝土配料拌和、运输、浇筑。

b. 钢筋制安，以 1t 计。

钢筋制安：钢筋配制绑扎、焊接、吊装入孔。

7）护筒埋设、拆除，分为钢护筒、混凝土护筒两类。

工程内容：①陆上，包括人力挖土，制安拆导向架，冲抓，护筒埋设、拆除；②水上，包括制安拆导向架、冲抓、护筒埋设。

a. 钢护筒，分为水上埋设（水深 5m、10m 以内）、陆上埋设，以 1t 计。

水上钢护筒按全部摊销考虑，如设计可回收，应按设计计算回收数量。

b. 混凝土护筒，陆上埋设，区分桩径（80cm、120cm、150cm 以内），以 1 根灌注桩计。

陆上混凝土护筒，按高出地面 30cm，长 2m，壁厚 11cm 考虑，如与设计不同，可按设计调整。

8）灌注桩工作平台，区分水上（水深 5m、10m 以内）、岸坡上，以 100m² 计。

本定额不适用施工机械在平台上作业的情况。

陆上搭拆灌注桩平台，可套用岸坡上平台定额。

工程内容：①水上，包括制打拔钢管桩、制安拆工作平台；②岸坡，包括堆筑草袋土，制、安拆木结构平台。

9）灌注桩桩头处理，陆上施工，以 10 根计。

工程内容：机械修凿桩头、切割钢护筒、钢筋及调整。

3. 地下连续墙工程

（1）节定额说明。

1）本节地下连续墙工程共 27 项定额，主要包括地下连续墙导墙、成槽、钢筋网片及浇筑墙体混凝土等定额，适用于深基础、地下构筑物、板桩式码头、船闸闸室、闸首墙、挡土墙及垂直截水的防渗墙等工程。

2）定额使用的有关计算，应符合以下规定。

a. 土壤类别按成槽施工的难易程度和土壤颗粒级配组成划分。

Ⅰ类土，指塑性指数大于 10 的黏土、粉质黏土、粉土、淤泥质土、冲填土，以及标准贯入击数等于或小于 10 的土层。

Ⅱ类土，指沙土、混合土，以及标准贯入击数大于 10、小于或等于 30 的土层。

Ⅲ类土，指粒径为 2～20mm 的颗粒含量大于全重 50% 的角砾、圆砾，以及粒径为 20～60mm 的颗粒含量不超过全重 20% 的碎石、卵石土层；标准贯入击数大于 30、小于或等于 50 的土层。

b. 当成槽穿过Ⅰ、Ⅱ类土层时，如Ⅱ类土层各层厚度之和超过设计墙深的 50% 时，按Ⅱ类土计算。不足上述规定时按Ⅰ类土计算。

3）定额的使用条件应符合以下规定。

a. 成槽定额中已包括铺、拆轨道，机组移动和笼式钻头维修耗用的人工、材料、机械等费用；轨枕制作、安装，按有关规定执行。设备拆装在船机定额中已包括，不应另行计算。

b. 定额中已包括废浆、墙顶处理（凿除混凝土）和废导墙混凝土拆除后的场内弃运，如需要场外运输时，费用应按有关标准另行计算。

c. 护壁泥浆的配合比应按设计要求确定，如条件不具备，编制概算时可参考附表值使用。

d. 地下连续墙导墙拆除后的墙后填土工程费用按土石方工程（定额第一章）相应定额计算。

4）工程量的计算，应符合以下规定。

a. 成槽工程量应按设计量与超深增加量之和计算。设计量应按设计延米、宽度、槽深以体积计算；超深增加量按设计底标高增加 0.20m 计算。

b. 地下连续墙混凝土工程量应按设计量与施工增加量之和计算。设计量应按设计墙体体积计算；施工增加量按超深与增加高度之和 0.70m 计算（即：超深 0.20m 和凿顶 0.50m）。

（2）节分部分项定额条目说明。

1）导墙浇筑与拆除，分为导墙混凝土浇筑与拆除、钢筋加工两项。

a. 导墙混凝土浇筑与拆除，以 10m³ 计。

拆除素混凝土导墙时，9m³ 内燃空气压缩机和 15t 履带式起重机机台班乘 0.7 折减系数。

工程内容：制、安、拆模板，浇筑混凝土，拆除导墙。

b. 钢筋加工，以 1t 计。

工程内容：钢筋制作、绑扎、安放。

2）地下连续墙成槽，区分成槽宽度（60cm、80cm 以内）、成槽工艺（钻抓式成槽机、多头钻成槽机）、土壤类别（Ⅰ、Ⅱ、Ⅲ），以 10m³ 成槽体积计。

工程内容：①钻抓式成槽机成槽，包括铺拆轨道，制备、灌注泥浆，钻机成槽、清槽，废浆场内运输；②多头钻成槽机成槽，包括铺、拆轨道，钻机就位，制备、灌注泥浆，钻机成槽、清槽，废浆场内运输。

3）钢筋网片制安，以 1t 钢筋计。

如钢筋网片每片重量超过 8t 时，钢筋网片高度超过 16m 时，可换用吊机规格，台班数量不变。

本定额不包括制作平台费用，发生时另计。

工程内容：钢筋制作、焊接绑扎、吊运入槽。

4）灌注水下混凝土，区分成槽工艺（钻抓式成槽机、多头钻成槽机）、土壤类别（Ⅰ、Ⅱ、Ⅲ），以 10m³ 混凝土计。

定额中铁件主要指锁口管等材料。

工程内容：混凝土拌和运送、浇筑水下混凝土，安、拆混凝土导管，安、拆、冲洗锁口管，墙顶浮浆层混凝土凿除。

5）地下连续墙锚固，分为成孔及压力灌浆、插锚杆两个工序。

工程内容：钻机就位，钻孔，泥浆护壁，清孔，插锚杆、压力灌浆、自然养护。

a. 成孔及压力灌浆，区分土壤类别（Ⅰ、Ⅱ、Ⅲ）、锚杆直径（50mm、60mm、70mm 以内），以 10m 计。

b. 插锚杆，区分锚杆直径（50mm、60mm、70mm 以内），以 1t 计。

4. 软土地基加固工程

（1）节定额说明。

1）本节软土地基加固工程共 70 项定额，主要包括陆上强夯、打设袋装砂井、打设塑料排水板、堆载预压、真空预压、打碎石桩及粉喷桩定额，适用于软土地基加固工程。

2）定额使用及有关计算，应符合以下规定。

a. 陆上强夯定额的使用，应按下列规定执行：①定额使用时，应根据设计要求选用单点强夯和低能满夯定额；②单点强夯定额中各类夯击能每 100m² 夯点数为该夯击能下的最终夯点数；③夯坑排水费用已计入定额中，使用本定额不得另行增加，施工区域水位较高影响施工时，所需措施费用另行计算；④单位工程中强夯面积在 200m² 以下的，或者条形基础强夯，定额的人工机械乘以 1.10 系数。

b. 陆上打设袋装砂井、塑料排水板、碎石桩等定额，不包括铺设的排水砂垫层及砂沟等工程内容，实际发生时，应套用铺填垫层等有关定额计算。

c. 陆上施打塑料排水板定额，适用于垫层在 1m 以内的原状或吹填淤泥质土的大面积施打塑料排水板工程。

d. 堆载预压定额的使用，应按下列规定执行。

（a）定额中包括了预压堆载体四面的放坡、沉降观测、修坡道增加的人工、材料、机具费用，以及施工中测量放线和定位用的人工、材料、机具等费用，使用时不应另行计算。

（b）当采用联合堆载真空预压时，不论抽真空时间，不论预压荷载大小，编制概算时应补充以下材料：①聚丙烯编织布，按 $110m^2/100m^2$ 考虑；②无纺布，按 $105m^2/100m^2$ 考虑；③$\phi50mm$ 硬塑料管，按 $14m/100m^2$ 考虑。

编制施工图预算，应按施工组织设计考虑。

e. 陆上打碎石桩定额适用于黏土的地基处理，定额中的碎石消耗量已综合考虑振实、扩孔、超长等因素的影响。使用时不应另行计算；但定额中未包括由场外开渠引水至施工现场的费用。

f. 应用粉喷桩定额中，如设计要求的固化材料掺入量与定额不同，可按本定额附注调整定额水泥或石灰消耗量。

3）工程量的计算，应符合以下规定。

a. 堆载预压工程量计算应符合下列规定：①堆载预压工程量按设计要求的软土地基处理面积计算；②堆载材料工程量按设计要求以体积计算，如设计未明确放坡系数时，可按堆载材料的自然坡度 1∶1 计算，汽车运输坡道按最大坡度 13.5°、坡道面宽 4m，坡道边坡 1∶1.5 计算。

b. 砂桩工程量按设计量与土体沉降增加量之和以体积计算；设计量按桩径和桩长以体积计算，原土体沉降增加量应按相关规定计算。

c. 塑料排水板工程量应按设计每根长度以长度计算。

d. 陆上打碎石桩工程量按设计桩长以长度计算。

e. 粉喷桩工程量按设计桩长以长度计算。

f. 陆上强夯工程量，按设计加固面积计算；夯坑填料应按相关定额计算，工程量以体积计算。

（2）节分部分项定额条目说明。

1）陆上强夯（单点强夯），区分夯击能量、$100m^2$ 夯点数，以 $100m^2$ 加固面积计。

夯击能量分为 1000～4000kN·m，每增 1000kN·m 为一级。

$100m^2$ 夯点数分为 9、13、17、23、25 以内。

点夯击数按 4 击以下考虑，每增 1 击另计工程量。

定额内不包括强夯机下的垫板。根据土质情况需要垫板时，每 $100m^2$ 增加板枋材 $0.050m^3$。

整平包括夯前、夯后及夯间的整平。

工程内容：夯前平整、点夯、推平、碾压、夯坑排水。

2）低能满夯，区分夯击能量（1000kN·m、2000kN·m、3000kN·m），以 $100m^2$ 加固面积计。

按一遍 2 击考虑，每增 1 击另计工程量。

工程内容：夯击、推平、碾压。

3）夯坑料回填，适用于直接来料回填整平，以 $100m^3$ 计。

填料按填筑方计算。

如填料不同时，按下列材料用量调整：土，135m³；山皮土，125m³；砂夹石，120m³。

工程内容：装载机场内倒运，推土机推土整平。

4）陆上打砂桩（袋装法），区分桩长（10m、15m、20m以内），以10m³计。

袋装法桩径为10cm。

工程内容：灌运砂袋、移动桩架定位、预制摆放桩尖、施打钢套管、管内沉砂袋、拔套管、灌水。

5）陆上打塑料排水板，区分塑料排水板长（15m、20m、25m以内），以100m计。

塑料排水板用量已包括施工损耗及规范要求的伸出排水垫层0.2m/根的长度。

工程内容：移桩架定位、桩尖制作、材料场内运输、打拔钢护管。

6）堆载预压，区分预压荷载，以100m²加固面积计。

预压荷载分为8～15t/m²，每增1t/m²为一级。

堆载、卸载基本运距各按1km计，每超过1km按附表调整自卸汽车台班用量。

本定额堆载损耗材料以山皮土为准，如堆载损耗材料不同时按附表调整。

如堆砂则增加板方材0.03m³/100m²加固面积。

卸载时因沉降而减少卸载量，每减少100m³则减少：人工2工日；8t自卸汽车1.23台班；2m³装载机0.42台班；推土机0.26台班。

堆载沉降所消耗的材料应计入回填工程量中。定额中的堆载损耗材料只包括装车、运输、风吹、雨淋时堆载材料的损耗。

工程内容：测量放线，制、安沉降盘，堆、卸载、整平、观测。

7）真空预压，以100m²加固面积计。

本定额以抽真空时间90天为准（不低于60天），每增减15天另计工程量。

若施工现场无网电，增加300kW发电机组0.61台班/100m²，真空泵台班单价不计电费。

恒载抽真空时间每增加或减少15天，再增减300kW发电机组0.27台班；真空泵台班单价不计电费。

工程内容：整平、清理砂垫层，制、安、拆滤管，铺膜，安、拆真空设备，抽真空，观测，挖、填边沟等。

8）陆上振冲碎石桩，适用于桩直径80cm，以10m计。

工程内容：安、拆振冲器，振冲、填碎石，疏导泥浆，场内临时道路维护。

9）粉喷桩，区分固化材料（水泥、石灰）、桩长（10m、20m以内），以10m计。

本定额是按桩径50cm编制的，当设计桩径不同时，桩径每增加5cm，定额人工和机械增加5%。

本定额中的固化材料的掺入比是按水泥15%、石灰25%计算的，当掺入比不同或桩径不同时，可按下式调整固化材料的消耗：

$$Q = \frac{D^2 m}{D_0^2 m_0} Q_0 \qquad (6.2-4)$$

式中：$Q$为设计固化材料消耗；$Q_0$为定额固化材料消耗；$D$为设计桩径；$D_0$为定额桩

径；$m$ 为设计固化材料掺入比；$m_0$ 为定额固化材料掺入比。

工程内容：清理场地，定位，钻机安拆，钻进搅拌、提钻、喷粉搅拌、复拌，移位，机具清洗及操作范围内料具搬运。

10）陆上深层水泥搅拌桩，分为喷浆桩体、空桩，以 10m 计。

本定额是按桩径 60cm 编制的，当设计桩径不同时，桩径每增加 5cm，定额人工和机械增加 5%。

本定额中的固化材料的掺入比是按水泥 12% 计算的，当掺入比不同或桩径不同时，可按下式调整固化材料的消耗：

$$Q = \frac{D^2 m}{D_0^2 m_0} Q_0 \qquad (6.2-5)$$

式中：$Q$ 为设计固化材料消耗；$Q_0$ 为定额固化材料消耗；$D$ 为设计桩径；$D_0$ 为定额桩径；$m$ 为设计固化材料掺入比；$m_0$ 为定额固化材料掺入比。

工程内容：桩机定位、钻进搅拌、提钻、喷浆搅拌、复拌。

5. 钻孔灌浆工程

（1）节定额说明。

1）本节钻孔灌浆工程共 97 项，包括钻灌浆孔、帷幕灌浆、固结灌浆、化学灌浆等，适用于内河航运工程建（构）筑物的基础处理等工程。

2）定额使用及有关计算，应符合以下规定。

a. 钻机钻灌浆孔定额和风钻钻灌浆孔定额中岩石级别的划分，应按土石方工程（定额第一章）说明中的表 6.2-3（岩石分级表）执行；砂砾石层划分为黏土、砂，砾石，卵石 3 类。钻浆砌石，可按与料石相同的岩石等级计算；钻混凝土，可按粗骨料相同的岩石级别计算。

b. 基础砂砾石层帷幕灌浆、孔口封闭灌浆、基础松散岩层固结灌浆定额中干料耗量和化学灌浆定额中灌浆材料及消耗仅供编制概算时使用，如设计要求及用量不同时，应进行调整。

c. 地质钻机钻灌浆孔，当钻孔与水平夹角不同时，定额中人工、机械、铁砂、合金片、钻头和岩心管消耗量乘以表 6.2-16 系数调整。

表 6.2-16　　　　　　　　　　不同钻孔与水平夹角系数

| 钻孔与水平夹角 | 60°以内 | 75°以内 | 85°以内 | 90°以内 |
|---|---|---|---|---|
| 调整系数 | 1.19 | 1.05 | 1.02 | 1.00 |

d. 在有脚手架的平台上钻孔，平台至地面孔口高差超过 2m 时，钻机和人工乘以 1.05 系数。

e. 如因地形施工时需搭设大型脚手架平台时，其费用应在临时工程费中计列。

f. 定额中未包括钻孔、灌浆时所用供水、供电的线路设施费用。

3）工程量的计算，应符合以下规定。

a. 钻孔灌浆中的钻孔工程量应根据设计、钻孔角度、岩石级别或砂砾石层类别及孔深等，按设计进尺以长度计算。

b. 钻孔灌浆中的灌浆工程量应根据设计、灌浆材料、岩体透水率或灌浆干料耗量，按设计灌浆深度以长度计算。

c. 灌浆压力大于等于 3MPa 应划分为高压灌浆，小于 1.5MPa 应划分为低压灌浆，其余应划分为中压灌浆。

d. 基础岩石层帷幕灌浆和基础松散岩层固结灌浆的岩体透水率可根据地质勘察压水试验确定。

e. 环氧灌浆、甲凝灌浆、丙凝灌浆中的灌浆工程量应根据不同的灌浆材料、裂缝部位、缝宽和缝深以长度计算。

f. 压水试验工程量应按试段计算。

g. 高压摆喷灌浆工程量应根据设计、土类级别按累计进尺计算。

（2）节分部分项定额条目说明。

1）钻机钻灌浆孔（自上而下灌浆法），区分土层类别，以 100m 计。

土层类别分为岩石层、砂砾石层。岩石层按岩石级别分为 Ⅴ、Ⅵ～Ⅶ、Ⅷ、Ⅸ～Ⅹ、Ⅺ、Ⅻ、ⅩⅢ～ⅩⅣ、ⅩⅤ、ⅩⅥ。砂砾石层分为黏土、砂，砾石，卵石。

本定额适用于露天作业，平均孔深 30～50m 以内，实际孔深不同时按附表系数调整人工、钻机用量。

工程内容：钻孔、钻灌交替，机械设备往返各孔位，扫孔，孔位转移；砂砾石层钻孔，还包括护壁泥浆制备运送等。

2）钻机钻灌浆孔（自下而上灌浆法），区分土层类别，以 100m 计。

土层类别分为岩石层、砂砾石层。岩石层按岩石级别分为 Ⅴ、Ⅵ～Ⅶ、Ⅷ、Ⅸ～Ⅹ、Ⅺ、Ⅻ、ⅩⅢ～ⅩⅣ、ⅩⅤ、ⅩⅥ。砂砾石层分为黏土、砂，砾石，卵石。

本定额适用于露天作业，平均孔深 30～50m 以内，实际孔深不同时按附表系数调整人工、钻机用量。

工程内容：钻孔、清孔、记录、孔位转移；砂砾石层钻孔，还包括护壁泥浆制备运送等。

3）风钻钻灌浆孔，区分孔深（8m、15m 以内）、岩石级别，以 100m 计。

岩石级别分为Ⅶ以下，Ⅷ、Ⅸ、Ⅹ、Ⅺ、Ⅻ、ⅩⅢ、ⅩⅣ、ⅩⅤ、ⅩⅥ。

钻水平孔、倒向孔时，使用气腿式风钻，台班量不变。

洞内作业，人工、机械乘 1.15 系数。

工程内容：孔位转移、接拉风管、钻孔。

4）基础岩石层帷幕灌浆（自上而下灌浆法），区分岩石层透水率，以 100m 计。

岩石层透水率（Lu）分为 2、4、6、8、10、20、50、100 以内。

定额适用于一排帷幕，分段灌浆，露天作业。

钻机作上下灌浆塞用。

二排、三排（指排数，不是指排序数）帷幕乘以附表的调整系数。

工程内容：钻孔检查及冲洗，灌浆前裂隙冲洗及压水试验，制浆、灌浆，钻灌交替，封孔，孔位转移。

5）基础岩石层帷幕灌浆（自下而上灌浆法），区分岩石层透水率，以 100m 计。

岩石层透水率（Lu）分为 2、4、6、8、10、20、50、100 以内。

定额适用于一排帷幕，分段灌浆，露天作业。

钻机作上下灌浆塞用。

二排、三排（指排数，不是指排序数）帷幕乘以附表的调整系数。

工程内容：钻孔检查及冲洗，灌浆前裂隙冲洗及压水试验，制浆、灌浆，封孔，孔位转移。

6）基础砂砾石层帷幕灌浆（循环钻灌法），区分干料耗量，以 100m 计。

灌浆干料耗量（t/m）分为 0.5、1.0、2.0、3.0、4.0、5.0 以内。

工程内容：钻孔，制浆、灌浆，封孔，孔位转移。

7）镶铸孔口管，区分土层（覆盖层、岩石基础）、孔口管长，以 1 孔计。

孔口管长分为 2.5m、5m、10m、15m、20m 以内。

定额中不包括孔口管段的钻孔灌浆。

定额适用于岩石基础及覆盖层下的岩石灌浆，孔口封闭管。

工程内容：固定孔位、开孔（孔径 110cm 以内）、制浆、注浆、下孔口管、扫孔等。

8）孔口封闭灌浆，区分干料耗量，以 100m 计。

干料耗量（t/m）分为 0.01、0.05、0.1、0.5、1.0、5.0 以内。

定额适用于自上而下孔口封闭循环灌浆，孔径 75mm 以内、孔深 100m 以内。

工程内容：灌浆前冲孔，简易压水试验，制浆、灌浆，封孔，孔位转移。

9）基础松散岩层固结灌浆，区分岩层透水率，以 100m 计。

岩层透水率（Lu）分为 2、4、6、8、10、20、50 以内。

定额适用于自下而上分段灌浆法，或一次灌浆法，单孔灌浆。

采用两孔并联灌浆法时，灌浆机与灰浆搅拌机定额乘以 0.50 系数。

采用自上而下分段灌浆法，人工和灌浆机定额按附表增加。

工程内容：孔位转移，钻孔检查，钻孔冲洗及压水试验，制浆、灌浆，封孔等。

10）环氧灌浆，区分施工工艺，以 100m 缝长或灌段计。

施工工艺分为浅层裂缝（缝宽 0.2mm 以内、缝深 1m 以内）、深层裂缝（缝宽 0.4mm 以内、缝深 5m 以内）、贯穿裂缝（缝宽 0.4mm 以上、缝深 5m 以上）。

定额适用于混凝土裂缝化学灌浆。

浅层裂缝单位耗浆量 2.1L/m，深层裂缝 2.8L/m，贯穿裂缝 6.1L/m，如试验配方有出入，材料用量按试验资料调整。

工程内容：裂缝清洗、嵌缝、配浆、灌浆、封孔。

11）甲凝灌浆，区分施工工艺，以 100m 缝长或灌段计。

施工工艺分为浅层裂缝（缝宽 0.2mm 以内、缝深 1m 以内），深层裂缝（缝宽 0.4mm 以内、缝深 5m 以内）。

工程内容：裂缝清洗、嵌缝、配浆、灌浆、封孔。

12）丙凝灌浆，以 100m 灌段计。

定额适用于基岩中止水灌浆，单位吸水率小于 0.01。

丙凝帷幕单位耗浆量 12L/m，如试验配方与定额配方不同时，允许调整材料用量。

工程内容：冲孔、洗缝，简易压水、配浆、灌浆、封孔。

13）压水试验，以1试段计。

定额适用于灌浆检查孔压水试验，一个压力点。

地质钻机作上下压水试验栓塞用。

一个压力点法适用于固结灌浆检查孔压水试验。

一个压力点法的工程量（试段数量）计算方法：每孔段数×固结灌浆孔数×5%，每孔段数＝孔深÷5（取整数）。

工程内容：冲洗孔内岩粉、稳定水位、起下试验栓塞、观测压水试验、填写记录等。

14）高压摆喷灌浆，区分土类级别（Ⅰ、Ⅱ、Ⅲ、Ⅳ），以100m计。

适用范围：三管法施工。

定额按纯水泥浆，设计掺黏土时，可相应调整水泥量，并增加黏土量。

高压定喷定额人工、材料、机械可按高压摆喷定额乘0.8系数。

工程内容：台车就位，孔口安装，接管路、喷射灌浆、管路冲洗，台车移开，回灌等。

6. 沉井基础工程

（1）节定额说明。

1）本节沉井基础工程包括26项定额，包括沉井的底部铺垫及沉井下沉，适用于沉井工程。

2）定额使用及有关计算，应符合以下规定。

a. 沉井的预制、封底、填心、封顶等，应套用有关章节定额计算。

b. 陆上沉井下沉用的工作台，钢管排架，运土坡道、安拆卷扬机等均已包括在定额中，使用定额时不应另行计算。

c. 沉井下沉定额的深度系指沉井整体下沉的深度。在该深度内，不同深度的同类土质应合并计算。

d. 沉井下沉定额不包括土方外运，集水坑及泥水外运等内容。

e. 沉井下沉定额中考虑了沉井纠偏因素，但不包括压载助沉措施及费用。

f. 沉井下沉定额中土类划分应按基础灌注桩说明中第2）条（定额第二章第二节第二条）执行。

3）沉井下沉工程量应根据设计、整体下沉深度、土类划分按设计沉井平面投影面积乘以下沉深度以体积计算。

（2）节分部分项定额条目说明。

1）沉井底部铺垫，分为砂垫层、铺抽垫木、铁刃脚等3项。

工程内容：重力式混凝土沉井预制现场底部垫层处理，铺抽垫木，制安铁刃脚。

a. 砂垫层，以10m³计。

b. 铺抽垫木，以10m刃脚计。

c. 铁刃脚，以1t计。

2）沉井下沉（抽水下沉），分为人力挖土下沉、吊车带抓斗挖土下沉、卷扬机带抓斗捞土下沉、潜水水下水力冲土下沉等 4 种。

a. 人力挖土下沉，区分整体下沉深度（5m、10m、15m 以内）、土类级别（Ⅰ、Ⅲ、Ⅵ），以 10m³ 计。

工程内容：搭拆工作台、钢管排架等，人力挖土下沉，机械抽水，卷扬机提升出土，弃土外运。

b. 吊车带抓斗挖土下沉，区分整体下沉深度（10m、15m 以内）、土类级别（Ⅰ、Ⅲ、Ⅵ），以 10m³ 计。

工程内容：操作吊车、挖土、装车或推土，人工挖刃角及地梁下土体，纠偏控制沉井标高，清底修平，排水。

c. 卷扬机带抓斗捞土下沉，区分整体下沉深度（10m、20m 以内）、土类级别（Ⅰ、Ⅲ、Ⅵ），以 10m³ 计。

工程内容：卷扬机带抓斗捞土并配潜水组及高压水泵射水下沉，将土、砂运出井外；清理刃脚，保持井位正确。

d. 潜水水下水力冲土下沉，区分整体下沉深度（10m、20m 以内），以 10m³ 计。

工程内容：安拆射流泵，加工制作水枪，安拆补水泵，潜水员水下冲土下沉。

（四）混凝土及钢筋混凝土构件预制安装工程

1. 章定额说明

（1）本章包括混凝土和钢筋混凝土构件预制及安装工程、钢筋工程共 265 项定额。适用于内河航运工程混凝土及钢筋混凝土构件预制及安装工程。

（2）构件预制定额以构件在工程现场预制、自拌混凝土为准制定，工程内容主要包括模板制拼及安拆、混凝土制备及场内运输、混凝土浇筑及养护以及材料的场内运输、筛砂洗石和抹面、凿毛等；除另有规定，使用中一般不应调整。

（3）构件安装定额的工程内容主要包括脱模、堆放、运移、安装等工程内容；扶壁还包括接缝、挡砂结构等接头处理等；除另有规定，使用中一般不应调整。

（4）定额使用及有关计算，应符合下列规定。

1）各类构件的模板形式，安、拆工艺以及混凝土工艺，均按综合选型确定，一般情况下使用中不得调整。

2）构件水上安装，定额中固定扒杆起重船的规定能力按表 6.2-17 选用。

表 6.2-17　　　　固定扒杆起重船规格能力配备表

| 构件重量/t | 10 以内 | 20 以内 | 35 以内 | 75 以内 |
|---|---|---|---|---|
| 起重船规格能力/t | 15 | 30 | 50 | 100 |

3）本章构件预制定额中均未包括脚手架费用，脚手架可按附表要求计列。

4）当采用商品混凝土时（前方浇筑系统不变），基价定额直接费按自拌混凝土计算，市场价定额直接费应在预制定额基础上进行以下调整：①人工用量减少量按混凝土搅拌站台班消耗量×2 计算；②取消混凝土搅拌站、轮胎式装载机、筛洗石子机台班消耗量；③混凝土材料按商品混凝土单价计算。

5）当混凝土采用输送泵运输时，应在预制定额基础上进行以下调整：①人工用量减少量按混凝土搅拌站台班量×2计算；②轮胎式起重机台班量减少量按混凝土搅拌站台班量计算；③机动翻斗车台班量减少量按混凝土搅拌站台班量×2计算；④按附表规定增列泵送混凝土人工及机械用量。

6）编制概算预算时，应按设计图纸确定每10m³混凝土的钢筋含量，条件不具备时可参考附表列示的参数。

（5）工程量的计算，应符合以下规定。

1）混凝土及钢筋混凝土构件预制工程量应根据设计图纸以体积计算。

2）混凝土工程量不应扣除构件中的钢筋、铁杆、螺栓孔、三角条、吊孔盒、马腿盒等所占体积，除注明者外亦不扣除单孔面积0.2m²以内孔洞所占的体积。

3）预制混凝土空心方桩、空心大板等构件的工程量，应扣除中空体积。

4）混凝土预制构件工程量除按设计图纸计算外还应按相应构件施打或安装定额中所列构件损耗增加量一并计入预制工程量。

5）构件安装工程量按件、个、根、块等计算。

6）构件安装定额中的均不包括接缝、节点的工程内容，发生时另行计算工程量。

7）单件体积小于0.5m³的预制混凝土小型构件的预制和安装工程量应区分不同构件类型等特征以体积或件计算。

8）超过6个面的混凝土块体工程量，应按异形块体以体积计算。

9）钢筋工程量应按设计图纸量与进入混凝土体积中的架立钢筋用量之和以重量计算。定额中包括对焊、张拉、切割损耗，如需搭接焊、帮条焊、搭接绑扎时，其搭接部分钢筋也应计入钢筋工程量中。

10）在编制概预算时，钢筋混凝土桩预制工程量可按设计体积乘以打桩消耗系数计算；打桩消耗系数见表6.2-18。

表6.2-18　　　　　　　　　钢筋混凝土桩打桩消耗系数表

| 桩　　类 | | 土　壤　级　别 | | |
| --- | --- | --- | --- | --- |
| | | 一级土 | 二级土 | 三级土 |
| 钢筋混凝土方桩、管桩、板桩、锚碇桩 | 水上打桩 | 1.02 | 1.03 | 1.04 |
| | 陆上打桩 | 1.01 | 1.015 | 1.02 |
| 水冲打钢筋混凝土方桩、管桩 | | 1.02 | 1.02 | 1.02 |
| 深送桩 | 5m以内 | 1.03 | 1.04 | 1.05 |
| | 8m以内 | 1.05 | 1.06 | 1.07 |

11）在编制概预算时，矩形混凝土块（主要包括坝面、坡面块体）的预制、堆放、运输工程量，可按设计工程量乘以构件砌筑消耗系数1.02计算；异形混凝土块体（主要包括扭王字块、扭工字块以及相类似的构件）和透水框架等构件的预制、堆放、运输、安装工程量，可按设计工程量乘以构件安装消耗系数1.01计算。

2. 构件预制与安装工程

（1）节分部分项定额条目说明。

1）实心方桩、空心方桩、板桩，实心方桩和空心方桩区分断面尺寸，板桩区分板宽

235

（40cm、60cm 以内），以 10m³ 计。

实心方桩断面（cm×cm）分为 30×30、35×35、40×40、45×45、50×50。空心方桩断面（cm×cm）分为 45×45、50×50、55×55、60×60。

工程内容：制安拆模板，浇筑及养护混凝土。

2）矩形梁、单双出沿梁，分为预制、水上安装、陆上安装等 3 部分。

a. 预制，区分每件体积，以 10m³ 计。

每件体积分为 1m³、2m³、3m³、5m³、10m³ 以内。

工程内容：制安拆模板，浇筑及养护混凝土。

b. 水上安装，区分每根梁重，以 10 件计。

每根梁重分为 3t、5t、8t、12t、25t 以内。

工程内容：脱模、堆放、运移、安装。

c. 陆上安装，区分每根梁重，以 10 件计。

每根梁重分为 3t、5t、8t、12t、25t 以内。

工程内容：脱模、堆放、运移、安装。

3）T 形梁、T 形梁板（带肋）及 Ⅱ 形梁，分为预制、水上安装、陆上安装等 3 部分。

a. 预制，区分每件体积，以 10m³ 计。

每件体积分为 1m³、2m³、3m³、5m³、10m³ 以内。

工程内容：制安拆模板，浇筑及养护混凝土。

b. 水上安装，区分每根梁重，以 10 件计。

每根梁重分为 3t、5t、8t、12t、25t 以内。

工程内容：脱模、堆放、运移、安装。

c. 陆上安装，区分每根梁重，以 10 件计。

每根梁重分为 3t、5t、8t、12t、25t 以内。

工程内容：脱模、堆放、运移、安装。

4）π 形梁、带靠船构件梁、靠船构件及箱型梁，分为预制、水上安装、陆上安装等 3 部分。

a. 预制，以 10m³ 计。

π 形梁的每件体积分为 1m³、2m³、3m³、5m³ 以内。

工程内容：制安拆模板，浇筑及养护混凝土。

b. 水上安装，以 10 件计。

π 形梁的每件重分为 3t、5t、8t、12t 以内。带靠船构件梁的每件重为 8t 以内。靠船构件的每件重为 3t 以内。箱型梁的每件重为 20t 以内。

工程内容：脱模、堆放、运移、安装。

c. 陆上安装，以 10 件计。

π 形梁的每件重分为 3t、5t、8t、12t 以内。带靠船构件梁的每件重为 8t 以内。靠船构件的每件重为 10t 以内。箱型梁的每件重为 25t 以内。

工程内容：脱模、堆放、运移、安装。

5）实心平板，分为预制、水上安装、陆上安装等 3 部分。

a. 预制，分为侧面不露筋、侧面露筋，区分每件体积，以 $10m^3$ 计。

每件体积分为 $1m^3$、$2m^3$、$3m^3$、$5m^3$、$10m^3$ 以内。

工程内容：制安拆模板，浇筑及养护混凝土。

b. 水上安装，分为侧面不露筋、侧面露筋，区分每块板重，以 10 件计。

每块板重分为 3t、5t、8t、12t、25t 以内。

工程内容：脱模、堆放、运移、安装。

c. 陆上安装，分为侧面不露筋、侧面露筋，区分每块板重，以 10 件计。

每块板重分为 3t、5t、8t、12t、25t 以内。

工程内容：脱模、堆放、运移、安装。

6）空心大板，分为预制、水上安装、陆上安装等 3 部分。

a. 预制，分为侧面不露筋、侧面露筋，区分每件体积，以 $10m^3$ 计。

每件体积分为 $1m^3$、$2m^3$、$3m^3$、$5m^3$、$10m^3$ 以内。

工程内容：制安拆模板，浇筑及养护混凝土。

b. 水上安装，分为侧面不露筋、侧面露筋，区分每块板重，以 10 件计。

每块板重分为 3t、5t、8t、12t、25t 以内。

工程内容：脱模、堆放、运移、安装。

c. 陆上安装，分为侧面不露筋、侧面露筋，区分每块板重，以 10 件计。

每块板重分为 3t、5t、8t、12t、25t 以内。

工程内容：脱模、堆放、运移、安装。

7）剪刀撑、十字撑、水平撑及框架，分为预制、水上安装、陆上安装等 3 部分。

a. 预制，以 $10m^3$ 计。

剪刀撑的每件体积分为 $2m^3$、$3m^3$、$5m^3$、$8m^3$ 以内。十字撑的每件体积分为 $1m^3$、$2m^3$ 以内。

工程内容：制安拆模板，浇筑及养护混凝土。

b. 水上安装，以 10 件计。

剪刀撑的每件重分为 5t、8t、12t、20t 以内。十字撑的每件重分为 3t、5t 以内。水平撑的每件重为 3t 以内。框架的每件重为 25t 以内。

工程内容：脱模、堆放、运移、安装。

c. 陆上安装，以 10 件计。

剪刀撑的每件重分为 5t、8t、12t、20t 以内。十字撑的每件重分为 3t、5t 以内。水平撑的每件重为 3t 以内。框架的每件重为 25t 以内。

工程内容：脱模、堆放、运移、安装。

8）实心方块、空心方块，分为预制、水上安装两部分。

a. 预制，以 $10m^3$ 计。

实心方块的每件体积分为 $3m^3$、$5m^3$、$10m^3$、$15m^3$、$20m^3$ 以内。空心方块的最薄壁厚分为 20cm、30cm、50cm 以内。

工程内容：制安拆模板，浇筑及养护混凝土。

b. 水上安装，区分每件重，以 10 件计。

实心方块的每件重分为 8t、12t、25t、40t、50t 以内。空心方块的每件重分为 10t、35t、50t 以内。

工程内容：脱模、堆放、运移、安装。

9）沉箱、空箱，分为预制、水上安装两部分。

a. 预制，区分每件体积，以 10m³ 计。

沉箱的每件体积分为 5m³、10m³、20m³、30m³ 以内。空箱的每件体积分为 1m³、3m³、10m³ 以内。

工程内容：制安拆模板，浇筑及养护混凝土。

b. 水上安装，区分每件重，以 10 件计。

沉箱的每件重分为 12t、25t、50t、75t 以内。空箱的每件重分为 3t、8t、25t 以内。

工程内容：脱模、堆放、运移、安装。

10）扶壁，分为预制、水上安装两部分。

a. 预制，区分高度（3m、5m 以内），以 10m³ 计。

工程内容：制安拆模板，浇筑及养护混凝土。

b. 水上安装，区分每件重（8t、10t 以内），以 10 件计。

工程内容：脱模、堆放、运移、安装。

11）沉井，区分形状（方形、圆形），以 10m³ 计。

沉井下沉见基础工程（定额第二章）中相关定额。

工程内容：制安拆模板，浇筑及养护混凝土。

12）柱、门架、管沟、踏步及锚碇板，分为预制、安装两部分。

a. 预制，以 10m³ 计。

柱分为方形、圆形。管沟最薄壁厚分为 15cm、30cm 以内。

踏步安装套用砌筑工程（定额第一章第七节）的有关定额。

工程内容：制安拆模板，浇筑及养护混凝土。

b. 安装，以 10 件计。

柱分为方形、圆形。

工程内容：脱模、堆放、运移、安装。

13）系船环块体、盖板、人行道板、栏杆及其他，分为预制、安装两部分。

a. 预制，以 10m³ 计。

工程内容：制安拆模板，浇筑及养护混凝土。

b. 安装，以 100 块计。

路面块、路边石安装定额适用于 50 块内/m³ 的块体安装。

工程内容：脱模、堆放、运移、安装。

14）预制软体排块，分混凝土压排块、混凝土联锁块两部分。

a. 混凝土压排块，区分外形（矩形块、六角块）、预制工艺（振动平台、砌块机），以 10m³ 计。

（a）振动平台工艺。

制作压排矩形块时，定额增加土工布系结条 1500m。预埋土工系结条，按每块 2 根考虑。设计为 1 根系结条,其消耗按 50％计列。

定额以预制块每立方米 69 块为准。规格发生变化,单块混凝土量增减 10％以内,定额消耗不作调整;增减超过 10％:每减少 10％,混凝土振动台台班和人工工日消耗增加 12％;每增加 10％,混凝土振动台台班和人工工日消耗减少 8％。

(b)砌块机工艺。

定额以预制块每立方米 96 块为准。如果规格发生变化,单块混凝土量增减 10％以内,定额消耗不作调整。增减超过 10％:每减少 10％,砌块机台班和人工工日消耗增加 12％;每增加 10％,混凝土砌块机台班和人工工日消耗减少 8％。

工程内容:安拆模具,浇筑及养护混凝土。

b. 混凝土联锁块,以 10m³ 计。

定额以预制块规格 0.4m×0.4m×0.12m,单块体积 0.0192m³ 为准,如果规格不同,尼龙绳可按实际用量调整(尼龙绳消耗量系数为 1.05)。

工程内容:制安拆模板,浇筑及养护混凝土。

15)预制安装混凝土块体,分为预制、安装两部分。

a. 预制,区分外形(矩形、异形)和每件体积,以 10m³ 计。

每件体积分为 0.2m³、0.4m³、0.6m³、0.8m³ 以内。

异性构件定额适用于扭王字块、扭工字块以及相类似的构件。

工程内容:制安拆模板,浇筑及养护混凝土。

b. 安装,区分(陆上安装、水上安装)和每件重量,以 10 件计。

每件重量分为 0.5t、1.0t、1.5t、2.0t 以内。

运距超过 1km,每超 1km 按附表另计工程量。

工程内容:脱模、堆放、运移、安装。

16)透水框架预制,以 10m³ 计。

本定额以透水框架每边截面 0.1m×0.1m、长度 0.7m 为准。

工程内容:材料场内运输,混凝土搅拌、入模、成型、养护、堆放。

17)透水框架抛投与摆放,分为水上抛投、滩面摆放,以 100 件计。

水上抛投,运距按 3km 以内考虑,每增运距 1km 另计工程量。

滩面摆放,区分水-陆转运、陆上运输。运距按 1km 以内考虑,每增运距 1km 另计工程量。

本定额以透水框架每边截面 0.1m×0.1m、长度 0.7m 为准,使用中规格发生变化时,定额数量不得调整。

水上抛投定额中集成抛投架一次抛投量按 16 个考虑。

水-陆转运中,预制场至码头陆上运距按 500m 取定,定额使用中不得调整。

工程内容:①水上抛投,包括装船、水上运输、抛投架抛投;②滩面摆放,水运转运,包括场内装运、装船、水上运输、卸船、装车、陆上运输、摆放;陆上运输,包括装车、运输、卸车、摆放。

3. 预制构件钢筋加工

(1) 节分部分项定额条目说明。

1) 非预应力构件，区分构件种类，以 1t 钢筋计。

如构件设计有吊环，钢筋消耗量增加 0.5%。

工程内容：钢筋加工，焊接，绑扎，入模。

2) 预应力构件，区分构件种类、钢筋种类（预应力钢筋、非预应力钢筋），以 1t 钢筋计。

构件种类分为方桩、板桩、叠合梁，梁与板。

如构件设计有吊环，预应力及非预应力钢筋消耗量分别增加 0.5%。

工程内容：①预应力钢筋，包括钢筋加工，焊接，绑扎、入模，张拉、切割；②非预应力钢筋，包括钢筋加工、焊接、绑扎、入模。

(五) 现浇混凝土及钢筋混凝土工程

1. 章定额说明

(1) 本章现浇混凝土及钢筋混凝土工程分为三节，第一节为通航建筑物水工工程，第二节为挡泄水建筑物水工工程，第三节为港口水工工程。主要包括现浇混凝土及钢筋混凝土，以及钢筋加工共 183 项定额。适用于内河航运工程现浇混凝土及钢筋混凝土工程。

(2) 本章定额项目可互为补充使用；通航建筑物水工工程和港口水工工程的二期混凝土的消耗已综合在定额内，挡泄水建筑物水工工程中的二期混凝土应另行计算。

(3) 本章定额以自拌混凝土为准制定，工程内容主要包括模板制拼及安拆、混凝土制备及场内运输、混凝土浇筑及养护以及材料的场内运输，筛砂洗石和抹面、凿毛等；除另有规定，使用中一般不应调整。

(4) 定额使用及有关计算，应符合以下规定。

1) 本章的混凝土浇筑定额中，其模板结构和混凝土的浇筑工艺经综合选型确定，一般情况下，使用时不应调整。

2) 本章定额均不包括脚手架的搭设，需要时应执行脚手架工程（定额第七章）有关定额。

3) 架空模板底支撑（支架）未包括在定额内。需要时应按施工条件或组织设计另行计算。

4) 采用块（片）石混凝土时，应在定额基础上对材料进行以下调整：①混凝土用量减少量为 $A \times 1.01 \text{m}^3$ [块（片）石掺量为 $A\%$]；②增加块（片）石材料用量为 $A \times 1.61 \text{m}^3$。

5) 当采用商品混凝土时（前方浇筑系统不变），基价定额直接费按自拌混凝土计算，市场价定额直接费应在预制定额基础上进行以下调整：①人工用量减少量按混凝土搅拌站台班消耗量 $\times 2$ 计算；②取消混凝土搅拌站、轮胎式装载机、筛洗石子机台班消耗量；③混凝土材料按商品混凝土单价计算。

6) 当混凝土采用输送泵运输时，应按下列规定调整：①在定额基础上按表 6.2 - 19 规则进行调整；②按附表规定增列泵送混凝土人工及机械用量。

**表 6.2－19**　　　　　　　　　　　采 用 输 送 泵 调 整 表

| 定额特征 | 调 整 项 目 | 规　　则 |
|---|---|---|
| 45m³ 搅拌站 | 人工用量减少量 | 按搅拌站台班量×4 |
| | 30t 门座式起重机 | 取消 |
| | 8t 自卸汽车或 6m³ 混凝土搅拌输送车 | 取消 |
| 25m³ 搅拌站 | 人工用量减少量 | 按搅拌站台班量×2 |
| | 15t 履带式起重机台班减少量 | 按搅拌站台班量×1 |
| | 1t 机动翻斗车台班减少量 | 按搅拌站台班量×2 |

7）本章钢筋加工定额已综合考虑了一般构件现场钢筋焊接，使用时不得增列。但接缝部位等需要在现场焊接钢筋时，应按接头钢筋焊接定额计算。

8）编制概算预算时，应按设计图纸确定每 10m³ 混凝土的钢筋含量，条件不具备时可参考定额所附的钢筋含量参考表。

（5）工程量的计算，应符合以下规定。

1）混凝土及钢筋混凝土的工程量应根据设计图纸、浇筑部位及混凝土强度、抗冻、抗渗等级以体积计算。

2）混凝土工程量不应扣除钢筋、铁件、螺栓孔、三角条等所占体积和单孔面积在 0.2m² 以内的孔洞所占体积。

3）陆上现浇混凝土基础工程量计算应符合下列规定：①独立基础根据断面型式以体积计算；②带型基础根据断面型式以体积计算，其中有肋带型基础的肋高与肋宽比在 4：1 以内时按有肋带型基础计算，超过 4：1 时底部按板式基础计算，底板以上部分的肋按墙计算；③无梁式满堂基础的扩大脚或锥形柱墩并入满堂基础内计算工程量，箱式满堂基础按无梁式满堂基础、柱、梁、板等项目分别计算工程量；④除块型以外其他类型的设备基础分别按基础、梁、柱、墙等项目计算。

4）陆上现浇混凝土柱工程量计算应符合下列规定：①柱高自柱基上表面算至顶板或梁的下表面，有柱帽时柱高自柱基上表面算至柱帽的下表面；②牛腿并入柱身体积计算。

5）陆上现浇混凝土梁工程量计算应符合下列规定：①基础梁按全长计算体积；②主梁按全长计算，次梁算至主梁侧面；③梁的悬臂部分并入梁内一起计算；④梁与混凝土墙或支撑交接时，梁长算至墙体或支撑侧面；⑤梁与主柱交接时，柱高算至梁底面，梁按全长计算；⑥梁板结构的梁高算至面板下表面。

6）陆上现浇混凝土板工程量计算应符合下列规定：①有梁板按梁板体积之和计算；②无梁板按板和柱帽体积之和计算；③平板按板混凝土实体体积计算；④伸入支撑内的板头并入板体积内计算。

7）陆上现浇混凝土墙工程量计算应符合下列规定：①墙体的高度由基础顶面算至顶板或梁的下表面，墙垛及突出部分并入墙体积内计算；②墙体按不同形状、厚度分别计算体积。

8）预制梁、板、柱的接头和接缝的现浇混凝土工程量应单独计算。

9）陆上现浇混凝土廊道、坑道、沟涵、管沟工程量，应将底板、墙体、顶板合并整体计算。

10）陆上现浇混凝土池工程量计算应符合下列规定：①池底板、池壁、顶板分别计算；②池底板的坡度缓于 1：1.7 按平面底板计算，陡于 1：1.7 的按锥形底板计算；③池壁高度从底板上表面算至顶板下表面，带溢流槽的池壁将溢流槽并入池壁体积计算。

11）通航建筑物及挡泄水建筑物混凝土工程量计算应符合下列规定。

a. 闸首混凝土工程量计算应满足下列要求：①以闸首底板与边墩的施工缝为界划分边墩与底板，分别计算工程量；②带输水廊道的实体边墩以廊道顶标高以上 1.5m 为界，带输水廊道的空箱边墩以廊道顶板顶高程为界，分别计算工程量；③闸首的门槛、检修平台、消力槛等并入底板计算，帷幕墙单独计算；④边墩顶部的悬壁板、胸墙、挡浪墙、磨耗层、踏步梯等工程量单独计算。

b. 闸室混凝土工程量计算应满足下列要求：①分离式以底板与闸墙竖向分缝处为界，整体式以底板与闸墙连接处底板顶高程为界划分闸墙与底板；②墙体顶部的靠系船设施、廊道以及墙体上的阶梯可并入墙体计算。

c. 平底板工程量应包括齿槛体积；空箱底板应包括隔墙、分流墩、消力梁及面板，孔洞体积应扣除；反拱底板的拱部结构应按反拱底板计算，拱上结构应按梁计算。

d. 闸墙和系船墩上的系船环、系船钩等孔洞体积不应扣除。

e. 边墩、闸墙与其他混凝土构件交接时除另有说明外，其他混凝土构件均应计算至边墩和闸墙外表面。

f. 消力槛、消力齿、消力墩、消力梁、消力格栅等工程量，应分别计算；消力池如直接设置在底板上，可并入底板计算工程量。

g. 二期混凝土工程量应单独计算。

h. 升船机基础工程量应按轨道梁、连系梁、滑轮井、绳槽、车挡、托辊墩等分别计算。

i. 泄水闸底板、闸墩、溢流坝、溢流面、厂房等工程量应分别计算。

12）其他现浇混凝土工程量计算应符合下列规定：①胸墙、导梁及帽梁的工程量，不扣除沉降缝、锚杆、预埋件、桩头嵌入部分的体积；②挡土墙、防浪（汛）墙的工程量，不扣除各种分缝体积；③堆场地坪、道路面层，按不同厚度分别计算，不扣除各种分缝体积。

13）碾压混凝土工程量应按设计图纸以体积计算。

14）回填混凝土工程量应按设计图纸或实际测量尺寸以体积计算。

15）水上现浇混凝土构件工程量应区分不同形状按设计图纸以体积计算。

16）水上现浇混凝土桩帽、帽梁、导梁工程量，不应扣除桩头嵌入部分的体积。

17）水上现浇混凝土桩基式墩台、墩帽、台身、支座工程量，不应扣除桩头嵌入墩帽的体积。

18）水上现浇混凝土码头面层、磨耗层工程量不应扣除分缝体积。

19）水上现浇预制构件接缝、节点、堵孔工程量，应按不同接缝种类以体积计算。

20）水下现浇混凝土工程量应按设计图纸要求以体积计算。

21）钢筋工程量应按设计图纸量与进入混凝土体积中的架立钢筋用量之和以重量计

算。定额中包括对焊、切割损耗，如需搭接焊、帮条焊、搭接绑扎时，其搭接部分钢筋亦应计入钢筋工程量中。

2. 通航建筑物水工工程

(1) 节分部分项定额条目说明。

1) 底板，分为船闸闸首与闸室底板、其他底板，以 $10m^3$ 计。

船闸闸首、闸室底板，分为平底板、空箱底板、反拱底板、双铰底板、消能底板、廊道底板。平底板，按板厚分为 1m、2m、4m 以内。

其他底板，按体积分为 $20m^3$、$40m^3$ 以内。

其他底板中混凝土方量超过 $40m^3$ 时，套用平地板相应定额。

工程内容：组拼、安拆模板，浇筑及养护混凝土。

2) 纵横格梁、垫层、护坦、护坡，以 $10m^3$ 计。

工程内容：组拼、安拆模板，浇筑及养护混凝土。

3) 闸首边墩、门库，以 $10m^3$ 计。

闸首边墩，分为中部结构和上部结构（实体、空箱）。横拉门门库，分为底板、墙和顶板。

工程内容：组拼、安拆模板，浇筑及养护混凝土。

4) 墙体，以 $10m^3$ 计。

按结构形式，分为重力式、坞式（带廊道、不带廊道）、扶壁式、悬臂式、空箱式。

工程内容：组拼、安拆模板，浇筑及养护混凝土。

5) 廊道、消能设施、挡浪板，以 $10m^3$ 计。

廊道分为闸首和闸室。消能设施分为消能室和消力池。挡浪板为板式。

工程内容：组拼、安拆模板，浇筑及养护混凝土。

6) 船闸其他结构，分为浮式系船槽、门槽、爬梯槽、渡槽（梁板、墙）、墙衬砌、竖井衬砌，以 $10m^3$ 计。

工程内容：组拼、安拆模板，浇筑及养护混凝土。

7) 升船机水工工程，分为轨道梁（上行段、过渡段）、联系梁、滑轮井、绳槽、车挡、托辊墩，以 $10m^3$ 计。

工程内容：组拼、安拆模板，浇筑及养护混凝土。

3. 挡泄水建筑物水工工程

(1) 节分部分项定额条目说明。

1) 底板，区分底板厚度（1m、2m、4m 以内），以 $10m^3$ 计。

本定额适用于水闸底板、垫层、铺盖、阻滑板、护坦、消力池、明渠、抽水蓄能库底板。

工程内容：仓面冲（凿）毛、冲洗、清仓、验收，模板安拆，浇筑及养护混凝土。

2) 重力式坝体，区分高度，以 $10m^3$ 计。

高度分为 2m、4m、6m、8m、10m、15m、20m、30m 以内。

本定额适用于重力坝、拱形重力坝。

工程内容：仓面冲（凿）毛、冲洗、清仓、验收，模板安拆，浇筑及养护混凝土。

3）墙，区分墙厚（0.5m、1.0m、1.5m、2.0m以内），以10m³计。

本定额适用于坝体内截水墙、齿墙、心墙、斜墙、挡土墙、导水墙、防浪墙、扶壁墙等。

墙厚大于2m时，套用重力墩定额。

工程内容：仓面冲（凿）毛、冲洗、清仓、验收，模板安拆，浇筑及养护混凝土。

4）重力墩，分为整墩和半墩，区分墩厚，以10m³计。

整墩墩厚分4m、7m、10m以内。半墩墩厚分2.5m、3.5m、4.5m、5.5m以内。

本定额适用于水闸闸墩及溢洪道闸墩。

工程内容：仓面冲（凿）毛、冲洗、清仓、验收，模板安拆，浇筑及养护混凝土。

5）消能结构，分底流、跌流、挑流，以10m³计。

本定额适用于挡水建筑物下游消能结构。

底流：利用水跃消除从泄水建筑物贴底泄出的急流余能，将急流转变为缓流与下游水流相衔接的消能方式。

跌流：在泄水建筑物出流处设置跌坎或小挑坎，将泄出的急流挑向下游水流的上层，并在底部形成漩滚的消能方式。

挑流：在泄水建筑物出流处设置挑流鼻坎，将泄出的急流挑向空中，形成掺气射流落入下游水垫的消能方式。

工程内容：仓面冲洗、模板安拆、浇筑及养护混凝土。

6）溢流堰，以10m³计。

工程内容：仓面冲洗、模板安拆、浇筑及养护混凝土。

7）溢流面，以10m³计。

工程内容：仓面冲洗、模板安拆、浇筑及养护混凝土。

8）回填混凝土，区分露天回填、填腹，以10m³计。

本定额适用于露天回填：露天各部位回填混凝土。

填腹：箱形拱填腹及一般填腹。

工程内容：安拆模板，浇筑及养护混凝土。

9）二期混凝土，以10m³计。

本定额适用于闸门槽等。

工程内容：仓面清洗、凿毛、钢筋维护、模板安拆、浇筑及养护混凝土。

10）碾压混凝土，区分施工工艺（RCC、RCD）、仓面面积，以10m³计。

仓面面积分为≤3000m²、3000~6000m²、>6000m²。

本定额适用于各类坝型及围堰等。

RCC工法：①本定额是碾压混凝土与变态混凝土的综合定额；②变态混凝土，在碾压混凝土摊铺层表面泼洒水泥浆，使碾压混凝土变成具有坍落度的常态混凝土，用插入式振捣器使之密实；③变态混凝土中所掺水泥浆与全部碾压混凝土的体积比由设计确定，但人工、机械定额不得调整；④碾压混凝土围堰可采用本定额，人工、机械定额乘以0.9系数。

RCD工法：①本定额是碾压混凝土与上、下游起模板作用的常态混凝土的综合定额；

②混凝土材料中碾压混凝土与上、下游起模板作用的常态混凝土的比例由设计确定，但人工、机械定额不得调整；③碾压混凝土围堰可采用本定额，人工、机械定额乘以 0.9 系数。

工程内容：冲毛、冲洗、清仓、铺水泥砂浆，平仓、碾压、切缝、养护等。

4. 港口水工工程

(1) 节分部分项定额条目说明。

1) 矩形梁、出沿梁，区分梁高（0.5m、1.0m、2.0m 以内），以 10m³ 计。

矩形梁分为有底模、无底模。

工程内容：组拼、安拆模板，浇筑及养护混凝土。

2) T 形梁、⊥形梁、其他梁，以 10m³ 计。

T 形梁按梁高分为 1m、2m 以内。⊥形梁分为有底模、无底模，有底模⊥形梁按梁高分为 1m、1.5m、2m 以内。其他梁分为牛腿形梁、箱形梁、L 形梁。

工程内容：组拼、安拆模板，浇筑及养护混凝土。

3) 平板，区分有（无）底模、板厚，以 10m³ 计。

有底模平板的板厚分为 0.2m、0.5m、0.8m 以内。无底模平板的板厚分为 0.2m、0.4m、0.6m 以内。

码头面板亦执行本定额。

工程内容：组拼、安拆模板，浇筑及养护混凝土。

4) 立板和异形板，以 10m³ 计。

立板按板厚分为 0.25m、0.5m、1m 以内。异形板分为锚碇板和漏斗板。

工程内容：组拼、安拆模板，浇筑及养护混凝土。

5) 梁板、框架、板块，分为 π 形梁板、卸荷梁板（有底模、无底模）、肋形梁板、框架、板块（30m³、60m³ 以内），以 10m³ 计。

底板、卸荷板等套用板块定额。

工程内容：组拼、安拆模板，浇筑及养护混凝土。

6) 柱，分为矩形柱、圆形柱，以 10m³ 计。

矩形柱按断面周长分为 1.8m、2.4m、3.6m 以内。圆形柱按直径分为 0.8m、1.2m 以内。

柱净高超过 5m 时，定额中的人工乘以 1.05 系数。

工程内容：组拼、安拆模板，浇筑及养护混凝土。

7) 胸墙、帽梁，分为矩（梯）形胸墙（有管沟、无管沟）、L 形胸墙（有管沟、无管沟）、挡土墙（防汛墙、锚碇墙）、帽梁，以 10m³ 计。

挡土墙（防汛墙、锚碇墙），按平均厚度分为 0.6m、1.0m、1.5m 以内。

工程内容：组拼、安拆模板，浇筑及养护混凝土。

8) 系（靠）船墩、桥墩、撑墩，以 10m³ 计。

系（靠）船墩分为实心、空心，实心的按体积分为 30m³、60m³、100m³、150m³ 以内，空心的按壁厚分为 0.8m、1.2m 以内。引桥桥墩分为实心、空心。

工程内容：组拼、安拆模板，浇筑及养护混凝土。

9) 承台，分为实体承台、空箱承台，区分有底模、无底模，以 10m³ 计。

工程内容：组拼、安拆模板，浇筑及养护混凝土。

10）管沟、输煤廊道，以 $10m^3$ 计。

管沟，分为有顶板、无顶板。有顶板的按壁厚分为 0.25m、0.5m 以内；无顶板的按壁厚分为 0.15m、0.3m 以内。输煤廊道分为落地、架空。

工程内容：组拼、安拆模板，浇筑及养护混凝土。

11）基础，分为杯形基础、条形基础、独立基础（墩、柱、其他），以 $10m^3$ 计。

独立基础中的"其他"项目适用于吊机基础、卷扬机基础以及一些其他独立基础。

工程内容：组拼、安拆模板，浇筑及养护混凝土。

12）桩帽、系船块体、地牛、垫层、磨耗层，以 $10m^3$ 计。

桩帽分为方桩桩帽、管桩桩帽，各又分为单桩、双桩。

工程内容：组拼、安拆模板，浇筑及养护混凝土。

13）护轮坎、阶梯、节点、接缝，以 $10m^3$ 计。

节点分为框架、其他。接缝分为板（有底模、无底模）、梁两种。

工程内容：组拼、安拆模板，浇筑及养护混凝土。

14）堆场道路刚性面层，区分厚度（15cm、25cm、35cm、45cm 以内），以 $10m^3$ 计。

工程内容：组拼、安拆模板，浇筑及养护混凝土，抹面。

15）其他，分为吊机支架、漏斗支架、盖顶（墩、墙）、秤槽、吊机座，以 $10m^3$ 计。

工程内容：组拼、安拆模板，浇筑及养护混凝土。

16）现浇混凝土钢筋加工，区分施工工艺、构件种类，以 1t 钢筋计。

施工工艺分为陆上运输安装、水上运输安装。

工程内容：钢筋配制、运输、加工，骨架入模、绑扎、焊接。

17）接头钢筋焊接，区分钢筋规格，以 10m 单面焊缝计。

钢筋规格（Φ：mm）分为 12、16、20、22、25、28。

工程内容：现场焊接。

（2）节附录（混凝土温控费用计算参考）说明。

1）大体积混凝土浇筑后水泥产生水化热，温度迅速上升，且幅度较大，自然散热极其缓慢。为了防止混凝土出现裂缝，混凝土坝体内的最高温度必须严格加以控制，方法之一是限制混凝土搅拌机的出机口温度。在气温较高季节，混凝土在自然条件下的出机口温度往往超过施工技术规范规定的限度，此时，就必须采取人工降温措施，例如采用冷水喷淋预冷骨料或一次、二次风冷骨料，加片冰和（或）加冷水拌制混凝土等方法来降低混凝土的出机口温度。控制混凝土最高温升的方法之二是，在坝体混凝土内预埋冷却水管，进行一、二期通水冷却。一期（混凝土浇筑后不久）通低温水以削减混凝土浇筑初期产生的水泥水化热温升。二期通水冷却，主要是为了满足水工建筑物接缝灌浆的要求。

以上这些温控措施，应根据不同工程的特点、不同地区的气温条件、不同结构物不同部位的温控要求等综合因素确定。

2）根据不同标号混凝土的材料配合比和相关材料的温度，可计算出混凝土的出机口温度，见文献［2］附录附表 1-1。出机口混凝土温度一般由施工组织设计确定。若混凝土的出机口温度已确定，则可按文献［2］附录附表 1-1 公式计算确定应预冷的材料温度，进而确定各项温控措施。

3）综合各项温控措施的分项单价，可按文献［2］附录附表1-2计算出每1m³混凝土的温控综合价（直接费）。

4）各分项温控措施的单价计算列于文献［2］附录附表1-3～附表1-7，坝体混凝土降温通水冷却单价计算列于文献［2］附录附表1-8。

（六）整治建筑工程

1. 章定额说明

（1）本章整治建筑工程分为三节，第一节为炸礁工程，第二节为筑坝工程，第三节为护岸工程，共352项定额，适用于内河航道整治工程。

（2）本章未包括的定额项目，可执行其他各章的有关定额及规定。

（3）筑坝和护岸工程定额中材料装运卸的工艺划分应符合以下规定。

1）水上铁驳运输和铁驳抛填，指施工单位使用本单位铁驳，并负责装船、运输、抛填（卸船堆放）工作，材料单价应以计算到装船码头的材料堆场为准。

2）民船装运，指材料发包给其他运输单位负责装船和承运至施工水面，施工单位负责抛填（卸船堆放）工作，材料单价应包括装船及运至施工水面的费用。

3）民船装运抛（卸），指材料发包给其他运输单位负责装船、运输和抛填（卸船堆放），施工单位只需派人指挥抛填（卸船堆放）和进行水下检查工作，材料单价应包括装船、运输和抛填（卸船堆放）的费用。

4）陆上直接来料铺筑，指供应商供应砂石料，并负责装车运至施工作业现场直接卸抛，施工单位负责就近推运、成型、平整。现场材料价应包括装、运、卸（抛）的费用。

5）水-陆转运，指施工单位使用自有或外租运输设备，负责装船、水上运输、卸船装车、陆上运输、卸车堆放工作；或负责装车、陆上运输、卸车装船、水上运输、卸船堆放工作。

（4）定额中材料消耗包括定额工作范围内的运输损耗、操作损耗、孔隙率改变损耗以及水上抛填时的流失损耗。

2. 炸礁工程

（1）节定额说明。

1）本节炸礁工程分爆破（炸礁）工程和清礁工程，均以自然方（系指爆破前的状态）为单位。

2）炸礁定额的岩石级别按Ⅴ～Ⅶ级、Ⅷ～Ⅹ级、Ⅺ～Ⅻ级综合为3类。岩石级别的划分应符合土石方工程（定额第一章）说明中的岩石分级表规定。

3）陆上炸岩、水下炸礁的划分以最低通航水位以上1m为界限。分界线以上为陆上；分界线以下为水下。

4）定额使用及有关计算，应符合以下规定。

a. 定额中的平均爆破层厚度系指被炸层的平均净厚，其中不包括计算工程量的超深部分。爆破层平均厚度按下式计算：

$$爆破层平均厚度 = (炸礁工程量 - 超深、超宽工程量) \div 施炸面积 \qquad (6.2-6)$$

b. 定额中爆破使用的炸药以爆力为320mL，猛度为12mm的2号岩石硝铵炸药为准，使用其他炸药时，可按规定的公式和附表调整炸药消耗量。

c. 当采用液压挖掘机清碴自卸汽车运输工艺时，执行土石方章相应"液压挖掘机装石碴、自卸汽车运输"定额，在其基础上人工、机械乘以 1.10 系数；当采用装载机清碴自卸汽车运输工艺时，执行土石方章相应"装载机装石碴、自卸汽车运输"定额，在其基础上人工、机械乘以 1.10 系数。

d. 抓斗挖泥船水下清碴施工平均挖深按下式计算，施工水位应根据施工组织设计和施工期多年平均水位确定。

$$平均挖深＝施工水位－设计底标高＋超深－1/2 平均爆破层厚度 \qquad (6.2-7)$$

e. 抓、铲斗挖泥船在不同流速条件下的配套船机应符合表 6.2-20 规定。

**表 6.2-20　　　　　　　　　炸礁及清渣工程船舶配套表**

| 斗容 /m³ | 施工区最大流速 | | | | | | | | | | | |
|---|---|---|---|---|---|---|---|---|---|---|---|---|
| | 1.5m/s 以内 | | | | 1.5～2.5m/s | | | | 2.5m/s 以上 | | | |
| | 拖轮 | 泥驳 | 机动艇 | 起锚艇 | 拖轮 | 泥驳 | 机动艇 | 起锚艇 | 拖轮 | 泥驳 | 机动艇 | 起锚艇 |
| 0.25 | 96 | 20 | 18 | 18 | 118 | 20 | 59 | 18 | 176 | 20 | 44 | 29 |
| 0.5 | 118 | 40 | 29 | 18 | 176 | 40 | 44 | 29 | 198 | 40 | 59 | 29 |
| 1.0 | 198 | 60 | 59 | 18 | 221 | 60 | 59 | 29 | 294 | 60 | 88 | 59 |
| 2.0 | 294 | 60 | 59 | 18 | 441 | 90 | 88 | 29 | 662 | 90 | 88 | 59 |

铲斗挖泥船

| 斗容 /m³ | 施工区最大流速 | | | | | | | | | | | |
|---|---|---|---|---|---|---|---|---|---|---|---|---|
| | 1.5m/s 以内 | | | | 1.5～2.5m/s | | | | 2.5m/s 以上 | | | |
| | 拖轮 | 泥驳 | 机动艇 | 起锚艇 | 拖轮 | 泥驳 | 机动艇 | 起锚艇 | 拖轮 | 泥驳 | 机动艇 | 起锚艇 |
| 1.0 | 198 | 60 | 59 | 18 | 221 | 60 | 59 | 18 | 294 | 60 | 88 | 59 |
| 2.0 | 294 | 90 | 59 | 18 | 441 | 90 | 88 | 29 | 662 | 90 | 88 | 59 |
| 4.0 | 441 | 120 | 88 | 18 | 662 | 120 | 88 | 59 | 720 | 120 | 175 | 59 |

抓斗挖泥船

注　表中拖轮、机动艇、起锚艇规格单位为 kW，泥驳规格单位为 m³。

f. 斗容 2m³ 以下挖泥船清碴爆破层厚度小于 0.3m 或斗容 2m³ 以上挖泥船清碴爆破层厚度小于 0.6m 时，可在定额正表基础上乘以 1.10 系数。

g. 水下清碴定额的施工条件以施工水域最大流速 1.5～2.5m/s 为准，流速每增减 0.5m/s，定额数量按增减 10% 调整。

h. 挖强风化岩定额中的强风化岩具有以下特征：岩石结构大部分已破坏、矿物成分显著变化，风化裂隙很发育，岩体破碎用镐可挖，干钻不易钻进等。

5) 炸礁及清碴工程量按设计断面净尺寸加超深、超宽量计算，超深超宽值应按表 6.2-21 确定。

**表 6.2-21　　　　　　　　　炸礁及清渣超深、超宽值参考表**

| 爆破分类 | 陆上爆破 | 水下钻孔爆破 | 水下裸露爆破 |
|---|---|---|---|
| 超深/m | 0.20 | 0.40 | 0.50 |
| 每边超宽/m | — | 1.00 | 2.00 |

（2）节分部分项定额条目说明。

1）陆上爆破岩石，区分施工工艺（风钻钻孔、潜孔钻机钻孔）、岩石级别（Ⅴ～Ⅶ、Ⅷ～Ⅹ、Ⅺ～Ⅻ），以100m³计。

工程内容：①风钻钻孔，包括布孔、钻孔、装药、堵孔、接线、起爆；②潜孔钻机钻孔，包括布孔、平整场地、清理孔位、钻孔、装药、堵孔、接线、起爆。

2）陆上风钻钻孔爆破解方，区分岩石级别（Ⅴ～Ⅶ、Ⅷ～Ⅹ、Ⅺ～Ⅻ），以100m³计。

工程内容：布孔、钻孔、装药、堵孔、接线、起爆。

3）水下炸礁工程，分为风钻钻孔、潜孔钻机钻孔（100型）、潜孔钻机钻孔（150型）等3种。

a. 风钻钻孔，区分岩石级别（Ⅴ～Ⅶ、Ⅷ～Ⅹ、Ⅺ～Ⅻ），以100m³计。

工程内容：移船定位，钻孔、装药，接线、移船、起爆，清底、扫床测深。

b. 潜孔钻机钻孔（100型），区分岩石级别（Ⅴ～Ⅶ、Ⅷ～Ⅹ、Ⅺ～Ⅻ）、平均爆破层厚度，以100m³计。

平均爆破层厚度分为0.5m、1.5m、3.0m、4.5m以内。

平均水深大于（或小于）2.0m，每增减1m，人工、船机定额数量增减10%；材料消耗定额数量按附表增减。

施工区最大流速超过1.5m/s，每超0.5m/s，人工、船机定额数量增加10%。

平均水深＝施工水位－炸礁区平均底标高－1/2炸礁区平均爆破层厚度。

工程内容：测量设标，加工药卷，移船定位，钻孔、装药，接线、移船、起爆，清底、扫床测深。

c. 潜孔钻机钻孔（150型），区分岩石级别（Ⅴ～Ⅶ、Ⅷ～Ⅹ、Ⅺ～Ⅻ）、平均爆破层厚度，以100m³计。

平均爆破层厚度分为0.5m、1.5m、3.0m、4.5m以内。

平均水深大于（或小于）7.5m，每增减1m，人工、船机定额数量增减3.0%；材料消耗定额数量按附表增减。

施工区最大流速大于2.5m/s或小于1.5m/s，每增加或减少0.5m/s，人工、船机定额数量增加10%。

本定额以两台潜孔钻机为准，适用于航道等级5级以上。

平均水深＝施工水位－炸礁区平均底标高－1/2炸礁区平均爆破层厚度。

工程内容：测量设标，加工药卷，移船定位，钻孔、装药，接线、移船、起爆，清底、扫床测深。

4）水下裸露爆破，分抛掷式、翻板式、安放式、杆插式、跨河缆吊放式等5种。

a. 抛掷式，区分岩石级别（Ⅴ～Ⅶ、Ⅷ～Ⅹ、Ⅺ～Ⅻ），以100m³计。

工程内容：加工药包，移船定位、吊放投药包、连接药包、投药、移投药船、起爆，扫床测深。

b. 翻板式，区分岩石级别（Ⅴ～Ⅶ、Ⅷ～Ⅹ、Ⅺ～Ⅻ），以100m³计。

工程内容：加工药包，移船定位、吊放投药包、连接药包、投药、移投药船、起爆，扫床测深。

　　c. 安放式，区分岩石级别（Ⅴ～Ⅶ、Ⅷ～Ⅹ、Ⅺ～Ⅻ），以 100m³ 计。

　　工程内容：加工药包，移船定位、潜水下安放药包、移船、起爆，扫床测深。

　　d. 杆插式，区分岩石级别（Ⅴ～Ⅶ、Ⅷ～Ⅹ、Ⅺ～Ⅻ），以 100m³ 计。

　　工程内容：加工药包，移船定位、杆插药包、移船、起爆，扫床测深。

　　e. 跨河缆吊放式，区分岩石级别（Ⅴ～Ⅶ、Ⅷ～Ⅹ、Ⅺ～Ⅻ），以 100m³ 计。

　　工程内容：加工药包，安设过河钢缆、吊放药包、通电起爆，扫床测深。

　　5）松动爆破，区分陆上、水下，以 100m³ 计。

　　工程内容：①水下松动爆破，包括加工药包、移船定位、连接药包、投药、移投药船、起爆，测深；②陆上松动爆破，包括材料水上运输，加工药包，挖清药坑，装药、接线、爆破。

　　6）人工挑（抬）陆上清礁，区分陆上运输、水上运输，以 100m³ 计。

　　陆上运输按运距 50m 以内考虑，每增 20m 另计工程量。水上运输按运距 1km 以内考虑，每增 1km 另计工程量。

　　工程内容：撬移、解小、装卸、挑（抬）运、空回，平场地。

　　7）人工挑（抬）水下清礁，区分陆上运输、水上运输，以 100m³ 计。

　　陆上运输按运距 50m 以内考虑，每增 20m 另计工程量。水上运输按运距 1km 以内考虑，每增 1km 另计工程量。

　　工程内容：撬移，装卸、挑（抬）运、空回，清底。

　　8）人工配合汽车清礁，以 100m³ 计。

　　按运距 1km 以内考虑，每增 1km 另计工程量。

　　工程内容：人工挑抬装车、汽车运输，卸除、空回。

　　9）陆上挖掘机配泥驳清礁，区分挖掘机斗容（1m³、1.6m³、2m³ 以内）、泥（石）驳仓容量（90m³、120m³、280m³），以 100m³ 计。

　　基本运距按 3km 以内考虑，每增加 1km 另计工程量。

　　工程内容：挖掘机挖装、船舶运输，卸除、空回。

　　10）陆上挖掘机配方驳清礁，区分挖掘机斗容（1m³、1.6m³ 以内）、方驳载重量（200t、300t、400t），以 100m³ 计。

　　基本运距按 3km 以内考虑，每增 1km 另计工程量。

　　工程内容：挖掘机挖装、卸礁，船舶运输，空回。

　　11）铲斗挖泥船清礁，区分挖泥船斗容（0.25m³、0.5m³、1m³、2.0m³），以 100m³ 计。

　　基本运距按 3km 以内考虑，每增 1km 另计工程量。

　　定额流速条件为 1.5～2.5m/s。流速不同时，每增减 0.5m/s 定额量增减 10%；同时按本节定额说明中相关附表调整船舶规格。

　　工程内容：移船定位，测量水深，挖、装、运、卸，空回。

　　12）抓斗挖泥船清礁，区分挖泥船斗容（1m³、2m³、4m³），以 100m³ 计。

　　基本运距按 3km 以内考虑，每增 1km 另计工程量。

定额流速条件为 1.5～2.5m/s。流速不同时，每增减 0.5m/s 定额量增减 10%；同时按本节定额说明中相关附表调整船舶规格。

工程内容：移船定位，测量水深，挖、装、运、卸，空回。

13) 钢耙船清礁，区分钢耙船主机功率（176kW、221kW、279kW 以内），以 100m³ 计。

工程内容：移船定位，测量水深，下耙、耙礁、起耙、返回。

14) 横耙船清渣，区分横耙船吨级（50t、60t、100t 以内），以 100m³ 计。

耙距按 50m 以内考虑，每增 20m 另计工程量。

工程内容：移船定位，测量水深，下耙、绞耙、起耙、返回。

3. 筑坝工程

(1) 节定额说明。

1) 人力筑坝定额中已按直接抛填（水方）和搭跳抛填（抬方）的一定比例综合考虑，使用时不应进行调整。

2) 混凝土预制及现浇工程，应按混凝土及钢筋混凝土预制安装工程（定额第三章）、现浇混凝土及钢筋混凝土工程（定额第四章）有关定额及规定执行。

3) 工程量的计算，应符合以下规定：①筑坝工程量应按设计断面量与坝体的沉降量之和以体积计算；②混凝土预制及现浇工程工程量的计算应按混凝土及钢筋混凝土预制安装工程（定额第三章）、现浇混凝土及钢筋混凝土工程（定额第四章）的相关规定执行。

(2) 节分部分项定额条目说明。

1) 人力抛筑坝，分为铁驳抛填、民船装运和民船装、运、抛 3 种施工工艺，以 100m³ 抛筑体积计。

铁驳抛填，基本运距按 1km 以内考虑，每增 1km 另计工程量。

民船装运，分为水上抛运、陆上抬筑。陆上抬筑，基本运距按 50m 以内考虑，每增 20m 另计工程量。

本定额以抛筑顺坝为准。抛筑丁坝时，块（片）石，定额量调整为 114m³；抛筑锁坝时，块（片）石，定额量调整为 118m³。

工程内容：装船，拖运，测量，放样，移船定位，抛石（抬石）。

2) 机械抛筑坝，水上铁驳运输，以 100m³ 抛筑体积计。

基本运距按 5km 以内考虑，每增 1km 另计工程量。

本定额流速条件为 1.5～2.5m/s。流速不同时，每增减 0.5m/s 人工、船舶定额量增减 10%。

本定额以抛筑顺坝为准。抛筑丁坝、锁坝时 15t 履带式起重机进行以下调整：丁坝，增加 0.02 台班；锁坝，增加 0.03 台班。

工程内容：推土机推石料、挖掘机装网兜、捡石，大块石吊机直接装船；拖运，测量、放样，移船定位，抛石、平整。

3) 人力抛筑潜坝，分为铁驳抛填、民船装运和民船装、运、抛 3 种施工工艺，以 100m³ 抛筑体积计。

铁驳抛填，基本运距按 1km 以内考虑，每增 1km 另计工程量。

工程内容：装船、拖运、测量、放样、移船定位、抛石。

4）机械抛筑潜坝，水上铁驳运输，以 100m³ 抛筑体积计。

基本运距按 5km 以内考虑，每增 1km 另计工程量。

定额流速条件为 1.5～2.5m/s。流速不同时，每增减 0.5m/s 人工，船舶定额量增减 10%。

工程内容：推土机推石料、挖掘机装网兜、捡石，大块石吊机直接装船；拖运、测量、放样、移船定位、抛石、平整。

5）陆上直接来料铺筑坝体，区分液压单斗挖掘机斗容（1m³、1.6m³ 以内），以 100m³ 抛筑体积计。

块石料价如在其他工序已计取，则此处块石不计价。

工程内容：挖掘机（推土机）挖（推）运、挖铺、填实、坝面人力修整。

6）平整坝面，以 100m² 计。

工程内容：测量、坝面（坡）整平。

7）土工织物袋充填砂筑坝，分为专用作业船船上充填、方驳船上充填、陆上充填等 3 种。

a. 专用作业船船上充填，区分充填袋规格，以 100m³ 抛筑体积计。

充填袋规格区分袋长、直径；袋长分为 3m、5m、8m；直径分为 $\phi$1.0m、$\phi$1.2m、$\phi$1.5m。

取砂运距为 1km，每超 1km，295kW 拖轮和 120m³ 泥驳定额数量增加 0.095 艘班。

砂可以根据设计调整。

若充填砂为船舶运输至现场，则人工消耗量乘以 0.77；取消定位船；120m³ 泥驳消耗量乘以 0.392；$\phi$100mm 砂泵消耗量乘以 0.45。

工程内容：充填袋场内运输，测量放线，移船定位，取、运砂、充填、砂袋封口，抛筑。

b. 方驳船上充填，区分充填袋规格，以 100m³ 抛筑体积计。

充填袋规格区分袋长、直径；袋长分为 3m、5m、8m；直径分为 $\phi$1.0m、$\phi$1.2m、$\phi$1.5m。

本定额以就地取砂为准。

砂可以根据设计调整。

工程内容：充填袋场内运输、测量放线、移船定位、充填砂袋、封口、抛筑。

c. 陆上充填，区分充填袋规格，以 100m³ 抛筑体积计。

充填袋规格区分袋长、直径；袋长分为 3m、5m、8m；直径分为 $\phi$1.0m、$\phi$1.2m、$\phi$1.5m。

本定额以就地取砂为准。

砂可以根据设计调整。

如为浅水充填，人工乘以 1.10 系数，船机乘以 1.25 系数。浅水充填系指筑坝水域水深≤1.0m。

工程内容：充填袋场内运输、测量放线、移船定位、充填、砂袋封口、抛筑。

8）坝面砌筑，分为铁驳运输、民船装运和民船装、运、卸 3 种施工工艺，区分干砌、浆砌，以 100m³ 砌筑体积计。

铁驳运输，基本运距按 1km 以内考虑，每增 1km 另计工程量。

民船装运，分为水上抛卸、陆上抬筑。陆上抬筑，基本运距按 50m 以内考虑，每增 20m 另计工程量。

工程内容：装船、拖运、测量、放样、卸石（抬石）、找平、安砌、拌和砂浆、勾缝。

9）浆砌混凝土块坝面，铁驳运输，以 10m³ 砌筑体积计。

基本运距按 1km 内考虑，每增 1km 另计工程量。

本定额为人力双轮车装卸船工艺。

临时预制场至临时码头运距为 50m，每超 20m，人工定额数量增加 0.51 工日。

混凝土块预制堆放套用混凝土及钢筋混凝土构件预制安装工程（定额第三章）相应定额。

工程内容：预制混凝土块装船、运输、卸船，砂浆拌和，砌筑、勾缝。

10）尼龙网兜抛石，以 100m³ 计。

工程内容：网兜石灌装、场内运输，装船、运输，网兜石组合、安放，检查。

4. 护岸工程

（1）节定额说明。

1）本节中抛填定额均已考虑了搭跳因素，使用中不应进行调整。

2）护岸结构工程量应按设计断面计算。

（2）节分部分项定额条目说明。

1）水上抛铺倒滤层，分为铁驳抛填、民船装运和民船装、运、卸 3 种施工工艺，区分材料种类〔碎（卵）石、粗砂〕，以 100m³ 抛填体积计。

铁驳抛填，基本运距按 1km 内考虑，每增 1km 另计工程量。

工程内容：装船，拖运，抛铺，平整。

2）陆上抛铺倒滤层，分为人力挑抬、双轮车运输，区分材料种类〔碎（卵）石、粗砂〕，以 100m³ 抛填体积计。

人力挑抬，运距按 50m 以内考虑，每增运 20m 另计工程量。

双轮车运输，运距按 100m 以内考虑，每增运 50m 另计工程量。

工程内容：装车、运输、铺设、平整。

3）铺设土工布、柴排倒滤层，分为土工布、柴排两部分。

a. 土工布，区分单层幅宽（4m、6m、8m 以内），以 1000m² 铺设面积计。

土工布每增加 1 层人工定额数量增加 55%，机织土工布用量为定额数量乘以 2。

定额中土工布规格按每幅搭接 0.5m 考虑；土工布施工消耗系数为 1.03。如与实际不符，应按设计要求调整土工布搭接量。

工程内容：加工、运输、铺设。

b. 柴排，厚度 0.5m，以 100m² 铺设面积计。

柳柴捆规格以直径 35cm、有效长度 2.0cm 为准。

工程内容：加工、运输、铺设。

4）水上护坡（脚）抛石，分为铁驳抛填、民船装运和民船装、运、抛3种施工工艺，以100m³抛筑体积计。

铁驳抛填，基本运距按1km以内考虑，每增运1km另计工程量。

工程内容：装船、运输、抛筑、理坡。

5）陆上护坡（脚）抛石，分为人力挑抬、双轮车运输，以100m³抛筑体积计。

人力挑抬，运距按50m以内考虑，每增运20m另计工程量。

双轮车运输，运距按100m以内考虑，每增运50m另计工程量。

工程内容：装车、运输、抛筑、理坡。

6）干砌脚槽，分为水上、陆上运输两类，以100m³砌筑体积计。

水上运输，分为铁驳运输，民船装运和民船装、运、卸。铁驳运输，基本运距按1km以内考虑，每增运1km另计工程量。

陆上运输，分为人力挑抬、双轮车运输。人力挑抬，运距按50m以内考虑，每增运20m另计工程量。双轮车运输，运距按100m以内考虑，每增运50m另计工程量。

工程内容：装船（车）、运输、选修石、砌筑。

7）浆砌脚槽，分为块（片）石（水上、陆上运输）、大卵石施工工艺，以100m³砌筑体积计。

水上运输，分为铁驳运输、民船装运和民船装、运、卸。铁驳运输，基本运距按1km以内考虑，每增运1km另计工程量。

陆上运输，分为人力挑抬、双轮车运输。人力挑抬，运距按50m以内考虑，每增运20m另计工程量。双轮车运输，运距按100m以内考虑，每增运50m另计工程量。

工程内容：装船（车）、运输、选修石、拌浆、砌筑、勾缝。

8）干砌块石护坡，区分施工工艺（平砌、曲砌）、运输方式（水上、陆上运输），以100m³砌筑体积计。

水上运输，分为铁驳运输、民船装运和民船装、运、卸。铁驳运输，基本运距按1km以内考虑，每增运1km另计工程量。

陆上运输，分为人力挑抬、双轮车运输。人力挑抬，运距按50m以内考虑，每增运20m另计工程量。双轮车运输，运距按100m以内考虑，每增运50m另计工程量。

工程内容：装船（车），运输、卸石，选修石、砌筑。

9）干砌粗料石护坡，区分施工工艺（平砌、曲砌）、运输方式（水上、陆上运输），以100m³砌筑体积计。

水上运输，分为铁驳运输、民船装运和民船装、运、卸。铁驳运输，基本运距按1km以内考虑，每增运1km另计工程量。

陆上运输，分为人力挑抬、双轮车运输。人力挑抬，运距按50m以内考虑，每增运20m另计工程量。双轮车运输，运距按100m以内考虑，每增运50m另计工程量。

工程内容：装船（车），运输、卸石，选修石、砌筑。

10）浆砌块石护坡，区分施工工艺（平砌、曲砌）、运输方式（水上、陆上运输），以100m³砌筑体积计。

水上运输，分为铁驳运输、民船装运和民船装、运、卸。铁驳运输，基本运距按

1km 以内考虑，每增运 1km 另计工程量。

陆上运输，分为人力挑抬、双轮车运输。人力挑抬，运距按 50m 以内考虑，每增运 20m 另计工程量。双轮车运输，运距按 100m 以内考虑，每增运 50m 另计工程量。

工程内容：装船（车），运输、卸石，选修石、拌浆、砌筑、勾缝。

11）浆砌粗料石、卵石护坡，区分施工工艺（平砌、曲砌）、粗料石护坡区分运输方式（水上、陆上运输），以 100m³ 砌筑体积计。

水上运输，分为铁驳运输、民船装运和民船装、运、卸。铁驳运输，基本运距按 1km 以内考虑，每增运 1km 另计工程量。

陆上运输，分为人力挑抬、双轮车运输。人力挑抬，运距按 50m 以内考虑，每增运 20m 另计工程量；双轮车运输，运距按 100m 以内考虑，每增运 50m 另计工程量。

工程内容：①粗料石，包括装船（车），运输、卸石，选修石、拌浆、砌筑、勾缝；②大卵石，包括装（车）船，运输、卸石，拌浆、砌筑、勾缝。

12）砌筑混凝土块护面（坡），分为六角块、矩形块，区分运输方式（水上、陆上运输）、砌筑工艺（干砌、浆砌），以 100m³ 砌筑体积计。

水上运输，铁驳运输按 1km 内考虑，每增运 1km 另计工程量。

陆上运输，汽车装运卸按 1km 内考虑，每增运 1km 另计工程量。

混凝土矩形块预制套用混凝土及钢筋混凝土构件预制安装工程（定额第三章）相应定额；六角块按矩形块预制定额乘以 1.10 系数。

工程内容：预制块装运卸，拌浆、铺设（砌筑）、填（勾）缝。

13）安放竹笼块石护坡脚，区分水深（1m 内、1m 外）、运输方式（水上、陆上运输），以 100m³ 石笼体积计。

水上运输，分为铁驳运输、民船装运和民船装、运、卸。铁驳运输，基本运距按 1km 以内考虑，每增运 1km 另计工程量。

陆上运输，分为人力挑抬、双轮车运输。人力挑抬，运距按 50m 以内考虑，每增运 20m 另计工程量。双轮车运输，运距按 100m 以内考虑，每增运 50m 另计工程量。

工程内容：装船（车），运输、卸石，编笼、充填、封口、安放。

14）安放陆上铁丝笼护坡（坝头），分为圆形、方形，区分运输方式（水上、陆上运输），以 100m³ 石笼体积计。

水上运输，分为铁驳运输、民船装运和民船装、运、卸。铁驳运输，基本运距按 1km 以内考虑，每增运 1km 另计工程量。

陆上运输，分为人力挑抬、双轮车运输。人力挑抬，运距按 50m 以内考虑，每增运 20m 另计工程量。双轮车运输，运距按 100m 以内考虑，每增运 50m 另计工程量。

圆形，本定额以圆形铁丝笼直径 0.95m、高 2.00m，并按顶及底盖直径增加 5cm、笼身高增加 5cm 另计绞边及封口增加面积，铁丝笼块石充填系数为 0.8 为准，当规格发生变化时，铁丝网消耗量可按设计要求据实调整。

方形，本定额以矩形铁丝笼 6.0m（长）×2.00m（宽）×0.17m（厚）、绞边及封口增加面积按笼体表面的 5%，长度方向间隔 2m 设一道铁丝网隔板（2.0m×0.17m），铁丝笼块石充填系数为 0.9 为准，当规格发生变化时，铁丝网消耗量可按设计要求据实调整。

本定额适用于水深 1.0m 以内。

工程内容：装船（车），运输、卸石，制笼、安放、填石、封口。

15）安放水下铁丝笼护坡（坝头），分为圆形、方形两部分。

工程内容：装船（车），运输、卸石，制笼、安放、填石、封口。

a. 圆形，区分运输方式（水上、陆上运输），以 100m³ 石笼体积计。

水上运输，分为铁驳运输、民船装运和民船装、运、卸。铁驳运输，基本运距按 1km 以内考虑，每增运 1km 另计工程量。

陆上运输，分为人力挑抬、双轮车运输。人力挑抬，运距按 50m 以内考虑，每增运 20m 另计工程量。双轮车运输，运距按 100m 以内考虑，每增运 50m 另计工程量。

本定额以圆形铁丝笼直径 0.95m、高 2.00m，并按顶及底盖直径增加 5cm、笼身高增加 5cm 另计绞边及封口增加面积，铁丝笼块石充填系数为 0.8 为准，当规格发生变化时，铁丝网消耗量可按设计要求据实调整。

本定额以水深 1.0～1.8m 为准。水深大于 1.8m，30t 铁驳、29kW 机动艇换为 200t 方驳、88kW 机动艇，相应的定额数量乘以 0.40。

b. 方形，区分运输方式（水上、陆上运输），以 100m³ 石笼体积计。

水上运输，分为铁驳运输、民船装运和民船装、运、卸。铁驳运输，基本运距按 1km 以内考虑，每增运 1km 另计工程量。

陆上运输，分为人力挑抬、双轮车运输。人力挑抬，运距按 50m 以内考虑，每增运 20m 另计工程量。双轮车运输，运距按 100m 以内考虑，每增运 50m 另计工程量。

本定额以矩形铁丝笼 6.0m（长）×2.00m（宽）×0.17m（厚）、绞边及封口增加面积按笼体表面的 5% 计长度方向间隔 2m 设一道铁丝网隔板（2.0m×0.17m），铁丝笼块石充填系数为 0.9 为准，当规格发生变化时，铁丝网消耗量可按设计要求据实调整。

本定额以水深 1.0～1.8m 为准。水深大于 1.8m，30t 铁驳、29kW 机动艇换为 200t 方驳、88kW 机艇，相应的定额数量乘以 0.30。

16）植被、草皮护坡，分为植被、草皮两部分。

本定额中的乔木、灌木均按裸根栽植制定。

工程内容：挖坑、运苗、栽植、点播、场地清理、培育等。

a. 植被，分为栽植乔木（胸径 5cm、10cm 以内）、灌木（株高 1.5m 以内），以 100 株计。

b. 草皮，分为播种草籽、铺植草皮（铺植面 20%、50%），以 1000m² 护坡计。

17）砂垫排护底，分为浅水、船上，以 100m² 护底面积计。

浅水适用于施工期水深≤1.0m。

本定额以就地取砂为准，异地取砂按充填砂用量套用疏浚工程相关定额子目。

土工布及土工带用量可根据设计要求规格进行调整。

工程内容：①缝编、加工，运输排体、充填、封口、沉放；②定位、移船。

18）水上散抛压载块石护底，分为方驳运输和民船装、运、抛，以 100m³ 抛填体积计。

方驳运输，基本运距按 1km 以内考虑，每增运 1km 另计工程量。

工程内容：块石装船、运输、抛填、水下检查。

19）盲沟，区分断面尺寸，以 10m 计。

断面尺寸分为 30cm×40cm、40cm×60cm、60cm×80cm。

工程内容：沟槽开挖、修整，50m 以内运土、土工布加工、铺设，碎石料铺填、平整。

20）沥青、碎石灌缝，以 1m³ 计。

本定额适用于混凝土块软体排上的混凝土块体间沥青碎石填缝。

本定额以块间缝深 80mm、缝宽 50mm，碎石填充厚度 70mm、沥青浇灌厚度 10mm 为准；当规格不同时，沥青消耗量可按设计要求据实调整。

工程内容：碎石填充，沥青熬制、浇灌。

（七）辅助工程

1. 章定额说明

（1）本章包括系船柱安装、轨道安装、小型金属结构制作和安装、护舷安装、止水、伸缩缝、桥梁支座等辅助工程共 141 项定额。适用于内河航运工程中上述各类工程计价。

（2）定额的使用及有关计算，应符合下列规定。

1）定额中所列的型钢、钢板、钢管、铁（锚）链以及螺栓、铁件等如与设计不符时，应根据设计图纸的净用量乘以消耗量系数换算，消耗量系数可按以下参数选用：①型钢、钢板、钢管、铁（锚）链按相应定额的规定数值；②螺栓及铁件为 1.01。

2）定额中的电焊条、氧气、乙炔气、红丹粉、调和漆等施工用料按一般正常情况拟定，一般情况下，使用时不应进行调整。

（3）有关工程量的计算，应符合以下规定。

1）金属结构制作工程量应按设计图纸以重量计算。

2）钢材重量应按设计图纸计算，不应扣除切肢、断边及孔眼的重量。多边形或不规则形钢板应按外接矩形计算。

3）钢轨、系船柱、橡胶护舷等各种成品件及金属构件的安装工程量按设计图纸及相应的计量单位分别计算。

4）其他项目工程量的计算，应符合相应定额的规定。

2. 分部分项定额条目说明

（1）陆上安装系船柱，区分系船能力，以 10 个计。

系船能力分为 30kN、50kN、100kN、150kN、200kN、250kN、350kN、450kN。

定额中的安装用铁件，系指安装锚固件时需用的角钢支撑或角钢支架，编制概算时可直接使用，编制预算时，应根据施工组织设计调整用量。

工程内容：运输、安装、浇筑混凝土、除锈刷油。

（2）浮式系船柱（环）、系船环、系船钩制作安装，以 1t 计。

工程内容：制作、除锈、刷漆、安装。

（3）轨道安装，分为在轨道梁上安装、在轨枕上安装两部分。

1）在轨道梁上安装，分为硫黄砂浆锚固螺栓、U 型螺栓固定、P18（陆上、水下）、P24（陆上、水下）、P38（水下）、P42（水下），以 100 延米单轨计。

硫黄砂浆锚固螺栓，钢轨分为 70 型扣板式（P38、P43、P50）、一般压板式（P38、P43、QU80、QU100）。U 型螺栓固定，钢轨分为一般压板式（P38、P43、QU120）。

如为升船机轨道安装、人工加乘 1.5 系数。

水下安装适用于水深≤1.0m。

工程内容：油漆、安装、校正轨道。

2）在轨枕上安装，分为硫黄砂浆锚固螺栓、U 型螺栓固定，以 100 延米单轨计。

硫黄砂浆锚固螺栓，钢轨分为 70 型扣板式（P38、P43、P50、QU80）、一般压板式（P38、P43、QU100）。U 型螺栓固定，钢轨分为一般压板式（P38、P43、QU120）。

本定额不含轨枕本体。

工程内容：场内运输、安放轨枕，油漆、安装、校正轨道。

3）在轨枕上安装，区分钢轨类型、施工工艺。钢轨类型分为 70 型扣板式、一般压板式。

70 型扣板式，适用于硫黄砂浆锚固螺栓，钢轨分为 P38、P43、P50、QU80。

一般压板式，分为硫黄砂浆锚固螺栓（P38、P43、QU100）、U 型螺栓固定（P38、P43、QU120）。

本定额不含轨枕本体。

工程内容：场内运输、安放轨枕，油漆、安装、校正轨道。

（4）扶梯、栏杆、拦污栅、钢盖板制作安装，以 1t 计。

扶梯分为铁链式、型钢式。栏杆分为钢管式、型钢式、铁链式。

工程内容：制作、除锈、刷漆、安装。

（5）铸铁水尺、铸铁排水管、测压管，以 10m 计。

工程内容：制作、除锈、刷漆、安装。

（6）预埋铁件、螺栓，以 1t 计。

预埋铁件不分形状、重量和钢材类型；螺栓不分大小、重量和形状；均执行本定额。

工程内容：制作、安装、除锈、刷漆。

（7）照明灯架制作安装，分为型钢式、钢管式，以 1t 计。

工程内容：制作、安装、刷漆。

（8）小车轨道制作、安装，以 1t 计。

工程内容：钢材加工、焊接、安装、油漆。

（9）车挡制作安装，分为型钢车挡、钢轨车挡，以 1t 计。

工程内容：制作、安装。

（10）钢桩尖制作、安装，以 1t 计。

工程内容：制作，下料、切割、焊接、成品堆放，安装。

（11）钢栈（引）桥（钢撑杆）制作，区分 1 榀栈（引）桥自重，以 1t 计。

1 榀栈（引）桥自重分为 5t、10t、20t、40t 以内。

工程内容：场内材料运输，材料整形、放样、下料，制作平台修整、本体制作，有关附件安装。

(12) 钢引桥、钢撑杆安装，区分 1 榀重量，以 1 榀计。

钢引桥，1 榀重量分为 10t、20t、40t 以内。钢撑杆，1 榀重量为 5t 以内。

工程内容：装船、1km 内运输、安装、校正。

(13) 安装 D 型、V 型橡胶护舷，区分护舷规格尺寸，以 10 个计。

D 型橡胶护舷（$H \times L$）分为 100mm×1000mm、200mm×1000mm、300mm×1000mm、300mm×1500mm、500mm×1500mm。

V 型橡胶护舷（$H \times L$）分为 300mm×1000mm、300mm×1500mm、600mm×1000mm、600mm×1500mm、600mm×2000mm。

工程内容：运输、安装。

(14) 安装筒形橡胶护舷，区分护舷规格尺寸，以 10 个计。

筒形橡胶护舷（外径×$L$）分为 300mm×500mm、400mm×1000mm、400mm×2000mm、600mm×1000mm、600mm×2000mm。

工程内容：安装、刷油。

(15) 钢、木护舷制作、安装，分为钢护舷（固定式）、木护舷（固定式、浮式），以 1t 计。

浮式木护舷分为 30cm×30cm×1500cm、60cm×60cm×1800cm。

工程内容：制作、预埋铁件、油漆、安装。

(16) 伸缩缝，分为油毛毡夹沥青、沥青芦席、沥青木板，一层芦席、水柏油木板、沥青麻丝、沥青砂。

油毛毡夹沥青，分为二毡一油、三毡二油、四毡三油，以 100m² 计。油毛毡夹沥青，涂沥青厚度为 1mm，油毛毡每层厚度按 1mm 计算，如厚度与定额数值不符时，可按下述规定增加：油毛毡每增加一层定额中增加油毛毡 102m²；沥青厚度每增加 1mm，定额中增加沥青 118kg；人工不变。

沥青芦席，厚度分为 2cm、2.5cm，以 100m² 计。

沥青木板，一层芦席、水柏油木板，以 100m² 计。

沥青麻丝，分为立面、平面，以 100m 计。

沥青砂，以 100m 计。

工程内容：材料场内运输，制作杉木板，裁剪油毛毡或芦席，浸柏油，溶涂沥青，清理缝面，安装、粘贴。

(17) 橡胶支座安装，分为橡胶支座、四氟板式橡胶组合支座，以 1dm³ 计。

工程内容：材料场内运输，预埋钢板、钢筋，焊接，支座安装。

(18) 盆式橡胶支座安装，区分支座反力，以 1 套钢盆式橡胶支座计。

支座反力分为 3000kN、4000kN、5000kN、7000kN、10000kN。

工程内容：材料场内运输，砂浆拌和、抹平，支座安装。

(19) 止水，分为止水片止水，沥青铁片、沥青油毛毡卷、灌填沥青止水，沉降缝封口、塑料止水带、环氧树脂贴橡皮止水，沥青砂柱止水等 4 部分。

1) 止水片止水，分为紫铜片、镀铜铁片、沥青铜片、沥青铝片，以 100 延米计。

紫铜片、镀铜铁片，宽度按 20cm 考虑，每增 10cm 另计工程量。沥青铜片，分为电焊、气焊。

如采用镀锌铁片止水，则套用镀铜铁片止水定额，并将镀铜铁片改为镀锌铁片，其他不变。

工程内容：止水片剪切、弯制，安装、焊接，溶涂沥青。

2）沥青铁片、沥青油毛毡卷、灌填沥青止水，沥青铁片，分为电焊、气焊、锡焊，以 100 延米计；直径 10cm 沥青油毛毡卷，以 100 延米计；灌填沥青，分为水平止水槽、垂直止水槽，以 1m³ 计。

工程内容：止水片剪切、弯制、安装、焊接、溶涂沥青。

3）沉降缝封口、塑料止水带、环氧树脂贴橡皮止水，沉降缝封口，分为油膏、柏油木条，以 100 延米计；塑料止水带、橡胶止水带，以 100 延米计；环氧树脂贴橡皮止水（贴橡皮），以 100 延米计；环氧树脂贴橡皮止水（粉环氧砂浆），以 1m³ 计。

工程内容：油膏及柏油木条封口，止水带安装。

4）沥青砂柱止水，区分重量配合比、直径，以 100 延米计。

重量配合比（沥青：砂）分为 1：2、2：1。直径分为 10cm、20cm、30cm 以内。

工程内容：烤砂、拌和、安装。

（20）防水层，分为抹防水砂浆（立面、平面、拱面）、涂沥青（一遍）（立面、平（拱）面）、青麻沥青、麻布沥青（一层麻布、二层沥青和二层麻布、三层沥青），以 100m² 计。

砌体倾斜与水平面的交角≤30°，用平面定额；夹角＞30°，用立面定额。

工程内容：①抹防水砂浆，包括清洗、拌和、抹面；②涂沥青，包括清洗、熔化、浇涂、搭拆跳板；③青麻沥青，包括清洗、浸刷塞缝，浇涂沥青；④麻布沥青，包括清洗、熔化、裁铺麻布、浇涂、搭拆跳板。

（21）混凝土观测井、混凝土排水管安装，混凝土观测井，以 10m³ 计；混凝土排水管，区分管口直径（40cm、60cm、80cm），以 10m 计。

工程内容：①混凝土观测井，包括安装、材料场内运输；②混凝土排水管，包括铺设管道、检查校正、接口抹砂浆、养护、试水。

（22）石刻水尺、搪瓷水尺、塑料排水管、轨道槽填沥青砂，石刻水尺、搪瓷水尺、塑料排水管以 10 延米计；轨道槽填沥青砂以 1m³ 计。

工程内容：①石刻水尺、搪瓷水尺，包括制作、刷漆、材料场内运输；②塑料排水管，包括排水管截料、埋设；③轨道槽填沥青砂，配制沥青砂、灌注、拍实。

（八）脚手架工程

1．章定额说明

（1）本章包括钢管脚手架、简易竹脚手架、满堂脚手架、斜道钢管脚手架和综合脚手架定额共 80 项定额。适用于内河航运工程中各类脚手架工程。

（2）编制概算预算时，一般应优先使用钢管脚手架。

（3）钢管脚手架定额中的钢管，除注明者外，其规格均为外径 51mm、壁厚 3mm 的普通钢管。

（4）定额使用及有关计算，应符合以下规定。

1）定额中的脚手架材料均为每使用一次的摊销量；以分母分子表示的，分母为备料量，分子为摊销量。

2）定额中的脚手架均以一次搭设到顶并在顶层满铺脚手板为准。如实际为分次升高搭设时（如一个6层高的脚手架分3次搭设到顶，且铺设了3层脚手板，即为增铺2层），则每增加铺拆一层脚手板，按附表增列人工用量及材料消耗量。

3）各项定额中的木脚手板以及满堂竹脚手架、简易竹脚手架中的毛竹，定额的摊销量是按15天使用期限计算；其他脚手架中毛竹的定额摊销量按2个月的使用期限计算。如实际使用期限不同时，可按表6.2-22的摊销率进行换算。

表6.2-22　　　　　　　　木脚手板、毛竹不同使用期限摊销率（％）

| 项目 | 使用期限（月以内） | | | | | | | |
|------|------|------|------|------|------|------|------|------|
| | 0.5 | 1 | 1.5 | 2 | 3 | 6 | 9 | 12 |
| 木脚手板 | 3.1 | 4.7 | 6.5 | 8.4 | 12.1 | 22.9 | 33.7 | 44.5 |
| 毛竹 | 5.0 | 9.0 | 13.0 | 16.9 | 24.8 | 48.6 | 72.2 | 96.0 |

注　1. 使用期限是指从搭设到拆除的时间。
　　2. 摊销率等于定额消耗量除以一次用量。

4）本定额中的脚手板均按木脚手板考虑，当使用其他脚手板（如竹脚手板）时，可根据实际情况进行调整。

（5）工程量的计算，应符合以下规定。

1）脚手架工程量应根据使用要求按相应定额单位计算。

2）安全网按挑出的水平投影面积计算。

2. 分部分项定额条目说明

（1）钢管脚手架，分为脚手架、挑出式安全网，以100m² 计。

脚手架（单排）的高度为15m以内；脚手架（双排）的高度分为15m、24m、30m、50m以内。

脚手架宽度为1.5m。

工程内容：①钢管脚手架，包括搭拆脚手架（挡脚板、护身栏杆等）、拆除后材料堆放及整理等；②安全网，包括支撑、挂网（翻网绳、阴阳角挂绳）、拆除等。

（2）简易竹脚手架，区分脚手架高度（2m、4m、6m、8m、10m、12m），以100延米计。

脚手架宽度为1.2m，用于砌石墙勾缝等简易脚手架。

工程内容：立杆绑扎、铺钉脚手板、完工拆除。

（3）满堂脚手架，分为满堂钢管脚手架、满堂竹脚手架，区分架高，以100m² 计。

架高分为3～18m以内，每增3m为一级。

面积在20m² 以内者，人工定额乘以1.25系数。

工程内容：①满堂钢管脚手架，包括立杆搭架、铺设脚手板、完工拆除；②满堂竹脚手架，包括立杆绑扎、铺钉脚手板、完工拆除。

（4）斜道钢管脚手架，区分高度/长度，以1座计。

高度/长度分为 1/3、1/8、2/6、2/16、3/9、3/24、4/12、4/32、5/15、5/40、6/48、8/64、10/80。

定额斜道宽度为3.0m。当斜道宽度为1.5m时，人工、钢管和扣件（包括底座）按对应定额乘以0.70系数，其他乘0.50系数。

工程内容：立杆搭架、铺设脚手板、完工拆除。

（5）综合定额，分为钢管脚手架、竹脚手架两大类，区分结构部位，以10m³混凝土（砌体）计。

结构部位分为底板，闸首边墩、横拉门门库，闸室墙、导航墙、翼墙、靠船墩。

工程内容：清整场地，搭拆脚手架及脚手板。

1）底板，分为平底板（板厚1m、2m、4m以内）、空箱底板、反拱底板、带廊道底板、纵横格梁。

反拱底板的混凝土工程量计算应包括拱部和拱上结构。

消能底板、双铰底板、其他底板、护坦按平底板计算。

2）闸首边墩、横拉门门库，分为上部结构（方形空箱、圆形空箱、实体）、中部结构、横拉门门库。

3）闸室墙、导航墙、翼墙、靠船墩，分为现浇混凝土和钢筋混凝土墙、浆砌重力式靠船墩、浆砌石墙。

现浇混凝土和钢筋混凝土墙，分为坞式（带廊道、不带廊道）、重力式、扶壁式、悬臂式、空箱式。浆砌石墙，分为重力式、衡重式、圆筒空箱。

连拱式闸墙按扶壁式闸墙计算。

（九）其他工程

1．章定额说明

（1）本章包括围堰、施工排水、临时道路、临时给水工程、拆除工程及道路工程等共113项定额。适用于内河航运工程的上述工程计价。

（2）定额中的材料以分数表示者，分母为备料量，分子为摊销量。

（3）临时钢轨轨道的铺设，指轨道的上部结构，包括直道、弯道、转辙器、护轨及道碴等。不包括路基、通信设施和各种标志等。在洞内铺设时，定额人工用量乘1.20系数。

（4）本章定额未包括基坑的一次性排水和维持性排水，其排水费用可按下述方法估算：

1）一次性排水工程可按以下方法估算：①根据基坑的存水量和渗透流量，以及设计要求的排水天数计算所需每小时排水量 $Q_1$；②水泵的小时总排水量 $Q$ 等于 $1.15Q_1$；③根据小时排水量 $Q$ 及实际所需的扬程确定水泵的数量和规格，如计算的水泵数量在5台以下时，应增加1台备用，据此，按每台水泵每天3个使用台班计算排水费。

2）维持性排水（基坑明沟排水）可按以下方法估算：①按基坑的渗透流量和施工期的降雨量（气象资料）计算所需的每小时排水量 $Q_2$；②水泵的小时总排水量 $Q$ 等于 $1.5Q_2$；③根据小时排水量 $Q$ 及实际所需的扬程确定水泵的数量和规格，（不宜选用排水量太大的水泵，每台水泵的排水量应小于或等于 $0.5Q_2$），据此，按施工排水期每台水泵每天 3 个使用台班计算排水费。

(5) 本章各类工程的工程量应根据设计和实际需要按相应定额规定计算。

2. 分部分项定额条目说明

(1) 土围堰，分为填筑（双轮车、推土机）、水上拆除（双轮车、挖掘机）、水下拆除、草袋土防冲护坡。填筑（双轮车、推土机）、水上拆除（双轮车、挖掘机）、水下拆除，以 $100m^3$ 堰体计；草袋土防冲护坡，以 $100m^2$ 计。

本定额中，人力双轮车填筑和拆除土围堰的运距为 200m，当实际运距不同时，每 $100m^3$ 堰体每增（减）20m 运距，填筑人工增（减）1.30 工日；水上拆除，人工增（减）1.20 工日；当运距小于 50m 时，按 50m 计。

草袋规格为 $60cm×80cm$。当采用不同材质的编织袋时可据实调整材料用量，其他不变。

当土为无价时，不计土费用，其他不变。

工程内容：①填筑，包括人力双轮车装运卸土、填筑、水上部分人力夯实，推土机推运土方、人力填筑、夯实；②水上拆除，包括人力挖土、人力双轮车挖运卸土，挖掘机挖装土、自卸汽车运卸土；③水下拆除，包括挖泥船移船定位、测水深、挖运卸泥；④草袋土防冲护坡，包括人工装土、封包，抬运、铺设。

(2) 草袋土围堰，分为填筑、拆除（水上、水下），以 $100m^3$ 堰体计。

当草袋土围堰有黏土心墙时，其黏土心墙部分套用土围堰的定额。草袋规格为 $60cm×80cm$。当采用不同材质的编织袋时可据实调整材料用量，其他不变。

当土为无价时，不计土费用，其他不变。

工程内容：①填筑，包括装土、封包，抬运、堆筑；②水上拆除，包括人力挖土、双轮车运、卸土；③水下拆除，挖泥船移船定位、测水深、挖运卸泥。

(3) 草土围堰，分为填筑、拆除（水上、水下），以 $100m^3$ 堰体计。

本定额不包括块石护围堰坡脚的工料消耗，实际发生时另行计算。

当土为无价时，不计土费用，其他不变。

工程内容：①填筑，包括草排加工泥棕法、草排法、散草法填筑；②水上拆除，包括人力挖土、双轮车运、卸土；③水下拆除，包括挖泥船移船定位、测水深、挖运卸泥。

(4) 土石混合围堰，分为填筑、拆除，以 $100m^3$ 堰体计。

草袋规格为 $60cm×80cm$；当土为无价时，不计土费用，其他不变。

工程内容：①填筑，包括人力装船、驳船运输、人力抛填堰体；②拆除，包括挖泥船移船定位、测水深、挖运卸泥。

(5) 竹笼围堰，分为填筑、拆除，各自又分为打桩、单排、双排等工艺，以 $100m^3$ 堰体计。

当土为无价时，不计土费用，其他不变。

工程内容：①填筑，打桩竹笼围堰，包括制打木桩、竹笼制作沉放、笼内抛填块石、抛填黏土心墙；②单、双排竹笼围堰，包括竹笼制作、笼内填充块石抛填、黏土抛填心墙；③拆除，起重船拔桩、挖泥船移船定位、测水深、挖运卸泥。

(6) 铁丝笼堵口，以 $100m^3$ 抛填体积计。

石笼断面直径 0.95m 为准，每增（减）0.1m"钢丝网片"用量减（增）8%。

工程内容：制笼，驳船运块石，笼内填石、封口、抛填。

（7）块石挑流坝，分为填筑、拆除，以 100m³ 坝体计。

本定额适用于临时工程中挑流坝的填筑和拆除。

工程内容：①填筑，包括人力装船、驳船运输、人力抛填；②拆除，包括挖泥船移船定位、测水深、挖运卸泥。

（8）木桩竹编墙双壁式围堰，分为填筑、拆除，区分围堰高度（3.5m、5.0m 以内），以 100m³ 堰体计。

草袋规格为 60cm×80cm。当土为无价时，不计土费用，其他不变。

工程内容：①填筑，包括制打木桩、编制安放竹笆、对拉钢筋、人力填筑围堰；②拆除，起重船拔桩、挖泥船移船定位、测水深、挖运卸泥。

（9）围堰塑料布防渗层，以 100m² 计。

定额中不包括压塑料布的草袋土工程量，应另计。

塑料布按一层计算，如采用其他防渗材料，应根据设计计算调整消耗量。

工程内容：平整场地、塑料布加工、铺设塑料布、接缝处理。

（10）轻型井点排水，分为安装及拆除、使用。安装及拆除，以 10 根井点管计；使用，以 1 套天计。

24h 为 1 天。每套轻型井点设备包括 50 根井管，相应的总管及抽水设备为 1 套。

工程内容：①安装及拆除，包括挖排水沟、打拔井点及观察井管、安拆总管及接头管；②使用，包括主机运转、观测。

（11）深井排水，分为安拆、使用。安拆，区分井深，以 1 座计；使用，以 1 组天计。

井深分为 15～40m 以内，每 5m 为一级。

本定额不适用于井深小于 10m 的深井排水。

预制混凝土管和无砂混凝土管的内径为 48cm，壁厚 6cm。

深井排水设备的使用：按设计的排水天数（24h 为 1 天）以每组天为单位（每组包括 10 根井管）计算，或按合同规定的台班数计算；定额内不含泵接出水管用量。

工程内容：①安装，包括钻孔、清孔，井管装配、地面试管、铺总管、埋设井管、填砂滤料、深井泵及排水管安装、封、连接、试抽、材料设备场内运输；②拆除，包括深井泵及排水管拆除、材料设备场内运输；③使用，包括管井系统及设备使用、机具设备运转中的维护与检修。

（12）临时汽车便道，分为路基、路面，以 100m 计。

路基，区分宽度（7m、4.5m）、地形特点（平原微丘区、山岭重丘区）。路面，适用于天然砂砾路面（压实厚度 15cm），区分路面宽（6m、3.5m）。

工程内容：①汽车便道，包括挖填土方、压实、做错车道、修整排水沟；②天然砂砾路面，包括铺料、培肩、碾压。

（13）修理便道，分为平整旧道、改善路面，以 100m² 计。

改善路面，分为改善黏土路面（砂砾、碎砾石、煤渣、砖瓦砾）、石路基。

工程内容：①平整旧道，包括修整填补原土路、作路拱、夯实、厚度 30cm 以内、挖排水沟；②改善路面，包括修整路面、铺填充料、整平、碾压、厚度 10cm。

（14）临时便桥，分为木便桥、贝雷架便桥，以 10m 计。

适用于陆上，临时便桥桥面净宽为 4m。

工程内容：制、打木桩、架设、拆除、拔桩、清理、堆放。

（15）临时蓄水池及水塔，蓄水池分为片石砌水池、砖砌水池，钢制水塔容量分为 5m³、10m³ 以内，均以 1 座计。

钻机打井抽水时，可套用深井排水定额。

定额中不包括给水管道及接头零件。

蓄水池按 10m×10m×1.2m，最大容量 100m³ 拟定。

工程内容：①蓄水池，包括挖土、整平、夯实基底，拌浆砌筑、抹浆回填；②钢质水塔，包括浇筑混凝土基础、搭立排架、水箱制安油漆、完工拆除及材料场内运输。

（16）临时木枕钢轨铺设拆除，区分轨距（610mm、1435mm），以 100m 双轨计。

610mm 轨距钢轨区分轨重（8kg/m、11kg/m）。1435mm 轨距钢轨的轨重为 43kg/m。

钢轨附件包括：鱼尾板、鱼尾螺栓、道钉、铁垫板和垫圈等。

道碴按无垫层计，如有垫层可另增加。

工程内容：平直与弯制钢轨、平整路基、铺碴钉轨、组合试运、完工拆除。

（17）临时道岔铺设拆除，轨距为 610mm，区分轨重（8kg/m、11kg/m），以 1 付计。

本定额以单侧道岔为准。

工程内容：平整路基、加工锯配钢轨、安装道岔和转辙器、（连接配件、钉轨填碴、检验校正）完工拆除。

（18）临时钢管管道直埋铺设拆除，区分内径（50mm、75mm、100mm），以 1000m 计。

本定额不含刷油和除锈，钢管为丝接连接。

工程内容：挖沟埋设钢管、附件制安、完工拆除。

（19）拆除工程，分为拆除块石、砌体，拆除混凝土两类。

1）拆除块石、砌体，分为人工清（拆）除（陆上块石、干砌块石、浆砌块石）、机械清除块石，以 100m³ 计。

机械清除块石，水上运距按 1km 以内考虑，水上每增运 1km 工程量另计。

工程内容：①人力拆除，包括拆、撬、凿除，50m 运弃；②机械清除，包括清除块石、挖运、堆放。

2）拆除混凝土，分为陆上人力凿除混凝土、陆上拆除（有筋、无筋）、水上拆除（有筋、无筋）、机械拆除混凝土、爆破拆除混凝土。陆上人力凿除混凝土、陆上拆除（有筋、无筋）、水上拆除（有筋、无筋），以 10m³ 计；机械拆除混凝土、爆破拆除混凝土，以 100m³ 计。

工程内容：①拆除，包括拆除、清理、50m 内运输、堆放；②凿除，包括凿除、堆放、清理；③机械拆除，包括破碎、撬移、解小、翻渣、清面；④爆破拆除，包括钻孔、爆破、撬移、解小、翻渣、清面。

（20）挖除旧路面，分为人工挖除、机械挖除，以 10m³ 计。

人工挖除，分为砂石路面及粒料类基层、各类稳定土基层、沥青面层、水泥混凝土

265

面层。

机械挖除，分为推土机（砂石路面及粒料类基层、各类稳定土基层）、挖掘机（砂石路面及粒料类基层、各类稳定土基层）、风镐（沥青面层、水泥混凝土面层）、破路机（水泥混凝土面层）。

废渣清除后，底层如需碾压，每 1000m² 可增加 15t 振动压路机 0.18 台班。

工程内容：人工挖撬或机械挖除，废料清运（50m 以内）至路基外，场地清理、平整。

（21）道路基层，区分材料种类，以 100m² 计。

材料分为水泥土、水泥砂、水泥砂砾、水泥碎石、水泥石屑、水泥石碴、水泥砂砾土、水泥碎石土、石灰煤渣。

压实厚度按 15cm 考虑，每增减 1cm 另计工程量。

工程内容：清扫整理下基层，铺料、铺水泥，洒水、拌和、整形、碾压、找补、初期养护。

（22）道路面层，分为泥结碎石面层与沥青贯入层、沥青混合料路面两部分。

1）泥结碎石面层、沥青贯入层，以 100m² 计。

泥结碎石面层，厚度按 20cm 考虑，每增减 1cm 另计工程量。沥青贯入层（压实厚度）分为 4cm、5cm、6cm。

工程内容：①泥结碎石面层，包括修整基床、铺料、灌浆碾压、铺筑磨耗层、保护层；②沥青贯入层，包括运输、摊铺、喷油、铺嵌缝隙料、碾压平整。

2）沥青混合料路面，区分材料种类，以 100m³ 计。

材料种类分为粗粒式、中粒式、细粒式、砂粒式。

工程内容：清扫整理下基层，人工或机械摊铺沥青混合料，找平、碾压，初期养护。

**二、《内河航运设备安装工程定额》说明**

（一）定额总说明

（1）本定额主要包括钢闸（阀）门及大型钢结构制作工程、钢闸（阀）门及大型钢结构安装工程、启闭机安装工程、装卸及起重运输设备安装工程等共 4 章，适用于内河航运建设工程的钢闸（阀）门及大型钢结构制作安装工程、启闭机安装工程、港口装卸设备安装工程及起重设备安装工程初步设计概算及施工图预算的编制。也可作为其他阶段造价文件编制的依据。

（2）本定额是以单位设备或结构为单位并用人工、材料和船舶机械艘（台）班消耗量表示的工程定额，是计算内河航运设备制作及安装工程定额直接费的依据；本定额应与《水运建设工程概算预算编制规定》（JTS/T 116—2019）、《内河航运工程船舶机械艘（台）班费用定额》（JTS/T 275—2—2019）及《水运工程混凝土和砂浆材料用量定额》（JTS/T 277—2019）配套使用。

（3）本定额是根据水运工程有关技术标准，按正常的施工条件、合理的施工工艺选型制定，除另有说明外，一般情况下使用时不应调整。

（4）本定额按 8h 工作制制定，并考虑了正常的洪、枯水期的影响。定额中还包括了场内的转移、工序搭接、自然因素的影响、配合质量检查以及其他必要的施工消耗时间。

除另有规定外，使用时一般不应调整。

（5）由于内河航运设备制作及安装工程的工程条件复杂，工程结构多样，对于定额项目与实际工程的施工工艺、工程内容不同的，应根据施工条件或施工组织设计编制调整或补充单位估价表；对于定额项缺项或步距断档的，可选用《沿海港口装卸机械设备安装工程定额》及《全国统一安装工程预算定额》相应定额项目的消耗量，但工料机单价应与本定额采用相同标准。

（6）航运枢纽建设工程中的电站等设备安装工程，执行水利水电工程相关定额。

（7）定额使用应符合以下规定。

1）编制施工图预算时，直接使用本定额；编制初步设计概算时，在套用本定额计算后乘以 1.05～1.10 概算扩大系数，概算扩大系数的选用应根据工程的设计深度、结构及施工条件的复杂程度等因素合理确定。

其他通用设备执行《全国统一安装工程预算定额》。

2）本定额的材料消耗，包括了工程本体直接使用的材料、成品或半成品及按规定摊销的施工用料，并包括了场内运输及操作等损耗，除另有规定外，使用时一般不应调整。

3）本定额项目的"工程内容"，只列出主要工序，次要工序虽未列出，但已包括在工程内容内，除定额另有说明外，一般情况下不应增减。

4）本定额不包括材料及设备的场外运输，材料及设备的运输应按水路或公路运输相关标准计算。

5）安装定额中不包括设备所需的轨道安装以及安装脚手架等费用。上述项目应执行《内河航运水工建筑工程定额》的有关定额及规定。

6）定额正表列示的混凝土及砂浆为复合材料，材料规格系按一般情况选型确定，使用定额时，应按设计要求的混凝土及砂浆材料的规格品种计价。

7）定额正表中带括号的材料，其括号表示该项材料在该定额项目中只计量不计价。

8）定额中凡注明"××以内"或"××以下"者，均包括"××"本身；凡注明"××以上"或"××以外"者，均不包括"××"本身。

（二）钢闸（阀）门及大型钢结构制作工程

1. 章定额说明

（1）本章包括人字门、提升平板门、三角闸门、横拉闸门、平板定轮闸门、检修门、承船车（顶平车）车架、闸门埋设件的制作以及金属结构油漆、喷锌（铝）等共 97 项定额。适用于上述设备及结构的制作工程。

（2）定额的使用及计算应符合以下规定。

1）本章定额中未包括主滚轮、侧滚轮等有关运转件和铸钢件的制作费用，使用本章定额时应另计运转件和铸钢件的制作费用。

2）本章定额除注明者外，均以施工单位内部加工厂整体制作为准；若为施工现场分段拼装或现场制作，应在定额正表的基础上乘以 1.15 系数。

3）制作定额中的材料仅为消耗性材料。

4）制作定额均已包括了制作平台、施工脚手、工装胎模具以及无损探伤检验等费用的摊销。

5）钢阀门的制作执行相应门型的闸门制作定额。

（3）工程量的计算应符合以下规定。

1）金属结构制作工程量应按设计以重量计算。

2）钢材重量应按设计图纸计算，不应扣除切肢、断边及孔眼的重量。多边形或不规则形钢板应按外接矩形计算。

3）除锈、刷涂料工程量应按设计要求以展开面积计算。

4）闸阀门、拦污栅制作工程量，应根据不同的门型、单扇门重，按钢结构本体、止水件、防腐处理等分别计算。门重应包括门体重量和安装于门叶上的运转支撑件的重量。

5）大型钢结构本体结构的钢材用量考虑施工消耗量时，消耗量系数可按表 6.2-23 参数考虑。

表 6.2-23　　消 耗 量 系 数 参 考 表

| 名称 | 消耗量系数 | 名称 | 消耗量系数 |
|------|-----------|------|-----------|
| 钢板 | 1.110 | 钢管 | 1.064 |
| 型钢 | 1.075 | | |

2. 分部分项定额条目说明

（1）人字闸门制作，分为平面面板、弧形面板，区分 1 扇闸门重量，以 1t 计。

1 扇闸门重量分为 10t、30t、50t、70t、90t、120t、150t、180t、210t、240t 以内。

平面面板定额亦适用于一字形闸门制作。

工程内容：场内材料运输，原材料整形、放样、下料，制作平台的修整，本体制作拼装，顶枢座、底枢帽安装，门轴拴及斜接柱上的间断式支承座等附件安装。

（2）提升平板门制作，区分 1 扇闸门重量，以 1t 计。

1 扇闸门重量分为 5t、10t、30t、50t、70t、90t、120t、150t、180t、210t、240t 以内。

工程内容：场内材料运输，原材料整形、放样、下料，制作平台的修整，本体制作，主滚轮、侧滚轮、滑块等附件安装，止水座螺栓孔钻孔。

（3）三角闸门制作，分为平面面板、平面面板（带浮箱结构）、弧形面板，区分 1 扇闸门重量，以 1t 计。

1 扇闸门重量分为 5t、10t、30t、50t、70t、100t 以内。

工程内容：场内材料运输，原材料整形、放样、下料，制作平台的修整，本体制作，顶枢座、底枢座等附件安装，止水座螺栓孔钻孔。

（4）横拉闸门制作安装，区分 1 扇闸门重量，以 1t 计。

1 扇闸门重量分为 40～160t 以内，每增 20t 为一级。

本定额是按现场分段或分构件制作，在门槽内进行门叶组合焊接的工艺制定的。定额内容包括了制作安装。

顶平车启闭机安装详见启闭机安装工程（定额第三章）。

工程内容：场内材料运输，原材料整形、放样、下料，制作平台的修整，本体制作、构件堆放、构件场内运输，底平车吊装就位、闸门叶组合焊接安装，止水装置安装、支承、限位等装置以及其他附件安装。

（5）平板定轮闸门制作，区分1扇闸门重量，以1t计。

1扇闸门重量分为3t、5t、10t、30t、50t、70t、100t以内。

工程内容：场内材料运输，原材料整形、放样、下料，制作平台修整，本体制作拼装，附件安装，止水座螺栓孔钻孔。

（6）检修闸门制作，分为一般结构、浮箱结构，区分1榀门体重量，以1t计。

1榀门体重量分为5t、10t、20t、40t、60t、90t、120t、150t、180t、210t、240t以内。

工程内容：场内材料运输，原材料整形、放样、下料，制作平台的修整，本体制作，止水钻孔及安装，附件安装。

（7）承船车（顶平车）车架制作，区分1台车架自重，以1t计。

1台车架自重在5t、10t、20t、30t以内。

工程内容：场内材料运输，原材料整形、放样、下料，制作平台修整，本体制作，加工安装。

（8）闸门埋设件制作，分为铸钢件、水封座和护角等一般钢结构埋件，以1t计。

工程内容：场内材料运输，原材料整形、放样、下料，制作平台修整，本体制作，加工。

（9）金属结构油漆，分为实腹梁门体、桁架梁门体、小型金属结构，以10m² 计。

本定额以防锈漆，调和漆各一度为准，如每种漆面增加一度，则按定额数量乘0.4系数增列。

涂刷环氧类油漆等其他特殊油漆，其人工数量乘以1.15系数。

工程内容：喷砂除锈（运筛烘砂、喷砂、砂子回收）；现场清理，喷底漆、面漆。

（10）金属结构喷锌（铝），分为实腹梁门体、桁架梁门体，以10m² 计。

本定额的喷锌（铝）层厚度以0.20mm为准，若喷锌（铝）层厚度每增减0.05mm，其人工与锌（铝）丝、氧气、乙炔气的用量相应增减30%。

工程内容：场地布置，喷砂除锈，喷锌（铝），检查、喷面漆、清场。

（三）钢闸（阀）门及大型钢结构安装工程

1.章定额说明

（1）本章包括人字闸门、提升平板闸门、三角闸门、平板定轮闸门、承船车、闸门埋设件等共50项定额。适用于上述设备及结构的安装工程。

（2）本章定额的安装条件应满足以下要求：①设备为整体到货状态；②采用常规施工工艺和机械施工。

（3）定额的使用及计算应符合以下规定。

1）定额中的材料仅为消耗性材料，不包括闸门的止水橡皮、木质水封以及安装组合螺栓等，其用量可按图纸净用量乘以1.05消耗量系数计算。

2）钢阀门安装可执行相应门型的闸门安装定额，并应在原定额基础上按人工、船机定额消耗量乘以1.10系数计算。

3）各类闸门安装定额均以现场分段拼装作业条件为准，定额用量仅包括安装工程的消耗用量，若为整体安装（即不需要现场分段拼装），应按人工、船机消耗量除以 1.10 系数。

4）大型电站的拦污栅，若底梁、顶梁、边柱采用闸门支承型式的，其栅体安装可套用与自重相等的平板闸门安装定额，栅槽可套用闸门埋设件安装定额。

5）闸门压重物定额适用于铸铁、混凝土及其他种类的闸门压重物安装，如压重物需装入闸门梁格内时，应在原定额基础上乘以 1.20 系数。

（4）工程量的计算应符合以下规定。

1）钢闸门的安装，应按不同额规格、能力及结构型式，分别以台、套、扇或重量计算。

2）各类钢阀门的安装、闸门埋件、拦污栅安装工程量，均按设计的重量计算，承船车以台计算。

2. 分部分项定额条目说明

（1）人字闸门安装，区分 1 扇闸门重量，以 1t 计。

1 扇闸门重量分为 10t、30t、50t、70t、90t、120t、150t、180t、210t、240t 以内。

本定额以间断式垂直支承为准。如闸门为钢连续支承兼钢止水，则其他材料乘以 2.20 系数。

本定额亦适用于一字式闸门安装。

工程内容：场内运输，放样定位，门体组合焊接安装，有关运转件、支承件安装与调试，止水装置安装、人行便桥安装、导向卡限位装置及其他附件安装，补漆，探伤检测，闸门启闭试验。

（2）提升平板闸门安装，区分 1 扇闸门重量，以 1t 计。

1 扇闸门重量分为 5t、10t、30t、50t、70t、90t、120t、150t、180t、210t、240t 以内。

卧倒式闸门的安装，其人工及其他船机按定额数量乘以 1.2 系数。

带充水装置的平板闸门（包括其充水装置）安装，按定额数量乘以 1.05 系数；滑动式闸门（压合木式闸门除外）安装，按定额数量乘以 0.93 系数。

工程内容：场内材料运输，门体拼装，焊接及安装，止水装置安装，有关运转件、支承件安装与调试，锁锭及其他附件安装，补漆，探伤检测，闸门启闭试验。

（3）三角闸门（弧形门）安装，区分 1 扇闸门重量，以 1t 计。

1 扇闸门重量分为 5t、10t、30t、50t、70t、100t 以内。

本定额适用于潜孔式或露顶式、桁架式或实腹式等各种形式的弧形闸门安装。

下卧式弧形闸门安装，其人工及其他船机按定额数量乘以 1.10 系数；实腹梁式弧形闸门安装，按定额数量乘以 0.8 系数；拱形闸门安装，按定额数量乘以 1.26 系数。

洞内安装时，人工和船机按定额数量乘以 1.20 系数。

工程内容：场内运输，门体组合焊接安装，止水装置安装，有关运转件、支承件安装与调试，人行便桥安装，其他附件安装，补漆，探伤检测，闸门启闭试验。

（4）平板定轮闸门安装，区分 1 扇闸门重量，以 1t 计。

1 扇闸门重量分为 3t、5t、10t、30t、50t、70t、100t 以内。

工程内容：场内运输、门体拼装、焊接及安装、支承装置安装、止水装置安装、其他附件安装、补漆、探伤检测、闸门启闭试验。

（5）承船车安装，区分1台承船车重量，以1台计。

1台承船车重量分为5～30t以内，每增5t为一级。

工程内容：场内运输，行走装置安装，吊点及其他附件安装，车体就位、测量、调试、试车，弹性支垫安装。

（6）闸门埋设件安装，区分1套闸门埋设件重量，以1t计。

1套闸门埋件重量分为5t、10t、20t、30t、40t、50t、60t以内。

本定额按垂直位置安装拟定，如在倾斜位置不小于10°安装时，人工乘以系数1.2。

工程内容：基础埋设，主轨、侧轨、底槛、门楣、弧形支座、胸墙、水封底板、护角、侧导板、锁锭及其他埋设件等安装。

（7）拦污栅，分为栅体、栅槽，以1t计。

工程内容：场内运输，栅体、吊杆及附件安装；栅槽校正及安装。

（8）闸门压重物，以1t计。

如压重物需装入闸门实腹梁格内时，安装定额乘以1.2系数。

工程内容：场内运输，闸门压重物及其附件安装。

（四）启闭机安装工程

1. 章定额说明

（1）本章包括液压直推式启闭机、液压四连杆式启闭机、卷扬式启闭机、螺杆式启闭机、横拉闸门齿板式启闭机等安装共73项定额。适用于内河航运工程中上述设备的安装工程。

（2）本章定额的安装条件应满足以下要求：①设备为整体到货状态；②采用常规施工工艺和机械施工。

（3）定额的使用及计算应符合以下规定。

1）定额中不包括轨道安装及设备基础的混凝土等。上述项目应执行《内河航运水工建筑工程定额》的有关定额。

2）液压启闭机安装不包括设备主体第一个外接法兰（或管接头）以外的管道铺设以及设备用油。

（4）工程量的计算应符合以下规定。

1）各类启闭机工程量安装应按设计以套计算。

2）启闭机电动机接线端子以内应按启闭机安装计算。

3）启闭机设备的轨道铺设应单独计算。

2. 分部分项定额条目说明

（1）液压直推式启闭机安装，区分1套设备重量，以1套计。

1套设备重量分为4t、6t、8t、10t、15t、20t以内。

本定额每套设备包括：一个泵站总成，两个油缸系统（闸门启闭与阀门启闭各一个油缸系统）。如每增加或减少一个油缸系统，其定额用量增加或减少30％。

工程内容：场内运输，设备清点检查，放线定位，设备本体及附属设备安装调试，与闸门连接及启闭试验。

（2）液压四连杆式启闭机安装，区分 1 套设备重量，以 1 套计。

1 套设备重量分为 4t、6t、8t、10t、15t、20t 以内。

本定额每套设备包括一个泵站总成、两个油缸总成和一个曲柄连杆齿轮传动系统。如每增加或减少一个油缸总成，其定额用量增加或减少 25%。

工程内容：场内运输、设备部件的清点检查、放线定位、设备本体及附件安装调试、与闸门连接及启闭试验。

（3）卷扬式启闭机安装，分为垂直提升卷扬式启闭机、双吊点卷扬式启闭机（通航建筑物用）、双吊点卷扬式启闭机（挡水建筑物用）、压杆卷扬式启闭机，区分 1 套设备重量，以 1 套计。

1 套设备重量分为 2t、4t、7t、10t、15t、20t、25t、30t、35t 以内。

工程内容：场内运输、设备清点检查、放样定位、本体及附件安装、与闸门连接、启闭试验。

（4）螺杆式启闭机安装，分为垂直提升螺杆式启闭机、双吊点螺杆式启闭机，区分 1 套设备重量，以 1 套计。

1 套设备重量分为 0.5t、1t、2t、3t、4t、5t 以内。

工程内容：场内运输，设备清点、检查，放样定位，设备本体及附件安装，与闸门连接及启闭试验。

（5）横拉闸门齿板式启闭机安装，区分 1 套设备重量，以 1 套计。

1 套设备重量分为 6t、10t、15t、20t、25t 以内。

本定额每套设备包括：一台顶平车的全套传动系统及行走机构，连接吊杆及其他附件和齿板条铺设等，不包括轨道的铺设。

工程内容：场内运输，设备清点、检查，顶平车组装，其他附件及齿板条铺设安装，启闭机吊装入位，安装吊杆与闸门连接，启闭试验。

（6）升船机卷扬式牵引设备，区分 1 套设备重量，以 1 套计。

1 套设备按重量可分为 2t、4t、7t、10t、15t、20t、25t、30t、35t 以内。

工程内容：场内运输，设备清点、检查，放线定位，设备本体及附件安装、运转试验。

（五）装卸及起重运输设备安装工程

1. 章定额说明

（1）本章包括双（单）梁桥式起重机、门座式起重机、门式起重机、梁式起重机、固定式起重机、固定式皮带机、螺旋送料机、缆车安装及趸船的安装共 64 项定额。适用于内河航运工程中上述设备的安装工程。

（2）本定额的安装条件应满足以下要求：①设备为总装后，分部位拆解运输至现场的状态；②采用常规施工工艺和机械施工。

（3）本章定额按单机安装条件编制，对于港口装卸设备安装工程应符合以下规定：①散装矿石、煤炭码头设备安装工程，应在相应定额基础上乘以系统安装系数 1.03；②散装粮食码头设备安装工程，应在相应定额基础上乘以系统安装系数 1.10。

（4）本章定额的施工条件应满足以下要求：①设备完整无损，符合设计要求、质量合格、供应及时；②施工道路及施工拼装场地满足施工机械转移和施工要求；③土建施工进度应满足安装要求。

（5）本定额包括以下工程内容：①施工现场仓库（指定堆放地点）至安装地点内的设备、材料及工具的水平及垂直运输；②设备开箱检验、基础验收、划线定位、清洗、吊装、调整、焊接、铆接、固定单机无负荷试运转；③与设备本体联体的平台、梯子、栏杆、支架、屏盘、配重、安全罩、挡风板及设备本体内的管道安装；④单机的动力、控制、照明、通信等各种电气设备及管线安装、配管、电缆敷设，接线校线，模拟试验。

（6）本定额不包括下列工程内容：①单机与地面接线箱（操作箱）端子或连接插头以外的供电、控制、信号、检测、通信部分设备及电缆的安装；②码头散货设备伸入地面水槽吸水管以外或与地面管网连接点法兰以外的洒水除尘设备及管路安装；③码头输送设备的供电、控制及除尘系统安装；④单机重载试车及联动试车。

（7）单机无负荷试车能源消耗应按定额正表基价费用的1%计列。

（8）工程量的计算应符合以下规定：①各类设备机械安装工程量应按不同的规格、能力、高度及重量，分别以台、套或重量计算；②趸船以艘计算。

2. 分部分项定额条目说明

（1）双梁桥式起重机安装，区分起重能力（5t、10t、16t以内）、跨距（20m、32m以内），以1台计。

（2）单梁桥式起重机安装，区分起重能力（5t、8t、16t以内）、跨距（20m、32m以内），以1台计。

（3）门座式起重机安装，区分起重量（5t、10t、16t、25t、40t），以1台计。

（4）门式起重机安装，区分设备自重，以1台计。

设备自重分为50t、75t、100t、125t、150t、175t、200t、250t、300t、350t、400t、450t、500t。

（5）梁式起重机安装，分为电动单梁、手动单梁，区分起重能力（3t、10t以内），以1台计。

电动单梁的跨距为17m以内。手动单梁的跨距为14m以内。

（6）固定起重机安装，区分设备重量（6t、10t、15t、25t），以1台计。

设备重量不含配重。

（7）固定皮带机安装，区分带宽（650mm、1000mm以内）、输送长度，以1台计。

输送长度分为20m、50m、80m、110m、150m、200m、250m以内。

（8）螺旋送料机安装，区分直径（300mm、600mm以内）、机身长度，以1台计。

直径300mm时，机身长度分为6m、11m、16m、21m以内；直径600mm时，机身长度分为8m、14m、20m、26m以内。

（9）缆车安装，区分设备重量（5t、10t以内），以1台计。

（10）趸船安装，区分趸船长度（30m、40m以内），以1艘计。

本定额不包括钢引桥、钢撑杆的安装。

工程内容：趸船就位、连接锚固系统、定位紧固。

**三、《内河航运工程参考定额》说明**

**(一) 定额总说明**

(1) 本定额系根据近年来内河航运工程中出现的新技术、新工艺、新材料、新设备编制而成，限于内河航运工程定额制修订过程中选型工程资料的局限性，本定额纳入的项目为参考性定额，使用时应根据定额的特定条件及工程 (工作) 内容参考使用。

(2) 本定额的工程内容和消耗数量，除注明者外，均指在工程现场范围内发生，并按正常的施工操作范围计算确定。定额中的材料消耗，包括了工程本身直接使用的材料、成品和半成品以及按规定摊销的施工用料，并包括了其场内的运输及操作损耗。

(3) 定额中的人工和船机艘 (台) 班消耗量考虑了正常的洪、枯水影响。

(4) 本定额除注明外，其工程量计算办法、有关定额使用说明按《内河航运水工建筑工程定额》(JTS 275—1—2019) 中相应章节的相关定额项目有关规定执行。

(5) 本定额是以分项工程为单位并用人工、材料和船舶机械艘 (台) 班消耗量表示的工程定额，是计算内河航运水工建筑工程定额直接费的依据；本定额应与《水运建设工程概算预算编制规定》(JTS/T 116—2019)、《内河航运工程船舶机械艘 (台) 班费用定额》(JTS/T 275—2—2019) 和《水运工程混凝土和砂浆材料用量定额》(JTS/T 277—2019) 配套使用。

**(二) 现浇混凝土工程**

1. 节定额说明

(1) 本节包括现浇混凝土工程共 10 项定额。

(2) 本节定额适用于航运枢纽工程中挡泄水建筑物水工工程。

2. 节分部分项定额条目说明

(1) 薄壁墩，区分高度 (6m、8m、10m、15m、20m、30m 以内)，以 10m³ 计。

工程内容：制作、安装、拆除模板，浇筑及养护混凝土、脱模。

(2) 悬臂墩，区分高度 (10m、15m、20m、30m 以内)，以 10m³ 计。

工程内容：模板安拆，仓号冲洗、浇筑及养护混凝土、脱模。

**(三) 整治建筑物工程**

1. 节定额说明

(1) 本节包括整治建筑物工程中的混凝土及钢筋混凝土预制、现浇混凝土及钢筋混凝土、清渣、护底、护滩、护面工程，共 65 项定额。

(2) 混凝土系结块软体排护滩、护底，混凝土铰链排护底、护坡、护滩，混凝土联锁块软体排护底定额子目，其混凝土预制块及土工织物制品材料消耗数量均按实际工程分析计算确定，使用时，可根据实际规格按设计要求进行调整。

2. 节分部分项定额条目说明

(1) 预制及安装坝体钢筋混凝土箱体，分为预制、基层整平、安装等 3 部分。

1) 预制，适用于矩形箱体，区分最薄壁厚 (20cm、30cm、40cm 以内)，以 10m³ 计。

工程内容：制安拆模板、浇筑及养护混凝土。

2) 基层整平，区分水下、陆上，以 100m² 计。

整平工程量按构件设计尺寸底面接触面积加加宽面积计算，设计有规定的加宽尺寸，按设计执行；设计没有规定按两边加宽 0.5m 计算面积。

定额消耗以水下整平厚度 48cm 为准，陆上整平厚度 30cm 为准，如果实际厚度不同，人工、碎（片）石、船机按相应设计尺寸增减比例调整。

工程内容：场内石料运输、导轨及钢模安设、整平。

3）安装，分为陆上运输、水上运输，区分每件重（12t、25t、50t 以内）、安装工艺（水上、水下安装），以 10 件计。

陆上运输，运距按 1km 以内考虑，每增加 1km 按附表另计工程量。

水上运输，运距按 1km 以内考虑，陆上倒运运距超过 1km 时，每增加 1km 按附表另计工程量；水上运输运距超过 1km 时，每增加 1km 按附表另计工程量。

工程内容：①陆上运输，包括陆上运输、安装；②水上运输，包括陆上倒运、水上运输、安装。

（2）现浇混凝土坝面，分为陆上拌和、船上拌和，以 10m³ 计。

本定额适用于整治工程，以基层粗平（块石、片石、卵石）为准。基层为细平（碎石）或干砌块（条）石时，混凝土用量及搅拌机台班数量乘以 0.97。

现浇块（片）石混凝土坝面套用本定额时，按块（片）石掺量 A（%）调整为堆方收方（抛筑体积），每 1m³ 混凝土减少 A×1.01，增列块（片）石用量（抛筑体积）A×1.61。

工程内容：组拼、安装、拆除模板，混凝土浇筑、养护。

（3）现浇坝体钢筋混凝土箱体，适用于矩形箱体，分为陆上拌和、船上拌和，区分最薄壁厚（20cm、30cm、40cm 以内），以 10m³ 计。

本定额适用于整治工程，以基层粗平（块石、片石、卵石）为准。基层为细平（碎石）或干砌块（条）石时，混凝土用量及搅拌机台班数量乘以 0.97。

箱体现浇混凝土封顶盖板执行相应定额。

工程内容：组拼、安装、拆除模板，混凝土浇筑、养护。

（4）组装抓斗式挖泥船清渣（斗容 1.0m³），以 100m³ 计。

基本运距按 3km 以内考虑，每增运 1km 另计工程量。

工程内容：移船定位，测量水深，挖、装、运、卸，空回。

（5）安放钢丝石笼网垫护坡（厚 0.23m），分为水陆转运、陆上运输，以 100m² 计。

水陆转运，转运距离按 1km 以内考虑，每增运 1km 另计工程量。单双轮车运输装填石料的运距按 100m 以内考虑，每增运 50m 另计工程量。

陆上运输，单双轮车运输装填石料，运距按 100m 以内考虑，每增运 50m 另计工程量。

本定额为雷诺护垫。

水陆转运：指石料由民船装运卸至临时码头堆场，再由汽车倒运至施工现场，石料价格应包括民船装运卸费用。陆上运输：指石料由汽车直接运抵至施工现场，石料价格应包括汽车装运卸费用。

本定额护垫厚度为 23cm，厚度变化时，定额各项人工、材料、机械消耗量应根据护垫厚度增减幅度，进行相应调整。例如厚度 30cm，调整幅度＝30/23＝1.304。

工程内容：装（车）船、运输、卸石、编笼、安放、填石、封口。

（6）块石压载软体排护底，分为有筋土工布排（民船装、运，分为浅水、深水）、无筋土工布排（铁驳运输），以 100m² 排垫面积计。

无筋土工布排，铁驳运输，基本运距按 1km 以内考虑，每增运 1km 另计工程量。

本定额浅水以 1m 以内为准，深水以 1m 以外为准，压块石厚度按 15cm 考虑。

土工布及土工带用量可根据设计要求规格进行调整。

工程内容：缝编、加固、运输排体、定位、压石沉排、移位。

（7）混凝土系结块软体排护滩（坡），分为水上运输、陆上运输、水-陆转运，以 100m² 排垫面积计。

水上运输，铁驳运输，按 1km 内考虑，每增运 1km 另计工程量。陆上运输，汽车运输，按 1km 内考虑，每增运 1km 另计工程量。水-陆转运，铁驳、汽车运输，各按 1km 内考虑，各每增运 1km 另计工程量。

本定额混凝土预制块规格为 0.4m×0.45m×0.08m，每 100m² 铺 444 块，实际规格发生变化，混凝土用量按相应设计尺寸增减比例调整。

本定额排垫以加工厂制作成品为准，排垫结构包括纵向加筋带宽 5cm、间距 50cm，每块预制块系结 2 根宽 1.2cm、长 80cm 排垫系结条；结构发生变化时，加筋带、系结条按相应设计尺寸增减比例调整。本定额未包括排垫搭接消耗。

工程内容：排垫转运，安放、系结、沉放、水下检查。

（8）混凝土系结块软体排护底，以 100m² 排垫面积计。

混凝土预制块水上运输运距以 1km 内为准，运距超过 1km 时，每增加 1km，150t 自航驳增加 0.003 艘班，500t 深舱自航驳增加 0.001 艘班。

混凝土预制块规格为 0.4m×0.26m×0.1m，每 100m² 铺 400 块，实际规格发生变化时，混凝土按相应设计尺寸增减比例调整。

本定额排垫以加工厂制作成品为准，排垫结构包括纵向加筋带宽 5cm、间距 50cm，每块预制块系结 2 根宽 1.2cm、长 1.0m 排垫系结条；结构发生变化时，加筋带、系结条按相应设计尺寸增减比例调整。本定额未包括排垫搭接消耗。

本定额以水深 5.0m 以内为准，施工水深超过 5.0m，每增 5.0m 人工定额数量乘以 1.05，软体排专用作业船、200t 方驳、15t 履带式起重机（艘）台班数量乘以 1.10。

工程内容：排垫转运，安放、系结、沉放、水下检查。

（9）混凝土铰链排护（底、滩、坡）面，分为水上铺设、陆上铺设，以 100m² 排垫面积计。

水上铺设，铁驳运输，按 1km 内考虑，每增运 1km 另计工程量。

陆上铺设，分为水上运输、陆上运输、水-陆转运。水上铺设，铁驳运输，按 1km 内考虑，每增运 1km 另计工程量。陆上运输，汽车运输，按 1km 内考虑，每增运 1km 另计工程量。水-陆转运，铁驳、机动车运输，各按 1km 内考虑，各每增运 1km 另计工程量。

预制铰链块规格为 0.4m×0.4m×0.08m，每 100m² 铺 570 块，实际规格发生变化，混凝土用量按相应设计尺寸增减比例调整。

本定额为无排垫，如增加排垫，排垫的相应消耗量同系结块软体排定额且人工定额增加 2.0 工日/100m²，土工布消耗量为 118m²。

工程内容：①水上铺设，包括混凝土块预制，排垫转运，安放、系结、沉放，水下检查；②陆上铺设（水上及陆上运输），包括混凝土块水上或陆上运输，排体铰接、铺设；③陆上铺设（水-陆转运），包括混凝土块水上运输转陆上运输，排体铰接、铺设。

（10）混凝土联锁块软体排护底，以 100m² 排垫面积计。

基本运距为 1km 内，水上每增 1km，150t 深仓自航驳增加 0.006 艘班。

本定额混凝土预制块规格为 0.4m×0.4m×0.12m，单块体积 0.0192m³ 为准，实际规格发生变化，预制混凝土用量按相应比例增减。

工程内容：混凝土块预制，排垫转运，安放、系结、沉放，水下检查。

（11）护面（坡）模袋混凝土，分为水上充灌（陆上拌和、船上拌和）、水下充灌，区分模袋混凝土设计厚度（15cm、20cm、30cm 以内），以 100m² 铺设面积计。

水上充灌以抛石基层为准，基层为土质时，人工数量乘以 0.75。

工程内容：清理找平，铺设模袋、混凝土拌和、充灌和养护。

（四）航标工程

1. 节定额说明

（1）本节定额不计算小型工程增加费。

（2）航标的基础尺寸参考附表。

2. 节分部分项定额条目说明

（1）浮鼓式航标，区分直径、航道等级以及有、无引浮，以 1 座计。

直径分为 0.8m（航道等级 ≤Ⅶ、Ⅵ，下同）、1.08m（≤Ⅵ、Ⅴ）、1.20m（≤Ⅶ、Ⅲ、≥Ⅱ）、1.50m（≤Ⅲ、≥Ⅱ）、1.80（≤Ⅲ、≥Ⅱ）～2.40m（≥Ⅱ）。

工程内容：标体购置、抛设、灯器安装，补漆。

（2）钢质船型航标，区分船长（4.00m、6.70m）、航道等级（≤Ⅴ、Ⅵ、Ⅲ），以 1 座计。

工程内容：标体购置、抛设、灯器安装，补漆。

（3）柱形钢架灯桩标，区分高度（4m、6m、8m），以 1 座计。

工程内容：定位、基础砌筑、钢架制作、架设、除锈、刷油、灯器安装。

（4）杆形钢管岸标，区分高度（5.5m、7.5m、10.0m），以 1 座计。

工程内容：定位、基础处理、制作、架设、除锈、刷油、灯器安装。

（5）混凝土塔标，区分高度（5.0m 大标灯、5.0m 小标灯、7.0m、10.0m），以 1 座计。

工程内容：定位、基础砌筑、塔身混凝土浇筑、贴瓷片、灯器安装。

（6）块石塔标，区分高度（5.0m 大标灯、5.0m 小标灯、7.0m、10.0m），以 1 座计。

工程内容：定位、基础砌筑、基础及塔身砌筑、贴瓷片、灯器安装。

（7）玻璃钢塔标，区分高度（5.0m 大标灯、5.0m 小标灯、7.0m、9.0m），以 1 座计。

工程内容：定位、基础砌筑、塔身购置安装、灯器安装。

（8）水上钢管灯桩，区分钢管直径、航道等级，以1座计。

钢管直径分为 Φ168mm（航道等级≤Ⅴ、Ⅳ，下同）、Φ377mm（≤Ⅴ、Ⅲ）、Φ450mm（≤Ⅲ、≥Ⅱ）、Φ530mm（≥Ⅲ）。

工程内容：桩身打设、平台制作安装、灯器安装、补漆。

（9）桥涵标，区分标牌尺寸（1.0m×1.0m、1.5m×1.5m、2.0m×2.0m），以单面/孔计。

工程内容：定位、焊接、灯器安装。

（10）管线标，区分管线标高（4.0m、5.0m）、发光与否，以1座计。

工程内容：定位、基础处理、杆件埋设、标牌架设、安装灯器。

（11）指路标，区分标牌尺寸（2.5m、3.0m、3.5m），以1座计。

工程内容：定位、杆件埋设、标牌架设。

**四、配套工、料、机定额说明**

内河航道工程系列定额（2019）采用了人工、材料、机械消耗量与其单价分离的编制办法，将人工、材料、机械的单价编制成了《内河航运工程船舶机械艘（台）班费用定额》（JTS/T 275—2—2019）、《水运工程定额材料基价单价》（2019年版）和《水运工程混凝土和砂浆材料用量定额》（JTS/T 277—2019）。这3本配套定额构成了《内河航运水工建筑工程定额》（JTS/T 275—1—2019）和《内河航运设备安装工程定额》（JTS/T 275—3—2019）的计价基础，是各条目定额基价的计算依据。

# 第七章 疏浚与吹填工程定额计价

## 第一节 疏浚与吹填工程定额计价规定

如本书前文第二章所述，除远海区域水运建设工程以外，根据交通运输部 2019 年 57 号文，自 2019 年 11 月 1 日起，我国现行的水运建设工程费用的计价依据统一为《水运建设工程概算预算编制规定》及其配套定额。该规定对沿海港口、内河航运和疏浚等 3 类工程进行了梳理、整合。

与疏浚与吹填工程有关的定额计价依据包括：推荐性标准 3 项，《水运建设工程概算预算编制规定》（JTS/T 116—2019）、《疏浚工程预算定额》（JTS/T 278—1—2019）、《疏浚工程船舶艘班费用定额》（JTS/T 278—2—2019），以及配套参考使用的《水运工程定额材料基价单价》（2019 年版）。

如本书前文第二章第三节所述，沿海港口、内河航运、修造船厂水工建筑物工程的疏浚与吹填工程费用均按疏浚工程定额及计算规则执行，但在计算建设项目总概算的工程建设其他费用、预留费用、建设期利息等费用时，应按《水运建设工程概算预算编制规定》（JTS/T 116—2019）执行。

## 第二节 疏浚工程系列定额说明

### 一、《疏浚工程预算定额》说明

（一）定额总说明

（1）本定额是《水运建设工程概算预算编制规定》（JTS/T 116—2019）及《疏浚工程船舶艘班费用定额》（JTS/T 278—2—2019）的配套定额，是编制航道、港池等疏浚与吹填工程概预算的依据。编制预算时按照本定额有关规定计算，编制概算时按预算加乘 1.02～1.05 的扩大系数。

（2）本定额包括各类挖泥船、吹泥船及配套辅助船舶的施工消耗量定额和船舶调遣等消耗量定额。

（3）本定额中的施工配套船舶是根据正常施工条件合理选型制定，除定额中另有规定外，编制概预算时不得调整。

（4）疏浚岩土分类和分级详见表 7.2－1～表 7.2－3。

（5）疏浚与吹填工程的工程量计算执行《疏浚与吹填工程设计规范》（JTS 181—5—2012），并符合下列要求。

1) 疏浚工程量应包括设计断面工程量、计算超宽工程量与计算超深工程量、根据自然条件与施工工期计入的施工期回淤工程量。不同类别土质应根据水深测图和地质剖面图分级计算。各类挖泥船计算超宽、计算超深值见表7.2-4。

2) 吹填工程量应包括吹填区容积量、原地基沉降量、超填工程量和吹填土进入吹填区后的流失量。

（6）工况的确定：根据施工所在地（自取泥地点至卸泥地点的整个作业面）的条件和施工船舶的适应能力，按客观影响时间占施工期总时间的百分率和本定额各章说明中的规定确定工况级别。

客观影响时间应包括风、浪、雾、水流、冰凌与潮汐等自然因素以及施工干扰等其他客观因素对挖泥船施工的影响。具体统计计算应执行《疏浚与吹填工程设计规范》（JTS 181—5—2012）有关规定。

客观影响时间率按下式计算：

$$客观影响时间率 = \frac{施工期内的客观影响时间}{施工期总时间} \times 100\% \qquad (7.2-1)$$

（7）疏浚设备的选择应按照《疏浚与吹填工程设计规范》（JTS 181—5—2012）的有关规定，根据工程规模、建设要求、现场水域条件、岩土的可挖性、管道输送适宜性、现场的自然与环境条件等影响因素，选择经济合理的疏浚方式及工程设备。疏浚工程船舶的选择见文献［9］定额附录C，典型挖泥船及主要技术参数见文献［9］定额附录D。

（8）运距是指运泥船由挖泥区中心（按疏浚土方量分布计算）至卸泥区中心的航程。

（9）挖泥船施工平均挖深。挖泥船施工平均挖深应根据施工期的平均水位、设计底高程、计算超深值及平均泥层厚度等要素按下式计算：

$$平均挖深 = 平均水位 - 设计底高程 + 计算超深值 - \frac{平均泥层厚度}{2} \qquad (7.2-2)$$

（10）定额正表中的基价均未包括排泥管线使用费。排泥管线费用应先按排泥管线台班数乘以排泥管线长度计算出百米台班数，再乘以《疏浚工程船舶艘班费用定额》（JTS/T 278—2—2019）中的排泥管线每百米台班费用定额计算。

表 7.2-1　　　　　疏浚岩土分类表

| 岩 土 类 别 | 岩 土 名 称 | 分 类 标 准 |
|---|---|---|
| 有机质土及泥炭 | 有机质土及泥炭 | $Q \geqslant 5\%$ |
| 淤泥类 | 浮泥 | $W > 150\%$ |
| | 流泥 | $85\% < W \leqslant 150\%$ |
| | 淤泥 | $55\% < W \leqslant 85\%,\ 1.5 < e \leqslant 2.4$ |

| 岩土类别 | 岩土名称 | | 分类标准 |
|---|---|---|---|
| 淤泥质土类 | 淤泥质黏土 | | $36\%<W\leqslant55\%$，$1.0<e\leqslant1.5$，$I_P>17$ |
| | 淤泥质粉质黏土 | | $36\%<W\leqslant55\%$，$1.0<e\leqslant1.5$，$10<I_P\leqslant17$ |
| 黏性土类 | 黏土 | | $I_P>17$ |
| | 粉质黏土 | | $10<I_P\leqslant17$ |
| 粉土类 | 黏质粉土 | | $d>0.075$mm 颗粒含量小于总质量 $50\%$，$I_P\leqslant10$，$10\%\leqslant M_C<15\%$ |
| | 砂质粉土 | | $d>0.075$mm 颗粒含量小于总质量 $50\%$，$I_P\leqslant10$，$3\%\leqslant M_C<10\%$ |
| 砂土类 | 粉砂 | | $d>0.075$mm 颗粒含量大于总质量 $50\%$ |
| | 细砂 | | $d>0.075$mm 颗粒含量大于总质量 $85\%$ |
| | 中砂 | | $d>0.25$mm 颗粒含量大于总质量 $50\%$ |
| | 粗砂 | | $d>0.50$mm 颗粒含量大于总质量 $50\%$ |
| | 砾砂 | | $d>2.0$mm 颗粒含量占总质量 $25\%\sim50\%$ |
| 碎石土类 | 角砾、圆砾 | | $d>2.0$mm 颗粒含量大于总质量 $50\%$ |
| | 碎石、卵石 | | $d>20$mm 颗粒含量大于总质量 $50\%$ |
| | 块石、漂石 | | $d>200$mm 颗粒含量大于总质量 $50\%$ |
| 岩石类 | 软质岩石 | 极软岩 | $R_C\leqslant5$ |
| | | 软岩 | $5<R_C\leqslant15$ |
| | | 较软岩 | $15<R_C\leqslant30$ |
| | 硬质岩石 | 较坚硬岩 | $30<R_C\leqslant60$ |
| | | 坚硬岩 | $R_C>60$ |

注 1. $Q$ 为有机质含量，%；$W$ 为天然水含量，%；$e$ 为孔隙比；$I_P$ 为塑性指数；$d$ 为粒径，mm；$M_C$ 为黏粒含量（$d<0.005$mm）；$R_C$ 为单轴饱和抗压强度，MPa。

2. 本表摘引自《疏浚与吹填工程设计规范》（JTS 181—5—2012）表 5.2.4。

表 7.2 - 2　　　　　疏浚岩土工程特性和分级 （一）

| 岩土类型 | 级别 | 状态 | 强度及结构特征 | 判别指标 标贯击数 N | 抗剪强度 $\tau$/kPa | 天然重度 $\gamma$/(kN/m³) | 液性指数 $I_L$ | 辅助指标 标贯击数 N | 液性指数 $I_L$ | 抗剪强度 $\tau$/kPa | 附着力 $F$/(g/cm²) | 相对密度 $D_r$ | 烧灼减量 $Q_1$/% |
|---|---|---|---|---|---|---|---|---|---|---|---|---|---|
| 有机质土、泥炭、淤泥质类 | 1 | 流动-极软 | 可能是密实的或松软的，强度和结构在水平或垂直方向上可能相差很大，并存在气体 | — | — | $\gamma\leqslant16.6$ | $I_L>1.0$ | — | — | — | — | — | $Q_1(\%)\geqslant5$ |
| 淤泥质土类 | 2 | 软 | 极易用手捏成型 | — | $\tau\leqslant50$ | $\gamma\leqslant17.6$ | $I_L>0.75$ | $N\leqslant4$ | — | $\tau\leqslant25$ | 弱 50～150，中等 150～250，附着力 > 250，附着力越大越难开挖 | — | — |
| 淤泥质土类 | 3 | 中等 | 稍用力捏可成型 | — | $50<\tau\leqslant100$ | $\gamma\leqslant18.7$ | — | $N\leqslant8$ | $I_L\leqslant0.75$ | — | | — | — |
| 黏性土类 | 4 | 硬 | 手捏需用力捏才成型 | — | — | $\gamma\leqslant19.5$ | — | $N\leqslant15$ | $I_L\leqslant0.50$ | — | | — | — |
| 黏性土类 | 5 | 坚硬 | 不能用手捏成型，可用大拇指压出回痕 | — | $\tau>100$ | $\gamma>19.5$ | — | $N>15$ | $I_L<0.25$ | — | | — | — |
| 砂土类 | 6 | 松散 | 较容易将 12mm 钢筋插入土中 | $N\leqslant10$ | — | $\gamma\leqslant18.6$ | — | — | — | 满足 $C_u\geqslant5$，$C_u=1\sim3$ 为良好级配的砂 SW；不能满足以上条件的为不良级配的砂 SP；相同条件下级配越好越密实 | | $D_r\leqslant0.33$ | — |
| 砂土类 | 7 | 中密 | 用 2～3kg 重锤很容易将 12mm 钢筋打入土中 | $N\leqslant30$ | — | $\gamma\leqslant19.6$ | — | — | — | | | $D_r\leqslant0.67$ | — |
| 砂土类 | 8 | 密实 | 用 2～3kg 重锤可将 12mm 钢筋打入土中 30mm | $N>30$ | — | $\gamma>19.6$ | — | — | — | | | $D_r>0.67$ | — |

注　本表摘引自《疏浚与吹填工程设计规范》（JTS 181-5—2012）中表 5.3.10-1。

表 7.2－3

疏浚岩土工程特性和分级 （二）

| 岩土类型 | 级别 | 状态 | 强度及结构特征 | 判别指标 | | | | 辅助指标 |
|---|---|---|---|---|---|---|---|---|
| | | | | 重触击数 $N_{63.5}$ | 抗剪强度 $DG$ | 标贯击数 $N$ | 抗压强度 $R_C$/MPa | 颗粒级配 |
| 碎石土类 | 9 | 松散～中密 | 骨架颗粒含量小于总质量的 70%，呈混乱或交错排列，大部分不接触或部分连续接触，充填物包裹大部分骨架颗粒，且呈疏松或中密状态 | $N_{63.5}≤20$ | $DG≤70$ | — | — | 满足 $C_u≥5$，$C_c=1～3$ 为良好级配的砾石 GW；不能满足以上条件的不良级配的砾石 GP； |
| | 10 | 密实 | 骨架颗粒含量大于 70%，呈交错排列，连续接触，或只有部分骨架颗粒连续接触，但充填物呈紧密状态 | $N_{63.5}>20$ | $DG>70$ | — | — | 相同条件下级配好越密实 |
| 岩石类 | 11 | 弱 | 锤击声哑，无回弹，有深凹痕，浸水后，挖掘可捏成团 | — | — | $N<50$ | $R_C≤5$ | — |
| | 12 | 中等 | 锤击声哑，无回弹，有凹痕，锤击易碎，浸水后，手可剥开 | — | — | — | $R_C≤15$ | — |
| | 13 | 强 | 锤击不清脆，无回弹，有凹痕，锤击较易击碎，镐难挖掘，浸水后，指甲可刻出印痕 | — | — | — | $R_C≤30$ | — |

注 1. $C_u$ 为不均匀系数，$C_c$ 为曲率系数。
　　2. 本表摘引自《疏浚与吹填工程设计规范》（JTS 181－5—2012）中表 5.3.10－2。

| 表 7.2-4 | | | 各类挖泥船计算超深、计算超深值 | | | | | | | 单位：m | |
|---|---|---|---|---|---|---|---|---|---|---|---|
| 船型 | 耙吸挖泥船 | | 绞吸挖泥船 | | 链斗挖泥船 | | 抓斗挖泥船 | | | 铲斗挖泥船 | |
| 规格 | 舱容/m³ | | 装机总功率/kW | | 斗容/m³ | | 斗容/m³ | | | 斗容/m³ | |
| | ≥9000 | <9000 | ≥5000 | <5000 | ≥0.5 | <0.5 | ≥8 | 4~8 | <4 | ≥4 | <4 |
| 超深 | 0.55 | 0.50 | 0.40 | 0.30 | 0.35 | 0.30 | 0.60 | 0.50 | 0.40 | 0.40 | 0.30 |
| 超宽 | 6.0 | 5.0 | 4.0 | 3.0 | 4.0 | 3.0 | 4.0 | 4.0 | 3.0 | 3.0 | 2.0 |

注　1. 在斜流、泡漩水等不良流态地区施工时，挖槽的计算超宽值应增加 1～2m；疏挖块石的计算超深值可适当增加。

　　2. 对端部有纵向端坡的基槽和挖槽，其计算超长值可与计算超宽值相同，端坡的坡比与横断面边坡比相同；用耙吸挖泥船施工时，端坡的坡比可适当增加。

　　3. 内河小型疏浚设备施工时，其计算超深和计算超宽值可适当减少。

　　4. 本表摘引自《疏浚与吹填工程设计规范》(JTS 181—5—2012) 中表 7.2.3。

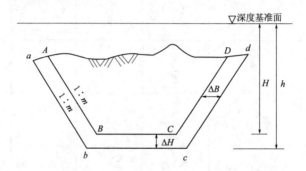

图 7.2-1　疏浚工程量计算断面示意图

ABCD—设计断面；abcd—工程量计算断面；ΔB—计算超宽；ΔH—计算超深；
1：m—设计坡比；H—设计深度；h—计算深度

### （二）自航耙吸挖泥船

**1. 章定额说明**

（1）船型划分：自航耙吸挖泥船（简称耙吸挖泥船）按其泥舱容积划分。

（2）工作内容：包括挖泥，转头，空、重载航行和卸泥或艏吹、艏喷等施工作业。

（3）工况级别及定额消耗量调整系数的确定见表 7.2-5。

| 表 7.2-5 | | | 耙吸挖泥船工况级别及定额消耗量调整系数表 | | |
|---|---|---|---|---|---|
| 工况级别 | 客观影响时间率 | 定额消耗量调整系数 | 工况级别 | 客观影响时间率 | 定额消耗量调整系数 |
| 1 | 小于等于 10% | 0.8125 | 5 | 大于 25%，小于等于 30% | 1.0833 |
| 2 | 大于 10%，小于等于 15% | 0.8667 | 6 | 大于 30%，小于等于 35% | 1.1818 |
| 3 | 大于 15%，小于等于 20% | 0.9286 | 7 | 大于 35%，小于等于 40% | 1.3000 |
| 4 | 大于 20%，小于等于 25% | 1.0000 | — | — | — |

（4）本章定额包括基本定额、超挖深定额、超运距定额、增转头定额、艏吹定额和艏喷定额等 6 部分，正表中的定额消耗量按 4 级工况确定，不同工况的定额消耗量按表 7.2-5

系数调整。

1）基本定额：挖深小于或等于基本挖深、运距小于或等于基本运距，挖槽长度大于或等于定额挖槽长度时定额消耗量。

2）超挖深定额：挖深超过基本挖深后，每超过 1m 增加定额消耗量。基本挖深详见表 7.2-6。

表 7.2-6　　　　　　　　　耙吸挖泥船基本挖深和最大挖深参考值表

| 船　型/m³ | 基本挖深/m | 最大挖深参考值/m | 船　型/m³ | 基本挖深/m | 最大挖深参考值/m |
|---|---|---|---|---|---|
| 500、800 | 5 | 10～12 | 4000、4500 | 8 | 22～27 |
| 1500 | 5 | 17～20 | 5000、8000 | 9 | 24～35 |
| 2000 | 5 | 18～22 | 10000、11000、12000 | 10 | 24～46 |
| 2500、3500 | 7 | 22～27 | 13000 | 10 | 42～45 |

3）超运距定额：基本运距为 2km，每超过 1km 增加定额消耗量。当运距＞30km时，超过部分的超运距定额消耗量乘以 0.8 的系数。

4）增转头定额：挖槽长度小于定额挖槽长度，挖泥船每增加一次转头所增加定额消耗量。定额挖槽长度见表 7.2-7。

表 7.2-7　　　　　　　　　耙吸挖泥船定额挖槽长度表　　　　　　　　　单位：km

| 船　型/m³ | 岩　土　级　别 | | | | | | | | | |
|---|---|---|---|---|---|---|---|---|---|---|
| | 1 | 2 | 3 | 4 | 5 | 6 | 7 | 8 | 9 | 10 |
| 500～800 | 1.1 | 1.6 | 2.1 | 2.6 | 2.5 | 2.4 | 3.0 | 4.6 | 3.9 | — |
| 1500～3500 | 1.3 | 1.8 | 2.2 | 2.7 | 2.6 | 2.6 | 3.2 | 4.7 | 4.0 | — |
| 4000～5000 | 1.3 | 1.8 | 2.2 | 2.7 | 2.6 | 2.6 | 3.2 | 4.7 | 4.0 | 4.4 |
| 8000～11000 | 1.8 | 2.1 | 2.4 | 2.9 | 2.9 | 2.9 | 3.5 | 4.9 | 4.4 | 4.7 |
| 12000～13000 | 2.8 | 2.8 | 2.8 | 3.2 | 3.7 | 3.6 | 4.2 | 5.2 | 5.1 | 5.4 |

转头增加次数按下式计算：

$$增加转头次数＝（定额挖槽长度/挖槽长度－1）×2 \qquad (7.2-3)$$

5）艏吹定额：疏浚土采用艏吹处理时增加船舶及排泥管线定额消耗量，其工作内容包括定位、接拆管头和吹泥等，并已扣除基本定额中的抛泥内容。

耙吸挖泥船最大吹距参考值为：4500m³ 耙吸挖泥船为 1～2km；5000～8000m³ 耙吸挖泥船为 2～3km；10000～13000m³ 耙吸挖泥船为 2～4km。

6）艏喷定额：疏浚土处理采用艏喷时增加定额消耗量，其工作内容包括定位和艏喷等，并已扣除基本定额中的抛泥内容。

2.分部分项定额条目说明

（1）500m³ 耙吸挖泥船，分为基本定额、超挖深定额、超运距定额、增转头定额，区分疏浚岩土级别（1、2、3、4、5、6、7、8、9），以 10000m³ 计。

（2）800m³ 耙吸挖泥船，分为基本定额、超挖深定额、超运距定额、增转头定额，区分疏浚岩土级别（1、2、3、4、5、6、7、8、9），以 10000m³ 计。

（3）1500m³ 耙吸挖泥船，分为基本定额、超挖深定额、超运距定额、增转头定额，区分疏浚岩土级别（1、2、3、4、5、6、7、8、9），以 10000m³ 计。

（4）2000m³ 耙吸挖泥船，分为基本定额、超挖深定额、超运距定额、增转头定额，区分疏浚岩土级别（1、2、3、4、5、6、7、8、9），以 10000m³ 计。

（5）2500m³ 耙吸挖泥船，分为基本定额、超挖深定额、超运距定额、增转头定额，区分疏浚岩土级别（1、2、3、4、5、6、7、8、9），以 10000m³ 计。

（6）3500m³ 耙吸挖泥船，分为基本定额、超挖深定额、超运距定额、增转头定额，区分疏浚岩土级别（1、2、3、4、5、6、7、8、9），以 10000m³ 计。

（7）4000m³ 耙吸挖泥船，分为基本定额、超挖深定额、超运距定额、增转头定额，区分疏浚岩土级别（1、2、3、4、5、6、7、8、9、10），以 10000m³ 计。

（8）4500m³ 耙吸挖泥船，分为基本定额、超挖深定额、超运距定额、增转头定额、艏吹增加定额、艏喷增加定额，区分疏浚岩土级别（1、2、3、4、5、6、7、8、9、10），以 10000m³ 计。

（9）5000m³ 耙吸挖泥船，分为基本定额、超挖深定额、超运距定额、增转头定额、艏吹增加定额、艏喷增加定额，区分疏浚岩土级别（1、2、3、4、5、6、7、8、9、10），以 10000m³ 计。

（10）8000m³ 耙吸挖泥船，分为基本定额、超挖深定额、超运距定额、增转头定额、艏吹增加定额、艏喷增加定额，区分疏浚岩土级别（1、2、3、4、5、6、7、8、9、10），以 10000m³ 计。

（11）10000m³ 耙吸挖泥船，分为基本定额、超挖深定额、超运距定额、增转头定额、艏吹增加定额、艏喷增加定额，区分疏浚岩土级别（1、2、3、4、5、6、7、8、9、10），以 10000m³ 计。

（12）11000m³ 耙吸挖泥船，分为基本定额、超挖深定额、超运距定额、增转头定额、艏吹增加定额、艏喷增加定额，区分疏浚岩土级别（1、2、3、4、5、6、7、8、9、10），以 10000m³ 计。

（13）12000m³ 耙吸挖泥船，分为基本定额、超挖深定额、超运距定额、增转头定额、艏吹增加定额、艏喷增加定额，区分疏浚岩土级别（1、2、3、4、5、6、7、8、9、10），以 10000m³ 计。

（14）13000m³ 耙吸挖泥船，分为基本定额、超挖深定额、超运距定额、增转头定额、艏吹增加定额、艏喷增加定额，区分疏浚岩土级别（1、2、3、4、5、6、7、8、9、10），以 10000m³ 计。

（三）绞吸挖泥船

1. 章定额说明

（1）船型划分：绞吸挖泥船按名义生产效率划分。

（2）工作内容：包括挖泥、吹泥、移船、移锚、移排泥管等施工作业。

（3）工况级别及定额消耗量调整系数的确定见表 7.2-8。

**表 7.2 - 8**　　　　　　　　绞吸挖泥船工况级别及定额消耗量调整系数表

| 工况级别 | 客观影响时间率 | 定额消耗量调整系数 | 工况级别 | 客观影响时间率 | 定额消耗量调整系数 |
|---|---|---|---|---|---|
| 1 | 小于等于 5% | 0.8125 | 5 | 大于 20%，小于等于 25% | 1.0833 |
| 2 | 大于 5%，小于等于 10% | 0.8667 | 6 | 大于 25%，小于等于 30% | 1.1818 |
| 3 | 大于 10%，小于等于 15% | 0.9286 | 7 | 大于 30%，小于等于 35% | 1.3000 |
| 4 | 大于 15%，小于等于 20% | 1.0000 | — | — | — |

（4）本章定额包括基本定额和超挖深定额两部分，正表中的定额消耗量按 4 级工况确定，不同工况的定额消耗量按表 7.2 - 8 系数调整。

1）基本定额：挖深小于或等于基本挖深定额消耗量。

2）超挖深定额：挖深超过基本挖深后，每超过 1m 增加定额消耗量，基本挖深详见表 7.2 - 9。

**表 7.2 - 9**　　　　　　　　绞吸挖泥船基本挖深和最大挖深参考值表

| 船型/(m³/h) | 基本挖深/m | 最大挖深参考值/m | 船型/(m³/h) | 基本挖深/m | 最大挖深参考值/m |
|---|---|---|---|---|---|
| 40 | 4 | 4~6 | 1250、1450 | 6 | 16~18 |
| 60、80、90 | 5 | 4~6 | 1600、2000 | 7 | 18~22 |
| 120、200、350 | 5 | 8~10 | 2500、3000 | 8 | 19~22 |
| 400 | 15 | — | 3500、4000 | 10 | 25~28 |
| 1000 | 5 | 16~18 | 4500 | 10 | 30 |

（5）其他说明。

1）本章定额为绞吸挖泥船标准岸管长度在额定长度内的定额消耗量，当标准岸管长度超过额定长度时，其定额消耗量增加数按基本定额乘以表 7.2 - 10 的增加系数计算。当疏浚岩土为 5 级或 8 级及以上时，表 7.2 - 10 中的标准岸管的额定长度及上限参考值应乘以 0.75 的系数，并相应调整标准岸管长度区间和增加系数计算式。

**表 7.2 - 10**　　　　　　　　标准岸管长度超过额定长度时定额增加系数表

| 船型/(m³/h) | 标准岸管额定长度/100m | 标准岸管长度 L/100m | 每超过 100m 增加系数 | 标准岸管长度上限参考值/100m | 增加系数计算式 |
|---|---|---|---|---|---|
| 40 | 2.5 | L>2.5 | 0.020 | 3.5 | 0.020L - 0.050 |
| 60~80 | 3.5 | L>3.5 | 0.020 | 4.9 | 0.020L - 0.070 |
| 90 | 4.0 | L>4.0 | 0.020 | 5.6 | 0.020L - 0.080 |
| 120 | 5.0 | L>5.0 | 0.020 | 7.0 | 0.020L - 0.100 |
| 200 | 8.0 | L>8.0 | 0.020 | 11.2 | 0.020L - 0.160 |
| 350 | 12.0 | L>12.0 | 0.020 | 17.0 | 0.020L - 0.240 |
| 400 | 14.0 | L>14.0 | 0.020 | 20.0 | 0.020L - 0.280 |
| 1000 | 20.0 | L>20.0 | 0.020 | 28.0 | 0.020L - 0.400 |

| 船型/(m³/h) | 标准岸管额定长度/100m | 标准岸管长度 L/100m | 每超过100m增加系数 | 标准岸管长度上限参考值/100m | 增加系数计算式 |
|---|---|---|---|---|---|
| 1250 | 25.0 | L＞25.0 | 0.020 | 35.0 | 0.020L－0.500 |
| 1450 | 25.0 | 25.0～35.0<br>L＞35.0 | 0.020<br>0.025 | 45.0 | 0.020L－0.500<br>0.025L－0.675 |
| 1600～2000 | 30.0 | 30.0～40.0<br>L＞40.0 | 0.020<br>0.025 | 56.0 | 0.020L－0.600<br>0.025L－0.800 |
| 2500～4500 | 45.0 | 45.0～55.0<br>L＞55.0 | 0.020<br>0.025 | 65.0 | 0.020L－0.900<br>0.025L－1.175 |

标准岸管长度按下式计算：

标准岸管长度＝岸管长度＋浮管长度×1.67＋水下管长度×1.14＋超排高×50

$$(7.2-4)$$

式中的超排高是按挖泥船所在水位面至排泥管出口断面中心的高差超过标准排高的部分。标准排高：40～90m³/h 绞吸挖泥船为 5m；120～2000m³/h 绞吸挖泥船为 6m；2500m³/h 及以上绞吸挖泥船为 10m。

2）若平均泥层厚度（包括计算超深值）小于绞刀直径且大于等于绞刀直径的 1/2 时，其定额消耗量增加数按基本定额乘以下式增加系数计算，若平均泥层厚度小于绞刀直径的 1/2 时，不执行本定额。绞吸挖泥船绞刀直径参考值见表 7.2－11。

增加系数＝(绞刀直径/平均泥层厚度－1)×0.75　　　　(7.2－5)

**表 7.2－11　　　　　　　　　绞吸挖泥船绞刀直径参考值表**

| 船型/(m³/h) | 绞刀直径参考值/m | 船型/(m³/h) | 绞刀直径参考值/m |
|---|---|---|---|
| 40 | 0.6 | 400、1000、1250 | 2.0 |
| 60 | 0.8 | 1450 | 2.4 |
| 80、90、120 | 1.0 | 1600、2000 | 2.8 |
| 200 | 1.4 | 2500、3000、3500、4000、4500 | 3.0 |
| 350 | 1.5 | — | — |

3）在施工中如需要在泥泵吸口加格栅时，其定额消耗量增加数按基本定额乘以 0.15 的系数计算。

4）长排距施工。

a. 绞吸挖泥船定额中，舱内泵是按开启一台计算的，若 2500～4500m³/h 绞吸挖泥船需增开一台舱内泵进行长排距施工时，标准岸管额定长度和标准岸管长度上限参考数增加 5km，相应调整表 7.2－10 中的标准岸管长度区间和增加系数计算式。

b. 若 2500～4500m³/h 绞吸挖泥船配接力泵船进行长排距施工时，应按表 7.2－12 相应增加标准岸管额定长度和标准岸管长度上限参考数，相应调整表 7.2－10 中的标准岸管长度区间和增加系数计算式。接力泵船的定额消耗量同配套绞吸挖泥船。

**表 7.2－12  接力泵船施工增加标准岸管额定长度和标准岸管长度上限参考数表**  单位：100m

| 船 型 | 单泵或双泵串联 | 疏浚岩土级别 | | |
|---|---|---|---|---|
| | | 4 级及以下、6 级、7 级 | 5 级、8 级 | 9 级及以上 |
| 4120kW | 单泵 | 25.0 | 20.0 | 12.5 |
| | 双泵串联 | 50.0 | 40.0 | 25.0 |
| 7300kW、8000kW | 单泵 | 40.0 | 32.0 | 20.0 |
| | 双泵串联 | 80.0 | 64.0 | 40.0 |

2. 分部分项定额条目说明

(1) 40m³/h 绞吸挖泥船，基本定额，区分疏浚岩土级别（1、2、3、4、5、6、7、8、9），以 10000m³ 计。

(2) 60m³/h 绞吸挖泥船，分为基本定额、超挖深定额，区分疏浚岩土级别（1、2、3、4、5、6、7、8、9)，以 10000m³ 计。

(3) 80m³/h 绞吸挖泥船，分为基本定额、超挖深定额，区分疏浚岩土级别（1、2、3、4、5、6、7、8、9)，以 10000m³ 计。

(4) 90m³/h 绞吸挖泥船，分为基本定额、超挖深定额，区分疏浚岩土级别（1、2、3、4、5、6、7、8、9)，以 10000m³ 计。

(5) 120m³/h 绞吸挖泥船，分为基本定额、超挖深定额，区分疏浚岩土级别（1、2、3、4、5、6、7、8、9)，以 10000m³ 计。

(6) 200m³/h 绞吸挖泥船，分为基本定额、超挖深定额，区分疏浚岩土级别（1、2、3、4、5、6、7、8、9)，以 10000m³ 计。

(7) 350m³/h 绞吸挖泥船，分为基本定额、超挖深定额，区分疏浚岩土级别（1、2、3、4、5、6、7、8、9)，以 10000m³ 计。

(8) 400m³/h 绞吸挖泥船，分为基本定额、超挖深定额，区分疏浚岩土级别（1、2、3、4、5、6、7、8、9)，以 10000m³ 计。

(9) 1000m³/h 绞吸挖泥船，分为基本定额、超挖深定额，区分疏浚岩土级别（1、2、3、4、5、6、7、8、9)，以 10000m³ 计。

(10) 1250m³/h 绞吸挖泥船，分为基本定额、超挖深定额，区分疏浚岩土级别（1、2、3、4、5、6、7、8、9)，以 10000m³ 计。

(11) 1450m³/h 绞吸挖泥船，分为基本定额、超挖深定额，区分疏浚岩土级别（1、2、3、4、5、6、7、8、9)，以 10000m³ 计。

(12) 1600m³/h 绞吸挖泥船，分为基本定额、超挖深定额，区分疏浚岩土级别（1、2、3、4、5、6、7、8、9、10、11、12、13)，以 10000m³ 计。

(13) 2000m³/h 绞吸挖泥船，分为基本定额、超挖深定额，区分疏浚岩土级别（1、2、3、4、5、6、7、8、9、10、11、12、13)，以 10000m³ 计。

(14) 2500m³/h 绞吸挖泥船，分为基本定额、超挖深定额，区分疏浚岩土级别（1、2、3、4、5、6、7、8、9、10、11、12、13)，以 10000m³ 计。

(15) 3000m³/h 绞吸挖泥船，分为基本定额、超挖深定额，区分疏浚岩土级别（1、

2、3、4、5、6、7、8、9、10、11、12、13），以 10000m³ 计。

（16）3500m³/h 绞吸挖泥船，分为基本定额、超挖深定额，区分疏浚岩土级别（1、2、3、4、5、6、7、8、9、10、11、12、13），以 10000m³ 计。

（17）4000m³/h 绞吸挖泥船，分为基本定额、超挖深定额，区分疏浚岩土级别（1、2、3、4、5、6、7、8、9、10、11、12、13），以 10000m³ 计。

（18）4500m³/h 绞吸挖泥船，分为基本定额、超挖深定额，区分疏浚岩土级别（1、2、3、4、5、6、7、8、9、10、11、12、13），以 10000m³ 计。

（四）链斗挖泥船

1. 章定额说明

（1）船型划分：链斗挖泥船按其名义生产效率划分。

（2）工作内容：包括挖泥、装驳、运泥、卸泥、移船、移锚、靠离驳等施工作业。

（3）工况级别及定额消耗量调整系数的确定见表 7.2 - 13。

**表 7.2 - 13　　　　　链斗挖泥船工况级别及定额消耗量调整系数表**

| 工况级别 | 客观影响时间率 | 定额消耗量调整系数 | 工况级别 | 客观影响时间率 | 定额消耗量调整系数 |
|---|---|---|---|---|---|
| 1 | 小于等于 7% | 0.7857 | 5 | 大于 22%，小于等于 27% | 1.1000 |
| 2 | 大于 7%，小于等于 12% | 0.8462 | 6 | 大于 27%，小于等于 32% | 1.2222 |
| 3 | 大于 12%，小于等于 17% | 0.9167 | 7 | 大于 32%，小于等于 37% | 1.3750 |
| 4 | 大于 17%，小于等于 22% | 1.0000 | — | — | — |

（4）本章定额包括基本定额、超挖深定额和超运距定额 3 部分，正表中的定额消耗量按 4 级工况确定，不同工况的定额消耗量按表 7.2 - 13 的系数调整。

1）基本定额：挖深小于或等于基本挖深、运距小于或等于基本运距时定额消耗量。

2）超挖深定额：挖深超过基本挖深后，每超过 1m 增加定额消耗量。基本挖深见表 7.2 - 14。

**表 7.2 - 14　　　　　链斗挖泥船基本挖深和最大挖深参考值表**

| 船型/(m³/h) | 基本挖深/m | 最大挖深参考值/m | 船型/(m³/h) | 基本挖深/m | 最大挖深参考值/m |
|---|---|---|---|---|---|
| 40 | 4.5 | 4.5～5.5 | 180 | 5.0 | 9.0 |
| 60 | 4.5 | 4.5～5.5 | 350 | 5.0 | 16.0 |
| 100 | 5.0 | 4.5～5.5 | 500 | 5.0 | 16.0 |
| 120 | 5.0 | 5.5～7.5 | 750 | 5.0 | 20.0～24.0 |
| 150 | 5.0 | 5.5～7.5 | — | — | — |

3）超运距定额：基本运距为 2km，每超过 1km 增加定额消耗量。

（5）其他说明。

1）若平均泥层厚度（包括计算超深值）小于斗高而大于或等于斗高的 1/2 时，其定额消耗量增加数按基本定额乘以下式增加系数计算，平均泥层厚度小于斗高的 1/2 时不执行本定额。链斗挖泥船斗高见表 7.2 - 15。

$$增加系数＝（挖泥船斗高/平均泥层厚度－1）×0.75 \qquad (7.2-6)$$

表 7.2－15　　　　　　　链斗挖泥船斗高参考值表

| 船型/（m³/h） | 斗高参考值/m | 船型/（m³/h） | 斗高参考值 m |
|---|---|---|---|
| 40 | 0.45 | 180 | 0.69 |
| 60 | 0.45 | 350 | 1.23 |
| 100 | 0.80 | 500 | 1.40 |
| 120 | 0.70 | 750 | 1.25 |
| 150 | 0.67 | — | — |

2）挖硬黏土（4 级或 5 级土）附着力大于 $200g/cm^2$ 时，其拖轮和泥驳定额消耗量增加数按基本定额乘以 0.5 的系数计算（自航泥驳除外）。

3）若泥土处理为吹填时，应配备吹泥船，吹泥定额按吹泥船（定额第六章）执行。

4）$180m^3/h$ 及其以下链斗挖泥船在山区河流航道施工时，因流速过大、影响工效，其基本定额消耗量应按表 7.2－16 计算增加系数。

表 7.2－16　　　　　链斗挖泥船山区航道施工定额消耗量增加系数表

| 船 舶 类 型 | 流速/（m/s） | 增加系数 | 流速/（m/s） | 增加系数 |
|---|---|---|---|---|
| 180m³/h 及以下链斗挖泥船 | 1.81～2.52 | 0.10 | 3.25～3.96 | 0.30 |
| | 2.53～3.24 | 0.20 | 3.96 以上 | 0.35 |

**注** 山区航道包括山区河流穿过高山、峡谷和丘陵地区，河床形态复杂，礁石林立，险滩多，河面宽窄不一，水位和流量变化剧烈的航道。

2. 分部分项定额条目说明

（1）$40m^3/h$ 链斗挖泥船，分为基本定额、超运距定额，区分疏浚岩土级别（1、2、3、4、5、6、7、8、9），以 $10000m^3$ 计。

（2）$60m^3/h$ 链斗挖泥船，分为基本定额、超运距定额，区分疏浚岩土级别（1、2、3、4、5、6、7、8、9），以 $10000m^3$ 计。

（3）$100m^3/h$ 链斗挖泥船，分为基本定额、超挖深定额、超运距定额，区分疏浚岩土级别（1、2、3、4、5、6、7、8、9），以 $10000m^3$ 计。

（4）$120m^3/h$ 链斗挖泥船，分为基本定额、超挖深定额、超运距定额，区分疏浚岩土级别（1、2、3、4、5、6、7、8、9），以 $10000m^3$ 计。

（5）$150m^3/h$ 链斗挖泥船，分为基本定额、超挖深定额、超运距定额，区分疏浚岩土级别（1、2、3、4、5、6、7、8、9），以 $10000m^3$ 计。

（6）$180m^3/h$ 链斗挖泥船，分为基本定额、超挖深定额、超运距定额，区分疏浚岩土级别（1、2、3、4、5、6、7、8、9），以 $10000m^3$ 计。

（7）$350m^3/h$ 链斗挖泥船，分为基本定额、超挖深定额、超运距定额，区分疏浚岩土级别（1、2、3、4、5、6、7、8、9），以 $10000m^3$ 计。

（8）$500m^3/h$ 链斗挖泥船，分为基本定额、超挖深定额、超运距定额，区分疏浚岩土级别（1、2、3、4、5、6、7、8、9、10），以 $10000m^3$ 计。

（9）$750m^3/h$ 链斗挖泥船，分为基本定额、超挖深定额、超运距定额，区分疏浚岩土级别（1、2、3、4、5、6、7、8、9、10），以 10000m³ 计。

（五）抓斗挖泥船

1. 章定额说明

（1）船型划分：抓斗挖泥船按斗容划分。

（2）工作内容：包括挖泥、装驳、运泥、卸泥、移船、移锚、靠离驳等施工作业。

（3）工况级别及定额消耗量调整系数的确定见表 7.2-17。

表 7.2-17　　　　　　　抓斗挖泥船工况级别及定额消耗量调整系数表

| 工况级别 | 客观影响时间率 | 定额消耗量调整系数 | 工况级别 | 客观影响时间率 | 定额消耗量调整系数 |
|---|---|---|---|---|---|
| 1 | 小于等于 10% | 0.7857 | 5 | 大于 28%，小于等于 35% | 1.1000 |
| 2 | 大于 10%，小于等于 15% | 0.8462 | 6 | 大于 35%，小于等于 40% | 1.2222 |
| 3 | 大于 15%，小于等于 20% | 0.9167 | 7 | 大于 40%，小于等于 45% | 1.3750 |
| 4 | 大于 20%，小于等于 28% | 1.0000 | — | — | — |

（4）本章定额包括基本定额、超挖深定额和超运距定额 3 部分，正表中的定额消耗量按 4 级工况确定，不同工况的定额消耗量按表 7.2-17 的系数调整。

1）基本定额：挖深小于或等于基本挖深、运距小于或等于基本运距时定额消耗量。

2）超挖深定额：挖深超过基本挖深后，每超过 1m 增加定额消耗量。基本挖深见表 7.2-18。

表 7.2-18　　　　　　　抓斗挖泥船基本挖深和最大挖深参考值表

| 船型/m³ | 基本挖深/m | 最大挖深参考值/m | 船型/m³ | 基本挖深/m | 最大挖深参考值/m |
|---|---|---|---|---|---|
| 0.25 | 3 | 3 | 4 | 5 | 20~25 |
| 0.5、0.75 | 5 | 5~6 | 8 | 5 | 25~40 |
| 1、1.5 | 5 | 10~15 | 13、18、20、25、27 | 5 | 50~55 |
| 2 | 5 | 15~20 | 30 | 8 | 75 |

3）超运距定额：基本运距为 2km，每超过 1km 增加定额消耗量。

（5）其他说明。

1）抓斗挖泥船挖硬黏土（4 级或 5 级土）附着力大于 200g/cm² 时，其拖轮和泥驳定额消耗量增加数按基本定额乘以 0.5 的系数计算（自航泥驳除外）。

2）若泥土处理为吹填时，应配备吹泥费，吹泥定额按吹泥船（定额第六章）执行。

3）2m³ 及其以下抓斗挖泥船在山区河流航道施工时，因流速过大、影响工效，其基本定额消耗量应按表 7.2-19 计算增加系数。

表 7.2-19　　　　　　抓斗挖泥船山区航道施工定额消耗量增加系数表

| 船 舶 类 型 | 流速/(m/s) | 增加系数 | 船 舶 类 型 | 流速/(m/s) | 增加系数 |
|---|---|---|---|---|---|
| 2m³ 及以下抓斗挖泥船 | 1.51~2.10 | 0.10 | 2m³ 及以下抓斗挖泥船 | 2.71~3.30 | 0.30 |
|  | 2.11~2.70 | 0.20 |  | 3.30 以上 | 0.35 |

注　山区航道包括山区河流穿过高山、峡谷和丘陵地区，河床形态复杂，礁石林立，险滩多，河面宽窄不一，水位和流量变化剧烈的航道。

2. 分部分项定额条目说明

(1) 0.25m³ 抓斗挖泥船，分为基本定额、超运距定额，区分疏浚岩土级别（1、2、3、4、5、6、7、8、9），以 10000m³ 计。

(2) 0.5m³ 抓斗挖泥船，分为基本定额、超运距定额，区分疏浚岩土级别（1、2、3、4、5、6、7、8、9），以 10000m³ 计。

(3) 0.75m³ 抓斗挖泥船，分为基本定额、超挖深定额、超运距定额，区分疏浚岩土级别（1、2、3、4、5、6、7、8、9），以 10000m³ 计。

(4) 1m³ 抓斗挖泥船，分为基本定额、超挖深定额、超运距定额，区分疏浚岩土级别（1、2、3、4、5、6、7、8、9），以 10000m³ 计。

(5) 1.5m³ 抓斗挖泥船，分为基本定额、超挖深定额、超运距定额，区分疏浚岩土级别（1、2、3、4、5、6、7、8、9），以 10000m³ 计。

(6) 2m³ 抓斗挖泥船，分为基本定额、超挖深定额、超运距定额，区分疏浚岩土级别（1、2、3、4、5、6、7、8、9），以 10000m³ 计。

(7) 4m³ 抓斗挖泥船，分为基本定额、超挖深定额、超运距定额，区分疏浚岩土级别（1、2、3、4、5、6、7、8、9、10），以 10000m³ 计。

(8) 8m³ 抓斗挖泥船，分为基本定额、超挖深定额、超运距定额，区分疏浚岩土级别（1、2、3、4、5、6、7、8、9、10、11），以 10000m³ 计。

(9) 13m³ 抓斗挖泥船，分为基本定额、超挖深定额、超运距定额，区分疏浚岩土级别（1、2、3、4、5、6、7、8、9、10、11），以 10000m³ 计。

(10) 18m³ 抓斗挖泥船，分为基本定额、超挖深定额、超运距定额，区分疏浚岩土级别（1、2、3、4、5、6、7、8、9、10、11），以 10000m³ 计。

(11) 20m³ 抓斗挖泥船，分为基本定额、超挖深定额、超运距定额，区分疏浚岩土级别（1、2、3、4、5、6、7、8、9、10、11），以 10000m³ 计。

(12) 25m³ 抓斗挖泥船，分为基本定额、超挖深定额、超运距定额，区分疏浚岩土级别（1、2、3、4、5、6、7、8、9、10、11），以 10000m³ 计。

(13) 27m³ 抓斗挖泥船，分为基本定额、超挖深定额、超运距定额，区分疏浚岩土级别（1、2、3、4、5、6、7、8、9、10、11），以 10000m³ 计。

(14) 30m³ 抓斗挖泥船，分为基本定额、超挖深定额、超运距定额，区分疏浚岩土级别（1、2、3、4、5、6、7、8、9、10、11），以 10000m³ 计。

（六）铲斗挖泥船

1. 章定额说明

(1) 船型划分：铲斗挖泥船按斗容划分。

(2) 工作内容：包括挖泥、装驳、运泥、卸泥、移船、移锚、靠离驳等施工作业。

(3) 工况级别及定额消耗量调整系数的确定见表 7.2 - 20。

(4) 本章定额包括基本定额、超挖深定额和超运距定额 3 部分，正表中的定额消耗量按 4 级工况确定，其他工况的定额消耗量按表 7.2 - 20 的系数调整。

1) 基本定额：挖深小于或等于基本挖深、运距小于或等于基本运距时定额消耗量。

表 7.2-20                         铲斗挖泥船工况级别及定额消耗量调整系数表

| 工况级别 | 客观影响时间率 | 定额消耗量调整系数 | 工况级别 | 客观影响时间率 | 定额消耗量调整系数 |
|---|---|---|---|---|---|
| 1 | 小于等于 10% | 0.7857 | 5 | 大于 28%，小于等于 35% | 1.1000 |
| 2 | 大于 10%，小于等于 15% | 0.8462 | 6 | 大于 35%，小于等于 40% | 1.2222 |
| 3 | 大于 15%，小于等于 20% | 0.9167 | 7 | 大于 40%，小于等于 45% | 1.3750 |
| 4 | 大于 20%，小于等于 28% | 1.0000 | — | — | — |

2）超挖深定额：挖深超过基本挖深后，每超过 1m 增加定额消耗量。基本挖深见表 7.2-21。

表 7.2-21                         铲斗挖泥船基本挖深和最大挖深参考值表

| 船型/m³ | 基本挖深/m | 最大挖深参考值/m | 船型/m³ | 基本挖深/m | 最大挖深参考值/m |
|---|---|---|---|---|---|
| 0.25 | 3.0 | 3.0 | 4 | 5.0 | 15.0 |
| 0.75 | 4.5 | 4.5 | | | |

3）超运距定额：基本运距为 2km，每超过 1km 增加定额消耗量。

（5）其他说明。

1）铲斗挖泥船挖硬黏土（4 级或 5 级土）附着力大于 200g/cm² 时，其拖轮和泥驳定额消耗量增加数按基本定额乘以 0.5 的系数计算（自航泥驳除外）。

2）若泥土处理为吹填时，应配备吹泥船，吹泥定额按吹泥船（定额第六章）执行。

3）铲斗挖泥船在山区河流航道施工时，因流速过大、影响工效，其基本定额消耗量应按表 7.2-22 计算增加系数。

表 7.2-22                         铲斗挖泥船山区航道施工定额消耗量增加系数表

| 船舶类型 | 流 速/（m/s） | 增加系数 | 船舶类型 | 流 速/（m/s） | 增加系数 |
|---|---|---|---|---|---|
| 0.75m³ 及以下铲斗挖泥船 | 1.51～2.10 | 0.10 | 4m³ 铲斗挖泥船 | 3.01～4.20 | 0.10 |
| | 2.11～2.70 | 0.20 | | 4.21～5.40 | 0.20 |
| | 2.71～3.30 | 0.30 | | 5.41～6.60 | 0.30 |
| | 3.30 以上 | 0.35 | | 6.60 以上 | 0.35 |

注 山区航道包括山区河流穿过高山、峡谷和丘陵地区，河床形态复杂，礁石林立，险滩多，河面宽窄不一，水位和流量变化剧烈的航道。

2. 分部分项定额条目说明

（1）0.25m³ 铲斗挖泥船，分为基本定额、超运距定额，区分疏浚岩土级别（1、2、3、4、5、6、7、8、9），以 10000m³ 计。

（2）0.75m³ 铲斗挖泥船，分为基本定额、超运距定额，区分疏浚岩土级别（1、2、3、4、5、6、7、8、9），以 10000m³ 计。

（3）4m³ 铲斗挖泥船，分为基本定额、超挖深定额、超运距定额，区分疏浚岩土级别（1、2、3、4、5、6、7、8、9、10），以 10000m³ 计。

（七）吹泥船

1. 章定额说明

（1）船型划分：吹泥船按其名义生产效率划分。

（2）工作内容：包括靠离驳、吹泥、接拆排泥管等施工作业。

（3）其他说明。

1）本章定额在与链斗挖泥船或抓斗、铲斗挖泥船配套使用时，吹泥船应与挖泥船的能力相适应，泥驳规格同挖泥船配套泥驳。正表中的定额消耗量按4级工况确定，工况的确定和工况的定额消耗量调整系数同配套挖泥船。

2）本章定额为吹泥船在额定标准岸管长度（表7.2-23）内船舶定额消耗量，标准岸管长度按绞吸挖泥船（定额第二章）[式（7.2-4）]规定计算，当标准岸管长度超过额定标准岸管长度时，其定额消耗量增加数按定额乘以表7.2-23的增加系数计算。当疏浚岩土为5级或8级时，表7.2-23中的标准岸管的额定长度及上限参考值应乘以0.75的系数，并相应调整标准岸管长度区间和增加系数计算式。

表 7.2-23　　　　　　标准岸管长度超过额定长度时定额增加系数表

| 船型/(m³/h) | 标准岸管额定长度/100m | 标准岸管长度 $L$/100m | 每超过1km增加系数 | 标准岸管长度上限参考值/100m | 增加系数计算式 |
|---|---|---|---|---|---|
| 60~80 | 7.0 | $L>7.0$ | 0.020 | 9.8 | $0.020L-0.140$ |
| 150 | 10.0 | $L>10.0$ | 0.020 | 14.0 | $0.020L-0.200$ |
| 800 | 30.0 | $L>30.0$ | 0.020 | 42.0 | $0.020L-0.600$ |
| 1000 | 55.0 | $L>55.0$ | 0.020 | 77.0 | $0.020L-1.100$ |

2. 分部分项定额条目说明

（1）60m³/h 吹泥船，基本定额，区分疏浚岩土级别（1、2、3、4、5、6、7、8），以 10000m³ 计。

（2）80m³/h 吹泥船，基本定额，区分疏浚岩土级别（1、2、3、4、5、6、7、8），以 10000m³ 计。

（3）150m³/h 吹泥船，基本定额，区分疏浚岩土级别（1、2、3、4、5、6、7、8），以 10000m³ 计。

（4）800m³/h 吹泥船，基本定额，区分疏浚岩土级别（1、2、3、4、5、6、7、8），以 10000m³ 计。

（5）1000m³/h 吹泥船，基本定额，区分疏浚岩土级别（1、2、3、4、5、6、7、8），以 10000m³ 计。

（八）船舶调遣

1. 章定额说明

（1）船舶调遣费指施工船舶、设备等根据建设任务的需要，由原施工地点（或由基地）到另一施工地点所发生的往返调遣费用。

（2）船舶调遣按调遣方式分为自航调遣和拖带调遣。

1）自航调遣包括耙吸挖泥船、自航链斗挖泥船、拖轮、自航泥驳和锚（机）艇的调遣。

2）拖带调遣包括非自航挖泥船、吹泥船、接力泵船和非自航泥驳的调遣。

（3）船舶调遣定额按调遣地区分为沿海区域调遣、内河区域调遣。

（4）工作内容：船舶执行调遣和准备、结束调遣以及人员、设备、仪器、材料的调遣，准备、结束调遣主要包括船舶封舱、启舱、改装、拆除、复原等工作内容。

（5）调遣定额包括往返各 100 海里的执行调遣所需的定额消耗量和往返一次的准备、结束调遣所需的定额消耗量。

（6）其他说明。

1）拖带调遣定额中，非自航挖泥船、吹泥船及接力泵船的调遣为一拖一调遣；非自航泥驳的调遣为一拖二调遣，若需要一拖一调遣时，其定额中泥驳定额消耗量按 1/2 计算。

2）山区河流自航调遣定额消耗量同内河区域；山区河流拖带调遣中执行调遣定额消耗量按内河区域增加 0.30 的系数计算，准备、结束调遣定额消耗量同内河区域。

3）自航调遣船舶和拖带调遣中的拖轮，其执行调遣艘班均按使用艘班计算，艘班费中的燃料消耗量按《疏浚工程船舶艘班费用定额》（JTS/T 278—2—2019）中"自航船舶调遣航行期间燃料消耗量表"调整；准备、结束调遣艘班和拖带调遣中的被拖船舶执行调遣艘班均按停置艘班计算。

4）人员、设备、仪器、材料等的调遣费用按船舶执行调遣和船舶准备、结束调遣基价之和的 5% 计算。

5）调遣距离小于 25 海里时，不计算施工队伍调遣费，大于等于 25 海里时按实际距离计算施工队伍调遣费。

6）调遣次数，工期在 1 年以内原则上按 1 次计算，工期超过 1 年的按施工组织设计确定。

7）排泥管线装泥驳调遣，应根据排泥管线的种类、规格、长度和泥驳规格及航行安全等要素安排泥驳数量。

2. 自航调遣

（1）节分部分项定额条目说明。

1）500m³ 耙吸挖泥船调遣，分为每 100 海里执行调遣、准备与结束调遣（沿海、内河），以 1 组·次计。

2）800～5000m³ 耙吸挖泥船调遣，分为每 100 海里执行调遣、准备与结束调遣（沿海、内河），以 1 组·次计。

3）8000～13000m³ 耙吸挖泥船调遣，分为每 100 海里执行调遣、准备与结束调遣（沿海、内河），以 1 组·次计。

4）750m³/h 自航链斗挖泥船调遣，分为每 100 海里执行调遣、准备与结束调遣（沿海、内河），以 1 组·次计。

5）20～75kW 拖轮调遣，分为每 100 海里执行调遣、准备与结束调遣（沿海、内河），以1组·次计。

6）90～170kW拖轮调遣，分为每100海里执行调遣、准备与结束调遣（沿海、内河），以1组·次计。

7）200～315kW拖轮调遣，分为每100海里执行调遣、准备与结束调遣（沿海、内河），以1组·次计。

8）370～440kW拖轮调遣，分为每100海里执行调遣、准备与结束调遣（沿海、内河），以1组·次计。

9）590～1440kW拖轮调遣，分为每100海里执行调遣、准备与结束调遣（沿海、内河），以1组·次计。

10）1940kW及以上拖轮调遣，分为每100海里执行调遣、准备与结束调遣（沿海、内河），以1组·次计。

11）280～350$m^3$自航泥驳调遣，分为每100海里执行调遣、准备与结束调遣（沿海、内河），以1组·次计。

12）500～1000$m^3$自航泥驳调遣，分为每100海里执行调遣、准备与结束调遣（沿海、内河），以1组·次计。

13）2000$m^3$自航泥驳调遣，分为每100海里执行调遣、准备与结束调遣（沿海、内河），以1组·次计。

14）3000$m^3$自航泥驳调遣，分为每100海里执行调遣、准备与结束调遣（沿海、内河），以1组·次计。

15）60kW及以下锚（机）艇调遣，分为每100海里执行调遣、准备与结束调遣（沿海、内河），以1组·次计。

16）90～175kW锚（机）艇调遣，分为每100海里执行调遣、准备与结束调遣（沿海、内河），以1组·次计。

17）200～255kW锚（机）艇调遣，分为每100海里执行调遣、准备与结束调遣（沿海、内河），以1组·次计。

18）350～510kW锚（机）艇调遣，分为每100海里执行调遣、准备与结束调遣（沿海、内河），以1组·次计。

19）590kW及以上锚（机）艇调遣，分为每100海里执行调遣、准备与结束调遣（沿海、内河），以1组·次计。

3.沿海区域拖带调遣

（1）节分部分项定额条目说明。

1）2000$m^3$/h及以下绞吸挖泥船调遣，分为每100海里执行调遣、准备与结束调遣，以1组·次计。

2）2500～3000$m^3$/h绞吸挖泥船调遣，分为每100海里执行调遣、准备与结束调遣，以1组·次计。

3）3500～4500$m^3$/h绞吸挖泥船调遣，分为每100海里执行调遣、准备与结束调遣，以1组·次计。

4）350$m^3$/h及以下链斗挖泥船调遣，分为每100海里执行调遣、准备与结束调遣，以 1 组·次计。

5）500m³/h 链斗挖泥船调遣，分为每 100 海里执行调遣、准备与结束调遣，以 1 组·次计。

6）4m³ 铲斗挖泥船调遣，分为每 100 海里执行调遣、准备与结束调遣，以 1 组·次计。

7）4m³ 抓斗挖泥船调遣，分为每 100 海里执行调遣、准备与结束调遣，以 1 组·次计。

8）8～13m³ 抓斗挖泥船调遣，分为每 100 海里执行调遣、准备与结束调遣，以 1 组·次计。

9）18～20m³ 抓斗挖泥船调遣，分为每 100 海里执行调遣、准备与结束调遣，以 1 组·次计。

10）25～30m³ 抓斗挖泥船调遣，分为每 100 海里执行调遣、准备与结束调遣，以 1 组·次计。

11）800～1000m³/h 吹泥船调遣，分为每 100 海里执行调遣、准备与结束调遣，以 1 组·次计。

12）4120～8000kW 接力泵船调遣，分为每 100 海里执行调遣、准备与结束调遣，以 1 组·次计。

13）280～350m³ 泥驳调遣，分为每 100 海里执行调遣、准备与结束调遣，以 1 组·次计。

14）500m³ 泥驳调遣，分为每 100 海里执行调遣、准备与结束调遣，以 1 组·次计。

4．内河区域拖带调遣

（1）节分部分项定额条目说明。

1）40～90m³/h 绞吸挖泥船调遣，分为每 100 海里执行调遣、准备与结束调遣，以 1 组·次计。

2）120～350m³/h 绞吸挖泥船调遣，分为每 100 海里执行调遣、准备与结束调遣，以 1 组·次计。

3）400m³/h 绞吸挖泥船调遣，分为每 100 海里执行调遣、准备与结束调遣，以 1 组·次计。

4）1000～2000m³/h 绞吸挖泥船调遣，分为每 100 海里执行调遣、准备与结束调遣，以 1 组·次计。

5）2500～3000m³/h 绞吸挖泥船调遣，分为每 100 海里执行调遣、准备与结束调遣，以 1 组·次计。

6）3500～4500m³/h 绞吸挖泥船调遣，分为每 100 海里执行调遣、准备与结束调遣，以 1 组·次计。

7）60m³/h 及以下链斗挖泥船调遣，分为每 100 海里执行调遣、准备与结束调遣，以 1 组·次计。

8）100～350m³/h 链斗挖泥船调遣，分为每 100 海里执行调遣、准备与结束调遣，以 1 组·次计。

9）500m³/h 链斗挖泥船调遣，分为每 100 海里执行调遣、准备与结束调遣，以 1 组·次计。

10）0.75m³ 及以下铲斗挖泥船调遣，分为每 100 海里执行调遣、准备与结束调遣，以 1 组·次计。

11）4m³ 铲斗挖泥船调遣，分为每 100 海里执行调遣、准备与结束调遣，以 1 组·次计。

12）4m³ 及以下抓斗挖泥船调遣，分为每 100 海里执行调遣、准备与结束调遣，以 1 组·次计。

13）8～13m³ 抓斗挖泥船调遣，分为每 100 海里执行调遣、准备与结束调遣，以 1 组·次计。

14）18～20m³ 抓斗挖泥船调遣，分为每 100 海里执行调遣、准备与结束调遣，以 1 组·次计。

15）25～30m³ 抓斗挖泥船调遣，分为每 100 海里执行调遣、准备与结束调遣，以 1 组·次计。

16）80m³/h 及以下吹泥船调遣，分为每 100 海里执行调遣、准备与结束调遣，以 1 组·次计。

17）150m³/h 吹泥船调遣，分为每 100 海里执行调遣、准备与结束调遣，以 1 组·次计。

18）800～1000m³/h 吹泥船调遣，分为每 100 海里执行调遣、准备与结束调遣，以 1 组·次计。

19）4120～8000kW 接力泵船调遣，分为每 100 海里执行调遣、准备与结束调遣，以 1 组·次计。

20）100m³ 及以下泥驳调遣，分为每 100 海里执行调遣、准备与结束调遣，以 1 组·次计。

21）120～180m³ 泥驳调遣，分为每 100 海里执行调遣、准备与结束调遣，以 1 组·次计。

22）280～350m³ 泥驳调遣，分为每 100 海里执行调遣、准备与结束调遣，以 1 组·次计。

23）500m³ 泥驳调遣，分为每 100 海里执行调遣、准备与结束调遣，以 1 组·次计。

（九）其他

1. 章定额说明

（1）本章包括各类挖、吹泥船和接力泵船的开工展布、收工集合定额，排泥管架架设及拆除定额。

（2）开工展布、收工集合费指船舶进、退场的费用。

（3）开工展布、收工集合的次数，一个单位工程原则上只计算一次。若因工程量较大，需要跨冰封期施工，可按实际情况计算开工展布、收工集合次数；把吸挖泥船开工展布、收工集合按挖槽长度 10km 计算一次，小于 10km 时按一次计算，每超过 10km 增加一次；对经常性进行维护的疏浚工程，按每月计算一次。

（4）排泥管管架仅考虑钢木结构，即立桩为杉木、其他部分均为型钢。

2. 分部分项定额条目说明

（1）耙吸挖泥船开工展布、收工集合，以1组·次计。

（2）绞吸挖泥船开工展布、收工集合，以1组·次计。

1000m³/h及以下挖泥船配295kW拖轮，1250～2500 m³/h挖泥船配720kW拖轮，3000m³/h及以上挖泥船配970kW拖轮。

（3）链斗挖泥船开工展布、收工集合，以1组·次计。

500.0m³/h挖泥船配295kW拖轮，750.0m³/h挖泥船配720kW拖轮。

（4）抓斗挖泥船开工展布、收工集合，以1组·次计。

1.5～2.0m³挖泥船配295kW拖轮，4.0～13.0m³挖泥船配720kW拖轮，18.0m³及以上挖泥船配970kW拖轮。

（5）铲斗挖泥船开工展布、收工集合，以1组·次计。

4.0m³挖泥船配720kW拖轮。

（6）吹泥船开工展布、收工集合，以1组·次计。

1000m³/h吹泥船配720kW拖轮，1000m³/h以下吹泥船配295kW拖轮。

（7）接力泵船开工展布、收工集合，以1组·次计。

（8）安装及拆除钢木排泥管架，分为水上、陆上，区分排泥管离地面高度，以100m计。

水上，排泥管离地面高度分为$h \leqslant 1.5$、$1.5 < h \leqslant 3.0$、$3.0 < h \leqslant 4.5$、$4.5 < h \leqslant 6.5$。陆上，排泥管离地面高度分为$h \leqslant 1.5$、$1.5 < h \leqslant 3.0$、$3.0 < h \leqslant 4.5$。

工作内容：制作木桩，打、拔木桩，安拆钢横头、撑杆、排泥管，工地材料运输。

**二、《疏浚工程船舶艘班费用定额》说明**

《疏浚工程船舶艘班费用定额》（JTS/T 278—2—2019）是《疏浚工程预算定额》（JTS/T 278—1—2019）的编制依据，也是当人工、材料、动力费变化时进行定额调整的依据。

# 第八章　水运工程工程量清单计价

## 第一节　工程量清单计价概述

### 一、工程量清单计价简介

1. 工程量清单计价的概念

工程量清单是指表现水运工程的分部分项工程项目、一般项目和计日工项目的名称及相应数量的明细。工程量清单是由招标人根据招标文件、设计文件、施工现场条件和统一的标准（包括工程量清单计价规范）编制汇总而成，并作为招标文件的一部分统一提供给所有投标人。

工程量清单计价是指投标人完成由招标人提供的工程量清单所需的全部费用，包括分部分项工程量清单费用、一般项目清单费用和计日工项目清单费用等。工程量清单计价采用综合单价计价，综合单价由投标人依据工程量清单自主报价。

综合单价是指完成工程量清单中一个质量合格的规定计量单位项目所需的人工费、材料费、船舶机械使用费、施工取费及税金等全部费用的单价，并考虑风险因素。

工程量清单（BQ）产生于 19 世纪 30 年代，西方国家把计算工程量、提供工程量清单专业化为业主估价师的职责，所有的投标都要以业主提供的工程量清单为基础，从而使得最后的投标结果具有可比性。1992 年英国出版了标准的工程量计算规则（SMM），在英联邦国家中被广泛使用。

在国际工程施工发承包中，使用 FIDIC 合同条款时一般配套使用 FIDIC 工程量计算规则。它是在英国工程量计算规则（SMM）的基础上，根据工程项目、合同管理中的要求，由国际咨询工程师联合会（Fédération Internationale Des Ingénieurs - Conseils，于 1913 年在英国成立）编写完成。我国于 1996 年正式加入国际咨询工程师联合会，并全文引进了 FIDIC 合同条款。我国自 2001 年 12 月 1 日起施行《建筑工程施工发包与承包计价管理办法》，自 2003 年 7 月 1 日起施行《建设工程工程量清单计价规范》（GB 50500—2003），自此全国正式实行工程量清单计价。

交通运输部 2008 年第 42 号文发布《水运工程工程量清单计价规范》（JTS/T 271—2008），自 2009 年 1 月 1 日起施行。现行的《水运工程工程量清单计价规范》（JTS/T 271—2020），自 2020 年 10 月 15 日起施行。

2. 工程量清单计价的特征

（1）工程量清单计价采用综合单价的形式，综合单价包含了人工费、材料费、船舶机械使用费、施工取费及税金等全部费用，并考虑了风险因素。这种单价的大综合，使得工程计价一目了然，更适合于工程招投标。

（2）工程量清单计价要求投标人根据市场行情和自身实力自主报价，市场竞争下形成的工程造价呈现出多样性，体现了公平竞争的原则。

（3）工程量清单具有合同化的法定性，本质上是单价合同的计价模式，中标后的单价一经合同确认，在竣工结算时是不能随意变更的，即量变价不变。这简化了工程进度款支付和工程结算的管理。

（4）工程量清单报价的核心是综合单价的形成，这要求投标人注重工程单价的分析，报价的基础是企业定额。这必然推动企业编制自己的企业定额，提高自己的工程技术水平和经营管理能力。

（5）工程量清单计价实现了量价分离、风险各担。工程量由招标人（发包方）确定，量的风险由招标人（发包方）承担；综合单价由投标人（承包方）自主填报，价的风险由投标人（承包方）承担。

（6）工程量清单计价准确地反映了工程的设计特点、施工现场条件、市场行情、施工企业自身实力，是将各种因素考虑在单价内的动态计价模式。

（7）采用工程量清单计价方式时，工程变更或方案比选对项目投资的影响很直观，便于项目决策和投资控制。

3. 工程量清单计价法与定额计价法的区别与联系

（1）在实行工程量清单计价法之前，我国一直实行的是定额计价法。定额计价法的特征是预算定额的指令性，"预算定额＋取费＋文件规定"构成工程计价的法令性基础，为发承包双方共同执行。统一的预算定额不能反映企业间的个体水平差异性，难以形成市场公平竞争。定额计价法体现的是政府对工程价格的直接管理和调控，既不能适应市场竞争的需要，也不符合国际惯例。

（2）工程量清单计价法是招标人提供"量"、投标人提供"价"的计价模式。工程量是统一公开的，综合单价是投标人自主填报的，综合单价的形成基础是企业定额，预算定额只具有指导性，通过市场的公平竞争形成最终工程造价。工程量清单计价更适合于市场竞争环境下的工程招投标（发承包），也是国际上通行的计价方法。实行工程量清单计价法后，政府对工程造价的管理转为宏观调控。

（3）定额计价法本质上属于静态计价法，反映的是行业的平均合理水平；工程量清单计价法属于动态计价法，既反映了施工企业自身的实力（个体水平），也反映了市场行情。

（4）工程量清单的分项工程设置、工程量计算规则、计量单位均与定额有所不同。工程量清单的分项工程多按实物工程分项设置，工程量的计算规则多反映实物应完工量，计量单位多为 m、$m^2$、$m^3$、t、根、套、件、项等标准或自然计量单位。定额的分项工程多按工序或构件设置，工程量的计算规则多反映工序操作量，计量单位多为 100m、$100m^2$、$10m^3$、t、10根、10套、10件等扩大单位。这是初学者尤其需要注意的。

（5）工程量清单计价法与定额计价法也存在着内在的联系。首先，工程量清单计价法用于工程招投标（发承包）及其后的工程实施阶段，用于实际工程造价的确定与支付，而定额计价法可用于工程招投标（发承包）之前的估算、概算和施工图预算（设计方、业主方）阶段，用于工程投资的预测、设计方案评估、资金筹措等。其次，预算定额对于清单综合单价的确定有指导意义，对于国有资金投资项目预算定额是招标控制价的编制依据。制定企业定额的投入是很大的，也需要长期的积累，在我国现阶段的情况下，预算定额是企业定额制定的重要参考资料。

## 二、工程量清单计价的应用

### （一）工程量清单计价的意义

（1）实行工程量清单计价是工程造价深化改革的产物。长期以来，我国的发承包计价、定价采用定额计价法。1992年，为了适应建设市场改革的要求，提出了"控制量、指导价、竞争费"的改革措施，工程造价管理由静态管理步入动态管理模式。但这种做法仍然难以改变工程预算定额的指令性地位，难以满足招标和评标的要求，不能准确反映各个企业的实际消耗量（个体水平）、技术装备水平、管理水平和劳动生产率，也不能反映市场公平竞争。而工程量清单计价法的引入成为工程造价深化改革的必然选择。

（2）实行工程量清单计价是规范建设市场秩序，适应社会主义市场经济发展的需要。工程造价是工程建设的核心内容，也是建设市场运行的核心内容，建设市场上存在许多不规范行为，大多与工程造价有关。实现建设市场的良性发展除了法律法规和行政监督以外，发挥市场规律中"竞争"和"价格"的作用也是治本之策。工程量清单计价有利于发挥企业自主报价的能力，实现政府定价的转变，也有利于规范业主在招标中的行为，有效改变招标单位在招标中盲目压价的行为，从而真正体现公开、公平、公正的原则，反映市场经济规律。

（3）实行工程量清单计价是促进建设市场有序竞争和企业健康发展的需要。采用工程量清单计价模式招标投标，招标人必须编制出准确的工程量清单，并承担相应的风险，促进招标人提高管理水平。由于工程量清单是统一的，可以避免工程招标中的弄虚作假、暗箱操作等不规范行为。对于投标人，必须对单位工程成本、利润进行分析，统筹考虑、精心选择施工方案，并根据企业的定额合理投入人工、材料、机械等要素，优化组合，合理控制现场费用和措施费用，确定投标综合单价。

工程量清单计价的实行，有利于规范建筑市场计价行为，规范建设市场秩序，促进建设市场有序竞争；有利于控制建设项目投资，合理利用资源；有利于促进技术进步，提高劳动生产率；有利于提高造价工程师的素质，使其成为懂技术、懂经济、懂管理的全面发展的复合型人才。

（4）实行工程量清单计价有利于我国工程造价管理政府职能的转变。我国政府对于工程造价管理的模式要实行"政府宏观调控、企业自主报价、市场竞争形成价格、社会全面监督"的管理思路，改过去的指令性定额为工程量清单计价，改过去的行政直接干预为对工程造价的依法监管，有效地强化政府对工程造价的宏观调控。

（5）实行工程量清单计价是适应我国加入WTO，融入世界大市场的需要。随着我国加入WTO以来，国内建设市场逐步对外开放，国外的企业和投资项目越来越多地进入国内市场，国内的企业和投资也越来越多地走出国门。工程量清单计价是国际通行的计价做法，在国内实行工程量清单计价，有利于提高国内建设各方主体参与国际化竞争的能力，有利于提高工程建设的管理水平，为建设市场主体创造一个与国际惯例接轨的市场竞争环境。

（二）工程量清单计价的适用范围

清单计价规范适用于建设工程发承包及其实施阶段的计价活动。使用国有资金投资的建设工程发承包，必须采用工程量清单计价；非国有资金投资的建设工程，宜采用工程量清单计价；不采用工程量清单计价的建设工程，应执行计价规范中除工程量清单等专门性规定外的其他规定。

国有资金投资的项目包括全部使用国有资金（含国家融资资金）投资或国有资金投资为主的工程建设项目。

（1）国有资金投资的工程建设项目。

1）使用各级财政预算资金的项目。

2）使用纳入财政管理的各种政府性专项建设资金的项目。

3）使用国有企业事业单位自有资金，并且国有资产投资者实际拥有控制权的项目。

（2）国家融资资金投资的工程建设项目。

1）使用国家发行债券所筹资金的项目。

2）使用国家对外借款或者担保所筹资金的项目。

3）使用国家政策性贷款的项目。

4）国家授权投资主体融资的项目。

5）国家特许的融资项目。

（3）国有资金（含国家融资资金）为主的工程建设项目。国有资金（含国家融资资金）为主的工程建设项目是指国有资金占投资总额50％以上，或虽不足50％但国有投资者实际上拥有控股权的工程建设项目。

（三）工程量清单计价的作用

（1）提供一个平等的竞争条件。工程量清单由招标人统一提供，相同的工程内容、相同的工程量，投标人根据自身的实力来填报不同的综合单价。这样既能避免因施工图理解不同造成的工程量计算差异，而且投标人可以把自身企业的优势体现到自主报价中，可在一定程度上规范建筑市场秩序，确保工程质量。

（2）满足市场经济条件下竞争的需要。招标人提供的统一的工程量清单，投标人竞争填报综合单价，单价成为决定性的因素，定高了不能中标，定低了又要承担过大的风险。单价的高低直接取决于企业管理水平和技术水平的高低，这种局面促成了企业整体实力的竞争，有利于我国建设市场的快速发展。

（3）有利于提高工程计价效率，能真正实现快速报价。采用工程量清单计价，避免了传统计价方式下招标人与投标人之间的在工程量计算上的重复工作，各投标人以招标人提供的工程量清单为统一平台，结合自身的管理水平和施工方案进行报价，促进了各投标人企业定额的完善和工程造价信息的积累和整理，体现了现代工程建设中快速报价的要求。

（4）有利于工程款的拨付和工程造价的最终结算。中标后，业主要与中标单位签订施工合同，中标价就是确定合同价的基础，投标清单上的单价就成了拨付工程款的依据。业主根据施工企业完成的工程量，可以很容易地确定进度款的拨付额。竣工后，根据设计变更、工程量增减等，业主也很容易确定工程的最终造价，可在某种程度上减少业主与施工企业之间的纠纷。

（5）有利于业主对投资的控制。采用传统计价方式，业主对设计变更、工程量的增减所引起的工程造价变化不敏感，往往等到竣工结算时才知道这些变化对项目投资的影响有多大，但此时为时已晚。而采用清单计价的方式则可对投资变化一目了然，在要进行设计变更时，能马上知道它对工程造价的影响，业主就能根据投资情况来决定是否变更或进行方案比较，以决定最恰当的处理方法。

# 第二节　水运工程工程量清单计价

2020 年 8 月 26 日的交通运输部第 72 号文，颁发了《水运工程工程量清单计价规范》（JTS/T 271—2020），并于 2020 年 10 月 15 日起施行。

该规范适用于港口工程、航道工程、修造船厂水工建筑物工程等水运工程的工程量清单编制和计价活动。

实行工程量清单计价招标投标的水运工程，最高投标限价、标底和投标报价的编制、合同价款的确定与调整、工程价款的结算等都应执行该规范。

**一、工程量清单编制**

**（一）一般规定**

工程量清单是招标文件的重要组成部分，应由具有编制招标文件能力的招标人，或受其委托具有相应资质资格的单位进行编制。编者注：工程量清单编制中的错漏风险是由招标人自身承担的。

工程量清单应由分部分项工程量清单、一般项目清单和计日工项目清单组成。

工程量清单中的计量单位除另有规定外，应满足下列要求：

（1）按长度计算的项目以"m"计。

（2）按面积计算的项目以"$m^2$"或"$km^2$"计。

（3）按体积计算的项目以"$m^3$"或"万 $m^3$"计。

（4）按重量计算的项目以"kg"或"t"计。

（5）按自然计量单位计算的项目以"个""根""件""台""套""组"等计。

（6）没有具体工程数量的项目以"项"计。

（7）有两个计量单位的，根据需要选用其中之一。

工程量清单中的工程数量的有效位数除另有规定外，应符合下列规定：

（1）以 m、$m^2$、$km^2$、$m^3$、万 $m^3$、kg、t 等为计量单位的，保留小数点后两位小数，第三位数字四舍五入。

（2）以个、根、件、台、套、组、项等为计量单位的，取整数。

工程量清单中的项目名称可由一个主要项目与若干个相关项目名称组成。编者注：《水运工程工程量清单计价规范》（JTS/T 271—2020）附录 A（第八章第三节）的列表中给出的项目名称应理解为某类项目的统称，在同一个水运工程中，此类项目通常有多个（项目特征不同），因此仅套用列表中的项目名称是不合适的，应该附加必要的修饰语以表明项目特征的差异。

招标人应按《水运工程工程量清单计价规范》（JTS/T 271—2020）附录 A（第八章第三节）编制工程量清单表，投标人应按附录 B（第八章第四节）填写工程量清单计价表。招标人应将工程量清单表的电子版文件随招标文件一起提供给投标人。

（二）分部分项工程量清单

分项工程是分部工程的组成部分，系按不同施工方法、材料、工序及路段长度等将分部工程划分为若干个项目单元。

工程量清单应采用统一格式，并应包括序号、项目编码、项目名称、计量单位、工程数量、项目特征等。《水运工程工程量清单计价规范》（JTS/T 271—2020）附录 A（第八章第三节）中规定了工程量清单的统一项目编码、项目名称和计量单位；附录 A 中未包括的项目，可作补充。实际操作中，凡是能够计算工程量的项目（能按单价结算）均宜采用分部分项工程量清单的方式编制。

工程量清单的编制依据应包括下列内容：

（1）国家和行业有关招标投标的法律、法规和规章。

（2）招标文件。

（3）设计文件。

（4）《水运工程工程量清单计价规范》（JTS/T 271—2020）规定。

项目编码是指工程量清单项目名称的数字标识，采用 12 位阿拉伯数字表示。由左至右 1～9 位为统一编码，其中 1、2 位为水运工程行业编码，3、4 位为专业工程顺序码，5、6 位为分类工程顺序码，7～9 位为分部分项工程顺序码；10～12 位为特征项目顺序码。

工程量清单项目编码中的第 10～12 位应由招标人根据项目特征顺序编码，不得重码。

工程量清单的项目名称应根据招标工程项目名称、工程内容、项目特征按《水运工程工程量清单计价规范》（JTS/T 271—2020）附录 A（第八章第三节）确定。

工程量的计算应按《水运工程工程量清单计价规范》（JTS/T 271—2020）附录 B（第八章第四节）执行。

工程内容应包括完成清单项目所需的全部工作。

项目特征应对清单项目技术要求进行具体准确的描述。

（三）一般项目清单和计日工项目清单

一般项目是指招标人要求计列的、不以图纸计算工程数量的费用项目，或招标人不要求列示工程数量的措施项目、其他项目。

计日工项目是指完成招标人提出的合同范围以外的、不能以实物量计量的零星工作所需的人工、材料、船舶机械项目。

一般项目清单应根据招标工程的内容按《水运工程工程量清单计价规范》(JTS/T 271—2020)附录 A(第八章第三节)确定。附录 A 中未包括的项目，可作补充。

一般项目清单编码中的第 10～12 位应由招标人根据项目特征顺序编码，不得重码。

计日工项目清单应根据招标工程的具体情况列项。

暂列金额是指招标人在工程量清单中暂定，用于尚未确定的工程材料、设备、服务的采购或可能发生的合同变更而预留的费用。

(四) 工程量清单格式

工程量清单应采用统一格式。

工程量清单文件应由封面、总说明、工程量清单项目汇总表、分部分项工程量清单、一般项目清单、计日工项目清单和招标人供应材料设备表等内容组成。

工程量清单总说明应包括下列内容:

(1) 招标工程概况，包括建设规模、工程特征、计划工期、施工现场和交通运输情况、自然地理条件、环境保护要求等。

(2) 工程招标范围。

(3) 工程量清单编制依据。

(4) 工程质量、材料、施工等特殊要求。

(5) 招标人自行采购材料的名称、规格、型号、数量等。

(6) 其他需说明的问题。

水运工程工程量清单统一格式如图 8.2-1～图 8.2-7 所示。

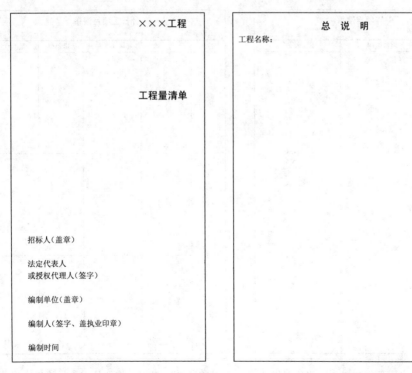

图 8.2-1　水运工程工程量清单封面格式　图 8.2-2　水运工程工程量清单总说明格式

**工程量清单项目汇总表**

工程名称：

| 序　号 | 项目名称 | 备　注 |
|---|---|---|
| 一 | 一般项目 | |
| 二 | 单位工程 | |
| （一） | …… | |
| （二） | …… | |
| … | …… | |
| 三 | 计日工项目 | |

**分部分项工程量清单**

单位工程名称：

| 序号 | 项目编码 | 项目名称 | 计量单位 | 工程数量 | 项目特征 |
|---|---|---|---|---|---|
| | | | | | |

图 8.2－3　水运工程工程量清单项目汇总表格式　　图 8.2－4　水运工程分部分项工程量清单表格式

**一般项目清单**

工程名称：

| 序　号 | 项目编码 | 项目名称 |
|---|---|---|
| | | |

**计日工项目清单**

工程名称：

| 序号 | 名　称 | 规格（工种） | 计量单位 | 数量 |
|---|---|---|---|---|
| 1 | 人工 | | | |
| 2 | 材料 | | | |
| 3 | 船舶机械 | | | |

图 8.2－5　水运工程一般项目清单表格式　　图 8.2－6　水运工程计日工项目清单表格式

（五）工程量清单的编制

工程量清单编制流程如图 8.2-8 所示。

**招标人供应材料设备**

工程名称：

| 序号 | 名 称 | 规格型号 | 单 位 | 数 量 | 单 价 | 交货地点 | 备注 |
|------|-------|---------|------|------|------|---------|------|
|  |  |  |  |  |  |  |  |

图 8.2-7　水运工程清单招标人供应
材料设备表格式

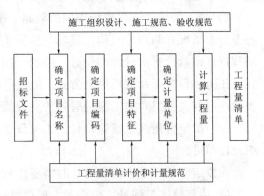

图 8.2-8　工程量清单编制流程

1. 工程量清单的编制依据

（1）《水运工程工程量清单计价规范》（JTS/T 271—2020）以及各专业工程量计算规范等。

（2）国家或省级、行业建设主管部门颁发的计价定额和办法。

（3）工程设计文件及相关资料。

（4）与工程有关的标准、规范、技术资料。

（5）拟定的招标文件。

（6）施工现场情况、地勘水文资料、工程特点及常规施工方案。

（7）其他相关资料。

2. 工程量清单编制的准备工作

工程量清单编制的相关工作在收集资料包括编制依据的基础上，需要进行如下工作：

（1）初步研究。对各种资料进行认真研究，为工程量清单的编制做准备。主要包括：

1）熟悉《水运工程工程量清单计价规范》（JTS/T 271—2020）、各专业工程量计算规范、当地计价规定及相关文件；熟悉设计文件，掌握工程全貌，便于清单项目列项的完整、工程量的准确计算及清单项目的准确描述，对设计文件中出现的问题应及时提出。

2）熟悉招标文件、招标图纸，确定工程量清单编审的范围及需要设定的暂估价；收集相关市场价格信息，为暂估价的确定提供依据。

3）《水运工程工程量清单计价规范》（JTS/T 271—2020）缺项的新材料、新技术、新工艺，收集足够的基础资料，为补充项目的编制提供依据。

（2）现场踏勘。为了选用合理的施工组织设计和施工技术方案，需要进行现场踏勘，以充分了解施工现场情况及工程特点，主要包括：

1）自然地理条件：工程所在地的地理位置、地形、地貌、用地范围等；气象、水文情况，包括气温、湿度、降雨量、风浪、潮汐等；地质情况，包括地质构造及特征、承载能力等；地震、洪水、及其他自然灾害情况。

2）施工条件：工程现场周围的陆路、水路通行及交通限制情况；工程用地的地形特征及分布情况；临近建（构）筑物与招标工程的间距、结构形式、基础类型及其埋深、新旧程度；市政给排水管线的位置、管径、压力，废水、污水处理方式，消防供水管道的管径、压力、位置等；现场供电方式、方位、距离、电压等；现场通信线路的连接和铺设；当地政府有关部门对施工现场管理的一般要求、特殊要求及规定等。

（3）拟定常规施工组织设计。工程量清单是由招标人编制的，仅需拟定常规的施工组织设计即可。

在拟定常规的施工组织设计时需要注意以下问题：

1）估算整体工程量。仅需对主要项目加以估算。

2）拟定施工总方案。只需要对重大问题和关键工艺作原则性的规定，不需要考虑施工步骤，主要包括：施工方法、施工船舶机械设备的选择，科学的施工组织，合理的施工进度，现场的平面布置及各种技术措施。制定总方案要满足以下原则：从实际出发，符合现场的实际情况，在切实可行的范围内尽量求其先进和快速；满足工期的要求；确保工程质量和施工安全；尽量降低施工成本，使方案更加经济合理。

3）确定施工顺序。合理确定施工顺序需要考虑以下几点：各分部分项工程之间的关系；施工方法和施工船舶机械的要求；当地的气候条件和水文条件；施工顺序对工期的影响。

4）编制施工进度计划。施工进度计划要满足合同对工期的要求，在不增加资源的前提下尽量提前。编制施工进度计划时要处理好工程中分部、分项、单位工程之间的关系，避免出现施工顺序的颠倒或工种相互冲突。

5）计算人工、材料、机具资源需求量。人工的工日数量根据估算的工程量、选用的定额、拟定的施工总方案、施工方法及要求的工期来确定，并考虑节假日、气候、风浪、潮汐等的影响。材料需要量主要根据估算的工程量和选用的材料消耗定额进行计算。机具台班数量则根据施工方案确定选择船舶机械设备方案及仪器仪表和种类的匹配要求，再根据估算的工程量和机具消耗定额进行计算。

6）施工平面的布置。施工平面布置是根据施工方案、施工进度计划，对施工现场的道路交通、材料仓库、临时设施等作出合理的规划布置，主要包括：建设项目施工总平面图上的一切地上、地下已有和拟建的建（构）筑物以及其他设施的位置和尺寸；所有为施工服务的临时设施的布置位置，如施工用地范围，施工用道路，材料仓库，取土与弃土位置，水源、电源位置，安全、消防设施位置；永久性测量放线标桩位置等。

3．工程量清单编制的内容与步骤

（1）分项工程项目清单的编制。

1）项目编码。项目编码应根据拟建工程的工程量清单项目名称设置，而且不得有重码。

2）项目名称。项目名称应根据专业工程量计算规范附录的项目名称结合拟建工程的特征确定。

分项工程项目清单中所列出的项目，应是在单位工程的施工过程中以其本身构成该单位工程实体的分项工程，但应注意以下几点：

a．当在拟建工程的施工图纸中有体现，并且在专业工程量计算规范附录中也有相对应的项目时，则根据附录中的规定直接列项，计算工程量，确定其项目编码。

b．当在拟建工程的施工图纸中有体现，但在专业工程量计算规范附录中没有相对应的项目，并且在附录项目的"项目特征"或"工程内容"中也没有提示时，则必须编制针对这些分项工程的补充项目，在清单中单独列项并在清单的编制说明中注明。

3）项目特征描述。项目特征是确定一个清单项目综合单价不可或缺的重要依据，必须对项目特征进行准确和全面的描述。为达到规范、简洁、准确、全面描述项目特征的要求，在描述工程量清单项目特征时应按以下原则进行：

a．项目特征描述的内容应按附录中的规定，结合拟建工程的实际，满足确定综合单价的需要。

b．若采用标准图集或施工图纸能够全部或部分满足项目特征描述的要求，项目特征描述可直接采用详见××图集或××图号的方式。对不能满足项目特征描述要求的部分，仍应用文字描述。

4）计量单位。分项工程项目清单的计量单位与有效位数应遵守清单计价规范规定。当附录中有两个及以上计量单位时，应结合拟建工程的实际选择其中一个。

5）工程量的计算。分项工程项目清单的工程量应按专业工程量计算规范规定的工程量计算规则计算。另外，对于补充项目的工程量计算规则必须符合以下原则：①规则要具有可计算性；②计算结果要具有唯一性。

为了工程量计算的快速准确，并尽量避免漏算、重算或错算，必须依据一定的计算原则及方法：

a．计算口径一致。根据施工图列出的工程量清单项目，必须与专业工程量计算规范中相应清单项目的口径相一致。

b．按工程量计算规则计算。

c. 按图纸计算。计算时采用的原始数据必须以施工图纸所示为准，不得任意增减。

d. 按一定顺序计算。可以按照定额编目顺序或施工图专业顺序依次计算。对于同一张图纸的分项工程量，一般可采用以下几种顺序：按顺时针或逆时针顺序；按先横后纵顺序；按轴线编号顺序；按施工先后顺序；按定额分部分项顺序。

后文第九章给出的工程案例一，其清单的顺序大体上按照施工的先后顺序编制。

（2）一般项目清单的编制。

凡能列出工程数量并按单价结算的，均应列入分项工程量清单。只有不能或招标人不要求列示工程数量的项目才列入一般项目清单。

一般项目清单应根据《水运工程工程量清单计价规范》（JTS/T 271—2020）附录 A（第八章第三节）的列示设置，均以"项"为计量单位，为总价计费形式。

暂列金额是一笔预备款，由招标人支配，实际发生后才得以支付。暂列金额按招标文件的要求列项。

规费、安全文明施工费、施工环保费按行业主管部门和地方政府的有关文件规定列项。

保险费按招标文件要求或行业主管部门和地方政府的有关文件规定列项。

附录中列示的其他一般项目清单根据施工现场条件和拟定的常规施工组织设计确定。

附录中未列示的但实际施工需要的一般项目应补充，并在清单的编制说明中注明。

（3）计日工项目清单的编制。

计日工项目是招标合同范围以外的招标人可能提出的零散工作。招标人可根据实际需要按人工、材料、船舶机械分别列项，以免在实际发生时产生争议。

（4）招标人供应材料设备表的编制。

招标人供应材料设备表按招标文件的要求列项，并符合清单计价规范的规定。

（5）工程量清单总说明的编制。

（6）工程量清单汇总。

前述各项清单内容经审查复核后，按工程量清单的格式要求装订成册，由相关责任人签字盖章，形成完整的工程量清单文件。

**二、工程量清单计价**

（一）工程量清单计价规定

工程量清单计价包括分部分项工程量清单费用、一般项目清单费用、计日工项目清单费用等。

工程量清单计价表中的价款金额宜以人民币表示，单位为"元"，小数点后保留两位。

工程量清单计价应采用综合单价。投标报价应根据招标文件、现场施工条件及施工组织设计，按照投标人技术能力和管理水平进行编制。

一般项目清单中的安全文明施工费应按规定计价，不得作为竞争性费用。

规费和税金应按规定计算，不得作为竞争性费用。

计日工项目清单费用，应按招标文件要求编制。

最高限价或标底的编制，应根据招标文件、现场施工条件及合理的施工方法等进行编制。

（二）工程量清单计价格式

工程量清单计价应采用统一格式。

工程量清单报价文件应由封面、工程量清单项目总价表、分部分项工程量清单计价表、一般项目清单计价表、计日工项目清单计价表和主要材料价格表等组成。

工程量清单报价表的填写应符合下列规定：

（1）投标人不得随意增加、删除或涂改招标人提供的工程量清单的任何内容。

（2）工程量清单计价文件必须按规定签字、盖章。

（3）投标总价应按工程量清单项目总价表中"总计"栏金额填写。

（4）工程量清单项目总价表"金额"栏，应按对应分部分项工程、一般项目和计日工项目清单计价表中"合计"栏金额填写。

（5）工程量清单计价表应按招标人提供的工程量清单填写，未填写价格的视为此项费用已包含在工程量清单的其他项目中。

总价项目不宜再设分部分项工程项目，招标人要求投标人填写总价项目分部分项工程分解表时，其格式应采用分部分项工程量清单计价表。

水运工程工程量清单计价统一格式如图 8.2-9～图 8.2-14 所示。

×××工程

**工程量清单计价表**

投标人（盖章）

法定代表人
或授权代理人（签字）

编制人（签字、盖执业印章）

编制时间

图 8.2-9　水运工程工程量清单
计价表封面格式

**工程量清单项目总价表**

工程名称：

| 序　　号 | 项目名称 | 金额/元 |
|---|---|---|
| 一 | 一般项目 | |
| 二 | 单位工程 | |
| （一） | …… | |
| （二） | …… | |
| … | …… | |
| 三 | 计日工项目 | |
| | **总计** | |

投标人：（盖章）

法定代表人或授权代理人：（签字）

图 8.2-10　水运工程工程量清单
项目总价表格式

**分部分项工程量清单计价表**

单位工程名称：

| 序号 | 项目编码 | 项目名称 | 计量单位 | 工程数量 | 金额/元 | |
|---|---|---|---|---|---|---|
| | | | | | 综合单价 | 合价 |
| | | | | | | |
| 合计 | | | | | | |

图 8.2－11　水运工程分部分项工程量
清单计价表格式

**一般项目清单计价表**

工程名称：

| 序　号 | 项目编码 | 项目名称 | 金额/元 |
|---|---|---|---|
| | | | |
| 合计 | | | |

图 8.2－12　水运工程一般项目
清单计价表格式

**计日工项目清单计价表**

工程名称：

| 序号 | 名　称 | 规格（工种） | 计量单位 | 数量 | 金额/元 | |
|---|---|---|---|---|---|---|
| | | | | | 综合单价 | 合价 |
| 1 | 人工 | | | | | |
| | | 小计 | | | | |
| 2 | 材料 | | | | | |
| | | 小计 | | | | |
| 3 | 船舶机械 | | | | | |
| | | 小计 | | | | |
| 4 | | 合计 | | | | |

图 8.2－13　水运工程计日工项目清单计价表格式

**主要材料设备价格表**

工程名称：

| 序号 | 名　称 | 规格型号 | 单　位 | 数　量 | 单价/元 | 交货地点 | 备注 |
|---|---|---|---|---|---|---|---|
| 一 | | | 招标人供应 | | | | |
| … | …… | | | | | | |
| | | | | | | | |
| 二 | | | 投标人采购 | | | | |
| … | …… | | | | | | |

图 8.2－14　水运工程主要材料设备价格表格式

（三）工程量清单报价的编制

工程量清单投标报价编制流程图如图8.2-15所示。

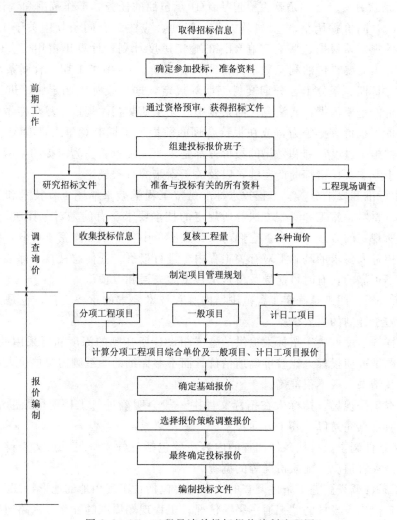

图8.2-15　工程量清单投标报价编制流程图

1. 投标报价前期工作

（1）研究招标文件。投标人取得招标文件后，为保证工程量清单报价的合理性，应对投标人须知、合同条件、技术规范、图纸和工程量清单等重点内容进行分析，深刻而正确地理解招标文件和招标人的意图。

1）投标人须知。投标人须知反映了招标人对投标的要求，特别要注意项目的资金来源、投标书的编制和递交、投标保证金、更改或备选方案、评标方法等，重点在于防止投标被否决。

2）合同分析。

a. 合同背景分析。投标人有必要了解与自己承包的工程内容有关的合同背景，了解监理方式，了解合同的法律依据，为报价和合同实施及索赔提供依据。

　　b. 合同形式分析。合同形式主要分析承包方式，如分项承包、施工承包、设计与施工总承包和管理承包等；计价方式，如单价方式、总价方式、成本加酬金方式等。

　　c. 合同条款分析。合同条款主要包括：① 承包商的任务、工作范围和责任；② 工程变更及相应的合同价款调整；③ 付款方式、时间，应注意合同条款中关于工程预付款、材料预付款的规定，根据这些规定和预计的施工进度计划，计算出占用资金的数额和时间，从而计算出需要支付的利息数额并计入投标报价；④ 施工工期，合同条款中关于合同工期、竣工日期、部分工程分期交付工期等规定，这是投标人制定施工进度计划的依据，也是报价的重要依据，要注意合同条款中有无工期奖罚的规定，尽可能做到在工期符合要求的前提下报价有竞争力，或在报价合理的前提下工期有竞争力；⑤ 业主责任，投标人所制定的施工进度计划和做出的报价，都是以业主履行责任为前提的，所以应注意合同条款中关于业主责任措辞的严密性，以及关于索赔的有关规定。

　　3）技术标准和要求分析。工程技术标准是按工程类型来描述工程技术和工艺内容特点，对设备、材料、施工和安装方法等所规定的技术要求，有的是对工程质量进行检验、试验和验收所规定的方法和要求。它们与工程量清单中各子项工作密不可分，报价人员应在准确理解招标人要求的基础上对有关工程内容进行报价。任何忽视技术标准的报价都是不完整的、不可靠的，有时可能导致工程承包重大失误和亏损。

　　4）图纸分析。图纸是确定工程范围、内容和技术要求的重要文件，也是投标者确定施工方法等施工计划的主要依据。

　　图纸的详细程度取决于招标人提供的施工图设计所达到的深度和所采用的合同形式。详细的设计图纸可使投标人比较准确地估价，而不够详细的图纸则需要估价人员采用综合估价方法，其结果一般不很准确。

　　（2）调查工程现场。招标人在招标文件中一般会明确进行工程现场踏勘的时间和地点。投标人应重点注意以下几个方面：

　　1）自然条件调查。自然条件调查的内容主要包括对气象资料、水文资料、地震、洪水及其他自然灾害情况、地质情况等的调查。

　　2）施工条件调查。施工条件调查的内容主要包括：工程用地的地形特征及分布情况，地上或地下障碍物，现场的"三通一平"情况；工程现场周围的陆路、水路通行及交通限制情况；工程现场施工临时设施、大型施工机具、材料堆放场地安排的可能性，是否需要二次搬运；临近建（构）筑物与招标工程的间距、结构形式、基础类型及其埋深、新旧程度；市政给排水管线的位置、管径、压力，废水、污水处理方式，消防供水管道的管径、压力、位置等；现场供电方式、方位、距离、电压等；当地煤气供应能力，管线位置、高程等；现场通信线路的连接和铺设；当地政府有关部门对施工现场管理的一般要求、特殊要求及规定等，是否允许节假日和夜间施工等。

　　3）其他条件调查。其他条件调查的内容主要包括各种构件、半成品及原材料的供应能力和价格，以及现场附近的生活设施、治安情况等。

　　2. 询价与工程量复核

　　（1）询价。询价是投标报价的一个非常重要的环节。投标不仅要考虑能否中标，还应考虑中标后所承担的风险。因此，在报价前必须通过各种渠道、采用各种方式对所需人工、材料、施工机具等要素进行系统的调查，掌握各要素的价格、质量、供应时间、供应数量等数据，这个过程称为询价。询价除了需要了解生产要素的价格外，还应了解影响价格的各种因素，这样才能为报价提供可靠的依据。询价时要特别注意两个问题：①产品质量必须可靠，并满足招标文件的有关规定；②供货方式、时间、地点、有无附加条件和费用。

1）询价的渠道。

a. 直接与生产厂商联系。

b. 了解生产厂商的代理人或从事该项业务的经纪人。

c. 了解经营该项产品的销售商。

d. 向咨询公司进行询价。通过咨询公司所得到的询价资料比较可靠，但需要支付一定的咨询费用。也可向同行了解。

e. 通过互联网查询。

f. 自行进行市场调查或信函询价。

2）生产要素询价。

a. 材料询价。材料询价的内容包括调查对比材料价格、供应数量、运输方式、保险和有效期、不同买卖条件下的支付方式等。询价人员应将从各种渠道获得的材料报价及有关资料汇总整理，对所有材料进行比较分析，选择合适、可靠的材料供应商的报价，提供给工程报价人员使用。

b. 施工机具询价。在外地施工需用的施工船舶机械，有时在当地租赁或采购可能更为有利，因此，事前有必要进行施工机具的询价。必须采购的机具，可向供应厂商询价。对于租赁的机具，可向专门从事租赁业务的机构询价，并应详细了解其计价方法。例如，各种施工机具每台班的租赁费、最低计费起点、停滞时租赁费以及进出场费，燃料费及机上人员工资是否在台班租赁费之内，如需另行计算，这些费用项目的具体数额为多少等。

c. 劳务询价。劳务询价主要有两种情况：①成建制的劳务公司（劳务分包），一般费用较高，但素质较可靠、工效较高，承包商的管理工作较轻；②劳务市场招募零散劳动力，与劳务公司（劳务分包）的特点相反。投标人应在对劳务市场充分了解的基础上决定采用哪种方式，并以此为据进行投标报价。

3）分包询价。总承包商在确定分包工作内容后，就邀请预先选定的分包单位就拟分包专业工程进行报价，以便选择比较。对分包人询价应注意以下几点：分包标函是否完整，分包工程单价所包含的内容，分包人的工程质量、信誉及可信赖程度，质量保证措施，分包报价。

（2）复核工程量。工程量是由招标人在工程量清单中提供的，是投标报价的最直接的依据。复核工程量的准确程度，将影响承包商的经营行为：①根据复核后的工程量与招标文件提供的工程量之间的差距，从而考虑相应的投标策略，决定报价尺度；②根据工程量的大小采取合适的施工方法，选择适用的、经济的施工机具、投入相应的劳动力数量。

复核工程量要注意以下几点：

1）投标人应认真根据招标说明、图纸、地质资料等招标文件资料，计算主要清单工程量，复核工程量清单。要正确划分分项工程，与计价规范保持一致；要避免漏算、重复计算和错算。

2）复核工程量的目的不是修改工程量清单，即使确实有误也不能修改，因为修改清单将导致投标文件被否决。对于工程量清单中存在的错误，可以向招标人提出，由招标人统一修改并通知所有投标人。

3）针对工程量清单中工程量的遗漏或错误，是否向招标人提出修改意见取决于投标策略。投标人可以运用一些报价技巧提高报价的质量，争取在中标后能获得更大的收益。

4）通过工程量复核还能准确地确定订货及采购物资的数量，防止由于超量或不足等带来的浪费、积压或停工待料。

3. 投标报价的编制原则与依据

投标报价是投标人希望达成工程承包交易的期望价格，它不能高于招标人设定的招标控制价。投标报价计算应先确定施工方案和施工进度，还必须与采用的合同形式相协调。

（1）投标报价的编制原则。

1）投标报价由投标人自主确定，但必须执行《水运工程工程量清单计价规范》（JTS/T 271—2020）的有关规定。投标报价应由投标人或受其委托、具有相应资质的工程造价咨询人员编制。

2）投标报价不得低于工程成本。投标人不能合理说明或不能提供相关证明材料的，由评标委员会认定该投标人以低于成本报价竞标，应当否决该投标人的投标。

3）投标报价要以招标文件中设定的发承包双方责任划分，作为考虑投标报价费用项目和费用计算的基础；根据工程发承包模式考虑投标报价的费用内容和计算深度。责任划分的不同，会导致合同风险不同的分摊，从而影响投标人的报价。

4）以施工方案、技术措施等作为投标报价计算的基本条件；以反映企业技术和管理水平的企业定额作为计算人工、材料和机具台班消耗量的基本依据；充分利用现场考察、调研成果、市场价格信息和行情资料，编制基础标价。

5）报价计算方法要科学严谨、简明适用。

（2）投标报价的编制依据。

1）《水运工程工程量清单计价规范》（JTS/T 271—2020）与专业工程量计算规范。

2）国家或省级、行业建设主管部门颁发的计价办法。

3）企业定额，国家或省级、行业建设主管部门颁发的计价定额。

4）招标文件、工程量清单及其补充通知、答疑纪要。

5）建设工程设计文件及相关资料。

6）施工现场情况、工程特点及投标时拟定的施工组织设计或施工方案。

7）与建设项目相关的标准、规范等技术资料。

8）市场价格信息或工程造价管理机构发布的工程造价信息。

9）其他相关资料。

4. 投标报价的编制内容与步骤

水运工程投标报价的编制应首先根据招标人提供的工程量清单编制分项工程量清单计价表、一般项目清单计价表、计日工项目清单计价表，汇总后得到工程量清单项目总价表。

在编制的过程中投标人应按照招标人提供的工程量清单填报价格，填写的项目编码、项目名称、项目特征、计量单位、工程量等必须与招标人提供的一致。

（1）分项工程量清单计价表的编制。

投标报价中的分项工程量清单费用应按照招标文件中分项工程量清单的特征描述确定综合单价计算。因而，综合单价的确定是分项工程量清单计价的最主要内容。

确定综合单价时应注意：

1）以项目特征描述为依据。工程量清单中的项目特征是确定综合单价的重要依据之一。当招标文件中的项目特征描述与图纸资料不符时，投标人应以招标工程量清单的项目特征描述为准确定综合单价。当施工中的施工图或设计变更与招标工程量清单的项目特征描述不一致时，发承包双方应按实际施工的项目特征，依据合同约定重新确定综合单价。

2）材料、工程设备暂估价的处理。招标文件中提供的暂估价是确定综合单价的依据。

3）考虑合理的风险。招标文件中要求投标人承担的风险费用，投标人应考虑进入综合单价。在施工过程中，当出现的风险内容及其范围（幅度）在招标文件规定的范围（幅度）内时，综合单价不得变动，合同价款不作调整。根据国际惯例并结合我国工程建设的特点，发承包双方对工程施工阶段的风险宜采用如下分摊原则：

a. 对于主要由市场价格波动导致的价格风险，如建筑材料、燃料等价格风险，发承包双方应当在招标文件或合同中对此类风险的范围和幅度予以明确约定，进行合理分摊。根据工程特点和工期要求，一般采用的方式是承包人承担5%以内的材料、工程设备价格风险，10%以内的施工机具使用费风险。

b. 对于法律、法规、规章或有关政策出台导致工程税金、规费、人工费等发生变化，并由省级、行业建设行政主管部门或其授权的工程造价管理机构根据上述变化发布的政策性调整，以及由政府定价或政府指导价管理的原材料等价格进行了调整，承包人不应承担此类风险，应按照有关调整规定执行。

c. 对于承包人根据自身技术水平、管理、经营状况能够自主控制的风险，如承包人的管理费、利润的风险，承包人应结合市场情况，根据企业自身的实际情况合理确定、自主报价，该部分风险由承包人全部承担。

综合单价的确定步骤和方法：

1）确定计算基础。计算基础主要包括消耗量指标和生产要素单价。消耗量指标应采用企业定额，或与本企业水平相近的国家、地区、行业定额，并通过调整来确定清单项目的人工、材料、机具的单位消耗量。生产要素单价应根据询价的结果和市场行情综合确定。

2）分析每一清单项目的工程内容。投标人应根据招标人在工程量清单中对项目特征的描述，结合施工现场情况和拟定的施工方案确定完成各清单项目实际发生的工程内容。也可参照《水运工程工程量清单计价规范》（JTS/T 271—2020）中提供的工程内容，但有些特殊情况下也可能出现规范列表之外的工程内容。如后文第九章工程案例一的第53项（混凝土抗腐蚀阻锈剂）。

3）计算工程内容的工程数量与清单单位的含量。每一项工程内容都应根据所选定额的工程量计算规则计算其工程数量，由于清单项目设置和计量的规则与定额不同，一个清单项目的工程内容可能对应若干个定额条目，而且各定额条目的工程量很可能与清单项目的工程量不同。计算每一计量单位的清单项目所分摊的工程内容的工程数量，即清单单位含量。

$$清单单位含量 = \sum\left(\frac{某工程内容的定额工程量}{清单工程量}\right) \qquad (8.2-1)$$

后文第九章第一节表 9.1-7 给出了工程案例的部分综合单价分析表，表中列出了相应清单项目的人工工日、材料数量、船机台班的单位含量，大家可参照表 9.1-9 的对应内容进行核算分析。需要注意的是：表 9.1-9 中带"＊"的定额条目是经过换算的，不能直接从定额条目中查寻消耗量；定额条目的计量单位一般是扩大单位，而清单项目的计量单位是标准单位或自然单位，注意单位换算。

4）分项工程人工、材料、施工船舶机械使用费的计算。首先，计算完成每一计量单位的清单项目所需的人工、材料、机具用量，即

$$\begin{matrix}每一计量单位清单项目\\某种资源的使用量\end{matrix} = \sum\left(\begin{matrix}该种资源的\\定额单位用量\end{matrix} \times \begin{matrix}相应定额条目的\\清单单位含量\end{matrix}\right) \qquad (8.2-2)$$

再根据预先确定的生产要素的单位价格，可计算出每一计量单位清单项目的分项工程的人工、材料、施工船舶机械使用费。

招标人提供了材料和工程设备的暂估价时，按暂估价计算材料费，并在分项工程量清单计价表和综合单价分析表中体现出来。

【例 8.2-1】　请核算表 9.1-7 中抛石基床（100503020001）的人工工日的单位含量。

解题思路：

（1）首先要弄清清单项目（抛石基床）的工作内容所对应的定额条目及其数量；

（2）查询每个定额条目的人工工日消耗量，并把它们换算成清单单位含量，然后汇总。注意计量单位换算。

**解**：表 9.1-9 中给出了清单项目（抛石基床）的工作内容所对应的定额条目及其数量，摘录如下：

表 8.2-1　　　　　　　　　　抛石基床清单项目含量表

| 序号 | 编　号 | 分部分项工程名称 | 单位 | 工程数量 | 定额人工消耗量 | 定额计量单位 |
|---|---|---|---|---|---|---|
| 4 | 100503020001 | 抛石基床，10～100kg 块石，夯实并整平理坡，水深 25m 内，分层厚度不超过 2m | m³ | 26534 | | |
| （1） | 10443 | 码头基床抛石（夯实，民船装运抛） | m³ | 26534 | 0.96 工日 | 100m³ |

| 序号 | 编　号 | 分部分项工程名称 | 单位 | 工程数量 | 定额人工消耗量 | 定额计量单位 |
|------|--------|------------------|------|----------|----------------|----------------|
| (2) | 10446 | 基床夯实（夯实，每点夯 8 次） | m² | 33215 | 3.16 工日 | 100m² |
| (3) | 10448 | 基床水下理坡 | m² | 12257 | 3.65 工日 | 100m² |
| (4) | 10456 | 基床整平（水深 25m 内，细平） | m² | 7303.61 | 8.18 工日 | 100m² |

查询定额可知各个定额条目对应的人工工日消耗量见表 8.2-1。

则有

$$\text{抛石基床人工清单含量} = \frac{26534 \times \dfrac{0.96}{100} + 33215 \times \dfrac{3.16}{100} + 12257 \times \dfrac{3.65}{100} + 7303.61 \times \dfrac{8.18}{100}}{26534}$$

$$= 0.08853（\text{工日}/\text{m}^3）。$$

5）计算综合单价。综合单价中的企业管理费、利润和税金等金额的计算方法按照《水运建设工程概算预算编制规定》（JTS/T 116—2019）的有关规定执行，企业管理费、利润的取费费率可自主调整，但税金的取费基数内容和费率不得调整，不得作为竞争性费用。

6）综合单价分析表的填写。综合单价分析表是投标报价合理性的判断依据，也是后期综合单价调整的依据。综合单价分析表必须符合计价规范的格式要求。

综合单价的计算可参看后文第九章工程案例一的表 9.1-9 的相关内容。

（2）一般项目清单计价表的编制。

暂列金额的计算按招标文件约定的规则计算，一般按分项工程项目清单的百分率确定。

规费、安全文明施工费、施工环保费按行业主管部门和地方政府的有关文件规定计算。规费、安全文明施工费不得作为竞争性费用。

保险费按招标文件约定、保险公司报价或行业主管部门和地方政府的有关文件规定计算。

附录中列示的其他一般项目清单根据施工现场条件和投标时拟定的施工组织设计计算。

所有一般项目清单报价都应明确说明所采用的计算方法和依据。

（3）计日工项目清单计价表的编制。

计日工项目清单清单报价由投标人自主报价，应考虑到计日工项目的不确定性和相应的风险因素，以免施工过程中产生争议。

（4）主要材料设备价格表的填写。

主要材料设备价格表既是投标报价的依据，也是后期调整综合单价的依据。主要材料设备价格表必须符合计价规范的格式要求。

（5）投标报价的汇总与填写。

投标报价的汇总与清单报价文件的填写应注意复核金额的一致性，清单报价文件必须符合计价规范的相关规定，以免在评标中被否决。

采用工程量清单招标的投标报价，不能进行投标总价优惠（或降价、让利），投标人的任何优惠（或降价、让利）均应反映在相应的清单项目的综合单价中。

后文第九章第一节给出了一个工程量清单计价案例。

# 第三节　水运工程工程量清单项目（2020 版）

## 一、一般项目清单

一般项目清单见表 8.3-1。

表 8.3-1　　　　　　　　　　一般项目清单（编码 100100）

| 项目编码 | 项目名称 | 计量单位 | 说　　明 |
|---|---|---|---|
| 100100101××× | 暂列金额 | 项 | 应明确计算方法 |
| 100100102××× | 规费 | 项 | 应明确费用内容、依据及计算办法 |
| 100100103××× | 保险费 | 项 | 应明确费用计列要求及计算办法 |
| 100100104××× | 安全文明施工费 | 项 | 应明确费用内容、依据及计算办法 |
| 100100105××× | 施工环保费 | 项 | 应明确费用内容、依据及计算办法 |
| 100100106××× | 施工生产及生活房屋 | 项 | — |
| 100100107××× | 临时道路 | 项 | — |
| 100100108××× | 临时用电 | 项 | — |
| 100100109××× | 临时用水 | 项 | — |
| 100100110××× | 临时通信 | 项 | — |
| 100100111××× | 临时用地 | 项 | — |
| 100100112××× | 临时码头 | 项 | — |
| 100100113××× | 预制场建设 | 项 | — |
| 100100114××× | 临时工作项目 | 项 | — |
| 100100115××× | 竣工文件编制 | 项 | — |
| 100100116××× | 其他措施项目 | 项 | — |

## 二、疏浚工程项目清单

疏浚工程项目清单见表 8.3-2。

表 8.3-2　　　　　　　疏浚工程项目清单（编码 100200）

| 项目编码 | 项目名称 | 计量单位 | 工作内容 | 项　目　特　征 |
|---|---|---|---|---|
| 100200001××× | 港池挖泥 | m³ | 移船定位、测量、挖泥、运输、卸（吹）泥等 | 工程性质（基建或维护），挖泥范围及尺度、工况级别、土质级别（各级土所占比重）、挖泥平均水深、泥层厚度、泥土处理方式（外抛或吹填）、运泥距离、排泥距离（包括水下、水上、陆上的排泥距离）、计算方法等 |

| 项目编码 | 项目名称 | 计量单位 | 工作内容 | 项　目　特　征 |
|---|---|---|---|---|
| 100200002××× | 航道挖泥 | m³ | 移船定位、测量、挖泥、运输、卸（吹）泥等 | 工程性质（基建或维护），挖泥范围及尺度、工况级别、土质级别（各级土所占比重）、挖泥平均水深、泥层厚度、泥土处理方式（外抛或吹填）、运泥距离、排泥距离（包括水下、水上、陆上的排泥距离）、计算方法等 |
| 100200003××× | 岸坡挖泥 | m³ | 移船定位、测量、挖泥、运输、卸（吹）泥等 | 工程性质（基建或维护），挖泥范围及尺度、工况级别、土质级别（各级土所占比重）、挖泥平均水深、泥层厚度、泥土处理方式（外抛或吹填）、运泥距离、排泥距离（包括水下、水上、陆上的排泥距离）、计算方法等 |
| 100200004××× | 沟槽挖泥 | m³ | 移船定位、测量、挖泥、运输、卸（吹）泥等 | 工程性质（基建或维护），挖泥范围及尺度、工况级别、土质级别（各级土所占比重）、挖泥平均水深、泥层厚度、泥土处理方式（外抛或吹填）、运泥距离、排泥距离（包括水下、水上、陆上的排泥距离）、计算方法等 |
| 100200005××× | 清淤 | m³ | 移船定位、卸（吹）泥等 | 清淤范围及尺度，工况级别、土质级别、水深、泥层厚度、泥土处理方式（外抛或吹填）、运泥距离、排泥距离（包括水下、水上、陆上的排泥距离）等 |
| 100200006××× | 吹填 | m³ | 靠离驳、挖泥、吹泥、安拆、移动排泥管等 | 吹填范围及尺度、工程级别、土质级别（各级土所占比重）、取（泥）砂区平均水深、运泥距离、排泥距离（包括水下、水上、陆上的排泥距离）、计算方法等 |

### 三、航标工程项目清单（编码 100300）

航标工程项目清单（编码 100300）见表 8.3 - 3。

表 8.3 - 3　　　　　　　　航标工程项目清单（编码 100300）

| 项目编码 | 项目名称 | 计量单位 | 工作内容 | 项　目　特　征 |
|---|---|---|---|---|
| 100300001××× | 灯塔 | 座 | 建造 | 灯塔类型，结构、规格及尺度等 |
| 100300002××× | 灯桩（标） | 座 | 建造 | 灯桩（标）类型，结构、规格及尺度等 |
| 100300003××× | 灯船 | 艘 | 建造、运输、设置等 | 结构、规格及尺度、运距等 |
| 100300004××× | 灯浮 | 座 | 建造、运输、设置等 | 结构、规格及尺度、运距等 |
| 100300005××× | 立标 | 座 | 建造、运输、设置等 | 类型，结构、规格及尺度、运距等 |
| 100300006××× | 标志标牌 | 个 | 建造、运输、设置等 | 类型，结构、规格及尺度、运距等 |

### 四、土石方工程项目清单（编码 100400）

土石方工程项目清单（编码 100400）见表 8.3 - 4～表 8.3 - 7。

表 8.3 - 4　　　　　　　陆上开挖工程项目清单（编码 100401）

| 项目编码 | 项目名称 | 计量单位 | 工　作　内　容 | 项　目　特　征 |
|---|---|---|---|---|
| 100401001××× | 挖一般土方 | m³ | 挖、装、运、卸土，卸土场平整，排地表水，制作及安拆挡土板等 | 土类、挖深、运距等 |
| 100401002××× | 挖地槽土方 | m³ | 挖土、就近堆放，制作及安拆挡土板，修整边坡及底面，原土夯实，装、运、卸土等 | 土类、地槽尺寸、运距等 |
| 100401003××× | 挖地坑土方 | m³ | 挖土、就近堆放，制作及安拆挡土板，修整边坡及底面，原土夯实，装、运、卸土等 | 土类、地坑尺寸、运距等 |
| 100401004××× | 挖岸坡土方 | m³ | 挖土、将土提升至坡顶、运土、修整边坡等 | 土类、岸坡高度、运距、坡度、挖深等 |
| 100401005××× | 场地平整 | m² | 挖土、推土、填土、整平等 | 场地高差等 |
| 100401006××× | 场地碾压 | m³ | 碾压 | 土类、碾压要求等 |
| 100401007××× | 场地夯实 | m² | 夯实 | 土类、夯实要求等 |
| 100401008××× | 清除块石 | m³ | 挖除清理、装车（船）、运输、卸除堆放等 | 块石规格、现场条件、清运距离等 |
| 100401009××× | 一般石方开挖 | m³ | 破碎、撬移、解小、翻渣、清面、装车、运输、卸车等 | 岩石破碎方式及要求，岩石类别、开挖面坡度、运距等 |
| 100401010××× | 基坑石方开挖 | m³ | 破碎、撬移、解小、翻渣、清面、修断面、装车、运输、卸车等 | 岩石破碎方式及要求，岩石类别、上口断面、开挖深度、运距等 |
| 100401011××× | 沟槽石方开挖 | m³ | 破碎、撬移、解小、翻渣、清面、修断面、装车、运输、卸车等 | 岩石破碎方式及要求，岩石类别、沟槽底宽、开挖深度、运距等 |
| 100401012××× | 洞室土方开挖 | m³ | 处理渗水、积水，挖、装、运、卸土，安全处理，弃土场平整等 | 土类分级、断面形式及尺寸、洞（井）长度、运距等 |
| 100401013××× | 竖井土方开挖 | m³ | 处理渗水、积水，挖、装、运、卸土，安全处理，弃土场平整等 | 土类分级、断面形式及尺寸、井高度、运距等 |
| 100401014××× | 洞室石方开挖 | m³ | 破碎、解小、清理，装、运、卸石，安全处理，施工排水，渣场平整等 | 岩石破碎方式及要求，岩石级别及围岩类别、地质及水文地质特性、断面形式及尺寸、运距等 |
| 100401015××× | 竖井石方开挖 | m³ | 破碎、解小、清理，装、运、卸石，安全处理，施工排水，渣场平整等 | 岩石破碎方式及要求，岩石级别及围岩类别、地质及水文地质特性、断面形式及尺寸、钻爆特性、运距等 |

**表 8.3－5**　　　　　**水下挖泥、炸（清）礁工程项目清单（编码 100402）**

| 项目编码 | 项目名称 | 计量单位 | 工 作 内 容 | 项 目 特 征 |
|---|---|---|---|---|
| 100402001××× | 基槽挖泥 | m³ | 移船定位、挖泥、运输、卸泥等 | 土类、水深、运距等 |
| 100402002××× | 基槽清淤 | m³ | 移船定位、排泥、安放、移动排泥管等 | 土类、水深、排泥距离等 |
| 100402003××× | 基槽炸礁 | m³ | 移船定位、钻孔、装药、爆破，装、运、卸等 | 岩石级别、爆破层平均厚度、基槽宽度、水深、运距等 |
| 100402004××× | 一般炸礁 | m³ | 移船定位、钻孔、装药、爆破，装、运、卸等 | 岩石级别、爆破层平均厚度、水深、运距等 |
| 100402005××× | 机械破碎岩（礁）石 | m³ | 移船定位、破碎，装、运、卸等 | 岩石级别、破碎层平均厚度、水深、运距等 |

**表 8.3－6**　　　　　**填（铺）筑工程项目清单（编码 100403）**

| 项目编码 | 项目名称 | 计量单位 | 工 作 内 容 | 项 目 特 征 |
|---|---|---|---|---|
| 100403001××× | 填（铺）筑垫层 | m³ | 材料运输、填（铺）筑、碾压、整平等 | 填（铺）筑部位、材料品种、规格、填（铺）筑厚度、运距、碾压要求等 |
| 100403002××× | 填（铺）筑基层 | m² | 清理下承层、运输、填（铺）筑、碾压等 | 填（铺）筑部位、材料品种及规格、填（铺）筑厚度、运距、碾压要求等 |
| 100403003××× | 填（铺）筑混合料基层 | m² | 清理下承层、运输、填（铺）筑、拌和、碾压、找补、初期养护等 | 材料配合比、碾压要求、压实厚度、运距等 |
| 100403004××× | 填（铺）筑倒滤层 | m³ | 运输、填（铺）筑、整平、理坡等 | 填（铺）筑部位、厚度、材料品种及规格、运距等 |
| 100403005××× | 铺设土工织物 | m² | 裁剪加工、运输、铺设等 | 织物品种及规格、铺设层数、铺设部位、运距等 |
| 100403006××× | 铺（安）设混凝土块软体排 | m² | 加工制作、运输、定位、铺（安）设等 | 材料品种及规格、铺（安）设部位及要求、运距等 |
| 100403007××× | 铺设砂肋软体排 | m² | 加工制作、运输、定位、充填砂肋、铺设等 | 材料品种及规格、铺设部位及要求、运距等 |
| 100403008××× | 铺设砂被、砂袋 | m³ | 加工制作、运输、定位、充填砂、铺设等 | 材料品种及规格、铺设部位及要求、运距等 |
| 100403009××× | 填筑棱体 | m³ | 材料运输、填筑，棱体整平、理坡等 | 材料品种及规格、填筑部位及要求、水深、运距等 |
| 100403010××× | 填筑基床 | m³ | 材料运输、抛填、基床整平、理坡、夯实等 | 材料品种及规格、水深、基床分层厚度、夯实要求、运距等 |
| 100403011××× | 填筑护坦、护坡、护脚 | m³ | 材料运输、抛填、整平、理坡等 | 材料品种及规格、水深、填筑要求、运距等 |
| 100403012××× | 安放石笼护坡、护脚 | m² | 材料运输、笼体加工、安放、填石、封口等 | 石料品种及规格、笼体材料品种及规格、运距、安放要求、水深、运距等 |

续表

| 项目编码 | 项目名称 | 计量单位 | 工 作 内 容 | 项 目 特 征 |
|---|---|---|---|---|
| 100403013×××　 | 填筑防波堤、引堤 | $m^3$ | 材料运输、填筑、整平、理坡等 | 材料品种及规格、水深、填筑要求、运距等 |
| 100403014×××　 | 填筑丁坝、顺坝、锁坝 | $m^3$ | 材料运输、填筑、整平、理坡等 | 材料品种及规格、水深、填筑要求、运距等 |
| 100403015×××　 | 填筑袋装料堤心 | $m^3$ | 材料运输、充填、填筑等 | 材料品种及规格、水深、填筑要求、运距等 |
| 100403016×××　 | 爆破挤淤法防波堤、引堤填石 | $m^3$ | 运输、布药、起爆、填石、理坡等 | 石料品种及规格、抛填部位、水深、运距等 |
| 100403017×××　 | 水下爆破夯实 | $m^3$ | 运输、布药、起爆等 | 水深、夯实要求、运距等 |
| 100403018×××　 | 铺筑防渗层 | $m^2$ | 材料加工，运输、铺设、压牢等 | 材料品种及规格、铺设要求、运距等 |
| 100403019×××　 | 填筑土（石）堤、围堰堤身 | $m^3$ | 挖运、填（堆）筑、夯实等 | 材料品种及规格、运距、夯实要求等 |
| 100403020×××　 | 填筑土（石）堤、围堰护坡 | $m^3$ | 挖运、填（堆）筑等 | 材料品种及规格、运距等 |
| 100403021×××　 | 建（构）筑物后填料 | $m^3$ | 运输、填筑、整平等 | 材料品种及规格、部位及要求、运距等 |
| 100403022×××　 | 构筑物内填料 | $m^3$ | 运输、抛填、振实等 | 材料品种及规格、振实要求、运距等 |
| 100403023×××　 | 龙口截流 | 项 | 运输、抛筑等 | 平、立堵截流，材料品种及规格、运距等 |
| 100403024×××　 | 铺筑道碴石 | $m^3$ | 运输、铺填、整平、碾压等 | 材料规格、碾压要求、运距等 |
| 100403025×××　 | 场地填（铺）筑 | $m^3$ | 运输、铺填、场地整平、碾压等 | 材料品种及规格、碾压要求、运距等 |
| 100403026×××　 | 铺砌混凝土块面层 | $m^2$ | 混凝土块体制作、运输，基层碾压、铺砌、填缝等 | 材料品种及规格、铺砌部位、铺砌要求等 |
| 100403027×××　 | 沥青混凝土 | $m^2$ | 混凝土制作、运输、铺筑等 | 铺筑厚度及要求，混凝土品种及规格、运距等 |

表8.3-7　　　　　　　**砌筑工程项目清单（编码100404）**

| 项目编码 | 项目名称 | 计量单位 | 工 作 内 容 | 项 目 特 征 |
|---|---|---|---|---|
| 100404001×××　 | 浆砌码头岸壁 | $m^3$ | 找平、选修石料（制作或购置砌筑材料），拌运砂浆、砌筑、勾缝，材料运输等 | 材料品种及规格、砂浆强度等级、结构及砌筑要求、运距等 |
| 100404002×××　 | 干砌护坡 | $m^3$ | 找平、选修石料（制作或购置砌筑材料），砌筑，材料运输等 | 材料品种及规格、砌筑要求、运距等 |
| 100404003×××　 | 浆砌护坡 | $m^3$ | 找平、选修石料（制作或购置砌筑材料），拌运砂浆、砌筑、勾缝，材料运输等 | 材料品种及规格、砂浆强度等级、结构及砌筑要求、运距等 |

| 项目编码 | 项目名称 | 计量单位 | 工 作 内 容 | 项 目 特 征 |
|---|---|---|---|---|
| 100404004××× | 浆砌坝面 | m³ | 找平、选修石料（制作或购置砌筑材料），拌运砂浆、砌筑、勾缝，材料运输等 | 材料品种及规格、砂浆强度等级、结构及砌筑要求、运距等 |
| 100404005××× | 浆砌墙体 | m³ | 找平、选修石料（制作或购置砌筑材料），拌运砂浆、砌筑、勾缝，材料运输等 | 材料品种及规格、砂浆强度等级、结构及砌筑要求、运距等 |
| 100404006××× | 浆砌基础 | m³ | 找平、选修石料（制作或购置砌筑材料），拌运砂浆、砌筑、勾缝，材料运输等 | 材料品种及规格、砂浆强度等级、结构及砌筑要求、运距等 |
| 100404007××× | 浆砌帽石 | m³ | 找平、选修石料（制作或购置砌筑材料），拌运砂浆、砌筑、勾缝，材料运输等 | 材料品种及规格、砂浆强度等级、结构及砌筑要求、运距等 |
| 100404008××× | 浆砌沟 | m³ | 找平、选修石料（制作或购置砌筑材料），拌运砂浆、砌筑、勾缝，材料运输等 | 材料品种及规格、砂浆强度等级、结构及砌筑要求、运距等 |
| 100404009××× | 浆砌井 | m³ | 找平、选修石料（制作或购置砌筑材料），拌运砂浆、砌筑、勾缝，材料运输等 | 材料品种及规格、砂浆强度等级、结构及砌筑要求、运距等 |
| 100404010××× | 浆砌台阶 | m³ | 找平、选修石料（制作或购置砌筑材料），拌运砂浆、砌筑、勾缝，材料运输等 | 材料品种及规格、砂浆强度等级、结构及砌筑要求、运距等 |
| 100404011××× | 浆砌墩 | m³ | 找平、选修石料（制作或购置砌筑材料），拌运砂浆、砌筑、勾缝，材料运输等 | 材料品种及规格、砂浆强度等级、结构及砌筑要求、运距等 |

### 五、地基与基础工程项目清单（编码 100500）

地基与基础工程项目清单（编码 100500）见表 8.3-8～表 8.3-12。

表 8.3-8　　　　　　　　基础打入桩工程项目清单（编码 100501）

| 项目编码 | 项目名称 | 计量单位 | 工 作 内 容 | 项 目 特 征 |
|---|---|---|---|---|
| 100501001××× | 钢筋混凝土方柱 | m³、根 | 预制（购置）、堆放、运输，打桩、稳桩夹桩、接桩、桩头处理等 | 桩强度等级、桩品种及规格、打桩类别、土类级别、接桩要求、运距等 |
| 100501002××× | 钢筋混凝土管柱 | m³、根 | 预制（购置）、堆放、运输，打桩、稳桩夹桩、接桩、桩头处理等 | 桩强度等级、桩品种及规格、打桩类别、土类级别、接桩要求、运距等 |
| 100501003××× | 钢筋混凝土板桩 | m³、根 | 预制（购置）、堆放、运输，打拔导桩、安拆导架、打桩、稳桩夹桩、桩头处理，砂浆灌缝等 | 桩强度等级、桩品种及规格、打桩类别、土类级别、运距等 |

续表

| 项目编码 | 项目名称 | 计量单位 | 工 作 内 容 | 项 目 特 征 |
|---|---|---|---|---|
| 100501004××× | 钢管桩 | t、根 | 制作（购置）、运输、堆放，除锈刷涂料，打桩、稳桩夹桩、接桩、桩头处理等 | 桩规格及防腐要求、打桩类别、土类级别、接桩要求、运距等 |
| 100501005××× | 钢板桩 | t、根 | 钢板桩购置，调直、拼组、楔形桩制作，除锈刷涂料，运输，打拔导桩、打桩、接桩、桩头处理等 | 桩规格及防腐要求、打桩类别、土类级别、接桩要求、运距等 |
| 100501006××× | H型钢桩 | t、根 | 钢桩购置，运输，除锈刷涂料，打桩、接桩、稳桩夹桩、桩头处理等 | 桩规格、土类级别、接头数量等 |
| 100501007××× | 钢桩防腐 | t | 材料购置、运输，牺牲阳极块安装，刷防腐涂层等 | 防腐要求、运距等 |

**表 8.3－9　　基础灌注桩和地下连续墙工程项目清单（编码 100502）**

| 项目编码 | 项目名称 | 计量单位 | 工 作 内 容 | 项 目 特 征 |
|---|---|---|---|---|
| 100502001××× | 灌注桩 | $m^3$、根 | 工作平台制安拆，护筒制安拆，泥浆池砌筑、拆除、泥浆外运，成孔，混凝土浇筑、桩头处理等 | 土类级别、孔深、桩径、桩长、混凝土强度等级等 |
| 100502002××× | 嵌岩桩 | $m^3$、根 | 工作平台制安拆，护筒制安拆，嵌岩钻孔，运输，锚杆（束）安设、制注浆；灌注桩混凝土浇筑或预制桩（钢管桩）沉桩等 | 混凝土强度等级，桩类型、品种及规格，锚杆（束）品种及规格，土类级别、岩层级别、嵌岩深度及要求，接桩方法、接头数量等 |
| 100502003××× | 地下连接墙 | $m^3$ | 导墙浇筑、拆除，泥浆制备，成槽，安拔接头管，混凝土浇筑、墙顶处理等 | 土类级别、混凝土强度等级、墙厚、墙深等 |

**表 8.3－10　　软土地基加固工程项目清单（编码 100503）**

| 项目编码 | 项目名称 | 计量单位 | 工 作 内 容 | 项 目 特 征 |
|---|---|---|---|---|
| 100503001××× | 堆载预压 | $m^2$ | 制、安沉降盘，堆、卸载，整平，观测等 | 堆载材料、荷载要求等 |
| 100503002××× | 真空预压 | $m^2$ | 整平、清理砂垫层，制安拆滤管，铺膜，安拆真空设备，抽真空，观测，挖、填边沟等 | 抽真空要求等 |
| 100503003××× | 真空联合堆载预压 | $m^2$ | 制、安沉降盘，堆、卸载；整平、清理砂垫层，制安拆滤管，铺膜，安拆真空设备，抽真空，观测，挖、填边沟等 | 堆载材料、荷载要求等、抽真空要求等 |
| 100503004××× | 塑料排水板 | m、根 | 移架定位，桩尖制作，运输，打设塑料排水板，打拔钢护管等 | 塑料板规格要求等 |

续表

| 项目编码 | 项目名称 | 计量单位 | 工 作 内 容 | 项 目 特 征 |
|---|---|---|---|---|
| 100503005××× | 陆上强夯 | m² | 场地整平、点夯、普夯，夯坑排水、夯填料回填、整平等 | 强夯技术要求、夯填料品种等 |
| 100503006××× | 振冲桩 | m³、根 | 振冲试验、选择施工参数，填料运输、振实、检验等 | 材料品种规格、桩径及振冲要求，运距等 |
| 100503007××× | 非袋装砂桩 | m³、根 | 移船（桩架）定位、沉拔钢护筒、装运砂、灌砂、振实、拔套管等 | 技术要求、桩规格等 |
| 100503008××× | 袋装砂桩 | m、根 | 灌运砂袋、移船（机）定位、沉拔钢护筒、管内沉砂袋、拔套管、灌水等 | 技术要求、桩规格等 |
| 100503009××× | 水泥拌和桩 | m³ | 材料运输，拌和桩钻进搅拌，钻孔取样检验、沉降位移监测等 | 水深、土厚、桩规格、水泥掺入量等 |
| 100503010××× | 粉喷桩 | m³ | 钻机定位、钻进、粉喷、搅拌、提升等 | 桩规格、水泥掺入量等 |
| 100503011××× | 旋喷桩 | m³ | 成孔，水泥浆制作、运输，旋喷等 | 桩规格、水泥强度等级等 |

表 8.3－11　　　　　　　钻孔灌浆工程项目清单（编码 100504）

| 项目编码 | 项目名称 | 计量单位 | 工 作 内 容 | 项 目 特 征 |
|---|---|---|---|---|
| 100504001××× | 帷幕灌浆 | m、m³ | 固定孔位、钻孔、孔位转移，灌浆、封孔等 | 灌浆方法、灌浆范围、岩石级别、孔深、孔间距、岩体吸水率、干料耗量等 |
| 100504002××× | 固结灌浆 | m、m³ | 固定孔位、钻孔、孔位转移，灌浆、封孔等 | 灌浆方法、灌浆范围、岩石级别、孔深、孔间距、岩体吸水率、干料耗量等 |
| 100504003××× | 土坝劈裂灌浆 | m、m³ | 钻孔，泥浆或套管护壁、制浆、灌浆、封孔，检查孔钻孔取样、灌浆封堵，坝体变形、渗流等观测，坝体变形、裂缝、冒浆及串浆处理等 | 地质条件、坝型、筑坝材料材质，灌浆孔规格要求，浆液配比变换及结束标准，检测要求等 |
| 100504004××× | 接触灌浆 | m² | 钻孔，通水检查，冲洗，压水试验，制浆、灌浆，变形观测等 | 灌浆区布设，灌浆管路及部件制作、埋设，灌浆、灌浆压力，灌浆结束标准，检测要求等 |
| 100504005××× | 高压喷射防渗墙 | m² | 地质复勘，试验，选定施工工艺及参数，钻孔、配置浆液、高压喷射注浆、固结体连接成墙等 | 地质条件，结构形式及墙厚、墙深，喷孔孔距、排数，高喷材料材质，高喷浆液配合比，工艺要求，检测要求等 |

续表

| 项目编码 | 项目名称 | 计量单位 | 工 作 内 容 | 项 目 特 征 |
|---|---|---|---|---|
| 100504006××× | 化学灌浆 | t | 埋设灌浆嘴，灌浆试验，钻孔、洗孔及裂缝处理，配浆、灌浆、封孔等 | 地质条件或混凝土裂缝性状，灌浆孔布置，孔向、孔径及孔深，灌注材料材质及配比，灌浆压力、浆液配比变换及结束标准，检测要求等 |
| 100504007××× | 钻孔检测 | m、段 | 扫孔、洗孔，压水，试验检测等 | 孔位、孔深及数量，压水试验标准等 |

**表 8.3 - 12　　　　　　沉井工程项目清单（编码 100505）**

| 项目编码 | 项目名称 | 计量单位 | 工 作 内 容 | 项 目 特 征 |
|---|---|---|---|---|
| 100505001××× | 沉井 | m³ | 基础整平，混凝土浇筑，沉井取土、下沉、纠偏等 | 沉井形状、尺寸、混凝土强度等级，沉井下沉方法、下沉深度、土质类别等 |

## 六、混凝土工程项目清单（编码 100600）

混凝土工程项目清单（编码 100600）见表 8.3 - 13、表 8.3 - 14。

**表 8.3 - 13　　　　混凝土构件预制及安装工程项目清单（编码 100601）**

| 项目编码 | 项目名称 | 计量单位 | 工 作 内 容 | 项 目 特 征 |
|---|---|---|---|---|
| 100601001××× | 矩形梁 | m³、件 | 构件预制，构件堆放、装车（船）、运输，安装等 | 单件体积、重量，安装位置，混凝土规格及强度等级，运距等 |
| 100601002××× | 梯形梁 | m³、件 | 构件预制，构件堆放、装车（船）、运输，安装等 | 单件体积、重量，安装位置，混凝土规格及强度等级，运距等 |
| 100601003××× | 出沿梁 | m³、件 | 构件预制，构件堆放、装车（船）、运输，安装等 | 单件体积、重量，安装位置，混凝土规格及强度等级，运距等 |
| 100601004××× | Π形梁 | m³、件 | 构件预制，构件堆放、装车（船）、运输，安装等 | 单件体积、重量，安装位置，混凝土规格及强度等级，运距等 |
| 100601005××× | 箱型梁 | m³、件 | 构件预制，构件堆放、装车（船）、运输，安装等 | 单件体积、重量，安装位置，混凝土规格及强度等级，运距等 |
| 100601006××× | 管沟 | m³、件 | 构件预制，构件堆放、装车（船）、运输，安装等 | 单件体积、重量，安装位置，混凝土规格及强度等级，运距等 |
| 100601007××× | 管沟梁 | m³、件 | 构件预制，构件堆放、装车（船）、运输，安装等 | 单件体积、重量，安装位置，混凝土规格及强度等级，运距等 |
| 100601008××× | 带靠船构件梁 | m³、件 | 构件预制，构件堆放、装车（船）、运输，安装等 | 单件体积、重量，安装位置，混凝土规格及强度等级，运距等 |
| 100601009××× | T形梁 | m³、件 | 构件预制，构件堆放、装车（船）、运输，安装等 | 单件体积、重量，安装位置，混凝土规格及强度等级，运距等 |
| 100601010××× | 井字梁 | m³、件 | 构件预制，构件堆放、装车（船）、运输，安装等 | 单件体积、重量，安装位置，混凝土规格及强度等级，运距等 |

续表

| 项目编码 | 项目名称 | 计量单位 | 工 作 内 容 | 项 目 特 征 |
|---|---|---|---|---|
| 100601011××× | 实心板 | m³、件 | 构件预制，构件堆放、装车（船）、运输，安装等 | 单件体积、重量，安装位置，混凝土规格及强度等级，运距等 |
| 100601012××× | 空心板 | m³、件 | 构件预制，构件堆放、装车（船）、运输，安装等 | 单件体积、重量，安装位置，混凝土规格及强度等级，运距等 |
| 100601013××× | 镶面板 | m³、件 | 构件预制，构件堆放、装车（船）、运输，安装等 | 单件体积、重量，安装位置，混凝土规格及强度等级，运距等 |
| 100601014××× | 锚碇板 | m³、件 | 构件预制，构件堆放、装车（船）、运输，安装等 | 单件体积、重量，安装位置，混凝土规格及强度等级，运距等 |
| 100601015××× | 走道板 | m³、件 | 构件预制，构件堆放、装车（船）、运输，安装等 | 单件体积、重量，安装位置，混凝土规格及强度等级，运距等 |
| 100601016××× | 柱 | m³、件 | 构件预制，构件堆放、装车（船）、运输，安装等 | 单件体积、重量，安装位置，混凝土规格及强度等级，运距等 |
| 100601017××× | 靠船构件 | m³、件 | 构件预制，构件堆放、装车（船）、运输，安装等 | 单件体积、重量，安装位置，混凝土规格及强度等级，运距等 |
| 100601018××× | 系船柱块体 | m³、件 | 构件预制，构件堆放、装车（船）、运输，安装等 | 单件体积、重量，安装位置，混凝土规格及强度等级，运距等 |
| 100601019××× | 片状框架 | m³、件 | 构件预制，构件堆放、装车（船）、运输，安装等 | 单件体积、重量，安装位置，混凝土规格及强度等级，运距等 |
| 100601020××× | 门架 | m³、件 | 构件预制，构件堆放、装车（船）、运输，安装等 | 单件体积、重量，安装位置，混凝土规格及强度等级，运距等 |
| 100601021××× | 框架部件 | m³、件 | 构件预制，构件堆放、装车（船）、运输，安装等 | 单件体积、重量，安装位置，混凝土规格及强度等级，运距等 |
| 100601022××× | 剪刀撑 | m³、件 | 构件预制，构件堆放、装车（船）、运输，安装等 | 单件体积、重量，安装位置，混凝土规格及强度等级，运距等 |
| 100601023××× | 水平撑 | m³、件 | 构件预制，构件堆放、装车（船）、运输，安装等 | 单件体积、重量，安装位置，混凝土规格及强度等级，运距等 |
| 100601024××× | 方形沉箱 | m³、件 | 构件预制、出运、接高、储存、运输、安装等 | 单件体积、重量，安装位置，混凝土规格及强度等级，运距等 |
| 100601025××× | 圆形沉箱 | m³、件 | 构件预制、出运、接高、储存、运输、安装等 | 单件体积、重量，安装位置，混凝土规格及强度等级，运距等 |
| 100601026××× | 异形沉箱 | m³、件 | 构件预制、出运、接高、储存、运输、安装等 | 构件结构型式，单件体积、重量，安装位置，混凝土规格及强度等级，运距等 |
| 100601027××× | 空箱 | m³、件 | 构件预制、出运、储存、运输、安装等 | 单件体积、重量，安装位置，混凝土规格及强度等级，运距等 |
| 100601028××× | 圆筒 | m³、件 | 构件预制、出运、接高、储存、运输、安装等 | 单件体积、重量，安装位置，混凝土规格及强度等级，运距等 |

| 项目编码 | 项目名称 | 计量单位 | 工 作 内 容 | 项 目 特 征 |
|---|---|---|---|---|
| 100601029×××  | 半圆体 | m³、件 | 构件预制、出运、储存、运输、安装等 | 单件体积、重量，安装位置，混凝土规格及强度等级，运距等 |
| 100601030×××  | 扶壁 | m³、件 | 构件预制、出运、储存、运输、安装等 | 单件体积、重量，安装位置，混凝土规格及强度等级，运距等 |
| 100601031×××  | 实心方块 | m³、件 | 构件预制，堆放，储存，装车（船）、运输，安装等 | 单件体积、重量，安装位置，混凝土规格及强度等级，运距等 |
| 100601032×××  | 空心方块 | m³、件 | 构件预制，堆放，储存，装车（船）、运输，安装等 | 单件体积、重量，安装位置，混凝土规格及强度等级，运距等 |
| 100601033×××  | 锚碇墙块体 | m³、件 | 构件预制，堆放，储存，装车（船）、运输，安装等 | 单件体积、重量，安装位置，混凝土规格及强度等级，运距等 |
| 100601034×××  | 箱型坝体 | m³、件 | 构件预制，堆放，储存，装车（船）、运输，安装等 | 单件体积、重量，安装位置，混凝土规格及强度等级，运距等 |
| 100601035×××  | 胸墙 | m³、件 | 构件预制，堆放，储存，装车（船）、运输，安装等 | 单件体积、重量，安装位置，混凝土规格及强度等级，运距等 |
| 100601036×××  | 防浪（汛）墙 | m³、件 | 构件预制，堆放，储存，装车（船）、运输，安装等 | 单件体积、重量，安装位置，混凝土规格及强度等级，运距等 |
| 100601037×××  | 工字形块 | m³、件 | 构件预制，堆放，装车（船）、运输，安装等 | 单件体积、重量，安装位置，混凝土规格及强度等级，运距等 |
| 100601038×××  | 管道压块 | m³、件 | 构件预制，堆放，装车（船）、运输，安装等 | 单件体积、重量，安装位置，混凝土规格及强度等级，运距等 |
| 100601039×××  | 透孔消浪块 | m³、件 | 构件预制，堆放，储存，装车（船）、运输，安装等 | 单件体积、重量，安装位置，混凝土规格及强度等级，运距等 |
| 100601040×××  | 圆形块 | m³、件 | 构件预制，堆放，储存，装车（船）、运输，安装等 | 单件体积、重量，安装位置，混凝土规格及强度等级，运距等 |
| 100601041×××  | 栅栏板 | m³、件 | 构件预制，堆放，装车（船）、运输，安装等 | 单件体积、重量，安装位置，混凝土规格及强度等级，运距等 |
| 100601042×××  | 扭工字块 | m³、件 | 构件预制，堆放，装车（船）、运输，安装等 | 单件体积、重量，安装位置，混凝土规格及强度等级，运距等 |
| 100601043×××  | 扭王字块 | m³、件 | 构件预制，堆放，装车（船）、运输，安装等 | 单件体积、重量，安装位置，混凝土规格及强度等级，运距等 |
| 100601044×××  | 削角王字块 | m³、件 | 构件预制，堆放，装车（船）、运输，安装等 | 单件体积、重量，安装位置，混凝土规格及强度等级，运距等 |
| 100601045×××  | 四角空心块 | m³、件 | 构件预制，堆放，装车（船）、运输，安装等 | 单件体积、重量，安装位置，混凝土规格及强度等级，运距等 |
| 100601046×××  | 四角锥块 | m³、件 | 构件预制，堆放，装车（船）、运输，安装等 | 单件体积、重量，安装位置，混凝土规格及强度等级，运距等 |
| 100601047×××  | 不规则块 | m³、件 | 构件预制，堆放，储存，装车（船）、运输，安装等 | 构件结构型式，单件体积、重量，安装位置，混凝土规格及强度等级，运距等 |

续表

| 项目编码 | 项目名称 | 计量单位 | 工 作 内 容 | 项 目 特 征 |
|---|---|---|---|---|
| 100601048××× | 小型构件 | m³、件 | 构件预制，堆放，装车（船）、运输、安装等 | 构件类型，单件体积、重量，安装位置，混凝土强度等级，运距等 |
| 100601049××× | 透水框架 | m³、件 | 构件预制，堆放，装车（船）、运输，抛投（摆放）等 | 杆件尺寸规格、单件体积、抛投（摆放）位置、混凝土规格及强度等级、运距等 |
| 100601050××× | 齿型构件 | m³、件 | 构件预制，堆放，装车（船）、运输、安装等 | 构件类型，单件体积、重量，安装位置，混凝土规格及强度等级，运距等 |

表 8.3 - 14　　　　现浇混凝土工程项目清单（编码 100602）

| 项目编码 | 项目名称 | 计量单位 | 工 作 内 容 | 项 目 特 征 |
|---|---|---|---|---|
| 100602001××× | 矩形梁 | m³ | 模板组拼、安装、拆除，混凝土制作、运输、浇筑等 | 浇筑部位、构件规格、混凝土规格及强度等级、运距等 |
| 100602002××× | 梯形梁 | m³ | 模板组拼、安装、拆除，混凝土制作、运输、浇筑等 | 浇筑部位、构件规格、混凝土规格及强度等级、运距等 |
| 100602003××× | 出沿梁 | m³ | 模板组拼、安装、拆除，混凝土制作、运输、浇筑等 | 浇筑部位、构件规格、混凝土规格及强度等级、运距等 |
| 100602004××× | 上形梁 | m³ | 模板组拼、安装、拆除，混凝土制作、运输、浇筑等 | 浇筑部位、构件规格、混凝土规格及强度等级、运距等 |
| 100602005××× | L 形梁 | m³ | 模板组拼、安装、拆除，混凝土制作、运输、浇筑等 | 浇筑部位、构件规格、混凝土规格及强度等级、运距等 |
| 100602006××× | T 形梁 | m³ | 模板组拼、安装、拆除，混凝土制作、运输、浇筑等 | 浇筑部位、构件规格、混凝土规格及强度等级、运距等 |
| 100602007××× | 牛腿形梁 | m³ | 模板组拼、安装、拆除，混凝土制作、运输、浇筑等 | 浇筑部位、构件规格、混凝土规格及强度等级、运距等 |
| 100602008××× | 箱形梁 | m³ | 模板组拼、安装、拆除，混凝土制作、运输、浇筑等 | 浇筑部位、构件规格、混凝土规格及强度等级、运距等 |
| 100602009××× | 管沟梁 | m³ | 模板组拼、安装、拆除，混凝土制作、运输、浇筑等 | 浇筑部位、构件规格、混凝土规格及强度等级、运距等 |
| 100602010××× | 悬臂梁 | m³ | 模板组拼、安装、拆除，混凝土制作、运输、浇筑等 | 浇筑部位、构件规格、混凝土规格及强度等级、运距等 |
| 100602011××× | 纵横格梁 | m³ | 模板组拼、安装、拆除，混凝土制作、运输、浇筑等 | 浇筑部位、构件规格、混凝土规格及强度等级、运距等 |
| 100602012××× | 异形梁 | m³ | 模板组拼、安装、拆除，混凝土制作、运输、浇筑等 | 浇筑部位、构件规格、混凝土规格及强度等级、运距等 |
| 100602013××× | 帽梁 | m³ | 模板组拼、安装、拆除，混凝土制作、运输、浇筑等 | 浇筑部位、构件规格，混凝土规格及强度等级、运距等 |
| 100602014××× | 导梁 | m³ | 模板组拼、安装、拆除，混凝土制作、运输、浇筑等 | 浇筑部位、构件规格，混凝土规格及强度等级、运距等 |
| 100602015××× | 面板 | m³ | 模板组拼、安装、拆除，混凝土制作、运输、浇筑等 | 浇筑部位、构件规格，混凝土规格及强度等级、运距等 |

| 项目编码 | 项目名称 | 计量单位 | 工 作 内 容 | 项 目 特 征 |
|---|---|---|---|---|
| 100602016×× | 悬臂板 | m³ | 模板组拼、安装、拆除，混凝土制作、运输、浇筑等 | 浇筑部位、构件规格、混凝土规格及强度等级、运距等 |
| 100602017×× | 卸荷板 | m³ | 模板组拼、安装、拆除，混凝土制作、运输、浇筑等 | 浇筑部位、构件规格、混凝土规格及强度等级、运距等 |
| 100602018×× | Ⅱ形梁板 | m³ | 模板组拼、安装、拆除，混凝土制作、运输、浇筑等 | 浇筑部位、构件规格、混凝土规格及强度等级、运距等 |
| 100602019×× | 肋形梁板 | m³ | 模板组拼、安装、拆除，混凝土制作、运输、浇筑等 | 浇筑部位、构件规格、混凝土规格及强度等级、运距等 |
| 100602020×× | 异形板 | m³ | 模板组拼、安装、拆除，混凝土制作、运输、浇筑等 | 浇筑部位、构件规格、混凝土规格及强度等级、运距等 |
| 100602021×× | 底板 | m³ | 模板组拼、安装、拆除，混凝土制作、运输、浇筑等 | 浇筑部位、构件规格、混凝土规格及强度等级、运距等 |
| 100602022×× | 框架 | m³ | 模板组拼、安装、拆除，混凝土制作、运输、浇筑等 | 浇筑部位、构件规格、混凝土规格及强度等级、运距等 |
| 100602023×× | 刚架 | m³ | 模板组拼、安装、拆除，混凝土制作、运输、浇筑等 | 浇筑部位、构件规格、混凝土规格及强度等级、运距等 |
| 100602024×× | 支架 | m³ | 模板组拼、安装、拆除，混凝土制作、运输、浇筑等 | 浇筑部位、构件规格、混凝土规格及强度等级、运距等 |
| 100602025×× | 接头、接缝 | m³ | 模板组拼、安装、拆除，混凝土制作、运输、浇筑等 | 浇筑部位、构件规格、混凝土规格及强度等级、运距等 |
| 100602026×× | 节点 | m³ | 模板组拼、安装、拆除，混凝土制作、运输、浇筑等 | 浇筑部位、构件规格，混凝土规格及强度等级、运距等 |
| 100602027×× | 系靠船墩 | m³ | 模板组拼、安装、拆除，混凝土制作、运输、浇筑等 | 浇筑部位、构件规格、混凝土规格及强度等级、运距等 |
| 100602028×× | 墩台 | m³ | 模板组拼、安装、拆除，混凝土制作、运输、浇筑等 | 浇筑部位、构件规格、混凝土规格及强度等级、运距等 |
| 100602029×× | 承台 | m³ | 模板组拼、安装、拆除，混凝土制作、运输、浇筑等 | 浇筑部位、构件规格、混凝土规格及强度等级、运距等 |
| 100602030×× | 桥墩身 | m³ | 模板组拼、安装、拆除，混凝土制作、运输、浇筑等 | 浇筑部位、构件规格、混凝土规格及强度等级、运距等 |
| 100602031×× | 桩帽 | m³ | 模板组拼、安装、拆除，混凝土制作、运输、浇筑等 | 浇筑部位、构件规格、混凝土规格及强度等级、运距等 |
| 100602032×× | 独立基础 | m³ | 模板组拼、安装、拆除，混凝土制作、运输、浇筑等 | 浇筑部位、构件规格、混凝土规格及强度等级、运距等 |
| 100602033×× | 条形基础 | m³ | 模板组拼、安装、拆除，混凝土制作、运输、浇筑等 | 浇筑部位、构件规格、混凝土规格及强度等级、运距等 |
| 100602034×× | 满堂基础 | m³ | 模板组拼、安装、拆除，混凝土制作、运输、浇筑等 | 浇筑部位、构件规格、混凝土规格及强度等级、运距等 |

续表

| 项目编码 | 项目名称 | 计量单位 | 工 作 内 容 | 项 目 特 征 |
|---|---|---|---|---|
| 100602035×※× | 柱 | m³ | 模板组拼、安装、拆除，混凝土制作、运输、浇筑等 | 浇筑部位、构件规格、混凝土规格及强度等级、运距等 |
| 100602036×※× | 阶梯 | m³ | 模板组拼、安装、拆除，混凝土制作、运输、浇筑等 | 浇筑部位、构件规格、混凝土规格及强度等级、运距等 |
| 100602037×※× | 闸墙 | m³ | 模板组拼、安装、拆除，混凝土制作、运输、浇筑等 | 浇筑部位、构件规格、混凝土规格及强度等级、运距等 |
| 100602038×※× | 坞墙 | m³ | 模板组拼、安装、拆除，混凝土制作、运输、浇筑等 | 浇筑部位、构件规格、混凝土规格及强度等级、运距等 |
| 100602039×※× | 翻车机房墙体 | m³ | 模板组拼、安装、拆除，混凝土制作、运输、浇筑等 | 浇筑部位、构件规格、混凝土规格及强度等级、运距等 |
| 100602040×※× | 地下结构墙体 | m³ | 模板组拼、安装、拆除，混凝土制作、运输、浇筑等 | 浇筑部位、构件规格、混凝土规格及强度等级、运距等 |
| 100602041×※× | 地上结构墙体 | m³ | 模板组拼、安装、拆除，混凝土制作、运输、浇筑等 | 浇筑部位、构件规格、混凝土规格及强度等级、运距等 |
| 100602042×※× | 胸墙 | m³ | 模板组拼、安装、拆除，混凝土制作、运输、浇筑等 | 浇筑部位、构件规格、混凝土规格及强度等级、运距等 |
| 100602043×※× | 防浪（汛）墙 | m³ | 模板组拼、安装、拆除，混凝土制作、运输、浇筑等 | 浇筑部位、构件规格、混凝土规格及强度等级、运距等 |
| 100602044×※× | 挡土墙 | m³ | 模板组拼、安装、拆除，混凝土制作、运输、浇筑等 | 浇筑部位、构件规格、混凝土规格及强度等级、运距等 |
| 100602045×※× | 锚碇墙 | m³ | 模板组拼、安装、拆除，混凝土制作、运输、浇筑等 | 浇筑部位、构件规格、混凝土规格及强度等级、运距等 |
| 100602046×※× | 管沟 | m³ | 模板组拼、安装、拆除，混凝土制作、运输、浇筑等 | 浇筑部位、构件规格、混凝土规格及强度等级、运距等 |
| 100602047×※× | 漏斗 | m³ | 模板组拼、安装、拆除，混凝土制作、运输、浇筑等 | 浇筑部位、构件规格、混凝土规格及强度等级、运距等 |
| 100602048×※× | 廊道 | m³ | 模板组拼、安装、拆除，混凝土制作、运输、浇筑等 | 浇筑部位、构件规格、混凝土规格及强度等级、运距等 |
| 100602049×※× | 闸首边墩 | m³ | 模板组拼、安装、拆除，混凝土制作、运输、浇筑等 | 浇筑部位、构件规格、混凝土规格及强度等级、运距等 |
| 100602050×※× | 坞首边墩 | m³ | 模板组拼、安装、拆除，混凝土制作、运输、浇筑等 | 浇筑部位、构件规格、混凝土规格及强度等级、运距等 |
| 100602051×※× | 管墩 | m³ | 模板组拼、安装、拆除，混凝土制作、运输、浇筑等 | 浇筑部位、构件规格、混凝土规格及强度等级、运距等 |
| 100602052×※× | 闸墩 | m³ | 模板组拼、安装、拆除，混凝土制作、运输、浇筑等 | 浇筑部位、构件规格、混凝土规格及强度等级、运距等 |
| 100602053×※× | 坞墩 | m³ | 模板组拼、安装、拆除，混凝土制作、运输、浇筑等 | 浇筑部位、构件规格、混凝土规格及强度等级、运距等 |

| 项目编码 | 项目名称 | 计量单位 | 工 作 内 容 | 项 目 特 征 |
|---|---|---|---|---|
| 100602054×××| 托辊墩 | m³ | 模板组拼、安装、拆除，混凝土制作、运输、浇筑等 | 浇筑部位、构件规格、混凝土规格及强度等级、运距等 |
| 100602055×××| 防汛墙门墩 | m³ | 模板组拼、安装、拆除，混凝土制作、运输、浇筑等 | 浇筑部位、构件规格、混凝土规格及强度等级、运距等 |
| 100602056×××| 薄壁墩 | m³ | 模板组拼、安装、拆除，混凝土制作、运输、浇筑等 | 浇筑部位、构件规格、混凝土规格及强度等级、运距等 |
| 100602057×××| 悬臂墩 | m³ | 模板组拼、安装、拆除，混凝土制作、运输、浇筑等 | 浇筑部位、构件规格、混凝土规格及强度等级、运距等 |
| 100602058×××| 系船柱块体 | m³ | 模板组拼、安装、拆除，混凝土制作、运输、浇筑等 | 浇筑部位、构件规格、混凝土规格及强度等级、运距等 |
| 100602059×××| 堤头、坡肩、坡顶 | m³ | 模板组拼、安装、拆除，混凝土制作、运输、浇筑等 | 浇筑部位、构件规格，混凝土规格及强度等级、运距等 |
| 100602060×××| 沉箱、空腔结构封顶 | m³ | 模板组拼、安装、拆除，混凝土制作、运输、浇筑等 | 浇筑部位、构件规格、混凝土规格及强度等级、运距等 |
| 100602061×××| 护轮坎、沿口、护栏 | m³ | 模板组拼、安装、拆除，混凝土制作、运输、浇筑等 | 浇筑部位、构件规格、混凝土规格及强度等级，运距等 |
| 100602062×××| 面层 | m³ | 模板组拼、安装、拆除，混凝土制作、运输、浇筑等 | 浇筑部位、构件规格、混凝土规格及强度等级、运距等 |
| 100602063×××| 垫层 | m³ | 模板组拼、安装、拆除，混凝土制作、运输、浇筑等 | 浇筑部位、构件规格、混凝土规格及强度等级、运距等 |
| 100602064×××| 护底 | m³ | 模板组拼、安装、拆除，混凝土制作、运输、浇筑等 | 浇筑部位、构件规格、混凝土规格及强度等级、运距等 |
| 100602065×××| 压顶 | m³ | 模板组拼、安装、拆除，混凝土制作、运输、浇筑等 | 浇筑部位、构件规格、混凝土规格及强度等级、运距等 |
| 100602066×××| 护坡 | m³ | 模板组拼、安装、拆除，混凝土制作、运输、浇筑等 | 浇筑部位、构件规格、混凝土规格及强度等级、运距等 |
| 100602067×××| 门库 | m³ | 模板组拼、安装、拆除，混凝土制作、运输、浇筑等 | 浇筑部位、构件规格、混凝土规格及强度等级、运距等 |
| 100602068×××| 消能设施 | m³ | 模板组拼、安装、拆除，混凝土制作、运输、浇筑等 | 浇筑部位、构件规格、混凝土规格及强度等级、运距等 |
| 100602069×××| 浮式系船槽 | m³ | 模板组拼、安装、拆除，混凝土制作、运输、浇筑等 | 浇筑部位、构件规格、混凝土规格及强度等级、运距等 |
| 100602070×××| 门槽 | m³ | 模板组拼、安装、拆除，混凝土制作、运输、浇筑等 | 浇筑部位、构件规格、混凝土规格及强度等级、运距等 |
| 100602071×××| 爬梯槽 | m³ | 模板组拼、安装、拆除，混凝土制作、运输、浇筑等 | 浇筑部位、构件规格、混凝土规格及强度等级、运距等 |
| 100602072×××| 绳槽 | m³ | 模板组拼、安装、拆除，混凝土制作、运输、浇筑等 | 浇筑部位、构件规格、混凝土规格及强度等级、运距等 |

续表

| 项目编码 | 项目名称 | 计量单位 | 工 作 内 容 | 项 目 特 征 |
|---|---|---|---|---|
| 100602073××× | 渡槽 | m³ | 模板组拼、安装、拆除，混凝土制作、运输、浇筑等 | 浇筑部位、构件规格、混凝土规格及强度等级、运距等 |
| 100602074××× | 衬砌 | m³ | 模板组拼、安装、拆除，混凝土制作、运输、浇筑等 | 浇筑部位、构件规格、混凝土规格及强度等级、运距等 |
| 100602075××× | 滑轮井 | m³ | 模板组拼、安装、拆除，混凝土制作、运输、浇筑等 | 浇筑部位、构件规格、混凝土规格及强度等级、运距等 |
| 100602076××× | 车挡 | m³ | 模板组拼、安装、拆除，混凝土制作、运输、浇筑等 | 浇筑部位、构件规格、混凝土规格及强度等级、运距等 |
| 100602077××× | 混凝土坝 | m³ | 模板组拼、安装、拆除，混凝土制作、运输、浇筑等 | 浇筑部位、构件规格、混凝土规格及强度等级、运距等 |
| 100602078××× | 溢流面 | m³ | 模板组拼、安装、拆除，混凝土制作、运输、浇筑等 | 浇筑部位、构件规格、混凝土规格及强度等级、运距等 |
| 100602079××× | 模袋混凝土 | m³ | 定位，混凝土制作，模袋运输、敷设、充灌、封口、溜放等 | 浇筑部位、构件规格、混凝土规格及强度等级、运距等 |
| 100602080××× | 水下混凝土 | m³ | 模板组拼、安装、拆除，混凝土制作、运输、浇筑等 | 浇筑部位、构件规格、混凝土规格及强度等级、运距等 |

### 七、钢筋工程项目清单 （编码 100700）

钢筋工程项目清单 （编码 100700）见表 8.3-15、表 8.3-16。

表 8.3-15                 非预应力钢筋工程项目清单 （编码 100701）

| 项目编码 | 项目名称 | 计量单位 | 工 程 内 容 | 项 目 特 征 |
|---|---|---|---|---|
| 100701001××× | 现浇混凝土钢筋 | t | 冷拉，制作、运输，安装、绑扎，吊运入模等 | 钢筋种类、规格等 |
| 100701002××× | 预制构件钢筋 | t | 冷拉，制作、运输，安装、绑扎，吊运入模等 | 钢筋种类、规格等 |
| 100701003××× | 现浇混凝土钢筋网片 | t | 冷拉，制作、运输，安装、绑扎，吊运入模等 | 钢筋种类、规格等 |
| 100701004××× | 预制构件钢筋网片 | t | 冷拉，制作、运输，安装、绑扎，吊运入模等 | 钢筋种类、规格等 |
| 100701005××× | 现浇混凝土钢筋笼 | t | 冷拉，制作、运输，安装、绑扎，吊运入模等 | 钢筋种类、规格等 |
| 100701006××× | 预制构件钢筋笼 | t | 冷拉，制作、运输，安装、绑扎，吊运入模等 | 钢筋种类、规格等 |
| 100701007××× | 抛填钢筋（铅丝）笼 | t | 冷拉，制作、运输，安装、绑扎，吊运入模等 | 钢筋（铅丝）种类、规格等 |

**表 8.3 - 16**　　　　　　　　　　预应力钢筋工程项目清单（编码 100702）

| 项目编码 | 项目名称 | 计量单位 | 工程内容 | 项目特征 |
|---|---|---|---|---|
| 100702001××× | 预应力钢筋 | t | 冷拉，制作，预埋管孔道埋设，锚具安装，张拉切割，砂浆制作，孔道压浆、养护等 | 钢筋种类、规格，锚具种类，砂浆强度等级等 |
| 100702002××× | 预应力钢绞线 | t | 冷拉，制作，预埋管孔道埋设，锚具安装，张拉切割，砂浆制作，孔道压浆、养护等 | 钢绞线种类、规格，锚具种类，砂浆强度等级等 |

## 八、金属结构工程项目清单

金属结构工程项目清单（编码 100800）见表 8.3 - 17。

**表 8.3 - 17**　　　　　　　　　　金属结构工程项目清单（编码 100800）

| 项目编码 | 项目名称 | 计量单位 | 工程内容 | 项目特征 |
|---|---|---|---|---|
| 100800001××× | 栈（引）桥 | t、榀 | 制作、运输、安装、刷涂料等 | 结构型式，钢材品种、规格，单榀重量、涂料品种，运距等 |
| 100800002××× | 工字型钢梁 | t、件 | 制作、运输、安装、刷涂料等 | 结构型式，钢材品种、规格，单榀重量、涂料品种，运距等 |
| 100800003××× | 箱型钢梁 | t、件 | 制作、运输、安装、刷涂料等 | 结构型式，钢材品种、规格，单榀重量、涂料品种，运距等 |
| 100800004××× | 钢板桩导梁 | t、件 | 制作、运输、安装、刷涂料等 | 结构型式，钢材品种、规格，单榀重量、涂料品种，运距等 |
| 100800005××× | 钢架 | t、件 | 制作、运输、安装、刷涂料等 | 结构型式，钢材品种、规格，单榀重量、涂料品种，运距等 |
| 100800006××× | 靠船钢立柱 | t、件 | 制作、运输、安装、刷涂料等 | 结构型式，钢材品种、规格，单榀重量、涂料品种，运距等 |
| 100800007××× | 钢支撑 | t、件 | 制作、运输、安装、刷涂料等 | 结构型式，钢材品种、规格，单榀重量、涂料品种，运距等 |
| 100800008××× | 卧倒门 | t、扇 | 铰座安装，坞门拖吊就位，铰轴水下安装，滑板安装，刷防腐涂料，坞门外部压缩空气管路连接、安装，坞门起、卧试验，坞内抽水试压及止水检验等 | 外形尺寸、重量、材质、规格、防腐要求等 |
| 100800009××× | 人字门 | t、扇 | 制作平台整修、制作，门体制作，门体吊装，附件安装，运转件支承件安装，止水安装，刷防腐涂料，人行便桥安装，启闭试验等 | 外形尺寸、重量、材质、规格、防腐要求等 |

| 项目编码 | 项目名称 | 计量单位 | 工 程 内 容 | 项 目 特 征 |
|---|---|---|---|---|
| 100800010××× | 提升（下降）门 | t、扇 | 制作平台整修、制作，门体制作，门体吊装，附件安装，运转件支承件安装，止水安装、刷防腐涂料，人行便桥安装，启闭试验等 | 外形尺寸、重量、材质、规格、防腐要求等 |
| 100800011××× | 横拉门 | t、扇 | 制作平台整修、制作，门体制作，门体吊装，附件安装，运转件支承件安装，止水安装、刷防腐涂料，人行便桥安装，启闭试验等 | 外形尺寸、重量、材质、规格、防腐要求等 |
| 100800012××× | 浮式门 | t、扇 | 制作平台整修、制作，门体制作，门体吊装，附件安装，运转件支承件安装，止水安装、刷防腐涂料，人行便桥安装，启闭试验等 | 外形尺寸、重量、材质、规格、防腐要求等 |
| 100800013××× | 弧形门 | t、扇 | 制作平台整修、制作，门体制作，门体吊装，附件安装，运转件支承件安装，止水安装、刷防腐涂料，人行便桥安装，启闭试验等 | 外形尺寸、重量、材质、规格、防腐要求等 |
| 100800014××× | 泄水闸门 | t、扇 | 焊缝检验、闸门本体及附件安装、支承件安装、止水安装、刷防腐涂料、调试等 | 外形尺寸、重量、材质、规格、防腐要求等 |
| 100800015××× | 拦污栅 | t | 栅体制作、本体及附件安装、栅槽校正及安装、除锈刷油等 | 外形尺寸、重量、材质、规格、防腐要求等 |
| 100800016××× | 承船车（厢） | 台 | 制作平台修整、制作，行车装置安装，吊点及其他附件安装，车体就位、测量、试车，弹性支垫安装等 | 安装要求、单台车架自重等 |
| 100800017××× | 钢轨 | m | 钢轨购置，安装、校正等 | 钢轨品种及规格、安装方式及要求等 |
| 100800018××× | 锚碇拉杆 | t | 制作、安装、除锈刷涂料等 | 钢材规格等 |
| 100800019××× | 扶梯 | t | 制作、安装、除锈刷涂料等 | 扶梯型式、钢材规格等 |
| 100800020××× | 栏杆 | t | 制作、安装、除锈刷涂料等 | 栏杆型式、钢材规格等 |
| 100800021××× | 钢盖板 | t | 制作、安装、除锈刷涂料等 | 安装方式、钢材规格等 |
| 100800022××× | 车挡 | t | 制作、安装、除锈刷涂料等 | 车挡型式、钢材规格等 |
| 100800023××× | 管道支架 | t | 制作、安装、除锈刷涂料等 | 钢材规格等 |
| 100800024××× | 预埋铁件 | t | 制作、安装、校正、防腐等 | 钢材规格、防腐等 |

## 九、设备安装工程项目清单（编码 100900）

设备安装工程项目清单（编码 100900）见表 8.3－18～表 8.3－21。

表 8.3－18　　　　　　　　　装卸设备安装工程项目清单（编码 100901）

| 项目编码 | 项目名称 | 计量单位 | 工 程 内 容 | 项 目 特 征 |
|---|---|---|---|---|
| 100901001××× | 移动伸缩式装船机 | 台 | 各组装件的组装和安装、调试、补漆等 | 安装要求，名称、型号、质量、装船能力等 |
| 100901002××× | 移动伸缩旋转式装船机 | 台 | 各组装件的组装和安装、调试、补漆等 | 安装要求，名称、型号、质量、装船能力等 |
| 100901003××× | 直线摆动式装船机 | 台 | 各组装件的组装和安装、调试、补漆等 | 安装要求，名称、型号、质量、装船能力等 |
| 100901004××× | 弧线轨道式装船机 | 台 | 各组装件的组装和安装、调试、补漆等 | 安装要求，名称、型号、质量、装船能力等 |
| 100901005××× | 固定旋转式装船机 | 台 | 各组装件的组装和安装、调试、补漆等 | 安装要求，名称、型号、质量、装船能力等 |
| 100901006××× | 链斗式卸船机 | 台 | 各组装件的组装和安装、调试、补漆等 | 安装要求，名称、型号、质量、卸船能力等 |
| 100901007××× | 波纹挡边带式卸船机 | 台 | 各组装件的组装和安装、调试、补漆等 | 安装要求，名称、型号、质量、卸船能力等 |
| 100901008××× | 双带式卸船机 | 台 | 各组装件的组装和安装、调试、补漆等 | 安装要求，名称、型号、质量、卸船能力等 |
| 100901009××× | 螺旋卸船机 | 台 | 各组装件的组装和安装、调试、补漆等 | 安装要求，名称、型号、质量、卸船能力等 |
| 100901010××× | 悬链式链斗卸船机 | 台 | 各组装件的组装和安装、调试、补漆等 | 安装要求，名称、型号、质量、卸船能力等 |
| 100901011××× | 桁架装卸桥 | 台 | 各组装件的组装和安装、调试、补漆等 | 安装要求，名称、型号、起重能力、跨距等 |
| 100901012××× | 箱型装卸桥 | 台 | 各组装件的组装和安装、调试、补漆等 | 安装要求，名称、型号、起重能力、跨距等 |
| 100901013××× | 岸边集装箱起重机 | 台 | 各组装件的组装和安装、调试、补漆等 | 安装要求，名称、型号、起重能力、吊距等 |
| 100901014××× | 移动式悬臂堆料机 | 台 | 各组装件的组装和安装、调试、补漆等 | 安装要求，名称、型号、质量、堆料能力等 |
| 100901015××× | 斗轮取料机 | 台 | 各组装件的组装和安装、调试、补漆等 | 安装要求，名称、型号、质量、取料能力等 |
| 100901016××× | 斗轮堆取料机 | 台 | 各组装件的组装和安装、调试、补漆等 | 安装要求，名称、型号、质量、堆取料能力等 |
| 100901017××× | 门式斗轮堆取料机 | 台 | 各组装件的组装和安装、调试、补漆等 | 安装要求，名称、型号、质量、堆取料能力等 |
| 100901018××× | 门式耙料机 | 台 | 各组装件的组装和安装、调试、补漆等 | 安装要求，名称、型号、生产能力等 |
| 100901019××× | 输油臂 | 台 | 各组装件的组装和安装、调试、补漆等 | 安装要求，名称、型号、直径等 |
| 100901020××× | 翻车机 | 台 | 各组装件的组装和安装、调试、补漆等 | 安装要求，名称、型号、直径等 |

| 项目编码 | 项目名称 | 计量单位 | 工 程 内 容 | 项 目 特 征 |
|---|---|---|---|---|
| 100901021×××| 铁牛 | 台 | 各组装件的组装和安装、调试、补漆等 | 安装要求，名称、型号等 |
| 100901022×××| 牵车台 | 台 | 各组装件的组装和安装、调试、补漆等 | 安装要求，名称、型号等 |
| 100901023×××| 摘勾平台 | 台 | 各组装件的组装和安装、调试、补漆等 | 安装要求，名称、型号等 |
| 100901024×××| 拨车机 | 台 | 各组装件的组装和安装、调试、补漆等 | 安装要求，名称、型号、传动方式等 |
| 100901025×××| 桥式螺旋卸车机 | 台 | 各组装件的组装和安装、调试、补漆等 | 安装要求，名称、型号、跨距等 |
| 100901026×××| 门式螺旋卸车机 | 台 | 各组装件的组装和安装、调试、补漆等 | 安装要求，名称、型号、跨距等 |
| 100901027×××| 链斗式卸车机 | 台 | 各组装件的组装和安装、调试、补漆等 | 安装要求，名称、型号、质量、卸车能力等 |
| 100901028×××| 移动式装车机 | 台 | 各组装件的组装和安装、调试、补漆等 | 安装要求，名称、型号、质量、卸车能力等 |
| 100901029×××| 固定式织物芯胶带输送机 | 台 | 各组装件的组装和安装、调试、补漆等 | 安装要求，名称、型号、宽度、长度等 |
| 100901030×××| 固定式钢绳芯胶带输送机 | 台 | 各组装件的组装和安装、调试、补漆等 | 安装要求，名称、型号、宽度、长度等 |
| 100901031×××| 气垫式胶带输送机 | 台 | 各组装件的组装和安装、调试、补漆等 | 安装要求，名称、型号、宽度、长度等 |
| 100901032×××| 埋刮板输送机 | 台 | 各组装件的组装和安装、调试、补漆等 | 安装要求，名称、型号、宽度、长度等 |
| 100901033×××| 龙门式起重机 | 台 | 各组装件的组装和安装、调试、补漆等 | 安装要求，名称、型号、起重能力、跨距等 |
| 100901034×××| 带斗门座起重机 | 台 | 各组装件的组装和安装、调试、补漆等 | 安装要求，名称、型号、起重能力、吊距等 |
| 100901035×××| 门座起重机 | 台 | 各组装件的组装和安装、调试、补漆等 | 安装要求，名称、型号、起重能力、吊距等 |
| 100901036×××| 台架式起重机 | 台 | 各组装件的组装和安装、调试、补漆等 | 安装要求，名称、型号、起重能力、跨距等 |
| 100901037×××| 桥式起重机 | 台 | 各组装件的组装和安装、调试、补漆等 | 安装要求，名称、型号、起重能力、跨距等 |
| 100901038×××| 固定起重机 | 台 | 各组装件的组装和安装、调试、补漆等 | 安装要求，名称、型号、起重能力、跨距等 |
| 100901039×××| 梁式起重机 | 台 | 各组装件的组装和安装、调试、补漆等 | 安装要求，名称、型号、起重能力、跨距等 |
| 100901040×××| 缆车 | 台 | 各组装件的组装和安装、调试、补漆等 | 安装要求，规格型号、牵引力等 |

续表

| 项目编码 | 项目名称 | 计量单位 | 工 程 内 容 | 项 目 特 征 |
|---|---|---|---|---|
| 100901041××× | 升船机 | 套 | 升船平台整体安装、组合件安装、卷扬机安装、操控系统安装等 | 安装要求、载重量等 |
| 100901042××× | 趸船 | 台 | 购置（制作）、安装等 | 吨位、趸船规格及材质、结构特征、安装要求等 |
| 100901043××× | 转接塔 | 台 | 各组装件的组装和安装、调试、补漆等 | 安装要求，名称、重量等 |
| 100901044××× | 漏斗、溜槽 | 台 | 各组装件的组装和安装、调试、补漆等 | 安装要求，名称、重量等 |
| 100901045××× | 斗式提升机 | 台 | 各组装件的组装和安装、调试、补漆等 | 安装要求，名称、型号、胶带宽度、提升高度等 |
| 100901046××× | 双带提升机 | 台 | 各组装件的组装和安装、调试、补漆等 | 安装要求，名称、型号、胶带宽度、提升高度等 |
| 100901047××× | 地中衡 | 台 | 各组装件的组装和安装、调试、补漆等 | 安装要求，名称、型号、称重能力、衡长等 |
| 100901048××× | 轨道衡 | 台 | 各组装件的组装和安装、调试、补漆等 | 安装要求，名称、型号、称重能力、衡长等 |
| 100901049××× | 缝袋输送机 | 台 | 各组装件的组装和安装、调试、补漆等 | 安装要求，名称、型号、生产能力等 |
| 100901050××× | 定量自动灌包秤 | 台 | 各组装件的组装和安装、调试、补漆等 | 安装要求，名称、型号、生产能力等 |
| 100901051××× | 胶带给料机 | 台 | 各组装件的组装和安装、调试、补漆等 | 安装要求，名称、型号、宽度、生产能力等 |
| 100901052××× | 电磁振动给料机 | 台 | 各组装件的组装和安装、调试、补漆等 | 安装要求，名称、型号、宽度、生产能力等 |
| 100901053××× | 往复式给料机 | 台 | 各组装件的组装和安装、调试、补漆等 | 安装要求，名称、型号、宽度、生产能力等 |
| 100901054××× | 桥式叶轮给料机 | 台 | 各组装件的组装和安装、调试、补漆等 | 安装要求，名称、型号、宽度、生产能力等 |
| 100901055××× | 码包机 | 台 | 各组装件的组装和安装、调试、补漆等 | 安装要求，名称、型号、宽度、生产能力等 |
| 100901056××× | 灌缝包机 | 台 | 各组装件的组装和安装、调试、补漆等 | 安装要求，名称、型号、宽度、生产能力等 |

**表 8.3-19　　　　配套设备安装工程项目清单（编码 100902）**

| 项目编码 | 项目名称 | 计量单位 | 工 程 内 容 | 项 目 特 征 |
|---|---|---|---|---|
| 100902001××× | 船坞引船系统 | 套 | 轨道吊装、调整，引船小车吊装，侧轮及顶轮安装、调整，垂直和水平导轮安装，托轮、盖板、张紧滑轮安装，卷扬机安装等 | 安装要求，引船小车自重、卷扬机牵引力等 |

| 项目编码 | 项目名称 | 计量单位 | 工程内容 | 项目特征 |
|---|---|---|---|---|
| 100902002××× | 坞壁作业车 | 台 | 行走机构和架体安装，臂架旋转机构、臂架、变幅油缸安装，机械电气及操控系统安装等 | 安装要求、工作负荷等 |
| 100902003××× | 登船梯（塔） | t | 本体购置（制作），吊装、焊接（螺栓连接），安装，栏杆安装，电梯安装等 | 本体品种及规格、安装要求等 |
| 100902004××× | 电动绞盘 | 台 | 绞盘安装、基础预留孔地脚螺栓放置、二次灌浆抹面、设备固定、电控设备安装等 | 安装要求、牵引力等 |
| 100902005××× | 水平横移架 | 台 | 架体及卷扬机安装等 | 安装要求、载重量等 |
| 100902006××× | 纵向下水架 | 台 | 架体及卷扬机安装、贮绳筒、过船台拉曳系统安装等 | 安装要求，载重量、卷扬机牵引力等 |
| 100902007××× | 启闭机 | 套 | 设备本体及附属设备安装、调试、与闸阀门连接及启闭试验等 | 安装要求、单套设备重量、设备品种、规格等 |
| 100902008××× | 激光靠泊仪 | 台 | 设备购置、安装、调试等 | 设备品种及规格、安装要求等 |

表 8.3-20　　**机电设备安装工程项目清单（编码 100903）**

| 项目编码 | 项目名称 | 计量单位 | 工程内容 | 项目特征 |
|---|---|---|---|---|
| 100903001××× | 水轮机设备 | 套 | 主机埋件和本体安装、配套管路和部件安装、调试等 | 安装要求、型号、规格、重量等 |
| 100903002××× | 水泵-水轮机设备 | 套 | 主机埋件和本体安装、配套管路和部件安装、调试等 | 安装要求，型号、规格、重量等 |
| 100903003××× | 泵站水泵设备 | 套 | 真空破坏阀、泵座、人孔及止水埋件安装，泵体组合件及支撑件安装，止水密封件安装，仪器、仪表、管路附件安装，调试等 | 安装要求、型号、规格、重量等 |
| 100903004××× | 调速器及油压装置设备 | 套 | 基础、本体、反馈机构、事故配压阀、管路等安装，集油漕、压油槽、漏油漕安装，油泵、管道及辅助设备安装，设备滤油、充油，调试等 | 安装要求、型号、规格、重量等 |
| 100903005××× | 发电机设备 | 套 | 基础埋设，机组及辅助设备安装，配套供应管路和部件安装，定子、转子装配及干燥，发电机（发电机-电动机）与水轮机（水泵-水轮机）联轴前后检查调整，调试等 | 安装要求、型号、规格、重量等 |
| 100903006××× | 发电机-电动机设备 | 套 | 基础埋设，机组及辅助设备安装，配套供应管路和部件安装，定子、转子装配及干燥，发电机（发电机-电动机）与水轮机（水泵-水轮机）联轴前后检查调整、调试等 | 安装要求，型号、规格、重量等 |

续表

| 项目编码 | 项目名称 | 计量单位 | 工 程 内 容 | 项 目 特 征 |
|---------|---------|---------|------------|------------|
| 100903007××× | 大型泵站电动机设备 | 套 | 电动机基础埋设，定子、转子安装，附件安装，电动机干燥，调试等 | 安装要求，型号、规格、重量等 |
| 100903008××× | 励磁系统设备 | 套 | 基础安装、设备本体安装、调试等 | 安装要求，型号、规格、重量等 |
| 100903009××× | 主阀设备 | 台 | 阀体安装、操作机构及管路安装、附属设备安装、调试等 | 安装要求，型号、规格、重量等 |
| 100903010××× | 滑触线 | m | 基础埋设、支架及绝缘子安装、滑触线及附件校正安装、连接电缆及轨道接地、辅助母线安装等 | 安装要求，电压等级、电流等级，相数等 |
| 100903011××× | 水力机械辅助设备 | 项 | 基础埋设，设备本体及附件安装，配套电动机安装，管路、阀门和表计等安装，调试等 | 安装要求，型号规格，输送介质、材质，连接方式，压力等级等 |
| 100903012××× | 发电电压设备 | 套 | 基础埋设，设备本体及附件安装，调整、试验和接地等 | 安装要求，型号规格、电压等级、设备重量等 |
| 100903013××× | 发电机-电动机静止变频启动装置（SFC） | 套 | 基础埋设，设备本体及附件安装，调整、试验和接地等 | 安装要求，型号规格、电压等级、设备重量等 |
| 100903014××× | 厂用电系统设备 | 套 | 基础埋设、设备安装、接地、调试等 | 安装要求，型号规格、电压等级、重量等 |
| 100903015××× | 照明系统 | 项 | 照明器具安装、埋管及布线、绝缘测试等 | 安装要求、型号规格、电压等级等 |
| 100903016××× | 电缆安装及敷设 | m | 电缆敷设和耐压试验、电缆头制作及安装和与设备的连接等 | 安装要求、型号规格、电压等级、单根长度、电缆头类型等 |
| 100903017××× | 发电电压母线 | m | 基础埋设、支架安装、母线和支持绝缘子安装、微正压装置安装、调试等 | 安装要求、型号规格、电压等级、单根长度、相数等 |
| 100903018××× | 接地装置 | m、t | 接地干线和支线敷设、接地极和避雷针制作及安装、接地电阻测量等 | 安装要求、型号规格、材质、连接方式等 |
| 100903019××× | 主变压器设备 | 台 | 设备本体及附件安装，设备干燥，变压器油过滤、油化验和注油，调试等 | 安装要求、型号规格，外形尺寸、电压等级、容量，重量等 |
| 100903020××× | 高压电气设备 | 项 | 基础埋设、设备本体及附件安装、六氟化硫（$SF_6$）充气和测试、调试等 | 安装要求、型号规格，电压等级、绝缘介质、重量等 |
| 100903021××× | 一次拉线 | m | 金属器具及绝缘子安装，变电站母线、母线引下线、设备连接和架空地线等架设，调试等 | 安装要求，型号规格，电压等级、容量，相数 |

续表

| 项目编码 | 项目名称 | 计量单位 | 工 程 内 容 | 项 目 特 征 |
|---|---|---|---|---|
| 100903022×××  | 控制、保护、测量及信号系统设备 | 套 | 基础埋设、设备本体和附件安装、接地、调试等 | 安装要求、系统结构、设备配置、功能等 |
| 100903023×××  | 计算机监控系统设备 | 套 | 基础埋设、设备本体和附件安装、接地、调试等 | 安装要求、系统结构、设备配置、功能等 |
| 100903024×××  | 直流系统设备 | 套 | 基础埋设，设备本体安装、调整、试验，蓄电池充电和放电，接地、调试等 | 安装要求、型号规格、类型等 |
| 100903025×××  | 工业电视系统设备 | 套 | 基础埋设、设备本体和附件安装、接地、调试等 | 安装要求、系统结构、设备配置、功能等 |
| 100903026×××  | 通信系统设备 | 套 | 基础埋设、设备本体和附件安装、接地、调试等 | 安装要求、系统结构、设备配置、功能等 |
| 100903027×××  | 电工试验室设备 | 套 | 基础埋设、设备本体和附件安装、接地、调试等 | 安装要求、型号规格、电压等级、容量等 |
| 100903028×××  | 消防系统设备 | 套 | 灭火系统安装，管道支架制作、安装，火灾自动报警系统安装，消防系统装置调试及模拟试验等 | 安装要求、型号规格、材质、压力等级、连接方式等 |
| 100903029×××  | 通风、空调、采暖及其监控设备 | 项 | 基础埋设、设备本体及附件安装、设备支架制作及安装、通风管制作及安装、电动机及电气安装、调试等 | 安装要求、系统结构、设备配置、功能等 |
| 100903030×××  | 机修设备 | 项 | 基础埋设、设备本体和附件安装、调试等 | 安装要求、型号规格、外形尺寸、重量等 |
| 100903031×××  | 电梯设备 | 项 | 基础埋设、设备本体和附件安装、升降机械及传动装置安装、电气设备安装、调试等 | 安装要求、型号规格、提升高度、载重量、重量等 |

**表 8.3－21**　　　　**安全监测设备安装工程项目清单（编码 100904）**

| 项目编码 | 项 目 名 称 | 计量单位 | 工 程 内 容 | 项目特征 |
|---|---|---|---|---|
| 100904001×××  | 工程变形监测控制网设备 | 套 | 检验、率定，安装、埋设等 | 型号、规格等 |
| 100904002×××  | 变形监测设备 | 套、台 | 检验、率定，安装、埋设等 | 型号、规格等 |
| 100904003×××  | 应力、应变及温度监测设备 | 套、台 | 检验、率定，安装、埋设等 | 型号、规格等 |
| 100904004×××  | 渗流监测设备 | 套、台 | 检验、率定，安装、埋设等 | 型号、规格等 |
| 100904005×××  | 环境监测设备 | 套、台 | 检验、率定，安装、埋设等 | 型号、规格等 |
| 100904006×××  | 水力学监测设备 | 套、台 | 检验、率定，安装、埋设等 | 型号、规格等 |
| 100904007×××  | 结构振动监测设备 | 套、台 | 检验、率定，安装、埋设等 | 型号、规格等 |
| 100904008×××  | 结构强振监测设备 | 套、台 | 检验、率定，安装、埋设等 | 型号、规格等 |
| 100904009×××  | 其他专项监测设备 | 套、台 | 检验、率定，安装、埋设等 | 型号、规格等 |
| 100904010×××  | 工程安全监测自动化采集系统设备 | 套、台 | 检验、率定，安装、埋设等 | 型号、规格等 |

续表

| 项目编码 | 项目名称 | 计量单位 | 工程内容 | 项目特征 |
|---|---|---|---|---|
| 100904011××× | 工程安全监测信息管理系统设备 | 套、台 | 检验、率定，安装、埋设等 | 型号、规格等 |
| 100904012××× | 特殊监测设备 | 套、台 | 检验、率定，安装、埋设等 | 型号、规格等 |
| 100904013××× | 施工期观测、设备维护、资料管理分析 | 项 | 设备维护，巡视检查，资料记录、整理，建模、建库，资料分析、评价等 | |

### 十、其他工程项目清单

其他工程项目清单见表8.3-22。

**表8.3-22**         **其他工程项目清单（编码101000）**

| 项目编码 | 项目名称 | 计量单位 | 工程内容 | 项目特征 |
|---|---|---|---|---|
| 101000001××× | 橡胶护舷 | 套 | 运输、安装、刷油等 | 护舷类型、规格等 |
| 101000002××× | 钢护舷 | t | 制作预埋件、除锈刷油、运输、安装等 | 安装方式，护舷类型规格，钢材规格等 |
| 101000003××× | 木护舷 | m³ | 制作预埋件、运输、安装等 | 安装方式，护舷类型、规格等 |
| 101000004××× | 系船柱 | 个 | 运输、安装、除锈刷油、浇筑混凝土等 | 系船柱能力，混凝土强度等级等 |
| 101000005××× | 浮鼓锚坠 | 套 | 锚坠预制，装船、运输、定位、安装，水下清理、拆除、运输、卸船等 | 锚坠混凝土强度等级、体积等 |
| 101000006××× | 沉降缝 | m | 制作、安装，封口等 | 安装方式，材料品种、规格等 |
| 101000007××× | 止水缝 | m | 制作、安装，封口等 | 安装方式，材料品种、规格等 |
| 101000008××× | 伸缩缝 | m | 制作、安装，封口等 | 安装方式，材料品种、规格等 |
| 101000009××× | 防水层 | m² | 基面清理、铺设、刷（喷）涂等 | 防水材料品种及规格、技术要求、部位等 |
| 101000010××× | 锚杆 | t、根 | 成孔、锚杆制作安装、压力灌浆等 | 孔径、孔深、灌浆要求，锚杆材质、直径、长度等 |
| 101000011××× | 预应力锚索 | t、根 | 钻孔、清孔及空位测量，锚索及附件加工、运输，安装锚固，孔口承压垫座混凝土浇筑和钢垫板安装，张拉、锚固、注浆、封闭锚头等 | 材质，孔向、孔径及孔深，注浆形式、黏结要求，锚索及锚固段长度，预应力强度等 |
| 101000012××× | 系网（船）环 | t、个 | 制作、安装、除锈刷油等 | 规格等 |
| 101000013××× | 拆除混凝土 | m³ | 拆除、清运、堆放等 | 规格、数量、拆除部位、清运距离等 |
| 101000014××× | 拆除土（石）堤 | m³ | 拆除、运输、卸除等 | 拆除部位，材料品种，水深、运距等 |

续表

| 项目编码 | 项目名称 | 计量单位 | 工 程 内 容 | 项 目 特 征 |
|---|---|---|---|---|
| 101000015××× | 拆除土（石）围埝 | m³ | 拆除，运输、卸除等 | 拆除部位，材料品种，水深、运距等 |
| 101000016××× | 拆除砌体 | m³ | 拆除，清运、堆放等 | 砌体品种、规格、数量，拆除部位、清运距离等 |
| 101000017××× | 拆除路面 | m³ | 拆除，清运、堆放等 | 路面品种、数量，拆除部位，清运距离等 |
| 101000018××× | 清理障碍物 | 项 | 清理，装车（船）、运输、卸除、堆放等 | 障碍物名称、规格、数量，清运距离等 |
| 101000019××× | 拔钢板桩 | t、根 | 移船（机）、拔桩，运输、堆放等 | 桩长、地质条件等 |
| 101000020××× | 绿化 | m² | 清理场地，场内运输，栽种铺设等 | 绿化品种、绿化范围及要求等 |
| 101000021××× | 伐树及挖树根 | 棵 | 伐树（挖根），装车、运输、卸车、堆放等 | 树身（根）直径、运距等 |
| 101000022××× | 挖除小树及竹（苇）根 | m² | 挖除，装车、运输、卸车、堆放等 | 数量、运距等 |
| 101000023××× | 清除表土、草皮 | m² | 铲挖，装车、运输、卸车、堆放等 | 铲除范围，运距等 |

# 第四节 水运工程工程量计算规则（2020版）

## 一、一般规定

（1）工程量计算应依据下列文件。

1）招标文件及设计图纸。

2）技术规范、工程质量检验标准。

3）经有关部门批准的技术经济文件。

（2）除本规范另有规定外，施工过程中损耗或扩展而增加的工程量不得计算在工程量清单的工程数量中，所发生的费用可在综合单价中考虑。

（3）施工水位应采用设计文件提供的数值。当设计文件未作明确规定时，施工水位可按下列要求确定：

1）有潮港采用工程所在地平均潮位。

2）无潮港采用工程所在地施工季节的历年平均水位。

3）航道工程的施工水位根据工程现场自然条件、施工工艺和质量等要求，通过多年水文资料、工期要求和施工通航条件等综合分析确定。

（4）水工工程与陆域工程界线的划分应根据工程部位、结构要求确定，并应以保证水工建筑物结构及各组成部分的完整性为原则。

（5）水工工程应以施工水位为界，划分水上工程和水下工程。

**二、疏浚工程**

(1) 挖泥工程量应按设计图纸计算净量。

(2) 疏浚岩土的分类分级应根据疏浚岩土的勘察报告和岩土试验报告确定，并应符合现行行业有关标准的规定。

(3) 对于有自然回淤的施工区域，施工期自然回淤量应单独计算并计入工程量。

(4) 在同一施工区域出现不同疏浚岩土级别时，应分别计算工程量。

(5) 吹填工程量应按设计图纸净量，扣除吹填区围堰、子堰等的体积计算；原土体的沉降量应单独计算并计入工程量；吹填土体的流失、固结等可在综合单价中考虑。

**三、航标工程**

导航助航设施工程工程量的计算，应区分不同结构型式分别计算。

**四、土石方工程**

(1) 土类、岩石级别划分应符合现行行业有关标准的规定，并应区分不同级别分别计算工程量。

(2) 水下挖泥土类的划分可按表 8.4-1 确定。

表 8.4-1　　　　　　　　　　水 下 挖 泥 土 质 类 别

| 土质类别 | 名 称 或 特 征 | 标准贯入击数 $N$ | 液性指数 $I_L$ |
|---|---|---|---|
| Ⅰ | 淤泥、淤泥混砂、软塑黏土、可塑黏土、可塑亚黏土、可塑亚砂土 | $N \leqslant 8$ | $I_L \leqslant 1.5$ |
| Ⅱ | 砂、硬塑黏土、硬塑亚黏土、硬塑亚砂土 | $N \leqslant 15$ | $I_L \leqslant 0.25$ |
| Ⅲ | 坚硬的黏土、砂夹卵石、坚硬亚黏土、坚硬亚砂土 | $N \leqslant 30$ | $I_L < 0$ |
| Ⅳ | 强风化岩、铁板砂、胶结的卵石和砾石 | $N > 30$ | |

注　Ⅰ、Ⅱ类土以液性指数为主要判别标准。

(3) 土石方开挖及回填工程量应按设计图纸计算净量，回填工程原土体的沉降量应单独计算并计入工程量。

(4) 按设计图纸计算填筑工程量时，不应扣除预埋件和面积小于或等于 $0.2m^2$ 的孔洞所占的体积。

(5) 坡度陡于 1∶2.5 的陆上坡面开挖，应按岸坡挖土方计算。

(6) 槽底开挖宽度小于或等于 3m，且槽长大于 3 倍槽宽的陆上开挖工程可按地槽计算。

(7) 不满足第 (6) 条规定且坑底面积小于或等于 $20m^2$ 的陆上开挖工程，应按地坑计算。

(8) 除岸坡、地槽、地坑以外的陆上开挖工程应按一般挖土方计算。

(9) 平均高差超过 0.30m 的陆上土方工程，应按土方挖填以体积计算工程量。反之，应按场地平整以面积计算工程量。

(10) 洞室土方开挖断面积大于 $2.5m^2$ 时，水平夹角不大于 6°的应按平洞土方开挖计算；水平夹角在 6°~75°的应按斜井土方开挖计算；水平夹角大于 75°且深度大于上口短边长度或直径的应按竖井土方开挖计算工程量。平洞、斜井、竖井土方开挖的工程量应按设计图纸以体积计算。

（11）夹有孤石的土方开挖，大于 0.7m³ 的孤石应按石方开挖计算。

（12）开挖地槽、地坑应按设计图纸计算工程量。

（13）土方开挖各类槽、坑的计算长度应根据自然地面起伏状况划分成若干段，每段长度一般不宜大于 10m。

（14）土方开挖工程量不应计算工作面开挖小排水沟、修坡、铲坡、清除草皮、工作面范围内的小路修筑、交通安全以及必需的其他辅助工作等。

（15）设计坡度陡于 1：2.5，且平均开挖厚度小于 5m 的石方开挖，应按坡面石方开挖计算。

（16）陆上石方工程沟槽底宽小于或等于 7m，且长度大于 3 倍宽度可按沟槽计算。

（17）陆上石方工程不满足第（16）条规定，且底面积小于 200m²，深度小于坑底短边长度或直径可按基坑计算。

（18）陆上洞室石方开挖断面积大于 5m² 时，水平夹角不大于 6°应按平洞石方开挖计算；水平夹角在 6°～75°的应按斜井石方开挖计算；水平夹角大于 75°且深度大于上口短边长度或直径的应按竖井石方开挖计算工程量。平洞、斜井、竖井石方开挖的工程量应按设计图纸以体积计算。

（19）除坡面、沟槽、基坑、洞室以外的陆上石方开挖应按一般石方计算。

（20）开挖沟槽、基坑石方应按设计图纸计算工程量。

（21）不允许破坏岩层结构的陆上保护层石方开挖，设计坡度不陡于 1：2.5 时，应按底部保护层石方开挖计算；设计坡度陡于 1：2.5 时，应按坡面保护层石方开挖计算。

（22）陆上石方开挖保护层应按设计图纸计算工程量。

（23）预裂爆破应按预裂面内的岩石开挖计算。

（24）水下挖泥水深应按施工水位与设计挖槽底高程之差扣除平均泥层厚度之半确定。

（25）水下抛填工程应计入原土沉降增加的工程量。

（26）水下抛填水深应按施工水位与设计挖槽底高程之差扣除基床厚度之半确定。

（27）基床夯实范围应按设计文件确定。当设计文件未规定时，可按建构筑物底面尺寸各边加宽 1.0m 确定；若分层抛石、夯实应按分层处的应力扩散线各边加宽 1.0m 确定。

（28）基床整平范围的确定应满足下列要求。

1）粗平时建（构）筑物取底面尺寸各边加宽 1.0m，有护面块体时取压脚块底边外加宽 1.0m；对于码头基床包括全部前肩范围。

2）细平时建（构）筑物取底面尺寸各边加宽 0.5m，有护面块体时取压脚块底边外加宽 0.5m；对于码头基床包括全部前肩范围。

（29）基床理坡工程量应以面积计算。

（30）砌筑工程量应按设计砌体外形尺寸以体积计算。

（31）砌体表面加工应按设计要求计算砌体表面展开面积。

（32）砌体砂浆勾缝应按不同的砌体材料区分平面、斜面、立面、曲面以及平缝、凸缝，分别按砌体表面展开面积以面积计算。

（33）砌体砂浆抹面应按不同厚度区分平面、斜面、立面、曲面、拱面，分别按砌体表面展开面积以面积计算。

（34）沥青混凝土工程量应按设计图纸以面积计算，封闭层按设计图纸或实际测量尺寸以面积计算。

**五、地基与基础工程**

（1）基础打入桩应根据不同的土质类别、桩的类别、断面型式、桩长，以根或体积计算混凝土桩工程量，以根或重量计算钢桩工程量。

（2）基础打入桩的土质类别应按表 8.4-2 划分。

表 8.4-2　　　　　　　　　　　基础打入桩土质级别划分表

| 级别 | 土　类 | | | | | | |
|---|---|---|---|---|---|---|---|
| | 黏性土 | | 粉土 | 砂土 | 碎石土 | | 风化岩 |
| | 黏土 | 粉质黏土 | | | | | |
| | $I_L$ | $N$ | $N$ | $N$ | 角砾、圆砾 | 碎石、卵石 | $N$ |
| 一 | $I_L \geqslant 0.5$ | $N \leqslant 10$ | $N \leqslant 15$ | $N < 30$ | — | — | — |
| 二 | $0 < I_L < 0.5$ | $10 < N \leqslant 20$ | $15 < N \leqslant 30$ | $30 \leqslant N \leqslant 50$ | 稍密、中密 | 稍密 | $N \leqslant 50$ |
| 三 | $I_L \leqslant 0$ | $20 < N \leqslant 30$ | $N > 30$ | $N > 50$ | 密实 | 中密、密实 | $50 < N \leqslant 80$ |

（3）基础打入桩工程量计算应满足下列要求。

1）斜度小于或等于 8:1 的基桩按直桩计算。

2）斜度大于 8:1 的基桩按斜桩计算。

3）在同一节点由一对不同方向的斜桩组成的基桩按叉桩计算。

4）在同一节点中由两对不同方向叉桩组成的基桩组按同节点双向叉桩计算。

5）独立墩或独立承台结构体下的基桩或含 3 根及 3 根以上斜桩且不与其他基桩联系的其他结构体下的基桩按墩台式基桩计算。

6）引桥设计纵向中心线岸端起点至码头前沿线最远点垂线距离大于 500m 时，码头部分的基桩按长引桥码头基桩计算。

（4）陆上施打钢筋混凝土方桩、管桩，当桩顶低于地面 2m 时应按深送桩计算。

（5）设计文件要求试桩时，试桩工程量应单独计算。

（6）基础灌注桩工程量计算应满足下列要求。

1）成孔工程量按不同的设计孔深、孔径、土类划分，以根或体积计算；孔深按地面至设计桩底计算。

2）灌注桩混凝土工程量根据不同的混凝土强度等级，按设计桩长、桩径计算，扩孔因素不计入工程量。

（7）基础灌注桩土类应按表 8.4-3 划分。

表 8.4-3　　　　　　　　　　　　基础灌注桩土类划分表

| 土质类别 | 说　明 |
|---|---|
| I | 塑性指数大于 10 的黏土、粉质黏土、砂土，以及粉土、淤泥质土、吹填土 |
| II | 砂砾、混合土 |
| III | 粒径为 2～20mm 的颗粒含量大于总质量 50% 的角砾、圆砾土质，粒径为 20～60mm 的颗粒含量不大于总质量 20% 的碎石、卵石土质 |
| IV | 粒径为 20～200mm 的颗粒含量大于总质量 20% 的碎石、卵石土质，粒径为 200～500mm 的颗粒含量不大于总质量 10% 的块石、漂石土质和杂填土 |
| V | 中等风化程度及以上的软质岩石或强风化的硬质岩石，粒径大于 500mm 的颗粒含量大于总质量 10% 的块石、漂石土质 |
| VI | 中等风化程度及以下的硬质岩石或微风化的软质岩石 |

（8）地下连续墙工程量应根据成槽土类、混凝土强度等级，按设计延米、宽度、槽深以体积计算。

（9）地下连续墙土类应按表 8.4-4 划分。

表 8.4-4　　　　　　　　　　　　地下连续墙土类划分表

| 土质类别 | 说　明 |
|---|---|
| I | 塑性指数大于 10 的黏土、粉质黏土、粉土、淤泥质土、冲填土，标准贯入击数 $N \leqslant 10$ 的土层 |
| II | 砂土、混合土，标准贯入击数 $10 < N \leqslant 30$ 的土层 |
| III | 粒径为 2～20mm 的颗粒含量大于全重 50% 的角砾、圆砾，粒径为 20～60mm 的颗粒含量不大于全重 20% 的碎石、卵石土质；标准贯入击数 $30 < N \leqslant 50$ 的土层 |

（10）软土地基加固堆载预压工程量的计算应满足下列要求。

1）堆载预压工程量根据不同的预压荷载、堆载料的要求以面积计算。

2）堆载材料用量以体积计算。

3）设计文件未明确堆载材料放坡系数时，放坡系数按 1∶1 计算。

4）原土体的沉降，应单独计算工程量。

（11）软土地基加固真空预压工程量根据不同的真空预压要求以面积计算。

（12）软土地基加固联合堆载真空预压应分别计算堆载工程量和真空预压工程量。

（13）软土地基加固塑料排水板工程量应以根或长度计算。

（14）软土地基加固陆上强夯工程量应根据不同的夯击能量等要求，按设计强夯加固面积计算。夯坑填料量应按体积单独计算工程量。

（15）软土地基加固打砂桩（砂井）工程量应以根或体积计算，袋装法以根或长度计算。

（16）软土地基加固陆上打碎石桩工程量应以根或体积计算。

（17）深层水泥拌和加固水下基础工程量应按设计加固体积计算。

（18）水泥拌和桩、粉喷桩、旋喷桩工程量应按设计加固体积计算。

（19）钻孔灌浆中的钻孔工程量，应根据设计图纸按设计进尺以长度计算。

（20）钻孔灌浆中的灌浆工程量，应根据设计图纸按设计灌浆深度以长度计算。

（21）砂砾石层帷幕灌浆、土坝劈裂灌浆工程量，应按设计图纸的有效灌浆长度计算。

（22）岩石层帷幕灌浆、固结灌浆工程量，应按设计图纸计算的有效灌浆长度或设计净干耗灰量计算。

（23）接缝灌浆、接触灌浆工程量，应按设计图纸计算的混凝土施工缝或混凝土坝体与坝基、岸坡岩体的接触缝有效灌浆面积计算。

（24）高压喷射防渗墙灌浆工程量，应按设计图纸的不同墙厚的有效连续墙体截水面积计算。

（25）灌浆压力大于或等于 3MPa 应划分为高压灌浆，小于 1.5MPa 应划分为低压灌浆，其余应划分为中压灌浆。

（26）化学灌浆中的灌浆工程量，应根据不同的灌浆材料、裂缝部位、缝宽和缝深以重量计算。

（27）压水试验工程量应按试段计算。

（28）沉井的井壁、封底、填心、封顶等应按本规范有关章节的规定分别计算。

（29）沉井下沉工程量，应根据设计图纸按设计沉井平面投影面积乘以下沉深度计算。

**六、混凝土工程**

（1）混凝土和钢筋混凝土的工程量应根据设计图纸以体积计算。不应扣除钢筋、铁件、螺栓孔、三角条、吊孔盒、马腿盒等所占体积和单孔面积小于或等于 0.2m² 的孔洞所占体积。

（2）陆上现浇混凝土基础工程量计算应满足下列要求。

1）独立基础根据断面型式以体积计算。

2）带形基础根据断面型式以体积计算；其中有肋带形基础的肋高与肋宽之比小于或等于 4∶1 时按有肋带形基础计算；超过 4∶1 时底部按板式基础计算，底板以上部分的肋按墙计算。

3）无梁式满堂基础的扩大角或锥形柱墩并入满堂基础内计算工程量；箱式满堂基础按无梁式满堂基础、柱、梁、板、墙等项目分别计算工程量。

4）除块型以外其他类型的设备基础分别按基础、梁、柱、板、墙等项目计算。

（3）陆上现浇混凝土柱工程量计算应满足下列要求。

1）柱高自柱基上表面算至顶板或梁的下表面，有柱帽时柱高自柱基上表面算至柱帽的下表面。

2）牛腿并入柱身体积计算。

（4）陆上现浇混凝土梁工程量计算应满足下列要求。

1）基础梁按全长计算体积。

2）主梁按全长计算，次梁算至主梁侧面。

3）梁的悬臂部分并入梁内一起计算。

4）梁与混凝土墙或支撑交接时，梁长算至墙体或支撑侧面。

5）梁与主柱交接时，柱高算至梁底面，梁按全长计算。

6）梁板结构的梁高算至面板下表面。

（5）陆上现浇混凝土板工程量计算应满足下列要求。

1）平板按板混凝土实体体积计算。

2）伸入支撑内的板头并入板体积计算。

（6）陆上现浇混凝土墙工程量计算应满足下列要求。

1）墙体的高度由基础顶面算至顶板或梁的下表面，墙垛及突出部分并入墙体积内计算。

2）墙体按不同形状、厚度分别计算体积。

（7）预制梁、板、柱的接头和接缝现浇混凝土工程量应单独计算。

（8）翻车机房基础工程量计算应满足下列要求。

1）翻车机房基础混凝土按不同结构部位分为底板、墙体、梁、板、柱等分别计算体积。

2）当单侧翼板长度为墙身厚度的2.5倍以上时按带翼板墙计算；当单侧翼板长度为墙身厚度的2.5倍以下时按出沿墙计算，其翼板及出沿部分并入墙身体积计算。

3）翻车机房基础的扶壁并入与其连接的墙体体积内计算。

4）底板、墙体等为防渗而设置的闭合块混凝土单独计算工程量。

（9）计算陆上现浇混凝土廊道、坑道、沟涵、管沟工程量时可将底板、墙体、顶板合并整体计算。

（10）陆上现浇混凝土拨车机基础、牵引器基础、夹轮器基础、带排水沟的挡土墙工程量，按不同作用可分别整体计算。

（11）陆上现浇混凝土池工程量计算应满足下列要求。

1）池底板、池壁、顶板分别计算。

2）池底板的坡度缓于1∶1.7按平面底板计算，陡于1∶1.7的按锥形底板计算。

3）池壁高度从底板上表面算至顶板下表面，带溢流槽的池壁将溢流槽并入池壁体积计算。

4）污水处理系统中澄清池中心结构按整体计算。

（12）陆上现浇混凝土卸车坑工程量计算应满足下列要求。

1）底板、墙体、梁、面板、漏斗分别计算。

2）火车轨道梁和框架梁单独计算，其他梁按断面型式分别计算。

3）漏斗按整体计算，并算至墙体或梁的侧面。

（13）陆上现浇混凝土筒仓（图8.4-1）工程量计算应满足下列要求。

1）筒仓底板上的各种支座混凝土并入底板计算。

2）底板顶面以上至顶板底面以下为筒壁，筒壁工程量计算扣除门窗洞口所占体

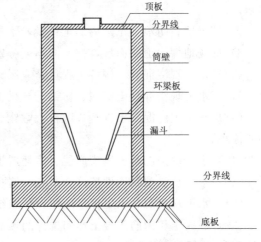

图8.4-1　筒仓结构示意图

积；各仓间连接部分并入筒壁计算。

3）钢制漏斗的混凝土支座环梁及板，算至筒壁内表面；现浇混凝土漏斗将环梁、板并入漏斗一并计算。

4）筒仓顶板、进料口和顶面设备支座混凝土一并计算。

（14）通航建筑物及挡泄水建筑物混凝土工程量计算应符合下列规定。

1）闸首混凝土工程量计算应满足下列要求：①以闸首底板与边墩的施工缝为界划分边墩与底板，分别计算工程量；②带输水廊道的实体边墩以廊道顶高程以上 1.5m 为界，带输水廊道的空箱边墩以廊道顶板顶高程为界，分别计算工程量；③闸首的门槛、检修平台、消力槛等并入底板计算，帷幕墙单独计算；④边墩顶部的悬臂板、胸墙、挡浪墙、磨耗层、踏步梯等工程量单独计算。

2）闸室混凝土工程量计算应满足下列要求：①分离式以底板与闸墙竖向分缝处为界，整体式以底板与闸墙连接处底板顶高程为界划分闸墙与底板；②墙体顶部的靠系船设施、廊道以及墙体上的阶梯并入墙体计算。

3）平底板工程量应包括齿槛体积；空箱底板应包括隔墙、分流墩、消力梁及面板，孔洞体积应扣除；反拱底板的拱部结构应按反拱底板计算，拱上结构应按梁计算。

4）闸墙和系船墩上的系船环、系船钩等孔洞体积不应扣除。

5）边墩、闸墙与其他混凝土构件交接时除另有说明外，其他混凝土构件均应计算至边墩和闸墙外表面。

6）消力槛、消力齿、消力墩、消力梁、消力格栅等工程量，应分别计算；消力池如直接设置在底板上，可并入底板计算工程量。

7）升船机基础程量应按轨道梁、连系梁，滑轮井、绳槽、车挡、托辊墩等分别计算。

8）泄水闸底板、闸墩、溢流坝、溢流面、厂房等工程量应分别计算。

（15）其他现浇混凝土工程量计算应满足下列要求。

1）胸墙、导梁及帽梁的工程量，不扣除沉降缝、锚杆、预埋件、桩头嵌入部分的体积。

2）挡土墙、防浪（汛）墙的工程量，不扣除各种分缝体积。

3）堆场地坪、道路面层，按不同厚度分别计算，不扣除各种分缝体积。

（16）水上现浇混凝土构件工程量，应区分不同形状按设计图纸以体积计算。

（17）水上现浇混凝土桩帽、帽梁、导梁工程量，不应扣除桩头嵌入部分的体积。

（18）水上现浇混凝土桩基式墩台、墩帽、台身、支座工程量，不应扣除桩头嵌入墩帽的体积。

（19）水上现浇混凝土码头面层、磨耗层工程量不应扣除分缝体积。

（20）水上现浇预制构件接缝、节点、堵孔工程量，应按不同种类以体积计算。

（21）水下现浇混凝土工程量应按设计图纸要求以体积计算。

（22）混凝土和钢筋混凝土预制构件的预制工程量和安装工程量，应按设计图纸分部以体积和件计算。

（23）预制混凝土空心方桩、大管桩和 PHC 桩的工程量，应扣除中空体积。

### 七、钢筋工程

（1）现浇、预制构件的钢筋工程量应按设计图纸以重量计算。

（2）混凝土预制构件钢筋工程量应按预应力和非预应力分别计算。

（3）设计图纸未标示的搭接钢筋、架立钢筋、空心方桩胶囊定位钢筋、灌注桩、地下连续墙悬吊钢筋及其他加固钢筋等的工程量，应在综合单价中考虑。

### 八、金属结构制作安装工程

（1）金属结构制作工程量应按设计图纸以重量计算。

（2）钢材重量应按设计图纸计算，不应扣除切肢、断边及孔眼的重量。多边形或不规则形钢板应按外接矩形计算。

（3）除锈、刷涂料工程量应按设计要求以展开面积计算。

（4）闸阀门、拦污栅制作工程量，应根据不同的门型、单扇门重，按钢结构本体、止水件、防腐处理等分别计算。门重应包括门体重量和安装于门叶上的运转支撑件的重量。

（5）钢轨、系船柱等各种成品件、闸阀门、拦污栅、启闭机及其他金属构件的安装工程量，应包括本体、附件及埋件，并按设计图纸及相应的计量单位分别计算。

### 九、设备安装工程

（1）港口装卸、配套设备安装工程量，应按不同的规格、能力、高度及重量，分别以台、套或重量计算。

（2）航运枢纽设备安装工程量，应按不同的规格、能力及结构型式，分别以台、套、扇或重量计算。

（3）修造船厂设备安装工程量，应按不同的规格、能力和结构型式，分别以台、套、扇或重量计算。

（4）启闭机与电气设施安装工程量，应按设计图示数量计算。启闭机电动机接线端子以内应按启闭机安装计算；启闭机设备主体第一个外接法兰或管接头以外的管道铺设以及设备用油应单独计算。

（5）启闭机设备的轨道铺设应单独计算工程量。

（6）航运枢纽发电主要设备，由设备本体和附属设备及埋件组成，其安装工程量应按设计图示数量计算。

（7）航运枢纽滑触线、水力机械辅助设备、发电电压设备、发电机-电动机静止变频启动装置、发电电压母线、接地装置、高压电气设备、一次拉线、控制保护测量及信号系统设备、直流系统设备、电工试验室设备等其他机电设备安装工程量，应按设计图示数量计算。

（8）用电系统设备、照明系统、电缆敷设、计算机监控系统设备、计算机管理系统设备、工业电视系统设备、通信系统设备、消防系统设备、通风空调采暖及其监控设备、机修设备、电梯设备等其他机电设备安装工程量应按设计图纸计算。

（9）航运枢纽安全监测设备安装工程量应按各种仪器设备的种类规格分别计算。

### 十、其他工程

（1）土工织物、尼龙编织布及竹笆、荆笆的铺设工程量，应按设计图纸以覆盖面积计算；材料搭接工程量可在综合单价中考虑。

（2）栽植树木、乔灌木、竹类、攀缘植物、水生植物等工程量，应按设计图示品种以数量或面积计算。

（3）栽植绿篱类工程量，应按设计图示品种以长度计算。

（4）栽植片植绿篱、色带、花卉及植草等工程量，应按设计图示品种以面积分别计算。

（5）伐树及挖树根工程量，树身直径在 0.20m 以上的应按不同的树身直径，以棵计算。

（6）挖除树身直径小于或等于 0.20m 的小树及竹（苇）根，铲草皮等工程量，应按面积计算。

（7）拆除混凝土及钢筋混凝土工程量，应按体积计算。

（8）拆除土石堤、围堰、砌体等工程量，应按体积计算。

（9）清理障碍物工程量，应按设计图示或实际测量结果按相应计量单位计算。

（10）拔钢板桩工程量应按不同桩长以根或重量计算。

（11）预应力锚索工程的工程量应按嵌入结构体内的有效设计长度，以根或重量计算。

# 第九章　水运建设工程造价案例

## 第一节　工程量清单计价法案例

### 一、工程量清单报价编制说明

（一）工程概况

本案例选自某沿海沉箱码头工程，标段内容为新建 1 个 15 万 t 级通用散货泊位，主要工程内容有码头主体工程、陆域回填等。详细工程量见报价表文件。

本标段工程总报价为 151746778 元。

（二）编制依据

（1）图纸依据：＊＊＊设计院有限公司设计的《＊＊＊工程》。

（2）计价规范及定额依据。

本报价执行交通运输部〔2019〕第 57 号文的编制规定及其配套定额。《水运建设工程概算预算编制规定》（JTS/T 116—2019）、《沿海港口水工建筑工程定额》（JTS/T 276—1—2019）、《沿海港口工程船舶机械艘（台）班费用定额》（JTS/T 276—2—2019）、和福建省交通厅相关文件等。

（3）《水运工程工程量清单计价规范》（JTS/T 271—2020）。

（4）其他依据：与本项目有关的其他资料。

（三）其他说明

（1）工程报价综合单价中已经包括定额直接费、其他直接费、规费、企业管理费、利润、税金、专项税费等。

（2）增值税率按 9% 计取。

（3）一般项目中"保险费"考虑工程一切险和第三方责任险，工程一切险按 3‰ 计算，第三方责任险按 1000 万考虑，费率按 2‰ 计算。

（4）基地与工程距离按 25km 考虑。

（5）取费费率见表 9.1-1。

表 9.1-1　　　　　　　某沿海沉箱码头工程取费费率表

| 序　号 | 费 率 名 称 | 默 认 费 率 /% | 费 率/% |
|---|---|---|---|
| 1 | 其他直接费率 | 5.830 | 5.830 |
| （1） | 安全文明施工费率 | 1.500 | 1.500 |
| （2） | 临时设施费率 | 1.330 | 1.330 |
| （3） | 冬季雨季及夜间施工增加费率 | 1.080 | 1.080 |
| （4） | 材料二次倒运费率 | 0.260 | 0.260 |
| （5） | 施工辅助费率 | 1.110 | 1.110 |

| 序　号 | 费　率　名　称 | 默　认　费　率 /% | 费　率 /% |
|---|---|---|---|
| (6) | 施工队伍进退场费率 | 0.550 | 0.550 |
| (7) | 外海工程拖船费率 | 0.000 | 0.000 |
| 2 | 规费费率 | 1.600 | 1.600 |
| (1) | 社会保险费和住房公积金费率 | 1.600 | 1.600 |
| (2) | 其他费率 | 0.000 | 0.000 |
| 3 | 企业管理费率 | 7.380 | 7.380 |
| 4 | 利润率 | 7.000 | 7.000 |
| 5 | 大型土石方填料利润率 | 3.000 | 3.000 |
| 6 | 税率 | 9.000 | 9.000 |
| 7 | 独立费含税费率（即1＋税率） | 109.000 | 109.000 |

（6）材料市场价按照福建省＊＊市2020年9月材料信息价并结合现场询价。

（7）沉箱钢筋，"沉箱采用分段预制工艺"。

（8）沉箱出运距离，半潜驳，水上5km。

（9）混凝土采用现场集中搅拌考虑。

（10）现浇混凝土，陆拌泵送，泵送距离150m内。

（11）抛填，均采用民船装运抛工艺。

（12）码头后方回填砂，按陆上回填（直接来料铺筑）工艺。

（13）挖方弃土运距30km。

（14）钢轨QU120制作安装，单价结合市场价询价。

（15）其他详见预算报表。

**二、工程量清单报价表**

本案例参照《水运工程工程量清单计价规范》（JTS/T 271—2020）的标准格式编制，工程量清单报价表由表9.1-2～表9.1-8组成，并以标准表格的形式展现了报价表的主要报表内容，以便大家建立起直观的印象。本案例无计日工项目，因而无相应表格。

表 9.1-2　　　　　　　　　　**工程量清单报价表封面**

沿海工程预算案例工程

工程量清单报价表

招标人（盖章）　　　　　＊＊＊＊

法定代表人
或授权代理人（签字）　　＊＊＊＊

编制人（签字、盖执业印章）　＊＊＊＊

编制时间　　　　　　　　2020/10/30

**表 9.1-3** 　　　　　　　　　　　**工程量清单项目总价表**

| 工程名称：沿海工程预算案例 | | 第1页 共1页 |
|---|---|---|
| 序号 | 项目名称 | 金额/元 |
| 一 | 一般项目 | 15347803 |
| 二 | 码头主体 | 136398975 |
| 总计 | | 151746778 |
| 投标人：（盖章） | * * * | |
| 法定代表人或授权代理人：（签字） | * * * | |

**表 9.1-4** 　　　　　　　　　　　**分部分项工程量清单计价表**

单位工程名称：码头主体　　　　　　　　　　　　　　　　　　　　　　　第1页 共3页

| 序号 | 项目编码 | 项目名称 | 计量单位 | 工程数量 | 金额/元 | |
|---|---|---|---|---|---|---|
| | | | | | 综合单价 | 合价 |
| 1 | 100200001001 | 港池边坡挖泥，2级岩土，挖深20m，运距30km，断面净量，超宽超深考虑在单价中 | m³ | 455650 | 29.55 | 13464458 |
| 2 | 100502001001 | 基槽挖泥，Ⅰ类土壤，水深30m内，运距30km，断面净量，超宽超深考虑在单价中 | m³ | 13076 | 57.68 | 754224 |
| 3 | 100502003001 | 基槽炸礁，水深30m内，岩石级别Ⅷ～Ⅸ，爆破层厚度3.5m，运距5km，断面净量，超宽超深考虑在单价中 | m³ | 39264 | 351.50 | 13801296 |
| 4 | 100503020001 | 抛石基床，10～100kg块石，夯实并整平理坡，水深25m内，分层厚度不超过2m | m³ | 26534 | 248.73 | 6599802 |
| 5 | 100701021001 | 方形沉箱，预制，C40，1800m³内/个 | m³ | 26191 | 711.81 | 18643016 |
| 6 | 100801002001 | 方形沉箱，钢筋制安 | t | 3400.1885 | 5864.25 | 19939555 |
| 7 | 100900023001 | 方形沉箱，接地预埋钢筋，镀锌 | t | 1.128 | 9930.82 | 11202 |
| 8 | 100900023002 | 方形沉箱，接地镀锌钢板1000mm×1000mm×20mm | t | 1.256 | 10919.53 | 13715 |
| 9 | 100701021002 | 方形沉箱，出运，1800m³内/个，半潜驳，5km | 个 | 15 | 298122.64 | 4471840 |
| 10 | 100701021003 | 方形沉箱，安放，4400t内/个 | 个 | 15 | 100446.84 | 1506703 |
| 11 | 100503038001 | 沉箱内填砂（Φ≥30°） | m³ | 103557 | 37.36 | 3868890 |
| 12 | 100503040001 | 沉箱内填50kg以下块石 | m³ | 6343 | 80.88 | 513022 |
| 13 | 100701010001 | 沉箱预制盖板，预制，有侧露筋，C40混凝土，20m³内/块 | m³ | 1355.2 | 549.27 | 744371 |

| 单位工程名称：码头主体 | | | | | 第 1 页　共 3 页 | |
|---|---|---|---|---|---|---|
| 序号 | 项目编码 | 项 目 名 称 | 计量单位 | 工程数量 | 金额/元 | |
| | | | | | 综合单价 | 合　价 |
| 14 | 100801002002 | 沉箱预制盖板，钢筋制安 | t | 179.378 | 5385.24 | 965994 |
| 15 | 100701027001 | 沉箱预制盖板，安装，60t 内/块 | 件 | 77 | 2651.21 | 204143 |
| 16 | 100702057001 | 沉箱内素混凝土垫层，现浇，C15 | m³ | 196 | 369.45 | 72412 |
| 17 | 100702019001 | 沉箱现浇盖板，C40 | m³ | 2097.28 | 528.98 | 1109419 |
| 18 | 100702022001 | 沉箱预制盖板现浇接缝，C40 | m³ | 357.918 | 769.66 | 275475 |
| 19 | 100801001002 | 沉箱现浇盖板及接缝钢筋制安 | t | 251.593 | 6474.62 | 1628969 |
| 20 | 100503023001 | 沉箱后抛填 10～100kg 块石 | m³ | 192410 | 110.52 | 21265153 |
| 21 | 100503005001 | 填筑二片石垫层 | m³ | 24928 | 85.61 | 2134086 |
| 22 | 100503012001 | 填筑混合倒滤层 | m³ | 22409 | 52.18 | 1169302 |
| 23 | 100503013001 | 码头后方铺设土工布倒滤层，400g/m²，单层 | m² | 23934 | 63.97 | 1531058 |
| 24 | 100503037001 | 码头后方回填砂（Φ≥28°） | m³ | 225758 | 31.42 | 7093316 |
| 25 | 100701030001 | 现浇钢筋混凝土胸墙 C40 | m³ | 6976 | 616.31 | 4299379 |
| 26 | 100801001001 | 现浇钢筋混凝土胸墙及系船柱块体钢筋制安 | t | 348.8 | 6612.51 | 2306443 |
| 27 | 100801001004 | 系船柱块体钢筋 | t | 15.41 | 6612.42 | 101897 |
| 28 | 100900023003 | 系船柱护沿预埋件钢筋 | t | 0.1 | 9834.90 | 983 |
| 29 | 100900023004 | 系船柱预埋镀锌钢板 $t=6$ | t | 1.1 | 10919.53 | 12011 |
| 30 | 100900023005 | 钢轨预埋角钢∠100×63×8 | t | 6.222 | 9937.93 | 61834 |
| 31 | 100504013001 | 门机后轨浆砌块石基础 M20 | m³ | 1741 | 219.41 | 381993 |
| 32 | 100702057002 | 门机后轨轨道梁下混凝土垫层 C15 | m³ | 38 | 400.67 | 15225 |
| 33 | 100702010001 | 门机后轨轨道梁 C35 混凝土 | m³ | 361 | 586.75 | 211817 |
| 34 | 100801001004 | 门机后轨轨道梁钢筋制安 | t | 72.2 | 5494.35 | 396692 |
| 35 | 100503004002 | 沉箱上抛石（50kg 以下块石） | m³ | 6337 | 80.88 | 512537 |
| 36 | 100702055001 | 护轮坎，现浇 C35 | m³ | 18 | 840.34 | 15126 |
| 37 | 100801001005 | 护轮坎，钢筋制安 | t | 3.06 | 5825.31 | 17825 |
| 38 | 100900023006 | 护轮坎预埋镀锌钢板 $t=6$ | t | 5.1 | 10919.53 | 55690 |
| 39 | 100900023007 | 护轮坎预埋角钢∠100×63×8 | t | 2.28 | 9937.93 | 22658 |
| 40 | 100900023008 | 结构缝钢筋 | t | 0.5 | 9834.92 | 4917 |
| 41 | 100900023009 | 结构缝不锈钢钢板 $H=5mm$ | t | 2.08 | 27646.01 | 57504 |
| 42 | 100503047001 | 回填开山石，含泥量<10% | m³ | 5419 | 47.34 | 256535 |

单位工程名称：码头主体           第1页 共3页

| 序号 | 项目编码 | 项目名称 | 计量单位 | 工程数量 | 金额/元 | |
|---|---|---|---|---|---|---|
| | | | | | 综合单价 | 合价 |
| 43 | 100503001001 | 级配碎石底基层，20cm 厚 | m³ | 1899.2 | 97.95 | 186027 |
| 44 | 100503008001 | 填筑 6％水泥稳定碎石基层，48cm 厚 | m² | 9496 | 75.98 | 721506 |
| 45 | 100702077001 | 混凝土联锁块面层 C50，联锁块厚10cm，砂垫层 3cm | m² | 9496 | 56.94 | 540702 |
| 46 | 101100004001 | 2500kN 系船柱 | 个 | 11 | 35528.08 | 390809 |
| 47 | 101100001001 | SC2250H 超级鼓型橡胶护舷二鼓一板（本体） | 套 | 11 | 204456.37 | 2249020 |
| 48 | 101100001002 | SC2250H 超级鼓型橡胶护舷二鼓一板（安装） | 套 | 11 | 5015.63 | 55172 |
| 49 | 101100001003 | D300×360 L＝1500 橡胶护舷（本体） | 套 | 88 | 4144.39 | 364706 |
| 50 | 101100001004 | D300×360 L＝1500 橡胶护舷（安装） | 套 | 88 | 206.35 | 18159 |
| 51 | 100900016001 | 钢轨 QU120 制作安装，单轨，含进口扣件及垫板、胶泥、沥青砂等 | m | 412 | 822.26 | 338771 |
| 52 | 100900021001 | 车挡、锚定、顶升、防风系缆等预埋铁件（暂定量） | t | 20 | 10551.87 | 211037 |
| 53 | 101200001001 | 混凝土抗腐蚀阻锈剂，粉剂 | t | 102 | 7946.85 | 810579 |
| | | 合计 | | | | 136398975 |

**表 9.1－5**               **一般项目清单计价表**

工程名称：沿海工程预算案例           第1页 共1页

| 序 号 | 项目编码 | 项 目 名 称 | 金 额/元 |
|---|---|---|---|
| 1 | 100100101001 | 暂列金额 | 3000000 |
| 2 | 100100103001 | 保险费 | 455240 |
| 3 | 100100104001 | 安全文明施工费 | 2242563 |
| 4 | 100100105001 | 施工环保费 | 100000 |
| 5 | 100100106001 | 生产及生活房屋 | 500000 |
| 6 | 100100107001 | 临时道路 | 500000 |
| 7 | 100100108001 | 临时用电 | 300000 |
| 8 | 100100109001 | 临时用水 | 250000 |
| 9 | 100100111001 | 临时用地 | 2000000 |
| 10 | 100100112001 | 临时码头 | 3000000 |
| 11 | 100100117001 | 大型船机调遣费 | 3000000 |
| | | 合 计 | 15347803 |

表 9.1－6

**分部分项工程量清单综合单价汇总表**

单位工程名称：码头主体　　　　　　　　　　　　　　　　　　　　第 1 页 共 5 页

| 序号 | 项目编码 | 项目名称 | 计量单位 | 工程数量 | 综合单价/元 | 合价/元 | 其中/元 | | | | | | | | |
|---|---|---|---|---|---|---|---|---|---|---|---|---|---|---|---|
| | | | | | | | 人工费 | 材料费 | 船机使用费 | 其他直接费 | 企业管理费 | 利润 | 规费 | 税金 | 专项费用 |
| 1 | 100200001001 | 港池边坡挖泥，2级岩土，挖深20m，运距30km，断面净量，超宽超深考虑在单价中 | m³ | 455650 | 29.55 | 13464458 | | | 10243923.3 | 530513.29 | 710677.3 | 723845.59 | 145580.17 | 1111922.7 | |
| 2 | 100502001001 | 基槽挖泥，I类土壤，水深30m内，运距30km，断面净量，超宽超深考虑在单价中 | m³ | 13076 | 57.68 | 754224 | 1784.87 | | 570730.79 | 30022.5 | 40220.47 | 40964.49 | 8239.19 | 62277.07 | |
| 3 | 100502003001 | 基槽炸礁，水深30m内，岩石级别Ⅲ~Ⅸ，爆破层厚度3.5m，运距5km，断面净量，超宽超深考虑在单价中 | m³ | 39264 | 351.50 | 13801296 | 41594.36 | 1934855.32 | 8156832.93 | 534979.85 | 716693.64 | 729960.95 | 146819.88 | 1139555.15 | |
| 4 | 100503020001 | 抛石基床，10~100kg块石，夯实并整平理埋坡，水深25m内，分层厚度不超过2m | m³ | 26534 | 248.73 | 6599802 | 146751.59 | 1999127.28 | 2825913.45 | 272257.41 | 364736.36 | 371486.61 | 74719.74 | 544949.99 | |
| 5 | 100701021001 | 方形沉箱，预制，C40，1800m³内/个 | m³ | 26191 | 711.81 | 18643016 | 2618578.8 | 8879236.15 | 2835927.43 | 696188.21 | 932658.89 | 949921.38 | 191063.34 | 1539321.02 | |
| 6 | 100801002001 | 方形沉箱，钢筋制安 | t | 3400.1885 | 5864.25 | 19939555 | 2040916.22 | 12928975.02 | 478337.84 | 715065.76 | 957949.73 | 975680.69 | 196244.6 | 1646385.21 | |
| 7 | 100900023001 | 方形沉箱，接地预埋钢筋，镀锌 | t | 1.128 | 9930.82 | 11202 | 2042.1 | 5630.18 | 899.89 | 428.51 | 574.06 | 584.68 | 117.6 | 924.93 | |
| 8 | 100900023002 | 方形沉箱，接地镀锌钢板1000mm×1000mm×20mm | t | 1.256 | 10919.53 | 13715 | 2251.87 | 6976.51 | 992.33 | 593.63 | 795.26 | 809.98 | 162.92 | 1132.42 | |
| 9 | 100701021002 | 方形沉箱，出运，1800m³内/个，半槽浮，5km | 个 | 15 | 298122.64 | 4471840 | 28383.24 | 34134.6 | 3296642.62 | 186862.21 | 250332.98 | 254966.52 | 51282.94 | 369234.46 | |

续表

单位工程名称：码头主体

| 序号 | 项目编码 | 项目名称 | 计量单位 | 工程数量 | 综合单价/元 | 合价/元 | 其中/元 | | | | | | | | 专项费用 |
|---|---|---|---|---|---|---|---|---|---|---|---|---|---|---|---|
| | | | | | | | 人工费 | 材料费 | 船机使用费 | 其他直接费 | 企业管理费 | 利润 | 规费 | 税金 | |
| 10 | 100701021003 | 方形沉箱，安放，4400t内/个 | 个 | 15 | 100446.84 | 1506703 | 28345.76 | 48170.85 | 1071455.38 | 58896.51 | 78901.66 | 80362.09 | 16163.71 | 124406.64 | |
| 11 | 100503038001 | 沉箱内填砂（Φ≥30°） | m³ | 103557 | 37.36 | 3868890 | 104799.68 | 2459478.75 | | 247604.79 | 331703.43 | 337844.36 | 67954.1 | 319442.28 | |
| 12 | 100503040001 | 沉箱内填50kg以下块石 | m³ | 6343 | 80.88 | 513022 | 6419.12 | 385464.11 | | 19799.67 | 26525.16 | 27016.11 | 5434.05 | 42359.19 | |
| 13 | 100701010001 | 沉箱预制盖板，预制，有侧露筋，C40混凝土，20m³内/块 | m³ | 1355.2 | 549.27 | 744371 | 70982.67 | 400039.05 | 105335.36 | 26781.87 | 35878.65 | 36542.83 | 7350.06 | 61461.98 | |
| 14 | 100801002002 | 沉箱预制盖板，钢筋制安 | t | 179.378 | 5385.24 | 965994 | 65329.49 | 663291.41 | 21696.79 | 34161.63 | 45765.18 | 46612.25 | 9375.41 | 79760.89 | |
| 15 | 100701027001 | 沉箱预制盖板，安装，60t内/块 | 件 | 77 | 2651.21 | 204143 | 7172 | 796.33 | 145740.13 | 8439.99 | 11306.76 | 11516.04 | 2316.29 | 16855.88 | |
| 16 | 100702057001 | 沉箱内素混凝土垫层，现浇，C15 | m³ | 196 | 369.45 | 72412 | 4114.02 | 38751.57 | 13586.09 | 2508.96 | 3361.16 | 3423.38 | 688.57 | 5979.04 | |
| 17 | 100702019001 | 沉箱现浇盖板，C40 | m³ | 2097.28 | 528.98 | 1109419 | 71666.36 | 603723.44 | 188281.21 | 38744.1 | 51904.32 | 52865.09 | 10633 | 91603.53 | |
| 18 | 100702022001 | 沉箱预制盖板现浇接缝，C40 | m³ | 357.918 | 769.66 | 275475 | 34835.55 | 112749.68 | 64603.45 | 10190.14 | 13651.39 | 13904.04 | 2796.59 | 22745.76 | |
| 19 | 100801001002 | 沉箱现浇盖板及接缝钢筋制安 | t | 251.593 | 6474.62 | 1628969 | 133861.89 | 957829.47 | 168251.28 | 58946.43 | 78968.53 | 80430.18 | 16177.4 | 134501.87 | |
| 20 | 100503023001 | 沉箱后抛填10~100kg块石 | m³ | 192410 | 110.52 | 21265153 | 116350.33 | 13985898.08 | 2005970.45 | 854896.87 | 1145282.04 | 1166485.62 | 234624.75 | 1755856.7 | |
| 21 | 100503005001 | 填筑二片石垫层 | m³ | 24928 | 85.61 | 2134086 | 13702.92 | 1423887.36 | 151666.94 | 92654.88 | 124123.99 | 126422.35 | 25429.05 | 176208.55 | |
| 22 | 100503012001 | 填筑混合倒滤层 | m³ | 22409 | 52.18 | 1169302 | 7139.51 | 688404.48 | 78086.4 | 75202.36 | 100746.38 | 102610.81 | 20638.69 | 96555.9 | |

第九章　水运建设工程造价案例

续表

第 3 页共 5 页

单位工程名称：码头主体

| 序号 | 项目编码 | 项目名称 | 计量单位 | 工程数量 | 综合单价/元 | 合价/元 | 其中/元 | | | | | | | | |
|---|---|---|---|---|---|---|---|---|---|---|---|---|---|---|---|
| | | | | | | | 人工费 | 材料费 | 船机使用费 | 其他直接费 | 企业管理费 | 利润 | 规费 | 税金 | 专项费用 |
| 23 | 100503013001 | 码头后方铺设土工布倒滤层，400g/m²，单层 | m² | 23934 | 63.97 | 1531058 | 100922.5 | 243961.66 | 765722.86 | 73912.98 | 99019.74 | 100853.09 | 20284.07 | 126421.78 | |
| 24 | 100503037001 | 码头后方回填砂 (Φ≥28°) | m³ | 225758 | 31.42 | 7093316 | 57816.62 | 4165235.1 | 825890.49 | 366879.33 | 49475.17 | 500573.21 | 100688.07 | 585774.28 | |
| 25 | 100701030001 | 现浇钢筋混凝土胸墙 C40 | m³ | 6976 | 616.31 | 4299379 | 404849.37 | 2106368.32 | 817501.4 | 154744.42 | 207305.79 | 211142.59 | 42468.49 | 354993.99 | |
| 26 | 100801001001 | 现浇钢筋混凝土胸墙及系船柱块体钢筋制安 | t | 348.8 | 6612.51 | 2306443 | 201583.73 | 1327901.55 | 253361.27 | 83737.74 | 112180.64 | 114257.04 | 22981.21 | 190440.27 | |
| 27 | 100801001004 | 系船柱块体钢筋 | t | 15.41 | 6612.42 | 101897 | 8905.86 | 58666 | 11193.37 | 3699.49 | 4956.08 | 5047.82 | 1015.3 | 8413.55 | |
| 28 | 100900023003 | 系船柱护脚预埋件钢筋 | t | 0.1 | 9834.90 | 983 | 179.29 | 494.31 | 79.01 | 37.62 | 50.4 | 51.33 | 10.32 | 81.21 | |
| 29 | 100900023004 | 系船柱预埋镀锌钢板 t=6 | t | 1.1 | 10919.53 | 12011 | 1972.18 | 6110 | 869.08 | 519.9 | 696.49 | 709.38 | 142.68 | 991.77 | |
| 30 | 100900023005 | 钢轨预理角钢∠100×63×8 | t | 6.222 | 9937.93 | 61834 | 11155.36 | 31142.32 | 4915.83 | 2391.5 | 3203.82 | 3263.12 | 656.33 | 5105.55 | |
| 31 | 100504013001 | 门机后轨道梁砌块石基础 M20 | m³ | 1741 | 219.41 | 381993 | 86899.4 | 203928.55 | 3565.05 | 14088.35 | 18873.83 | 19223.08 | 3866.41 | 31539.96 | |
| 32 | 100702057002 | 门机后轨道梁下混凝土垫层 C15 | m³ | 38 | 400.67 | 15225 | 1186.93 | 7670.42 | 2976.55 | 536.5 | 718.72 | 732.03 | 147.24 | 1257.15 | |
| 33 | 100702010001 | 门机后轨道梁 C35 混凝土 | m³ | 361 | 586.75 | 211817 | 19868.03 | 103310.04 | 40609.18 | 7675.76 | 10282.98 | 10473.3 | 2106.54 | 17489.33 | |
| 34 | 100801001004 | 门机后轨道梁钢筋制安 | t | 72.2 | 5494.35 | 396692 | 28845.39 | 272714.16 | 6598.23 | 14020.14 | 18782.32 | 19129.97 | 3847.73 | 32754.41 | |
| 35 | 100503004002 | 沉箱上抛石（50kg以下块石） | m³ | 6337 | 80.88 | 512537 | 6413.04 | 385099.49 | | 19780.95 | 26500.07 | 26990.55 | 5428.91 | 42319.12 | |
| 36 | 100702055001 | 护轮坎，现浇 C35 | m³ | 18 | 840.34 | 15126 | 3209.21 | 6372.48 | 1990.32 | 579.41 | 776.22 | 790.59 | 159.02 | 1248.95 | |

364

单位工程名称：码头主体

| 序号 | 项目编码 | 项目名称 | 计量单位 | 工程数量 | 综合单价/元 | 合价/元 | 其中/元 | | | | | | | |
|---|---|---|---|---|---|---|---|---|---|---|---|---|---|---|
| | | | | | | | 人工费 | 材料费 | 船机使用费 | 其他直接费 | 企业管理费 | 利润 | 规费 | 税金 | 专项费用 |
| 37 | 100801001005 | 护轮坎、钢筋制安 | t | 3.06 | 5825.31 | 17825 | 1834.66 | 11636.71 | 345.08 | 637.71 | 854.31 | 870.13 | 175.01 | 1471.83 |
| 38 | 100900023006 | 护轮坎预埋镀锌钢板 $t=6$ | t | 5.1 | 10919.53 | 55690 | 9143.73 | 28328.19 | 4029.37 | 2410.43 | 3229.17 | 3288.94 | 661.52 | 4598.22 |
| 39 | 100900023007 | 护轮坎预埋角钢∠100×63×8 | t | 2.28 | 9937.93 | 22658 | 4087.79 | 11411.84 | 1801.37 | 876.35 | 1174.01 | 1195.74 | 240.51 | 1870.88 |
| 40 | 100900023008 | 结构缝钢筋 | t | 0.5 | 9834.92 | 4917 | 896.44 | 2471.55 | 395.04 | 188.11 | 252 | 256.67 | 51.62 | 406.03 |
| 41 | 100900023009 | 结构缝不锈钢钢板 $H=5mm$ | t | 2.08 | 27646.01 | 57504 | 3729.21 | 40381.42 | 1643.35 | 1759.86 | 2357.62 | 2401.26 | 482.98 | 4748.01 |
| 42 | 100503047001 | 回填开山石，含泥量<10% | m³ | 5419 | 47.34 | 256535 | 38355.14 | 42904.93 | 114958.12 | 9839.82 | 13182.26 | 13426.66 | 2700.29 | 21182.87 |
| 43 | 100503001001 | 级配碎石底基层，20cm厚 | m³ | 1899.2 | 97.95 | 186027 | 2254.35 | 125116.83 | 11455.97 | 8009.88 | 10730.67 | 10929.14 | 2198.32 | 15362.44 |
| 44 | 100503008001 | 填筑6%水泥稳定碎石基层，48cm厚 | m² | 9496 | 75.98 | 721506 | 9135.15 | 470712.92 | 72667.19 | 27495.67 | 36834.98 | 37516.8 | 7545.52 | 59572.21 |
| 45 | 100702077001 | 混凝土联锁块面层 C50，联锁块厚 10cm，砂垫层 3cm | m² | 9496 | 56.94 | 540702 | 38974.43 | 358621.19 | 5872.33 | 23269 | 31173.47 | 31749.88 | 6386.06 | 44644.49 |
| 46 | 101100004001 | 2500kN系船柱 | 个 | 11 | 35528.08 | 390809 | 4867.23 | 304939.03 | 1638.08 | 11837.4 | 15858.16 | 16151.69 | 3248.69 | 32268.62 |
| 47 | 101100001001 | SC2250H 超级鼓型橡胶护舷二鼓一板（本体） | 套 | 11 | 204456.37 | 2249020 | | 2035000 | | 7118.43 | 9536.32 | 9712.83 | 1953.6 | 18698.91 |
| 48 | 101100001002 | SC2250H 超级鼓型橡胶护舷二鼓一板（安装） | 套 | 11 | 5015.63 | 55172 | 15138.36 | 10239.84 | 16002.5 | 2321.37 | 3109.86 | 3167.42 | 637.08 | 4555.48 |

续表

第 5 页 共 5 页

单位工程名称：码头主体

| 序号 | 项目编码 | 项目名称 | 计量单位 | 工程数量 | 综合单价/元 | 合价/元 | 其 中/元 | | | | | | | | |
|---|---|---|---|---|---|---|---|---|---|---|---|---|---|---|---|
| | | | | | | | 人工费 | 材料费 | 船机使用费 | 其他直接费 | 企业管理费 | 利润 | 规费 | 税金 | 专项费用 |
| 49 | 10110000001003 | D300mm × 360mm $L=$ 1500mm 橡胶护舷（本体） | 套 | 88 | 4144.39 | 364706 | | 330000 | | 1154.34 | 1546.43 | 1575.05 | 316.8 | 30113.34 | |
| 50 | 10110000001004 | D300mm × 360mm $L=$ 1500mm 橡胶护舷（安装） | 套 | 88 | 206.35 | 18159 | 7311.49 | 2557.46 | 3689.29 | 779.47 | 1044.23 | 1063.55 | 213.92 | 1499.34 | |
| 51 | 10090000016001 | 钢轨 QU120 制作安装、单轨，含进口扣件及垫板、胶泥、沥青砂等 | m | 412 | 822.26 | 338771 | 8828.01 | 251453.16 | 4488 | 11569.21 | 15498.9 | 15785.78 | 3175.08 | 27971.83 | |
| 52 | 10090000021001 | 车挡、锚定、顶升、防风系统等预埋铁件（暂定量） | t | 20 | 10551.87 | 211037 | 35857.78 | 111368.69 | 15801.45 | 7687.25 | 10298.35 | 10488.97 | 2109.71 | 17425.1 | |
| 53 | 10120000001001 | 混凝土抗腐蚀阻锈剂、粉剂 | t | 102 | 7946.85 | 810579 | | 652800 | | 22834.94 | 30591.21 | 31157.43 | 6266.88 | 66928.54 | |
| | | 合计 | | | | 151746778 | 7061255 | 7661142 | 35414949 | 5378119 | 7204884 | 7338243 | 1475985 | 11262579 | 0 |

表 9.1-7 综合单价分析表（部分）

清单项目编码： 100200001001

清单项目名称： 港池边坡挖泥，2 级岩土，挖深 20m，运距 30km，断面净量，超宽超深考虑在单价中

| 序号 | 名 称 | 型号规格 | 计量单位 | 数量 | 单价/元 | 合价/元 |
|------|-------|----------|----------|------|---------|---------|
| 1 | 基价定额直接费 | | | | | 19.97 |
| 2 | 市场价定额直接费 | | | | | 22.48 |
| 2.3 | 机械使用费 | | | | | 22.48 |
| 2.3.1 | 抓斗挖泥船 | 8m³，岩土 1～5 级，四级工况 | 艘班 | 0.00093 | 8205.58 | 7.604 |
| 2.3.2 | 自航泥驳 | 1000m³，四级工况 | 艘班 | 0.0018 | 7472.15 | 13.486 |
| 2.3.3 | 锚（机）艇 | 175kW | 艘班 | 0.00046 | 3010.32 | 1.392 |
| 3 | 其他直接费 | | | | | 1.16 |
| 4 | 企业管理费 | | | | | 1.56 |
| 5 | 利润 | | | | | 1.59 |
| 6 | 规费 | | | | | 0.32 |
| 7 | 税金 | | | | | 2.44 |
| 8 | 专项税费 | | | | | 0.00 |
| 9 | 合计 | | | | | 29.55 |
| 10 | 单价 | | 元/m³ | | | 29.55 |

清单项目编码： 100502003001

清单项目名称： 基槽炸礁，水深 30m 内，岩石级别 Ⅷ～Ⅸ，爆破层厚度 3.5m，运距 5km，断面净量，超宽超深考虑在单价中

| 序号 | 名 称 | 型号规格 | 计量单位 | 数量 | 单价/元 | 合价/元 |
|------|-------|----------|----------|------|---------|---------|
| 1 | 基价定额直接费 | | | | | 233.71 |
| 2 | 市场价定额直接费 | | | | | 268.27 |
| 2.1 | 人工费 | | 工日 | 0.18004 | 62.47 | 11.25 |
| 2.2 | 材料费 | | | | | 49.28 |
| 2.2.1 | 型钢 | 综合 | kg | 0.066 | 2.8 | 0.185 |
| 2.2.2 | 钢丝绳 | $\phi$12.5mm | kg | 0.055 | 5 | 0.275 |
| 2.2.3 | 合金钻头 | $\phi$100mm | 个 | 0.05412 | 67.86 | 3.673 |
| 2.2.4 | 冲击器 | 100 型 | 套 | 0.00088 | 1500 | 1.320 |
| 2.2.5 | 地质钻杆 | 综合 | kg | 0.066 | 3.4 | 0.224 |
| 2.2.6 | 球齿钎头 | $\phi$110 | 个 | 0.01397 | 50 | 0.698 |
| 2.2.7 | 地质管材 | 综合 | kg | 0.484 | 4.42 | 2.139 |
| 2.2.8 | 高压胶管 | $\phi$25mm | m | 0.0176 | 23 | 0.405 |
| 2.2.9 | 塑料排水管 | 综合 | m | 0.28171 | 13.8 | 3.888 |
| 2.2.10 | 铜芯电线 | 2×1.6mm² | m | 3.54197 | 2.8 | 9.918 |
| 2.2.11 | 乳化炸药 | 综合 | kg | 1.89198 | 13.9 | 26.299 |
| 2.2.12 | 导爆管 | 综合 | m | 0.319 | 0.8 | 0.255 |

| 序号 | 名　称 | 型号规格 | 计量单位 | 数量 | 单价/元 | 合价/元 |
|------|--------|----------|----------|------|---------|---------|
| 2.3 | 机械使用费 | | | | | 207.74 |
| 2.3.1 | 抓斗挖泥船 | 斗容 8m³ | 艘班 | 0.00459 | 14035.84 | 64.428 |
| 2.3.2 | 拖轮 | 主机功率 721kW | 艘班 | 0.0027 | 7906.63 | 21.369 |
| 2.3.3 | 自航泥驳 | 舱容量 500m³ | 艘班 | 0.00561 | 6469.15 | 36.263 |
| 2.3.4 | 铁驳 | 载重量 50t | 艘班 | 0.00899 | 177.16 | 1.593 |
| 2.3.5 | 方驳 | 载重量 1000t | 艘班 | 0.00899 | 2250.8 | 20.245 |
| 2.3.6 | 机动艇 | 主机功率 15kW | 艘班 | 0.01258 | 230.05 | 2.895 |
| 2.3.7 | 锚艇 | 主机功率 199kW | 艘班 | 0.0023 | 2092.61 | 4.818 |
| 2.3.8 | 高风压一体化船用潜孔钻机 | 钻孔直径 152mm | 台班 | 0.02698 | 1956.94 | 52.806 |
| 2.3.9 | 其他船机 | | 元 | | | 3.326 |
| 3 | 其他直接费 | | | | | 13.63 |
| 4 | 企业管理费 | | | | | 18.25 |
| 5 | 利润 | | | | | 18.59 |
| 6 | 规费 | | | | | 3.74 |
| 7 | 税金 | | | | | 29.02 |
| 8 | 专项税费 | | | | | 0.00 |
| 9 | 合计 | | | | | 351.50 |
| 10 | 单价 | | 元/m³ | | | 351.50 |

清单项目编码：100503020001

清单项目名称：抛石基床，10～100kg块石，夯实并整平理坡，水深 25m 内，分层厚度不超过 2m

| 序号 | 名　称 | 型号规格 | 计量单位 | 数量 | 单价/元 | 合价/元 |
|------|--------|----------|----------|------|---------|---------|
| 1 | 基价定额直接费 | | | | | 176.00 |
| 2 | 市场价定额直接费 | | | | | 187.37 |
| 2.1 | 人工费 | | 工日 | 0.08853 | 62.47 | 5.53 |
| 2.2 | 材料费 | | | | | 75.34 |
| 2.2.1 | 加工钢材 | 综合 | kg | 0.05505 | 8.5 | 0.468 |
| 2.2.2 | 其他材料 | 综合 | 元 | | | 0.149 |
| 2.2.3 | 其他材料 | 综合 | 元 | 1.12 | 1 | 1.120 |
| 2.2.4 | 块石 | 100kg 内民船装运抛 | m³ | 1.23 | 59 | 72.570 |
| 2.2.5 | 二片石 | 综合 | m³ | 0.02202 | 47 | 1.035 |
| 2.3 | 机械使用费 | | | | | 106.50 |
| 2.3.1 | 拖轮 | 主机功率 441kW | 艘班 | 0.00247 | 5282.95 | 13.052 |
| 2.3.2 | 方驳 | 载重量 600t | 艘班 | 0.01632 | 1245.74 | 20.334 |

续表

| 序号 | 名 称 | 型号规格 | 计量单位 | 数量 | 单价/元 | 合价/元 |
|---|---|---|---|---|---|---|
| 2.3.3 | 机动艇 | 主机功率 44kW | 艘班 | 0.00297 | 409.51 | 1.215 |
| 2.3.4 | 潜水组 | | 组日 | 0.02105 | 2765.53 | 58.208 |
| 2.3.5 | 履带式起重机 | 提升质量 40t | 台班 | 0.01136 | 1188.33 | 13.493 |
| 2.3.6 | 其他船机 | | 元 | | | 0.200 |
| 3 | 其他直接费 | | | | | 10.26 |
| 4 | 企业管理费 | | | | | 13.75 |
| 5 | 利润 | | | | | 14.00 |
| 6 | 规费 | | | | | 2.82 |
| 7 | 税金 | | | | | 20.54 |
| 8 | 专项税费 | | | | | 0.00 |
| 9 | 合计 | | | | | 248.73 |
| 10 | 单价 | | 元/m³ | | | 248.73 |

| 清单项目编码： | 100701021001 |
|---|---|
| 清单项目名称： | 方形沉箱，预制，C40，1800m³ 内/个 |

| 序号 | 名 称 | 型号规格 | 计量单位 | 数量 | 单价/元 | 合价/元 |
|---|---|---|---|---|---|---|
| 1 | 基价定额直接费 | | | | | 455.94 |
| 2 | 市场价定额直接费 | | | | | 547.28 |
| 2.1 | 人工费 | | 工日 | 1.362 | 62.47 | 99.98 |
| 2.2 | 材料费 | | | | | 339.02 |
| 2.2.1 | 其他材料 | 综合 | 元 | | | 13.415 |
| 2.2.2 | 预制场使用费 | | 元 | 53.2 | 1 | 53.200 |
| 2.2.3 | 铁件 | 综合 | kg | 1.483 | 4.1 | 6.080 |
| 2.2.4 | 钢模定型组合专用摊销 | 综合 | kg | 9.123 | 3.83 | 34.941 |
| 2.2.5 | 板枋材 | 预制 | m³ | 0.003 | 1257 | 3.771 |
| 2.2.6 | 水泥砂浆 | M25 | m³ | 0.008 | 192.38 | 1.539 |
| 2.2.7 | 流动性混凝土 | C40，碎石粒径 40mm（预制） | m³ | 1.015 | 256.8 | 260.652 |
| 2.3 | 机械使用费 | | | | | 108.28 |
| 2.3.1 | 轮胎式装载机 | 斗容量 3m³ | 台班 | 0.0042 | 908.53 | 3.816 |
| 2.3.2 | 塔式起重机 | 起重力矩 150kN·m | 台班 | 0.065 | 606.61 | 39.430 |
| 2.3.3 | 混凝土搅拌站 | 生产率 120m³/h | 台班 | 0.0042 | 2685 | 11.277 |
| 2.3.4 | 混凝土搅拌输送车 | 搅动容量 8m³ | 台班 | 0.0138 | 1195.51 | 16.498 |
| 2.3.5 | 混凝土输送泵车 | 输送量 70m³/h | 台班 | 0.0069 | 1234.07 | 8.515 |
| 2.3.6 | 其他船机 | | 元 | | | 9.059 |

| 序号 | 名　　称 | 型号规格 | 计量单位 | 数量 | 单价/元 | 合价/元 |
|---|---|---|---|---|---|---|
| 3 | 其他直接费 | | | | | 26.58 |
| 4 | 企业管理费 | | | | | 35.61 |
| 5 | 利润 | | | | | 36.27 |
| 6 | 规费 | | | | | 7.30 |
| 7 | 税金 | | | | | 58.77 |
| 8 | 专项税费 | | | | | 0.00 |
| 9 | 合计 | | | | | 711.81 |
| 10 | 单价 | | 元/m³ | | | 711.81 |

清单项目编码：100801002001

清单项目名称：方形沉箱，钢筋制安

| 序号 | 名　　称 | 型号规格 | 计量单位 | 数量 | 单价/元 | 合价/元 |
|---|---|---|---|---|---|---|
| 1 | 基价定额直接费 | | | | | 3607.24 |
| 2 | 市场价定额直接费 | | | | | 4543.34 |
| 2.1 | 人工费 | | 工日 | 9.60839 | 62.47 | 600.24 |
| 2.2 | 材料费 | | | | | 3802.43 |
| 2.2.1 | 钢筋 | 综合 | t | 1.0455 | 3575 | 3737.659 |
| 2.2.2 | 电焊条 | 综合 | kg | 5.1 | 5.14 | 26.214 |
| 2.2.3 | 铁（铅）丝 | 20号 | kg | 6.11999 | 6.3 | 38.556 |
| 2.3 | 机械使用费 | | | | | 140.68 |
| 2.3.1 | 塔式起重机 | 起重力矩 150kN·m | 台班 | 0.1326 | 606.61 | 80.436 |
| 2.3.2 | 钢筋切断机 | 直径 50mm | 台班 | 0.255 | 64.17 | 16.363 |
| 2.3.3 | 钢筋弯曲机 | 直径 50mm | 台班 | 0.2754 | 30.81 | 8.485 |
| 2.3.4 | 交流弧焊机 | 容量 32kV·A | 台班 | 0.102 | 104.73 | 10.682 |
| 2.3.5 | 对焊机 | 容量 75kV·A | 台班 | 0.1836 | 134.6 | 24.713 |
| 3 | 其他直接费 | | | | | 210.30 |
| 4 | 企业管理费 | | | | | 281.73 |
| 5 | 利润 | | | | | 286.95 |
| 6 | 规费 | | | | | 57.72 |
| 7 | 税金 | | | | | 484.20 |
| 8 | 专项税费 | | | | | 0.00 |
| 9 | 合计 | | | | | 5864.25 |
| 10 | 单价 | | 元/t | | | 5864.25 |

清单项目编码：100900023001

清单项目名称：方形沉箱，接地预埋钢筋，镀锌

| 序号 | 名　称 | 型号规格 | 计量单位 | 数量 | 单价/元 | 合价/元 |
|---|---|---|---|---|---|---|
| 1 | 基价定额直接费 | | | | | 6516.01 |
| 2 | 市场价定额直接费 | | | | | 7599.45 |
| 2.1 | 人工费 | | 工日 | 28.97988 | 62.47 | 1810.37 |
| 2.2 | 材料费 | | | | | 4991.30 |
| 2.2.1 | 钢筋 | 综合 | t | 1.09053 | 3575 | 3898.652 |
| 2.2.2 | 圆钢 | φ10mm | kg | 57.55585 | 3.63 | 208.928 |
| 2.2.3 | 其他材料 | 综合 | 元 | | | 362.869 |
| 2.2.4 | 电焊条 | 综合 | kg | 63.61436 | 5.14 | 326.978 |
| 2.2.5 | 调和漆 | 综合 | kg | 8.07801 | 7.5 | 60.585 |
| 2.2.6 | 红丹粉 | 综合 | kg | 12.11702 | 11 | 133.287 |
| 2.3 | 机械使用费 | | | | | 797.78 |
| 2.3.1 | 交流弧焊机 | 容量32kV·A | 台班 | 7.06826 | 104.73 | 740.259 |
| 2.3.2 | 其他船机 | | 元 | | | 57.518 |
| 3 | 其他直接费 | | | | | 379.88 |
| 4 | 企业管理费 | | | | | 508.92 |
| 5 | 利润 | | | | | 518.34 |
| 6 | 规费 | | | | | 104.26 |
| 7 | 税金 | | | | | 819.98 |
| 8 | 专项税费 | | | | | 0.00 |
| 9 | 合计 | | | | | 9930.82 |
| 10 | 单价 | | 元/t | | | 9930.82 |

清单项目编码：1007010210021

清单项目名称：方形沉箱，出运，1800m³ 内/个，半潜驳，5km

| 序号 | 名　称 | 型号规格 | 计量单位 | 数量 | 单价/元 | 合价/元 |
|---|---|---|---|---|---|---|
| 1 | 基价定额直接费 | | | | | 213678.91 |
| 2 | 市场价定额直接费 | | | | | 223944.03 |
| 2.1 | 人工费 | | 工日 | 30.29 | 62.47 | 1892.22 |
| 2.2 | 材料费 | | | | | 2275.64 |
| 2.2.1 | 型钢 | 综合 | kg | 591.98 | 2.8 | 1657.544 |
| 2.2.2 | 钢丝绳 | 综合 | kg | 39.02 | 5 | 195.100 |
| 2.2.3 | 丙纶绳 | 综合 | kg | 15.49 | 7.35 | 113.852 |
| 2.2.4 | 其他材料 | 综合 | 元 | | | 30.090 |
| 2.2.5 | 板枋材 | 综合 | m³ | 0.222 | 1257 | 279.054 |

续表

| 序号 | 名　称 | 型号规格 | 计量单位 | 数量 | 单价/元 | 合价/元 |
|---|---|---|---|---|---|---|
| 2.3 | 机械使用费 | | | | | 219776.17 |
| 2.3.1 | 半潜驳 | 运载能力7000t | 艘班 | 3.485 | 51384.7 | 179075.680 |
| 2.3.2 | 拖轮 | 主机功率882kW | 艘班 | 0.411 | 11116.38 | 4568.832 |
| 2.3.3 | 拖轮 | 主机功率1228kW | 艘班 | 0.411 | 14082.25 | 5787.805 |
| 2.3.4 | 拖轮 | 主机功率2353kW | 艘班 | 0.678 | 25643.72 | 17386.442 |
| 2.3.5 | 机动艇 | 主机功率88kW | 艘班 | 1.162 | 844.12 | 980.867 |
| 2.3.6 | 锚艇 | 主机功率900kW | 艘班 | 0.25 | 13069.67 | 3267.418 |
| 2.3.7 | 方驳吊机船组 | 起重能力50t | 艘班 | 0.504 | 3884.09 | 1957.581 |
| 2.3.8 | 胶囊台车系统 | 顶升重量6000t | 台班 | 0.667 | 7725.51 | 5152.915 |
| 2.3.9 | 塔式起重机 | 起重力矩150kN·m | 台班 | 0.84 | 606.61 | 509.552 |
| 2.3.10 | 电动单筒慢速卷扬机 | 牵引力100kN | 台班 | 0.5 | 209.04 | 104.520 |
| 2.3.11 | 其他船机 | | 元 | | | 984.562 |
| 3 | 其他直接费 | | | | | 12457.48 |
| 4 | 企业管理费 | | | | | 16688.87 |
| 5 | 利润 | | | | | 16997.77 |
| 6 | 规费 | | | | | 3418.86 |
| 7 | 税金 | | | | | 24615.63 |
| 8 | 专项税费 | | | | | 0.00 |
| 9 | 合计 | | | | | 298122.64 |
| 10 | 单价 | | 元/个 | | | 298122.64 |

清单项目编码：100701021003

清单项目名称：方形沉箱，安放，4400t内/个

| 序号 | 名　称 | 型号规格 | 计量单位 | 数量 | 单价/元 | 合价/元 |
|---|---|---|---|---|---|---|
| 1 | 基价定额直接费 | | | | | 67348.78 |
| 2 | 市场价定额直接费 | | | | | 76531.47 |
| 2.1 | 人工费 | | 工日 | 30.25 | 62.47 | 1889.72 |
| 2.2 | 材料费 | | | | | 3211.39 |
| 2.2.1 | 型钢 | 综合 | kg | 347.4 | 2.8 | 972.720 |
| 2.2.2 | 钢丝绳 | 综合 | kg | 151.47 | 5 | 757.350 |
| 2.2.3 | 丙纶绳 | 综合 | kg | 26.54 | 7.35 | 195.069 |
| 2.2.4 | 其他材料 | 综合 | 元 | | | 128.554 |
| 2.2.5 | 板枋材 | 综合 | m³ | 0.921 | 1257 | 1157.697 |

| 序号 | 名　称 | 型号规格 | 计量单位 | 数量 | 单价/元 | 合价/元 |
|------|--------|----------|----------|------|---------|---------|
| 2.3 | 机械使用费 | | | | | 71430.36 |
| 2.3.1 | 固定扒杆起重船 | 起重能力500t | 艘班 | 1.125 | 24697.93 | 27785.171 |
| 2.3.2 | 拖轮 | 主机功率721kW | 艘班 | 0.25 | 7906.63 | 1976.658 |
| 2.3.3 | 拖轮 | 主机功率882kW | 艘班 | 0.441 | 11116.38 | 4902.324 |
| 2.3.4 | 拖轮 | 主机功率1228kW | 艘班 | 0.441 | 14082.25 | 6210.272 |
| 2.3.5 | 拖轮 | 主机功率2942kW | 艘班 | 0.441 | 33971.99 | 14981.648 |
| 2.3.6 | 机动艇 | 主机功率88kW | 艘班 | 2.25 | 844.12 | 1899.270 |
| 2.3.7 | 锚艇 | 主机功率900kW | 艘班 | 0.625 | 13069.67 | 8168.544 |
| 2.3.8 | 方驳吊机船组 | 起重能力50t | 艘班 | 0.25 | 3884.09 | 971.023 |
| 2.3.9 | 内燃发电机组 | 功率200kW | 台班 | 2 | 1536.24 | 3072.480 |
| 2.3.10 | 潜水泵 | 出口直径150mm | 台班 | 10 | 63.69 | 636.900 |
| 2.3.11 | 其他船机 | | 元 | | | 826.070 |
| 3 | 其他直接费 | | | | | 3926.43 |
| 4 | 企业管理费 | | | | | 5260.11 |
| 5 | 利润 | | | | | 5357.47 |
| 6 | 规费 | | | | | 1077.58 |
| 7 | 税金 | | | | | 8293.78 |
| 8 | 专项税费 | | | | | 0.00 |
| 9 | 合计 | | | | | 100446.84 |
| 10 | 单价 | | 元/个 | | | 100446.84 |

清单项目编码：100503047001

清单项目名称：回填开山石，含泥量＜10％

| 序号 | 名　称 | 型号规格 | 计量单位 | 数量 | 单价/元 | 合价/元 |
|------|--------|----------|----------|------|---------|---------|
| 1 | 基价定额直接费 | | | | | 31.15 |
| 2 | 市场价定额直接费 | | | | | 36.21 |
| 2.1 | 人工费 | | 工日 | 0.1133 | 62.47 | 7.08 |
| 2.2 | 材料费 | | | | | 7.92 |
| 2.2.1 | 其他材料 | 综合 | 元 | | | 0.307 |
| 2.2.2 | 其他材料 | 综合 | 元 | 0.72 | 1 | 0.720 |
| 2.2.3 | 合金钻头（风钻） | 综合 | 个 | 0.0108 | 40 | 0.432 |
| 2.2.4 | 钻杆 | 综合 | kg | 0.00456 | 3.4 | 0.016 |
| 2.2.5 | 开山石 | 综合 | m³ | 0 | 32 | 0.000 |
| 2.2.6 | 导电线 | 综合 | m | 1.26 | 0.6 | 0.756 |
| 2.2.7 | 岩石硝铵炸药 | 2号 | kg | 0.282 | 13.9 | 3.920 |

| 序号 | 名　称 | 型号规格 | 计量单位 | 数量 | 单价/元 | 合价/元 |
|---|---|---|---|---|---|---|
| 2.2.8 | 导爆管 | 综合 | m | 0.852 | 0.8 | 0.682 |
| 2.2.9 | 电雷管 | 综合 | 个 | 0.05352 | 3.54 | 0.189 |
| 2.2.10 | 毫秒级雷管 | 综合 | 个 | 0.20484 | 3.5 | 0.717 |
| 2.2.11 | 水 | 综合 | m³ | 0.05 | 3.59 | 0.180 |
| 2.3 | 机械使用费 | | | | | 21.21 |
| 2.3.1 | 履带式液压单斗挖掘机 | 斗容量2m³ | 台班 | 0.00278 | 1308.39 | 3.643 |
| 2.3.2 | 轮胎式装载机 | 斗容量2m³ | 台班 | 0.0029 | 618.78 | 1.794 |
| 2.3.3 | 履带式推土机 | 功率60kW | 台班 | 0.00092 | 453 | 0.419 |
| 2.3.4 | 履带式推土机 | 功率75kW | 台班 | 0.002 | 663.71 | 1.327 |
| 2.3.5 | 手持式风动凿岩机 | | 台班 | 0.00612 | 12.48 | 0.076 |
| 2.3.6 | 载重汽车 | 装载质量5t | 台班 | 0.00144 | 338.49 | 0.487 |
| 2.3.7 | 自卸汽车 | 装载质量20t | 台班 | 0.01297 | 960.78 | 12.463 |
| 2.3.8 | 电动修钎机 | | 台班 | 0.00024 | 129.1 | 0.031 |
| 2.3.9 | 内燃空气压缩机 | 排气量9m³/min | 台班 | 0.00204 | 476.91 | 0.973 |
| 3 | 其他直接费 | | | | | 1.82 |
| 4 | 企业管理费 | | | | | 2.43 |
| 5 | 利润 | | | | | 2.48 |
| 6 | 规费 | | | | | 0.50 |
| 7 | 税金 | | | | | 3.91 |
| 8 | 专项税费 | | | | | 0.00 |
| 9 | 合计 | | | | | 47.34 |
| 10 | 单价 | | 元/m³ | | | 47.34 |

清单项目编码：101200001001

清单项目名称：混凝土抗腐蚀阻锈剂，粉剂

| 序号 | 名　称 | 型号规格 | 计量单位 | 数量 | 单价/元 | 合价/元 |
|---|---|---|---|---|---|---|
| 1 | 基价定额直接费 | | | | | 3840.00 |
| 2 | 市场价定额直接费 | | | | | 6400.00 |
| 2.2 | 材料费 | | | | | 6400.00 |
| 2.2.1 | 混凝土抗腐蚀阻锈剂，粉剂 | | t | 1 | 6400 | 6400.000 |
| 3 | 其他直接费 | | | | | 223.87 |
| 4 | 企业管理费 | | | | | 299.91 |
| 5 | 利润 | | | | | 305.47 |

| 序号 | 名　称 | 型号规格 | 计量单位 | 数量 | 单价/元 | 合价/元 |
|---|---|---|---|---|---|---|
| 6 | 规费 | | | | | 61.44 |
| 7 | 税金 | | | | | 656.16 |
| 8 | 专项税费 | | | | | 0.00 |
| 9 | 合计 | | | | | 7946.85 |
| 10 | 单价 | | 元/t | | | 7946.85 |

**表 9.1-8**　　　　　　　　**主要材料设备价格表（部分）**

工程名称：沿海工程预算案例

| 名　称 | 规格型号 | 单位 | 数量 | 单价/元 | 交货地点 | 备注 |
|---|---|---|---|---|---|---|
| 钢模定型组合专用摊销 | 综合 | kg | 238940.493 | 3.83 | | |
| 水泥 | 32.5 | t | 945.24 | 386.00 | | |
| 水泥 | 32.5（现浇） | t | 57.522 | 390.00 | | |
| 水泥 | 42.5（预制） | t | 11042.439 | 442.00 | | |
| 水泥 | 42.5（现浇） | t | 3958.57 | 442.00 | | |
| 回填砂 | 直接来料 | m³ | 277682.34 | 15.00 | | |
| 回填砂 | 民船装运抛 | m³ | 129446.25 | 19.00 | | |
| 粗砂 | 综合 | m³ | 623.222 | 30.00 | | |
| 粗砂 | 垫层倒滤层，民船装运抛 | m³ | 28683.52 | 24.00 | | |
| 中粗砂 | 综合 | m³ | 910.227 | 15.00 | | |
| 中粗砂 | 现浇 | m³ | 4958.649 | 65.00 | | |
| 中粗砂 | 预制 | m³ | 13348.819 | 65.00 | | |
| 细砂 | 综合 | m³ | 27.823 | 152.43 | | |
| 碎石 | 综合 | m³ | 6625.05 | 35.00 | | |
| 碎石 | 20mm（现浇） | m³ | 13.534 | 58.00 | | |
| 碎石 | 40mm（现浇） | m³ | 7387.692 | 54.00 | | |
| 碎石 | 40mm（预制） | m³ | 20290.134 | 54.00 | | |
| 级配碎石 | 50mm 以内 | m³ | 2598.77 | 45.00 | | |
| 石屑 | 综合 | m³ | 286.969 | 27.00 | | |
| 粉煤灰 | Ⅱ级（现浇） | t | 708.224 | 150.00 | | |
| 粉煤灰 | Ⅱ级（预制） | t | 1947.102 | 150.00 | | |
| 块石 | 综合 | m³ | 1828.05 | 55.00 | | |
| 块石 | 100kg 内民船装运抛 | m³ | 269685.94 | 59.00 | | |
| 块（片）石 | 民船装运抛 | m³ | 13060.4 | 59.00 | | |
| 二片石 | 综合 | m³ | 584.289 | 47.00 | | |

工程名称：沿海工程预算案例

| 名 称 | 规格型号 | 单位 | 数量 | 单价/元 | 交货地点 | 备注 |
|---|---|---|---|---|---|---|
| 二片石 | 民船装运抛 | m³ | 27919.36 | 51.00 | | |
| 高强混凝土联锁块 | 厚度100mm | m² | 9590.96 | 35.00 | | |
| 板枋材 | 综合 | m³ | 18.054 | 1257.00 | | |
| 板枋材 | 现浇 | m³ | 3.911 | 1257.00 | | |
| 板枋材 | 预制 | m³ | 78.573 | 1257.00 | | |
| 调和漆 | 综合 | kg | 417.996 | 7.50 | | |
| 清油 | 综合 | kg | 6.6 | 5.00 | | |
| 柴油 | 机用 | kg | 334491.494 | 5.42 | | |
| 柴油 | 船用 | kg | 541667.171 | 5.55 | | |
| 红丹粉 | 综合 | kg | 620.264 | 11.00 | | |

工程名称：沿海工程预算案例

| 序号 | 名 称 | 规格型号 | 单位 | 数量 | 单价/元 | 交货地点 | 备注 |
|---|---|---|---|---|---|---|---|
| 105 | 固定扒杆起重船 | 起重能力100t | 艘班 | 10.264 | 7200.30 | | |
| 106 | 固定扒杆起重船 | 起重能力500t | 艘班 | 16.875 | 24697.93 | | |
| 107 | 半潜驳 | 运载能力7000t | 艘班 | 52.275 | 51384.70 | | |
| 108 | 拖轮 | 主机功率294kW | 艘班 | 21.214 | 3625.08 | | |
| 109 | 拖轮 | 主机功率441kW | 艘班 | 104.317 | 5282.95 | | |
| 110 | 拖轮 | 主机功率721kW | 艘班 | 109.868 | 7906.63 | | |
| 111 | 拖轮 | 主机功率882kW | 艘班 | 12.78 | 11116.38 | | |
| 112 | 拖轮 | 主机功率1228kW | 艘班 | 12.78 | 14082.25 | | |
| 113 | 拖轮 | 主机功率2353kW | 艘班 | 10.17 | 25643.72 | | |
| 114 | 拖轮 | 主机功率2942kW | 艘班 | 6.615 | 33971.99 | | |
| 115 | 自航泥驳 | 舱容量500m³ | 艘班 | 244.757 | 6469.15 | | |
| 116 | 自航泥驳 | 舱容量500m³，超运距 | 艘班 | 26.315 | 7540.19 | | |
| 117 | 铁驳 | 载重量50t | 艘班 | 1102.56 | 177.16 | | |
| 118 | 方驳 | 载重量400t | 艘班 | 42.429 | 1000.99 | | |
| 119 | 方驳 | 载重量600t | 艘班 | 542.376 | 1245.74 | | |
| 120 | 方驳 | 载重量1000t | 艘班 | 353.165 | 2250.80 | | |
| 121 | 机动艇 | 主机功率15kW | 艘班 | 1154.571 | 230.05 | | |
| 122 | 机动艇 | 主机功率44kW | 艘班 | 137.625 | 409.51 | | |
| 123 | 机动艇 | 主机功率88kW | 艘班 | 51.18 | 844.12 | | |
| 124 | 锚艇 | 主机功率199kW | 艘班 | 97.464 | 2092.61 | | |

工程名称：沿海工程预算案例

| 序号 | 名　称 | 规格型号 | 单位 | 数量 | 单价/元 | 交货地点 | 备注 |
|---|---|---|---|---|---|---|---|
| 125 | 锚艇 | 主机功率 900kW | 艘班 | 13.125 | 13069.67 | | |
| 126 | 方驳吊机船组 | 起重能力 50t | 艘班 | 11.31 | 3884.09 | | |
| 127 | 方驳吊机船组 | 起重能力 30t | 艘班 | 70.64 | 2123.57 | | |
| 128 | 潜水组 | | 组日 | 1385.651 | 2765.53 | | |
| 129 | 履带式液压单斗挖掘机 | 斗容量 2m³ | 台班 | 108.213 | 1308.39 | | |
| 130 | 轮胎式装载机 | 斗容量 2m³ | 台班 | 827.007 | 618.78 | | |
| 131 | 轮胎式装载机 | 斗容量 3m³ | 台班 | 139.831 | 908.53 | | |
| 132 | 履带式推土机 | 功率 60kW | 台班 | 5.007 | 453.00 | | |
| 133 | 履带式推土机 | 功率 75kW | 台班 | 575.233 | 663.71 | | |
| 134 | 钢轮内燃压路机 | 工作质量 8t | 台班 | 5.318 | 299.85 | | |
| 135 | 钢轮内燃压路机 | 工作质量 15t | 台班 | 58.4 | 494.21 | | |
| 136 | 平地机 | 功率 120kW | 台班 | 16.333 | 781.65 | | |
| 137 | 手持式风动凿岩机 | | 台班 | 33.164 | 12.48 | | |
| 138 | 载重汽车 | 装载质量 5t | 台班 | 7.803 | 338.49 | | |
| 139 | 载重汽车 | 装载质量 6t | 台班 | 0.528 | 357.76 | | |
| 140 | 载重汽车 | 装载质量 8t | 台班 | 3.022 | 445.87 | | |
| 141 | 载重汽车 | 装载质量 10t | 台班 | 2.53 | 497.71 | | |

表 9.1-9 并非报价表的标准组成，表中详细给出了各分项工程清单对应的定额计价基础，与表 9.1-4 对照，可深入了解清单综合单价的构成，还可了解清单计价法与定额计价的异同以及内在联系。

**表 9.1-9　　　　　　　分部分项工程量清单计价表（带定额）**

工程名称：沿海工程预算案例　　　　　　　　　　工程代号：

| 序号 | 编号 | 分部分项工程名称 | 单位 | 工程数量 | 综合单价/元 | 合价/元 |
|---|---|---|---|---|---|---|
| | | 二　码头主体 | | | | |
| 1 | 100200001001 | 港池边坡挖泥，2 级岩土，挖深 20m，运距 30km，断面净量，超宽超深考虑在单价中 | m³ | 455650 | 29.55 | 13464458 |
| (1) | 040058-4* | 8m³ 抓斗挖泥船，四级工况，2 级岩土 | m³ | 523997 | 25.70 | 13466722.9 |
| 2 | 100502001001 | 基槽挖泥，Ⅰ类土壤，水深 30m 内，运距 30km，断面净量，超宽超深考虑在单价中 | m³ | 13076 | 57.68 | 754224 |
| (1) | 10365* | 8m³ 抓斗挖泥船挖泥（运距 30km，水深 30m 内，土壤类别Ⅰ） | m³ | 15037 | 50.16 | 754255.92 |

| 序号 | 编号 | 分部分项工程名称 | 单位 | 工程数量 | 综合单价/元 | 合价/元 |
|---|---|---|---|---|---|---|
| 工程名称：沿海工程预算案例 | | | 工程代号： | | | |
| | | 二　码头主体 | | | | |
| 3 | 100502003001 | 基槽炸礁，水深30m内，岩石级别Ⅷ～Ⅸ，爆破层厚度3.5m，运距5km，断面净量，超宽超深考虑在单价中 | m³ | 39264 | 351.50 | 13801296 |
| (1) | 10503 * | 水下钻孔炸礁（水深30m内，岩石级别Ⅷ～Ⅸ，爆破层厚度3.5m） | m³ | 43190 | 191.45 | 8268725.5 |
| (2) | 10368 * | 8m³抓斗挖泥船清渣（运距5km，水深30m内） | m³ | 43190 | 128.10 | 5532639 |
| 4 | 100503020001 | 抛石基床，10～100kg块石，夯实并整平理坡，水深25m内，分层厚度不超过2m | m³ | 26534 | 248.73 | 6599802 |
| (1) | 10443 | 码头基床抛石（夯实，民船装运抛） | m³ | 26534 | 97.89 | 2597413.26 |
| (2) | 10446 | 基床夯实（夯实，每点夯8次） | m² | 33215 | 45.37 | 1506964.55 |
| (3) | 10448 | 基床水下理坡 | m² | 12257 | 44.24 | 542249.68 |
| (4) | 10456 | 基床整平（水深25m内，细平） | m² | 7303.61 | 267.42 | 1953131.39 |
| 5 | 100701021001 | 方形沉箱，预制，C40，1800m³内/个 | m³ | 26191 | 711.81 | 18643016 |
| (1) | 30228 | 沉箱预制（方形，单件2400m³内）（C40）（M25） | m³混凝土 | 26191 | 711.81 | 18643015.71 |
| 6 | 100801002001 | 方形沉箱，钢筋制安 | t | 3400.1885 | 5864.25 | 19939555 |
| (1) | 30401 * | 箱型模板、管沟及管沟梁、沉箱、圆筒、扶壁、空心方块、栅栏板，扭工字块体、扭王字块钢筋加工（非预应力） | t | 3468.189 | 5749.27 | 19939554.97 |
| 7 | 100900023001 | 方形沉箱，接地预埋钢筋，镀锌 | t | 1.128 | 9930.82 | 11202 |
| (1) | 60119 * | 沉箱接地预埋钢筋 | t | 1.139 | 9834.91 | 11201.96 |
| 8 | 100900023002 | 方形沉箱，接地镀锌钢板1000mm×1000mm×20mm | t | 1.256 | 10919.53 | 13715 |
| (1) | 60119 * | 沉箱接地镀锌钢板1000mm×1000mm×20mm | t | 1.256 | 10919.53 | 13714.93 |
| 9 | 100701021002 | 方形沉箱，出运，1800m³内/个，半潜驳，5km | 个 | 15 | 298122.64 | 4471840 |
| (1) | 30238 | 沉箱出运（半潜驳工艺，方形，2400m³内） | 个 | 15 | 298122.64 | 4471839.6 |
| 10 | 100701021003 | 方形沉箱，安放，4400t内/个 | 个 | 15 | 100446.84 | 1506703 |
| (1) | 30248 | 沉箱安放（6000t内） | 个 | 15 | 100446.84 | 1506702.6 |
| 11 | 100503038001 | 沉箱内填砂（Φ≥30°） | m³ | 103557 | 37.36 | 3868890 |
| (1) | 10490 | 构筑物内抛填砂（民船装运抛） | m³ | 103557 | 37.36 | 3868889.52 |

| 工程名称：沿海工程预算案例 | | | 工程代号： | | | |
|---|---|---|---|---|---|---|
| 序号 | 编号 | 分部分项工程名称 | 单位 | 工程数量 | 综合单价/元 | 合价/元 |
| 二 码头主体 | | | | | | |
| 12 | 100503040001 | 沉箱内填 50kg 以下块石 | m³ | 6343 | 80.88 | 513022 |
| (1) | 10486 | 构筑物内抛填块（片）石（民船装运抛） | m³ | 6343 | 80.88 | 513021.84 |
| 13 | 100701010001 | 沉箱预制盖板，预制，有侧露筋，C40 混凝土，20m³ 内/块 | m³ | 1355.2 | 549.27 | 744371 |
| (1) | 30068 * | 预制实心平板（侧面有外露筋，单件 20m³ 内）(C40) | m³ 混凝土 | 1355.2 | 549.27 | 744370.7 |
| 14 | 100801002002 | 沉箱预制盖板，钢筋制安 | t | 179.378 | 5385.24 | 965994 |
| (1) | 30400 * | 各种梁、每块体积 0.5m³ 以上的各种板、靠船构件、带靠船构件梁、片状框架、框架构件、剪刀撑、水平撑钢筋加工（非预应力） | t | 179.378 | 5385.24 | 965993.58 |
| 15 | 100701027001 | 沉箱预制盖板，安装，60t 内/块 | 件 | 77 | 2651.21 | 204143 |
| (1) | 30280 | 沉箱盖板预制 C40 混凝土安装，60t 内/块 | 块 | 77 | 2651.21 | 204143.17 |
| 16 | 100702057001 | 沉箱内素混凝土垫层，现浇，C15 | m³ | 196 | 369.45 | 72412 |
| (1) | 40180 * | 水上现浇空腔结构封顶（陆拌泵送）(C25) | m³ | 196 | 369.45 | 72412.2 |
| 17 | 100702019001 | 沉箱现浇盖板，C40 | m³ | 2097.28 | 528.98 | 1109419 |
| (1) | 40166 * | 水上现浇 L 型胸墙（无管沟，陆拌泵送）(C40) | m³ | 2097.28 | 528.98 | 1109419.17 |
| 18 | 100702022001 | 沉箱预制盖板现浇接缝，C40 | m³ | 357.918 | 769.66 | 275475 |
| (1) | 40131 * | 水上现浇接缝（板与板，陆拌泵送）(C40) | m³ | 357.918 | 769.66 | 275475.17 |
| 19 | 100801001002 | 沉箱现浇盖板及接缝钢筋制安 | t | 251.593 | 6474.62 | 1628969 |
| (1) | 40191 | 钢筋加工（水上运输安装，梁、板、靠船构件） | t | 256.625 | 6347.66 | 1628968.25 |
| 20 | 100503023001 | 沉箱后抛填 10～100kg 块石 | m³ | 192410 | 110.52 | 21265153 |
| (1) | 10413 | 码头及护岸棱体抛石（民船装运抛） | m³ | 211651 | 100.47 | 21264575.97 |
| 21 | 100503005001 | 填筑二片石垫层 | m³ | 24928 | 85.61 | 2134086 |
| (1) | 10405 | 水上抛填二片石（民船装运抛） | m³ | 24928 | 85.61 | 2134086.08 |
| 22 | 100503012001 | 填筑混合倒滤层 | m³ | 22409 | 52.18 | 1169302 |
| (1) | 10409 | 水上抛填粗砂（民船装运抛） | m³ | 22409 | 52.18 | 1169301.62 |
| 23 | 100503013001 | 码头后方铺设土工布倒滤层，400g/m²，单层 | m² | 23934 | 63.97 | 1531058 |
| (1) | 10495 * | 尼龙编织布倒滤层铺设（沉箱方块后） | m² 铺护面积 | 23934 | 63.97 | 1531057.98 |

| 工程名称：沿海工程预算案例 | | | 工程代号： | | | |
|---|---|---|---|---|---|---|
| 序号 | 编号 | 分部分项工程名称 | 单位 | 工程数量 | 综合单价/元 | 合价/元 |
| 二 码头主体 | | | | | | |
| 24 | 100503037001 | 码头后方回填砂（Φ≥28°） | m³ | 225758 | 31.42 | 7093316 |
| (1) | 10323 | 码头及护岸后填砂（直接来料铺筑） | m³ | 225758 | 31.42 | 7093316.36 |
| 25 | 100701030001 | 现浇钢筋混凝土胸墙 C40 | m³ | 6976 | 616.31 | 4299379 |
| (1) | 40160 * | 水上现浇矩（梯）形胸墙（有管沟，陆拌泵送）（C40） | m³ | 6976 | 616.31 | 4299378.56 |
| 26 | 100801001001 | 现浇钢筋混凝土胸墙及系船柱块体钢筋制安 | t | 348.8 | 6612.51 | 2306443 |
| (1) | 40193 | 钢筋加工（水上运输安装，其他） | t | 355.776 | 6482.85 | 2306442.44 |
| 27 | 100801001004 | 系船柱块体钢筋 | t | 15.41 | 6612.42 | 101897 |
| (1) | 40193 | 钢筋加工（水上运输安装，其他） | t | 15.718 | 6482.85 | 101897.44 |
| 28 | 100900023003 | 系船柱护沿预埋件钢筋 | t | 0.1 | 9834.90 | 983 |
| (1) | 60119 * | 预埋铁件制作安装 | t | 0.1 | 9834.91 | 983.49 |
| 29 | 100900023004 | 系船柱预埋镀锌钢板 t＝6 | t | 1.1 | 10919.53 | 12011 |
| (1) | 60119 * | 预埋铁件制作安装 | t | 1.1 | 10919.53 | 12011.48 |
| 30 | 100900023005 | 钢轨预埋角钢∠100×63×8 | t | 6.222 | 9937.93 | 61834 |
| (1) | 60119 * | 预埋铁件制作安装 | t | 6.222 | 9937.93 | 61833.8 |
| 31 | 100504013001 | 门机后轨浆砌块石基础 M20 | m³ | 1741 | 219.41 | 381993 |
| (1) | 10525 * | 基础（浆砌块石）（M20） | m³ 砌筑体积 | 1741 | 219.41 | 381992.81 |
| 32 | 100702057002 | 门机后轨轨道梁下混凝土垫层 C15 | m³ | 38 | 400.67 | 15225 |
| (1) | 40086 * | 现浇垫层（C15） | m³ | 38 | 400.67 | 15225.46 |
| 33 | 100702010001 | 门机后轨轨道梁 C35 混凝土 | m³ | 361 | 586.75 | 211817 |
| (1) | 40002 * | 现浇矩（梯）形梁、出沿梁（无底模）（C35） | m³ | 361 | 586.75 | 211816.75 |
| 34 | 100801001004 | 门机后轨轨道梁钢筋制安 | t | 72.2 | 5494.35 | 396692 |
| (1) | 40188 | 钢筋加工（陆上运输安装，底板、消力池、基础） | t | 73.644 | 5386.62 | 396692.24 |
| 35 | 100503004002 | 沉箱上抛石（50kg 以下块石） | m³ | 6337 | 80.88 | 512537 |
| (1) | 10486 | 构筑物内抛块（片）石（民船装运抛） | m³ | 6337 | 80.88 | 512536.56 |
| 36 | 100702055001 | 护轮坎，现浇 C35 | m³ | 18 | 840.34 | 15126 |
| (1) | 40075 | 现浇护轮坎（C35） | m³ | 18 | 840.34 | 15126.12 |
| 37 | 100801001005 | 护轮坎，钢筋制安 | t | 3.06 | 5825.31 | 17825 |
| (1) | 40189 | 护轮坎 C35 钢筋制安 | t | 3.121 | 5711.45 | 17825.44 |
| 38 | 100900023006 | 护轮坎预埋镀锌钢板 t＝6 | t | 5.1 | 10919.53 | 55690 |
| (1) | 60119 * | 预埋铁件制作安装 | t | 5.1 | 10919.53 | 55689.6 |

续表

| 序号 | 编号 | 分部分项工程名称 | 单位 | 工程数量 | 综合单价/元 | 合价/元 |
|---|---|---|---|---|---|---|
| 工程名称：沿海工程预算案例 | | | 工程代号： | | | |
| 二 码头主体 | | | | | | |
| 39 | 100900023007 | 护轮坎预埋角钢∠100×63×8 | t | 2.28 | 9937.93 | 22658 |
| (1) | 60119 * | 预埋铁件制作安装 | t | 2.28 | 9937.93 | 22658.48 |
| 40 | 100900023008 | 结构缝钢筋 | t | 0.5 | 9834.92 | 4917 |
| (1) | 60119 * | 预埋铁件制作安装 | t | 0.5 | 9834.91 | 4917.46 |
| 41 | 100900023009 | 结构缝不锈钢钢板 $H=5mm$ | t | 2.08 | 27646.01 | 57504 |
| (1) | 60119 * | 预埋铁件制作安装 | t | 2.08 | 27646.01 | 57503.7 |
| 42 | 100503047001 | 回填开山石，含泥量<10% | m³ | 5419 | 47.34 | 256535 |
| (1) | 10325 * | 场地回填（推土机碾压） | m³ | 5419 | 4.62 | 25035.78 |
| (2) | 10034 | 一般石方开挖（风钻钻孔，岩石级别 $V \sim VII$） | m³ | 6502.8 | 16.52 | 107426.26 |
| (3) | 10266 * | 2m³ 挖掘机挖装块石、20t 自卸汽车运输 | m³ | 6502.8 | 19.08 | 124073.42 |
| 43 | 100503001001 | 级配碎石底基层，20cm 厚 | m³ | 1899.2 | 97.95 | 186027 |
| (1) | 10304 * | 铺筑碎石基层（压实厚度20cm） | m² | 9496 | 19.59 | 186026.64 |
| 44 | 100503008001 | 填筑 6％水泥稳定碎石基层，48cm 厚 | m² | 9496 | 75.98 | 721506 |
| (1) | 10292 * | 铺筑水泥稳定碎石基层［厂拌，水泥：碎石（6：94），压实厚度48cm］ | m² | 9496 | 75.98 | 721506.08 |
| 45 | 100702077001 | 混凝土联锁块面层 C50，联锁块厚10cm，砂垫层 3cm | m² | 9496 | 56.94 | 540702 |
| (1) | 10531 | 铺砌混凝土高强连锁预制块（干铺，碾压） | 铺砌 m² | 9496 | 56.94 | 540702.24 |
| 46 | 101100004001 | 2500kN 系船柱 | 个 | 11 | 35528.08 | 390809 |
| (1) | 60050 * | 系船柱安装（陆上安装，2500kN）（C40） | 个 | 11 | 35528.08 | 390808.88 |
| 47 | 101100001001 | SC2250H 超级鼓型橡胶护舷二鼓一板（本体） | 套 | 11 | 204456.37 | 2249020 |
| (1) | 60080 * | SC2250H 超级鼓型橡胶护舷二鼓一板（本体） | 套 | 11 | 204456.37 | 2249020.07 |
| 48 | 101100001002 | SC2250H 超级鼓型橡胶护舷二鼓一板（安装） | 套 | 11 | 5015.63 | 55172 |
| (1) | 60080 * | 陆上安装橡胶护舷（SC2250H 型鼓型橡胶护舷，$H=2000mm$，二鼓一板） | 套 | 11 | 5015.63 | 55171.93 |
| 49 | 101100001003 | D300mm×360mm $L=1500$ 橡胶护舷（本体） | 套 | 88 | 4144.39 | 364706 |
| (1) | 60065 * | D300mm×360mm $L=1500$ 橡胶护舷（本体） | 套 | 88 | 4144.39 | 364706.32 |

工程名称：沿海工程预算案例 | | | 工程代号：

| 序号 | 编号 | 分部分项工程名称 | 单位 | 工程数量 | 综合单价/元 | 合价/元 |
|---|---|---|---|---|---|---|
| 二 码头主体 | | | | | | |
| 50 | 101100001004 | D300mm×360mm L＝1500mm 橡胶护舷（安装） | 套 | 88 | 206.35 | 18159 |
| (1) | 60065 * | 陆上安装橡胶护舷（D型橡胶护舷，D300mm×360mm，L＝1500mm）（硫黄砂浆） | 套 | 88 | 206.35 | 18158.8 |
| 51 | 100900016001 | 钢轨 QU120 制作安装，单轨，含进口扣件及垫板、胶泥、沥青砂等 | m | 412 | 822.26 | 338771 |
| (1) | 60010 | 钢轨安装（轨道梁上安装，U型螺栓固定，一般压板式，QU120 钢轨） | 延米单轨 | 412 | 822.26 | 338771.12 |
| 52 | 100900021001 | 车挡、锚定、顶升、防风系缆等预埋铁件（暂定量） | t | 20 | 10551.87 | 211037 |
| (1) | 60119 | 预埋铁件制作安装 | t | 20 | 10551.87 | 211037.4 |
| 53 | 101200001001 | 混凝土抗腐蚀阻锈剂，粉剂 | t | 102 | 7946.85 | 810579 |
| (1) | BC104001 * | 混凝土抗腐蚀阻锈剂，粉剂 | t | 102 | 7946.85 | 810578.7 |
| 200 码头主体 小计 | | | | | | 136398975 |

单位工程费合计：151746778

# 第二节 定额计价法案例

本案例选自某内河（湖）水上浮码头工程，采用浮码头型式，1座码头2个泊位，通过桥台、墩台、浮趸、钢引桥等构件接岸。

本案例参照《水运建设工程概算预算编制规定》（JTS/T 116—2019）的标准格式编制，工程量清单报价表由表9.2-1～表9.2-7组成，并以标准表格的形式展现了报价表的主要报表内容，以便大家建立起直观的印象。因篇幅所限，略去了主要材料汇总表、人工主要材料单价表以及工程船舶机械台班等表格。

表 9.2-1 　　　　　　　某内河（湖）码头工程预算封面

某内河（湖）水上浮码头工程

施工图预算

编制单位（名称、盖章）：＿＿＿＿＿＿ ＊＊＊＊ ＿＿＿＿＿＿

2020/10/30

**表 9.2 - 2**　　　　　某内河（湖）码头工程预算扉页

内河工程算例工程施工图预算

| 审 定 人 | ＊＊＊ | （签字、造价工程师印章） |
|---|---|---|

| 编制负责人 | ＊＊＊ | （签字、造价工程师印章） |
|---|---|---|

| 姓　名 | 专业技术职称 | 执业证书编号 |
|---|---|---|
| ＊＊＊ | | |
| ＊＊＊ | | |
| ＊＊＊ | | |
| ＊＊＊ | | |

**表 9.2 - 3** <br> **某内河（湖）码头工程预算编制说明**

编 制 说 明

**1. 项目概述**

本项目位于福建省某内湖，建设一座浮码头 2 个泊位，主要工程结构与技术指标如下表所示。

某内河（湖）浮码头主要技术指标表

| 序号 | 项目名称 | 单位 | 数量（泊位 1） | 数量（泊位 2） | 备注 |
|---|---|---|---|---|---|
| 1 | 钢趸船 | m | 42×8×1.8×0.8 | 28×8×1.8×0.8 | 长×宽×高×吃水 |
| 2 | 浮趸 | m | 15×5×2.0×1.0 | 10×5×2.0×1.0 | 长×宽×高×吃水 |
| 3 | 钢引桥 | m | 39×2.0 | 39×1.0 | 榀 |
| 4 | 桥台 | 座 | 1 | 1 | |
| 5 | 墩台 | 座 | 1 | 1 | |
| 6 | 陆域面积 | m² | 912 | 612 | |
| 7 | 前沿停泊水域 | m² | 1095 | 653 | 水域面积 |
| 8 | 回旋水域 | m² | 4224 | 2448 | 水域面积 |

**2. 工程总预算**（预算范围内费用总计）

建筑安装工程总报价为 155.2377 万元，不含钢趸船、浮趸、等甲供设备。

**3. 编制原则和依据**

(1) 图纸依据：×××设计院有限公司设计的《×××工程》。

(2) 计价规范及定额依据：

本报价执行交通运输部〔2019〕第 57 号文的编制规定及其配套定额。《水运建设工程概算预算编制规定》（JTS/T 116—2019）、《内河航运水工建筑工程定额》（JTS/T 275—1—2019）、《内河航运工程船舶机械艘（台）班费用定额》（JTS/T 275—2—2019）、《内河航运设备安装工程定额》（JTS/T 275—3—2019）、《内河航运工程参考定额》（JTS/T 275—4—2019）和福建省交通厅相关文件等。

(3) 其他依据：与本项目有关的其他资料。

**4. 其他说明**

(1) 小型工程。

(2) 增值税率按 9% 计取。

(3) 基地与工程距离按 100km 考虑。

(4) 材料市场价按照福建省××市 2020 年 9 月材料信息价并结合现场询价。

(5) 采用商品混凝土，普通流动性混凝土。

(6) 除灌注桩外，现浇混凝土采用泵送工艺，泵送距离按 100m 考虑。

(7) 挖方弃土运距 5km。

(8) 其他详见预算报表。

表 9.2－4　　　　某内河（湖）码头工程预算汇总表

| 序号 | 工程或费用项目名称 | 单位工程预算表编号 | 预算金额/万元 | | | | |
|---|---|---|---|---|---|---|---|
| | | | 建筑工程费 | 安装工程费 | 设备购置费 | 其他 | 合计 |
| 1 | 水工建筑物 | 一 | | | | | 103.7401 |
| 2 | 陆域形成 | 二 | | | | | 17.5905 |
| 3 | 引桥及趸船 | 三 | | | | | 33.9071 |
| | 合计 | | | | | | 155.2377 |

编制：****　　复核：****　　审核：****

表 9.2－5　　　建筑、安装单位工程预算表

工程名称：内河工程算例　　工程代号：1　工程类别：二类工程　编号：1

| 序号 | 定额或估价表编号 | 分部分项工程名称 | 单位 | 工程数量 | 基价/元 | | 不含税市场价/元 | |
|---|---|---|---|---|---|---|---|---|
| | | | | | 单价 | 合计 | 单价 | 合价 |
| 1 | 1338 | 4.0m³ 抓斗式挖泥船挖泥，运距5km以内，水深≤10m 土类级别 IV | m³ | 4374 | 28.94 | 126581 | 31.09 | 135988 |
| 2 | 2527 | 灌注桩工作平台（水深10m内） | m² | 120 | 83.33 | 9999 | 95.94 | 11513 |
| 3 | 2521 | 水上埋设钢护筒（水深10m内） | t | 11.6 | 5137.73 | 59598 | 5113.63 | 59318 |
| 4 | 2351* | 回旋钻机钻孔（桩径100cm内，孔深20m内，IV类土） | m | 130 | 454.31 | 59060 | 464.26 | 60353 |
| 5 | 2518* | 灌注桩混凝土（回旋钻孔）(C35) | m³混凝土 | 104.458 | 303.54 | 31707 | 667.52 | 69728 |
| 6 | 2519 | 灌注桩混凝土（钢筋制安） | t | 9.486 | 3614.67 | 34289 | 4493.27 | 42623 |
| 7 | 2529 | 灌注桩桩头处理（陆上） | 根 | 6 | 90.14 | 541 | 110.43 | 663 |
| 8 | 4135* | 系（靠）船墩、桥墩、撑墩、引桥桥墩、实心 | m³ | 192 | 268.04 | 51464 | 586.28 | 112567 |
| 9 | 4183 | 现浇混凝土钢筋加工、水上运输安装、其他 | t | 4.794 | 3682.11 | 17652 | 4594.52 | 22026 |

工程名称：内河工程算例　　　　　　　工程代号：　　工程类别：二类工程　　　　　　　　　　　　　　　　　　　　续表

编号：1

| 序号 | 定额或估价表编号 | 分部分项工程名称 | 单位 | 工程数量 | 基价/元 | | 不含税市场价/元 | |
|---|---|---|---|---|---|---|---|---|
| | | | | | 单价 | 合计 | 单价 | 合价 |
| 10 | 2522 | 陆上埋设钢护筒 | t | 2.1 | 879.65 | 1847 | 870.53 | 1828 |
| 11 | 2351 | 回旋钻机钻孔（桩径 100cm 内，孔深 20m 内，Ⅳ类土） | m | 82 | 410.54 | 33664 | 417.54 | 3238 |
| 12 | 2518 * | 灌注桩混凝土（回旋钻成孔）（C35） | m³ 混凝土 | 65.973 | 303.54 | 20026 | 667.52 | 44038 |
| 13 | 2519 | 灌注桩混凝土（钢筋制安） | t | 6.324 | 3614.67 | 22859 | 4493.27 | 28415 |
| 14 | 2529 | 灌注桩桩头处理（陆上） | 根 | 4 | 90.14 | 361 | 110.43 | 442 |
| 15 | 4139 * | 承台、实体承台、无底模 | m³ | 33.7 | 297.72 | 10033 | 615.37 | 20738 |
| 16 | 4178 | 现浇混凝土钢筋加工、陆上运输安装、底板、消力池、基础 | t | 3.162 | 3375.43 | 10673 | 4275.14 | 13518 |
| 17 | 6048 * | 预埋铁件、螺栓、预埋铁件制作、安装 | t | 2.595 | 6592.82 | 17108 | 7965.78 | 20671 |
| 18 | 1626 * | 水上抛填工程、抛填护坡、护脚、护坦块石、不夯实、民船装运抛 | m³ 抛填体积 | 153.8 | 75.95 | 11680 | 59.06 | 9083 |
| 19 | 4162 * | 护轮坎、阶梯、节点、接缝、阶梯 | m³ | 2.6 | 527.09 | 1370 | 834.05 | 2169 |
| 20 | 10292 | 铺筑水泥稳定碎石基层（厂拌、水泥碎石（5∶95），压实厚度15cm） | m² | 8.67 | 14.66 | 127 | 16.95 | 147 |
| 21 | 1573 | 陆上铺筑工程、铺筑倒滤层、碎石 | m³ 铺筑体积 | 2.7 | 63.21 | 171 | 63.21 | 171 |
| 22 | 4159 * | 桩帽、系船块体、地牛、垫层、磨耗层、垫层 | m³ | 7.5 | 169.62 | 1272 | 457.04 | 3428 |

续表

编号：2

工程名称：内河工程算例　　工程代号：　　工程类别：二类工程

| 序号 | 定额或估价表编号 | 分部分项工程名称 | 单位 | 工程数量 | 基价/元 | | 不含税市场价/元 | |
|---|---|---|---|---|---|---|---|---|
| | | | | | 单价 | 合计 | 单价 | 合计 |
| 23 | 4149* | 基础，条形基础 | m³ | 41.6 | 305.14 | 12694 | 617.25 | 25677 |
| 24 | 1650 | 浆砌块石，一般挡土墙 | m³ | 20.3 | 150.24 | 3050 | 308.62 | 6265 |
| 25 | 1577 | 陆上铺筑工程，棱体抛石，机械抛石，直接来料铺筑 | m³ 抛填体积 | 155 | 43.92 | 6808 | 196.99 | 30533 |
| 26 | 4150* | 基础，独立基础，墩 | m³ | 24.9 | 284.16 | 7076 | 581.29 | 14474 |
| 27 | 4178 | 现浇混凝土钢筋加工，陆上运输安装，底板，消力池，基础 | t | 1.836 | 3375.43 | 6197 | 4275.14 | 7849 |
| 28 | 1169 | 机械清除表土，草皮，清除表土（100m³） | m³ | 1567.22 | 1.92 | 3004 | 2.20 | 3441 |
| 29 | 1604* | 陆上铺筑工程，场地回填，推土机碾压 | m³ 铺筑体积 | 424 | 19.12 | 8106 | 23.81 | 10094 |
| 30 | 4169* | 堆场道路刚性面层，厚度（cm以内）25 | m³ | 109 | 243.04 | 26491 | 411.31 | 44833 |
| 31 | 1653* | 浆砌块石，基础 | m³ | 257 | 138.80 | 35672 | 295.24 | 75876 |
| 32 | 1079 | 人力铺草皮（满铺） | m² | 463 | 4.41 | 2044 | 4.74 | 2196 |
| 33 | 6058 | 钢栈（引）桥（钢撑杆）制作，1 栈桥（引）桥自重（t以内）20 | t | 33.2 | 5519.06 | 183233 | 7354.91 | 244183 |
| 34 | 6061 | 钢引桥，钢撑杆安装，钢引桥，1 栈桥重量（t以内）20 | 幅 | 2 | 1997.62 | 3995 | 2150.83 | 4302 |
| 35 | 4064 | 趸船安装，趸船长度（m以内）40 | 艘 | 1 | 2064.14 | 2064 | 2247.83 | 2248 |

续表

编号：3

工程名称：内河工程算例

工程代号：　工程类别：二类工程

| 序号 | 定额或估价表编号 | 分部分项工程名称 | 单位 | 工程数量 | 基价/元 | | 不含税市场价/元 | |
|---|---|---|---|---|---|---|---|---|
| | | | | | 单价 | 合计 | 单价 | 合计 |
| 36 | 4063 | 趸船安装、趸船长度（m以内）30 | 艘 | 1 | 1623.89 | 1624 | 1768.01 | 1768 |
| 定额直接费： | | | | | | 824140 | | 1167404 |
| 小型工程增加费： | | | | | | 41025 | | 58169 |
| 定额直接费合计： | | | | | | 865162 | | 1225574 |
| 其中　人工费 | | | | | | 155530 | | 155529 |
| 　　　材料费 | | | | | | 446493 | | 800453 |
| 　　　船机费 | | | | | | 263140 | | 269591 |
| 施工取费合计： | | | | | | 198641 | | |
| 其中分类取费 | | | | | | | | |
| 一般水工工程：1～34（小型工程系数：1.05） | | | | | | | | 197578.3 |
| 设备及大型金属结构设备安装工程：35～36 | | | | | | | | 1061.58 |
| 税前工程造价： | | | | | | | | 1424215 |
| 增值税： | | | | | | | | 128179 |
| 专项税费： | | | | | | | | 0 |
| 建筑安装工程费： | | | | | | | | 1552377 |

编制：＊＊＊＊　复核：＊＊＊＊

审核：＊＊＊＊　编制：＊＊＊＊

**表 9.2 - 6** 建筑、安装单位工程施工取费汇总表

| 工程名称：内河工程算例 | 工程代号：工程类别：二类工程 | 页号：1 |
| --- | --- | --- |
| 费用项目名称 | 设备及大型金属结构设备安装工程 | |
| 基价定额直接费合计 | 3688 | |
| 市场价定额直接费合计 | 4016 | |
| 其他直接费 | 252 | |
| 其中：安全文明施工费 | 55 | |
| 临时设施费 | 63 | |
| 冬季雨季及夜间施工增加费 | 38 | |
| 材料二次倒运费 | 8 | |
| 施工辅助费 | 39 | |
| 施工队伍进退场费 | 49 | |
| 外海工程拖船费 | | |
| 企业管理费 | 326 | |
| 利润 | 299 | |
| 规费 | 184 | |
| 税前合计 | 5077 | |
| 增值税 | 457 | |
| 专项税费 | | |
| 建筑安装工程费 | 5534 | |
| 施工地区：华东、华南、中南、西南地区 | 施工调遣距离（km）：100km 以内 | |

| 工程名称：内河工程算例 | 工程代号：工程类别：二类工程 | 页号：2 |
| --- | --- | --- |
| 费用项目名称 | 一般水工工程 | |
| 基价定额直接费合计 | 861474 | |
| 市场价定额直接费合计 | 1221558 | |
| 其他直接费 | 50396 | |
| 其中：安全文明施工费 | 12922 | |
| 临时设施费 | 10338 | |
| 冬季雨季及夜间施工增加费 | 8356 | |
| 材料二次倒运费 | 1895 | |
| 施工辅助费 | 8873 | |
| 施工队伍进退场费 | 8012 | |
| 外海工程拖船费 | | |
| 企业管理费 | 65016 | |
| 利润 | 68382 | |
| 规费 | 13784 | |
| 税前合计 | 1419137 | |
| 增值税 | 127722 | |
| 专项税费 | | |
| 建筑安装工程费 | 1546859 | |
| 施工地区：华东、华南、中南、西南地区 | 施工调遣距离（km）：100km 以内 | |

表9.2-7　单位估计表（部分）

分部分项工程名称：4.0m³ 抓斗式挖泥船挖泥，运距5km以内，水深≤10m，土类级别Ⅳ　　单位：100m³　　编号：1338

| 序号 | 项目名称 | | 单位 | 数量 | 单价/元 | | 合价/元 | |
|---|---|---|---|---|---|---|---|---|
| | | | | | 基价 | 不含税市场价 | 基价 | 不含税市场价 |
| 1 | 合计 | | 元 | 4374 | 28.94 | 31.09 | 126580.94 | 135988.53 |
| 2 | 其中 | 人工费 | 元 | 100 | 0.37 | 0.37 | 36.86 | 36.86 |
| 3 | | 材料费 | 元 | 100 | 0.03 | 0.03 | 3.00 | 3.00 |
| 4 | | 艁机费 | 元 | 100 | 28.54 | 30.69 | 2854.09 | 3069.16 |
| 5 | 人工 | | 工日 | 0.59 | 62.47 | 62.47 | 36.857 | 36.857 |
| 6 | 其他材料综合 | | 元 | 3 | 1.00 | 1.00 | 3.000 | 3.000 |
| 7 | 抓斗挖泥船斗容量 4.0m³ | | 艘班 | 0.331 | 3937.97 | 4360.21 | 1303.468 | 1443.230 |
| 8 | 泥驳舱容量 200m³ | | 艘班 | 1.159 | 1115.01 | 1133.21 | 1292.297 | 1313.390 |
| 9 | 拖轮主机功率 221kW | | 艘班 | 0.115 | 1965.61 | 2402.41 | 226.045 | 276.277 |
| 10 | 锚艇主机功率 29kW | | 艘班 | 0.067 | 392.45 | 445.23 | 26.294 | 29.830 |
| 11 | 其他船机 | | % | 0.21 | 1.00 | 1.00 | 5.981 | 6.432 |
| | 单位单价 | | 元 | | | 31.09 | | 3109.02 |

1. 工程内容：移船、定位、测水深、挖、运。

2. 依据说明：

390

续表

分部分项工程名称：回旋钻机钻孔（桩径100cm内，孔深20m内，IV类土）　　单位：10m　　编号：2351*

| 序号 | 项目名称 | | 单位 | 数量 | 单价/元 | | 合价/元 | |
|---|---|---|---|---|---|---|---|---|
| | | | | | 基价 | 不含税市场价 | 基价 | 不含税市场价 |
| 1 | 合计 | | 元 | 130 | 454.44 | 464.39 | 59076.76 | 60370.17 |
| 2 | 其中 | 人工费 | 元 | 10 | 146.93 | 146.93 | 1469.29 | 1469.29 |
| 3 | | 材料费 | 元 | 10 | 19.82 | 41.41 | 198.17 | 414.10 |
| 4 | | 船机费 | 元 | 10 | 287.69 | 276.05 | 2876.91 | 2760.47 |
| 5 | 人工 | | 工日 | 23.52 | 62.47 | 62.47 | 1469.294 | 1469.294 |
| 6 | 板枋材综合 | | m³ | 0.02 | 1200.00 | 1202.00 | 24.000 | 24.040 |
| 7 | 电焊条综合 | | kg | 0.9 | 6.00 | 5.14 | 5.400 | 4.626 |
| 8 | 铁件综合 | | kg | 0.1 | 4.10 | 4.10 | 0.410 | 0.410 |
| 9 | 黏土综合 | | m³ | 5.96 | 12.00 | 36.16 | 71.520 | 215.514 |
| 10 | 水综合 | | m³ | 31 | 1.80 | 3.59 | 55.800 | 111.290 |
| 11 | 其他材料综合 | | % | 8.646 | 1.00 | 1.00 | 13.586 | 30.769 |
| 12 | 钻头摊销费 | | 元 | 27.45 | 1.00 | 1.00 | 27.450 | 27.450 |
| 13 | 回旋钻机孔径1000mm | | 台班 | 5.09 | 469.95 | 440.48 | 2392.046 | 2242.043 |
| 14 | 交流弧焊机容量32kV·A | | 台班 | 0.1 | 104.73 | 87.35 | 10.473 | 8.735 |
| 15 | 载重汽车装载质量15t | | 台班 | 0.06 | 661.94 | 765.21 | 39.716 | 45.913 |
| 16 | 履带式起重机提升质量15t | | 台班 | 0.05 | 549.80 | 603.53 | 27.490 | 30.177 |
| 17 | 灰浆搅拌机拌筒容量400L | | 台班 | 0.27 | 99.89 | 97.16 | 26.970 | 26.233 |
| 18 | 其他船机 | | % | 0.55 | 1.00 | 1.00 | 15.736 | 15.100 |
| 19 | 机动船艇主机功率18kW | | 艘班 | 1.018 | 180.01 | 207.31 | 183.250 | 211.042 |
| 20 | 铁驳载重量60t | | 艘班 | 1.018 | 178.02 | 178.02 | 181.224 | 181.224 |
| | 单位单价 | | 元 | | 464.39 | 464.39 | | 4643.86 |

1. 工程内容：机具就位及转移，安拆泥浆循环系统，成孔，清渣清孔。

2. 依据说明：

续表

分部分项工程名称：灌注桩混凝土（回旋钻成孔）（C35）　　编号：2518*　　单位：10m³ 混凝土

| 序号 | 项目名称 | | 单位 | 数量 | 单价/元 | | 合价/元 | |
|---|---|---|---|---|---|---|---|---|
| | | | | | 基价 | 不含税市场价 | 基价 | 不含税市场价 |
| 1 | 合计 | | 元 | 104.458 | 303.54 | 667.52 | 31707.34 | 69727.65 |
| 2 | 其中 | 人工费 | 元 | 10 | 70.09 | 70.09 | 700.91 | 700.91 |
| 3 | | 材料费 | 元 | 10 | 190.52 | 550.43 | 1905.18 | 5504.33 |
| 4 | | 船机费 | 元 | 10 | 42.93 | 46.99 | 429.32 | 469.94 |
| 5 | 人工 | | 工日 | 11.22 | 62.47 | 62.47 | 700.913 | 700.913 |
| 6 | 流动性混凝土 C35，碎石粒径 40mm（商品） | | m³ | 11.7 | 161.64 | 467.00 | 1891.188 | 5463.900 |
| 7 | 其他材料综合 | | % | 0.74 | 1.00 | 1.00 | 13.995 | 40.433 |
| 8 | 机动翻斗车载质量 1t | | 台班 | 0.96 | 126.49 | 137.46 | 121.430 | 131.962 |
| 9 | 履带式起重机提升质量 15t | | 台班 | 0.56 | 549.80 | 603.53 | 307.888 | 337.977 |
| | 单位单价 | | 元 | | | 667.52 | | 6675.19 |

1. 工程内容：混凝土：安拆导管和漏斗、混凝土配料拌和、运输、浇筑；钢筋制安：钢筋配制绑扎、焊接、吊装入孔。

2. 依据说明：

续表

分部分项工程名称：灌注桩混凝土（钢筋制安）　　　　　　　　　　单位：t　　　　　编号：2519

| 序号 | 项目名称 | | 单位 | 数量 | 单价/元 | | 合价/元 | |
|---|---|---|---|---|---|---|---|---|
| | | | | | 基价 | 不含税市场价 | 基价 | 不含税市场价 |
| 1 | 合计 | | 元 | 9.486 | 3614.67 | 4493.27 | 34288.80 | 42623.18 |
| 2 | 其中 | 人工费 | 元 | 1 | 526.00 | 526.00 | 526.00 | 526.00 |
| 3 | | 材料费 | 元 | 1 | 2835.57 | 3750.11 | 2835.57 | 3750.11 |
| 4 | | 船机费 | 元 | 1 | 253.10 | 217.17 | 253.10 | 217.17 |
| 5 | 人工 | | 工日 | 8.42 | 62.47 | 62.47 | 525.997 | 525.997 |
| 6 | 钢筋综合 | | t | 1.03 | 2680.00 | 3575.00 | 2760.400 | 3682.250 |
| 7 | 镀锌铁丝20号 | | kg | 4 | 5.52 | 5.00 | 22.080 | 20.000 |
| 8 | 电焊条综合 | | kg | 8 | 6.00 | 5.14 | 48.000 | 41.120 |
| 9 | 其他材料综合 | | % | 0.18 | 1.00 | 1.00 | 5.095 | 6.738 |
| 10 | 履带式起重机提升质量15t | | 台班 | 0.04 | 549.80 | 603.53 | 21.992 | 24.141 |
| 11 | 交流弧焊机容量32kV·A | | 台班 | 2.1 | 104.73 | 87.35 | 219.933 | 183.435 |
| 12 | 其他船机 | | % | 4.62 | 1.00 | 1.00 | 11.177 | 9.590 |
| | 单位单价 | | 元 | | | 4493.27 | | 4493.27 |

1. 工程内容：混凝土：安拆导管和漏斗，混凝土配料拌和、运输、浇筑；
钢筋制安：钢筋配制绑扎、焊接、吊装入孔。

2. 依据说明：

续表

分部分项工程名称：系（靠）船墩、撑墩、桥墩、引桥桥墩、实心　　　　　　　单位：10m³　　编号：4135 *

| 序号 | 项目名称 | | 单位 | 数量 | 单价/元 | | 合价/元 | |
|---|---|---|---|---|---|---|---|---|
| | | | | | 基价 | 不含税市场价 | 基价 | 不含税市场价 |
| 1 | 合计 | | 元 | 192 | 268.04 | 586.28 | 51464.20 | 112566.51 |
| 2 | 其中 | 人工费 | 元 | 10 | 48.48 | 48.48 | 484.77 | 484.77 |
| 3 | | 材料费 | 元 | 10 | 208.57 | 525.77 | 2085.73 | 5257.68 |
| 4 | | 船机费 | 元 | 10 | 10.99 | 12.04 | 109.93 | 120.39 |
| 5 | 人工 | | 工日 | 7.76 | 62.47 | 62.47 | 484.767 | 484.767 |
| 6 | 流动性混凝土 C40，碎石粒径 40mm（商品） | | m³ | 10.2 | 174.62 | 481.15 | 1781.124 | 4907.730 |
| 7 | 板枋材综合 | | m³ | 0.087 | 1200.00 | 1202.00 | 104.400 | 104.574 |
| 8 | 定型组合钢模板面综合 | | kg | 10.47 | 3.80 | 3.60 | 39.786 | 37.692 |
| 9 | 定型组合钢模肯架支撑综合 | | kg | 26.17 | 3.60 | 3.40 | 94.212 | 88.978 |
| 10 | 定型组合钢模连接卡具综合 | | kg | 3.49 | 4.10 | 3.60 | 14.309 | 12.564 |
| 11 | 铁件综合 | | kg | 3.49 | 4.10 | 4.10 | 14.309 | 14.309 |
| 12 | 铁钉综合 | | kg | 0.61 | 3.80 | 4.80 | 2.318 | 2.928 |
| 13 | 其他材料综合 | | % | 1.72 | 1.00 | 1.00 | 35.268 | 88.903 |
| 14 | 履带式起重机提升质量 15t | | 台班 | 0.15 | 549.80 | 603.53 | 82.470 | 90.530 |
| 15 | 机动翻斗车装载质量 1t | | 台班 | 0.2 | 126.49 | 137.46 | 25.298 | 27.492 |
| 16 | 其他船机 | | % | 2.01 | 1.00 | 1.00 | 2.166 | 2.372 |
| | 单位单价 | | 元 | | | 586.28 | | 5862.84 |

1. 工程内容：组拼、安拆模板、浇筑及养护混凝土。

2. 依据说明：

续表

分部分项工程名称：现浇混凝土钢筋加工 水上运输安装 其他

单位：t　　　编号：4183

| 序号 | 项 目 名 称 | | 单位 | 数量 | 单价/元 | | | 合价/元 | | |
|---|---|---|---|---|---|---|---|---|---|---|
| | | | | | 基价 | 不含税市场价 | | 基价 | 不含税市场价 | |
| 1 | 合计 | | 元 | 4.794 | 3682.11 | 4594.52 | | 17652.05 | 22026.15 | |
| 2 | | 人工费 | 元 | 1 | 708.41 | 708.41 | | 708.41 | 708.41 | |
| 3 | 其中 | 材料费 | 元 | 1 | 2807.34 | 3724.18 | | 2807.34 | 3724.18 | |
| 4 | | 船机费 | 元 | 1 | 166.36 | 161.93 | | 166.36 | 161.93 | |
| 5 | 人工 | | 工日 | 11.34 | 62.47 | 62.47 | | 708.410 | 708.410 | |
| 6 | 钢筋综合 | | t | 1.03 | 2680.00 | 3575.00 | | 2760.400 | 3682.250 | |
| 7 | 镀锌铁丝 20 号 | | kg | 6.33 | 5.52 | 5.00 | | 34.942 | 31.650 | |
| 8 | 电焊条综合 | | kg | 2 | 6.00 | 5.14 | | 12.000 | 10.280 | |
| 9 | 机动艇主机功率 59 kW | | 艘班 | 0.035 | 438.44 | 527.62 | | 15.345 | 18.467 | |
| 10 | 铁驳载重量 60 t | | 艘班 | 0.07 | 178.02 | 178.02 | | 12.461 | 12.461 | |
| 11 | 铁驳载重量 10 t | | 艘班 | 1.009 | 22.91 | 22.91 | | 23.116 | 23.116 | |
| 12 | 履带式起重机提升质量 15 t | | 台班 | 0.07 | 549.80 | 603.53 | | 38.486 | 42.247 | |
| 13 | 钢筋切断机直径 50 mm | | 台班 | 0.2 | 64.17 | 57.29 | | 12.834 | 11.458 | |
| 14 | 钢筋弯曲机直径 50 mm | | 台班 | 0.21 | 30.81 | 28.18 | | 6.470 | 5.918 | |
| 15 | 对焊机容量 150 kV·A | | 台班 | 0.36 | 139.77 | 117.09 | | 50.317 | 42.152 | |
| 16 | 交流弧焊机容量 32 kV·A | | 台班 | 0.07 | 104.73 | 87.35 | | 7.331 | 6.115 | |
| | 单位单价 | | 元 | | | 4594.52 | | | 4594.52 | |

1. 工程内容：钢筋配制、运输、加工、骨架入模、绑扎、焊接。

2. 依据说明：

续表

分部分项工程名称：预埋铁件、螺栓、预埋铁件制作、安装　　　　　　　　　　编号：6048*　　　单位：t

| 序号 | 项目名称 | | 单位 | 数量 | 单价/元 | | 合价/元 | |
|---|---|---|---|---|---|---|---|---|
| | | | | | 基价 | 不含税市场价 | 基价 | 不含税市场价 |
| 1 | 合计 | | 元 | 2.595 | 6592.82 | 7965.78 | 17108.37 | 20671.19 |
| 2 | 其中 | 人工费 | 元 | 1 | 1792.89 | 1792.89 | 1792.89 | 1792.89 |
| 3 | | 材料费 | 元 | 1 | 4009.86 | 5513.93 | 4009.86 | 5513.93 |
| 4 | | 船机费 | 元 | 1 | 790.07 | 658.96 | 790.07 | 658.96 |
| 5 | 人工 | | 工日 | 28.7 | 62.47 | 62.47 | 1792.889 | 1792.889 |
| 6 | 型钢综合 | | t | 1.08 | 2800.00 | 3823.00 | 3024.000 | 4128.840 |
| 7 | 圆钢 φ10mm | | kg | 57 | 2.68 | 3.64 | 152.760 | 207.480 |
| 8 | 电焊条综合 | | kg | 63 | 6.00 | 5.14 | 378.000 | 323.820 |
| 9 | 氧气综合 | | m³ | 29.74 | 3.70 | 6.12 | 110.038 | 182.009 |
| 10 | 乙炔气综合 | | m³ | 12.93 | 13.23 | 36.00 | 171.064 | 465.480 |
| 11 | 红丹粉综合 | | kg | 12 | 8.30 | 11.00 | 99.600 | 132.000 |
| 12 | 调和漆综合 | | kg | 8 | 8.00 | 7.50 | 64.000 | 60.000 |
| 13 | 其他材料综合 | | % | 0.26 | 1.00 | 1.00 | 10.399 | 14.299 |
| 14 | 交流弧焊机容量 32kV·A | | 台班 | 7 | 104.73 | 87.35 | 733.110 | 611.450 |
| 15 | 其他船机 | | % | 7.77 | 1.00 | 1.00 | 56.963 | 47.510 |
| | 单位单价 | | 元 | | | 7965.78 | | 7965.78 |

1. 工程内容：制作、安装、除锈、刷漆。

2. 依据说明：

续表

分部分项工程名称：水上抛填工程，抛填护坡，护脚，护坦块石，不夯实，民船装运抛　　　单位：100m³　　编号：1626*
抛填体积

| 序号 | 项目名称 | | 单位 | 数量 | 单价/元 | | 合价/元 | |
|---|---|---|---|---|---|---|---|---|
| | | | | | 基价 | 不含税市场价 | 基价 | 不含税市场价 |
| 1 | 合计 | | 元 | 153.8 | 75.95 | 59.06 | 11680.49 | 9083.23 |
| 2 | 其中 | 人工费 | 元 | 100 | 1.57 | 1.57 | 156.80 | 156.80 |
| 3 | | 材料费 | 元 | 100 | 60.42 | 43.32 | 6042.00 | 4332.00 |
| 4 | | 船机费 | 元 | 100 | 13.96 | 14.17 | 1395.80 | 1417.07 |
| 5 | 人工 | | 工日 | 2.51 | 62.47 | 62.47 | 156.800 | 156.800 |
| 6 | 块石500kg内民船装运抛 | | m³ | 114 | 53.00 | 38.00 | 6042.000 | 4332.000 |
| 7 | 潜水组 | | 组日 | 0.615 | 1659.28 | 1659.28 | 1020.457 | 1020.457 |
| 8 | 轮胎式装载机斗容量2m³ | | 台班 | 0.14 | 500.08 | 618.78 | 70.011 | 86.629 |
| 9 | 其他船机 | | % | 28 | 1.00 | 1.00 | 305.331 | 309.984 |
| | 单位单价 | | 元 | | | 59.06 | | 5905.87 |

1. 工程内容：装船运输、移船定位、抛填、整理面层。

2. 依据说明：

续表

分部分项工程名称：浆砌块石，一般挡土墙　　　单位：100m³　　　编号：1650

| 序号 | 项目名称 | | 单位 | 数量 | 单价/元 | | 合价/元 | |
|---|---|---|---|---|---|---|---|---|
| | | | | | 基价 | 不含税市场价 | 基价 | 不含税市场价 |
| 1 | 合计 | | 元 | 20.3 | 150.24 | 308.62 | 3049.92 | 6264.97 |
| 2 | 其中 | 人工费 | 元 | 100 | 56.33 | 56.33 | 5632.92 | 5632.92 |
| 3 | | 材料费 | 元 | 100 | 91.84 | 250.27 | 9183.57 | 25026.89 |
| 4 | | 船机费 | 元 | 100 | 2.08 | 2.02 | 207.77 | 202.09 |
| 5 | 人工 | | 工日 | 90.17 | 62.47 | 62.47 | 5632.920 | 5632.920 |
| 6 | 块（片）石综合 | | m³ | 105 | 36.00 | 174.76 | 3780.000 | 18349.800 |
| 7 | 水泥砂浆 M25 | | m³ | 34.5 | 156.20 | 192.38 | 5388.900 | 6637.110 |
| 8 | 其他材料综合 | | % | 0.16 | 1.00 | 1.00 | 14.670 | 39.979 |
| 9 | 灰浆搅拌机拌筒容量 400L | | 台班 | 2.08 | 99.89 | 97.16 | 207.771 | 202.093 |
| | 单位单价 | | 元 | | | 308.62 | | 30861.90 |

1. 工程内容：找平、选修石料、冲洗、拌浆、砌筑、填缝、勾平缝及材料场内运输。

2. 依据说明：

分部分项工程名称：人力铺草皮，铺草皮（满铺）　　　　编号：1079　　　　单位：100m²　　　　续表

| 序号 | 项目名称 | | 单位 | 数量 | 单价/元 | | 合价/元 | |
|---|---|---|---|---|---|---|---|---|
| | | | | | 基价 | 不含税市场价 | 基价 | 不含税市场价 |
| 1 | 合计 | | 元 | 463 | 4.41 | 4.74 | 2043.68 | 2196.47 |
| 2 | 其中 | 人工费 | 元 | 100 | 1.87 | 1.87 | 187.41 | 187.41 |
| 3 | | 材料费 | 元 | 100 | 2.54 | 2.87 | 253.99 | 286.99 |
| 4 | | 船机费 | 元 | 100 | 0.00 | 0.00 | 0.00 | 0.00 |
| 5 | 人工 | | 工日 | 3 | 62.47 | 62.47 | 187.410 | 187.410 |
| 6 | 草皮综合 | | m² | 110 | 2.00 | 2.30 | 220.000 | 253.000 |
| 7 | 其他材料综合 | | 元 | 33.99 | 1.00 | 1.00 | 33.990 | 33.990 |
| | 单位单价 | | 元 | | | 4.74 | | 474.40 |

1. 工程内容：整坡、10m 以内取料、铺植草皮、拍实、钉木概。

2. 依据说明：

续表

分部分项工程名称：钢栈（引）桥（钢撑杆）制作，1 福栈（引）桥（引）桥自重（t以内）20　　　　编号：6058　　单位：t

| 序号 | | 项目名称 | 单位 | 数量 | 单价/元 基价 | 单价/元 不含税市场价 | 合价/元 基价 | 合价/元 不含税市场价 |
|---|---|---|---|---|---|---|---|---|
| | | 合计 | 元 | 33.2 | 5519.06 | 7354.91 | 183232.89 | 244183.16 |
| 1 | 其中 | 人工费 | 元 | 1 | 1093.22 | 1093.22 | 1093.22 | 1093.22 |
| 2 | | 材料费 | 元 | 1 | 3500.41 | 5390.82 | 3500.41 | 5390.82 |
| 3 | | 船机费 | 元 | 1 | 925.42 | 870.87 | 925.42 | 870.87 |
| 4 | | 人工 | 工日 | 17.5 | 62.47 | 62.47 | 1093.225 | 1093.225 |
| 5 | | 钢板综合 | t | 0.76 | 2800.00 | 4424.78 | 2128.000 | 3362.833 |
| 6 | | 型钢综合 | t | 0.3 | 2800.00 | 3823.00 | 840.000 | 1146.900 |
| 7 | | 板枋材综合 | m³ | 0.042 | 1200.00 | 1202.00 | 50.400 | 50.484 |
| 8 | | 电焊条综合 | kg | 10.67 | 6.00 | 5.14 | 64.020 | 54.844 |
| 9 | | 氧气综合 | m³ | 16 | 3.70 | 6.12 | 59.200 | 97.920 |
| 10 | | 乙炔气综合 | m³ | 6.96 | 13.23 | 36.00 | 92.081 | 250.560 |
| 11 | | 二氧化碳综合 | m³ | 0.35 | 1.50 | 1.45 | 0.525 | 0.507 |
| 12 | | 电焊丝综合 | kg | 21.33 | 10.00 | 17.00 | 213.300 | 362.610 |
| 13 | | 焊剂综合 | kg | 10.67 | 3.00 | 3.00 | 32.010 | 32.010 |
| 14 | | 其他材料综合 | % | 0.6 | 1.00 | 1.00 | 20.877 | 32.152 |
| 15 | | 二氧化碳气体保护焊机电流250A | 台班 | 2.45 | 70.71 | 66.30 | 173.240 | 162.435 |
| 16 | | 自动埋弧焊机电流1200A | 台班 | 0.98 | 222.14 | 187.74 | 217.697 | 183.985 |
| 17 | | 剪板机板厚×板宽13mm×2500mm | 台班 | 0.23 | 175.59 | 166.36 | 40.386 | 38.263 |
| 18 | | 交流弧焊机容量32kV·A | 台班 | 0.49 | 104.73 | 87.35 | 51.318 | 42.802 |
| 19 | | 电焊条烘干箱容积55cm×45cm×55cm | 台班 | 0.15 | 24.57 | 22.77 | 3.686 | 3.416 |
| 20 | | 摇臂钻床钻孔直径25mm | 台班 | 0.12 | 10.27 | 9.43 | 1.232 | 1.132 |
| 21 | | 电动双梁起重机提升质量10t | 台班 | 1.09 | 313.38 | 304.74 | 341.584 | 332.167 |
| 22 | | 叉式起重机提升质量3t | 台班 | 0.18 | 292.55 | 365.05 | 52.659 | 65.709 |
| 23 | | 电动单筒慢速卷扬机牵引力100kN | 台班 | 0.11 | 209.04 | 195.90 | 22.994 | 21.549 |
| 24 | | 其他船机 | % | 2.28 | 1.00 | 1.00 | 20.629 | 19.413 |
| 25 | | 单位单价 | 元 | | 1.00 | 1.00 | 7354.91 | 7354.91 |

1. 工程内容：场内材料运输，材料整形、放样、下料、制作平台修整、本体制作，有关附件安装。

2. 依据说明：

续表

分部分项工程名称：钢引桥、钢撑杆安装、钢引桥，1榀重量（t 以内）20　　　　　　　　　　　　单位：榀　　　　编号：6061

| 序号 | 项 目 名 称 | | 单位 | 数量 | 单价/元 | | 合价/元 | |
|---|---|---|---|---|---|---|---|---|
| | | | | | 基价 | 不含税市场价 | 基价 | 不含税市场价 |
| 1 | 合计 | | 元 | 2 | 1997.62 | 2150.83 | 3995.23 | 4301.67 |
| 2 | | 人工费 | 元 | 1 | 524.75 | 524.75 | 524.75 | 524.75 |
| 3 | 其中 | 材料费 | 元 | 1 | 431.86 | 438.63 | 431.86 | 438.63 |
| 4 | | 船机费 | 元 | 1 | 1041.01 | 1187.45 | 1041.01 | 1187.45 |
| 5 | 人工 | | 工日 | 8.4 | 62.47 | 62.47 | 524.748 | 524.748 |
| 6 | 钢板垫铁综合 | | kg | 30 | 4.10 | 4.00 | 123.000 | 120.000 |
| 7 | 板枋材综合 | | m³ | 0.1 | 1200.00 | 1202.00 | 120.000 | 120.200 |
| 8 | 电焊条综合 | | kg | 3 | 6.00 | 5.14 | 18.000 | 15.420 |
| 9 | 钢丝绳综合 | | kg | 13.6 | 6.00 | 5.00 | 81.600 | 68.000 |
| 10 | 氧气综合 | | m³ | 2 | 3.70 | 6.12 | 7.400 | 12.240 |
| 11 | 乙炔气综合 | | m³ | 0.87 | 13.23 | 36.00 | 11.510 | 31.320 |
| 12 | 其他材料费 | | % | 19.46 | 1.00 | 1.00 | 70.350 | 71.453 |
| 13 | 固定机杆起重船起重能力 40t | | 艘班 | 0.233 | 2228.99 | 2547.49 | 519.355 | 593.565 |
| 14 | 方驳载重量 200t | | 艘班 | 0.233 | 455.45 | 468.19 | 106.120 | 109.088 |
| 15 | 拖轮主机功率 198kW | | 艘班 | 0.175 | 1705.32 | 2083.88 | 298.431 | 364.679 |
| 16 | 机动艇主机功率 29kW | | 艘班 | 0.117 | 224.00 | 269.50 | 26.208 | 31.532 |
| 17 | 交流弧焊机容量 32kV·A | | 台班 | 0.47 | 104.73 | 87.35 | 49.223 | 41.055 |
| 18 | 其他船机 | | % | 4.17 | 1.00 | 1.00 | 41.672 | 47.535 |
| | 单位单价 | | 元 | | 2150.83 | 2150.83 | | 2150.83 |

工程内容：装船、1km 内运输、安装、校正。

1. 依据说明：

2.

续表

分部分项工程名称：趸船安装，趸船长度（m以内）40　　　编号：4064　　　单位：艘

| 序号 | 项 目 名 称 | | 单位 | 数量 | 单价/元 | | 合价/元 | |
|---|---|---|---|---|---|---|---|---|
| | | | | | 基价 | 不含税市场价 | 基价 | 不含税市场价 |
| 1 | 合计 | | 元 | 1 | 2064.14 | 2247.83 | 2064.14 | 2247.83 |
| 2 | 其中 | 人工费 | 元 | 1 | 393.56 | 393.56 | 393.56 | 393.56 |
| 3 | | 材料费 | 元 | 1 | 474.97 | 493.10 | 474.97 | 493.10 |
| 4 | | 船机费 | 元 | 1 | 1195.61 | 1361.17 | 1195.61 | 1361.17 |
| 5 | 人工 | | 工日 | 6.3 | 62.47 | 62.47 | 393.561 | 393.561 |
| 6 | 电焊条综合 | | kg | 1 | 6.00 | 5.14 | 6.000 | 5.140 |
| 7 | 氧气综合 | | m³ | 1.5 | 3.70 | 6.12 | 5.550 | 9.180 |
| 8 | 乙炔气综合 | | m³ | 0.65 | 13.23 | 36.00 | 8.600 | 23.400 |
| 9 | 卸扣M36 | | 个 | 8 | 55.00 | 55.00 | 440.000 | 440.000 |
| 10 | 其他材料综合 | | % | 3.22 | 1.00 | 1.00 | 14.817 | 15.383 |
| 11 | 拖轮主机功率198kW | | 艘班 | 0.35 | 1705.32 | 2083.88 | 596.862 | 729.358 |
| 12 | 固定机杆起重船起重能力30t | | 艘班 | 0.35 | 1501.25 | 1630.47 | 525.438 | 570.665 |
| 13 | 交流弧焊机容量32kV·A | | 台班 | 0.7 | 104.73 | 87.35 | 73.311 | 61.145 |
| | 单位单价 | | 元 | | | 2247.83 | | 2247.83 |

1. 工程内容：趸船就位，连接卯固系统，定位紧固。

2. 依据说明：

# 参 考 文 献

［1］ 中华人民共和国交通运输部．JTS/T 116—2019 水运建设工程概算预算编制规定［S］．北京：人民交通出版社，2019.

［2］ 中华人民共和国交通运输部．JTS/T 275—1—2019 内河航运水工建筑工程定额［S］．北京：人民交通出版社，2019.

［3］ 中华人民共和国交通运输部．JTS/T 275—2—2019 内河航运工程船舶机械艘（台）班费用定额［S］．北京：人民交通出版社，2019.

［4］ 中华人民共和国交通运输部．JTS/T 275—3—2019 内河航运设备安装工程定额［S］．北京：人民交通出版社，2019.

［5］ 中华人民共和国交通运输部．JTS/T 275—4—2019 内河航运工程参考定额［S］．北京：人民交通出版社，2019.

［6］ 中华人民共和国交通运输部．JTS/T 276—1—2019 沿海港口水工建筑工程定额［S］．北京：人民交通出版社，2019.

［7］ 中华人民共和国交通运输部．JTS/T 276—2—2019 沿海港口工程船舶机械艘（台）班费用定额［S］．北京：人民交通出版社，2019.

［8］ 中华人民共和国交通运输部．JTS/T 276—3—2019 沿海港口工程参考定额［S］．北京：人民交通出版社，2019.

［9］ 中华人民共和国交通运输部．JTS/T 278—1—2019 疏浚工程预算定额［S］．北京：人民交通出版社，2019.

［10］ 中华人民共和国交通运输部．JTS/T 278—2—2019 疏浚工程船舶艘班费用定额［S］．北京：人民交通出版社，2019.

［11］ 交通运输水运工程造价定额中心．《水运建设工程概算预算编制规定》及其配套定额（2019 版）勘误表，2020.

［12］ 中华人民共和国交通运输部．JTS/T 271—2020 水运工程工程量清单计价规范［S］．北京：人民交通出版社，2020.

［13］ 中华人民共和国住房和城乡建设部，中华人民共和国国家质量监督检验检疫总局．GB/T 50875—2013 工程造价标准术语［S］．北京：中国计划出版社，2013.

［14］ 全国造价工程师执业资格考试培训教材编审委员会．建设工程计价［M］．北京：中国计划出版社，2018.

［15］ 全国造价工程师执业资格考试培训教材编审委员会．建设工程造价管理［M］．北京：中国计划出版社，2018.

［16］ 徐学东，姬宝霖．水利水电工程概预算［M］．北京：中国水利水电出版社，2005.

［17］ 汪宏，王金海．水运工程概预算［M］．北京：人民交通出版社，2015.

［18］ 中华人民共和国住房和城乡建设部，中华人民共和国国家质量监督检验检疫总局．GB 50500—2013 建设工程工程量清单计价规范［S］．北京：中国计划出版社，2013.

［19］ 水利部水利建设经济定额站．水利工程设计概（估）算编制规定（2014 年）［S］．北京：中国水利水电出版社，2015.

［20］ 浙江省水利厅，浙江省发展和改革委员会，浙江省财政厅．浙江省水利水电工程设计概（预）算编制规定（2018 年）［S］．北京：中国水利水电出版社，2018.

［21］ 福建省水利水电定额编制委员会．福建省水利水电工程设计概（估）算编制规定［S］．北京：中国水利水电出版社，2011.